SHENHUAMEI
XINGNENG JI GUOLU RANYONG
JISHUWENDA

神华煤性能及锅炉燃用
技术问答

国能销售集团有限公司
西安热工研究院有限公司 编

中国电力出版社
CHINA ELECTRIC POWER PRESS

内 容 提 要

燃煤是火力发电的基础，由于神府东胜煤发热量较高且硫含量低，煤源充足且煤质稳定，是优质的动力用煤；因此国内较多发电企业以神府东胜煤作为设计煤种，并将其作为深度调峰用煤的首选煤种。本书以神府东胜煤的燃用为出发点，对煤炭的理化特性、分类方式，以及煤炭的储存、制备、燃烧和烟气净化过程进行重点介绍，同时也介绍了其在大型电站锅炉和工业锅炉的应用特性。

本书是神府东胜煤初始应用至今，对其认识和实践的成果总结。通过对神府东胜煤在国内各型电站锅炉/工业锅炉燃用实践的深入研究，对各种技术措施进行了归纳和总结，将燃用过程中的常见问题及有价值的应对措施进行梳理提炼，为高效合理应用神府东胜煤提供科学依据和指导。

本书同时对与神府东胜煤类似，但结渣、沾污性能更为严重的准东煤的燃烧和应用也进行了重点介绍，为我国大量的低熔点、易结渣、易沾污煤种的安全高效应用提供了技术指导。

本书可作为煤炭企业煤质管理及销售人员、电厂燃料管理、锅炉运行、相关科研单位等技术岗位人员的参考资料，对从事燃煤锅炉设计、制造、调试等相关工作的技术人员有重要借鉴意义。

图书在版编目（CIP）数据

神华煤性能及锅炉燃用技术问答/国能销售集团有限公司，西安热工研究院有限公司著. —北京：中国电力出版社，2021.11

ISBN 978-7-5198-6045-5

Ⅰ. ①神… Ⅱ. ①国… ②西… Ⅲ. ①火电厂－燃煤锅炉－问题解答 Ⅳ. ①TM621.2-44

中国版本图书馆 CIP 数据核字（2021）第 196508 号

出版发行：中国电力出版社
地　　址：北京市东城区北京站西街 19 号（邮政编码 100005）
网　　址：http://www.cepp.sgcc.com.cn
责任编辑：赵鸣志（010-63412385）
责任校对：黄　蓓　常燕昆　李　楠
装帧设计：赵姗姗
责任印制：吴　迪

印　　刷：三河市万龙印装有限公司
版　　次：2021 年 11 月第一版
印　　次：2021 年 11 月北京第一次印刷
开　　本：787 毫米×1092 毫米　16 开本
印　　张：26.5
字　　数：620 千字
印　　数：0001—3500 册
定　　价：116.00 元

《神华煤性能及锅炉燃用技术问答》
编　委　会

主　　编　张顺林

副 主 编　崔凤海　姚　伟　谷红伟

编写人员（按姓氏笔画为序）

丁　玎　王志超　王桂芳　王　颖　王　鹤　亓中立　戈　铭

方顺利　白　洁　邢勇峰　曲韦缌　刘　宇　刘　浩　刘家利

刘　源　孙　军　严　巍　苏　和　杜智华　李仁义　李　东

李兴智　李宇航　李　炎　李　琳　李　歆　杨兴伟　杨忠灿

张云红　张　旭　张孝亮　张喜来　张　森　张　蕾　武海龙

周广钦　赵　越　钟　心　洪泳泽　贾子秀　高广亮　高智强

郭洋洲　屠竞毅　蒙　毅　缪希伟　薛　斌

前　言

中国化石能源的典型特点是富煤、贫油、少气，火电在中国的占比一直居高不下，截止到2020年底，中国火电装机容量达12亿kW以上，火电发电量占全国总发电量的70%以上。随着“碳达峰、碳中和”目标的提出，根据国家能源发展战略和宏观布局，“十四五”及未来更长期发展中，煤电机组将作为发电行业的压舱石和调节器，协同新能源发展，共同做好能源安全保障和二氧化碳减排，推动经济高质量发展，促进社会全面绿色转型。

20世纪80年代，我国发现了探明储量达2200多亿t的神府东胜煤田，被誉为世界八大煤田之一。从20世纪90年代开始，国家大规模开发该煤田，该煤田煤种属于侏罗纪的不黏煤和长焰煤，具有低灰、低硫、中高发热量的优点，但缺点是煤灰结渣性能较强、煤粉爆炸特性也较强，若锅炉设计和运行不当，则可能影响锅炉的安全运行。20世纪90年代初，由于对神府东胜煤的燃烧、结渣特性尚未完全掌握，以及锅炉设备和神府东胜煤的燃烧性能不匹配，曾导致电厂发生严重的结渣事故。

30多年来，通过对神府东胜燃煤特性的认识加深，随着锅炉设计、配煤掺烧和运行水平提高，以及锅炉大容量高参数、低氮燃烧器、超低排放、二次再热、煤与可再生能源（生物质）耦合发电、深度调峰等新技术的逐渐开发应用，全面实现了神府东胜煤在全负荷下的安全、高效、洁净燃烧，与同类机组对比，燃用神府东胜煤的锅炉体现出更大的经济、环保优势，可以更好地实现煤电绿色发展。

近年来，我国又发现了煤质与神府东胜煤相似的新疆准东煤田，资源预测储量达3900亿t，累计探明煤炭资源储量为2136亿t，是我国最大的整装煤田。由于其结渣和沾污性能较神府东胜煤更为严重，在早期的应用中也出现了因结渣、沾污导致停炉的事故，因此在本书中对准东煤的结渣、沾污防治的关键技术也进行了重点介绍。

本书围绕燃煤特性、锅炉主机及辅机设计、运行优化等内容，介绍了燃煤在锅炉应用过程中的常用基础知识，并将燃用神府东胜煤的常见问题和应对措施进行了归纳总结，为读者提供最为实用的参考，可快速提高读者的理论水平和实践能力，共同致力于提高燃料应用和发电运行水平。

由于时间仓促，限于编者水平，书中难免存在疏漏之处，恳请读者批评指正。

编　者

2021年9月

目 录

第二章　电站锅炉动力用煤的燃烧性能

第三章 神府东胜煤的基本煤质特性及燃烧性能

第四章 火电厂锅炉原理及设计技术

第五章 火电厂制粉系统设计及运行技术

第六章　火电厂污染物排放控制技术

第七章 锅炉主机及辅机运行技术

第八章 神府东胜煤锅炉设计及运行优化技术

第九章 动力配煤掺烧技术

第十章　神府东胜煤的配煤掺烧技术

第十一章　无烟煤、贫煤锅炉掺烧神府东胜煤的运行优化和设备改造

第十二章 烟煤锅炉掺烧神府东胜煤的运行优化和设备改造

第十三章 褐煤锅炉掺烧神府东胜煤的运行优化和设备改造

第十四章 工业锅炉与神府东胜煤的适应性

第十五章 燃用神府东胜煤锅炉运行案例分析

第十六章　准东煤燃烧性能及准东煤锅炉的设计和运行优化技术

第十七章　典　型　案　例

第一章

电站煤粉锅炉用煤煤质基础知识

1-1　简述煤质及燃煤特性对电站煤粉锅炉设计及运行的影响。

答：由于燃煤煤质是锅炉设计和运行参数确定的基础和依据，不同煤种的煤质及燃烧性能差距较大，因此锅炉设备和运行方式也将大相径庭。当锅炉设备根据特定煤质的煤种设计后，锅炉对煤种的适应范围也就确定了，当实际燃用煤种与设计煤种相差过大，不能与锅炉设备匹配时，将对锅炉各个系统都将产生较大的影响，降低锅炉运行的安全性、经济性和环保性。

1-2　简述新建电站煤粉锅炉的基础煤质特性及燃烧性能检测指标。

答：新建电站煤粉锅炉通常需要对设计煤和校核煤进行基础煤质特性和燃烧性能检测，具体如下：

（1）动力用煤的常规煤质检测指标通常包括煤的工业分析指标（水分、灰分、挥发分、固定碳），元素分析指标（碳、氢、氧、氮、硫）及发热量、灰熔点、灰成分、哈氏可磨性指数 HGI 等。其中，灰成分主要包括 SiO_2、Al_2O_3、Fe_2O_3、CaO、MgO、Na_2O、K_2O、TiO_2、SO_3、P_2O_5、MnO_2 等。

（2）环评指标：煤中微量元素及有害元素的测定，如煤中的砷、铅、汞、铬、镉、铜、镍、锌、游离二氧化硅、氟、氯等。

（3）燃烧性能测试：着火性能、燃尽性能、结渣性能、沾污性能、腐蚀性能、污染物排放性能等，用于锅炉设计、开发；炉膛选型；燃煤与现有锅炉的适应性分析以及锅炉运行事故分析等。

（4）磨损指数测试：磨损指数 K_e，磨煤机选型用指标。必要时还可以 GB/T 15458《煤的磨损指数测定方法》测得的研磨磨损指数 *AI* 为参考。

（5）煤灰比电阻测试：比电阻值，静电除尘器选型用指标。

（6）半工业性试磨试验：对于特殊煤种，建议在半工业性磨煤机试验台进行试磨试验，得到煤种的研磨特性等，为磨煤机设计及选型提供准确的科学依据。

（7）半工业性试烧试验：对于特殊煤种，建议在半工业性燃烧试验台进行燃烧试验，得到煤种的燃烧性能等，为锅炉设计及选型提供准确的科学依据。

1-3　简述设计煤和校核煤的定义、煤质检测项目及用途。

答：设计煤和校核煤是新扩建火电厂在锅炉设计中规定燃用的煤质。

设计煤是机组投运后主要燃用的煤质，在燃用设计煤质的条件下，锅炉制造厂商应保证锅炉的最大连续蒸发量、蒸汽参数、热效率和锅炉炉膛出口烟气中 NO_x 的排放值等。

校核煤是新扩建火电厂在锅炉设计中用于校核计算的煤质。在校核煤质的条件下，锅炉制造厂商仅保证锅炉的最大连续蒸发量和蒸汽参数。

在校核煤选取时，除了煤的燃烧性能和结渣性能以外，还应考虑煤种的研磨特性（如煤的可磨性指数和磨损指数）。

设计煤和校核煤常规化验分析项目参见表 1-1。

表 1-1　设计煤、校核煤常规化验分析项目

序号	项　目		执行标准	用途
1	工业分析	全水分 M_t； 空气干燥煤样水分 M_{ad}； 灰分 A_{ad} 或 A_{ar}； 干燥无灰基挥发分 V_{daf}	GB/T 211《煤中全水分的测定方法》、GB/T 212《煤的工业分析方法》	（1）燃煤着火特性初步评价； （2）燃尽特性初步评价； （3）设计煤粉细度确定； （4）锅炉热力计算
2	低位发热量 $Q_{net,ar}$		GB/T 213《煤的发热量测定方法》	锅炉热力计算
3	元素分析	C_{ar}，H_{ar}，N_{ar}，$S_{t,ar}$	DL/T 568《燃料元素的快速分析方法》、GB/T 214《煤中全硫的测定方法》	（1）锅炉热力计算； （2）高、低温腐蚀倾向预测
4	灰熔融性温度（弱还原性及氧化性气氛）	变形温度 DT，软化温度 ST，半球温度 HT，流动温度 FT	GB/T 219《煤灰熔融的测定方法》	结渣特性初步评价
5	灰成分分析	SiO_2，Al_2O_3，Fe_2O_3，CaO，MgO，K_2O，Na_2O，TiO_2	GB/T 1574《煤灰成分分析方法》	（1）结渣特性辅助参数； （2）受热面沾污特性预测
6	煤灰黏度-温度特性		DL/T 660《煤灰高温黏度特性试验方法》	结渣特性初步评价

1-4 简述设计煤和校核煤的确定原则。

答： 设计煤和校核煤的确定主要考虑以下几个原则：

（1）设计煤种应是煤源稳定，能长期保证供应的主要煤种。在某些情况下可能要经常燃用的煤可作为校核煤种（必要时可选定两个甚至三个及以上校核煤种）。

（2）设计煤种和校核煤种煤质不应有较大的跨度，如无烟煤与烟煤、褐煤，贫煤与褐煤。

（3）通常设计煤的煤质分析资料既要以实际采样的煤质分析为依据，同时要求留有裕量。通常按照煤矿的中低数据考虑，即代表性煤质的覆盖面在 60%以上，或者设计煤的发热量较统计加权平均值略微偏低。

（4）设计煤种和校核煤种可为单一煤种，也可为混合煤。燃用混合煤时，应先根据煤源供给状况确定不同煤的混合比例。

1-5 简述煤的水分特点及组成。

答： 水分是煤中不可燃成分，不同煤种的全水分含量变化较大，最低的仅为 2%左右，最高的可达 50%～60%。

根据煤中水分的存在状态，可将其分为外在水分（M_f）和内在水分（M_{inh}）。外在水分和内在水分的总和称为全水分（M_t或者M_{ar}）。外在水分是附着在煤颗粒表面的水分。煤的外在水分是指吸附在煤颗粒表面或非毛细孔中的水分，在实际测定中是煤样达到空气干燥状态所失去的水分。外在水分很容易在常温下的干燥空气中蒸发，蒸发取决于空气的温度和湿度，蒸发到煤颗粒表面的水蒸气分压力与空气的湿度平衡时就不再蒸发了。煤的内在水分是指吸附或凝聚在煤颗粒内部毛细孔中的水分，在实际测定中指煤样达到空气干燥状态时保留下来的水分，即空气干燥基水分（M_{ad}）。内在水分需在当地空气水分的饱和温度以上（通常在100℃以上）的温度经过一定时间才能蒸发，三者的相关性参见式（1-1）。

$$M_t = M_f + M_{ad} \times \frac{100 - M_f}{100} \tag{1-1}$$

1-6 简述煤中水分含量的影响因素。

答：煤中水分含量的影响因素主要包括：

（1）煤炭自身属性：通常，随着碳化程度的加深，水分逐渐减少，煤中全水分含量由高到低的排序为褐煤最高，烟煤次之，无烟煤、贫煤最低。

（2）开采方法：随着矿井开采深度的增加，采掘机械化的发展和井下安全生产要求的加强，喷雾洒水、煤层注水、综合防尘等措施的实施，原煤水分呈增加的趋势。

（3）运输：煤炭装车、运输过程中的防尘喷水增加了水分含量。

（4）贮存条件：对于露天堆放的煤堆，雨雪天气导致原煤水分增加。

1-7 简述水分对锅炉运行的影响。

答：煤的水分增加对锅炉运行的影响主要包括：

（1）发热量降低：水分增加，煤中有用成分相对减少，煤的发热量降低。

（2）燃烧稳定性变差：通常含水分大的煤，不仅煤中可燃质含量相对减少，发热量降低；而且增加燃烧初期的着火热，使着火困难，燃烧稳定性变差。

（3）炉膛温度降低：水分增加，因受热蒸发、汽化而消耗大量的热量（1kg水汽化约耗去2.3MJ热量），降低炉膛温度。

（4）锅炉排烟温度升高：锅炉燃用高水分煤通常排烟温度会升高，排烟损失升高、锅炉热效率降低。

（5）SCR脱硝催化剂组件磨损和氨逃逸加剧：原煤水分增加，烟气量随之增加，导致烟气截面流速偏差增大；高烟速区域催化剂磨损且氨反应不充分而过量逃逸，导致硫酸氢铵升高。

（6）空气预热器低温端腐蚀倾向增加。

（7）引风机电耗增加：水分增加，水蒸气会随烟气排出炉外，烟气量也随之增加，导致引风机电耗增加。

因此，煤矿除应在开采设计上和开采过程中的采煤、掘进、通风和运输等各个环节上制定减少煤的水分的措施外，还应在煤的地面加工中采取措施以减少煤的水分。

1-8 简述水分对制粉系统运行的影响。

答：煤中水分升高对制粉系统的影响主要包括以下几个方面：

（1）影响煤样的哈氏可磨性指数：具体变化随煤种不同而不同。

（2）磨煤机的研磨出力下降：通常情况下水分越高，磨煤机的研磨出力越低。

（3）更高的磨煤机入口一次风温：煤中水分升高，通常需要提高磨煤机入口热风温度满足干燥出力要求。

（4）更高的磨煤机通风量：当提高磨煤机入口风温仍不能满足制粉系统干燥出力时，需要提高磨煤机通风量，即更高的风煤比，增加制粉系统的通风电耗、磨制电耗以及磨煤机和一次风管的磨损。

（5）原煤仓及落煤管堵塞：煤的含水量尤其是外水分越高，煤的黏结性增强流动性变差，制粉系统积煤和堵煤的概率增大，严重时造成磨煤机断煤，威胁锅炉的运行安全。

1-9 简述煤中灰分定义及其组成。

答：煤的灰分是指煤完全燃烧后剩下的固态残渣，是煤中可燃物完全燃烧，煤中矿物质（除水分外所有的无机质）在煤完全燃烧过程中经过一系列分解、化合反应后的固态产物，也称为灰分产率。灰分的测定通常使用灼烧法，即在 815±10℃下对煤样进行灼烧，直待残留物恒重时，其量即为煤的灰分。

灰分按其来源及在可燃质中的分布状态可分为内在灰分和外在灰分。内在灰分是在煤炭形成过程中就已存在的矿物杂质，它是微粒且十分均匀地分布在可燃质中，一般所占比例为 1%～2%，数量较少。外在灰分是在开采过程或人为及其他混杂进来的矿物杂质，所占比例较大。

灰分的主要成分是硅、铝、钙、镁、铁和钛等元素的氧化物。各种煤中灰分含量差别很大，少的在 5%以下，多的可达 50%～60%甚至以上。

1-10 简述煤中灰分对锅炉运行性能的影响。

答：灰分是煤中的有害物质，对锅炉运行性能的影响主要包括：

（1）锅炉燃烧稳定性：灰分增加，煤中可燃物质含量减少，发热量降低，煤的着火性能下降，灰分达到一定程度燃烧困难。

（2）锅炉燃烧经济性下降：灰分越高，发热量越低，炉膛燃烧温度也越低，不易燃尽，固体未完全燃烧热损失增加；加之矿物质燃烧灰化时吸收热量，大量排渣和飞灰带走热量，气体未完全燃烧热损失增加，这些都将导致锅炉热效率降低。

（3）锅炉带负荷能力：煤中灰分升高，发热量降低，要保证锅炉负荷，就必须增加燃煤量，当制粉系统出力不足时，将影响机组带负荷能力。

（4）辅机电耗：燃中灰分升高，发热量降低，需要更多的燃料量以满足机组的带负荷能力，这将导致整个生产系统包括输煤、制粉、引风、除尘等设备的负担加大，增加能量消耗，厂用电上升。

（5）锅炉结渣和积灰：煤中灰分是炉膛结渣、受热面积灰的根源，影响锅炉安全生产。

（6）磨损：通常灰分升高将加剧制粉系统、燃烧系统、锅炉受热面尤其是低温受热面的磨损。

因此，从燃烧稳定和运行安全、经济考虑，固态排渣电站煤粉锅炉的入炉煤灰分不宜超过 50%，具体和煤的燃烧性能有关。当单一煤种灰分过高时，需掺烧高热值低灰分煤种以降低入炉煤灰分。

1-11 简述煤的挥发分的定义。

答：煤的挥发分，即煤在一定温度下隔绝空气加热，逸出物质（气体或液体）中减掉水分后的含量，剩下的残渣叫作焦渣。因为挥发分不是煤中固有的，而是在特定温度下热解的产物，所以确切的说应称为挥发分产率。其大部分为各种类型的碳氢化合物，也有少量不能燃烧的气体和蒸汽，如氮、二氧化碳、水蒸气等。

因为煤的挥发分反映了煤的变质程度，所以世界各国和我国都以煤的挥发分作为煤分类的最重要的指标。挥发分由大到小，煤的变质程度由小到大。如泥炭的挥发分高达 70%，褐煤挥发分可达 37%～60%，碳化程度最高的无烟煤挥发分只有 2%～10%。煤中挥发分含量高，可促进煤的着火及燃尽；相反，挥发分少的煤着火困难，也不容易完全燃烧。

1-12 简述煤的挥发分对锅炉运行的影响。

答：煤的挥发分对锅炉的影响主要包括：

（1）燃烧稳定性：相对来讲，煤中挥发分含量越高，煤中难燃的固定碳的含量就越低，煤粉越容易着火，燃烧稳定性越好，锅炉最低不投油稳燃负荷越低。

（2）燃烧经济性：由于挥发分从煤粒内部析出，使煤粒内部形成较多孔隙，增大煤粉颗粒比表面积；因此挥发分含量越大，析出后煤粒的孔隙就越多、煤粒与空气的接触面积也增大，反应速度加快，残炭粒子被加热至更高温度进一步加快燃烧速率，提高了燃尽率。煤粒燃烧越完全，锅炉飞灰可燃物和固体未完全燃烧热损失越小，燃烧效率也越高，锅炉运行的经济性提高；反之，当燃用挥发分较低的煤时，为使其机械未完全燃烧热损失不致太高，要求锅炉具有较高的炉膛热强度，通过提高煤粉细度即降低 R_{90}，提高热风温度，以尽可能提高燃烧温度水平。

（3）制粉系统爆炸：通常挥发分越高，煤粉爆炸倾向越强，越容易引起制粉系统爆炸。

（4）燃烧器烧损：通常挥发分越高，燃烧过程中析出大量挥发分，迅速燃烧，放出较多的热量，易于在燃烧器区形成高温燃烧环境，容易引起燃烧器的烧损。

1-13 简述煤的发热量的定义。

答：煤的发热量是单位质量的煤完全燃烧时所产生的热量，单位为 MJ/kg，有高位发热量（Q_{gr}）和低位发热量（Q_{net}）之分。当计入燃烧产生的水蒸气气化潜热时，称为高位发热量；不计入时，称低位发热量。在锅炉计算中，国内通常采用的燃料燃烧所释放的热量为燃料低位发热量，因为排出的烟气温度较高，烟气中的水蒸气不能凝结。煤的发热量大小主要受水分和灰分含量的影响，通常水分和灰分越高，煤的发热量越低。

燃料高位发热量与低位发热量间的关系见式（1-2）：

$$Q_{gr}=Q_{net}+206\mathrm{H}+23M \tag{1-2}$$

式中 Q_{gr} ——高位发热量，kJ/kg；

Q_{net}——对应基制下的低位发热量，kJ/kg；

H，M ——分别为对应基制下的氢和水的含量，%。

1-14 简述发热量对锅炉运行性能的影响。

答：煤的发热量对锅炉运行性能的影响主要包括：

（1）燃烧稳定性：燃料发热量是影响燃烧稳定性的重要因素，通常发热量降低将导致炉膛内温度水平降低，给着火和燃尽带来不利影响。当发热量降低到一定程度时，会引起燃烧不稳甚至灭火，影响锅炉运行的安全性。

（2）燃烧经济性：一方面，当燃料发热量降低到一定程度时，在低负荷时需要投油助燃，增加锅炉运行成本；另一方面，当发热量过低时，会导致锅炉热效率下降，影响锅炉燃烧经济性。

（3）锅炉结渣：发热量过高使得燃烧区域的温度过高，灰就容易达到软化和熔融状态，产生结渣的可能性增大。同时，煤中易挥发的物质气化也就越强烈，也为结渣创造了条件。

1-15 简述发热量在火电厂运行和管理中的作用。

答：煤的发热量是反映煤质好坏的一个重要指标，发热量对于电力安全生产和经济运行均有重要的意义，主要表现在以下方面：

（1）经济性：计价、编制电厂燃料的消耗定额和供应计划、核算发电成本和计算能源利用效率等，目前均以发热量作为主要依据。

（2）锅炉设计：在设计锅炉机组时，煤炭发热量是用来计算炉膛热强度、选择磨煤机和计算物料平衡等必不可少的煤质参数。

（3）机组运行：在锅炉机组运行时，煤炭发热量又是锅炉热平衡、配煤燃烧及负荷调节等的主要依据，同时也是计算发供电煤耗经济指标的依据之一。

1-16 简述煤中碳及固定碳的定义。

答：碳是煤中可燃质的主要元素，一般占可燃质成分的15%～90%。煤的碳含量随着煤化程度加深而增高。通常情况下，无烟煤碳含量最高，次之是贫煤，再次之是烟煤，含量最低的是褐煤，如接近半石墨的无烟煤中碳含量 C_{daf} 可达90%以上，而褐煤碳含量 C_{daf} 为50%～70%。

碳是煤的发热量的主要来源，每千克碳完全燃烧时可放出约33.70MJ的热量。

1-17 简述煤中固定碳的定义及计算方法。

答：煤中一部分碳与氢、氮、硫等结合成挥发性有机化合物，其余部分则呈单质状态，称为固定碳。固定碳要在较高的温度下才能着火燃烧。煤中固定碳含量越高，就越难燃烧，如无烟煤。

煤中去掉水分、灰分、挥发分，剩下的就是固定碳。煤的固定碳与挥发分一样，也是表征煤的变质程度的一个指标，随变质程度的增高而增高。因此一些国家以固定碳作为煤分类的一个指标。固定碳是煤的发热量的重要来源，因此有的国家以固定碳作为煤发热量计算的主要参数。

固定碳计算公式见式（1-3）～式（1-5）：

$$(FC)_{ad}=100-(M_{ad}+A_{ad}+V_{ad}) \tag{1-3}$$

当分析煤样中碳酸盐 CO_2 含量为2%～12%时：

$$(FC)_{ad}=100-(M_{ad}-A_{ad}+V_{ad})-CO_{2,ad(煤)} \tag{1-4}$$

当分析煤样中碳酸盐 CO_2 含量大于12%时：

$$(FC)_{ad}=100-(M_{ad}+A_{ad}+V_{ad})-[CO_{2,ad(煤)}-CO_{2,ad(焦渣)}] \quad (1-5)$$

式中 $(FC)_{ad}$——分析煤样的固定碳，%；

M_{ad}——分析煤样的水分，%；

A_{ad}——分析煤样的灰分，%；

V_{ad}——分析煤样的挥发分，%；

$CO_{2,ad(煤)}$——分析煤样中碳酸盐 CO_2 含量，%；

$CO_{2,ad(焦渣)}$——焦渣中 CO_2 占煤中的含量，%。

1-18 简述煤中的硫含量及组成。

答：硫是煤中有害杂质，煤中硫可分为以下四种形态：

（1）元素硫；

（2）有机硫；

（3）硫铁矿硫（FeS_2），又称黄铁矿硫；

（4）硫酸盐硫（$CaSO_4 \cdot 2H_2O$，$FeSO_4 \cdot 2H_2O$）。

其中，硫酸盐硫是不可燃硫，占煤中硫分的5%～10%，稳定的硫酸盐是煤的灰分的组成部分，不稳定的硫酸盐解析出 SO_2 并在催化条件下解析出 SO_3。黄铁矿硫、有机硫及元素硫是可燃硫，可燃硫占煤中硫分的90%以上。煤在燃烧期间，所有的可燃硫都会在受热过程中从煤中释放出来。在氧化气氛中，所有的可燃硫均会被氧化成 SO_2，一部分 SO_2 会转化成 SO_3。

1-19 简述烟气酸露点 t_{ld} 的定义和计算方法。

答：锅炉烟气酸露点是烟气中 SO_3 与水蒸气凝结生成硫酸雾时的临界烟气温度，即烟气中酸的凝结速率与酸的蒸发速率相等且气液两相处于平衡状态而酸膜厚度保持不变时的烟气温度。锅炉烟气酸露点与多种因素有关，直接的影响因素是 SO_3 和水蒸气的分压力，苏联1973版的烟气酸露点经验公式见式（1-6）：

$$t_{ld}=t_{sl}+\frac{\beta\sqrt[3]{S_{ar}^{zs}}}{1.05^{\alpha_{fh}A_{ar}^{zs}}} \quad (1-6)$$

式中 t_{ld}，t_{sl}——分别为烟气酸露点和相同分压下纯水蒸气露点温度，℃；

S_{ar}^{zs}，A_{ar}^{zs}——分别为煤样的收到基折算硫分和收到基折算灰分，%（具体折算方法参见1-33问）；

α_{fh}——飞灰系数，大多取0.85；

β——经验系数，当锅炉炉膛出口过量空气系数 α=1.20～1.25时，β 取121；当 α=1.40～1.50时，β 取129；其他情况，β 一般取125。

水露点可根据烟气的水蒸气含量（以%计）计算，具体见式（1-7）：

$$t_{sl}=6.715+13.787\ln H_2O+1.35(\ln H_2O)^2 \quad (1-7)$$

1-20 简述煤中硫含量对锅炉及制粉系统运行性能的影响。

答：硫是煤中有害元素，含量虽然不高，但对电力生产的危害较大。煤中硫，特别是可燃硫，对电力生产的危害是多方面的，当煤中硫含量较高时，将给锅炉及制粉系统造成以下问题：

（1）硫铁矿具有难磨性，造成煤粉偏粗。

（2）磨煤机研磨件的磨损：黄铁矿的莫氏硬度仅次于石英，为6～6.5，含黄铁矿多的煤将加速磨煤机部件及输煤管道的磨损，增加制粉系统的检修维护费用。

（3）水冷壁结渣：粗颗粒煤粉惯性大，容易甩向水冷壁壁面，造成水冷壁颗粒浓度增加，易发生贴壁燃烧，引起水冷壁结渣。在还原气氛较高的条件下，结渣将进一步加剧且形成的渣以熔融性硬渣为主，不易清除，大的渣块掉落容易引起炉膛负压波动大和燃烧不稳，或者造成干渣机系统中的碎渣机卡涩，从而影响锅炉运行安全。

（4）水冷壁高温腐蚀：粗颗粒贴壁燃烧，在水冷壁区域形成较强的还原性气氛，引起水冷壁区域的高温腐蚀。

（5）高温对流受热面的腐蚀：煤中硫含量高时，容易引起高温对流受热面的熔渣腐蚀。

（6）空气预热器的低温腐蚀和堵灰：特别是低温段空气预热器，对于高硫煤，往往运行不到一年，就发现有腐蚀穿孔且伴随堵灰的现象。在SCR系统中，高硫煤是空气预热器硫酸氢铵型堵灰的主因。堵灰导致锅炉排烟温度升高，引风机电流增大，风压波动甚至影响燃烧。

（7）促进煤氧化自燃：对变质程度浅的煤，在煤场组堆或煤粉贮存时，若含有较多的黄铁矿，则会由于黄铁矿受氧化放热而加剧煤的氧化自燃，增大了煤场存煤热量损失。

（8）增加大气污染：煤中硫燃烧后绝大多数是形成SO_2随烟气逸出烟囱的，增加了对周围环境的污染。煤中硫若每增加1%，则每用1t煤就多排放约20kg的SO_2气体，脱硫系统运行维护费用上升。

1-21 简述煤中硫含量对空气预热器低温腐蚀与堵灰的影响。

答：煤中硫分燃烧后生成的SO_2，一部分转化成为SO_3，使烟气酸露点温度提高。SO_3在低于露点温度的金属表面上遇H_2O形成硫酸溶液，可与碱性灰反应，也可与金属反应，因而导致低温受热面腐蚀和沾污。煤中含硫量越多，烟气中SO_3浓度越高，烟气酸露点温度越高，越容易发生低温腐蚀，同时越容易与逃逸的氨发生反应生成硫酸氢铵从而加剧堵灰。腐蚀与堵灰是相互促进的。堵灰使传热减弱，受热面金属壁温降低，而且350℃以下沉积的灰又能吸附SO_3，这将加速腐蚀过程。回转式空气预热器蓄热片腐蚀后，蓄热片将损坏，积灰程度增加，导致空气预热器换热能力降低。堵灰不仅影响传热，还会使排烟温度升高，降低锅炉运行经济性。

对于电站煤粉锅炉，当燃煤全硫小于0.7%时，尾部受热面一般不会发生明显的腐蚀和堵灰；当全硫达到1.5%～3%时，如果不采取措施，就会有明显的腐蚀和堵灰情况发生。

1-22 简述煤中硫含量对锅炉辅机运行的影响。

答：当入口烟气温度低到烟气酸露点时，对锅炉辅机运行的影响主要包括以下几个方面：

（1）除尘器堵灰。

（2）静电除尘效率降低：低温硫腐蚀也会造成静电除尘芒刺线尖部钝化，使电磁场相应降低，除尘效果降低，静电除尘效率降低。

（3）风机本体、叶片及烟道金属的低温腐蚀。

（4）脱硫效果降低：由于脱硫装置脱硫效率一定，若烟气中硫含量超过脱硫装置的设计出力，将造成脱硫效果降低或达不到脱硫目标。

（5）辅机和锅炉出力下降：受热面堵灰还会导致烟气阻力增加，致使引风机出力不足，导致锅炉出力下降。

1-23 简述高温腐蚀的分类。

答：高温腐蚀是指金属高温受热面（水冷壁、屏式过热器、高温过热器和再热器等）在高温烟气环境下，金属材料与环境介质在高温下发生不可逆转的化学反应而退化的过程。对于电站煤粉锅炉，高温腐蚀通常分为以下三类：

（1）硫化物型高温腐蚀：煤粉中的黄铁矿燃烧受热分解，在还原性气氛下，原子硫与材料中的铁反应，进而产生腐蚀。

（2）焦硫酸盐高温腐蚀：高温积灰所生成的内灰层含有较多碱金属，与飞灰中的铁、铝等成分以及烟气中通过松散外层扩散进来的氧化硫在长时间的化学作用下生成碱金属的硫酸盐等复合物的过程。熔化或半熔化状态的碱金属硫酸盐复合与再热器和过热器的合金钢会发生强烈氧化反应，使壁厚减薄应力增大以致引起管子产生蠕变，管壁变薄最后爆管。

（3）氯化物型高温腐蚀：燃料中的氯与烟气中的水、硫化氢等反应生成硫酸盐和 HCl 气体，HCl 可以破坏金属表面的保护膜，从而加大对管壁的腐蚀。研究结果表明，当煤中氯含量超过 0.3%时，与氯相关的高温腐蚀明显加重；当煤中氯含量超过 0.6%时，氯腐蚀速率明显加快。英国规定，当煤中氯含量超过 0.3%时，不允许在电站煤粉锅炉燃用。

一般来讲，水冷壁的高温腐蚀主要为硫化氢型，当水冷壁有结渣问题时也伴随着硫酸盐型高温腐蚀；高温过热器和高温再热器的高温腐蚀主要为硫酸盐型。高温腐蚀发生后，会引起管材泄漏以及爆管等，严重威胁锅炉的安全运行。通常煤中硫、氯含量高将导致受热面高温腐蚀，且含量越高，腐蚀越严重。当煤灰成分中钾、钠等碱金属含量高时，将进一步加剧高温腐蚀。

1-24 简述 H_2S 造成高温腐蚀的机理。

答：管壁附近呈还原性气氛，并有硫化氢（H_2S）存在时，会对管壁产生硫化物型腐蚀，其反应过程如下：

（1）黄铁矿粉末随高温烟气流到管壁上，在还原性气氛下受热分解释放出硫化亚铁和自由原子硫：

$$FeS_2 \longrightarrow FeS+[S]$$

当管壁附近有一定浓度的 H_2S 和 SO_2 时，也可能生成自由原子硫：

$$2H_2S+SO_2 \longrightarrow 2H_2O+3[S]$$

（2）在还原性气氛中，由于缺氧，自由原子硫可单独存在。在管壁温度达到 350℃时，会发生硫化反应：

$$Fe+[S] \longrightarrow FeS$$

（3）H_2S 还会与磁性氧化铁中的氧化亚铁反应生成硫化亚铁：

$$FeO+H_2S \longrightarrow FeS+H_2O$$

（4）硫化亚铁缓慢氧化生成黑色磁性氧化铁，使管壁受到腐蚀：

$$3FeS+5O_2 \longrightarrow Fe_3O_4+3SO_2$$

FeS 熔点为 1195℃，在温度低时可以稳定存在，但当温度高时，FeS 将被氧化成 Fe_3O_4，使腐蚀过程进一步进行。实验证明，烟气中的水蒸气对硫化物的形成有较大的抑制作用，使硫化物型腐蚀减缓。

1-25 简述煤中硫燃烧过程中转化成 SO_2 和 SO_3 的比例及其危害性。

答： 通常煤中硫转化生成的 SO_3 只占 SO_2 的 0.5%～2%，相当于 1%～2%的煤中硫分以 SO_3 的形式排放出来。烟气中的 SO_2 和 SO_3 的危害主要表现在以下几个方面：

（1）大气污染和环境腐蚀：排入大气中的 SO_2，由于大气中金属飘尘的触媒作用而被氧化生成 SO_3，大气中的 SO_3 遇水就会形成硫酸雾，硫酸雾在温度降低时凝结在金属表面会产生强烈的腐蚀作用。

（2）酸雨：烟气中的粉尘会吸收硫酸而变成酸性尘。硫酸雾或酸性尘被雨水淋落就变成了酸雨。以上煤燃烧过程可能产生的硫氧化物，如 SO_2、SO_3、硫酸雾、酸性尘和酸雨等，不仅造成大气污染，而且会引起其他设备的腐蚀。

1-26 简述自脱硫率及其计算方法。

答： 在锅炉燃烧过程中，煤中可燃硫燃烧生成 SO_2 以及少量的 SO_3，煤中钙基化合物通过煅烧分解生成 CaO，CaO 与 SO_2 反应生成 $CaSO_4$，这几类反应交错进行，同时在强烈扰动气流的作用下，煤粉灰粒相互碰撞摩擦，使生成的 $CaSO_4$ 产物更容易脱离被包裹的尚未反应 CaO，促进 CaO 和 SO_2 的进一步反应。

一般采用的自脱硫率公式为：

$$R=(S_{ash}\times A_{ar})/S_{t,ar}\times 100\% \tag{1-8}$$

式中 R——燃煤自脱硫率，%；

S_{ash}——灰中硫含量，%；

A_{ar}——收到基灰分，%；

$S_{t,ar}$——收到基全硫，%。

1-27 简述煤中不同元素的含量特点。

答： 煤中不同元素具有以下特点：

（1）氢元素：氢是煤中的可燃成分。该元素的发热量最高，每千克氢燃烧后放出的热量为 120.37MJ（约为纯碳发热量的 4 倍），但煤中氢的含量较少（为 2%～10%）。煤中的氢元素大多以各种类型的碳氢化合物状态存在，它们在受热时易析出，较易着火和燃烧。随着碳化程度的加深，煤中的氢元素含量减少，即通常情况下煤中氢元素含量从高到低依次为褐煤、烟煤、贫煤、无烟煤。

（2）氧元素：煤中氧元素通常在 1%～15%，随着煤化程度越高，氧的含量越低。通常情况下煤中氧元素含量从高到低依次为褐煤、烟煤、贫煤、无烟煤。

（3）氮元素：煤中氮元素的含量不高，一般都在 2%以下。煤中氮在燃烧时形成氮的氧化物等有害气体，污染环境，当煤中氮元素含量高时，会增加燃料型 NO_x 污染物的生成量。

煤中元素和挥发分的关系见式（1-9）。

$$(H+N+O+S) < V \tag{1-9}$$

1-28 如何利用煤中元素计算煤的发热量？

答：利用元素分析数据计算干燥无灰基高位发热量 $Q_{gr,daf}$，单位为 J/g，推荐采用我国煤炭科学技术研究院的下列经验公式。

对于无烟煤和贫煤：

$$Q_{gr,daf}=334.5C_{daf}+1338H_{daf}+92(S_{daf}-O_{daf})-33.5(A_d-10) \tag{1-10}$$

对于 $C_{daf}>95\%$或 $H_{daf}<1.5\%$的老年无烟煤，第一项 C_{daf}的系数要改用 326.6。

对于瘦煤、焦煤、肥煤、气煤类：

$$Q_{gr,daf}=334.5C_{daf}+1296H_{daf}+92S_{daf}-104.5O_{daf}-29(A_d-10) \tag{1-11}$$

对于长焰煤、弱黏煤和不黏煤类：

$$Q_{gr,daf}=334.5C_{daf}+1296H_{daf}+92S_{daf}-109O_{daf}-18(A_d-10) \tag{1-12}$$

对于褐煤：

$$Q_{gr,daf}=334.5C_{daf}+1275.5H_{daf}+92S_{daf}-109O_{daf}-25(A_d-10) \tag{1-13}$$

褐煤、烟煤（含贫、瘦煤）及无烟煤也可共用下式计算：

$$Q_{gr,daf}=334.5C_{daf}+1296H_{daf}+63S_{daf}-104.5O_{daf}-21(A_d-12) \tag{1-14}$$

在式（1-14）中，对于 $C_{daf}>95\%$或 $H_{daf}\leqslant1.5\%$的煤，C_{daf}项的系数取用 326.6；对于 $C_{daf}<77\%$的煤，H_{daf}项的系数改用 1254.5。在式（1-10）～式（1-13）中，只对干燥基灰分 $A_d>10\%$的煤才计算最后一项（即灰分修正项）。

1-29 简述煤的成分分析基准及定义。

答：由于同种煤的水分和灰分含量常随开采、运输、贮存或气候条件的变化而改变；因此其他成分的含量也随之发生变化。按 GB/T 483《煤质分析试验方法一般规定》，通常采用 4 种不同“基”作为燃料成分分析的基准。

（1）收到基：将全水分计入后得到所应用的煤的成分，用下角标 ar 表示（其中全水分即收到基水分，也可用下角标 t 表示）。

（2）空气干燥基：当煤样在实验室的正常条件下放置（即室温为 20℃，相对湿度为 60%的条件下），煤样会失去一些水分，留下的稳定的水分称为实验室正常条件下的空气干燥水分。以空气干燥过的煤样为基准的成分称为空气干燥基成分，用下角标 ad 表示。

（3）干燥基：若只把水分变化的因素排除，除去水分以外的其他含量作为成分的百分之百，则称为干燥基成分，用下角标 d 表示。

（4）干燥无灰基：在表示煤的成分时，把水分、灰分含量除外，以可燃质成分作为百分之百，称为干燥无灰基成分，用下角标 daf 表示。

1-30 简述煤的不同基准下的成分平衡计算公式。

答：煤在不同基准下的成分平衡计算公式参见表 1-2。

表 1-2　　煤在不同基准下的成分平衡计算公式　　%

基准	元素分析	工业分析
收到基	$M_{ar}+A_{ar}+C_{ar}+H_{ar}+N_{ar}+S_{ar}+O_{ar}=100$	$FC_{ar}+V_{ar}+A_{ar}+M_{ar}=100$
空气干燥基	$M_{ad}+A_{ad}+C_{ad}+H_{ad}+N_{ad}+S_{ad}+O_{ad}=100$	$FC_{ad}+V_{ad}+A_{ad}+M_{ad}=100$
干燥基	$A_d+C_d+H_d+N_d+S_d+O_d=100$	$FC_d+V_d+A_d=100$
干燥无灰基	$C_{daf}+H_{daf}+N_{daf}+S_{daf}+O_{daf}=100$	$FC_{daf}+V_{daf}=100$

1-31　简述煤在不同基准下的成分换算关系。

答：煤在不同基准下的成分换算关系参见表 1-3。

表 1-3　　煤在不同基准下的成分换算关系　　%

已知成分	角码	所求成分			
		收到基	空气干燥基	干燥基	干燥无灰基
收到基	ar	1	$\frac{100-M_{ad}}{100-M_{ar}}$	$\frac{100}{100-M_{ar}}$	$\frac{100}{100-M_{ar}-A_{ar}}$
空气干燥基	ad	$\frac{100-M_{ar}}{100-M_{ad}}$	1	$\frac{100}{100-M_{ad}}$	$\frac{100}{100-M_{ad}-A_{ad}}$
干燥基	d	$\frac{100-M_{ar}}{100}$	$\frac{100-M_{ad}}{100}$	1	$\frac{100}{100-A_{ad}}$
干燥无灰基	daf	$\frac{100-M_{ar}-A_{ar}}{100}$	$\frac{100-M_{ad}-A_{ad}}{100}$	$\frac{100-A_{ad}}{100}$	1

1-32　简述标准煤的定义。

答：各发电厂锅炉所采用的燃料不同，主要分气体燃料、液体燃料和固体燃料三大类。即使是同一类燃料，也因产地不同、燃料成分不一样，发热量相差很大。为了便于比较各发电厂或不同机组的技术水平是否先进，以及相同机组的运行管理水平，将每发 1kWh 电能所消耗的不同发热量的燃料都统一折算为标准煤。标准煤也称煤当量，我国规定标准煤的热值为 29307kJ/kg（7000kcal/kg），将不同品种、不同含量的能源按各自不同的热值换算成每千克热值为 29307kJ/kg 的标准煤，便于相互对比和在总量上进行研究。

1-33　简述煤的折算成分的定义及计算方法。

答：把煤中的灰分、水分、硫分折算到每 4186.8kJ（1000kcal）发热量的百分数，分别称为折算灰分、折算水分、折算硫分［计算分别见式（1-15）～式（1-17）］。灰分、水分、硫分都是有害杂质，但由于煤的发热量不同，仅从它们的百分含量还很难估计它们给锅炉带来的危害程度。引入折算成分后，就可根据折算成分的大小，知道实际进入锅炉中的有害成分的多少，也就能比较清楚地判断这些有害杂质对锅炉的危害程度。

$$A_{ar}^{zs}=A_{ar}\times\frac{4186.8}{Q_{net,ar}} \tag{1-15}$$

$$M_{ar}^{zs}=M_{ar}\times\frac{4186.8}{Q_{net,ar}} \quad (1-16)$$

$$S_{ar}^{zs}=S_{ar}\times\frac{4186.8}{Q_{net,ar}} \quad (1-17)$$

式中 M_{ar}^{zs}、A_{ar}^{zs}、S_{ar}^{zs}——煤样的折算水分、折算灰分和折算硫分，%；

M_{ar}、A_{ar}、S_{ar}——煤样的收到基全水分、收到基灰分、收到基全硫，%；

$Q_{net,ar}$——煤样的收到基低位发热量，kJ/kg。

1-34 简述动力用煤的分类标准。

答：国家标准按煤的煤化程度及工艺性能对煤进行分类。根据煤化程度参数来区分无烟煤、烟煤和褐煤，贫烟属于烟煤的一种。无烟煤煤化程度用干燥无灰基挥发分和氢含量来区分。烟煤除采用干燥无灰基挥发分外，还采用表征烟煤黏结性的参数（黏结指数和胶质层最大厚度）来区分。

作为动力用煤只考虑其燃烧性能，而无需考虑煤的气化、炼焦和煤化工等工艺性能。故可分为无烟煤（V_{daf}≤10%）、贫煤和瘦煤（10%＜V_{daf}≤20%）、烟煤（V_{daf}＞20%）和褐煤（V_{daf}＞37%，透光率 PM≤50）。褐煤与烟煤中长焰煤划分时辅以恒湿无灰基高位发热量 $Q_{gr,maf}$ 的指标划分。

1-35 简述无烟煤的特点。

答：无烟煤俗称白煤或硬煤，是煤化程度最深的煤类，因其燃烧时无黑烟而称无烟煤。我国无烟煤主要分布于华北地区、中南地区、西南地区和福建省。通常无烟煤具有以下几点：

（1）黑色坚硬，有金属光泽。

（2）密度大、硬度大，纯煤的真密度在 1.4～1.9g/cm^3。

（3）V_{daf} 小于 10%，C_{daf} 高达 90%，H_{daf} 一般小于 4%，氧和氮含量通常也较其他煤种偏低。

（4）固定碳含量高，发热量较高。

（5）着火和燃尽困难，燃烧特性差。

对于低灰熔点的无烟煤，在锅炉中燃用必须同时解决着火稳燃与结渣之间的矛盾。

1-36 简述贫瘦煤的特点。

答：在中国煤炭分类国家标准中，对煤化度高、挥发分低、黏结性介于贫煤和瘦煤之间的烟煤的称为贫瘦煤。我国贫瘦煤是用于电厂和其他动力装置的主要煤种之一，主要分布于山西、河南、湖北等地区。通常贫瘦煤具有以下几点：

（1）碳化程度与烟煤相近，性质介于无烟煤与烟煤之间（10%＜V_{daf}≤20%），黏结指数 G 在 5～20。

（2）在加热时产生极少量胶质体，不能单独炼成块状焦炭，为炼焦煤与非炼焦煤之间的过渡煤。

（3）干燥无灰基发热量较高。

（4）着火、燃尽特性优于无烟煤，但仍属于燃烧特性较差的煤种。

1-37 简述烟煤的特点。

答：烟煤具有中等的煤化程度，包括中国煤炭分类表中的焦煤、肥煤、气煤、弱黏煤、不黏煤和长焰煤等煤种。烟煤的分布较广，它是自然界中分布最广和最多的煤种，通常具有以下特点：

（1）挥发分较高。

（2）含碳量 C_{daf} 在 75%～90%，含氢量 H_{daf} 在 4%～6%，含氧量 O_{daf} 在 10%～18%。

（3）烟煤的发热量较高。

（4）易着火、易燃尽，燃烧性能优良。

我国电厂燃用弱黏煤、不黏煤相对较多，而长焰煤及成焦性能较好的品种（如焦、肥、气煤）则较少供电厂使用。对于灰分 A_d＞40%或发热量 $Q_{net,ar}$＜16.70MJ/kg 的烟煤以及灰分 A_d＞32%的洗中煤，应列入低质烟煤的范畴。

1-38 简述褐煤的特点。

答：褐煤又名柴煤，一种介于泥炭与沥青煤之间的棕黑色、无光泽的低级煤。褐煤多作为电厂和民用燃料。我国褐煤产地主要集中在东北地区和内蒙古等省区。褐煤的主要特点是：

（1）褐煤外观多呈褐色，少数为黑褐色甚至黑色。

（2）在空气中存放极易风化碎成小块，并易自燃。

（3）水分高（M_t 在 20%～60%），挥发成分高（V_{daf}＞37%），发热量低（$Q_{net,ar}$＜16.7MJ/kg），并含有数量不等的原生腐殖酸。其中年轻褐煤含较多的水分，燃烧特性较差。

（4）褐煤灰中通常碱土金属含量较高，灰熔点较低。

（5）化学反应性强，在空气中容易风化，不易储存和运输。

1-39 简述煤灰熔融特征温度的定义。

答：煤灰熔融特性（俗称“灰熔点”）是用型灰加热时观测其外形变化而确定的一组特征温度，因而也泛称煤灰熔融温度，常用四个特征温度表示，即变形温度（DT）、软化温度（ST）、半球温度（HT）、流动温度（FT）。实验室测试的灰熔点一般在 1000～1500℃；对于灰熔点大于 1500℃的煤灰，不再做进一步地精确测量，统一用“＞1500℃”表示。

1-40 简述煤灰熔融温度对锅炉结渣的影响。

答：在电站煤粉锅炉中，如果灰处于 DT～FT 温度状态，就会黏在受热面（水冷壁）及炉墙上，形成渣块。结渣后的受热面吸热量减少，使炉膛温度升高；炉膛温度的升高又使结渣更为严重，造成恶性循环，使锅炉无法正常运行。另外，DT 与 FT 的间隔大小对结渣及渣的流动也有影响，间隔较大（约 200℃）的称长渣，间隔较小的（约 100℃）称短渣。长渣凝固较慢，短渣凝固较快。低灰熔融温度的煤可采用液态排渣锅炉燃烧，为提高炉膛内温度，常将一部分水冷壁涂敷耐火材料，以减少吸热量，提高炉膛温度（最高可达 1700℃），以使灰保持液态，顺墙流出排渣口。燃用低灰熔融温度的长渣煤有利于液态渣的形成和排出。

1-41 简述煤灰熔融性软化温度的分级。

答： 通常采用煤灰软化温度 ST 对煤样进行熔融性的分级，根据 MT/T 853.1《煤灰软化温度分级》，煤灰熔融性软化温度的分级见表 1-4。

表 1-4 煤灰熔融性软化温度的分级 ℃

等　级	分 级 范 围
低	ST≤1100
较低	1250≥ST>1100
中等	1350≥ST>1250
较高	1500≥ST>1350
高	ST>1500

注 该指标在弱还原性气氛下测定。

1-42 简述煤灰成分的组成及分类。

答： 煤灰成分与原煤中的矿物质不完全相同，因为在燃烧过程中有脱水、分解等变化。煤灰成分的主要化学成分（氧化物）为 SiO_2、Al_2O_3、Fe_2O_3、CaO、MgO、Na_2O、K_2O、TiO_2、SO_3、P_2O_5，还有少量的 MnO_2。对 Si、Al、Fe、Ca、Mg、Na、K 等主要造灰元素与其成煤的地质环境有一定关系，而灰渣与飞灰的化学成分与各电厂锅炉的燃烧工况有关，因为煤灰的不同成分在燃烧过程中存在炉膛内选择性沉积以及在不同受热面的吸附和渗透等。

对于煤灰成分，按其化学性质，可分为：

（1）酸性氧化物：SiO_2、Al_2O_3 和 TiO_2。

（2）碱性氧化物：Fe_2O_3、CaO、MgO、Na_2O 和 K_2O 等。

1-43 简述不同灰组分金属元素的沸点和熔点。

答： 不同灰组分金属元素的沸点及熔点温度见表 1-5，其中 Na、K 熔点最低，其次是 Al、Mg、Ca，最高是 Fe、Si、Ti。通常低沸点和低熔点的物质含量越多，煤样的灰熔点越低；反之，高沸点和高熔点的物质含量越多，煤样的灰熔点越高。通常，灰中 Ca、Fe、Na、K、Mg 等化学元素对结渣起着促进的作用。

表 1-5 不同灰组分金属元素的沸点及熔点温度

元素	温度（℃）	
	沸点	熔点
Na	880	97.7
K	760	63
Al	2270	658

续表

元素	温度（℃）	
	沸点	熔点
Ca	1400	851
Fe	2500	1530
Mg	1110	650
Si	2392	1410
Ti	3000	1800

1-44 简述不同灰组分氧化物及化合物的熔点温度及化学特性。

答：表 1-6 为不同灰组分氧化物及化合物的熔点温度及化学特性。结合表 1-5 可以看出，一些元素熔点非常低，在很低的温度下就液化、蒸发，遇较冷的水冷壁后凝结，这样就形成了结渣的原生层。其他元素在高温及烟气的影响下转化成比元素融点更低的化合物，或者形成共熔体，其熔点比这些化合物的熔点更低。具有低熔点的共熔体的熔化、蒸发及凝结通常会引起严重的结渣。如，SiO_2 的熔点较高，但与其他碱性氧化物形成硅酸盐、复合硅酸盐或者共熔体，熔点都大大降低。

表 1-6　　不同灰组分氧化物及化合物的熔点温度及化学特性

元素	氧化物	氧化物熔点（℃）	化学特性	化合物	化合物熔点（℃）
Si	SiO_2	1715	酸性	Na_2SiO_3	877
Al	Al_2O_3	2043	酸性	K_2SiO_3	977
Ti	TiO_2	1838	酸性	Al_2O_3–Na_2O–$6SiO_2$	1099
Fe	Fe_2O_3	1566	碱性	Al_2O_3–K_2O–$6SiO_2$	1149
Ca	CaO	2521	碱性	$FeSiO_3$	1143
Mg	MgO	2799	碱性	CaO–Fe_2O_3	1249
Na	Na_2O	1277（升华）	碱性	CaO–MgO–$2SiO_2$	1390
K	K_2O	349（分解）	碱性	$CaSiO_3$	1540

1-45 简述煤灰熔点的影响因素及规律。

答：煤灰熔点的影响因素通常包括：

（1）成分因素：通常煤灰中高熔点的成分越多，灰的熔点就越高。相反，低熔点的成分含量升高会降低灰的熔点。灰分中各种不同成分的物质含量及比例变化时，灰熔点就不同，不同灰成分对灰熔点的影响规律如下：

1）SiO_2 对灰熔点的影响是不一致的，通常 SiO_2 含量越高，灰熔点越高，有关研究表明：当 SiO_2＞45%后，随着其质量分数的升高，灰熔点降低。

2）Al_2O_3 质量比越高，灰熔点通常越高。

3）Fe_2O_3、Na_2O 和 K_2O 含量越高，灰熔点越低。

4）CaO、MgO 对灰熔点的影响是在一定范围内升高时，灰熔点降低；而当此类物质升高到一定程度时，灰熔点有所升高，造成灰熔点假性升高，此时在锅炉燃烧中反而具有更强的结渣性能，如国内部分准东煤具有这种特点。

（2）介质因素：与周边气氛有关，通常在还原性气氛下灰熔点有所降低。

1-46　简述煤灰中铁对煤灰熔点的影响规律。

答： 铁的氧化物的熔点取决于它的存在形态，煤灰中的铁处于 Fe^{2+}及 Fe^{3+}不同价态时，在不同气氛中两种价态的铁离子相互转换，氧化性气氛中，转化为 Fe^{3+}；弱还原性气氛中转化为 Fe^{2+}；而在强还原性气氛中将转化为金属铁。三种价态的铁中，三价铁 Fe_2O_3 熔化温度最高（1560℃），金属铁次之（1535℃），二价铁 FeO 最低（1369℃）。通常情况下，Fe_2O_3 在氧化性下的煤灰熔点高于还原性气氛，且两者的差值随煤灰中含量增加而增大。

1-47　简述煤灰中 CaO 对煤灰熔点的影响规律。

答： 煤灰中碱性氧化物是造成锅炉结渣加重的主要原因。虽然 CaO 含量本身熔点很高，但它有助熔作用，是形成低熔点共融体的重要组成部分。

国内典型煤种煤灰中 CaO 含量与 ST 的相关性见图 1-1，当 CaO 含量大于 20%后，灰熔点有上升趋势。煤灰中 CaO 含量对神府东胜煤灰熔点的影响规律见图 1-2，同样出现了 CaO 含量大于 20%后，灰熔点呈上升趋势；而当 CaO 含量小于 20%时，随着 CaO 含量的增加灰熔点呈下降趋势。

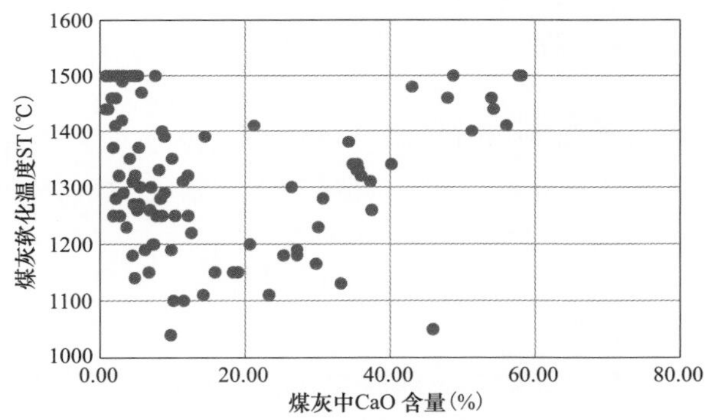

图 1-1　国内典型煤种煤灰中 CaO 含量与 ST 的相关性

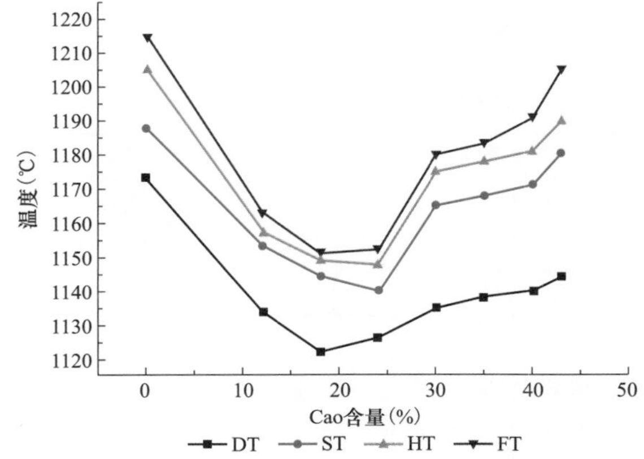

图 1-2　煤灰中 CaO 含量对神府东胜煤灰熔点的影响规律

1-48 简述煤的哈氏可磨性指数定义及等级划分。

答：煤的可磨性标志着煤磨碎的难易程度，一般用哈氏可磨性指数来衡量。该指数实质上表示在相同的磨损能量下所形成的碎煤比表面积增大的程度。实际测量时，该指数是指空气干燥下将标准燃料所测定的燃料由相同粒度破碎到相同细度消耗的能量之比，根据最终的磨制细度确定其哈氏可磨性指数。通常情况下，煤样的哈氏可磨性指数越高，磨煤机的研磨出力越大。哈氏可磨性指数按 GB/T 2565《煤的可磨性指数测定方法　哈德格罗夫法》进行测定。煤的可磨性判别准则按 MT/T 852《煤的哈氏可磨性指数分级》划分，具体见表 1-7。需要说明的是，烟煤、无烟煤的可磨性随温度的变化不明显；而褐煤的可磨性随着温度的变化关系较复杂，因此磨煤机磨制褐煤时的出力不能套用烟煤、无烟煤的出力计算曲线，而必须采用试磨或经验的计算方法。

表 1-7　　煤的可磨性判别准则

煤的哈氏可磨性指数 HGI	煤的可磨性	煤的哈氏可磨性指数 HGI	煤的可磨性
HGI≤40	难	80＜HGI≤100	易
40＜HGI≤60	较难		
60＜HGI≤80	中等	HGI＞100	极易

1-49 简述煤的冲刷磨损指数定义及等级划分。

答：煤的磨损性能表示煤在研磨过程中对碾磨设备研磨件的磨损强烈程度，用煤的磨损指数来表示。对于电厂磨煤机，我国现常用的是煤的冲刷磨损指数，该指标是进行磨煤机选型的重要参数之一。

煤的冲刷磨损指数按 DL/T 465《煤的冲刷磨损指数试验方法》进行测定。该冲刷磨损指数定义为煤样在冲刷试验过程中，从初始状态被破碎至 R_{90}=25%时，单位时间内磨损片的磨损量与标准煤样的磨损量之比，具体参见式（1-18）：

$$K_e = \delta / A\tau \qquad (1\text{-}18)$$

式中　K_e ——煤的冲刷磨损指数；

δ ——纯铁试片在煤样由初始状态破碎到 $R_{90} = 25\%$时的磨损量，mg；

τ ——煤样研磨至 $R_{90} = 25\%$所需时间，min；

A ——准煤的磨损率，$A = 10$mg/min。

煤的冲刷磨损指数的性能划分参见表 1-8。

表 1-8　　煤的冲刷磨损指数的性能划分

煤的冲刷磨损指数 K_e	磨损性	煤的冲刷磨损指数 K_e	磨损性
K_e＜1.0	轻微	5.0＞K_e≥3.5	很强
2.0＞K_e≥1.0	不强	K_e≥5.0	极强
3.5＞K_e≥2.0	较强		

1-50 简述煤灰比电阻值的定义及其影响因素。

答：粉尘排放是燃煤电厂对大气环境的主要污染之一，而静电除尘器是脱除粉尘的主要设备，必须高效稳定运行才能保证粉尘的达标排放。煤灰比电阻值是影响静电除尘器运行性能的关键因素之一。通常比电阻值越低，越有利于静电除尘器的收尘，在电厂运行中影响飞灰比电阻值的主要因素包括：

（1）煤的成分：煤中硫分、水分对比电阻值影响较大，通常煤中硫和水分含量高，比电阻值降低。

（2）煤灰成分：

1）通常 SiO_2、Al_2O_3、CaO 含量越高，比电阻值越高。当飞灰中 Al_2O_3 和 SiO_2 两者之和大于 85%，静电除尘器较难收尘，其中 Al_2O_3 较高时，飞灰黏附性较高，飞灰不易从极线、极板上脱落，造成静电除尘器难以收尘。

2）Na_2O、K_2O、Fe_2O_3、P_2O_5、Li_2O、SO_3 含量越高，比电阻值越低。Na_2O 等碱性氧化物导电性较好，当温度较高时，钠、钾离子活性强，可降低比电阻值。当煤中硫含量较低时，煤灰中碱金属的含量对比电阻值影响较大。

（3）飞灰可燃物：当电厂锅炉烟气中的飞灰可燃物含量达到 5%～10%，甚至更高时，会影响粉尘比电阻值，造成除尘效率下降。

（4）粉尘粒度：通常煤粉越细，粉尘比电阻值越高。

（5）烟气温度：烟气温度对比电阻值影响是随着烟气温度升高，先上升后下降，通常在 120～150℃达到最大值。

（6）烟气湿度：通常烟气湿度越大，比电阻值越低。

实验室测试的煤灰比电阻值主要和测试温度和煤灰成分有关，通常煤灰比电阻值随温度的升高而升高，当温度超过某一临界值时，比电阻值下降。

1-51 简述煤的黏结性定义。

答： 由于煤样水分的存在，在散状物料颗粒之间及物料颗粒和料仓壁之间会形成毛细力，使颗粒之间或颗粒与料仓壁之间因毛细力和机械冲击力等作用而产生黏结。物料黏结性能的好坏采用成球性指数来评价。成球性指数计算参见式（1-19）：

$$K_c=\omega_1/(\omega_2-\omega_1) \tag{1-19}$$

式中 K_c ——成球性指数；

ω_1 ——最大分子水，%；

ω_2 ——最大毛细水，%。

成球性指数 K_c 综合反映了细粒物料的天然性质（颗粒表面的亲水性、颗粒形状及结构状态，如粒度组成、孔隙率等）对物料黏结性强弱的影响。通常该值越高，表示煤样的黏结性越强，流动性越差，容易导致在原煤仓出料的过程中出现原煤堵塞现象。在配置直吹式制粉系统的大型火电厂中，原煤仓一旦发生堵塞，机组将被迫降负荷，或者出现锅炉燃烧不稳定而造成大量投油，严重时会造成锅炉灭火、机组非计划停运等事故。

有资料研究表明，对于无烟煤、贫煤、烟煤，当外部水含量达到时 8%时，原煤仓开始堵煤；当外部水含量达到 10%时，堵煤比较严重；而当外部水含量达到 12%时，堵煤情况就相当严重，具体和输煤系统及落煤管设计有关。

1-52 简述煤中微量元素及有害元素的定义。

答： 煤中元素按含量的多少一般可分为三类：

（1）常量元素：含量较大的元素（＞1%），如 C、H、O、Si、Al 等。

（2）次要元素：含量在 0.5%～1%的元素，如 K、Mg、Na、Ti 等。

（3）痕量元素：含量一般在 0.01～1500mg/m^3 的金属和非金属元素，如 As、Hg、F、Cl 等。

一般把煤中除 C、H、O、N、S 等常量元素以外，含量在 1%以下的所有有毒、致癌、放射性或对环境有潜在有害的元素统称为有害微量元素。

1-53 简述煤中的氟含量及其等级划分。

答：氟是煤中含量较高的微量元素，大多在 20～500μg/g，平均值约为 150μg/g。在煤的燃烧过程中，大部分氟元素以 HF、SiF_4 等气态污染物形式排入大气，不仅严重腐蚀锅炉和烟气净化设备，而且造成大气氟污染和生态环境的破坏。煤中氟含量的等级划分可见 GB/T 20475.5《煤中有害元素含量分级　第 5 部分：氟》，具体见表 1-9。

表 1-9　　煤中氟含量的等级划分

氟含量（μg/g）	级别	氟含量（μg/g）	级别
F_{ar}≤100	特低	200＜F_{ar}≤400	中
100＜F_{ar}≤200	低	F_{ar}＞400	高

1-54 简述煤中氯含量及其等级划分。

答：氯在煤中存在主要以无机氯化物（如 NaCl、$MgCl_2$、$CaCl_2$）、有机氯化物及以氯离子形态存在于煤的水分中。相关文献表明，世界主要产煤国的煤中氯含量相差较大，美国煤中氯含量多在 0.01%～0.90%，英国煤中氯含量一般为 0.01%～0.80%。我国煤中氯含量一般较低，通常都在 0.01%～0.20%，平均值是 0.01925%。目前发现的新疆某些矿区的煤中氯含量较高，达到 0.3%以上，最高接近 0.7%。当煤中氯含量大于 0.30%时，燃烧后就会腐蚀锅炉受热面，缩短设备寿命，煤中氯含量的等级划分可见 GB/T 20475.2《煤中有害元素含量分级　第 2 部分：氯》，具体见表 1-10。电站煤粉锅炉用煤要求煤中氯含量小于等于 0.15，具体参见 GB/T 7562《商品煤质量　发电煤粉锅炉用煤》。

表 1-10　　煤中氯含量的等级划分

氯含量（%）	级别	氯含量（%）	级别
Cl_{ar}≤0.05	特低	0.15＜Cl_{ar}≤0.30	中
0.05＜Cl_{ar}≤0.15	低	Cl_{ar}＞0.30	高

1-55 简述煤中氯含量对烟气高温腐蚀的判别。

答：煤中氯含量对锅炉高温受热面的腐蚀有影响，通常该值越高，对高温受热面腐蚀性能越强，煤中氯含量对高温烟气腐蚀的判别参见表 1-11。

表 1-11　　煤中氯含量对高温烟气腐蚀的判别

氯含量（%）	级别	氯含量（%）	级别
Cl_{ar}≤0.15	特低	Cl_{ar}＞0.35	高
0.15＜Cl_{ar}≤0.35	中		

1-56 **简述煤中砷含量及其等级划分。**

答：砷是煤中常见的有毒致癌的微量元素之一，煤中砷有的以有机形式结合于煤中，有的以砷硫铁矿（FeS_2As）或硫化砷（As_2S_3）形式存在于煤中。砷能与氢、氧、硫等元素形成多种剧毒化合物。在煤燃烧过程中，多数砷形成剧毒的 As_2O_3（砒霜）和 As_2O_5 化合物进入大气环境污染，另一部分则被保留并富集在飞灰、底灰和炉渣中，形成固体残渣污染物，而富集在小粒度的飞灰中会在空气中停留很长时间，易被人和动物吸入体类，对健康造成危害。煤中砷含量的等级划分可见 GB/T 20475.3《煤中有害元素含量分级　第 3 部分：砷》，具体见表 1-12。电站煤粉锅炉用煤要求煤中砷含量小于等于 40μg/g，具体参见 GB/T 7562《商品煤质量　发电煤粉锅炉用煤》。

表 1-12　　**煤中砷含量等级划分**

砷含量（μg/g）	级别	砷含量（μg/g）	级别
As_{ar}≤4	一级	25<As_{ar}≤80	三级
4<As_{ar}≤25	二级	As_{ar}>80	四级

1-57 **简述煤中汞含量及其等级划分。**

答：汞作为重点控制的重金属之一，其主要排放来源于化石燃料的燃烧，燃煤电厂煤炭的燃烧已成为向大气中排放汞的最大源头。GB 13223《火电厂大气污染物排放标准》规定汞及其化合物标准限值为 30μg/m^3。

燃煤烟气中的汞有气态单质汞（Hg^0）、气态二价汞（Hg^{2+}）和颗粒态汞（Hg^P）三种形态，三者之和即为总汞（Hg^T），各种形态汞所占比例取决于煤种、燃烧条件、温度和烟气组成等因素。Hg^0 是烟气中气态汞的主要存在形态，具有较高的挥发性和较低的水溶性，很难被常规烟气处理设施去除；Hg^{2+}可吸附于固体表面，易溶于水，易被湿法脱硫装置去除；Hg^P 可被除尘器脱除。煤中汞含量的等级划分可见 GB 20475.4《煤中有害元素含量分级　第 4 部分：汞》，具体见表 1-13。电站煤粉锅炉用煤要求煤中汞含量小于等于 0.6μg/g，具体参见 GB/T 7562《商品煤质量　发电煤粉锅炉用煤》。

表 1-13　　**煤中汞含量等级划分系**

汞含量（μg/g）	级别	汞含量（μg/g）	级别
Hg_{ar}≤0.15	特低	0.25<Hg_{ar}≤0.60	中
0.15<Hg_{ar}≤0.25	低	Hg_{ar}>0.60	高

1-58 **简述煤中游离 SiO_2 对硅肺病的影响。**

答：煤尘是煤矿的主要职业危害因素之一，煤尘中游离 SiO_2 含量、煤的品位、煤尘浓度都是影响硅肺病发病的重要因素。硅肺的发病率随游离 SiO_2 浓度的升高而增加的。流行病学调查结果和实验研究表明，煤尘中游离 SiO_2 含量超过 5%时，煤工患硅肺病的概率显著增高，且患病率随呼吸性粉尘的浓度的升高而增加。不同煤种的游离 SiO_2 含量是不同的，通常情况下无烟煤中的游离 SiO_2 含量高于褐煤矿和烟煤矿。

1-59 简述电站锅炉发电用煤质量划分标准。

答：西安热工研究院有限公司和煤炭科学技术研究院北京煤化学研究所在总结电厂长期运行经验的基础上，提出挥发分、灰分、水分、硫分和灰熔点的发电用煤质量分类表，即 GB/T 7562《商品煤质量　发电煤粉锅炉用煤》。它较全面概括了发电用煤的属性，可用于设计及运行管理部门对电厂用煤的选择，或煤炭部门的产、运、销各个环节，并可作为电厂配煤掺烧等措施的依据。

1-60 简述高钠煤的分类标准。

答：根据中国电力企业联合会标准 T/CEC 154《电站煤粉锅炉入炉燃料的分类与选择》，定义高钠煤为煤灰中钠和钾两种碱金属含量高且煤灰结渣沾污性强的煤种。根据煤灰中折算钠（折算 Na_2O，%）对高钠煤进行分类，高钠煤的分类表见表 1-14。

折算 Na_2O 的计算见式（1-20）：

$$折算\ Na_2O = Na_2O + 0.659K_2O \tag{1-20}$$

式中　Na_2O——煤灰中 Na_2O 的质量百分比，%；

K_2O——煤灰中 K_2O 的质量百分比，%。

表 1-14　**高钠煤的分类表**

类　别	折算 Na_2O（%）	类　别	折算 Na_2O（%）
一级高碱煤	2.5＜折算 Na_2O≤3.0	三级高碱煤	折算 Na_2O≥5.0
二级高碱煤	3.0＜折算 Na_2O≤5.0		

1-61 简述煤灰中 Na_2O 含量的测定方法。

答：煤中钠可分为有机钠和无机钠，也可分为水溶性钠、醋酸铵溶钠、稀盐酸溶钠和不溶性钠。煤灰中 Na_2O 的测量通常按照 GB/T 1574《煤灰成分分析方法》制灰和测量，将原煤在 815±10℃条件下缓慢灰化制得测量用灰样。

研究发现，成灰温度不仅影响煤灰中钠含量，还影响钠的赋存形态，尤其是对高钠煤。准东煤中钠含量为 0.1%～0.2%，钙含量为 0.6%～2.5%，高于我国常规动力煤中钠和钙的含量。在国标法制灰过程中，煤中的主要金属元素均有不同程度的逃逸，有关资料表明 Na_2O 和 K_2O 的逃逸率分别高达 27.36%和 84.27%，CaO 的逃逸率高达 58.77%。对于高钠煤，815℃高温灰化法将导致钠的测定结果偏低。逐级萃取法所得钠含量最高，但操作步骤多、耗时长，可采用低温（＜537℃）灰化法作为高钠煤中钠含量检测的前处理方法。

1-62 简述煤炭长期存放对煤质的影响。

答：煤炭在露天长期存放时，受到风、雨、雪、日光等的不断作用及温度变化影响，煤质会发生很多变化，其变化程度与存储条件、时间及煤种直接相关，煤质发生变化的主要指标包括：

（1）发热量降低：通常无烟煤和贫煤的发热量下降较小，烟煤和褐煤的发热量下降较多。

（2）挥发分变化：对煤质变化程度高的煤种挥发分有所升高，反之对煤质变化程度低的煤种挥发分则有所降低。

（3）灰分产率增加：煤氧化后有机质减少，导致灰分产率相对增加，发热量降低。

（4）元素组成变化：碳和氢含量一般会降低，氧含量快速增加，而硫酸盐也有所升高。这主要是含硫铁矿较多的煤在有水存在的条件下，硫铁矿易被氧化成硫酸盐。

（5）抗破碎强度降低：煤的氧化就是煤的风化，煤炭风化后抗破碎强度降低，可磨性指数升高。

1-63 简述封闭煤棚的定义。

答：《中华人民共和国大气污染防治法》（2015 修订）第七十二条规定：贮存煤炭、煤矸石、煤渣、煤灰、水泥、石灰、石膏、砂土等易产生扬尘的物料应当密闭；不能密闭的，应当设置不低于堆放物高度的严密围挡并采取有效覆盖措施防治扬尘污染。根据 GB 50660《大中型火力发电厂设计规范》要求，火电厂的储煤场应采取防治扬尘污染措施。位于湿润、低风速地区的火电厂煤场，可采用喷洒等措施；位于大风干燥地区或环境要求敏感地区的火电厂煤场，可采用防风抑尘网或封闭煤棚等措施防治煤场扬尘污染。常见封闭煤棚的形式包括圆形封闭煤棚、条形封闭煤棚和球型薄壳混凝土封闭煤棚等，其中条形封闭煤棚根据围护结构材料不同又分为空间网格结构形式（网架、立体桁架和张弦结构）和气膜结构形式。根据已经建成的封闭煤棚结构的技术经济指标的比较，空间网架结构具有明显优势，目前已成为封闭煤棚结构的主要结构形式，三心圆钢网架结构示意图、平板钢网架结构示意图、拱形钢网架结构示意图分别见图 1-3～图 1-5。

图 1-3 三心圆钢网架结构示意图

图 1-4 平板钢网架结构示意图

图 1-5　拱形钢网架结构示意图

1-64　简述封闭煤棚的优点。

答：在火电厂的运行过程中，煤场扬尘问题越来越多地受到关注，封闭煤棚可充分抑制煤尘飞扬扩散，减少对周围环境的污染，主要优势包括：

（1）可减少煤堆自燃损失，杜绝煤尘飞扬和雨水冲刷损失。

（2）有效防止在雨季燃煤含水量的增加，可减少锅炉排烟损失。

（3）避免堆煤受日光曝晒，防止堆煤自燃。

（4）存放在煤棚内的燃煤不受气候条件影响，工作时给料均匀，能有效减少筛碎设备、落煤管的堵煤现象，故厂内输煤系统能长时间在额定工况下运行，同时减少了运行人员清理落煤管的工作量。

（5）避免原煤仓发生结仓。结仓清理工作难度大，需降低发电负荷，甚至引起停机。

（6）防止雨季或冬季皮带的跑偏打滑和皮带接头被戗起，提高设备利用率。

（7）降低堆取料机限位保护及配电箱、端子箱、轴承、减速机等的设备故障。

（8）改善检修人员在雨季、冬季检修或抢修的工作条件。

1-65　简述封闭煤棚的设计注意事项。

答：封闭煤棚设计的注意事项主要包括：

（1）根据燃煤特性和运输条件确定储煤时间。

（2）合理进行总图布置。

（3）合理确定煤场占地面积和防火分区。

（4）合理选择煤场结构形式并进行结构防火设计。

（5）合理拟定工艺工程，尽可能实现燃煤先进先出。

（6）选择合适的煤场设备，考虑移动机械作业通道。

（7）合理设置安全出口和车辆出口。

（8）优化通风除尘设计，合理设置安监系统。

（9）应进行防爆设计，重视消防设计。

（10）施工图说明增加相关运行要求。

第二章

电站锅炉动力用煤的燃烧性能

2-1 简述动力用煤的燃烧性能。

答：动力用煤的燃烧性能主要指动力用煤在燃烧过程中表现出的性能特征，主要包括：

（1）着火性能。

（2）燃尽性能。

（3）结渣和沾污性能。

（4）污染物排放性能。

（5）腐蚀性能。

（6）自燃特性。

（7）煤粉爆炸性能。

（8）飞灰磨损性能等。

2-2 简述煤的着火性能及其对锅炉设计及运行的影响。

答：在一定温度下，在含有氧化剂的混合物中，燃料能以逐渐增长的反应速度发生反应。同时，在一定条件下化学反应变得十分迅速，煤从被加热到开始燃烧时的温度称为着火温度，即着火点、燃点。

煤的着火性能是反映煤燃烧性能的重要特性指标之一，通常用煤的着火温度来判断煤的着火性能。

着火性能差的煤在锅炉燃用中会出现火焰稳定性差、燃烧不稳等问题；着火性能特优的煤种，则可能烧坏燃烧器，发生煤粉爆炸等事故。

针对着火性能不同的煤种，制粉系统类型、燃烧方式、燃烧器型式及布置方式、炉膛热强度参数等的选取和设计需要特别注意。

2-3 简述煤的着火稳定性与最低不投油稳燃负荷的相关性。

答：锅炉不投辅助燃料助燃稳定燃烧的最低负荷（蒸发量）称为锅炉最低不投油稳燃负荷，它反映了锅炉的燃烧稳定性。锅炉最低不投油稳燃负荷与锅炉最大连续出力的百分比称为锅炉最低不投油稳燃负荷率，通常也称为锅炉的最低不投油稳燃负荷。

最低不投油稳燃负荷由最低稳定燃烧负荷试验确定，一般低于锅炉制造厂的设计值。通常情况下，煤样的着火稳定性越好，锅炉最低不投油稳燃负荷就越低。国内现役机组的运行情况表明：

（1）着火性能优良的褐煤和烟煤锅炉的最低不投油稳燃负荷 D_{min} 在 20%～40%。

（2）着火性能中等或者较差的无烟煤和贫煤锅炉的最低不投油稳燃负荷 D_{min} 在 40%～60%。

2-4　简述着火性能判别的主要指标及试验方法。

答：判别燃煤着火性能的指标主要包括：

（1）挥发分指标 V_{daf}：通常情况下，干燥无灰基挥发分越高，煤的着火性能越好。褐煤着火性能最优，其次是烟煤，再次是贫煤，无烟煤最差。

（2）热重着火指数：在微量煤粉且静态下通过测试煤粉的热重曲线得到的着火性能判别指标。

（3）煤粉气流着火温度 IT：具体测试方法参见 DL/T 1446《煤粉气流着火温度的测定方法》。

其中煤粉气流着火温度 IT 是通过专业燃烧试验台，模拟煤粉气流在煤粉锅炉的状态得出的指标参数，已有大量的工业应用业绩，与实际耦合精度相对较高。

2-5　简述挥发分作为着火性能初级判别指标的局限性。

答：煤的可燃基挥发分 V_{daf} 一直是判别煤燃烧性能的一般指标。它从总的趋势上反映了从褐煤到无烟煤的煤质变化，成为煤的主要分类指标，也可以大致用来评价着火性能。对于煤粉燃烧，存在以下局限性：

（1）V_{daf} 作为煤燃烧性能的判据，属于认知度高但比较粗糙的指标。

（2）对于挥发分较高的煤种（如 $V_{daf}>25\%$），电站煤粉锅炉中的着火燃尽性能相差不大，仅凭 V_{daf} 指标难以精确判别。

（3）对于难燃的贫煤、灰分高的劣烟煤，特别是无烟煤，着火和燃尽问题突出，影响燃烧性能的因素复杂多变，挥发分指标过于单一因而失真明显。例如，福建加福煤和龙岩煤都属于低挥发分无烟煤，但燃烧性能相差较大。龙岩煤的 V_{daf} 为 4.2%，而加福煤 V_{daf} 为 5.8%，但龙岩煤的燃烧稳定性及燃烧效率明显优于加福煤。

从统计资料看，燃烧效率及火焰稳定性随灰分升高而下降，随热值升高而上升，评价这类劣质煤的燃烧性能不宜用 V_{daf} 作为单一判据。

2-6　简述热重分析对煤粉燃烧性能的测试原理。

答：热重分析是在程序控制温度下测量试样质量与温度关系的一种技术，通过实验结果的质量与温度函数关系（TG 曲线），将质量对时间求导得出微商热重曲线（DTG 曲线）。该曲线可以明显反应煤燃烧过程的几个阶段，通常在较低温度下形成水分析出峰，然后是可燃质的燃烧峰，单一煤种通常只有一个燃烧峰，典型单一动力用煤的燃烧速度 DTG 曲线见图 2-1；当两种燃烧性能有差异的煤种掺烧时易出现双峰现象，典型两种燃烧性能有所差异的动力用煤混煤的燃烧速度 DTG 曲线见图 2-2；对于部分混煤，燃烧峰可能出现三次。因此通过热重燃烧曲线可以初步判别试验煤样是否为混煤。

对 DGT 曲线进行相关指标提取和处理，可得出反映煤粉燃烧性能的着火和燃尽等指标。具体实验和数据处理方法可参见 T/CSEE 0073《动力用煤燃烧性能的热重测试及评价方法》

以及其他相关标准。

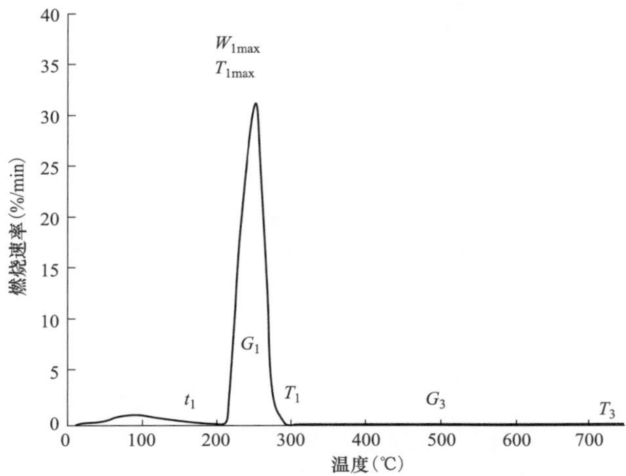

图 2-1　典型单一动力用煤的燃烧速度 DTG 曲线

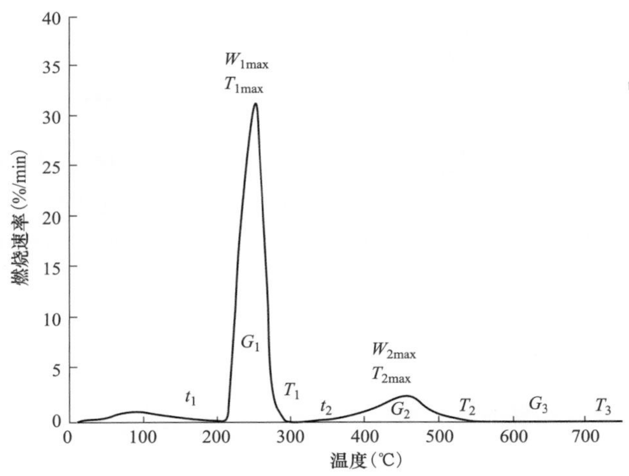

图 2-2　典型两种燃烧性能有所差异的动力用煤混煤的燃烧速度 DTG 曲线

当试样燃烧速度曲线为单峰时，根据图 2-1 确定 7 个特征:

t_1——第一个燃烧峰对应的初始反应温度，℃；

W_{1max}——第一个燃烧峰中纵坐标最高值 W_{1max} 即定义为最高燃烧速度，%/min；

T_{1max}——第一个燃烧峰的最高燃烧反应速率对应温度，℃；

T_1——第一个燃烧峰结束时的温度，℃；

G_1——t_1 到 T_1 温度范围内第一个燃烧峰下烧掉的燃料量，mg；

T_3——试验结束温度，℃；

G_3——T_1 到 T_3 温度范围内一个燃烧峰后烧掉的燃料量，mg；

当试样燃烧速度曲线为双峰时，除前述单峰燃烧曲线的特征指标外，依据图 2-2 还需确定以下 5 项特征指标：

t_2——第二个燃烧峰对应的初始反应温度，℃；

W_{2max}——第二个燃烧峰的最高燃烧反应速率，%/min；
T_{2max}——第二个燃烧峰的最高燃烧反应速率对应温度，℃；
T_2——第二个燃烧峰的结束温度，℃；
G_2——t_2 到 T_2 温度范围内第二个燃烧峰下烧掉的燃料量，mg；
G_3——T_2 到 T_3 温度范围内第二个燃烧峰后烧掉的燃料量，mg。

2-7 简述热重指标 CSI 对煤粉着火性能难易的判别。

答：西安热工研究院有限公司根据不同煤种的热重燃烧性能曲线，通过提取特征指标得到了能够反应单一煤种或者多煤种着火性能的 CSI 指标，同时根据具有工业应用价值的煤粉气流着火温度 IT 对 CSI 指标进行了着火等级难易的划分，CSI 指标对煤样着火性能的判别见表 2-1。

表 2-1　CSI 指标对煤样着火性能的判别

CSI（℃）	评价等级	CSI（℃）	评价等级
CSI≥425	极难	325>CSI≥275	易
425>CSI≥375	难	CSI<275	极易
375>CSI≥325	中等		

2-8 简述煤粉气流着火温度试验炉对煤粉着火性能的测试原理及判别。

答：为了得出直观的煤粉气流着火特性数据并研究着火影响条件，国内外一般采用专门的煤粉气流着火试验炉进行测试，西安热工研究院有限公司的煤粉气流着火温度试验炉及系统示意图见图 2-3。

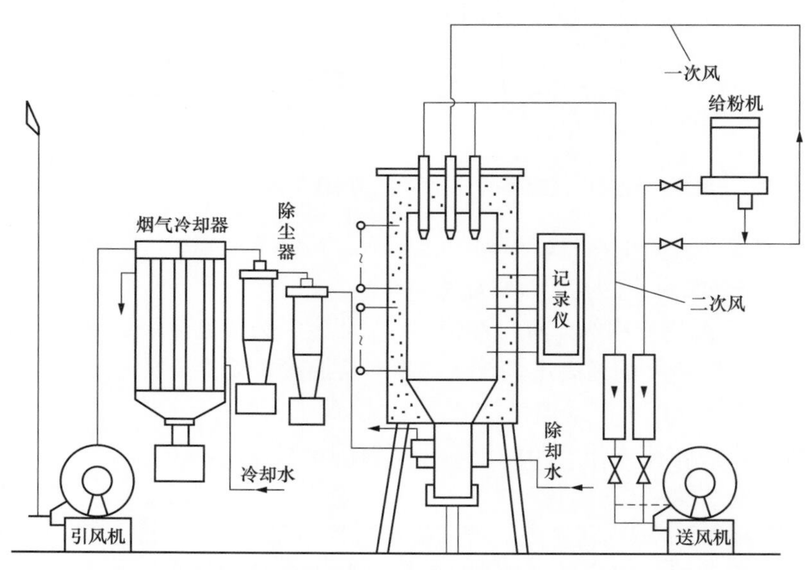

图 2-3　西安热工研究院有限公司的煤粉气流着火温度试验炉及系统示意图

试验炉采用小功率圆筒型立式炉膛，通过圆管形一次风喷口，以规定速度连续向下喷入规定浓度的煤粉空气混合气流。同时炉壁以一定的升温速率连续加热，煤粉空气混合气流吸收炉壁的热量，其温度也逐步升高。当煤粉空气混合气流达到并超过炉壁温度时，即煤粉空气混合气流由吸热变为放热，煤粉空气混合气流与炉壁温度相等时的温度即为煤粉气流着火温度，具体测试方法参见 DL/T 1446《煤粉气流着火温度的测定方法》。煤粉气流着火温度对煤样着火性能难易的判别见表 2-2。

表 2-2　　煤粉气流着火温度对煤样着火性能难易的判别

IT（℃）	着火性能判别	IT（℃）	着火性能判别
IT＞850	极难	570＜IT≤630	易
700＜IT≤850	难	IT≤570	极易
630＜IT≤700	中等		

2-9 简述煤粉燃尽的原理及影响因素。

答：煤粉的燃烧过程可粗略描述为煤粉受热→水分析出→继续受热→大量挥发分析出→挥发分着火→引燃焦炭，并继续析出残余部分的挥发分，挥发分与焦炭一道燃尽最终形成灰渣。当焦炭大部分烧掉以后，煤中灰分将对燃尽产生较大影响。影响燃尽过程的通常认为是煤的内部灰分。其过程是当焦炭粒从外表面到中心一层一层地燃烧，均匀分布于可燃质中的内在灰就裹在内层焦炭上，形成一层灰壳，灰壳将阻碍氧由外层到焦炭中心的扩散，使燃尽时间延长。但实际运行经验表明，灰壳对燃尽的影响远小于炉膛温度较低而降低化学反应速度因素。另外，如果煤灰熔点低，灰壳熔融从焦表面上分离，不易形成灰壳，加之焦炭粒之间可能互相碰撞破碎，也可能撞到墙上而使灰壳裂开解脱等均表明裹灰对燃尽的影响并不十分严重。

除煤本身的原因外，在电站煤粉锅炉中，提高燃尽的主要方法有提高运行氧量、降低煤粉细度 R_{90}、增加煤粉在炉膛内的停留时间以及设计时增加炉膛燃烧区温度等。

2-10 简述煤粉燃尽性能的判别指标及测试方法。

答：煤粉的燃尽性能较难从煤的常规分析数据中反映出来，通常采用的判别手段都是借助于特殊的燃烧试验装置：

（1）挥发分 V_{daf}。通常情况下 V_{daf}越高，煤粉的燃尽性能越好，如按照煤种判别，燃尽性能从优到差依次为褐煤、烟煤、贫煤、无烟煤。

（2）热重燃尽指标 BI 等。具体测试原理见 2-6 问。

（3）一维火焰炉燃尽率 B_p 等。模拟电站煤粉锅炉的燃烧状态，对煤粉的燃尽性能进行测试，该试验条件和电站煤粉锅炉更为接近，试验结果能更好指导工程应用。

2-11 简述热重燃尽指标对煤粉燃尽性能的判别。

答：西安热工研究院有限公司根据不同煤种的热重燃烧性能曲线，通过提取特征指标得到了能够反应单一煤种或者多煤种燃尽性能的燃尽指标 BI，同时根据具有工业应用价值的一维火焰炉燃尽率 B_p 对 BI 指标进行了燃尽性能难易的划分，热重试验 BI 指标对燃尽性能的判别见表 2-3。

表 2-3　　热重试验 **BI** 指标对燃尽性能的判别

BI	评价等级	BI	评价等级
BI≥14.00	极难	6.00>BI≥3.50	易
14.00>BI≥9.00	难	BI<3.50	极易
9.00>BI≥6.00	中等		

2-12 简述一维火焰炉燃烧试验的燃尽性能的测试方法及判别。

答：一维火焰炉燃尽率 B_p 测试方法参见 DL/T 1106《煤粉燃烧结渣特性和燃尽率一维火焰炉测试方法》，一维火焰炉示意图见图 2-4。

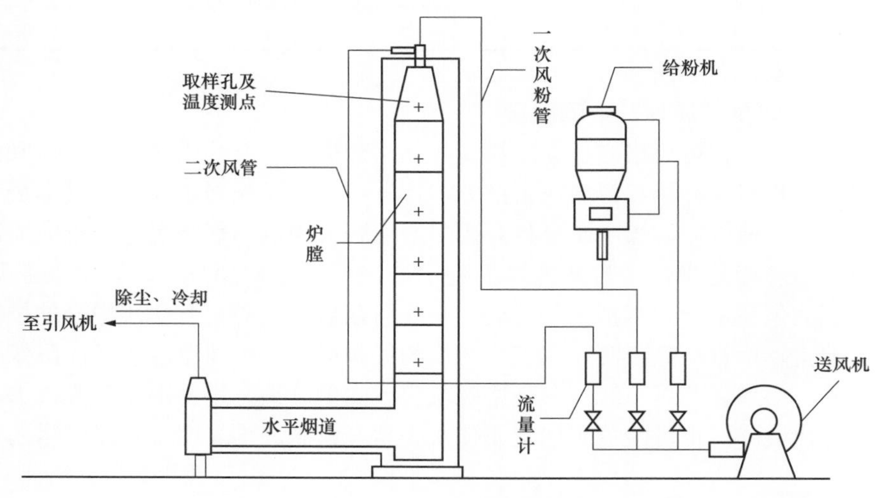

图 2-4　一维火焰炉示意图

在一维火焰试验炉上按规定的工况条件进行测试，试验过程中用抽气热电偶测定沿程火焰温度，并抽取燃烧产物中的焦炭（或称飞灰）样。分析焦炭样的灰分含量 A，从而按式（2-1）计算出焦炭的燃尽率 B：

$$B = [1-(A_0/A)]/(1-A_0) \tag{2-1}$$

式中　A_0——试验用入炉煤粉的干燥基灰分。

一维火焰炉工况一、工况二和两工况平均值的燃尽性能的难易判别见表 2-4。

表 2-4　　一维火焰炉工况一、工况二和两工况平均值的燃尽性能难易的判别

B_1（%）	B_2（%）	B_p（%）	燃尽性能判别
B_1≤91.5	B_2≤85.6	B_p≤88.6	极难
91.5<B_1≤95.2	85.6<B_2≤91.5	88.6<B_p≤93.3	难
95.2<B_1≤96.9	91.5<B_2≤94.4	93.3<B_p≤95.7	中等
96.9<B_1≤99.0	94.4<B_2≤97.7	95.7<B_p≤98.3	易
B_1>99.0	B_2>97.7	B_p>98.3	极易

注　B_1 为工况一的燃尽率，B_2 为工况二的燃尽率。

2-13 简述煤灰结渣性能定义。

答：结渣，即煤中的灰分在燃烧过程中发生熔融黏聚，在受热面上凝固堆积形成渣粒或渣块。在锅炉正常运行状态下，熔融的灰在贴近水冷壁时，被冷却而形成固态的灰或灰渣，细灰粒可能吸附在受热面上形成积灰；大块渣从炉底冷灰斗落下并排出。但是，当熔融的灰渣接近受热面时未被冷却凝固，并与受热面相碰，大块渣黏附在受热面外壁上，这时便形成了"结渣"现象。图 2-5～图 2-7 分别是锅炉燃用严重结渣煤种在燃烧器喷口出现熔融渣块、出现屏底结渣搭桥以及炉底出现坚硬的熔融大渣。

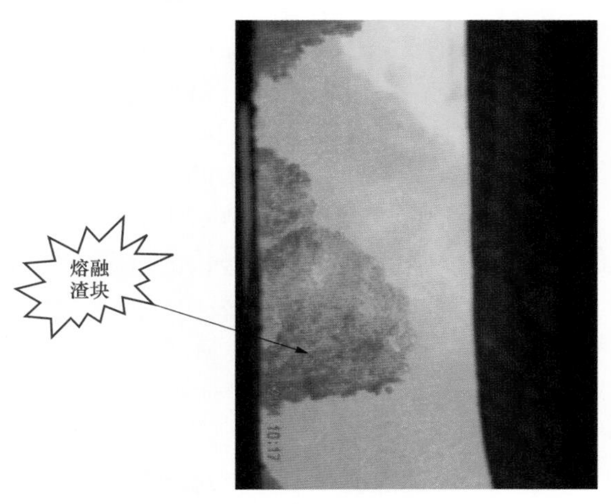

图 2-5 锅炉燃用严重结渣煤种在燃烧器喷口出现熔融状流渣

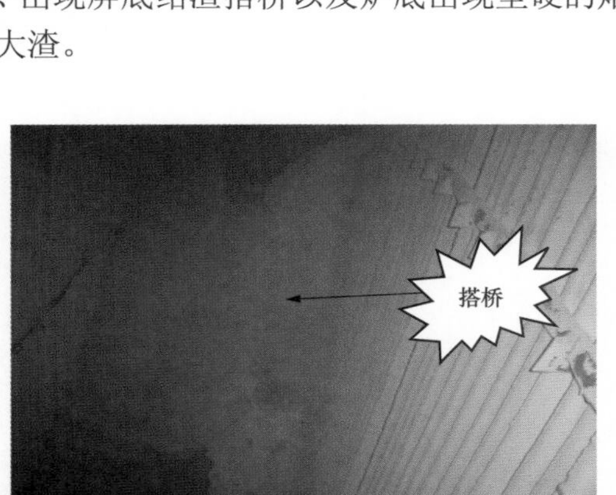

图 2-6 锅炉燃用严重结渣煤种出现屏底结渣搭桥

图 2-7 锅炉燃用严重结渣煤种炉底出现坚硬的熔融大渣

2-14 简述煤中硫对结渣性能的影响。

答：第一类黄铁矿的氧化反应，如果硫在煤中以黄铁矿的形式出现，它可通过水分或者氧气氧化。黄铁矿与水反应首先生成 FeO，继而氧化为 Fe_2O_3：

$$FeS+H_2O \rightleftharpoons FeO+H_2S$$

$$2FeO+1/2O_2 \rightleftharpoons Fe_2O_3$$

第一步反应在约 1000℃以上即为正反应。在燃烧室中，含黄铁矿的煤在缺氧燃烧时，除与煤一起送入的黄铁矿外，时有 FeO 作为中间产物出现。FeO 与 FeS 形成极易熔化的共熔体，其流动温度比单一的 FeO 或 FeS 的流动温度要低得多。熔融的 FeO-FeS 共熔体黏附到水冷壁后凝固，并继续氧化为 Fe_2O_3 产生结渣的原生层。由黄铁矿引起的结渣原生层中 Fe_2O_3 的含量要比所燃煤种中的 Fe_2O_3 含量约高 5 倍。

第二类黄铁矿的氧化反应是在空气中的氧化引起的，生成 $FeSO_4$：

$$FeS+2O_2 \rightleftharpoons FeSO_4$$

在有氧的气氛中，$FeSO_4$只可能按照下列反应式分解：

$$2FeSO_4+1/2O_2 \rightarrow 2FeO_2+SO_2+SO_3$$

这样黄铁矿首先与氧反应生成$FeSO_4$，继而产生FeO_2，这种物质对结渣无促进作用，而在这个反应中不产生强化结渣的FeO中间产物。

实践发现，在燃烧含黄铁矿潮湿的煤时，上述两类反应均有发生，关于这两个反应哪个占主导地位，主要取决于炉膛内的过量空气系数及煤的水分。

燃用高硫煤的运行经验表明，随着硫和铁含量的增加，结渣趋于严重，如果煤中含硫量超过1.5%，同时灰中铁含量（按Fe_2O_3计）超过7%，那么燃用这种煤时容易出现结渣问题。

2-15 简述煤灰中氧化钙对结渣性能的影响。

答：在燃烧含钙、硫的煤时所产生的结渣层中总有$CaSO_4$存在。钙具有类似铁的影响，由钙引起的结渣主要发生在褐煤和部分烟煤锅炉上，原因有两个：一是碱（土）金属盐的熔点及沸点相对低，在较低温度下即开始蒸发，遇冷的水冷壁时就凝结在上面；另一个原因是形成了$CaSO_4$和CaS的共熔体，其两种组分是CaO硫酸化反应产生的：

$$4CaO+4SO_2 \rightleftharpoons 3CaSO_4+CaS$$

2-16 结渣性能的常用判别指标有哪些？

答：煤灰结渣性能的判别常采用以下指标：

（1）灰熔融温度。

（2）碱酸比（B/A）。

（3）硫结渣指数R_S。

（4）硅比S_p。

（5）硅铝比（S/A）。

（6）碱金属总量Na_2O+K_2O。

（7）灰成分综合指数R_Z。

（8）煤粉燃烧试验炉的结渣判别指标，如一维火焰炉结渣指标S_c等。

目前上述指标除燃烧试验炉指标外，其余指标均不能高精度判别所有煤种的结渣性能，均有不同程度的局限性。

2-17 用灰熔融温度判别煤灰结渣性能的标准是什么？

答：利用单一的熔融温度或它们的组合作为结渣性能判别指标的方法，国内常用煤灰软化温度ST指标对煤灰的结渣性能进行判别，ST越低则煤灰的结渣性能越严重，ST指标判别结渣性的分级界限见表2-5。该指标适用于硅铝质煤，对钙质煤和高碱（土）金属煤种的结渣判别精度较低。

表2-5　ST指标判别结渣性的分级界限

ST（℃）	ST＞1340	1340≥ST＞1230	1230≥ST＞1150	ST＜1150
结渣倾向	低	中等	高	严重

2-18 用碱酸比（B/A）判别煤灰结渣性能的标准是什么？

答： 碱酸比（B/A）定义：$B/A=(Fe_2O_3+CaO+MgO+Na_2O+K_2O)/(SiO_2+Al_2O_3+TiO_2)$。

B/A 指标越高，即煤灰中的碱性氧化物成分越高、酸性氧化物成分越低，则煤灰的结渣性能越强，B/A 指标判别结渣性的分级界限见表 2-6。B/A 指标没有考虑各种碱性氧化物助熔作用的差异，以及酸性成分间的相互作用。当碱金属钠和钾在灰中份额偏大时，将会显著影响 B/A 判别的准确性。

表 2-6　B/A 指标判别结渣性的分级界限

B/A	B/A≤0.5	0.5＜B/A≤1.0	1.0＜B/A≤1.75
结渣倾向	低	中	高～严重

2-19 用硫结渣指数 R_S 判别煤灰结渣性能的标准是什么？

答： 煤中硫分较大部分以黄铁矿形态存在，炉膛若呈弱还原性或还原性气氛，则 FeS_2 易氧化生成 FeO 甚至纯铁，它们的熔点较低且对灰渣有助熔作用。另外，燃烧生成的硫氧化物与钠钾氧化物反应生成的 Na_2SO_4 及 K_2SO_4 也会起较强的助熔作用。为体现 FeS_2（及有机硫）对结渣性能的影响，将 B/A 再乘以干燥基全硫 $S_{t,d}$，得到硫结渣指数 R_S，具体计算见式（2-2）。

$$R_S=B/A \cdot S_{t,d} \tag{2-2}$$

该指标最初是对美国东部煤提出的，其判别结渣性的分级界限见表 2-7，该分级范围适用于 $S_{t,d}>1.5\%$、$B/A\approx0.6$ 的烟煤、褐煤，不适用于次烟煤。

表 2-7　R_S 指标判别结渣性的分级界限

R_S（%）	$R_S<0.6$	$0.6\leq R_S<2.0$	$2.0\leq R_S<2.6$	$R_S>2.6$
结渣倾向	低	中	高	严重

2-20 用硅比 S_p 判别煤灰结渣性能的标准是什么？

答： 硅比 S_p 是一个权衡液态渣黏度的指标。S_p 增加使灰渣在较高温度固化。硅比 S_p 的计算见式（2-3）。

$$S_p=SiO_2\times100/(SiO_2+\text{当量 }Fe_2O_3+CaO+MgO) \tag{2-3}$$

其中：当量 $Fe_2O_3=Fe_2O_3+1.11FeO+1.43Fe$。

德国及美国 B&W 公司给出的用 S_p 指标判别结渣性的分级界限见表 2-8。

表 2-8　S_p 指标判别结渣性的分级界限

德国	$S_p>72$	$72\geq S_p>65$	$S_p<65$
	低	中	高
美国 B&W 公司	$80\geq S_p>72$	$72\geq S_p>65$	$65\geq S_p>50$
	低	中	严重

2-21 如何用硅铝比（S/A）以及钾钠含量判别煤灰结渣性能？

答： 硅铝氧化物均为酸性，通常两者含量之和越高，煤灰熔点越高，结渣性能越低。但硅氧化物易与碱性氧化物结合生成熔点较低的硅酸盐。在 B/A 相同的条件下，S/A 高的煤灰具有较低的灰熔融温度。由于相互作用较复杂，很难得出分级数值范围。

灰中钠、钾含量高会促使受热面沾污增强，与其他成分结合会明显降低灰熔融温度。有研究认为，受热面上的结渣主要是沾污引起的，如果没有沾污，就不会结渣。因此煤的沾污倾向也决定了结渣倾向。通常灰中 Na_2O 及 K_2O 含量高，结渣倾向也高。当煤灰中 Na_2O 含量大于 3%时，一般就会出现较严重的沾污和结渣。

2-22 用灰成分综合判别指数 R_z 判别煤灰结渣性能的标准是什么？

答：原哈尔滨普华煤燃烧技术开发中心根据国内煤灰成分及在实际炉膛内的结渣表现，统计分析制定了综合判别指数 R_z，用 R_z 指标判别结渣等级的界限见表 2-9。R_z=1.24B/A+0.28S/A−0.0023ST−0.019S_p+5.4。

表 2-9　　R_z 指标判别结渣等级的界限

R_z	$R_z<1.5$	$1.5\leqslant R_z\leqslant 2$	$R_z>2$
结渣倾向	不易	中等	易

2-23 简述燃烧试验炉测定煤灰结渣性能的方法和原理。

答：由于炉膛内结渣机理的复杂性，以及煤本身结渣性能指标的准确性不够，国内外许多单位和研究者都转而在试验炉上进行煤的试烧试验，以求得到直观的结论。一般的做法是在试验炉炉膛内装设热流片，以气体或液体冷却并控制热流片金属外壁温度，以模拟水冷壁管上的结渣工况条件。试验中观测灰渣的黏聚或熔融状态、脱落的难易与周期以及结渣对传热的影响等现象。另外在后部烟道里装设模拟过热器的管组，根据管组进出口介质吸热量变化及挂渣情况以确定过热器管上的结渣性能。

2-24 简述一维火焰燃烧试验炉测定煤灰结渣性能的方法。

答：在一维火焰炉上采用渣型对比的试验方法确定试验煤样的结渣性能，具体参见 DL/T 1106《煤粉燃烧结渣特性和燃尽率一维火焰炉测试方法》。在一维炉上主要进行小型试烧试验，调整好六级炉体的壁温，使炉膛内各区域的煤粉火焰温度分别处于 1000～1500℃的水平，待火焰温度稳定后，将六个碳化硅结渣棒（探针）沿火焰行程在选定的测孔插入，使各结渣棒分别处于着火初期、最高火焰温度区、中等温度区及炉膛出口处。结渣测试时间根据煤的灰分含量确定，其控制原则是在测试期间内流经炉膛的总灰量为 0.5kg。取出结渣棒后复测火焰温度，以检验结渣棒插入前后的温度偏差，对取出的结渣棒进行渣型评定。按灰渣黏聚的紧密程度，由弱到强分为附着灰、微黏聚渣、弱黏聚渣、黏聚渣、强黏聚渣、黏熔渣及熔融渣。评定渣型时用刀切刮结渣棒上距插入端 15～20mm 处的灰渣层。然后根据不同温度下形成的渣型对试验煤种的结渣性能按低、中、高、严重四个等级作出以下判断：

（1）出现熔融渣为严重结渣；

（2）出现黏熔渣为高结渣；

（3）出现强黏聚及黏聚渣为中等结渣；

（4）仅出现弱黏聚及以下渣型，则为低结渣。

2-25 如何对一维火焰炉结渣试验的渣型进行判别？

答：一维火焰炉结渣试验时，各种渣型的特征见表2-10，不同渣型的样貌示意图见图2-8。

表2-10 各种渣型的特征

渣型	灰渣特征
附着灰	无黏聚特征，灰粒呈松散堆积状
微黏聚渣	外形上已有灰粒间黏聚的特征，容易切刮，切刮下的灰大部分呈疏松块
弱黏聚渣	灰渣黏聚特征增强，切刮仍较容易，切下渣块具有一定的硬度
黏聚渣	灰渣黏聚在一起，较硬，切刮困难，但仍能从渣棒上切刮下来
强黏聚渣	黏聚灰渣更硬，无法从渣棒上完全刮下来，渣棒残留下规则的黏聚硬渣
黏熔渣	灰渣由熔融与半融渣黏聚起来，已无法切刮
熔融渣	灰渣呈全熔融状，渣棒为流渣所覆盖，并有渣泡形成

图2-8 不同渣型的样貌示意图

（a）熔融；（b）黏融；（c）强黏聚；（d）黏聚；（e）弱黏聚；（f）微黏聚；（g）附着灰

2-26 简述一维火焰炉结渣指数 S_c 对煤样结渣性能的判别标准。

答：通过渣型对试验煤样的结渣性能进行初步判别，对渣型进行数值化处理，可以更为精确地判别同等渣型之间的结渣偏差，结渣指数 S_c（具体测试及计算方法参见DL/T 1106《煤粉燃烧结渣特性和燃尽率一维火焰炉测试方法》）的等级划分见表2-11。

表2-11 结渣指数 S_c 的等级划分

S_c	结渣性能判别	S_c	结渣性能判别
$S_c>0.65$	严重	$0.25<S_c\leqslant0.45$	中等
$0.45<S_c\leqslant0.65$	高	$S_c\leqslant0.25$	低

2-27 简述煤灰沾污的定义及其与结渣的区别。

答：煤在炉膛燃烧时，煤中矿物质转化成灰，煤灰凝结沉积在锅炉的各种受热面上，影响锅炉的正常运行。

沾污也称沾灰或积灰，它指的是温度低于灰熔点的灰粒在受热面上的黏附沉积，多发生在对流受热面，煤灰的沾污分为高温和低温两种。所谓“结渣”，是指在受热面壁上熔化了的灰沉积物的聚集，这与因受各种力作用而迁徙到壁面上的某些灰粒的成分、熔融温度、黏度及壁面温度有关，多发生在炉膛内辐射受热面上。积灰、结渣过程复杂，相互间不易分割，很难用同一模式加以判别。

2-28 简述高温沾污的形成机理。

答：高温沾污是温度低于灰熔点的灰粒在中高温受热面（如高温过热器、高温再热器等）上沉积而形成的沾污，此类积灰一般由内外两层组成。煤灰中易挥发物质在高温下挥发后，凝结在受热面上而形成初始结渣层，称为内层灰。内层灰往往是易熔的共熔物或者是碱金属化合物包覆的灰粒黏结而成，通常灰中 Na_2O、K_2O、SO_3 的含量高，它对受热面具有高温腐蚀作用，而外层灰有着类似飞灰的成分。研究表明，在工作温度下，内层以液相形态存在，对过热器管子和烧结飞灰的外层之间起到一种黏结剂的作用，在一定条件下形成块状沉积物。

2-29 简述低温沾污的形成机理。

答：低温沾污也称积灰，在燃用高硫或高水分煤时，低温省煤器和空气预热器产生积灰或低温腐蚀，主要是因为烟气中 SO_3 会提高烟气酸露点。此类积灰与冷却表面上发生的酸或水蒸气凝结有关，沉积在管子表面上的积灰可由三类物质构成：

（1）第一类：酸腐蚀，随着产生各种数量的腐蚀产物，其多少取决于产生酸腐蚀的量、温度以及金属的类型。

（2）第二类：形成的低温积灰所捕获的碰撞在管子上的大部分飞灰。

（3）第三类：酸与飞灰中的铁、钠、钙等起反应形成的硫酸盐，它增加了积灰量。

低温积灰可通过控制金属壁面温度适当高于烟气酸露点来消除，但这会导致锅炉热效率下降。

还有一种低温沾污主要由 Na_2O 和 K_2O 等碱性氧化物引起，在受热面上形成钠、钾的硫酸盐或者复合硫酸盐造成沾污。此类积灰黏性强，容易在管子上形成全覆盖的积灰，且不易被吹扫干净。

2-30 高温沾污的影响因素有哪些？

答：高温沾污的影响因素主要包括：

（1）煤种特性：在对流受热面上形成的积灰与煤种有很大关系，沾污的严重程度主要取决于煤灰的组成，煤灰中钠、钙对沾污影响最大，其次是硫、铁，而铝通常是减缓沾污的。钠、钙对炉膛内沾污的影响往往与煤的含硫量有关，含硫越高，沾污越趋于严重。总体说来，这类积灰可能会阻塞烟气通道，而且有时难以用通常的除灰装置把他们清除掉。

（2）锅炉设计：高温对流受热面适当拉开间距，增加吹灰器并及时清除受热面的沾污层。

（3）烟气温度：在管壁温度较低时，烟气温度对管壁表面沾污、结渣的影响更明显，烟气温度越低，沾污和结渣情况减弱；当管壁温度较高时，烟气温度对管壁表面沾污、结渣的影响弱化。

（4）管壁温度：通常壁面温度越高，沾污、结渣越严重。

2-31 低温沾污的影响因素有哪些？

答：低温沾污的主要影响因素包括：

（1）煤种特性：前述引起高温沾污的煤灰成分通常也会加重低温沾污。

（2）烟气流速：烟气流速较低时，积灰可能性较大，因此在机组低负荷时应注意吹灰。

（3）其他：煤粉细度、飞灰浓度、过量空气系数、管束材料以及布置方式（错、顺列等）。

2-32 简述松散型积灰和黏结性积灰的定义及特点。

答：根据积灰的强度划分，可以分为松散性积灰和黏结性积灰。它们之间的区别在于：

（1）松散性积灰：在管子的正面，只在速度很小或飞灰颗粒很细时才会形成。这是因为细灰的沉积和沉积层被较大颗粒破坏是两个连接过程，这两个过程在锅炉起炉后的某一时间（10～15h）之后就达成动平衡，松散性积灰主要是在管子的背部形成楔形积灰，它附着在管子后方的旋涡区中并使管子呈流线型，所以它不会增加烟道的空气阻力。

（2）黏结性积灰：它主要是在管子迎风面形成并迎着气流生长，它并不像松散积灰那样到了一定尺寸便停止生长。这种积灰会引起管束阻力不断迅速地增加，直到烟道完全堵塞、锅炉停炉为止。

2-33 简述松散性积灰和黏结性积灰的区别。

答：松散性积灰和黏结性积灰的区别见表2-12。

表2-12 松散性积灰和黏结性积灰的区别

内容	松散性积灰	黏结性积灰
在管子上的分布	主要在管子的背部	主要在管子的迎风面
生长特性	生长到细灰沉积和细灰沉积层被粗大颗粒破坏，两个过程达到平衡为止	有无限生长的趋势
空气阻力	不增加管束阻力	增加管束阻力
燃料含灰量影响	原则上没有	含灰多、积灰重
烟速影响	速度增加导致积灰尺寸的减少	速度增加促进积灰
机械强度	积灰是疏松的，没有一定的机械强度	有各种不同的机械强度（压缩强度可达200kg/cm^{2}或更大）
清除	易	难

2-34 简述结渣对锅炉运行的危害。

答：结渣对锅炉运行的危害主要包括：

（1）炉膛内传热变差，加剧结渣，并产生恶性循环。水冷壁结渣后，由于灰渣层导热系统极小，即表面温度急剧上升，高温烟气贴近灰渣层表面时，不能充分冷却，这就进一步加剧了结渣过程，产生了恶性循环。同时，水冷壁积灰、结渣严重时，还会使蒸发量减少。

（2）炉膛出口烟气温度升高，引起受热面管壁温度升高或热偏差增大。

（3）减温水量超限，导致机组限负荷。

（4）水冷壁结渣较多时，多数会发生高温腐蚀。

（5）受热面结渣后，各段受热面出口烟气温度相应提高，使排烟损失增大，锅炉热效率降低。

（6）结渣严重时，大块渣的落下可能砸坏炉底水冷壁，还会引起湿式捞渣机炉底水封汽化，造成炉膛负压不稳，严重时发生灭火。

（7）炉膛内水冷壁结渣时，还可能引起炉膛出口的受热面结渣，严重时使锅炉不能运行，甚至被迫停炉清焦。

2-35 判别煤灰沾污性能常用的方法及指标有哪些？

答：判别煤灰沾污性能常用方法有两种：

（1）根据煤灰成分指标进行判别，判别指标主要包括以含钠量为主的判别指标及改进型钠含量判别指标等。

（2）通过相关燃烧性能测试得到煤灰的沾污性能指标，判别指标主要包括煤灰烧结强度、煤灰烧结比例和沾污系数（如通过西安热工研究院有限公司的200kW煤灰沾污性能试验炉等得到评价沾污性能的指标）。

2-36 简述B/A·Na_2O指标对烟煤型煤灰沾污的判别标准。

答：当煤灰中的Fe_2O_3＞CaO+MgO，属于烟煤型煤灰，通常采用B/A·Na_2O指标评价煤灰的沾污性能，国外B/A·Na_2O的煤灰沾污性能判别见表2-13。

表2-13　国外B/A·Na_2O的煤灰沾污性能判别

B/A·Na_2O	沾污趋势	B/A·Na_2O	沾污趋势
B/A·Na_2O≤0.2	低	0.2＜B/A·Na_2O≤0.5	高
0.5＜B/A·Na_2O≤1	重	B/A·Na_2O＞1	严重

2-37 简述当量Na_2O指标对烟煤型煤灰沾污的判别标准。

答：对烟煤型煤灰，以煤中总的含碱量（当量Na_2O）作为沾污性能判别指标，当量Na_2O（%）的计算见式（2-4）。

$$当量Na_2O = (Na_2O+0.66K_2O)\times A_d/100 \tag{2-4}$$

式中　A_d——煤的干燥基灰分，%；

0.66——Na_2O与K_2O分子量之比。

当量Na_2O的沾污性能判别参见表2-14。

表2-14　当量Na_2O的沾污性能判别

当量Na_2O（%）	沾污趋势	当量Na_2O（%）	沾污趋势
当量Na_2O≤0.3	低	0.4＜当量Na_2O≤0.5	高
0.3＜当量Na_2O≤0.4	中	当量Na_2O＞0.5	严重

2-38 简述活性 Na_2O_h 指标对烟煤型煤灰沾污性能的判别。

答：上海发电设备成套设计研究院有限公司认为：对烟煤型煤灰，将活性钠引入判别指标更为合理，将烟煤型灰指标修改为 B/A • Na_2O_h，其中 Na_2O_h 为活性钠折算到煤灰质量的百分数，活性 Na_2O_h 的沾污性能判别见表 2-15。

表 2-15 活性 Na_2O_h 的沾污性能判别

B/A • Na_2O_h	沾污趋势	B/A • Na_2O_h	沾污趋势
B/A • Na_2O_h≤0.1	低	0.25＜B/A • Na_2O_h≤0.5	高
0.1＜B/A • Na_2O_h≤0.25	重	B/A • Na_2O_h＞0.5	严重

2-39 简述 Na_2O 指标对褐煤型煤灰沾污判别的国外标准。

答：当煤灰中 Fe_2O_3＜CaO+MgO，且 CaO+MgO＞20%时，为褐煤型灰。国外以 Na_2O 为指标，Na_2O 对褐煤型煤灰的沾污性能判别见表 2-16。

表 2-16 Na_2O 对褐煤型煤灰的沾污性能判别

Na_2O（%）	沾污趋势	Na_2O（%）	沾污趋势
Na_2O＜3	中等	Na_2O＞6	严重
3≤Na_2O≤6	重		

2-40 简述 Na_2O 指标对褐煤型煤灰沾污性能的国内判别标准。

答：由于褐煤型灰中 Na_2O 大多为活性钠，因此不必细分为活性及非活性两种，考虑国外的判别界限将含钠量定得过高，不适合中国应用，西安热工研究院有限公司建议的褐煤型煤灰钠的沾污性能判别见表 2-17。

表 2-17 西安热工研究院有限公司建议的褐煤型煤灰钠的沾污性能判别

Na_2O（%）	沾污趋势	Na_2O（%）	沾污趋势
Na_2O≤0.5	低	1.0＜Na_2O≤1.5	高
0.5＜Na_2O≤1.0	中	Na_2O＞1.5	严重

2-41 简述用煤灰烧结比例法测试煤灰沾污性能的原理及判别标准。

答：将满足一定煤粉细度要求的煤样，在设定温度下灰化并按照要求进行筛分后得到煤灰样品；在不同温度下进行煤灰烧结比例的测定，根据测定结果绘制煤灰烧结比例曲线并计算得到煤灰初始烧结温度，将该温度作为评价煤灰沾污特性的指标，并进行了沾污强弱的划分和判定。典型准东高钠煤的煤灰烧结比例曲线见图 2-9，具体测试方法见 T/CSEE 0054《煤灰沾污特性的测定及判别 烧结法》。图 2-9 中，t_s：烧结比例为 30%时对应的烧结温度，℃；S：t_s 对应的烧结比例，30%；t_1：烧结曲线上烧结比例低于 30%的最近点对应的烧结温度，℃；S_1：烧结曲线上烧结比例低于 30%的最近点对应的烧结比例，%；t_2：烧结曲线上烧结比例高于 30%的最近点对应的烧结温度，℃；S_2：烧结曲线上烧结比例高于 30%的最近点对应的烧结比例，%。

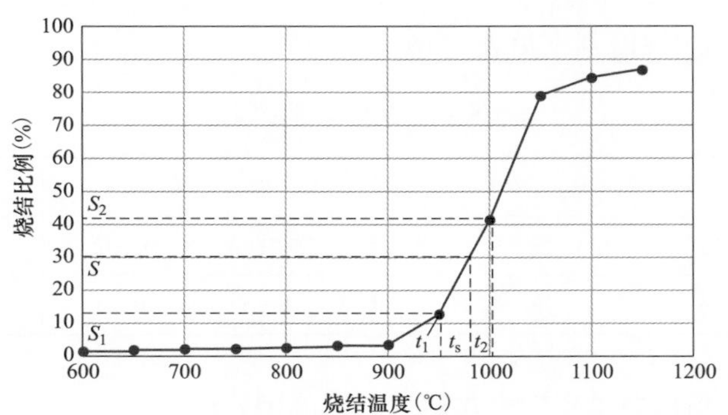

图 2-9　典型准东高钠煤的煤灰烧结比例曲线

2-42　简述初始烧结温度对煤灰沾污性能的判别及其对锅炉设计的影响。

答：烧结法对煤灰沾污性能的判别见表 2-18，即初始烧结温度越低，煤样的沾污性能越严重，对锅炉的安全影响越严重。

表 2-18　烧结法对煤灰沾污性能的判别

初始烧结温度 t_s（℃）	煤灰沾污性能	对锅炉设计和运行的影响
$t_s \leqslant 1050$	严重	常规设计电站煤粉锅炉无法单独燃用
$1050 < t_s \leqslant 1250$	高	常规设计电站煤粉锅炉经过优化设计和加强吹灰可安全燃用
$1250 < t_s \leqslant 1400$	中	宜考虑防沾污措施
$t_s > 1400$	低	可不考虑沾污影响

2-43　简述煤的自燃及其影响因素。

答：煤是一种在常温下就会发生缓慢氧化反应的物料。煤自身能吸附空气中的水分放出吸附热，同时空气中的氧扩散到煤表面也会发生吸附现象，同时放出热量，生成 CO、CO_2 被解析离开，而新的氧又扩散到煤表面继续氧化发热，形成热量的积累。随着时间的延长，煤堆内蓄热就增多，温度也越来越高，温度加速其氧化作用，当温度达到 60℃以后，煤堆温度就会急剧上升，形成自燃。煤的自燃一般要经过潜伏期、自燃期、燃烧期三个过程。影响煤堆温度升高的因素包括：

（1）环境因素：风速、风向、风力、刮风持续时间、空气湿度、大气温度、降雨量、降雪量、大气压力波动等都会影响煤的氧化能力。

（2）煤自身因素：煤的变质程度、煤岩显微组分、煤的含水量和黄铁矿含量等。

1）煤的性质：一般变质程度低的煤，其氧化自燃倾向较大，基本规律是无烟煤、贫煤、贫瘦煤不自燃，长焰煤可自燃，褐煤易自燃。

2）煤岩组成、矿物质种类和含量、颗粒大小。

3）含水量：水分能使煤湿润并提高吸附氧的速度和能力。煤中水分蒸发时需要的热量与煤在氧化过程中产生热量是否平衡，是决定煤体温度升高的一个因素。如果水分含量高，煤在氧化过程中产生的热量主要使水分蒸发，煤体温度升高的可能性就会降低。

4）含硫量：硫化物是点燃煤体和加速煤堆自燃的关键。相关研究表明，当局部小单元煤体硫化铁的质量百分数达到2%时，可将局部煤体的温度提高上百摄氏度。

5）煤的粒度：完整的煤体一般不会自燃，一旦压碎成破碎状态，其自燃倾向就显著增强，这是因为煤与氧的接触面积增加，着火温度明显降低。

（3）煤堆堆放因素：煤堆高度、煤堆坡面迎风倾角、孔隙率等。

1）组堆的工艺工程：为减少空气和雨水渗入煤堆，组堆时要选好堆基，逐一将煤层压实，并尽可能消除块、末煤分离和偏析。

2）煤的耗氧量：通常煤堆吸收环境中的氧能力越强，自燃倾向也越强。

2-44 简述煤的自燃对电厂的危害。

答：煤场自燃可引发爆炸事故与火灾事故，不仅影响企业的正常生产，给企业造成经济损失，还会污染环境。主要危害有：

（1）造成原煤损失和热值损失，电厂燃料成本上升、经济性下降。

（2）释放有毒有害气体，危害工作人员人身安全。

（3）自燃状态的煤炭温度超过350℃，极易造成整个煤棚内部的煤炭着火燃烧，严重威胁煤场安全。

（4）输煤系统发生自燃还会严重影响输煤系统的安全稳定运行。运输途中高温的煤炭极易引燃皮带，导致整个输煤系统烧毁，直接经济损失高；而修复输煤系统期间导致的发电机组非计划停机，经济损失更加严重，对机组安全运行极为不利。

因此，从安全角度考虑，防止煤的自燃是一项非常重要的工作。

2-45 简述有关煤场自燃的防治措施。

答：防止煤场自燃要做到预防为主、防治结合。针对煤场自燃不同阶段，采用温度和气体参数检测预警，并选择相应的控制手段，具体防治措施包括：

（1）煤场设计：应选择地势高、宽敞平整的硬质地面，且合理设置煤堆形式。

（2）煤堆堆放：煤场存煤应遵守“分堆存放，分层压实”原则，按品种或煤质分类分堆存放、压实煤层，减少煤粒之间的空隙。煤堆四周是易自燃区域，最好是组堆后在其表面覆盖一层炉灰，再喷洒一层黏土浆；同时，设置良好的排水沟或采用篷布覆盖等措施。

（3）煤堆监测：传统的煤堆检测方法有人工观察法、测温法、气体检测系统；现代预警手段主要包括综合监测平台、无线传感器网络检测。

（4）煤堆温度小于30℃时是水分蒸发阶段，大致在安全期，可以采用喷淋降温、风障联合压实等措施。

（5）低温氧化阶段温度大致在30～70℃，通过检测CO等气体浓度可以进行早期预防。建议采用重力热管移热、离子液体、液态CO_2等措施。

（6）自燃阶段反应温度为70～230℃，伴随温度升高会释放大量CO_2、SO_2等气体，F-500微胞囊技术是应用较多的灭火手段之一。

2-46 **简述不同煤种的存煤期和测温周期。**

答：对于煤场自燃预警，传统上多采用人工观测及测温法进行，温度是重要的自燃检测指标，根据 DL/T 1668《火电厂燃煤管理技术导则》，不同煤种的存煤期和测温周期见表 2-19。褐煤受堆放环境和天气影响，最短的 15 天就发生自燃，建议储存不超过 1 个月。

表 2-19 **不同煤种的存煤期和测温周期**

煤种	存煤期（天）		测温周期（天）
	冬、春季节（气温不大于 25℃）	夏、秋季节（气温大于 25℃）	
褐煤	30	20	2
低变质烟煤	40	30	4
高变质烟煤	50	40	6
无烟煤	60	50	8

注 高硫煤存煤期和测温周期根据气温和降雨应缩短 20%～40%。

2-47 **简述耗氧量对煤的自燃的影响。**

答：煤的耗氧量与高氧化特征速度、高脆性、存在粉碎的硫化铁、粒度特性、热平衡特性、燃点特性等有关。埋藏年代少、煤质（碳化）程度低以及内表面积大、内部毛细管丰富，造成煤的内水分高。煤内水分高，又使细小煤粉黏满大颗粒的煤炭表面，形成一个个小单元，小单元非常容易吸附氧气并发生氧化反应，同时也不利于水蒸气的蒸发和热量的散发，从而容易造成热量聚集。采用流动色谱耗氧测试法对煤的耗氧量进行测试。应用热导法双气路气相色谱分析检测技术测定煤对流态氧的吸附能力。

2-48 **简述煤的自燃性能的测试和评价方法。**

答：煤的自燃性能的测试和评价方法主要有以下几种：

（1）干燥无灰基挥发分 V_{daf}：通常情况下 V_{daf} 含量越高，煤越易自燃，但判别准确度有一定局限性。

（2）热重分析法：通常情况下，热重实验显示煤样的着火性能越好，煤的自燃倾向越高。

（3）差热分析法：通过在程序控温下测量样品物质（煤样）与参比物之间温度差随温度或时间的变化关系来反映煤样的自燃性能。

（4）煤粉气流着火温度法：通常情况下，煤粉气流着火温度显示煤样的着火性能越好，煤的自燃倾向越强。

（5）自燃倾向指数 SCI 法：利用煤自燃性能试验台得到煤自燃倾向指数 SCI，该指标越高，表示煤样的自燃倾向越强。

2-49 **简述西安热工研究院有限公司煤自燃试验台的测试原理。**

答：西安热工研究院有限公司根据煤自燃原理，搭建了煤自燃试验台，煤自燃试验台示意图见图 2-10。其主要原理是模拟煤在自然堆积状态下，通过自然通风，煤堆温度逐渐上升，当达到自燃温度临界点时，煤的吸氧量迅速增加，以维持煤自燃所需氧量。

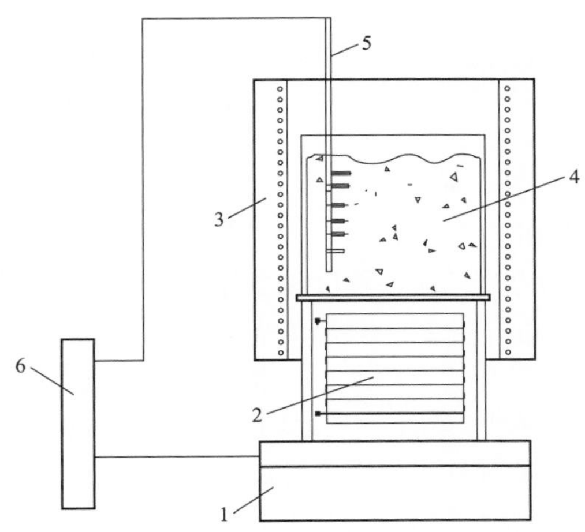

图 2-10 煤自燃试验台示意图

1—电子秤；2—空气加热器；3—加热炉；4—试样；5—热电偶；6—数据采集板

2-50 简述耗氧速率的定义及其对煤自燃性能的判别。

答：根据煤堆自燃特性曲线，提取相关指标得到了能够反应煤堆自燃的特征指标，采用耗氧速率作为判别煤自燃倾向的指数（即煤自燃倾向指数 SCI），具体计算参见式（2-5）。

$$SCI=(O_1-O_2)/(t_2-t_1) \tag{2-5}$$

式中 O_1——氧量开始迅速降低时对应氧量，%；

O_2——试验最终稳定氧量，%；

t_1——氧量开始迅速降低对应时间，min；

t_2——氧量最终稳定对应时间，min。

SCI 对煤自燃特性的判别见表 2-20。

表 2-20 SCI 对煤自燃特性的判别

SCI（%/min）	煤自燃性能判别	SCI（%/min）	煤自燃性能判别
SCI＜0.5	难	SCI＞1.5	易
1.5≥SCI≥0.5	中		

2-51 简述煤自燃倾向的简便判别方法。

答：为了得到简便且精度较高的煤自燃性能判别指标，西安热工研究院有限公司将煤自燃倾向指数 SCI 与煤的工业分析进行了复合相关性研究，得到了 SCI 的简便计算方法，具体见式（2-6）：

$$SCI_{js}=\frac{0.0247M_t^{0.4951}V_{daf}^{1.1774}}{A_{ar}^{0.8742}} \tag{2-6}$$

式中 SCI_{js}——根据 SCI 和煤的工业分析拟合得出的计算耗氧速率，%；

M_t——收到基水分，%；

V_{daf}——干燥无灰基挥发分，%；

A_{ar}——收到基灰分，%。

该拟合公式计算得出的 SCI 与实际测试 SCI 具有较强的相关性，该拟合指标显示煤样水分和挥发分越高，灰分越低，煤样的自燃倾向越强。该指标对原煤自燃性能的判别仍采用 SCI 判别方法，具体见表 2-20。

2-52 简述煤粉爆炸特性的定义。

答：煤粉爆炸特性指煤粉爆炸的难易程度和爆炸所能产生的压力强度。实际电站锅炉中的煤粉是由空气输送的，当风粉混合物一旦遇到火花，就会造成煤粉爆炸。煤粉爆炸时，在密封容器中产生可达 0.35MPa 的压力。因此电厂制粉系统中充满煤粉空气混合物，存在引起爆炸的危险性，需充分注意煤粉爆炸特性和引起爆炸的种种因素，并采取严格的防爆措施。

煤粉的爆炸源一般为沉积的煤粉，或因气粉混合物温度过高产生热解而释放出一定量的可燃气体，当可燃气体浓度达到一定值时则发生爆炸。因此，可通过煤种的热解开始点温度或堆积煤粉的着火温度掌握煤粉的爆炸性能。

2-53 简述煤粉爆炸的影响因素。

答：当煤粉正常流动时一般不发生爆炸，而系统积粉和自燃时易引起煤粉爆炸，煤粉爆炸的影响因素主要包括以下几个方面：

（1）煤种：通常挥发分越高的煤种越容易爆炸，反之不易爆炸，如通常褐煤的爆炸倾向最高，其次是烟煤，贫煤和无烟煤通常不易爆炸。

（2）煤粉细度：对于同一煤种，煤粉越细，煤粉与空气接触的面积越大，越易引起爆炸。

（3）煤粉浓度：煤粉在空气中的浓度在一定数量之间爆炸的可能性最大，大于或小于该浓度爆炸的可能性变小。

（4）含氧量：煤粉所处环境氧含量越高，煤粉爆炸倾向越高。

（5）温度：煤粉与空气混合物温度越高，煤粉越易着火燃烧，在一定条件下越易发生爆炸。

（6）流速：气粉混合物在管内流速过低或过高都会导致爆炸。因为煤粉流速过低将造成煤粉的沉积，过高则会产生静电火花。

（7）水分和灰分：通常水分和灰分等惰性物质含量越高，煤粉爆炸倾向越低。

随着科学技术的发展和测试手段的提高，对煤粉爆炸危险性评价可分为三个认识过程：以挥发分的高低判断→以可燃挥发分的含量及热值、煤种惰性物质等的中和影响判别→用实测的爆炸指数判别。

2-54 煤粉爆炸性能判别常用指标有哪些？

答：煤粉爆炸性能判别常用指标主要包括：

（1）挥发分指标 V_{daf}。

（2）工业指标 B_c。

（3）煤粉爆炸指数 K_d。

（4）热重分析指标。

（5）煤粉气流着火温度 IT。

（6）煤粉爆炸指数 K_b。

通过和现场运行比较，推荐采用 K_d、K_b、IT 指标，其判别精度相对较高。

2-55 简述煤粉爆炸指数 K_d 的计算方法。

答：目前，在不进行煤粉爆炸特性试验时，煤粉爆炸指数 K_d 指标在工业应用中较多，该指标考虑了燃料的活性（可燃挥发分的含量及其热值）以及燃料中的惰性物质（燃料中灰分和固定碳的含量）的综合影响。爆炸指数 K_d 的计算见式（2-7）～式（2-11）。

$$K_d = \frac{V_d}{V_{vol,que}} \tag{2-7}$$

$$V_{vol,que} = \frac{V_{Vol}\left(1+\dfrac{100-V_d}{V_d}\right)}{100+V_{vol}\dfrac{100-V_d}{V_d}}100 \tag{2-8}$$

$$V_{vol} = \left(\frac{1260}{Q_{vol}}\right)\times 100 \tag{2-9}$$

$$Q_{vol} = \frac{Q_{net,daf} - 7850\times 4.18\times FC_{daf}}{V_{daf}} \tag{2-10}$$

$$FC = 1 - V_{daf} \tag{2-11}$$

式中 K_d ——煤粉爆炸指数；
V_d ——煤的干燥基挥发分，%；
$V_{vol,que}$ ——燃烧所需可燃基挥发分的下限（考虑灰和固定碳），%；
V_{Vol} ——不考虑灰和固定碳时燃烧所需可燃挥发分的下限，%；
Q_{vol} ——挥发分的热值，kJ/kg；
$Q_{net,daf}$ ——煤的干燥无灰基低位发热量，kJ/kg；
FC_{daf} ——煤的干燥无灰基固定碳含量，%；
V_{daf} ——煤的干燥无灰基挥发分含量，%。

2-56 简述煤粉爆炸指数 K_d 对煤粉爆炸倾向的判别。

答：煤粉爆炸指数 K_d 值越高，煤粉的爆炸倾向就越高，煤粉爆炸指数 K_d 对煤粉爆炸性能的等级划分见表 2-21。

表 2-21 煤粉爆炸指数 K_d 对煤粉爆炸性能的等级划分

煤粉爆炸指数 K_d	煤粉爆炸性	煤粉爆炸指数 K_d	煤粉爆炸性
$K_d<1.0$	难爆	$K_d\geqslant 3.0$	易爆
$1.0<K_d\leqslant 3.0$	中等		

2-57 简述煤粉爆炸试验台的测试原理。

答：西安热工研究院有限公司根据煤粉爆炸原理，搭建了煤粉爆炸性能测试试验台，其示意图见图2-11。其测试原理是压缩空气携带一定温度和一定浓度的煤粉进入爆炸罐，遇到点火源，煤粉发生爆炸，瞬时产生较高的爆炸温度和爆炸压力，最终可通过煤粉爆炸时的温度、浓度、爆炸后的最高温度和最高压力等反映煤粉的爆炸倾向。

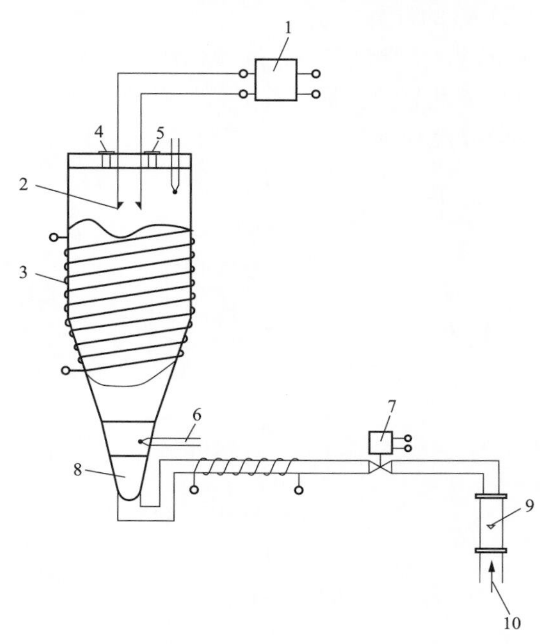

图2-11 煤粉爆炸试验台示意图

1—高压变压整流器；2—电极；3—加热圈；4—防爆孔；5—测压孔；6—热电偶；7—电磁阀；8—煤粉；9—流量计；10—压缩空气

2-58 简述煤粉爆炸试验台的爆炸指标及判别标准。

答：采用煤粉爆炸下限热量浓度（ELHC）对煤粉爆炸倾向的难易性进行判别，具体见表2-22，ELHC的计算参见式（2-12）。该指标对煤粉爆炸性能的划分主要是区别不同煤种之间的差异，如褐煤、烟煤和劣质烟煤。若需更为细致地反应不同高挥发分烟煤的煤粉爆炸倾向差异，则需对试验条件进行调整，再根据试验结果采用类似的方法进行等级划分。

$$ELHC=m_0\times Q_{net,ad}/V \quad (2\text{-}12)$$

式中 ELHC——煤粉爆炸下限热量浓度，MJ/m^3；

$Q_{net,ad}$——煤的空气干燥基低位发热量，MJ/kg；

m_0——煤样在60℃时发生爆炸的最低煤量，kg；

V——爆炸罐体积，本试验台的$V=0.02m^3$。

表2-22 **ELHC指标对煤粉炸倾向难易的判别**

煤粉爆炸下限热量浓度 ELHC（MJ/m^3）	煤粉的爆炸性	煤粉爆炸下限热量浓度 ELHC（MJ/m^3）	煤粉的爆炸性
ELHC≥10	低	ELHC≤7	易
7＜ELHC＜10	中等		

2-59 简述煤灰的磨损性能及其对锅炉运行的危害。

答： 煤粉中的灰分经过燃烧后，有一部分会保持固体状态，混在烟气中流经锅炉各受热面，造成飞灰磨损。含有硬颗粒的流体相对于固体运动，使固体表面产生的磨损叫冲蚀（或冲击磨损）。根据颗粒相对固体表面冲击角度的大小，冲蚀可分为两种基本类型：

（1）冲刷磨损：冲刷磨损的冲击角较小，甚至接近平行于固体表面，靠颗粒的刨削作用使固体表面产生磨损。

（2）撞击磨损：撞击磨损的冲击角较大，甚至垂直于固体表面，靠颗粒不断反复撞击，使固体表面产生塑性变形和显微裂变，甚至通过整片脱落来形成磨损。

在锅炉受热面磨损中，煤灰颗粒与管子表面之间的冲击角在0～90°，故锅炉受热面的飞灰磨损是上述2类基本磨损类型的综合作用。飞灰磨损是导致锅炉受热面管壁减薄失效的一个重要因素，在燃煤机组中，有很多事故是由于对流受热面因飞灰磨损产生泄漏、爆管等原因造成。据有关资料统计，有50%以上的锅炉“四管”泄漏与飞灰磨损有关。飞灰对锅炉受热面的磨损，导致某些部位的实际运行寿命远远达不到设计寿命，对机组的稳定和经济运行造成严重影响。

2-60 简述火电厂飞灰磨损特点及影响因素。

答： 电站锅炉的水冷壁、屏式过热器以及高温对流受热面等容易发生煤灰沉积引起的高温腐蚀和飞灰造成的冲刷磨损，而中低温对流受热面则容易发生飞灰撞击磨损。炉膛内受热面飞灰磨损的影响因素主要包括：

（1）煤灰自身磨损性能：煤中石英颗粒的硬度很高且粒度较粗，当煤中石英含量高时煤灰具有较强的磨损性。

（2）煤中矿物杂质：有关研究表明煤中硅酸铝黏土、高岭土、伊利石和白云母等软质矿物杂质颗粒，它们的粒度通常在5μm以下，并不具有磨损性。然而，在炉膛内高温火焰中，这些矿物杂质颗粒将经历玻璃化、聚集和球化学反应过程，其维氏硬度值可增高至550～600，并因粒度变粗而加剧磨损性。

（3）受热面的设计参数：如烟气流速、布置方式等。受热面错列布置时磨损要大于顺列布置；灰的磨损量与速度成3次方的关系；烟气流速既与设计有关，也与烟气量变化有关；烟气量越大，烟气流速越高，磨损越严重。

（4）灰浓度：煤质越差，煤中灰分含量越高；烟气中的煤灰浓度越高，灰粒与受热面管壁碰撞的概率越高，越容易发生磨损。

（5）烟气走廊：在烟气走廊中的气流因阻力较小，烟气速度增大，加剧磨损。

2-61 飞灰磨损性能的简便判别依据是什么？

答： 可采用飞灰磨损指数H_m对煤灰磨损特性进行初步判别，H_m的具体计算见式（2-13）：

$$H_m=A_{ar}\times(SiO_2+1.35Al_2O_3+0.8Fe_2O_3)/100 \tag{2-13}$$

式中 H_m——飞灰磨损指数；

A_{ar}——煤中收到基灰分百分含量，%；

SiO_2——煤灰中二氧化硅百分含量，%；

Al_2O_3——煤灰中三氧化二铝百分含量，%；

Fe_2O_3——煤灰中三氧化二铁百分含量，%。

飞灰磨损性能判别见表 2-23：

表 2-23　　飞灰磨损性能判别

H_m	磨损趋势	H_m	磨损趋势
$H_m>20$	高	$H_m<10$	低
$10\leqslant H_m\leqslant 20$	中		

2-62　简述煤粉燃烧的污染物排放性能。

答：煤粉在火电厂燃用产生的气体污染物主要包括：

（1）粉尘：通常情况下燃煤的灰分含量越高，发热量越低，粉尘浓度越高。

（2）SO_2：通常情况下燃煤硫含量越高，发热量越低，SO_2 生成浓度越高。

（3）NO_x：通常情况下，煤中 N 含量越高，燃料型 NO_x 生成越多，但最终的 NO_x 生成浓度还与燃煤的燃烧性能和运行参数有关。

（4）Hg：通常煤中 Hg 含量越高，Hg 污染越高。

2-63　简述 TPRI“煤性-炉型”耦合专家系统的特点。

答：西安热工研究院有限公司（英文缩写 TPRI）在与电站煤粉锅炉有关的煤特性试验方法开发上做了大量工作，除煤常规试验分析项目外，着火、燃尽和结渣特性的非常规试验方法也有多种。一般每种方法都自成系列，各自有其评价指标，对同一煤种的某一方面性能可用不同方法进行评价。在煤性评价上，常规评价方法往往重于试验相对较复杂的非常规试验结果。另外，过去的评价方法通常将煤与锅炉设备及运行性能参数联在一起进行评价，虽然可突出不同锅炉某些方面运行性能的差异，但往往对煤的性能认识不足。鉴于此，西安热工研究院有限公司开发了“煤性-炉型”耦合专家系统。该系统以煤的燃烧试验为基础，辅以各单项的常规与非常规数据和指标，对煤的着火、燃尽、结渣、沾污等动力用煤的主要特性进行评价。该系统具有如下三个特点：

（1）将煤的性能与锅炉设备及运行的性能隔离开来，单独评价，使之成为一个自成一体的独立单元。

（2）将常规数据指标与 TPRI 各项非常规试验指标统一起来，形成结论明确的综合判别。在缺少某一项或几项数据时，仍可完成判别。同时，通过显示分项指标与综合判别指标的差异，以揭示该种煤的特性，便于与有实际运行经验煤种的比较。

（3）将常规试验所得的数据以多种方式组合，经检验后保留其中分辨率高的数据作为简易组合指标进入评价系统，并用简易指标及常规分析的特征数据进行边界判别。

经检验，该系统的判别精度可达 99%以上，完全适合工程要求，给锅炉设计提供了精准的科学指导。

第三章

神府东胜煤的基本煤质特性及燃烧性能

3-1 简述国家能源集团的主要煤炭种类。

答：国家能源集团主要动力煤根据矿区所在位置区分，具体分为神东、准能、宝日希勒、胜利、大雁、银北、宁东、包头、乌海、新疆等系列，其中：

（1）神东系列：大柳塔、活鸡兔、哈拉沟、补连塔、榆家梁、上湾、乌兰木伦、石圪台、保德、锦界、布尔台、寸草塔一矿、寸草塔二矿、万利一矿、柴家沟、黄玉川、三道沟、神山、上榆泉等多个矿区。

（2）准能系列：黑岱沟、哈尔乌素露天煤矿矿区。

（3）大雁系列：大雁雁南、大雁敏东一矿矿区和大雁扎泥河露天矿区。

（4）银北系列：汝箕沟、石炭井、石嘴山矿区。

（5）宁东系列：红柳、梅花井、石槽村、金家渠矿区。

（6）包头系列：李家壕、阿刀亥矿区。

（7）乌海系列：矿区 1、矿区 2、矿区 3。

（8）新疆系列：乌东、硫磺沟、呼图壁、托克逊、五彩湾、奇台、哈密等矿区。

国家能源集团主要商品煤的部分煤质参数参见附录 A。

3-2 简述国家能源集团煤炭销售主要市场情况。

答：国家能源集团的主要煤炭用户是华北、华东、华中、华南、西北地区的电厂、钢厂和化工企业。国家能源集团的煤炭产品，除供应国内电力、冶金等行业，还出口日本、韩国、印度、菲律宾等国家和港台地区。其中神府东胜煤在国内市场的 95%用于电力、3%用于冶金行业、2%为市场煤。截至“十四五”，国家能源集团的煤炭量将达 6 亿 t，煤炭产量的快速增长，为扩大用户、提高神府东胜煤在国内外动力煤市场的份额提出了进一步的要求。

3-3 简述神府东胜煤田概况及煤质特点。

答：神府东胜煤田位于陕西省和内蒙古自治区境内，已探明煤田含煤面积 3.12 万 km^2，地质储量 2236 亿 t。国家能源集团开采的神府东胜矿区只是煤田的一小部分，矿区规划面积 348km^2，地质储量 354 亿 t；属低灰、低硫、低磷、低氯、中高发热量的优质动力煤、冶金和化工用煤，但通常具有较低的灰熔点，煤灰中 CaO 和 Fe_2O_3 含量较高，煤灰具有严重结渣和较强的沾污性能。

神府东胜煤田主要包括大柳塔、活鸡兔、补连塔、大海则、上湾、榆家梁、马家塔、武家塔、哈拉沟、乌兰木仑、石圪台、康家滩等矿区。神府东胜典型矿区的代表性常规煤质参数见附录B。

3-4 简述神府东胜煤对我国电力生产的重要意义。

答：我国能源分布不均，具有多煤少油缺气的特点，且西北地区煤炭资源分布丰富，已形成北煤南运的现实格局。国家能源集团是我国最大及世界第二大煤炭上市公司，是我国唯一拥有和经营一体化的大规模煤炭运输网络的综合性能源公司，同时也是国内最稳定的能源供应商，首创的煤炭、铁路、港口、电力、煤化工一体化商业模式，正在呈现出巨大的协同效应和价值，日益为业界瞩目，为均衡我国能源结构分布提供了有力保证。

国家能源集团拥有煤矿97处，产能68485万t/年。其中，神府东胜矿区是世界首个2亿t级矿区，该矿区的补连塔煤矿是世界最大单井煤矿，产能达到2800万t/年。神府东胜矿区的矿井采掘机械化率达到100%，资源回采率达80%以上，累计创造中国企业新纪录百余项，企业主要技术经济指标处于国内第一、世界领先水平，对国内煤炭开采具有典型的示范作用。

神府东胜煤目前已经广泛应用于国内各地区火电机组，为我国能源供应的稳定性提供了强有力支撑。

3-5 简述神府东胜煤的基本煤质特点。

答：神府东胜煤多为较低变质程度的不黏煤，并有部分长焰煤，特点是水分高、低灰、低硫、中高发热量，灰熔点变化范围较大，其中以低灰熔点煤为主（有极少数高灰熔点煤）。与常规烟煤比较，商品神府东胜煤的主要煤质指标一般为：

（1）全水分 M_t 和空气干燥基水分 M_{ad} 偏高，具有一般年轻烟煤的特征。全水分大多在13%～18%，属于中～中高水分等级。

（2）灰分大多在10%以下，属于低灰分等级。

（3）全硫 $S_{t,ar}$ 大多在0.3%～0.7%，属于特低～低硫含量等级。

（4）干燥无灰基挥发分 V_{daf} 大多在30%～40%，属于中高～高挥发分等级。

（5）收到基低位发热量为23.0～24.5MJ/kg，属于中高～高发热量。

（6）煤灰熔融性温度ST大多在1100～1200℃，灰熔点较低，煤灰中的铁、钙含量较高，具有易结渣、易沾污的特点。

（7）C_{ar} 大多在60%～70%，H_{ar} 大多在3%～5%，O_{ar} 大多在8%～12%，N_{ar} 大多在0.5%～1.2%。

3-6 简述神府东胜煤的低硫含量优势。

答：神府东胜煤属于特低～低硫含量等级，作为电站动力用煤，具有以下优势：

（1）燃用神府东胜煤的 SO_2 污染物排放浓度低，降低电厂脱硫运行成本。

（2）大大减少了锅炉受热面的高低温腐蚀和堵灰问题；与高硫煤相比，也大大降低了防腐成本。

（3）神府东胜煤燃烧性能优良，可以采用低氧运行+深度空气分级的运行方式使锅炉一般不会产生严重的高温腐蚀，在保证锅炉安全、经济运行的基础上获得更低的 NO_x 生成浓度，降低脱硝运行成本。

3-7 简述神府东胜煤的煤灰熔融特征温度特点。

答：神府东胜煤的 ST 大多在 1100～1200℃，属于低～中等软化温度等级，采用灰熔点指标对结渣性能的判别为高～严重结渣等级。典型神府东胜煤与国内典型高灰熔点烟煤的灰熔点比较见表 3-1，可见，神府东胜煤属于典型的低熔点煤，在燃烧过程中容易引起严重的炉膛结渣问题，需采取合理措施防治结渣。

表 3-1　典型神府东胜煤与国内典型高灰熔点烟煤的灰熔点比较　℃

符号	神府东胜煤	大同优混煤	兖州煤
DT	1140	1260	1350
ST	1180	1400	1470
HT	1190	1400	＞1500
FT	1210	1430	＞1500

3-8 简述神府东胜煤的灰成分特点。

答：神府东胜煤各矿区的 Fe_2O_3 大多在 4%～12%，CaO 大多在 10%～20%，而 Na_2O 含量通常小于 2%，采用灰成分指标对结渣性能的判别为严重～高结渣等级。

国内典型煤种的灰成分比较见表 3-2。具体如下：

（1）相对单一矿井活鸡兔煤来讲，神府东胜商品煤（神混 1）为混配煤，煤灰中的 CaO、Fe_2O_3 含量有所降低，碱性氧化物 B 含量下降，商品煤结渣倾向有所降低。

（2）高熔点煤的酸性氧化物含量均大于 80%，且煤灰中 Al_2O_3 越高，Fe_2O_3 和 CaO 含量越低，因此神府东胜煤与高熔点的保德、大同、准格尔、平朔等煤掺烧后均具有良好的防渣效果，掺烧 20%～30%质量比的此类煤，混煤的结渣性能就能从严重降低到中～低结渣等级。

表 3-2　国内典型煤种的灰成分比较　%

项目	符号	神混 1	活鸡兔矿	低熔点准东高钠煤	高熔点保德煤	高熔点大同煤	高熔点准格尔煤	高熔点平朔煤	低熔点宝日希勒褐煤
煤种	—	烟煤	烟煤	长焰煤	烟煤	烟煤	烟煤	烟煤	褐煤
煤灰中二氧化硅	SiO_2	54.44	32.80	38.03	40.04	51.90	49.54	47.46	44.44
煤灰中三氧化二铝	Al_2O_3	14.54	15.14	9.76	43.35	32.87	35.22	33.51	12.19
煤灰中三氧化二铁	Fe_2O_3	9.10	20.66	5.54	2.71	4.28	3.53	4.36	16.50
煤灰中氧化钙	CaO	12.37	18.40	20.25	4.53	3.19	4.18	5.10	14.97
煤灰中氧化镁	MgO	0.82	2.41	5.24	0.74	0.84	0.41	0.99	2.34
煤灰中氧化钠	Na_2O	1.22	0.63	5.28	0.18	0.24	0.10	0.56	1.13
煤灰中氧化钾	K_2O	1.42	2.07	0.73	0.80	0.27	0.49	0.31	1.78
煤灰中二氧化钛	TiO_2	0.57	0.42	0.91	1.6	1.02	1.02	1.16	1.14
煤灰中三氧化硫	SO_3	4.43	6.23	13.75	0.04	3.02	3.39	4.78	4.9
煤灰中二氧化锰	MnO_2	0.135	0.06	0.072	0.050	0.078	0.037	0.062	0.016
酸性氧化物	A	69.55	48.36	48.70	84.99	85.79	85.78	82.13	57.77
碱性氧化物	B	24.93	44.17	37.04	8.96	8.82	8.71	11.32	36.72

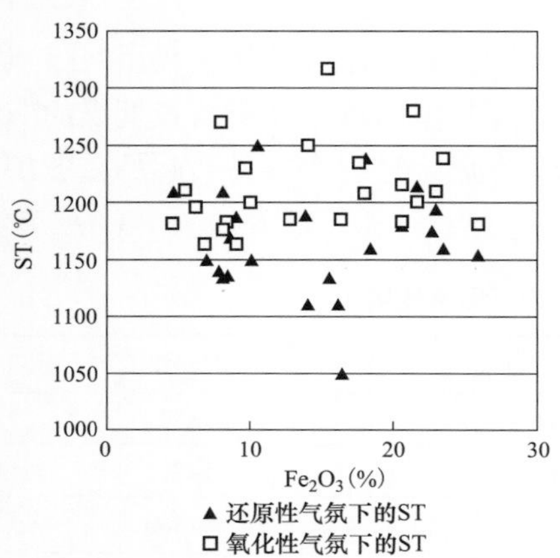

图 3-1 神府东胜煤灰中氧化铁对软化温度的影响

3-9 简述燃烧气氛对神府东胜煤灰熔点的影响规律。

答：通常情况，氧化性气氛下的煤灰软化温度高于还原性气氛，有关研究表明随着煤灰中的 Fe_2O_3 含量的升高，氧化性气氛下的 ST 和还原性气氛下的 ST 的差值升高。对不同的神府东胜煤分别进行了氧化性气氛与还原性气氛下的 ST 的测试，并分析了神府东胜煤灰中 Fe_2O_3 含量与两种气氛下的 ST 的相关性。神府东胜煤灰中氧化铁对软化温度的影响见图 3-1：

（1）对于神府东胜煤，氧化性气氛下的 ST 高于还原性气氛下的 ST 30～80℃。

（2）神府东胜煤并未显示随 Fe_2O_3 增加，氧化性气氛下的 ST 与还原性气氛下的 ST 的差值升高的现象。可能试验数据只局限于神府东胜煤，范围较窄，以及没有考虑煤灰中 CaO 含量对灰熔点的影响效应。

3-10 简述神府东胜煤的哈氏可磨性指数 HGI。

答：神府东胜煤的 HGI 大多在 50～70，属于难～中等可磨等级。神府东胜各矿的哈氏可磨性指数数值及等级见表 3-3。

表 3-3 神府东胜各矿的哈氏可磨性指数数值及等级

煤样名称	哈氏可磨性指数 HGI	
	数值	等级
活鸡兔	55～67	难～中等
补连塔	57～68	难～中等
大柳塔	52～61	难～中等
上湾	57～72	难～中等
保德	53～76	难～中等
乌兰木仑	64～66	中等
榆家梁	51	难
石圪台	56	难
武家塔	61	中等

3-11 简述神府东胜煤的冲刷磨损指数 K_e。

答：神府东胜煤的 K_e 均在 3.5 以下（已有的测试结果），大部分在 1.5 以下（占总数的 80%），煤磨损性能属于轻微～较强等级。另外，神府东胜煤的灰分低，对制粉系统磨损轻微。神府东胜各矿的磨损指数及分级见表 3-4。

表 3-4 神府东胜各矿的磨损指数及分级

煤样名称	磨损指数 K_e	
	数值	等级
活鸡兔	0.66～2.49	轻微～较强
补连塔	0.61～2.16	轻微～较强
大柳塔	0.86～1.2	轻微～不强
上湾	0.53～3.14	轻微～较强
保德	0.90～0.94	轻微
乌兰木仑	1.11～1.45	不强
榆家梁	0.79	轻微
石圪台	2.20	较强

3-12 简述典型神府东胜煤的比电阻。

答：典型神府东胜煤与其他不同矿区煤种的比电阻测试值见表 3-5，可见神府东胜煤的最高比电阻数量级约为 10^{12}，因此，燃用神府东胜煤时，静电除尘器可保持良好的运行状态，初步分析与煤灰中 Al_2O_3 和 SiO_2 的含量明显低于国内其他几种烟煤有关。而准格尔煤的比电阻较其他煤种偏高，其最大阻值达 1.05×10^{13}，该煤种比电阻偏高的主要原因是煤灰中 Al_2O_3 含量高，大多在 30%以上，最高值甚至接近 50%。

表 3-5 典型神府东胜煤与其他不同矿区煤种的比电阻测试值

测试温度（℃）	比电阻测试值（Ω·cm）				
	神府东胜	大同	准格尔	淮南	平朔
室温	2.29×10^{9}	1.78×10^{9}	2.05×10^{11}	1.26×10^{10}	6.87×10^{10}
80	2.10×10^{10}	3.53×10^{10}	8.74×10^{11}	8.45×10^{10}	4.56×10^{11}
100	1.60×10^{11}	2.05×10^{11}	3.05×10^{12}	3.47×10^{11}	7.93×10^{11}
120	1.30×10^{12}	9.76×10^{11}	8.34×10^{12}	6.48×10^{11}	1.85×10^{12}
150	2.70×10^{12}	1.15×10^{12}	1.05×10^{13}	3.75×10^{12}	9.45×10^{12}
180	1.10×10^{12}	7.83×10^{11}	9.78×10^{12}	2.33×10^{12}	6.73×10^{12}

3-13 简述神府东胜不同矿区煤种的比电阻。

答：神府东胜不同矿区的比电阻最高值范围见表 3-6。由表 3-6 可知，除榆家梁的比电阻略微偏高外（最高值达到了 10 的 13 次方），神府东胜其他矿区煤种的比电阻基本在正常范围。

表 3-6 神府东胜不同矿区的比电阻最高值范围

煤样名称	最高比电阻（Ω·cm）	煤样名称	最高比电阻（Ω·cm）
活鸡兔	1.98×10^{11}～2.00×10^{13}	大柳塔	6.20×10^{11}～0.90×10^{13}
补连塔	1.26×10^{11}～1.30×10^{13}	上湾	1.25×10^{11}～1.80×10^{12}

续表

煤样名称	最高比电阻（Ω·cm）	煤样名称	最高比电阻（Ω·cm）
乌兰木仑	7.80×10^{11}～8.80×10^{11}	石圪台	3.40×10^{12}
榆家梁	5.25×10^{13}	武家塔	2.05×10^{12}
保德	9.81×10^{12}～1.30×10^{13}		

3-14 典型神府东胜煤的微量元素和有害元素含量是多少？

答：神府东胜煤的微量元素及有害元素含量见表3-7，同时表3-7中也列出了中国煤的平均值，其中保德煤为石炭纪煤，不属于神府东胜系列。由表3-7可知，神府东胜煤中的微量有害元素含量较低，均低于中国煤平均值，具有优良的环保性能。另外，神府东胜煤的干燥基游离二氧化硅含量也很低，均低于1.3%，对环境和人体危害小，并可简化电厂扬尘控制设备系统，有利于电厂降低基建与运行成本。

表3-7　神府东胜煤的微量元素及有害元素含量

项目	符号	单位	活鸡兔	补连塔	大柳塔	上湾	保德	中国煤平均值
煤中收到基氟	F_{ar}	μg/g	27	21	23	23	158	157
煤中收到基氯	Cl_{ar}	—	0.022%	0.013%	0.018%	0.016%	0.084%	0.0218%
煤中收到基铜	Cu_{ar}	μg/g	4.5	2.3	2.7	5.1	10.4	17.87
煤中收到基铅	Pb_{ar}	μg/g	5.1	3.6	3.2	4.8	30.0	16.64
煤中收到基锌	Zn_{ar}	μg/g	44.6	19.6	18.0	9.5	21.6	35
煤中收到基镍	Ni_{ar}	μg/g	6.6	6.1	6.1	7.2	10.1	14.44
煤中收到基砷	As_{ar}	μg/g	0	＜1	0	0	0	4.09
煤中收到基镉	Cd_{ar}	μg/g	0.0189	0.0192	0.0196	0.0180	0.0284	0.81
煤中收到基汞	Hg_{ar}	μg/g	0.00935	0.00820	0.00832	0.00863	0.14209	0.154
煤中干燥基游游离二氧化硅	$(SiO_2)_d$	—	0.95%	0.99%	0.69%	1.24%	1.18%	—

3-15 简述神府东胜煤与国内其他典型煤种的煤质划分比较。

答：神府东胜各矿区煤的煤质划分与国内其他典型煤种的比较见表3-8。表3-8中保德、大同、准格尔煤为石炭纪煤；其余均为侏罗纪煤，为典型的神府东胜煤。

表3-8　神府东胜煤各矿区的煤质划分与国内其他典型煤种的比较

煤样名称	参数	水分	灰分	挥发分	硫分	发热量	灰熔融性温度	哈氏可磨性指数
	符号	*M*	*A*	*V*	S	*Q*	ST	HGI
活鸡兔	等级	2～3	1	4	1～2	1～2	1	1～2
	性能	中～中高	低	中高	特低～低	高～中高	低	难～中
补连塔	等级	3	1	4	1～2	1～2	1～2	1～2
	性能	中高	低	中高	特低～低	高～中高	低～中	难～中

续表

煤样名称	参数	水分	灰分	挥发分	硫分	发热量	灰熔融性温度	哈氏可磨性指数
	符号	*M*	*A*	*V*	S	*Q*	ST	HGI
大柳塔	等级	2～3	1	4～5	1～2	1～2	1～2	1～2
	性能	中～中高	低	中高～高	特低～低	高～中高	低～中	难～中
上湾	等级	3	1	4	1～2	1～2	1～2	1～2
	性能	中高	低	中高	特低～低	高～中高	低～中	难～中
榆家梁	等级	3	1	4	1	1	1～2	1
	性能	中高	低	中高	特低	高	低～中	难
乌兰木仑	等级	3	1	4	1～2	2	1	2
	性能	中高	低	中高	特低～低	中高	低	中
武家塔	等级	3	1	4	1～2	1	1	2
	性能	中高	低	中高	特低～低	高	低	中
石圪台	等级	3	1	4	1～2	1	2	1
	性能	中高	低	中高	特低～低	高	中	难
保德（石炭纪煤）	等级	1	1～2	4～5	1～2	1～2	3	1～2
	性能	低	低～中	中高～高	特低～低	高～中高	较高	难～中
大同	等级	1～3	1～2	4～5	2～3	2～3	4	1～2
	性能	低～中高	低～中	中高～高	低～中	中高～中	高	难～中
准格尔	等级	2～3	1～2	5	1～2	2～3	4	1～3
	性能	中～中高	低～中	高	特低～低	中高～中	高	难～易
淮南	等级	1	2	5	1	2	4	1～2
	性能	低	中	高	特低	中高	高	难～中
平朔	等级	1～2	1～2	4～5	2～3	2～3	4	1～2
	性能	低～中	低～中	中高～高	低～中	中高～中	高	难～中

3-16 简述神府东胜煤的着火性能。

答：煤的挥发分以及不可燃物质含量共同影响燃煤的着火性能，神府东胜煤的着火性能具有以下特点：

（1）神府东胜煤具有较高的挥发分（V_{daf}在 31%～40%），较大同、准格尔、淮南以及平朔煤略微偏低，但其挥发分热值占煤发热量的 33%左右（不同煤种的挥发分热值占比参见表 3-9）。

（2）收到基低位发热量 $Q_{net,ar}$ 和收到基高位发热量 $Q_{gr,ar}$ 偏高，表明神府东胜煤具有很好的燃烧特性。

（3）神府东胜煤中不可燃物质（M_t+A_{ar} 约为 20%），低于大同、准格尔、淮南以及平朔（M_t+A_{ar} 约为 30%）。一方面，煤中水分在燃烧上有增加着火热、降低燃烧温度等不利影响；另一方面，水分的析出（主要是内在水分 M_{ad}，神府东胜煤的 M_{ad} 约为 6%）将增加煤粒孔隙率及比表面积，有利于挥发分析出、氧气向煤粒内部扩散，使煤焦活性提高，煤的着火、燃尽性能较好。此外，神府东胜煤灰分低，使煤粒在燃烧中形成阻碍燃烧的灰壳的可能性降低。

因此，神府东胜煤的灰、水特点使煤的燃烧性能要好于相对灰分较高、内水分较低的相近煤种，如平朔、兖州以及大优煤。

表 3-9　不同煤种的挥发分热值占比　%

项　　目	神府东胜煤	平朔煤	兖州煤	大优煤
挥发分 V_{daf}	37.84	38.30	39.00	30.80
挥发分热量占煤发热量的比例	32.92	33.88	37.03	27.81
全水分 M_t	14.70	8.3	12.4	9.1
收到基灰分 A_{ar}	8.66	2.42	2.71	3.62

3-17 简述神府东胜煤的热重着火性能。

答： 神府东胜煤及国内其他典型烟煤的热重分析燃烧分布曲线（空气气氛）见图 3-2。由图 3-2 可知：

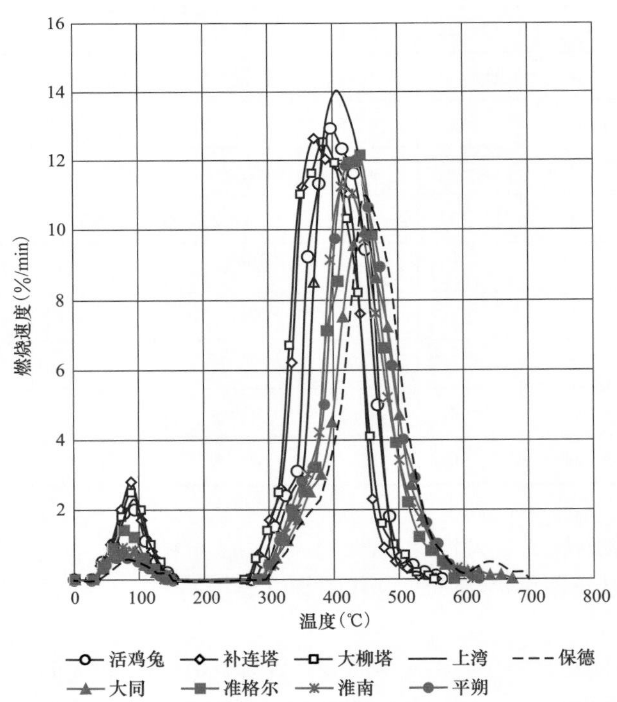

图 3-2　神府东胜煤及国内其他典型烟煤的热重分析燃烧分布曲线（空气气氛）

（1）在相同时间与温度条件下，神府东胜煤燃烧掉的可燃物要较其他烟煤多，因此神府东胜煤在燃烧初期即可放出大量的热量。

（2）神府东胜煤较大同煤等可在较低的温度下产生更高的燃烧速度，极易在燃烧器区形成强烈燃烧，从而出现尖峰燃烧温度，造成燃烧器区的结渣问题。相比较而言，褐煤的该特点更为突出。

因此在实际燃烧过程中，“低温燃烧”是神府东胜煤应当采取的主要方式，也是缓解结渣的主要手段。同时，神府东胜煤良好的着火性能，为通过低氧燃烧和空气深度分级实现更好的 NO_x 控制效果提供了可能。

3-18 简述典型神府东胜煤与国内其他典型烟煤的热重着火指标 t_1 和 RI。

答： 典型神府东胜煤与国内其他典型烟煤的热重着火性能指标见表 3-10。热重试验结果表明了神府东胜煤的热重反应开始温度 t_1 和反应指数 RI 均较国内其他典型烟煤偏低，表明了其优良的着火性能。

表 3-10　典型神府东胜煤与国内其他典型烟煤的热重着火性能指标

试验设备	项目	符号	单位	活鸡兔	补连塔	大柳塔	上湾	大同	准格尔	淮南	平朔
PRT-1 热重	反应开始温度	t_1	℃	272	265	261	282	292	315	287	287
	反应指数	RI	℃	213	225	207	223	248	237	219	239

3-19 简述典型神府东胜煤与国内其他典型烟煤和褐煤的煤粉气流着火温度比较情况。

答： 典型神府东胜煤与国内其他典型烟煤和褐煤的煤粉气流着火温度 IT 值的比较参见图 3-3。可见，神府东胜煤的 IT 介于典型的褐煤和烟煤之间，低于国内典型烟煤，表明神府东胜煤的着火性能优于国内典型烟煤和褐煤，因此燃用神府东胜煤可以获得更优的燃烧稳定性。

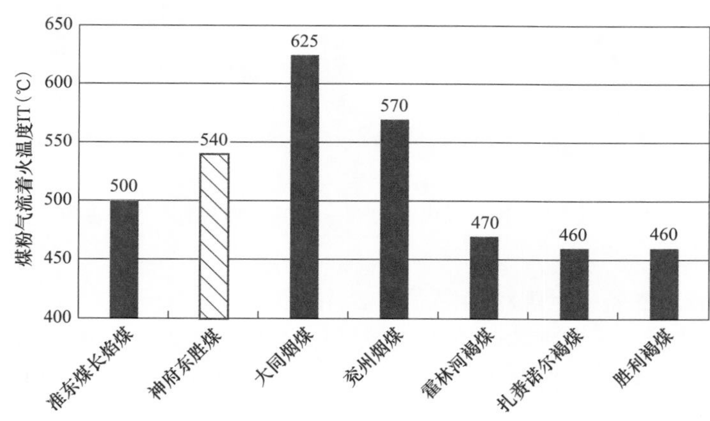

图 3-3　典型神府东胜煤与国内其他典型烟煤和褐煤的煤粉气流着火温度 IT 值的比较

3-20 神府东胜煤的着火稳定性对锅炉最低不投油稳燃负荷有什么影响？

答： 锅炉不投辅助燃料助燃的最低稳定燃烧负荷称为锅炉最低不投油稳燃负荷，它反映了锅炉的燃烧稳定性，常将其与锅炉最大连续出力之比表示锅炉最低不投油稳燃负荷率。最低稳定燃烧负荷由最低稳定燃烧负荷试验确定，一般低于锅炉制造厂设计的最低稳定燃烧负荷。通常情况下，煤样的着火稳定性越好，锅炉的最低不投油稳燃负荷也越低。对于大型神府东胜燃煤机组，电站煤粉锅炉的最低不投油稳燃负荷率可达20%～30%BMCR甚至以下。

3-21　典型神府东胜煤的热重燃尽指数 C_b 值是多少？

答：用PRT-1型热天平燃尽指数 C_b 反映煤的燃尽效果，其值越小，表示燃尽性能越差。煤的燃尽性能指标见表3-11。由此可见，神府东胜煤燃尽性能明显优于其他典型烟煤，表明在国内动力用煤中，神府东胜煤是燃尽特性最好的烟煤之一。

表3-11　　煤的燃尽性能指标

试验设备	项目	符号	单位	活鸡兔	补连塔	大柳塔	上湾	大同	准格尔	淮南	平朔
PRT-1热重	燃尽指数	C_b	—	1.40	1.38	1.26	1.35	5.12	2.67	4.37	2.38

3-22　简述典型神府东胜煤与国内其他典型煤种的一维火焰炉燃尽率 B_p 比较情况。

答：典型神府东胜煤与国内典型烟煤和褐煤的一维火焰炉 B_p 的比较见图3-4。由图3-4可见，神府东胜煤的燃尽性能优良，一维火焰炉燃尽率 B_p 都在99%以上，明显优于国内其他典型烟煤，甚至优于部分褐煤，因此燃用神府东胜煤可以获得优良的燃烧经济性。

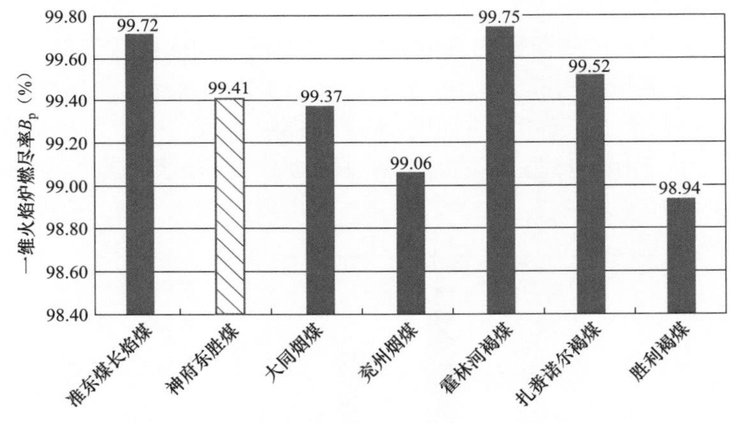

图3-4　典型神府东胜煤与国内典型烟煤和褐煤的一维火焰炉 B_p 的比较

3-23　简述神府东胜各矿区煤种的燃尽率 B_p 情况。

答：神府东胜典型矿区煤种的一维火焰炉燃尽率 B_p 测试结果及燃尽性能评价结果见表3-12。由表3-12可见，神府东胜典型矿区煤种的 B_p 均在99%以上，为极易燃尽煤种，燃尽性能优良。

表3-12　神府东胜典型矿区煤种的一维火焰炉燃尽率 B_p 测试结果及燃尽性能评价结果　　%

煤样名称	参数	一维火焰炉燃烧试验燃尽率	煤样名称	参数	一维火焰炉燃烧试验燃尽率
	符号	B_p		符号	B_p
活鸡兔	数值	99.90～99.56	补连塔	数值	99.88～99.15
	性能	极易		性能	极易

续表

煤样名称	参数	一维火焰炉燃烧试验燃尽率	煤样名称	参数	一维火焰炉燃烧试验燃尽率
	符号	B_p		符号	B_p
大柳塔	数值	99.91～99.31	武家塔	数值	99.45
	性能	极易		性能	极易
上湾	数值	99.80～99.26	石圪台	数值	99.81
	性能	极易		性能	极易
乌兰木仑	数值	99.78～99.22			
	性能	极易			

3-24 简述神府东胜煤的结渣特点及原因。

答：神府东胜煤灰以高钙、高铁（CaO 含量在 15%～35%，Fe_2O_3 含量在 6%～20%）为主要特点，根据多个电厂实际取样的渣块和原煤的灰成分比较，发现燃烧区域各渣块 Fe_2O_3 的含量均明显高于原煤，而渣块中 CaO 含量和原煤中的 CaO 含量相近。可见，燃烧器区域具有选择性沉积现象，初步分析是由于含铁量高的煤灰颗粒相对密度大，在旋转的气流中容易被甩向壁面，使壁面的 Fe_2O_3 的含量增加，在近壁的还原性气氛下，3 价铁离子被还原成 2 价铁离子，使壁面的 2 价铁离子增加，形成致密的熔渣。另外，大部分渣的 Fe_2O_3/CaO 比均接近 1，表明燃烧过程中形成低熔点的 Fe_2O_3-CaO 共熔体，这是神府东胜煤炉膛内结渣的主要原因之一。

3-25 简述不同结渣指标对神府东胜煤及国内其他典型煤种的判别。

答：不同结渣指标对神府东胜煤及国内典型烟煤结渣性能的判别见表 3-13。总体趋势是煤灰软化温度越高，结渣指数 S_c 越低，但有部分煤种尽管灰软化温度较高，但其结渣指数也较高，因此单独采用煤灰软化温度对煤样进行结渣性能的判别精度是不够的。而碱酸比有着较强的规律性，对于神府东胜煤而言，当碱酸比大于 0.5，有着严重结渣倾向。且灰中氧化铁含量越高，结渣指数 S_c 越大，结渣性能越强。

表 3-13　不同结渣指标对神府东胜煤及国内典型烟煤结渣性能的判别

项目	符号	单位	数值与倾向性	活鸡兔	补连塔	大柳塔	上湾	保德	大同	准格尔	淮南	平朔
煤灰熔融温度	DT	℃	数值	1090	1180	1150	1130	1400	＞1500	＞1500	＞1500	＞1500
			倾向	严重	严重	严重	严重	低	低	低	低	低
	ST	℃	数值	1140	1220	1190	1190	1440	＞1500	＞1500	＞1500	＞1500
			倾向	严重	严重	严重	严重	低	低	低	低	低
	FT	℃	数值	1180	1270	1230	1220	＞1500	＞1500	＞1500	＞1500	＞1500
			倾向	严重	严重	严重	严重	低	低	低	低	低
灰熔点类型结渣指数	RT	℃	数值	1142	1166	1135	1214	—	1500	1492	1500	1500
			倾向	严重	严重	严重	严重	—	低	低	低	低

续表

项目	符号	单位	数值与倾向性	活鸡兔	补连塔	大柳塔	上湾	保德	大同	准格尔	淮南	平朔
灰成分指标	B/A	—	数值	0.90	1.44	0.82	1.06	0.12	0.12	0.10	0.08	0.10
			倾向	严重	严重	严重	严重	低	低	低	低	低
	S_p	—	数值	0.45	0.33	0.47	0.39	0.83	0.83	0.83	0.90	0.85
			倾向	严重	严重	严重	严重	低	低	低	低	低
	FKNA	—	数值	1.32	2.02	0.79	1.19	0.12	0.16	0.09	0.15	0.09
			倾向	严重	严重	严重	严重	低	低	低	低	低
	R_z	—	数值	4.60	5.00	4.37	4.55	2.53	2.45	2.31	2.47	2.38
			倾向	严重	严重	严重	严重	严重	严重	中	严重	中
灰黏度指标	R_N	—	数值	0.77	0.55	1.25	0.56	—	—	—	—	—
			倾向	严重	严重	严重	严重	—	—	—	—	—
一维火焰炉结渣指标	S_c	—	数值	1.092	1.045	0.963	1.222	0.105	0.272	0.067	0.140	0.157
			倾向	严重	严重	严重	严重	低	低	低	低	低

3-26 简述神府东胜煤的短渣特性。

答： 典型神府东胜煤灰熔融特征温度相差极小（DT：1180℃；ST：1190℃；FT：1200℃），具有典型的短渣特性。神府东胜煤灰渣黏度特性见图 3-5，该结果也反映神府东胜煤灰的严重结渣倾向。神府东胜煤的 TPRI 一维火焰炉结渣试验结果见表 3-14，由表 3-14 可见，其渣型对温度极为敏感。因此，控制燃烧温度对预防神府东胜煤结渣十分重要。

表 3-14　神府东胜煤的 TPRI 一维火焰炉结渣试验结果

测点距喷口占全火焰长（%）	17	32	49	64	82	100
烟气温度（℃）	1335	1335	1295	1260	1230	1080
渣型	熔融	熔融	熔融	熔融	熔融（−）	弱黏聚

注　熔融（−）表示在熔融和黏熔之间。

3-27 简述神府东胜煤高钙含量对结渣性能的影响。

答： 当神府东胜煤 CaO 含量超过 20%时，ST 有时超过 1300℃，但这并不表示其结渣性能较好，主要是煤灰中 CaO 较高（>20%以后）时，可引起 ST 上升，初步分析，过多的 CaO 对灰锥起到了支架作用，但内部煤灰已经融化。采集在 CaO、Fe_2O_3 参数上有特点的神府东胜煤煤样（大柳塔和补连塔），采用煤灰高温导电性测试方法对其结渣性能进行分析，煤灰高温导电突变温度测试结果见表 3-15。可见：虽然

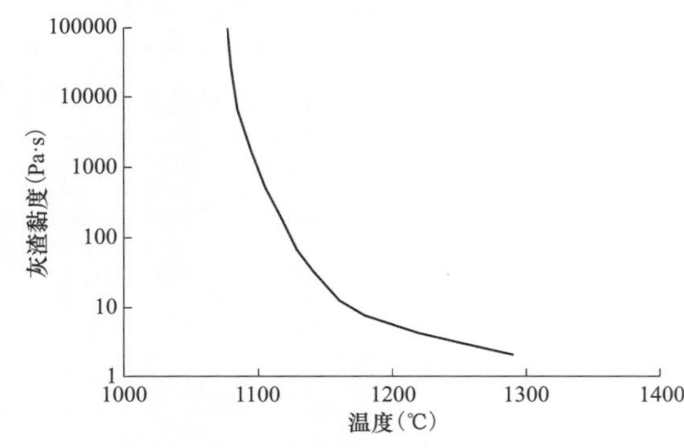

图 3-5　神府东胜煤灰渣黏度特性

高钙煤灰 ST 值较高，但是其改变形态时的温度（突变温度）T_p 却较低，结渣指数 S_c 也高达 1 以上，与实际情况相同，具体内容如下：

（1）高铁型灰受气氛影响较大，当煤灰中铁含量降低后，两种气氛下的煤灰突变温度差距缩小。

（2）高铁、高钙含量的补连塔煤，因铁钙共熔体形成可能性大，造成弱还原性气氛下的煤灰突变温度不足 1000℃。

表 3-15　　煤灰高温导电突变温度测试结果

煤样	突变温度 T_p（℃）		煤样	突变温度 T_p（℃）	
	弱还原性气氛	氧化性气氛		弱还原性气氛	氧化性气氛
大柳塔： CaO=34.23%； Fe_2O_3=8.98%； ST=1330℃； S_c=1.07	1080	1150	补连塔： CaO=28.26%； Fe_2O_3=23.26%； ST=1180℃； S_c=1.22	970	1170

3-28 简述神府东胜煤的渣型特点。

答： 神府东胜煤在一维火焰炉和 1MW 半工业燃烧试验台以及实际锅炉上的渣型样貌对比见图 3-6。可见，神府东胜煤在两种试验炉上形成的渣型与现场情况基本一致。现场与试验室神府东胜煤渣样真相对密度、容重及莫氏硬度的对比见表 3-16。

（a）

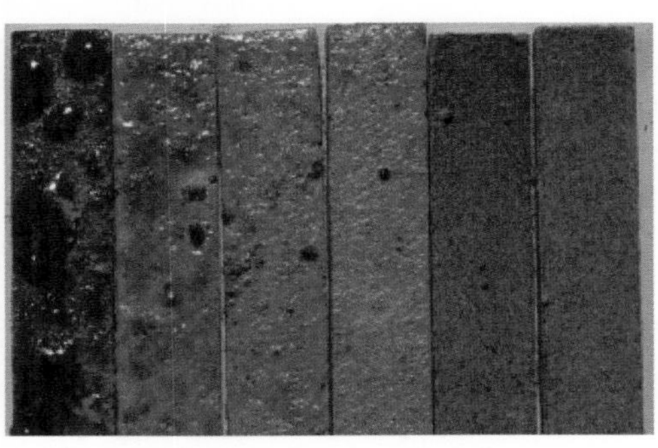

（b）

（c）

图 3-6　神府东胜煤在一维火焰炉、1MW 半工业燃烧试验台以及实际锅炉上的渣型样貌对比图

（a）神府东胜煤的 1MW 试验台渣型图；（b）神府东胜的一维火焰炉试验台煤渣型图；

（c）神府东胜煤在 BJDYR 电厂的现场渣型图

表 3-16　　现场与试验室神府东胜煤渣样真相对密度、容重及莫氏硬度的对比

项　目	1MW 试验台			现场
	渣样 1	渣样 2	渣样 3	
真相对密度 TRD	3.00	2.97	3.05	3.01～3.41
容重 ARD（g/cm^3）	2.61	2.87	2.93	2.95～3.21
莫氏硬度	10	10	10	7～9

3-29　简述神府东胜煤及其混煤的高精度简易结渣判别方法。

答：对大量的神府东胜煤及其混煤进行了结渣指数 S_c 和煤灰熔点、煤灰成分的相关性分析，得出了判别精度较高的简易结渣判别方法称为 S_{TBA} 判别方法，其计算方法见式（3-1），S_{TBA} 判别方法对神府东胜煤及其混煤结渣性能的分类结果见表 3-17：

$$S_{TBA}=2.521-0.00165ST+0.350（B/A） \quad （3-1）$$

表 3-17　　S_{TBA} 判别方法对神府东胜煤及其混煤结渣性能的分类结果

S_{TBA} 值	结渣类别	简易结渣指标分割区间
$S_{TBA}\leqslant0.45$	Ⅰ（中低结渣）	ST≥1255+212（B/A）
$0.45<S_{TBA}\leqslant0.65$	Ⅱ（高结渣）	1255+212（B/A）≥ST＞1134+212（B/A）
$0.65<S_{TBA}\leqslant0.85$	Ⅲ（一般严重结渣）	1134+212（B/A）≥ST＞1013+212（B/A）
$S_{TBA}>0.85$	Ⅳ（严重结渣）	ST＜1013+212（B/A）

注　S_{TBA} 为定义的一个指数。

如，一种高钙（煤灰中 CaO=39.62%，Fe_2O_3=14.64%）的神府东胜煤灰熔点 ST=1345℃，B/A=2.37，按照式（3-1）计算得出 S_{TBA}=1.13，为Ⅳ级严重结渣，而仅凭 ST 则判别该煤种的结渣性能为中等，一维火焰炉结渣指数 S_c 实测结果为 1.42，显示为严重结渣。另一种低钙低铁（煤灰中 CaO=12.37%，Fe_2O_3=9.10%）的神府东胜煤灰熔点 ST=1180℃，B/A=0.36，按照式（3-1）计算得出 S_{TBA}=0.70，为Ⅲ级一般严重结渣，而仅凭 ST 则判别该煤种的结渣性能严重，该煤种的一维火焰炉结渣指数 S_c 实测结果为 0.792，具有较严重的结渣性能。可见 S_{TBA} 与 S_c 指标非常接近，对于神府东胜煤及其混煤采用 S_{TBA} 判别方法具有更高的判别精度。

3-30　简述 S_{TBA} 对神府东胜煤及其混煤的结渣判别精度。

答：采用前述 S_{TBA} 回归关系式对神府东胜煤及其混煤的结渣特性判别进行区间分割，其简易结渣指标分割区间见图 3-7。为检验判别方法的可靠性，将各煤用该方法进行判别，S_{TBA} 判别方法对结渣性的分类的准确性判别结果见表 3-18。表 3-18 中保守判别结果：将低一级的结渣趋势判别为高一级的结渣趋势，反之则为非保守判别结果。由结果可见，非保守判别主要出现在严重结渣区（含一般严重和严重两区）。总的看来准确判别率+保守判别率最高，且判别结果均未出现跨区间情况（如，未有Ⅰ结渣类别判断为Ⅲ或Ⅳ结渣类别的情况），所以该方法具有一定的实用性，可作为一般情况下燃用神府东胜煤或其混煤的判别依据。

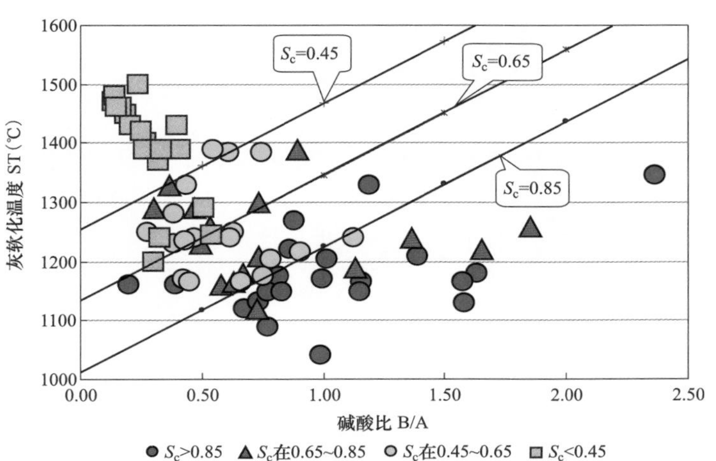

图 3-7 神府东胜煤简易结渣指标分割区间

表 3-18 **S_{TBA}判别方法对结渣性的分类的准确性判别结果** %

结渣类别	准确判别率	保守判别率	非保守判别率
Ⅰ（中低结渣）	80	20	
Ⅱ（高结渣）	50	50	
Ⅲ（一般严重结渣）	31	38	31
Ⅳ（严重结渣）	76		24

3-31 简述神府东胜煤及其混煤的结渣性能与机组的适应性。

答： 神府东胜煤均属于有严重结渣倾向的煤种（S_c>0.65）。神府东胜煤已成为国内最大的动力用煤，针对其结渣性的锅炉技术已逐渐成熟。因此，结合锅炉实际运行情况，将神府东胜煤及其混煤的结渣性分为四类，并分别给出了其适应的机组设计特点，神府东胜煤及其混煤结渣性与机组适应性分类见表 3-19。

表 3-19 **神府东胜煤及其混煤结渣性与机组适应性分类**

结渣类别	S_c范围	适应的机组举例
Ⅰ	S_c≤0.45	按结渣、但非神府东胜煤设计的锅炉（S_c<0.25 时，结渣方面适合国内大部分含按非结渣煤种设计的烟煤锅炉）
Ⅱ	0.45<S_c≤0.65	按神府东胜煤设计、但时间较早的锅炉，如广东省粤电集团有限公司沙角 C 电厂锅炉
Ⅲ	0.65<S_c≤0.85	较近期的按神府东胜煤设计的锅炉，如广东国华粤电台山发电有限公司、河北国华定州发电有限责任公司、浙江浙能嘉华发电有限公司的 600MW 锅炉
Ⅳ	S_c>0.85	近期设计最优完善的防结渣和防沾污性能的锅炉，如神万州 1000MW 锅炉

3-32 简述神府东胜煤的自燃性能及防治措施。

答： 神府东胜煤具有易自燃倾向，典型神府东胜煤的自燃试验特征参数曲线图见图 3-8。神府东胜煤与国内典型烟煤的自燃试验结果见表 3-20。可见神府东胜煤的耗氧速率和耗氧强度较大，当达到自燃着火点，吸氧速率迅速增加，其自燃倾向高于国内大同、准格尔等典型烟煤。由于神府东胜煤具有更强的自燃性能，需采取更为严格的防自燃措施：

（1）到厂煤应单独堆放，堆放时尽量压实；

（2）缩短存放时间，煤堆应保持合理库存，取旧存新，做到定期置换；

（3）定期进行煤堆温度监测；

（4）及时清除煤堆上的积雪，防止雪水融化进入煤堆后，水分蒸发形成大量通气孔造成煤与空气接触氧化自燃。

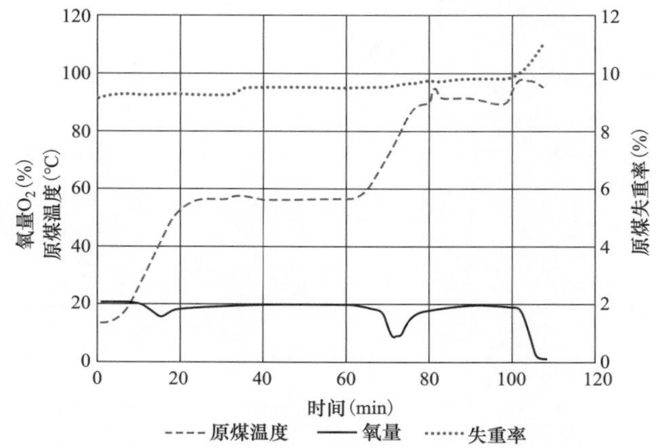

图 3-8 典型神府东胜煤的自燃试验特征参数曲线图

表 3-20 神府东胜煤与国内典型烟煤的自燃试验结果

煤样名称	t_1（min）	t_2（min）	O_2（1）（%）	O_2（2）（%）	SCI（%/min）	
					数值	判别
低热值印尼	83	91	19.3	2.2	2.14	易
高热值印尼	87	92	19.0	3.2	3.16	易
神府东胜	97	104	19.8	2.3	2.50	易
大同	78	90	20.0	3.8	1.35	中
平朔	87	99	19.6	3.2	1.37	中
兖州	82	97	20.2	2.8	1.16	中
准格尔	92	102	19.7	4.7	1.50	易

3-33 简述神府东胜煤堆定期测温的注意事项。

答：神府东胜煤堆定期测温的注意事项主要包括：

（1）建议每天检测一次煤堆温度，当超过 60℃或者煤堆每昼夜平均温度连续升高 2℃（不管环境温度），应摊开晾晒进行降温后再碾压堆实。注意不要往“祸源”区域的煤中加水，这样会加速煤的氧化和自燃。

（2）主要测煤堆两侧距底部 0.5～2m 高度部位。

（3）温度无异常时，间隔 50m 测量一次较合适；有高温异常时，需重点监测，间隔 30m 测量一次。

（4）应严格按照温度变化调整煤场运行方式和进煤计划。

（5）当倒堆或输送高温煤时，应安排专人加强监控，严禁将高温煤混入新煤堆。

3-34 简述神府东胜煤堆的分层碾压措施和存取原则。

答：分层碾压减少了煤堆内部与空气的接触，延缓了煤的氧化时间，达到了防自燃的目的，同时减少了挥发分的挥发。具体措施如下：

（1）堆煤必须做到分层碾压。

（2）每层碾压大于 5 次。

（3）每层厚度不超过 3m。

（4）堆形整齐，填满谷峰，以提高取煤时的工作效率。

煤场存取原则上必须执行取旧存新、定期置换。一般情况下，神府东胜煤储存周期在 40 天内，温度能控制在 45℃以下，这是较理想的储存周期，但也有因特殊情况出现而需要动态执行取旧存新。

3-35 简述神府东胜煤的流动性特点。

答：煤的流动特性直接关系到料仓下料和输送装备的设计。影响煤样流动性的主要内容包括两个方面：

（1）煤样的粒度：随着粒度减小，单位质量的颗粒表面积增加，使颗粒表面的附着力增加，颗粒更容易形成拱桥和相互团聚而妨碍颗粒相互运动，导致煤样的流动性变差。另外，随着粒度的减小，颗粒本身的自重减小，因而附着力与自重的比值增大，故越细的颗粒越容易团聚，这也是导致流动性变差的一个因素。

（2）含湿量：在相同粒度下，随着含湿量的增大，颗粒间的液桥作用越强，致使颗粒间的附着力增大，进而导致流动性变差。

内、外摩擦角常被用来衡量和评价粉体的流动性，内、外摩擦角越小则煤粉的摩擦系数越小，煤粉也易于流动。神府东胜煤及其混煤的流动性指标见表 3-21。

对于神府东胜煤，应尽量减少喷淋以及雨水等外加水分，当全水分大于 20%后，流动性明显变差。

表 3-21 神府东胜煤及其混煤的流动性指标

煤样	内摩擦角（°）	外摩擦角（°）	原煤堆积角（°）	原煤堆积相对密度	煤真相对密度
大同	37.59	22.79	106.97	1.06	1.6
大同煤粒径小于 50mm		25.82	106.02	1.05	
大同煤粒径小于 25mm		26.85	105.164	1.04	
大同煤粒径小于 13mm		27.37	104.63	1.01	
准格尔	37.59	23.07	105	1.05	1.62
准格尔粒径小于 50mm		23.78	104.24	1.04	
准格尔粒径小于 25mm		24.79	103.34	1.01	
准格尔煤粒径小于 13mm		25.82	102.64	0.98	

续表

煤　　样	内摩擦角（°）	外摩擦角（°）	原煤堆积角（°）	原煤堆积相对密度	煤真相对密度
石炭纪煤	35.89	25.33	106.87	1.12	1.63
石炭纪煤粒径小于 50mm	36.75	25.82	105.69	1.11	
石炭纪煤粒径小于 25mm	41.27	26.85	103.79	1.1	
石炭纪煤粒径小于 13mm	42.01	27.89	103.77	1.08	
石圪台	38.14	25.82	105.17	0.923	1.5
石圪台粒径小于 50mm	40.77	28.94	103.32	0.9	
石圪台粒径小于 25mm	41.27	30	102.41	0.87	
石圪台粒径小于 13mm	42.01	31.07	100.62	0.8	
布尔台	35.89	24.29	103.77	0.89	1.51
布尔台粒径小于 50mm	36.46	25.82	102.95	0.88	
布尔台粒径小于 25mm	37.31	26.33	102.53	0.88	
布尔台粒径小于 13mm	37.89	26.85	101.26	0.87	
活鸡兔	38.02	25.06	103.41	0.89	1.5
活鸡兔粒径小于 50mm	41.27	23.49	102.95	0.89	
活鸡兔粒径小于 25mm	41.52	24.47	101.53	0.88	
活鸡兔粒径小于 13mm	42.25	25.96	99.26	0.85	

3-36 简述神府东胜煤作为动力用煤的主要优点。

答：神府东胜煤作为动力用煤的主要优点包括：

（1）神府东胜煤田储量大，可长期为电厂供煤，且煤质稳定，波动较小。

（2）神府东胜煤着火和燃尽性能优良，燃用神府东胜煤的锅炉热效率高、低负荷稳燃性能好、辅机故障率低、厂用电率低、设备维护费用低，因此综合经济性高。

（3）神府东胜煤燃尽性能优越，易于实现更低的 NO_x 控制方案。采用低氧燃烧、降低燃烧温度、布置 NO_x 还原区等低 NO_x 燃烧措施都会影响煤粉的燃尽，但神府东胜煤受到的影响小，可将 NO_x 排放量控制在较低水平。

（4）国家对 SO_2 排放要求日益严格，神府东胜煤的特低～低硫性具有优势。另外，对超临界机组，过热器、再热器管壁温度提高，高温腐蚀可能性增加，但低硫煤的高温腐蚀风险较低。

（5）神府东胜煤的有害微量元素含量较低，对环境污染、设备腐蚀影响较小。

3-37 简述神府东胜煤作为动力用煤的经济性。

答：神府东胜煤作为动力用煤在经济方面的优势主要表现在以下几个方面：

（1）低负荷稳燃性能良好，节约燃油：神府东胜煤燃烧性能优良，可拓宽机组经济调峰范围，一方面，使机组最低不投油稳燃负荷可较其他烟煤降低 10%左右，节油率高，燃油成本降低；另一方面，深调峰幅度大，可获得更高的电价补贴。

（2）锅炉热效率高：神府东胜煤着火和燃尽性能优良，可采用低温+低氧燃烧技术，不易发生空气预热器低温腐蚀，可以获得较低的排烟温度，且飞灰可燃物仍较低；因此可保证较低的排烟损失及固体未完全燃烧热损失，锅炉热效率较一般机组偏高。

（3）厂用电率低：神府东胜煤热值高、灰分低，燃用神府东胜煤可使输煤系统、煤粉制备系统、灰渣排放系统用电量降低，特别是对设备设计裕量较大的锅炉机组，其厂用电率降低尤为突出。

（4）脱硫成本低：神府东胜煤硫含量低，神府东胜煤的硫排放量仅为国内常用煤如平混煤、兖州煤、大优混煤等较优质烟煤的 30%～40%。对于一台 300MW 锅炉机组，即可节约上百万元的年排污费。

（5）脱硝成本低：神府东胜煤氮含量低，燃料型 NO_x 生成量通常较低，另外神府东胜煤燃烧性能优良，在不降低锅炉热效率的前提下可采用低温+低氧燃烧技术，可进一步降低 NO_x 排放量，燃用神府东胜煤 NO_x 排放量可较其他烟煤降低 50～100mg/m^3。

（6）设备检修维护成本低：神府东胜煤硫含量低、灰分低、磨损性能低，燃用神府东胜煤高温腐蚀爆管的概率低，设备磨损轻，大大节约了检修维护成本。

（7）供电煤耗低：神府东胜煤燃烧效率较国内其他性能较好的烟煤还高 1%～2%，可降低煤耗 4～8g/kWh，加之辅机电耗低、污染物生成浓度低，供电煤耗较同类型机组偏低。

第四章

火电厂锅炉原理及设计技术

4-1 简述火电厂的工作原理。

答：火电厂是利用可燃物（例如煤、气）作为燃料生产电能与热能的工厂。它的基本生产过程如下：

（1）煤炭、天然气在锅炉中燃烧产生大量热量（化学能→热能）。

（2）锅炉中的水产生高温高压蒸汽，蒸汽通过汽轮机又将热能转化为旋转动力，高压蒸汽的热能转化为机械能后，形成凝结水（热能→机械能）。

（3）冷却水与凝结水汽热交换，凝结水汽继续循环，吸收燃烧热产生高压蒸汽；汽轮机抽汽的热量用于城市的集中供暖和供热（热能→集中供暖、供热）（供热供气机组）。

（4）高压蒸汽推动转子转动发电（机械能→电能）。

4-2 简述火电厂的系统组成。

答：现代化火电厂是一个庞大而又复杂的生产电能与热能的工厂。它主要由下列 5 个系统组成：

（1）燃料系统。

（2）燃烧系统。

（3）汽水系统。

（4）电气系统。

（5）控制系统。

在上述系统中，最主要的设备是锅炉、汽轮机和发电机。锅炉由锅炉本体和辅助设备两部分组成，锅炉本体是锅炉设备的主要部分，是由“锅”和“炉”两部分组成的。辅助设备包括通风设备（送、引风机）、燃料运输设备、制粉系统、除灰渣及除尘设备、脱硫设备、脱硝设备等。

4-3 简述“锅”的定义及组成。

答：“锅”是汽水系统，主要任务是吸收燃料放出的热量，使水加热、蒸发，最后变成具有一定参数的过热蒸汽。它由省煤器、汽包（直流锅炉没有汽包）、下降管、联箱、水冷壁、过热器和再热器等设备及其连接管道和阀门组成。

（1）省煤器：位于锅炉尾部垂直烟道，利用烟气余热加热锅炉给水，降低排烟温度，提高锅炉热效率，节约燃料。

（2）汽包：位于锅炉顶部，是一个圆筒形的承压容器，其下是水，上部是汽，它接受省煤器的来水，同时又与下降管、联箱、水冷壁共同组成水循环回路。水在水冷壁中吸热而生成的汽水混合物汇集于汽包，经汽水分离后向过热器输送饱和蒸汽。

（3）下降管：是水冷壁的供水管道，其作用是把汽包中的水引入下联箱再分配到各个水冷壁管中。下降管分小直径分散下降管和大直径集中下降管两种。小直径下降管管径小，对水循环不利。

（4）水冷壁下联箱：联箱主要作用是将工质汇集起来，或将工质通过联箱重新分配到其他管道中。水冷壁下联箱是一根较粗且两端封闭的管子，其作用是把下降管与水冷壁连接在一起，以便起到汇集、混合、再分配工质的作用。

（5）水冷壁：位于炉膛四周，其主要任务是吸收炉膛内的辐射热，使水蒸发，它是现代锅炉的主要受热面，同时还可以保护炉墙。

（6）过热器：其作用是将汽包来的饱和蒸汽加热成具有一定温度的过热蒸汽。

（7）再热器：其作用是将汽轮机中做过部分功的蒸汽再次进行加热升温，然后再送到汽轮机继续做功。

4-4 简述“炉”的定义及组成。

答：“炉”是燃烧系统，由炉膛、燃烧器、点火装置、空气预热器、烟风道及炉墙、构架等组成，主要任务是使燃料在炉膛内良好地燃烧并释放热量。

（1）炉膛：由炉墙和水冷壁包围起来供燃料燃烧的立体空间，燃料在该空间内呈悬浮状燃烧，释放出大量的热量。

（2）燃烧器：位于炉膛四角或墙壁上，其作用是把燃料和空气以一定速度喷入炉膛内，使其在炉膛内能进行良好的混合以保证燃料及时着火和迅速完全地燃烧。燃烧器分直流燃烧器和旋流燃烧器两种基本类型。

（3）空气预热器：位于锅炉尾部烟道，其作用是利用烟气余热加热燃料燃烧所需要的空气，不仅可以进一步降低排烟温度，而且对于强化炉膛内燃烧、提高燃烧经济性、干燥和输送煤粉都是有利的。空气预热器通常分为管式和回转式两种。

（4）烟风道：是由炉墙、部分受热面管道及包墙管等组成的管道，用以引导烟气的流动，并经各个受热面进行热量交换，分为水平烟道和尾部烟道。

4-5 简述电站煤粉锅炉的基本工作流程。

答：电站煤粉锅炉的基本工作流程如下：

（1）由原煤仓落下的原煤经给煤机送入磨煤机磨制成煤粉。在原煤磨制过程中，需要热空气对煤进行加热和干燥，因此外界冷空气通过一次风机（或送风机）送入锅炉尾部烟道的空气预热器中，被烟气加热成为热空气进入磨煤机。

（2）对于直吹式制粉系统，磨煤机内的空气煤粉混合物通过一次风粉管道直接经燃烧器送入炉膛内燃烧。对于中储式制粉系统，磨制合格的煤粉进入煤粉仓，然后由空气或者空气与制粉系统乏气的混合物携带煤粉经燃烧器进入炉膛内燃烧。

（3）煤粉在炉膛内迅速燃烧后放出大量热量，使炉膛火焰中心温度具有1500℃或更高的温度。

（4）水冷壁和屏式过热器等是炉膛的辐射受热面，其内部的工质在吸收炉膛辐射热的同时使火焰温度降低，保护炉墙不致被烧坏。

（5）为了防止熔化的灰渣黏结在烟道内的受热面上，烟气向上流动到达炉膛上部出口处时，其烟气温度要低于煤灰的熔点。

（6）高温烟气经炉膛上部出口离开炉膛进入水平烟道，再进入尾部烟道，期间与布置在水平烟道和尾部烟道的受热面（过热器、再热器、省煤器和空气预热器等）进行热量交换，使烟气不断放出热量而逐渐冷却下来，最终空气预热器出口的烟气温度降低至110～160℃。

（7）低温烟气再经过除尘器除去大量的飞灰，最后只有少量的细微灰粒随烟气由引风机送入烟囱排入大气。

（8）煤粉在炉膛中燃烧后所生成的较大灰粒沉降到炉膛底部的冷灰斗中，被冷却凝固落入排渣装置中，形成固定排渣。

4-6 电站煤粉锅炉常用的燃烧方式有哪些？

答：现代大容量固态排渣煤粉燃烧锅炉可供选择的燃烧方式主要有三种：

（1）切向燃烧方式：包括直流燃烧器布置在炉膛角部或墙上的四角单切圆、六角单切圆、八角单切圆、八角双切圆燃烧方式，其中六角单切圆和八角单切圆主要用于配风扇磨煤机的褐煤机组。

（2）墙式燃烧方式：除少数300MW机组锅炉为前墙燃烧方式外，大都采用前后墙对冲燃烧方式。

（3）拱式燃烧方式：一般采用W形火焰双拱燃烧方式。

三种常用的煤粉燃烧方式示意图见图4-1。

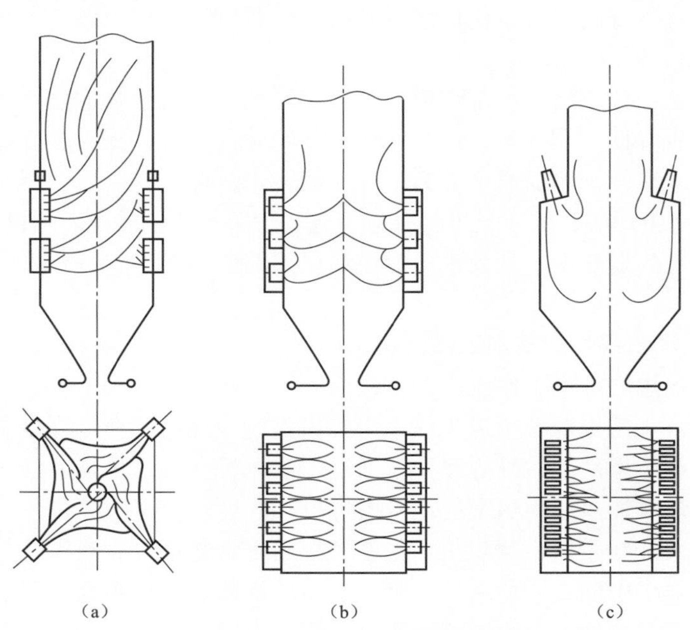

图4-1 三种常用的煤粉燃烧方式示意图

（a）切向燃烧；（b）墙式燃烧；（c）拱式燃烧

4-7 不同燃烧方式的优缺点有哪些？

答：通常对于燃烧性能较好的煤种可采用墙式或者切圆燃烧方式，两种燃烧方式的优缺点见表4-1。

表4-1 两种燃烧方式的优缺点

燃烧方式	直流切圆燃烧	旋流墙式燃烧
优点	（1）各层和各角燃烧器的煤粉燃烧后相互协同形成一个大的旋转火焰，炉膛内火焰充满度好，后期混合好。对于火焰和燃烧不均匀有一定的修正作用。 （2）对燃烧性能较差的煤种适应性更广泛	（1）锅炉布置比较自由，并不要求炉膛横截面接近正方形，炉膛横截面可以为矩形，利于锅炉受热面的布置。 （2）炉膛出口烟气热偏差小，锅炉容量越大，这一优点越显著。同时也减少了过热器和再热器部分的结渣、堵塞和管壁磨损。 （3）一般认为墙式燃烧炉膛内结渣较四角的偏轻。 （4）最低不投油稳燃负荷较切圆燃烧方式低5%～10%（绝对值）
缺点	（1）烟气温度偏差较大，因此过热器特别是再热器容易造成局部超温爆管。 （2）四角燃烧Π形布置，当机组容量超过600MW，屏式过热器尺寸过大，使屏间各管热偏差增加，容量等级再高需采用双切圆燃烧方式或塔式布置方式。 （3）火焰容易贴壁，使炉膛内结渣趋于严重	（1）各个旋流燃烧器射流靠卷吸高温烟气来点燃各自的煤粉气流，没有四角切向那样的协同配合，因而炉膛内火焰充满度较差。 （2）对燃烧性能较差煤种的适应性较四角燃烧偏差

4-8 简述锅炉炉膛的布置方式。

答：锅炉炉膛布置方式主要有Π形和塔式两种，塔式锅炉和Π形锅炉属两种不同的技术流派，在国内外亚临界、超（超）临界机组中都有大量的工程应用业绩与运行经验。

Π形锅炉（又称倒U形锅炉）是电站锅炉选用最多的炉型，可采用切向、墙式或W形火焰燃烧方式，适用于褐煤、烟煤、贫煤和无烟煤。锅炉本体受热面布置分为三部分：炉膛、水平烟道和尾部烟道。一般在炉膛部分布置水冷壁、燃烧器、屏式过热器和后屏过热器或中温再热器，水平烟道布置高温过热器或高温再热器，尾部烟道布置低温过热器、低温再热器、省煤器和空气预热器。

塔式锅炉通常采用切圆燃烧方式，适用于褐煤、烟煤、贫煤和无烟煤，尤其适用于高灰分、高磨损煤种。塔式锅炉除水冷壁外，过热器、再热器、省煤器等各级受热面依次全部水平布置在炉膛上部。

4-9 简述Π形和塔式锅炉炉膛布置的优缺点。

答：Π形和塔式锅炉炉膛布置方式的优缺点比较参见表4-2。

表4-2 Π形和塔式锅炉炉膛布置方式的优缺点比较

炉膛布置方式	Π 形 锅 炉	塔 式 锅 炉
优点	（1）锅炉及厂房的高度较低。 （2）在水平烟道中可以采用支吊方式比较简单地悬吊式受热面。 （3）在尾部垂直下降烟道中，受热面易布置成逆流传热方式，强化对流传热。	（1）占地面积小。 （2）烟气流动方向一直向上，大大减轻对流受热面的磨损。 （3）锅炉本身有自通风作用，烟气流动阻力小。

续表

炉膛布置方式	Π 形 锅 炉	塔 式 锅 炉
优点	（4）下降烟道中，气流向下流动，吹灰容易并有自吹灰作用。 （5）锅炉本体以及锅炉和汽轮机之间的连接管道不太长	（4）对流受热面水平布置易于疏水及氧化皮吹出，可减轻停炉后因蒸汽凝结导致的管内壁腐蚀，且在启动过程中不会造成水塞及氧化皮堵塞。 （5）烟气流动均匀，烟道烟气温度偏差较小
缺点	（1）占地面积较大。 （2）由于有水平烟道，锅炉构架复杂，且不能充分利用其所有空间来布置受热面。 （3）烟气在炉膛内经过两次转弯，造成烟气在炉膛内的速度场、温度场和飞灰浓度场不均匀，影响传热效果，并导致对流受热面局部飞灰磨损严重。 （4）采用四角切向燃烧方式时，将使烟道两侧烟气温度偏差控制困难	（1）锅炉本体高度高，连接的汽水管道长。 （2）安装、检修费用将提高。 （3）对于高灰分煤种，需及时吹灰，否则容易发生塌灰事故

4-10　简述锅炉炉膛尺寸的定义。

答：锅炉炉膛尺寸是炉膛边界几何形状及燃烧器布置条件的主要线性量和角度。大容量锅炉炉膛都是用膜式水冷壁及蒸汽管排围成。炉膛轮廓尺寸皆按水冷或汽冷壁管中心线计量，不同炉膛布置方式和燃烧方式的炉膛尺寸示意图见图 4-2，图 4-2 中主要轮廓尺寸说明如下：

H——炉膛高度，对 Π 形锅炉为从炉底排渣喉口至炉膛顶棚管中心线距离；对塔式锅炉为从炉底排渣喉口至炉膛出口水平烟窗距离。

W——炉膛宽度，左右侧墙水冷壁管中心线间距离。

D——炉膛深度，前后墙水冷壁管中心线间距离。

H_L——（拱式燃烧）下炉膛高度，从炉底排渣喉口至拱顶上折点距离。

H_U——（拱式燃烧）上炉膛高度，从拱顶上折点至炉膛顶棚管中心线距离。

D_L——（拱式燃烧）下炉膛深度。

D_U——（拱式燃烧）上炉膛深度。

h_1——燃尽区高度，对 Π 形锅炉为最上层燃烧器一次风煤粉喷口（如配套储仓式制粉系统，而乏气喷口在最上层一次风喷口之上，则为最上层乏气喷口）中心线至折焰角尖端（如有直段，即为其上折点）的铅直距离（屏幔式受热面一般不宜低于折焰角尖端过多），见图 4-2（a）；对于拱式燃烧炉膛可取为拱顶上折点至折焰角尖端的铅直距离，见图 4-2（b）；对于塔式锅炉则为上述一次风喷口或乏气喷口至炉膛内水平管束最下层管中心线的铅直距离，见图 4-2（c）。

h_2——最上层燃烧器煤粉喷口（或乏气喷口，参见 h_1 说明）与最下层燃烧器煤粉喷口中心线之间的铅直距离。

h_3——最下层燃烧器煤粉喷口中心线与冷灰斗上折点的铅直距离；拱式燃烧炉膛为拱顶上折点至冷灰斗上折点的铅直距离。

h_4——（Π 形锅炉）从折焰角尖端（如有直段，即为其上折点）铅直向上至顶棚管中心线距离。

h_5——冷灰斗高度，即排渣喉口至冷灰斗上折点的铅直距离。

d_1——折焰角深度。

d_2——排渣喉口净深度。

b——炉膛横断面上炉墙切角形成的小直角边尺寸，见图 4-2（b）。

β——冷灰斗斜坡角度。

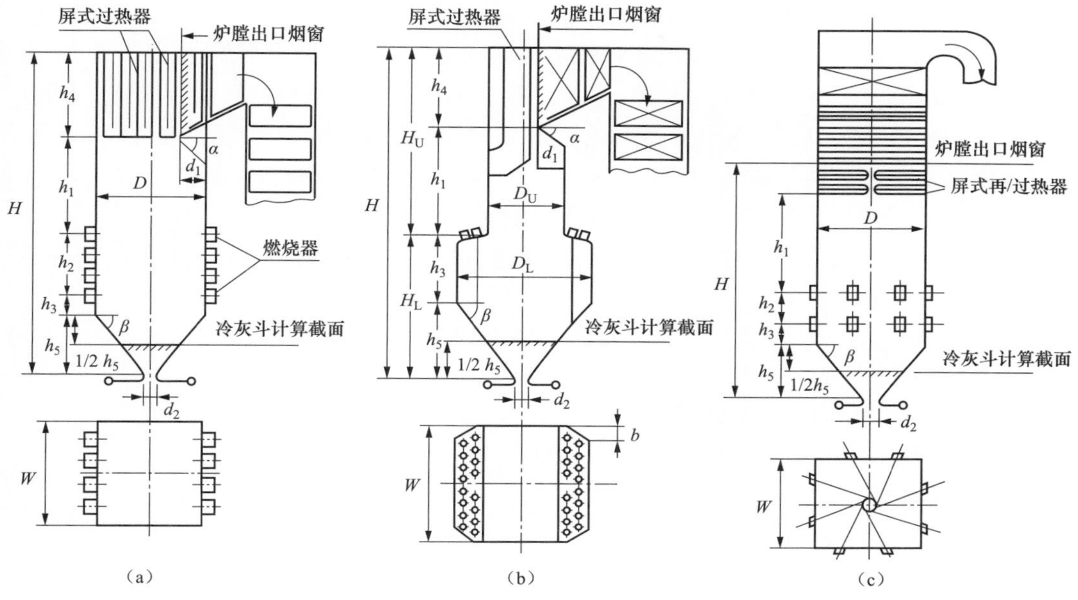

图 4-2 不同炉膛布置方式和燃烧方式的炉膛尺寸示意图

（a）Π 形布置，切向或墙式燃烧；（b）Π 形布置，双拱燃烧；（c）塔式布置，切向或墙式燃烧

4-11 简述锅炉炉膛设计的关键参数。

答：锅炉设计时主要考虑的锅炉炉膛热强度参数包括：

（1）炉膛容积热强度 q_V。

（2）炉膛断面热强度 q_F。

（3）燃烧器区壁面热强度 q_B。

（4）燃尽区高度 h_1。

（5）最下层燃烧器煤粉喷口中心线与冷灰斗上折点的垂直距离。

（6）冷灰斗斜坡角度等。

（7）对于切圆燃烧，需要注意一二次风切圆直径的设计；对于墙式燃烧锅炉，需要注意最外侧燃烧器距侧墙距离。

4-12 简述锅炉炉膛容积热强度 q_V 的定义。

答：锅炉炉膛容积热强度 q_V 反映了在炉膛内流动场和温度场条件下燃料及燃烧产物在炉膛内停留的时间。在给定条件下，q_V 越小，说明炉膛容积越大，煤粉在炉膛内的停留时间越长，对煤粉燃尽越有利，炉膛出口的 NO_x 浓度也可能有所降低。

锅炉输入热功率与炉膛有效容积的比值为炉膛容积热强度，具体见式（4-1）：

$$q_V = (P/V)\times 10^3 \tag{4-1}$$

式中 q_V ——炉膛容积热强度，kW/m^3；

P ——锅炉 BMCR 工况输入热功率，MW；

V ——炉膛容积，m^3。

4-13 简述锅炉炉膛截面热强度 q_F 的定义。

答： 锅炉炉膛截面热强度 q_F 反映了炉膛水平断面上的燃烧产物平均流动速度，同时也表征炉膛横断面内的平均放热强度（q_F 值大，表征燃烧器区域温度水平较高）。q_F 越小，断面平均流速越低。一般认为此时气粉流的湍流脉动和混合条件可能减弱，会使燃烧强度和着火稳定性受到影响，但在高温区的停留时间有所增加，煤粉颗粒燃尽改善，减轻火焰冲刷，靠近水冷壁的还原性烟气气氛减弱，也有利于减轻水冷壁表面的结渣和高温腐蚀。

锅炉输入热功率与炉膛燃烧器区横断面积的比值为炉膛断面热强度，具体计算方法见式（4-2）：

$$q_F = (P/S_C) \quad (4\text{-}2)$$

$$S_C = WD \quad (4\text{-}3)$$

式中 q_F ——炉膛断面放热强度，MW/m^2；

P ——锅炉 BMCR 工况输入热功率，MW；

S_C ——炉膛燃烧器区横断面积，m^2；

W ——炉膛宽度，m；

D ——炉膛深度，m。

4-14 简述锅炉燃烧器区壁面热强度 q_B 的意义。

答： 锅炉燃烧器区壁面热强度 q_B 在一定程度上反映炉膛内燃烧中心区的火焰温度水平。q_B 越小，该区的温度水平越低。相对较大的燃烧器区域空间和较低的温度水平有利于减轻该区域壁面结渣倾向，也有利于减少 NO_x 的生成。但也表明在该区域的燃烧与放热强度越低，越不利于煤粉的稳定着火燃烧。因此，对于低结渣的煤种，该值的选取可根据降负荷时燃烧的稳定性来确定，即对低负荷燃烧稳定性要求高时应取较高的 q_B 值，反之则取较低的 q_B 值；对于结渣性煤，该值的选取一方面取决于结渣性，另一方面取决于低负荷下燃烧的稳定性，原则上应在避免炉膛水冷壁严重结渣前提下，选取适当的 q_B 值以保证低负荷下燃烧的稳定性。此外，还应综合考虑燃烧器类型和布置方式、煤的反应能力等。

锅炉输入热功率与燃烧器区炉壁面积的比值为燃烧器区壁面热强度，具体计算方法见式（4-4）、式（4-5）。

$$q_B = P/S_B \quad (4\text{-}4)$$

$$S_B = 2\times(W+D)\times(h_2+3) \quad (4\text{-}5)$$

式中 q_B ——燃烧器区壁面放热强度，MW/m^2；

P ——锅炉 BMCR 工况输入热功率，MW；

S_B ——燃烧器区壁面积，m^2。

4-15 简述亚临界机组、超临界机组及超超临界机组的定义。

答： 工程热力学将水的临界状态点的参数定义如下：压力为 22.115MPa，温度为 374.15℃。当水的状态参数达到临界点时，在饱和水和饱和蒸汽之间不再有汽、水共存的二相区存在。与较低参数的状态不同，这时水的传热和流动特性等也会存在显著的变化。当水蒸气参数值大于上述临界状态点的压力和温度值时，则称其为“超临界”，反之则称为“亚临界”。

火电厂提高热效率的主要途径之一是提高蒸汽参数（压力及温度）。与同容量亚临界机组热效率比较，采用超临界参数可使机组热效率提高 2.0～2.5 个百分点，采用更高的超临界参数可使机组热效率提高 4～5 个百分点。目前，世界上最先进的超临界机组热效率已达 47%～49%，机组最大容量已达 1300MW。发展高效超临界火电机组是解决电力短缺、能源利用率低和环境污染严重的有效途径。国内典型机组的蒸汽参数见表 4-3。

超超临界也属于超临界这一范围，只是蒸汽压力、蒸汽温度在超临界参数基础上进一步提高。我国 600MW 超临界锅炉主蒸汽压力/主蒸汽温度/再热蒸汽温度一般为 23.5～25.5MPa/540～565℃/540～570℃，而 1000MW 超超临界锅炉则为 26.2～27.5MPa/605℃/603℃。可见主蒸汽压力提高 2～3MPa，主蒸汽温度提高约 60℃，再热蒸汽温度提高 30～60℃。而高效超超临界锅炉（含二次再热）则是在超超临界锅炉的基础上，进一步提升主蒸汽压力和再热器温度。

表 4-3　　国内典型机组的蒸汽参数

电厂	蒸汽参数等级	锅炉制造厂家	功率（MW）	主蒸汽压力/主蒸汽温度/再热蒸汽温度（二次再热蒸汽温度）[MPa/℃/℃（℃）]
GHNHYQ	亚临界	上海锅炉厂有限公司	600	17.48/541/541
HNQB	超临界	东方电气集团东方锅炉股份有限公司	600	24.2/566/566
GHTC	超临界	上海锅炉厂有限公司	600	25.4/571/569
ST	超临界	东方电气集团东方锅炉股份有限公司	600	24.2/566/566
YKRQ	超超临界	哈尔滨锅炉厂有限责任公司	600	26.25/605/603
YH	超超临界	哈尔滨锅炉厂有限责任公司	1000	27.46/605/603
ZXSQ	超超临界	东方电气集团东方锅炉股份有限公司	1000	27.5/605/603
WZ	高效超超	东方电气集团东方锅炉股份有限公司	1000	29.4/605/623
HNAY	高效超超二次再热	哈尔滨锅炉厂有限责任公司	600	32.45/605/623（623）
HNLW	高效超超二次再热	哈尔滨锅炉厂有限责任公司	1000	32.97/605/623（623）

4-16　简述二次再热技术及其特点。

答：增加再热次数是提高机组效率的另一有效方法。目前，一次中间再热超超临界机组技术较为成熟，其参数已接近现有成熟材料的许用上限，由此导致机组循环效率无法继续提高。若要进一步提升机组性能，超超临界二次再热技术是一种技术上相对成熟、投资方面相对经济的技术途径，超超临界二次再热锅炉示意见图 4-3。在结构设计方面，二次再热机组比一次再热机组复杂，与一次中间再热机组的不同主要表现在以下几个方面：

（1）二次再热运行方式的再热蒸汽对流吸热量增加约 10%、相应的主蒸汽辐射吸热量降低，机组的热力特性与常规一次中间再热机组不同；

（2）汽轮机部分增加了超高压缸、锅炉侧增加一级再热器，汽水流程增加，在相对低的蒸汽流量和相对长的汽水流程状态下，机组的动静态响应特性也有所变化；

（3）锅炉侧增加一级再热器、受热面布置更加复杂，主蒸汽、再热蒸汽温度调节特性发生较大变化，对机组动静态响应特性的依赖性增强；

（4）再热蒸汽温度达到620℃，使得末级受热面金属材料的工作环境更加恶劣，对机组热力特性的变化更为敏感。

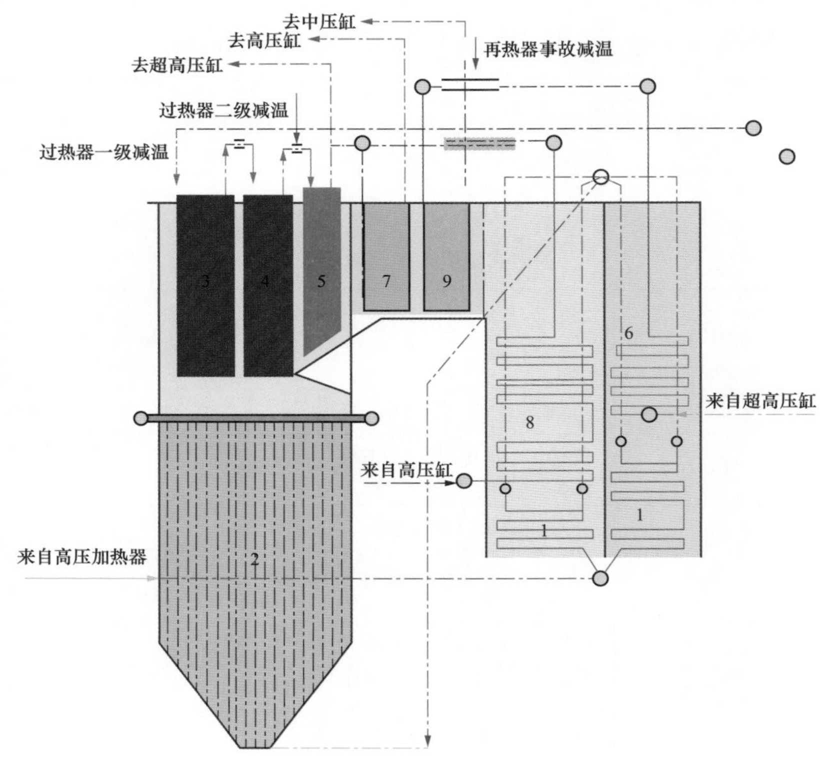

图 4-3　超超临界二次再热锅炉示意

1—省煤器；2—炉膛；3—屏式过热器；4—一级过热器；5—末级过热器；6—低压低温再热器；7—高压高温再热器；8—高压低温再热器；9—低压高温再热器

4-17　简述二次再热机组的技术经济性。

答：采用二次再热机组可降低供电煤耗以及污染物排放，典型1000MW及660MW二次再热机组与同容量常规机组的煤耗及排放量的比较见表4-4，由表4-4可见1000MW及660MW二次再热机组较常规机组有如下区别：

（1）煤耗分别降低10.7g/kWh和9.3g/kWh左右，按照年利用5500h计算，年节约标准煤分别为11.77万t和6.75万t；

（2）年减少CO_2排放分别为30.60万t和17.55万t；

（3）年减少SO_2排放分别为4590.3t和2633.2t；

（4）年减少NO_x排放分别为1173.5t和673.2t。

表 4-4 典型 1000MW 及 660MW 二次再热机组与同容量常规机组的煤耗及排放量的比较

项目名称	单位	HNLW 电厂 2×1000MW 机组	HNAY 电厂 2×660MW 机组
相对同容量超超临界 一次再热机组的供电煤耗降低值	g/kWh	约 10.7	约 9.3
利用小时数	h	5500	5500
年节约标煤	万 t	约 11.77	约 6.75
年减少 CO_2 排放量	万 t	30.60	17.55
年减少 SO_2 排放量	t	4590.3	2633.2
年减少 NO_x 排放量	t	1173.5	673.2

4-18 简述二次再热机组的蒸汽温度的调节方式。

答：二次再热机组由于新增加了一组再热回路，使机组热力系统更加复杂，锅炉蒸汽温度精准调节难度加大。锅炉蒸汽温度调节方式的成败，成为二次再热技术能否取得高效率的关键。二次再热锅炉蒸汽温度调节方式主要有以下几种：

（1）摆动燃烧器：摆动燃烧器是通过改变火焰中心位置，从而改变炉膛出口烟气温度，以调节再热蒸汽温度。二次再热锅炉同时存在两个再热器，摆动燃烧器对两个再热蒸汽温度影响是同向的，因此摆动调温不能实现调节两个再热蒸汽的差值，需要配合烟气挡板同时调节。国内某电厂二次再热机组采用该种方式，但二次再热蒸汽温度被证明只能在 65%～100% BMCR 工况范围内才能达到设计值，再热蒸汽温度保证范围小。

（2）烟气再循环：该种调温方式抽取部分锅炉冷烟气再反送入炉膛内，影响炉膛内温度场，改变辐射受热面和对流受热面吸热比例，从而调节锅炉蒸汽温度。烟气再循环优点是调温幅度较大且可靠稳定，但由于需要新增烟气再循环风机，设备成本、电耗及维护成本会大幅度增加，且排烟热损失有所增加，造成锅炉热效率整体降低。按再循环烟气来源不同，目前主要有以下几种不同方案：

1）从省煤器后抽取再循环烟气。

2）从除尘器后或引风机后抽取烟气。

（3）烟气挡板调节：二次再热机组一般采用三烟道挡板调温，通过尾部三个烟道挡板调节，可以通过一种调节手段实现两个再热蒸汽温度调节。原理仍然是通过改变锅炉尾部烟道内流经再热器的烟气流量来调节再热蒸汽温度。烟气挡板调温优点是结构简单、操作方便、调温幅度较大、设备投资低，运行维护简单、不影响炉膛内燃烧及热效率、不增加机组电耗，机组经济性好。

4-19 简述严重结渣煤种锅炉燃烧方式的选取原则。

答：严重结渣煤种锅炉燃烧方式的选取原则如下：

（1）采用墙式或切向燃烧方式，需注意炉膛轮廓选型及燃烧器的设计与布置，应取用有利于减轻结渣倾向的特征参数值，并辅以防结渣和有效的吹灰设施。

（2）经过环境及投资经济性等方面的综合评价认可，也可考虑采用液态排渣锅炉，特别是灰分含量低而灰熔融温度很低的煤种。液态排渣锅炉可较好地解决炉膛及燃烧器的设计布置与结渣倾向之间的矛盾，对煤的着火燃尽也十分有利，且其灰渣处理及利用方便。配有低 NO_x 燃烧器及相关系统的现代液态排渣锅炉也有可能满足现行环保排放指标的要求。

（3）对于具有严重结渣性的较难着火和中等着火煤种，选用固态排渣锅炉时，需注意卫燃带敷设区域、方式及其面积，以避免结渣加剧。

4-20 简述直流燃烧器的特点。

答：直流燃烧器由一组矩形或圆形的喷口构成，煤粉和空气分别由不同的喷口射入炉膛内。根据流过介质的不同，可分为一次风口、二次风口和三次风口（三次风仅热风送粉系统有）。直流燃烧器大多布置在炉膛四角，四角燃烧器的轴线相切于炉膛中心的一个假想切圆，适用于褐煤、烟煤、贫煤和无烟煤等各煤种的燃烧。

直流燃烧器风粉射流具有刚性强而射程远的特点，射流四周对周围的高温烟气有微弱的回流卷吸能力，射流中心无回流卷吸，一次风粉气流主要依靠上邻角高温火炬的相互点燃而着火燃烧，气流后期混合强烈。强化着火（EI）煤粉喷口示意图见图 4-4，切向燃烧“火球”见图 4-5。

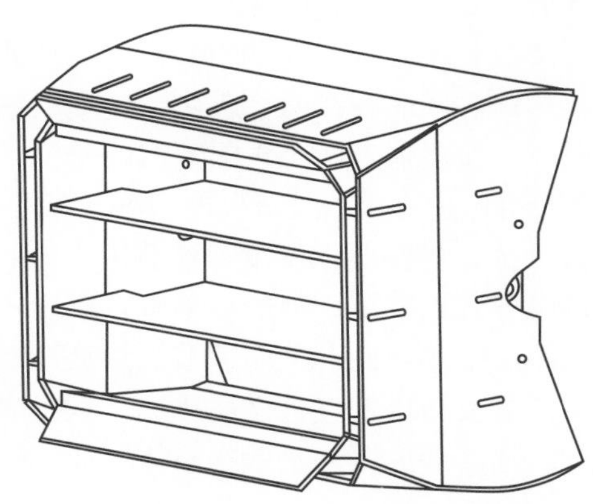

图 4-4　强化着火（EI）煤粉喷口示意图

图 4-5　切向燃烧“火球”

4-21 **简述切向燃烧的摆动调温特性。**

答：对于切向燃烧，燃料和空气喷口都能上下一致摆动，通过燃烧器的摆动来影响炉膛吸热量，可以在整个负荷控制范围内保持再热蒸汽温度恒定，因此，再热蒸汽温度能在对电厂热耗影响最小的情况下得到控制。通过对“火球”位置的调节从而实现对蒸汽温度的控制，切向煤粉燃烧器平面布置图见图 4-6，燃烧器摆动对炉膛燃烧温度的影响见图 4-7。

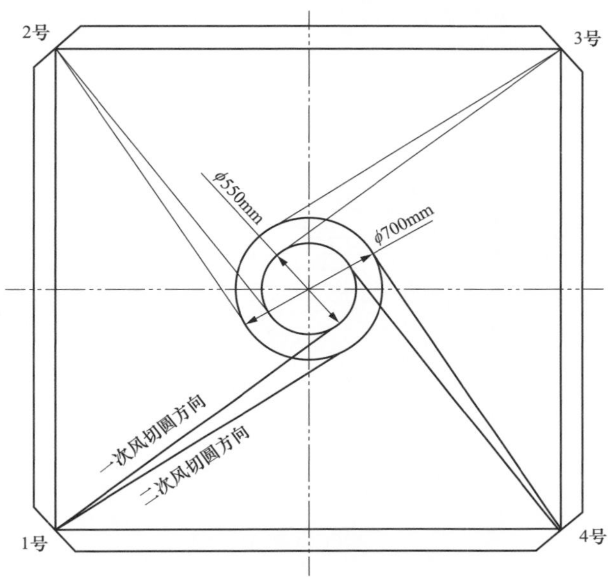

图 4-6 切向煤粉燃烧器平面布置图

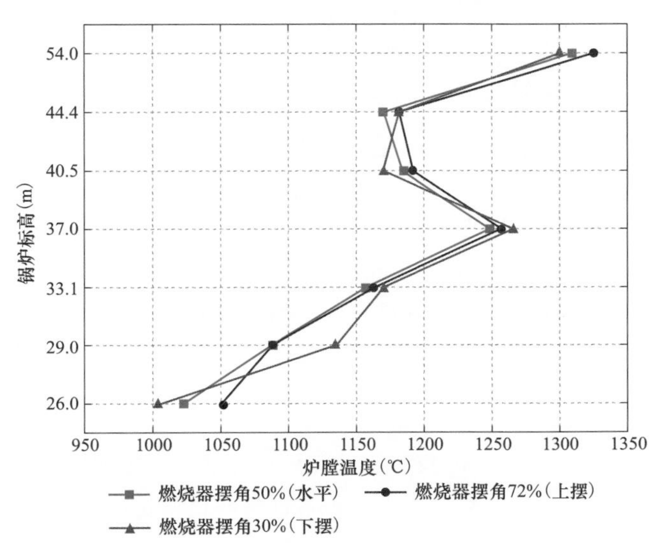

图 4-7 燃烧器摆动对炉膛燃烧温度的影响

4-22 **简述旋流燃烧器的特点。**

答：旋流燃烧器由一组圆形喷口组成，由内向外依次为中心风、一次风、内二次风和外二次风，其中一次风一般为直流风，内二次风（或称二次风）和外二次风（或称三次风）都是旋流强度可调的旋流风，另外内、外二次风量也可以通过调整风门挡板或旋流强度进行比例调整。旋流燃烧器单只燃烧器的稳燃能力较强，主要布置在炉膛的前、后墙上，气流在炉膛中心相遇碰撞，而后形成向上的燃烧火焰，典型旋流燃烧器结构示意图见图 4-8。旋流燃烧器适用于褐煤、烟煤、贫煤等各煤种的燃烧，燃烧无烟煤时采用较少。

旋流燃烧器具有回流负压区（中心回流区或环形回流区），射流有较大的扩散角，初期扰动混合强烈，但气流速度衰减快、射程短，一、二次风粉气流的后期混合差。

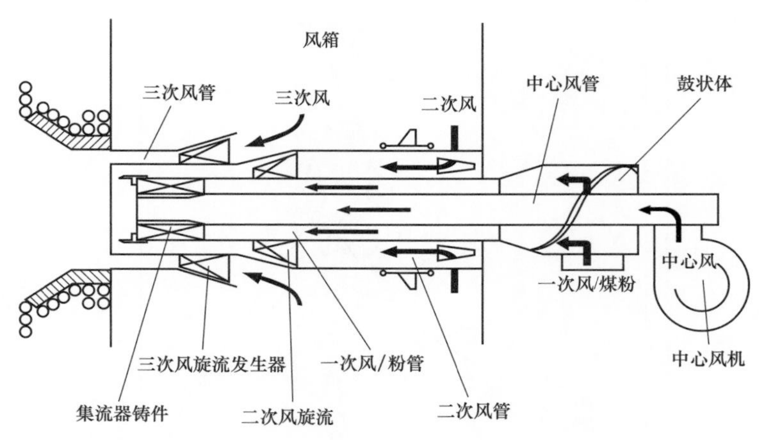

图 4-8　典型旋流燃烧器结构示意图

4-23　简述低氮燃烧器的定义。

答：低氮燃烧器简称 LNBS，是通过燃烧器本身实现分级送入风量，减缓煤粉燃烧速度。对电站煤粉锅炉来说，煤粉燃烧器是锅炉燃烧系统中的关键设备，不但煤粉是通过燃烧器送入炉膛，而且煤粉燃烧所需的空气也是通过燃烧器进入炉膛。从 NO_x 的生成机理看，燃料型 NO_x 都是在煤粉着火阶段生成的。因此，通过特殊设计的燃烧器结构，以及通过改变燃烧器的风煤比例，可以将燃料分级、空气分级或烟气再循环降低 NO_x 浓度的原理用于燃烧器，以尽可能地降低着火区氧的浓度，适当降低着火区的温度，达到最大限度的抑制 NO_x 生成的目的，这就是低氮燃烧器。在我国大型电站锅炉中，低氮燃烧器主要采用了煤粉浓缩技术和空气分级技术相结合并配置高位分离燃尽风的方式来降低 NO_x，两项技术结合可使 NO_x 生成浓度降低 30%～60%，其中低 NO_x 燃烧器的脱硝效率为 20%～40%。

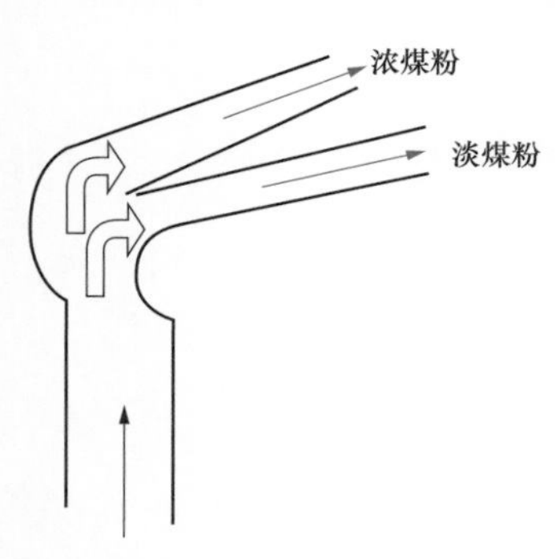

图 4-9　离心式煤粉浓缩器示意图

4-24　简述浓淡燃烧器工作原理。

答：浓淡燃烧的基本思路是将一次风分成浓淡两股气流，利用浓煤粉气流着火稳定性好的特点提高燃烧器的着火稳燃能力，浓淡两股气流偏离各自燃烧的化学当量比，可以抑制 NO_x 的生成量。离心式煤粉浓缩器示意图、叶窗式浓淡型煤粉燃烧器浓缩燃烧器示意图、挡块式水平浓淡型煤粉燃烧器示意图分别见图 4-9～图 4-11。

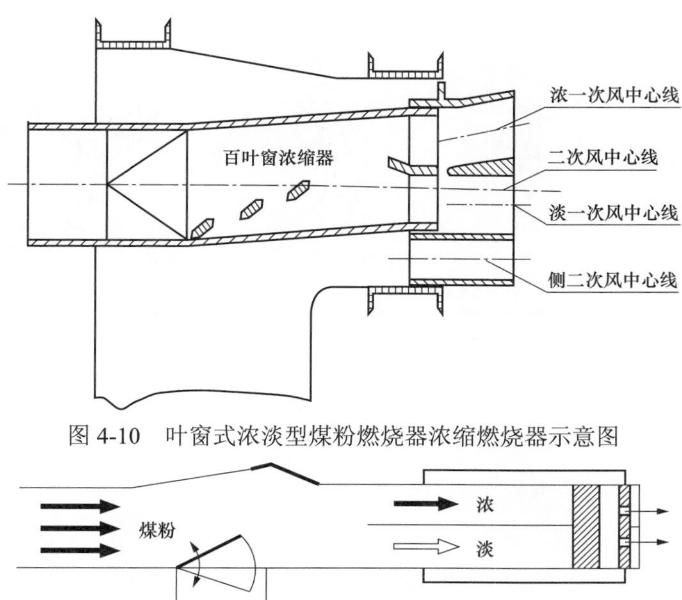

图 4-10　叶窗式浓淡型煤粉燃烧器浓缩燃烧器示意图

图 4-11　挡块式水平浓淡型煤粉燃烧器示意图

4-25 什么是旋流式煤粉浓淡分离低 NO_x 燃烧器？

答：旋流式煤粉浓淡分离低 NO_x 燃烧器是墙式燃烧锅炉控制 NO_x 的首选措施，它采取特定机构将煤粉浓缩分离，在燃烧初期通过形成局部的煤粉浓淡偏差燃烧来控制 NO_x 生成。基本原理是将原来燃烧器内、外二次风两级送风方式变为内、中、外，分三次分别送入炉膛，并在不同的风速下，与煤粉逐级混合、逐步燃烧，降低燃烧器区温度，减少 NO_x 的生成，实现单个燃烧器的分级燃烧。常见的旋流式煤粉浓淡分离低 NO_x 燃烧器主要有：

（1）B&W 公司的 DRB-4Z 低 NO_x 燃烧器（见图 4-12）和 Airje 墙式对冲燃烧器。

（2）日立公司 HT-NR3 系列低 NO_x 燃烧器（见图 4-13）。

（3）东方电气集团东方锅炉股份有限公司改进型 HT-NR3 系列低 NO_x 燃烧器（见图 4-14）。煤粉燃烧器将燃烧用空气分为四部分：即一次风、内二次风、外二次风、中心风。

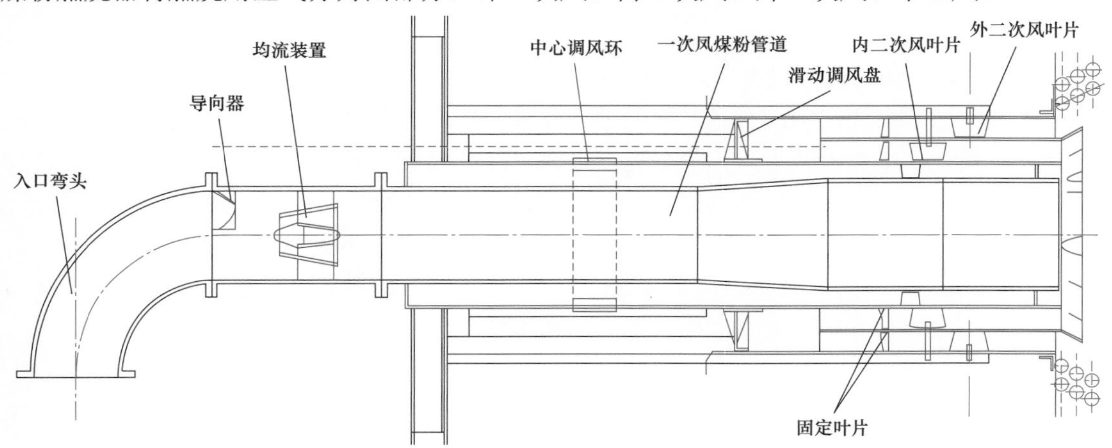

图 4-12　B&W 公司的 DRB-4Z 低 NO_x 燃烧器

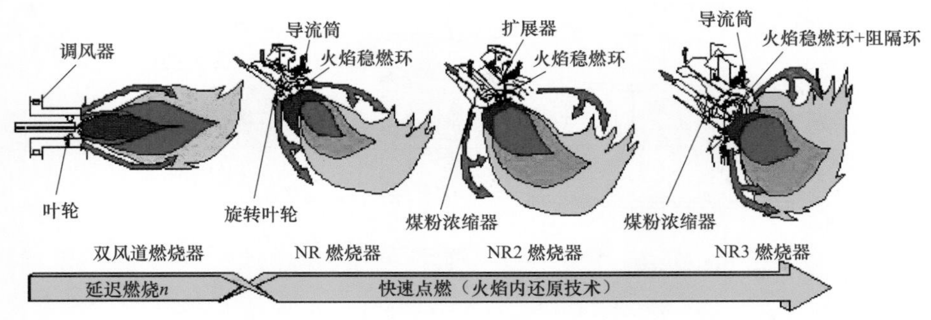

图 4-13　日立公司 HT-NR3 系列低 NO_x 燃烧器

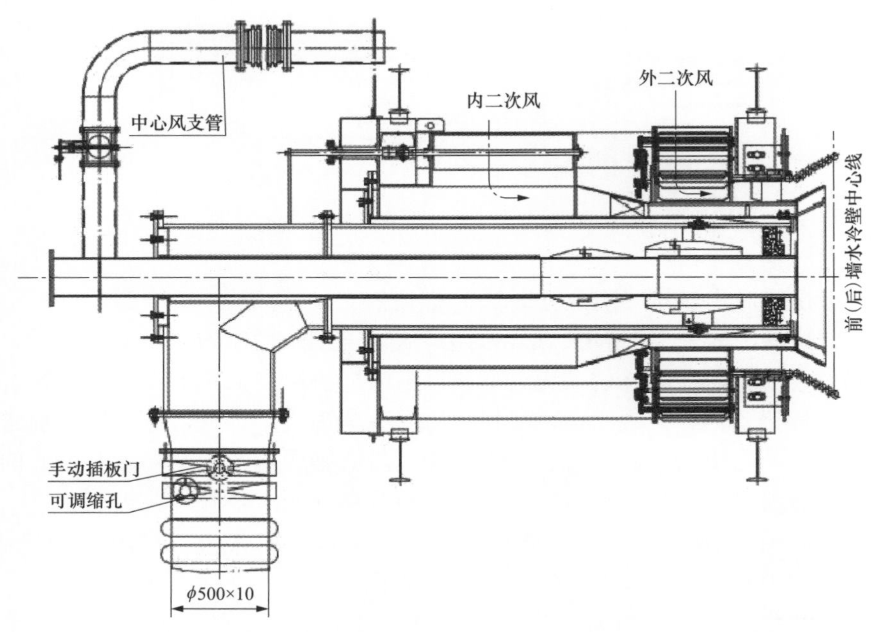

图 4-14　东方电气集团东方锅炉股份有限公司改进型 HT-NR3 系列低 NO_x 燃烧器

4-26　简述四角切圆燃烧燃尽风布置特点。

答：四角切圆燃烧锅炉的燃尽风一般是一部分布置在主燃烧器区顶部，为紧凑燃尽风；另一部分布置在主燃烧器区上方，为分离燃尽风。在分离燃尽风和主燃烧器区之间的低氧区域被称为还原区，切圆锅炉燃烧器风和燃尽风布置图见图 4-15。由于紧凑燃尽风的低氮效果一般，后期大型切圆燃烧锅炉大多取消了紧凑燃尽风。分离燃尽风风率一般为 25%～30%（总风量），当采用一段布置时，喷口层数为 3～5 层；当采用两段布置时，通常每段布置 3 层，两端燃尽风由上到下分别称为低位分离燃尽风和高位分离燃尽风，可以将 NO_x 生成浓度降得更低。

分离燃尽风可以左右摆动，也可以上下摆动，有调节火焰中心位置和降低炉膛出口烟气温度偏差的作用。

4-27 简述切圆燃烧分离燃尽风调节对烟气温度偏差的影响。

答：根据切圆燃烧锅炉特点，由于一次风及二次风气流在炉膛内逆时针旋转，与引风机吸力形成叠加，容易造成炉膛出口及水平烟道中的烟气有残余旋转，在上炉膛及水平烟道产生速度场、温度场、颗粒分布场的偏差，在炉膛出口区域普遍存在烟气温度和蒸汽温度分布不均的现象，在运行参数上表现为两侧烟气温度与蒸汽温度的偏差，特别是在机组升负荷过程中容易出现过热器、再热器超温甚至爆管，严重影响锅炉的经济和安全运行。在锅炉燃烧调整中可以通过燃尽风的水平摆动减少烟气温度偏差，可水平摆动的燃尽风示意图见图 4-16。

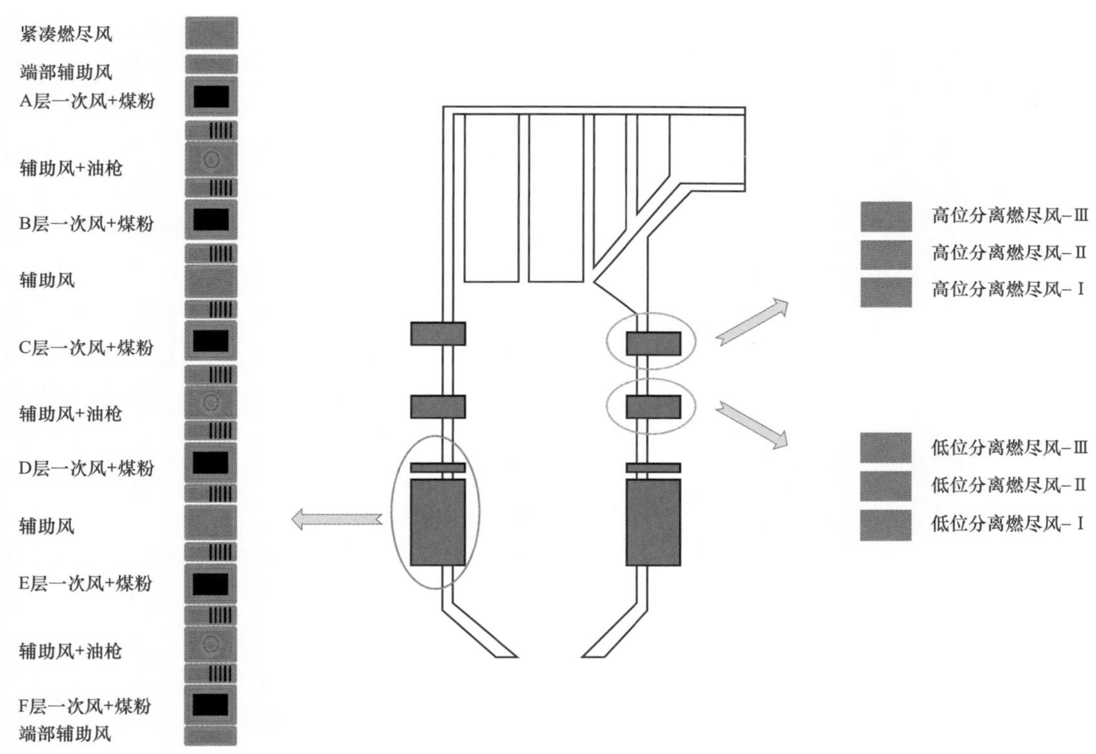

图 4-15 切圆锅炉燃烧器风和燃尽风布置图

4-28 简述墙式对冲燃烧锅炉燃烧器和燃尽风的布置特点。

答：墙式对冲燃烧锅炉的燃尽风一般是布置在主燃烧器区上方，墙式对冲燃烧锅炉燃烧器和燃尽风布置图见图 4-17。为达到超低排放对 NO_x 生成浓度的要求，一般分 2～3 层布置。分离燃尽风率一般为 25%～30%（占全部风量），随锅炉容量的不同，每层喷口数为 4～8 只，基本上与燃烧器喷口数量相对应，以起到压火、保证煤粉燃尽的作用。分离燃尽风喷口一般为固定式，但也有个别锅炉的分离燃

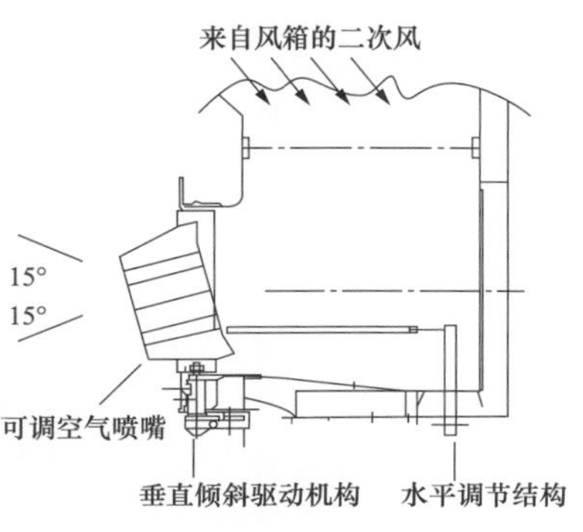

图 4-16 可水平摆动的燃尽风示意图

尽风具有上下摆动的能力，以用来调节火焰中心和降低飞灰可燃物。

旋流燃烧方式的分离燃尽风采用“双流”布置。外层旋流风防止高速射流卷吸高温烟气导致结渣，中心高速直流风穿透能力强便于调高燃烧效率，对于燃尽特性不佳的煤质增加分离燃尽风喷口数量对提高燃烧效率效果显著。

4-29 简述吹灰器在火电厂的应用。

答：在锅炉中，燃料燃烧后产生的部分灰渣会黏附在锅炉受热面上，影响传热效果，使排烟温度升高，锅炉热效率降低，严重时还会造成过热器发生爆管、锅炉灭火停炉等事故。因此，定期使用吹灰器及时清除各种受热面上的积灰，对确保锅炉安全、经济运行具有重要作用。吹灰器一般分别布置在锅炉炉膛、水平烟道和尾部烟道等处的炉墙上。用吹灰器定期吹灰可改善传热效果，节约燃料 1%～2%，并可预防大量结渣和堵灰，提高锅炉可用率。大型电站煤粉锅炉常用的吹灰方式包括：

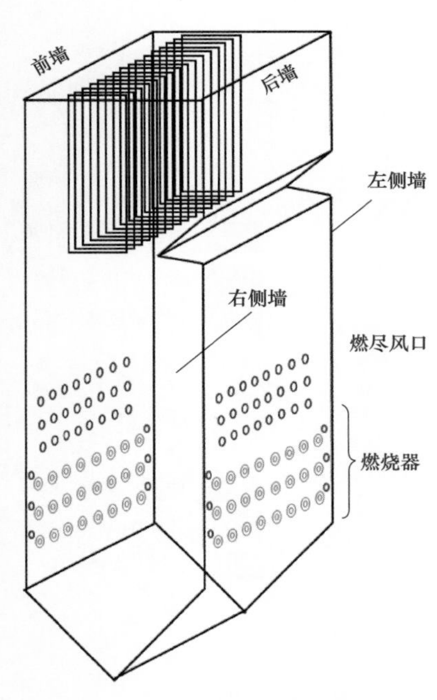

图 4-17 墙式对冲燃烧锅炉燃烧器和燃尽风布置图

（1）按结构型式有枪式、旋转式、伸缩式等。

（2）按使用介质的不同，主要有空气吹灰器、蒸汽吹灰器和水力吹灰器三类：

1）空气吹灰器利用压缩空气的高压气流冲击力，吹去受热面积灰；

2）蒸汽吹灰器利用过热蒸汽的高速射流冲击力，清除受热面积灰；

3）水力吹灰器以高压水作为介质，促使黏结在受热面上的灰渣因骤冷脆裂而被除去，仅适用于个别特殊场合。

（3）其他吹灰器：此外还有钢珠除灰、振动除灰和声波除灰、燃气脉冲激波吹灰等方式。

4-30 简述蒸汽吹灰器的分类。

答：蒸汽吹灰方式以蒸汽为吹灰介质，技术成熟，已得到广泛应用，一般为旋转式。蒸汽吹灰器的型式有炉膛短吹灰器、长伸缩式吹灰器、半伸缩式吹灰器和空气预热器吹灰器。蒸汽吹灰系统主要由吹灰蒸汽管路系统、蒸汽吹灰器和程控装置三部分组成。蒸汽吹灰器均为电动驱动，阀门开启为机械式，配有蒸汽开度微调装置来调整吹扫蒸汽压力和流量，吹灰管为耐热合金钢。

蒸汽吹灰可根据具体结渣沾污情况进行匹配性设计，达到良好的清灰需要。吹灰器安全运行主要关注：

（1）蒸汽参数和蒸汽量是否与防吹灰管变形卡塞匹配。

（2）疏水系统是否可靠工作以避免受热面吹损。

（3）受热面是否布置了足够合理的防磨盖瓦。

蒸汽吹灰器作为一种传统吹灰方式，以高温高压蒸汽直接吹扫受热面，对清除受热面的积灰和挂渣都有较好的作用，对结渣性强、灰熔点低的灰效果也很好。蒸汽吹灰的主要性能参数见表4-5。

表4-5　蒸汽吹灰器的主要性能参数（示例）

序号	项目	单位	炉膛吹灰器参数
1	行程	mm	255～400
2	吹灰角度	(°)	360
3	有效吹扫半径	mm	约2000
4	每次吹扫时间	s	20～25
5	汽耗率	kg/min	66～70
6	吹灰蒸汽压力	MPa	0.8～1.98

4-31 简述蒸汽吹灰器的优缺点。

答： 蒸汽吹灰器的优缺点见表4-6。

表4-6　蒸汽吹灰器的优缺点

优　　点	缺　　点
（1）可以布置在锅炉各个部位，能对炉膛、水平烟道、尾部竖井的受热面直接进行吹灰； （2）对结渣、灰熔点低和黏性较强的灰具有较好的效果； （3）蒸汽直接从锅炉引接，按设定程序运行吹灰； （4）运行可靠	（1）吹灰耗费蒸汽，降低了烟气露点温度，增加了锅炉补给水； （2）吹灰只能清除所吹到的受热面，吹灰有死角

4-32 简述炉膛蒸汽短吹灰器的吹灰原理。

答： 炉膛水冷壁吹灰器为短行程的吹灰器，可深入水冷壁25～50mm。吹灰器固定在与水冷壁焊接的支架上，当水冷壁受热或冷却时，吹灰器可随着水冷壁上下移动。吹灰器一般只有一个喷口，吹灰管可360°旋转，半径大约为1.5m。有效清扫半径取决于灰渣黏结牢固程度，对有些难以吹灰去渣的煤，则须将吹灰器较密排列，有效吹扫半径可缩短为0.9～1.2m。吹灰的时间间隔视灰渣增长速度，一般可按8h考虑，必要时缩短为4h。炉膛吹灰器用字母IR表示。

4-33 简述长伸缩式蒸汽吹灰器的吹灰原理。

答： 长伸缩式吹灰器用于吹扫过热器和再热器（也有用于省煤器的）管束中的积灰。该吹灰器通常在吹灰管前端开两个180°背向布置的喷口，吹灰时喷出两股垂直与吹灰管的高能射流，吹灰管子和喷头一面旋转，一面伸入烟道，形成螺旋形的吹灰线路。当吹扫结束时，吹灰枪自动退至锅炉外，这样就可避免其长期在高温环境下被烧坏。喷头喷射速度超过声速，有效吹灰半径为1.5～2m。

4-34 简述半伸缩式蒸汽吹灰器的吹灰原理。

答： 半伸缩式吹灰器可有效清扫烟气温度小于800℃的过热器、省煤器、空气预热器、气体加热器等受热面的结渣与积灰。半伸缩式吹灰器的主要特点是：

（1）吹灰管均配备高性能的喷口，且在烟道中进行可移动式地支撑。

（2）在吹灰过程中，吹灰管持续以螺旋型方向移入烟道。

（3）一旦到达前侧端位置，移动方向变化，吹灰管将恢复到开始位置。

（4）吹灰管局部留在烟道中。

4-35 简述空气预热器吹灰器的常用形式。

答：空气预热器上下（即冷热端）均装设适用的吹灰器，空气预热器吹灰器可采用如下几种形式：

（1）蒸汽吹灰器：火电厂一般采用蒸汽吹灰，为获得较好的吹灰效果，应保持蒸汽压力为 0.8～2MPa。

（2）高压水力吹灰。

（3）空气脉冲激波吹灰（压缩空气）。

（4）声波吹灰。

（5）燃气激波吹灰。

4-36 简述水力吹灰器的分类及定义。

答：水力吹灰器以常温高压水为介质，主要用来吹扫水冷壁，分短吹和远程两种：

（1）短吹：与蒸汽短吹灰器类似，为旋转式，也称微动吹灰器。

（2）远程：远程水力吹灰器为直流式，用于吹扫炉膛对面和侧面墙，可上下、左右摆动，吹扫覆盖面积大，对硬渣的冲击力和冷却效果强。但由于水力吹灰器的长期使用会带来热疲劳问题，因此仅作为严重结渣时应急使用。目前，我国大型电站锅炉使用的远射程水力吹灰器主要由德国克莱德贝尔格曼公司制造，常见型号为 WLB90 型。

4-37 简述远程水力吹灰器的工作原理。

答：远程水力吹灰器的工作原理见图 4-18，该吹灰器布置在炉膛四周水冷壁上，根据炉膛内的结渣情况确定多条除焦曲线，由远方自动控制系统控制，将高压水柱喷射到水冷壁的设定区域，并通过喷头角度在左右和上下方向上调整和软件计算设定，使得水冷壁需吹扫的区域受到吹扫，而不需吹扫的区域则可避开高压射流，并且运行中可以调整吹扫曲线或单独

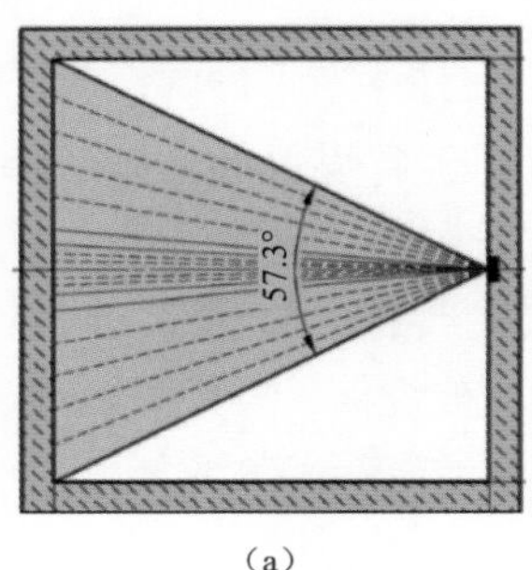

（a）

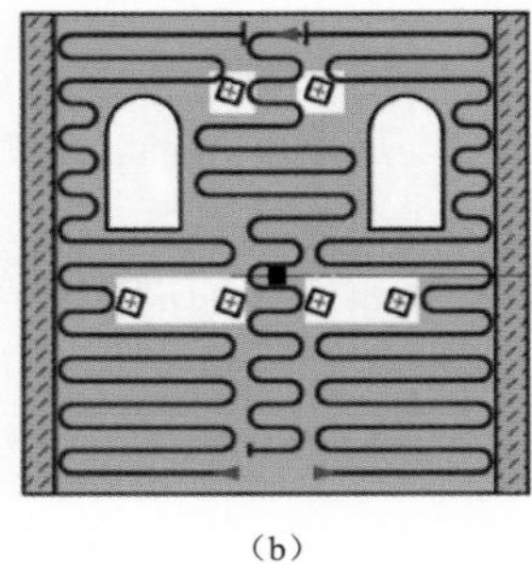

（b）

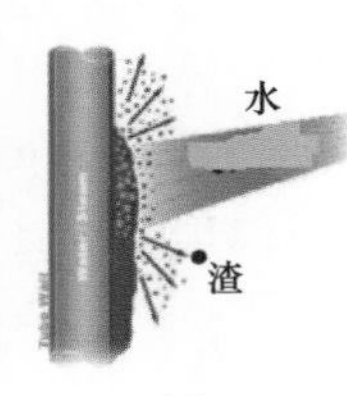

（c）

图 4-18 远程水力吹灰器的工作原理

（a）吹扫范围；（b）吹扫轨迹；（c）吹扫原理

吹扫任何一个区域的结渣。高压冷水流冲击到炉膛壁面的沉积物上，会产生比较大的温度应力，水急剧汽化产生轻微爆炸及水流的冲击力，使所沉积的灰焦产生龟裂，另外水流可渗透到灰焦的缝隙中，然后受热蒸发，由于汽化速度很快，相当于一个微型的爆炸，将结渣松动，最后借助与水流的冲击力将结渣冲掉。通过精确的计算设计（压力、水量、吹扫范围和长度、轨迹等）、高质量的现场安装调试、加强运行中的投运管理，在锅炉运行中可及时将焦块清除，可有效防止大焦块或大面积结渣的形成。较小的焦块下落不会对水冷壁和除渣装置造成大的危害，可保证锅炉长周期安全稳定地运行。水力吹灰器保障受热面安全的最大技术困难是如何准确定位积灰区域。

4-38 简述声波吹灰器的工作原理。

答：声波吹灰器的原理是将一定强度和能量的声波送入运行中的锅炉中的各种可能积灰结渣的空间区域，通过声能量的作用使这些区域中的空气分子与粉尘颗粒产生振荡，并破坏或阻止粉尘粒子在受热面管子表面沉积，使之始终处于悬浮流化状态，被烟气带走。受热面上原已结成片（块）状灰渣和硬灰垢将在声波的作用下，尤其是在极高的加速度的外力策动下，从受热面断裂、剥离，落入灰斗或被烟气带出烟道。简而言之，声波清灰的基本原理在于声波对积灰积垢的高加速度剥离作用和振动疲劳破碎作用。

图 4-19 声波吹灰器实物图

声波吹灰器实物图见图 4-19，在锅炉对流受热面、尾部烟道及其他不易触及的区域内使用较为广泛。当煤灰具有较强的黏结性时，建议与蒸汽吹灰器联合使用，使其具有更好的吹扫效果。

4-39 简述燃气脉冲吹灰器的工作原理。

答：燃气脉冲器吹灰系统图见图 4-20，燃气脉冲吹灰是利用可燃气体（煤气、乙炔、天

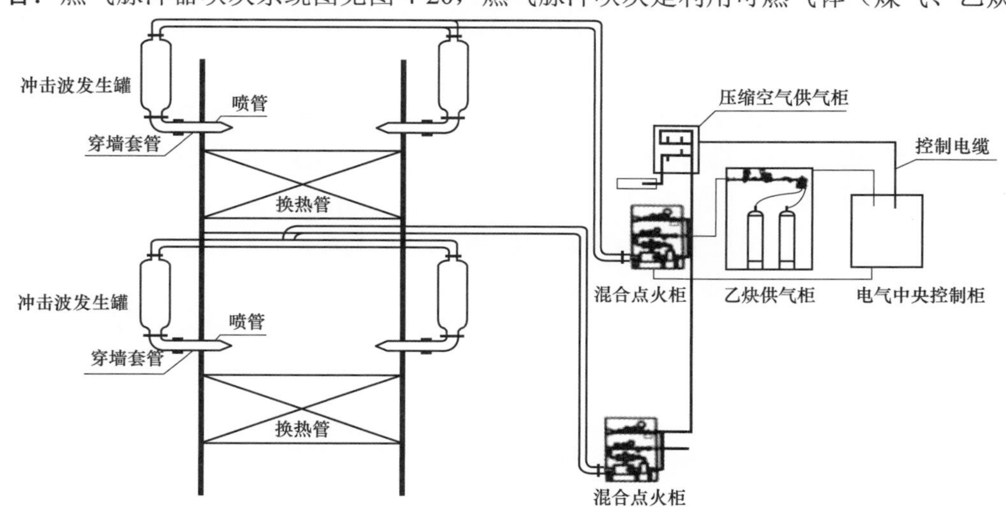

图 4-20 燃气脉冲吹灰器吹灰系统图

然气、石油液化气等）与空气按一定比例混合产生特性气体，在高湍流状态和可调脉冲频率基础上，通过燃烧混合气体产生强波射气流，同时伴有冲击波和热辐射，它综合应用气体的动能、声能和热能进行除灰。燃气脉冲吹灰器主要用于吹扫竖直烟道内黏性较弱的受热面积灰。

4-40 简述电站煤粉锅炉高低温腐蚀特点及危害。

答： 锅炉受热面烟气侧腐蚀按其位置通常可分为高温腐蚀和低温腐蚀两类。

燃煤锅炉的高温腐蚀是由挥发分和沉积物中的非硅酸盐杂质的化学过程所引起的一种炉管金属损耗。它大多发生在液态排渣锅炉的水冷壁和过热器上，当固态排渣锅炉燃用含硫量较高的煤种时，炉膛水冷壁、高温过热器和高温再热器上也易出现较严重的高温腐蚀现象。

锅炉受热面的低温腐蚀常出现在空气预热器的冷端以及给水温度低的低温省煤器表面。其主要原因是由于煤中硫分燃烧后生成的二氧化硫与烟气中水蒸气结合形成硫酸蒸气，凝结在温度低于烟气露点温度的金属表面上引起的。这种因蒸汽凝结而产生腐蚀的现象也称为结露腐蚀。

燃煤锅炉受热面的高低温腐蚀是一个复杂的物理与化学过程，严重影响锅炉的安全、稳定运行。高低温腐蚀对机组的危害主要包括：

（1）导致炉管爆破、设备运行可靠性下降、检修时间和换管费用增加等。

（2）低温腐蚀一般总是伴随着严重堵灰现象，严重时导致机组带不上负荷甚至停炉。

（3）当锅炉在燃用硫含量 $S_{t,ar}$ 为 1.0%～3.0%的煤种时，若不采取防腐蚀喷涂措施，很容易导致水冷壁高温腐蚀，尤其在低氮燃烧条件下，水冷壁高温腐蚀的范围、程度均出现扩大和加深。当硫含量增加后，这些问题更为突出。

4-41 简述电站煤粉锅炉高温腐蚀的主要影响因素。

答： 已有研究表明，SO_3、H_2S、HCl 是引起锅炉高、低温腐蚀的主要因素。在煤的灰熔点较低、煤灰中碱金属含量较高时，容易在水冷壁、高压过热器和高温再热器管壁上形成结渣和沾污。其内层主要成分为熔点较低的硫酸盐，在 SO_3 的作用下容易对管壁氧化膜和金属造成硫酸盐型腐蚀，其腐蚀速度甚至高于 H_2S、SO_3 等腐蚀气体对管壁的腐蚀，在高参数锅炉受热面上尤其如此。根据目前锅炉的实际运行情况和高温腐蚀情况的调研，发现低氮燃烧方式对高温腐蚀影响很大。引起锅炉高温腐蚀的主要原因包括：

（1）缺氧燃烧：过低的过量空气系数导致二次风补给不足，在燃烧器区域形成较强的还原性气氛。

（2）煤粉偏粗：尚未燃尽的煤粉颗粒运动到水冷壁发生贴壁燃烧，导致腐蚀进一步加重。

（3）煤中含硫量增加。

（4）蒸汽等级升高：导致水冷壁以及高温过热器和高温再热器壁温升高，炉膛内结渣和沾污等将进一步加剧了高温腐蚀。

4-42 **简述水冷壁高温腐蚀发生的位置。**

答：水冷壁高温腐蚀导致水冷壁减薄区域主要为上一次风喷口到分离燃尽风之间的还原区、下一次风喷口到上一次风喷口之间、下一次风喷口到冷灰斗下部之间。四角燃烧锅炉的高温腐蚀部位在燃烧器及偏上区域，沿燃烧器射流方向下游的半面墙上，高温腐蚀区与挂渣严重区域一致。墙式旋流燃烧锅炉高温腐蚀多发生在未装燃烧器的两侧墙。墙式燃烧锅炉侧墙水冷壁换管统计示意图见图 4-21。

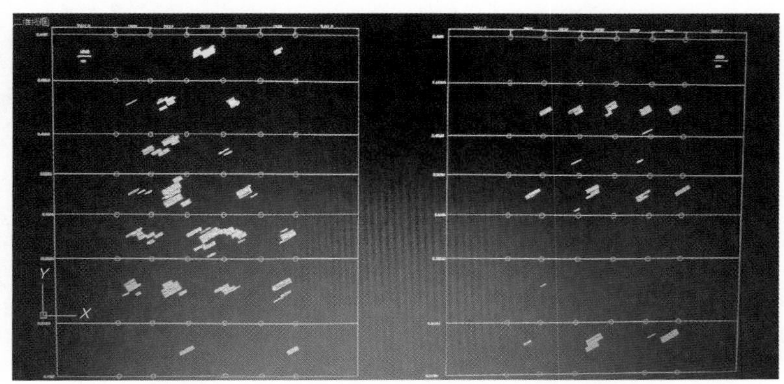

图 4-21 墙式燃烧锅炉侧墙水冷壁换管统计示意图

4-43 **简述水冷壁高温腐蚀的特点。**

答：一台四角切圆燃烧锅炉的螺旋管圈水冷壁腐蚀爆管情况见图 4-22，螺旋管圈水冷壁炉膛内腐蚀管壁减薄及其示意图见图 4-23，通常爆管会发生在管壁薄及温度高的区域。腐蚀层样品宏观形貌见图 4-24。

图 4-22 一台四角切圆燃烧锅炉的螺旋管圈水冷壁腐蚀爆管情况

如图 4-22 和图 4-23 所示，接触炉膛内烟气的水冷壁管 1 上表面腐蚀严重，水冷壁管 2 下部表面腐蚀比较严重，而水冷壁管 1 和管 2 的最左端管子表面几乎没有腐蚀。主要原因是较大颗粒的煤粉易落在螺旋水冷壁管 1 的表面，受炉膛内辐射热的影响，煤粉在管子表面进一步燃烧，由于燃烧器区域本身是缺氧燃烧，加之水冷壁上的煤粉含硫量较高，加之与空气的接触面较少，煤中硫在缺氧的情况下燃烧产生复合硫酸盐、硫化物等腐蚀，造成管 1 上表面减薄；而产生的硫化氢气体则沿鳍片向上流动，一方面腐蚀鳍片，另一方面腐蚀上水冷壁管（管 2）的下部。

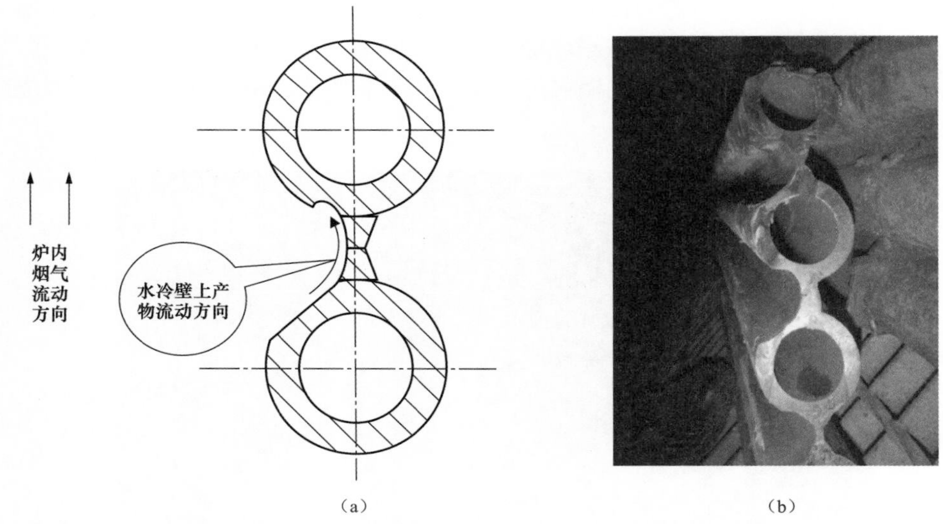

图 4-23　螺旋管圈水冷壁炉膛内腐蚀管壁减薄及其示意图

（a）烟气流向与管材腐蚀相关性示意图；（b）实际锅炉管材腐蚀样貌图

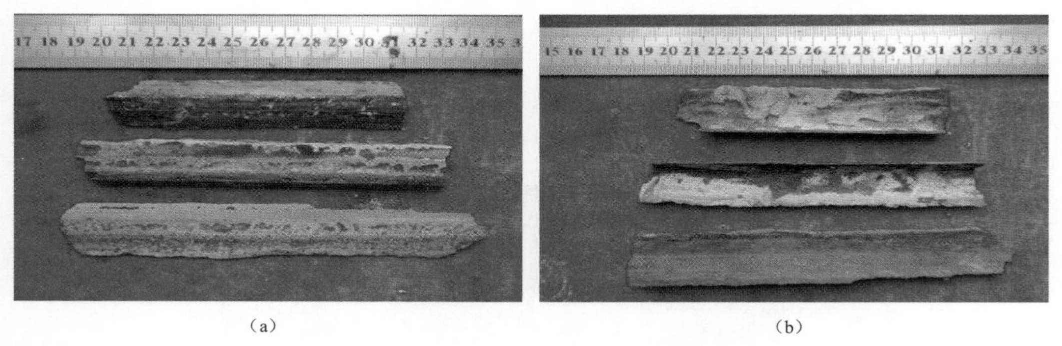

图 4-24　腐蚀层样品宏观形貌

（a）腐蚀层样贴管壁侧宏观形貌；（b）腐蚀层样外表面宏观形貌

4-44　简述低氮燃烧对高温腐蚀的影响。

答：由于低 NO_x 排放的需要，大容量电站煤粉锅炉在燃烧系统配置方式上一般采用在锅炉燃烧器上方区域配置燃尽风，保持燃烧器区的还原性气氛。当燃烧器区过量空气系数 $\alpha <$ 1.0 时，H_2S 将急剧增加，其含量可达 0.06%～0.16%。目前，超超临界机组主燃烧器区过量空气系数 α 一般在 0.80 左右，当炉膛内燃烧工况不良、配风不合理时，在水冷壁附近更易形成局部还原性气氛，即 CO 含量升高，而 CO 含量和 H_2S 浓度呈正相关性，通常烟气中 CO 含量越多，H_2S 含量也越高。当管壁温度达到 450℃左右时，H_2S 可以与金属铁及氧化铁反应生成硫化亚铁，硫化亚铁又与金属反应生成低熔点的共晶体，发生腐蚀。研究表明，腐蚀速度和烟气中 H_2S 浓度几乎成正比关系。即使目前燃用含硫量较低的神府东胜煤锅炉，由于采

用严格的低氧+分级燃烧以后，若不采取合适的防腐措施，水冷壁区域也易出现高温腐蚀问题，燃用高硫煤的锅炉则高温腐蚀将进一步加重。

4-45 简述炉膛出口过量空气系数对高温腐蚀的影响。

答：目前，在大型锅炉的设计和运行中，为了严格控制 NO_x 产生，降低炉膛出口烟气中 NO_x 含量，大都采用低氧+严格的空气分级燃烧方式。对于烟煤机组，采用高达 30%～40%的燃尽风率，并将炉膛出口氧量控制在 2.7%左右的水平，对应炉膛出口过量空气系数控制在 1.15 左右，较早期的 1.2 左右有所降低。

采用较低的炉膛出口过量空气系数，可有效降低 NO_x 生成浓度，还能降低排烟损失、提高锅炉热效率。但采用较小的过量空气系数，导致锅炉运行过程中局部水冷壁可能长期处于缺氧燃烧状态。煤粉在炉膛内缺氧燃烧形成的还原性气氛对锅炉水冷壁的腐蚀影响非常大，它促进了腐蚀性气体的生成，高浓度的腐蚀性气体渗透到水冷壁的氧化膜中并发生反应，会加速腐蚀的进程。

4-46 简述受热面壁温对高温腐蚀的影响。

答：超超临界机组的水冷壁壁温比亚临界机组高，相对而言，更易发生高温腐蚀。研究表明高温腐蚀与管壁温度有关，腐蚀速度与壁温呈指数关系，壁温在 300～500℃，每升高 50℃，腐蚀速度增加 1 倍。某台 300MW 锅炉实际运行中测得的水冷壁管腐蚀速度表明：在管壁温度为 420～480℃，每当温度增高 10℃时，腐蚀速度平均增加 0.4～0.5g/m^{2}h。

高温受热面（主要是高温过热器和高温再热器）区域主要可能发生硫酸盐型腐蚀，需要注意的是，超超临界机组的高温过热器和高温再热器壁温较亚临界和超临界机组升高较多，将导致腐蚀加剧，尤其对于有严重结渣倾向的煤种，高温受热面的结渣及沾污将导致硫酸盐类型的腐蚀加剧。

另外，燃煤中的 FeS_2 受热分解速度与管壁温度有关，管壁温度高，则分解速度快，使腐蚀速度加快。

需要注意的是，一般情况下，壁温测点位于管外壁上，其测量的壁温水平必将低于炉膛内向火侧的最高壁温。当炉膛内管壁温度超过材质的许用温度时，管材的使用寿命将大为缩短。相对而言，水冷壁的壁温受炉膛内燃烧温度的影响更大，因此对于水冷壁的高温腐蚀防治，组织好炉膛内燃烧，防止出现局部高温以及过高的还原性气氛更为有效。

4-47 水冷壁的高温腐蚀防治方法有哪些？

答：防止水冷壁高温腐蚀的常用方法主要包括：

（1）喷涂：通过在水冷壁表面喷涂耐腐蚀合金如 45CT 来保护水冷壁。

（2）贴壁风：通过在主燃烧器区和还原区水冷壁补充二次风来提高近壁氧含量，通过降低硫化氢生成量来减轻水冷壁腐蚀。

（3）燃烧优化调整：一方面，通过调平一、二次风速、优化二次风配风方式等手段改善水冷壁附近气氛，起到一定的减轻水冷壁高温腐蚀的作用；另一方面，细化煤粉、提高煤粉均匀性，提高煤粉的燃尽，也可在一定程度上减轻水冷壁的高温腐蚀。

通过对燃烧器区及其上部还原区水冷壁进行防腐蚀喷涂、优化锅炉运行方式（氧量、煤粉细度、配风方式和 NO_x 浓度等）或者增加贴壁风，水冷壁防腐蚀能力大为提高，在 2～6 年内基本上不发生大面积水冷壁管壁减薄现象。

4-48 什么是防治锅炉高温腐蚀的非对称高速贴壁风系统？

答：防治锅炉高温腐蚀的非对称高速贴壁风系统为西安热工研究院有限公司自主知识产权的专利技术，由锅炉两侧热一次风母管引出的热风在炉膛两侧分别形成两路贴壁风母管，每一路母管均分为两路贴壁风支管，每一路支管伸向炉墙连接至炉墙四角位置的联络风管，每一路联络风管供应锅炉一角的喷口所需风量。母管上安装关端门和电动调节风门，支管上安装电动风门和风量测量装置，每个喷口风管上安装手动调节风门。

高速贴壁风通过合理的风量分配和喷口设计实现贴壁风射流对炉膛水冷壁的有效覆盖，在水冷壁近壁处形成氧化性气氛并降低腐蚀性气体浓度，从根本上防治锅炉炉膛水冷壁管的高温腐蚀。其主要优点包括：

（1）针对具体炉型（四角切圆和墙式对冲），“一炉一型”定制设计。

（2）高风速、低风率，“高瘦型”矩形喷口，腐蚀区域气流全覆盖。

（3）风量与气流方向非对称布置，实现重点腐蚀区域定向防治。

（4）风量与角度可调，运行可调节性高。

（5）适用高硫分煤种，提高了锅炉对硫分的适应性。

最终达到贴壁氧量不小于 1.0%，贴壁硫化氢浓度不大于 200μL/L，实现贴壁风对水冷壁腐蚀区域的全面有效覆盖，根本解决炉膛高温腐蚀问题。

防治锅炉高温腐蚀的非对称高速贴壁风系统研究的技术流程见图 4-25，图 4-26 为华能某电厂同时装有风源为一次风和二次风的贴壁风冷态试验烟花失踪照片，由此可知采用一次风作为风源和高风速设计时，贴壁风基本可以实现侧墙水冷壁宽度方向全覆盖，采用二次风作为风源时贴壁风喷口风速在 25～40m/s，水冷壁宽度方向可覆盖 1/3～1/2 的面积，炉膛中心腐蚀严重区域覆盖率低。

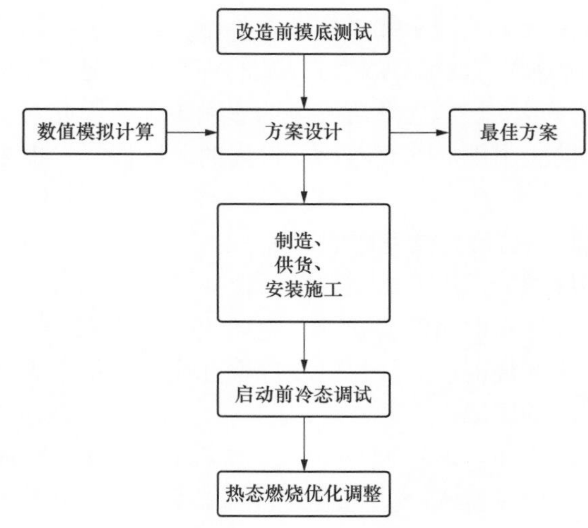

图 4-25　防治锅炉高温腐蚀的非对称高速贴壁风系统研究的技术流程

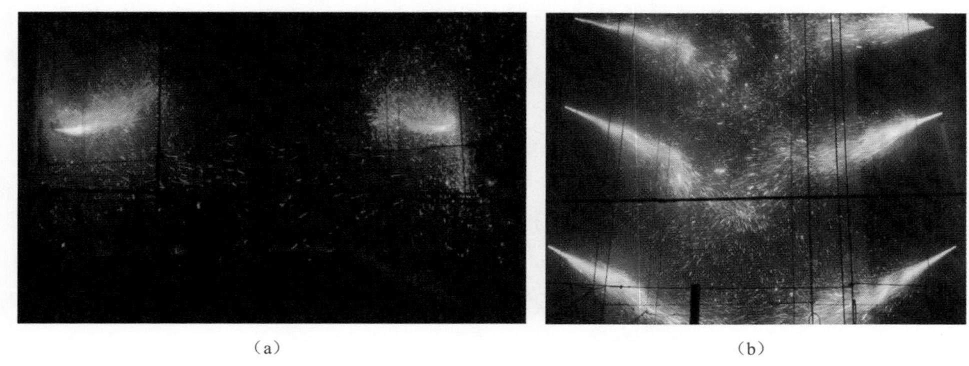

（a） （b）

图 4-26 贴壁风冷态试验烟花失踪照片

（a）风源为二次风的贴壁风；（b）风源为一次风的贴壁风

4-49 简述空气预热器腐蚀和堵灰的防治。

答：空气预热器腐蚀和堵灰防治的常用措施如下：

（1）空气预热器低温端多采用合金钢、表面镀搪瓷工艺。

（2）提高排烟温度和空气预热器入口风温，将空气预热器冷端受热面壁温提高到烟气露点温度以上。

（3）脱硝系统喷氨的精确控制和流程优化，可有效降低氨逃逸，减缓堵灰。

（4）采用空气预热器在线清洗和快速升温技术。

4-50 什么是电站煤粉锅炉的常用除渣系统？

答：燃煤发电机组在发电过程中排放大量的灰渣，而捞渣机在锅炉除渣系统中起着非常重要的作用，负责锅炉落渣和运行除渣的重任。捞渣机一旦发生事故，轻者停机抢修，重者导致锅炉停炉，给安全生产带来严重影响，因此根据锅炉设计及燃用煤种的煤质特性和结渣性能选取合适的除渣系统非常重要，除渣系统的主要分类如下：

（1）根据冷却介质分为水冷、风冷等不同型式。

（2）根据传动原理分类，则有机械式和非机械式两种。机械式除渣系统的主要形式有水冷绞笼式、水冷刮板式和风冷钢带式等，而非机械式主要为流化床式。

（3）根据排出的灰渣干湿状态，可分为湿式除渣和干式除渣。

4-51 简述湿式除渣系统的组成及工作原理。

答：燃煤锅炉的湿式除渣系统是利用冷却水将锅炉排出的高温炉渣进行冷却，再将冷却的炉渣输送到存放灰渣的目的地。湿式除渣系统主要包括炉渣冷却设备、炉渣输送系统、冷却水的供水系统以及排污系统等组成。

锅炉排出的高温炉渣，在其重力的作用下，从锅炉除渣口落入炉渣冷却设备的灰斗内，冷却水对其进行冷却，冷却水量要保证炉渣的充分冷却，并维持一定的水位高度。炉渣冷却产生的水蒸气被送入锅炉炉膛，随烟气一起经烟囱排出。冷却后的炉渣经炉渣输送系统输送到储存或存放场所。在小容量的燃煤发电机组中，常用的炉渣冷却设备为筐链捞渣机、圆盘捞渣机、碎推式马丁除渣机等。在大容量燃煤发电机组中，常用的炉渣冷却设备有大水斗、螺旋捞渣机、水浸式刮板捞渣机等。不同容量的燃煤发电机组，其湿式除渣系统经过多年的运行和完善，都能实现安全、可靠地运行。

4-52 简述湿式除渣的主要优缺点。

答：湿式除渣的主要优点：

（1）可以处理的炉渣量大，在锅炉煤质变差、形成大渣以及调试期间渣量大增时的适应性强。

（2）捞渣机具有运行缓慢的特点，磨损小，使用寿命长，运行平稳，可以降低使用过程中的检查和维修费用。

（3）初投资低。

湿式除渣系统的主要缺点如下：

（1）耗水量比较大，运行成本高。

（2）湿式捞渣机的使用会造成污水量增加和排污成本增加；刮板捞渣机和渣仓中的使用过的水可以经过澄清处理后再由除灰水泵送回系统重新处理，达到废物再利用的目的，减少水的使用量和污水的排放量，但需要增加处理成本。

（3）渣浆输送过程中，管道、阀门的磨损、堵塞非常严重，对输送管道的材质要求比较高，使用寿命相对较短。

（4）检修维护费用高：湿式除渣系统检查维修任务量较大，且需停炉。

图 4-27　刮板式捞渣机示意图

4-53 简述刮板式捞渣机的设备特点。

答：刮板式捞渣机示意图见图 4-27，其是将灰渣以机械方式连续排出，灰渣在捞渣机水池中停留时间较短，排除的灰渣以脱水状态卸下到碎渣机，一般碎渣机下通灰沟，由高压水冲到灰浆泵房。

4-54 简述干式除渣系统的工作原理及其优缺点。

答：干式除渣系统是将锅炉排出的高温炉渣通过空气冷却，高温炉渣冷却到一定温度后，将其破碎，然后输送到炉渣存储系统进行综合利用。干式除渣系统能够大量减少燃煤机组对水资源的消耗、减少渣水对环境的污染，特别适用于水资源匮乏地区的燃煤机组，可以大幅度减少燃煤机组的水耗量。

干式除渣系统的主要优点包括：

（1）干式除渣系统节水，没有渣水污染，可节约水成本，符合现阶段电厂环保要求。

（2）冷却炉渣的空气来自大气环境，炉膛的负压能使冷却炉渣的空气进入干式除渣系统，不需要另外设置风机以提供冷却炉渣所需的空气，即冷却空气不需要外加功耗。

（3）排出的炉渣为干渣，便于对炉渣进行资源综合利用。

（4）系统在负压下运行，保证燃煤锅炉的运行环境干净整洁。

（5）系统占地面积小，容易布置，系统简单。

（6）检修维护工作量较小，成本低。

干式除渣系统的主要缺点包括：

（1）因为需要大量的冷风来冷却炉渣，对炉膛内的燃烧状况和锅炉热效率有一定程度的影响，燃用低热值高灰煤时问题尤其严重。

（2）初投资高。

（3）机械故障多，检修维护工作量大，检修费用高。

（4）对于严重结渣煤种，当有大渣块时，采用干式除渣方式容易导致卡死等问题。

4-55 简述低温省煤器在火电厂中的应用。

答：我国现役火电机组中锅炉排烟温度普遍维持在120～150℃，排烟温度高是一个普遍现象。对于老旧电厂，为了满足更加严格的NO_x、SO_2和烟尘排放标准，电厂需要进行的改造有炉膛内低氮燃烧改造、烟气脱硝改造、除尘器改造、脱硫改造等。炉膛内低氮燃烧改造通常会造成锅炉排烟温度不同程度的升高，而烟气脱硝、脱硫改造和除尘器改造都对进口烟气温度有一定要求。因此，通过合理的手段降低排烟温度不但能够回收烟气余热，还能为环保改造提供便利条件。低温省煤器及扩展表面强化换热技术用于锅炉尾部受热面改造已经成功应用于国内外多家电厂锅炉节能改造，采用低温省煤器技术，若排烟温度降低30℃，供电煤耗可降低1.8g/kWh左右，脱硫系统耗水量大幅减少。不同低温省煤器技术路线如图4-28所示，主要包括：

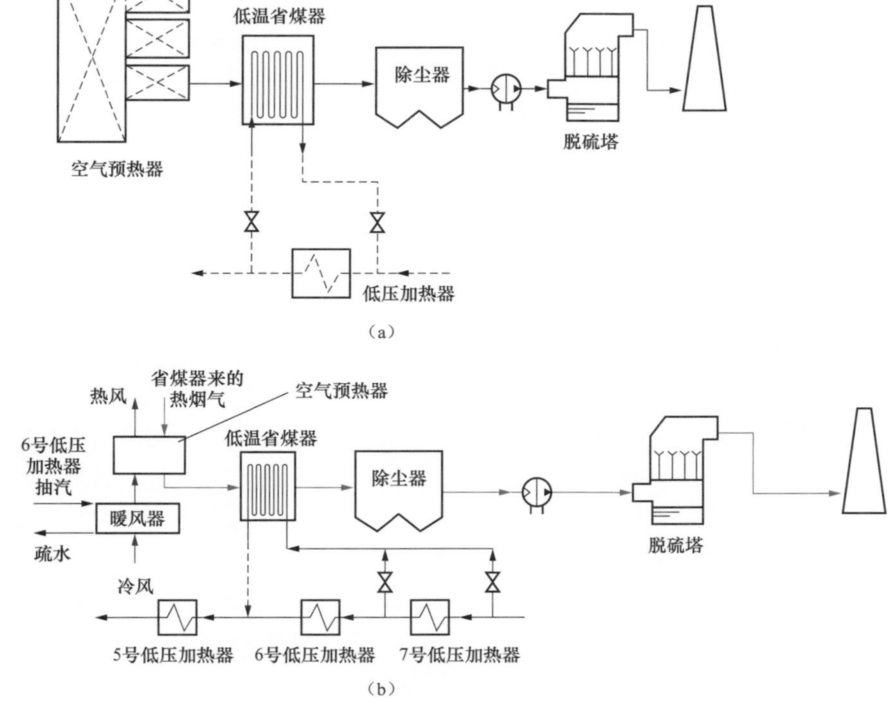

图4-28 不同低温省煤器技术路线（一）

（a）低温省煤器方案；（b）单级低温省煤器+暖风器方案

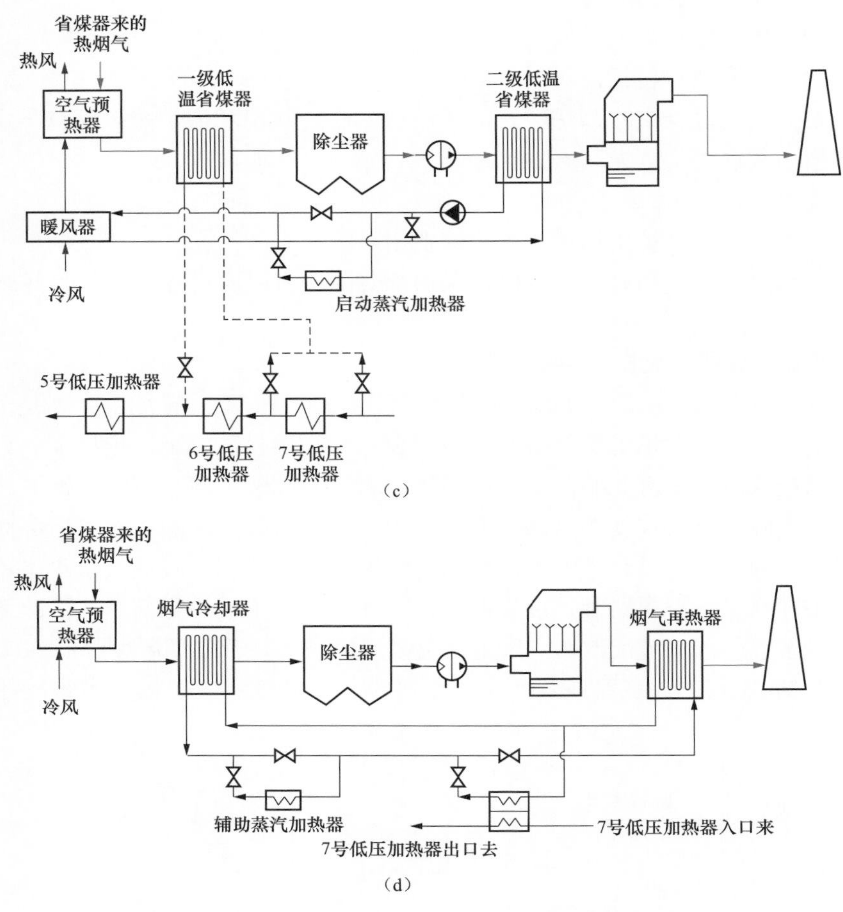

图 4-28　不同低温省煤器技术路线（二）

（c）两级低温省煤器+暖风器方案；（d）MGGH 方案

（1）低温省煤器系统：部分空气预热器出现堵灰现象，吹灰频率增加，受热面存在吹损现象。

（2）低温省煤器与暖风器联合系统：经济效益好于低温省煤器系统，同时可有效改善空气预热器运行状况。

（3）两级低温省煤器与暖风器联合系统：两级低温省煤器与暖风器联合系统由于排挤更高级汽轮机抽汽，可获得比普通低温省煤器与暖风器联合系统更好的经济效益。空气预热器进口风温提高后，可有效改善空气预热器运行状况，具有良好的经济效益和环保效益。

（4）烟气-烟气换热器（MGGH）系统：通过热回收器回收出口烟气余热，使除尘器入口温度由 120～150℃降低至 90～100℃。烟气温度的降低促使粉尘比电阻相应降低，进而大幅提高除尘效率，并有效脱除烟气中绝大部分的 SO_3，满足低排放要求，节省湿法脱硫工艺耗水量，减少烟囱水汽的排放。热回收器回收的热量由热媒运输至烟气再加热器，将脱硫出口烟气温度由 50℃左右升高到 80℃左右，从而避免烟囱降落液滴，减轻烟囱腐蚀，提高烟气排放抬升高度，消除“烟羽”视觉污染。

4-56 简述大型电站煤粉锅炉的煤仓布置。

答： 煤仓间作为主厂房区域的重要组成，其布置对锅炉岛总体布置格局、各系统管道布置、锅炉本体布置及运行将产生较大的影响，同时对全厂相关专业都有影响，成为布置研究中的重点之一。

煤仓间在布置方式上主要分为前煤仓、侧煤仓、后煤仓等方式，国内火电厂布置中主要采用的是前煤仓及侧煤仓方案。前煤仓和侧煤仓的布置示意图分别见图4-29和图4-30。

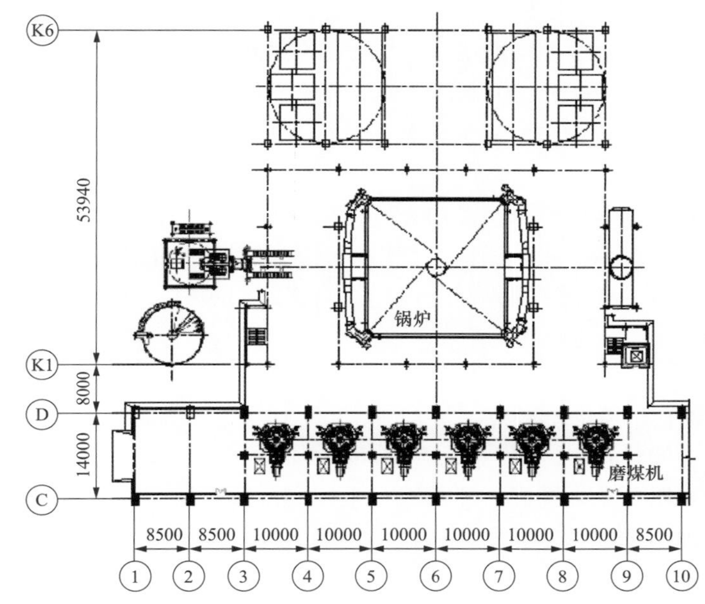

图4-29 前煤仓布置示意图

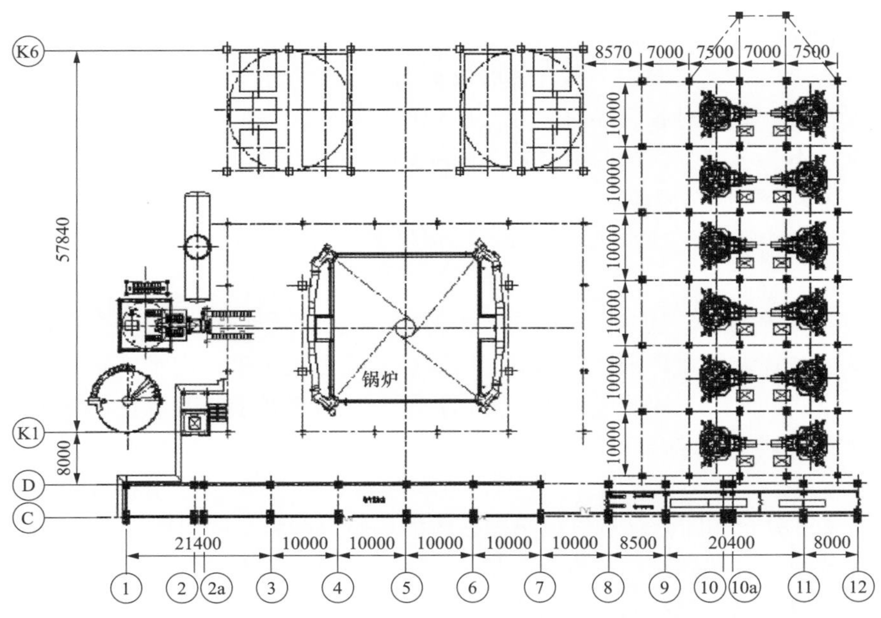

图4-30 侧煤仓布置示意图

4-57 简述前煤仓布置的优缺点。

答： 前煤仓布置的优点：

（1）磨煤机对称布置在锅炉中心线的两侧，使磨煤机出口煤粉管道、磨煤机进口冷一次风及热一次风管道可均匀对称布置在锅炉对称中心线的两侧。

（2）可提高各磨煤机之间及单台磨煤机出口之间各煤粉管道中风、粉的均匀度，有利于减少锅炉各燃烧器之间的风、粉偏差，提高锅炉的燃烧稳定性。

（3）均匀对称的冷一次风及热一次风管道布置，使两台一次风机的风量及风压趋于平衡，对于一次风机的安全运行，减少风机喘振（特别是在机组启动、停运及低负荷时）十分有利。

（4）管道的对称布置，对于锅炉本体，可节约大量的钢材。主要是锅炉钢结构在设计时，是按照锅炉较大荷载侧的重量来计算的，若钢结构两侧荷载不同，则势必造成较轻荷载侧的钢结构浪费。

（5）管道的对称布置可使整个锅炉房布置格局更趋合理、美观，改善运行和维护条件。

（6）前煤仓布置，对称分布，使锅炉燃烧均匀，有利于控制烟气温度及蒸汽温度偏差。

前煤仓布置的缺点：增加了锅炉岛与汽轮机岛之间的距离，从而使联系两岛之间的四大管道用量有所增加。

4-58 简述侧煤仓布置的优缺点。

答： 侧煤仓布置的优点：

（1）两台锅炉合用一个煤仓间，能够减少主厂房占地面积。

（2）磨煤机分别靠近锅炉侧布置，两台锅炉的磨煤机共用检修通道，并共用一套过轨起重机，布置上非常紧凑。

（3）对于Π形锅炉，采用侧煤仓方案能够降低六大管道的长度，从而降低厂房及设备的初投资。

侧煤仓布置的缺点：

（1）多台磨煤机布置在锅炉一侧，使磨煤机出口煤粉管道、磨煤机进口冷一次风及热一次风管道布置在同一侧，对各磨煤机之间及单台磨煤机出口之间各煤粉管道中风、粉的均匀度会有所影响，不利于减少锅炉各燃烧器之间的风、粉偏差。

（2）不对称的冷一次风及热一次风管道布置，会使两台一次风机的风量及风压产生偏差，对于一次风机的安全运行，减少风机喘振（特别是在机组启动、停运及低负荷时）不是十分有利。

（3）侧煤仓布置方案，从整个布局上看平面尺寸远远小于前煤仓布置方案，但对施工组织和大型机械的布置及作业带来一定影响，同时也会给施工带来一定难度。

（4）对于塔式锅炉，采用侧煤仓方案后，由于六大管道需要增加补偿的要求，六大管道的消耗量并未有效减少，综合后的初投资反而增加。

4-59 简述三分仓和四分仓空气预热器在大型电站煤粉锅炉的应用。

答： 容克式空气预热器按照分仓数量的不同有二分仓、三分仓、四分仓等。其中二分仓空气预热器在配置风扇磨煤机的褐煤机组中较普遍，三分仓空气预热器在中速磨煤机系统中应用较广，而四分仓空气预热器在循环流化床锅炉等一次风压较高的机组中采用较多。空气预热器的大型化为四分仓空气预热器的发展创造了有利条件，在大型火电机组锅炉中的应用也在增加。区别于一次风仓与烟气仓相邻的三仓布置，四分仓空气预热器将一次风仓置于两个二次风仓中间，能有效的降低风仓压差，显著降低漏风率，尤其是一次风侧的漏风率，四分仓空气预热器示意图如图 4-31 所示。四分仓空气预热器的优缺点（以三分仓为基准）见表 4-7。

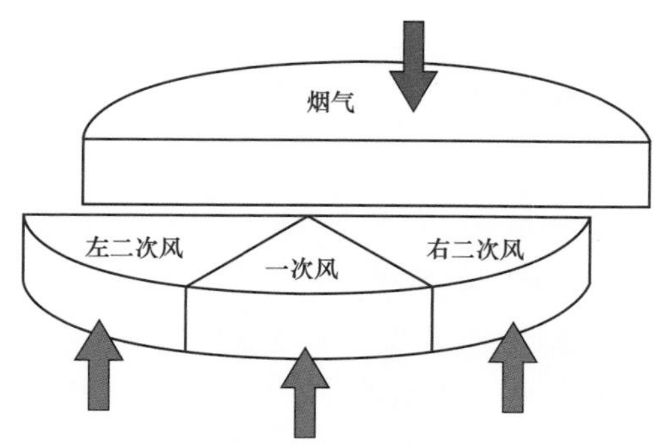

图 4-31 四分仓空气预热器示意图

目前 1000MW 大型电站煤粉锅炉中采用四分仓空气预热器的电厂有国电汉川发电有限公司 6 号机组（1000MW）、华能莱芜发电有限公司 7 号机组（1030MW）、神华神东电力重庆万州港电有限责任公司 1、2 号机组（1050MW）、神华国华寿光电厂 1、2 号机组（1000MW）等。

表 4-7 四分仓空气预热器的优缺点（以三分仓为基准）

项 目	四 分 仓
漏风率	低
一次风漏风率	低
二次风漏风率	高
二次风低压风压力	升高
烟气侧和一次风侧阻力	下降
二次风侧阻力	升高
烟气侧换热效率	高
烟气温度分布偏差	低
排烟温度	低
三大风机电耗	低

第五章

火电厂制粉系统设计及运行技术

5-1 **简述电站煤粉锅炉制粉的工作流程。**

答：在电站煤粉锅炉上，制粉系统是为锅炉燃烧器提供合格煤粉的设备组成的统称，包括给煤机、磨煤机（含磨辊、磨盘、分离器等易磨损部件）、一次风管及其弯头等。制粉系统的基本工作流程是原煤通过输煤皮带送入原煤斗（原煤仓），然后一次热风和给煤机送入磨煤机的原煤进入磨煤机进行干燥和研磨，合格的煤粉和一次风通过燃烧器进入炉膛燃烧，制粉系统工作示意图见图 5-1。

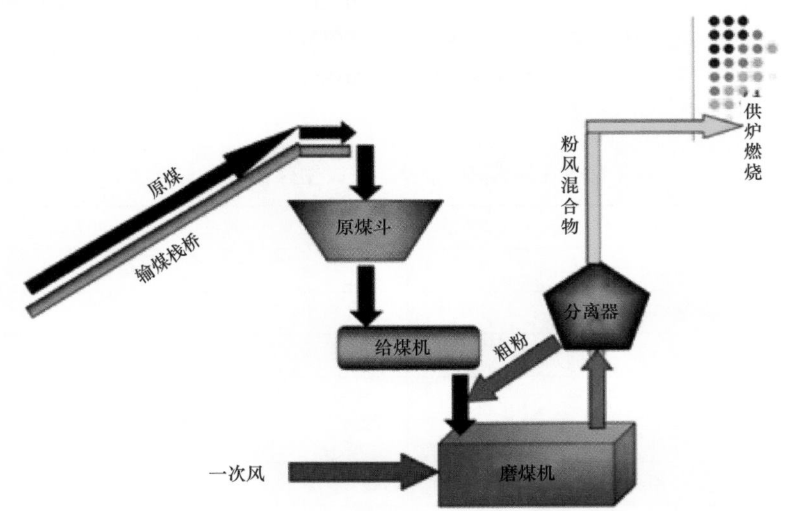

图 5-1　制粉系统工作示意图

5-2 **简述制粉系统分类。**

答：制粉系统主要分为直吹式、储仓式两大类，每种制粉系统均有各自适宜磨制的煤种和设备优缺点。目前大型电站煤粉锅炉配置的制粉系统主要有以下几类：

（1）中储式钢球磨煤机热风送粉系统。

（2）中储式钢球磨煤机乏气送粉系统。

（3）中速磨煤机直吹式制粉系统。

（4）双进双出钢球磨煤机直吹式制粉系统。

（5）风扇磨煤机直吹式制粉系统。

（6）中储式热炉烟干燥、热风送粉闭式和开式系统。

（7）双进双出钢球磨煤机半直吹式系统。

5-3 大型电站煤粉锅炉常用磨煤机的类型有哪些？

答：（1）中速磨煤机类型主要有：

1）辊轮式磨煤机有 MPS（或 MP、ZGM）、MBF、MPS-HP-Ⅱ型磨煤机；

2）碗式磨煤机有 RP、HP、SM、IHI-VS 磨煤机等（SM 是德国制造的 RP 磨煤机，IHI-VS 是日本制造的 RP 磨煤机）；

3）球环式磨煤机型号为 E（或 ZQM）型。

（2）钢球磨煤机的类型主要有 MTZ、DTM 型。

（3）双进双出钢球磨煤机的类型主要有 BBD、SVEDALA、FW 型。

（4）风扇磨煤机主要有 S（FM）、MB 型。

5-4 磨煤机的关键性能指标有哪些？

答：磨煤机的关键性能指标主要包括以下几个方面：

（1）磨煤机出力包括碾磨出力、通风出力和干燥出力三种，最终出力取决于三者中最小者。

（2）磨煤机的基本出力（或称铭牌出力）是指磨煤机在特定的煤质条件和煤粉细度下的出力，通常基本出力在磨煤机性能系列参数表中给出。

（3）磨煤机的最大出力是指磨煤机在锅炉设计煤质条件和锅炉设计煤粉细度下的最大出力。设计最大出力应在产品供货合同中给出。

（4）最小出力是考虑磨煤机振动、允许的最小通风量（取决于石子煤排量或输粉管道最小流速）下的风煤比计算给定的。

（5）磨煤机的保证出力是指锅炉 BMCR 工况下并考虑出力裕量时所要求的出力（磨煤机在磨损后期的情况下应达到此出力）。

5-5 简述中速磨煤机粉碎机理。

答：中速磨煤机属于立式磨煤机，研磨件多为辊式和球式。对于辊式磨煤机，研磨产量和磨煤机的结构尺寸之间符合既定的规律。立式磨煤机粉碎示意图见图 5-2。

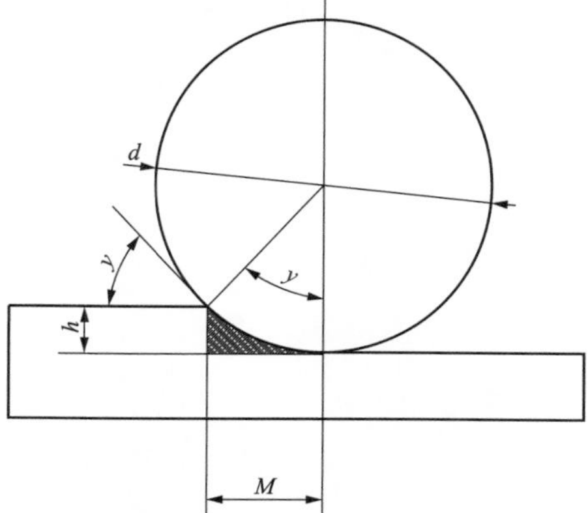

图 5-2 立式磨煤机粉碎示意图

如图 5-2 所示，煤层经辊子碾压后，其被粉碎的产量可用图中辊轮下黑三角的单位时间的体积质量来计算，即

$$B_M=1/2\times h\times\rho\times b\times M/s \tag{5-1}$$

$$h=\pi d\times\frac{y}{360}\times\sin y \tag{5-2}$$

$$M/s=\frac{M}{\dfrac{M}{\pi Dn/60}} \tag{5-3}$$

$$n=a/D^{0.5} \tag{5-4}$$

式中 B_M——磨煤机研磨出力，kg/s；

b——辊轮宽度，m；

ρ——生成物堆积密度，取决于煤种和研磨压力，kg/m^3；

d——辊轮直径，m；

h——生成物高度，m；

y——咬入角，取决于煤种和磨煤机结构的常数；

M/s——单位时间磨盘的行程，m/s；

n——磨盘转速，r/min；

D——磨煤机筒体的内径，m；

a——取决于磨盘形状的常数，对于 MPS 型磨煤机，$a=36.2$。

将式（5-2）～式（5-4）代入式（5-1），可得到：

$$B_M=A\times b\times d\times D^{0.5} \tag{5-5}$$

其中 A 取决于磨煤机结构、加载压力、煤种的常数。

由于辊轮的直径和宽度、磨盘的直径成正比，因此对同样的磨煤机和煤种可以得到：

$$B_M \sim D^{2.5} \tag{5-6}$$

5-6 简述钢球磨煤机工作原理。

答：我们习惯将单进单出的筒形钢球磨煤机简称为钢球磨煤机。因筒体工作转速较低（17～24.5r/min），将其称为低速磨煤机。钢球磨煤机包含有筒体（内衬钢瓦）、端盖（内衬钢瓦）、支承轴承、大小齿轮、减速机和电动机。

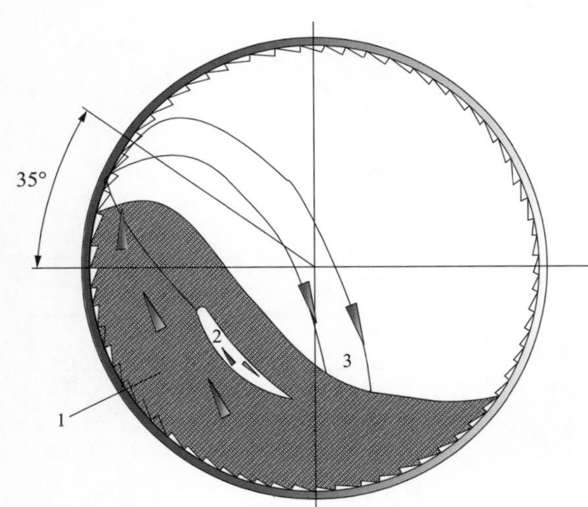

图 5-3 钢球磨煤机里的筒体运动和磨碎区

1—压碎区；2—摩擦粉碎区；3—冲击粉碎区

钢球磨煤机依靠筒体的转动和钢瓦的摩擦将钢球带到一定的高度以后，由于钢球下落的冲击以及钢球的摩擦和挤压力将煤粉碎。钢球磨煤机里的筒体运动和磨碎区如图 5-3 所示。当钢瓦磨损以后，钢球实际不能被带起，只能在一定高度的地方沿筒体向下滑落，此时无冲击粉碎，磨煤机研磨能力下降。

钢球磨煤机的主要参数包括筒体容积、基本出力、工作转速、最大装球量、钢球直径、钢球配比、充填率以及电动机型号、功率等。

5-7 简述双进双出钢球磨煤机的制粉原理。

答：双进双出钢球磨煤机，顾名思义是两端皆能进煤和出粉，由于两端进煤和出粉，给钢球磨煤机带来如下好处：磨煤机机内煤粉充满度高，在同样磨煤机的体积下双进双出钢球磨煤机的出力比普通钢球磨煤机的出力略高；由于两端出粉，较多的磨煤机出粉管在进入锅炉时可以减少过多的分叉，给煤粉的分配带来好处。

双进双出钢球磨煤机由于入口管较长，可以布置密封装置，因而双进双出钢球磨煤机可以正压运行。在入口空气管的外围布置了进煤管，内置弹性螺旋导向片，随着螺旋片的旋转将煤导入筒内，煤粉向和煤流的相反方向被吹入煤粉分离器。双进双出钢球磨煤机示意图如图 5-4 所示，双进双出钢球磨煤机风粉流程示意图见图 5-5。

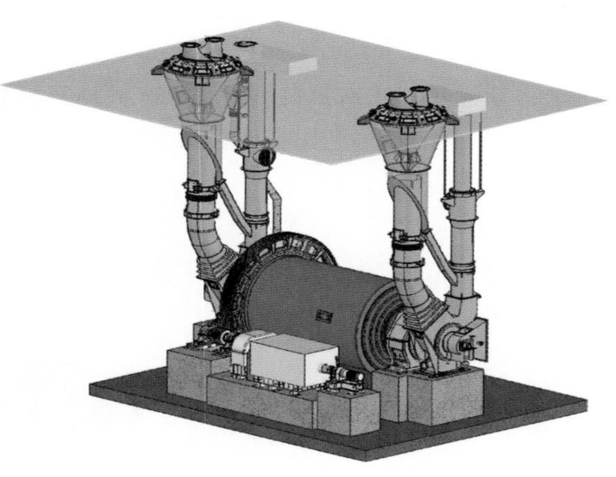

图 5-4 双进双出钢球磨煤机示意图

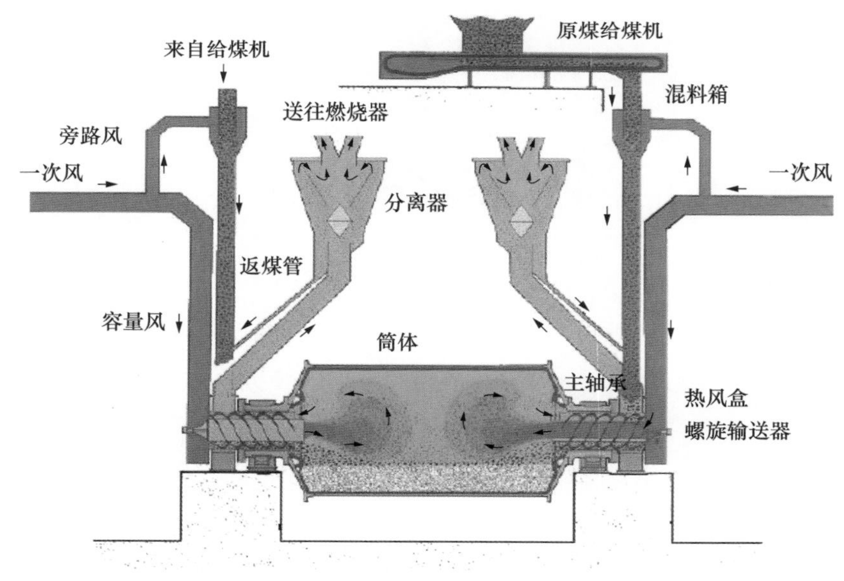

图 5-5 双进双出钢球磨煤机风粉流程示意图

5-8 简述双进双出钢球磨煤机与中储式钢球磨煤机的区别。

答：双进双出钢球磨煤机是从单进单出钢球磨煤机基础上发展起来的一种制粉设备，与中储式钢球磨煤机的主要区别。

（1）双进双出。

（2）磨煤机内正压运行。

（3）无中间煤粉仓，合格的煤粉直接进入炉膛。

（4）磨煤机出力受锅炉热强度影响，双进双出磨煤机的出力不是通过给煤机控制的，而是靠调整磨煤机的风量控制，对锅炉负荷的响应速度快。

5-9 简述双进双出钢球磨煤机的分离器布置特点。

答：国内运行的双进双出钢球磨煤机主要是由 Stein 公司（现 ALSTOM 公司，包括引进该公司专利生成的国内制造厂）、SVEDALA 公司、Babcock 公司等几家公司生产的，这些磨煤机的结构总体类似，分离器是分体式，双进双出钢球磨煤机分离器结构图如图 5-6 所示。该分离器结构紧凑，但无细度调节挡板。国产紧凑式双进双出钢球磨煤机的分离器为离心挡板式分离器，其结构见图 5-7。

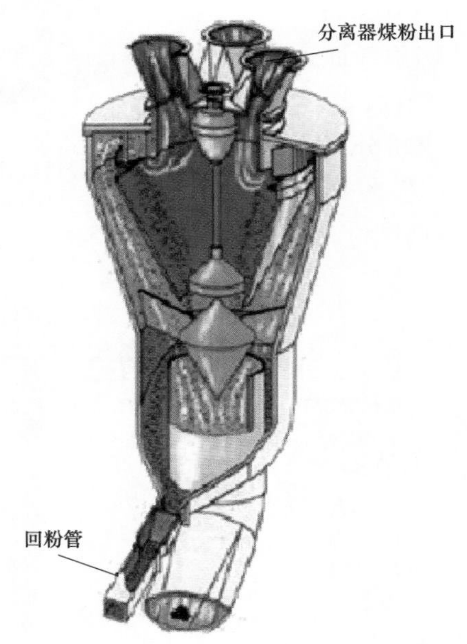

图 5-6　双进双出钢球磨煤机分离器结构图

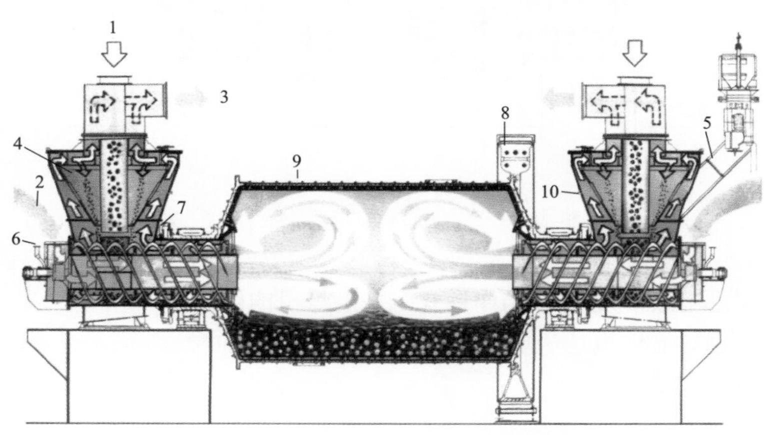

图 5-7　国产紧凑式双进双出钢球磨煤机分离器结构图

1—进煤；2—进风；3—出粉；4—分离器回粉；5—旁路风管；6—螺旋输送器轴承密封空气管；7—密封装置；8—传动齿轮；9—筒体；10—挡板分离器

5-10 简述双进双出钢球磨煤机的运行特点。

答：双进双出钢球磨煤机的运行特点如下：

（1）双进双出钢球磨煤机的通风量随锅炉的负荷变化而变化，而煤量则随磨煤机通风量的变化而改变，磨煤机内的煤粉浓度基本是定数；

（2）为了保证一次风管内的流速，在低负荷时，依靠增加旁路风来维持一次风管内的流速；

（3）磨煤机可以单侧给煤，两侧出粉。

5-11 简述风扇磨煤机的工作原理。

答：风扇磨煤机是火电厂燃用褐煤锅炉机组直吹式制粉系统的主体设备，它是一种同时完成煤的磨碎、干燥和输送三大功能合一的高效率的制粉设备，其示意图见图5-8。

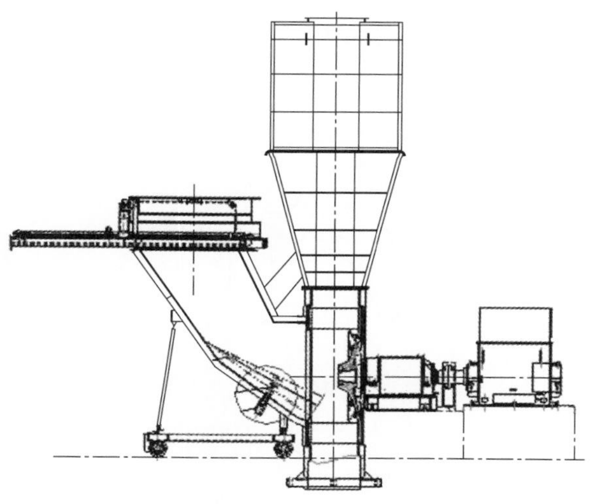

图 5-8　风扇磨煤机示意图

风扇磨煤机主要由带有护板的机壳和在机壳中高速旋转的打击轮组成。机壳上部安装箱式惯性分离器，在分离器上部装有风量调节挡板，用来改变磨煤机出口通风量和煤粉出力。打击轮悬臂安装在双列轴承支承的主轴上，由主电动机轴与轴承箱主轴经联轴器相连，直接驱动打击轮进行高速旋转，对原煤进行破碎，并依靠磨煤机自身产生的压头，将风粉混合物输入送粉管道，进入锅炉燃烧室进行燃烧。

5-12 简述直吹式制粉系统的特点。

答：从磨煤机（一般是中速磨煤机、双进双出钢球磨煤机或风扇磨煤机）经粗粉分离器引出的携带合格细度煤粉的气粉两相流体作为一次风，直接通过数个燃烧器吹入炉膛燃烧的系统。这种系统的制粉出力取决于锅炉负荷；当某台磨煤机停运时，与其相连的燃烧器组相应停运。其中，中速磨煤机、双进双出钢球磨煤机主要用来磨制烟煤，后者更是适用于煤的冲刷磨损指数 $K_e>5.0$ 的煤种。配直吹式系统的锅炉燃烧器入口一次风粉混合物温度受制于磨煤机出口允许使用温度，对于较难着火的无烟煤类常显偏低。

5-13 简述直吹式中速磨煤机制粉系统的工作原理。

答：图5-9是中速磨煤机直吹式制粉系统的示意图，MPS型磨煤机是直吹式中速磨煤机常配选的一种磨煤机，中速磨煤机是集研磨、输送、干燥和分离功能于一体的高效型磨煤机。MPS型中速磨煤机磨盘的转动带动三个磨辊自转，120°均布的三个磨辊在旋转的磨盘上做碾压运动。需研磨的原煤从中心落煤管落到磨盘上，在离心力的作用下向磨盘周边运动并均匀进入碾磨辊道，这时由液压系统产生的碾磨压力通过转动的磨辊施加在煤上，煤在磨辊与磨盘瓦之间被碾磨成粉。用于输送和干燥煤粉的热风由架体一侧的一次风入口进入磨煤机，并通过磨盘外侧的旋转喷口环将静压转化为动压，以设计速度将磨制好的煤粉吹向磨煤机上部的分离器。同时通过强烈的旋转搅拌运动完成对煤粉的干燥。

磨好的煤粉进入磨煤机上部的分离器后，满足细度要求的合格煤粉被选出，并由分离器出口煤粉分配器管道输送到锅炉进行燃烧。较粗的煤粉通过分离器下部返料斗落回磨盘重新碾磨。

原煤中铁块、矸石等不可破碎物通过喷口环落入下部的热风室内，借助于固定在磨盘座上的刮板机构把异物刮至排料口处落入石子煤箱中，石子煤箱中的异物定期排放。

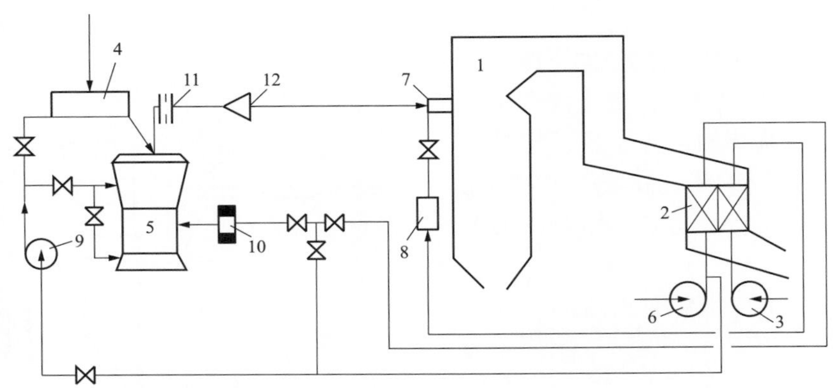

图 5-9 中速磨煤机直吹式制粉系统的示意图

1—锅炉；2—空气预热器；3—送风机；4—给煤机；5—磨煤机；6——次风机；7——燃烧器；8—二次风箱；9—密封风机；10—风量测量装置；11—快速关断门；12—隔绝门

5-14 简述储仓式制粉系统的工作原理。

答：从磨煤机（一般是钢球磨煤机）引出的携带合格细度煤粉的气粉两相流体借助煤粉分离器将 85%～90%的煤粉量分离出来进入煤粉仓，再从煤粉仓用多只给粉机分别将煤粉注入相应的一次风管输送给各燃烧器的系统。此种系统多用于着火性能较差的煤类，也称作中储式制粉系统。送粉介质既可以为制粉乏气，也可以为混合风。利用钢球磨煤机中储式制粉系统磨制烟煤时，送粉介质一般为乏气、温风，也有少量采用冷炉烟、热风混合后的低氧烟气。

这类制粉系统可以经常在磨煤机最佳研磨出力条件下稳定运行；在煤粉仓粉位较高或锅炉负荷较低时，停用部分或全部磨煤机，会更有利于燃烧。

5-15 简述“储仓式乏气送粉制粉系统”和“储仓式热风送粉制粉系统”的定义。

答：用分离出煤粉后的制粉乏气作为一次风的系统，称为“储仓式乏气送粉制粉系统”，具体的中储式钢球磨煤机乏气送粉系统见图 5-10；用热风作为一次风的系统，称为“储仓式热风送粉制粉系统”，具体的中储式钢球磨煤机热风送粉制粉系统具体见图 5-11。后者的风粉温度可明显提高，有利于着火燃烧，但全部制粉乏气须通过若干乏气喷口喷入炉膛参与燃烧（乏气内含有占磨煤量 10%～15%的煤粉）。必要时，也可将全部或部分乏气经布袋过滤器分离出煤粉后直接排入大气（或烟囱），称为开式制粉系统。

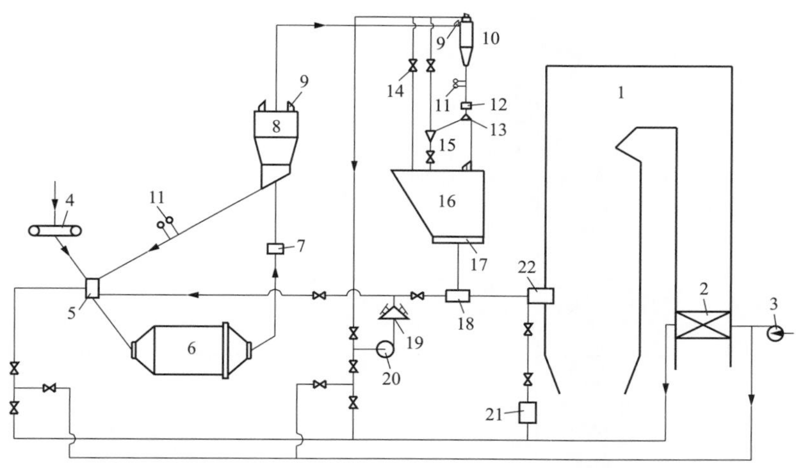

图 5-10　中储式钢球磨煤机乏气送粉系统

1—锅炉；2—空气预热器；3—送风机；4—给煤机；5—下降干燥管；6—磨煤机；7—木块分离机器；8—粗粉分离器；9—防爆门；10—细粉分离器；11—锁气器；12—木屑分离器；13—换向器；14—吸潮管；15—螺旋输粉机；16—煤粉仓；17—给粉机；18—风粉混合器；19—乏气风箱；20—排粉风机；21—二次风箱；22—燃烧器

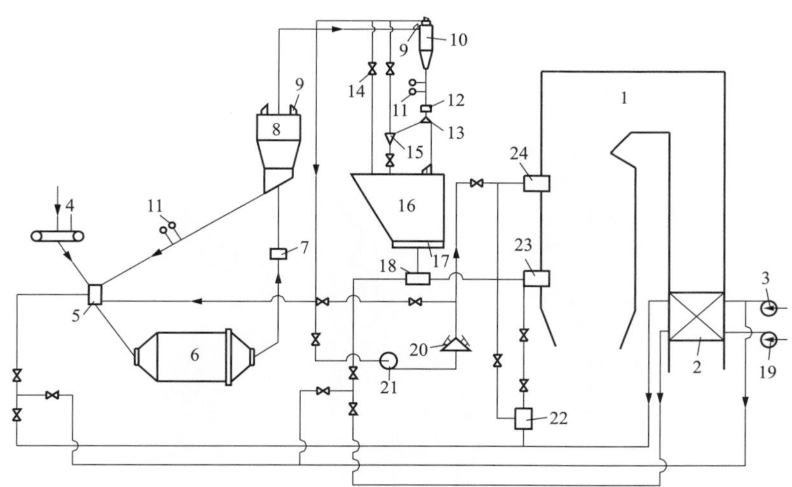

图 5-11　中储式钢球磨煤机热风送粉制粉系统

1—锅炉；2—空气预热器；3—送风机；4—给煤机；5—下降干燥管；6—磨煤机；7—木块分离机器；8—粗粉分离器；9—防爆门；10—细粉分离器；11—锁气器；12—木屑分离器；13—换向器；14—吸潮管；15—螺旋输粉机；16—煤粉仓；17—给粉机；18—风粉混合器；19— 一次风机；20—乏气风箱；21—排粉风机；22—二次风箱；23—燃烧器；24—乏气喷口

5-16 **简述不同制粉系统的综合性能比较情况。**

答：不同制粉系统的综合性能比较参见表 5-1。

表 5-1　　不同制粉系统的综合性能比较

项目	中储式钢球磨煤机热风送粉系统	中速磨煤机直吹式系统	风扇磨煤机直吹式系统	双进双出钢球磨煤机直吹式系统	中储式钢球磨煤机炉烟干燥热风送粉系统	双进双出钢球磨煤机半直吹式系统
主要特点	（1）可以提高一次风温度； （2）煤粉细	（1）系统无漏风； （2）电耗低	（1）干燥性能好； （2）电耗低	（1）系统无漏风； （2）煤粉细	（1）可以提高一次风温度； （2）煤粉细； （3）三次风小； （4）防爆好	（1）可以提高一次风温度； （2）煤粉细； （3）无漏风
主要问题	（1）系统漏风； （2）防爆差	对煤中三块有要求	研磨件寿命短	电耗高	系统漏风	电耗高
适用煤种	无烟煤和低挥发分贫煤	（1）高挥发分贫煤和烟煤； （2）全水分小于35%的褐煤，视具体情况而定	褐煤	无烟煤、贫煤、烟煤	无烟煤、贫煤	无烟煤、贫煤

5-17　简述动静态分离器的工作原理。

答：动静态分离器利用空气动力学和离心力将细煤粉从粗煤粒中分离出来。煤粉经过固定折向板初级分离以后，继续上升，通过分离器体进入旋转的叶片式转子，气流中的煤粒因受到转子的撞击，较大的煤粒就会被转子抛出，而较小的煤粒则被允许通过转子进入煤粉管道，那些被抛出的煤粒则返回至磨碗被重新研磨，这些煤粒会在磨煤机内形成一个循环过程。带静叶的动静态分离器结构如图 5-12 所示。

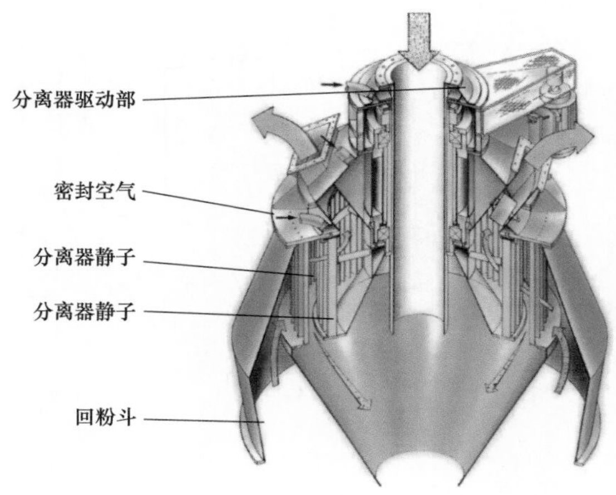

图 5-12　带静叶的动静态分离器结构

5-18　简述钢球磨煤机研磨出力的计算方法。

答：钢球磨煤机碾磨出力 B_M 按式（5-7）计算。

$$B_M = 0.11D^{2.4}Ln^{0.8}k_{ap}k_{jd}\varphi^{0.6}k_{gr}k_v\left(\ln\frac{100}{R_{90}}\right)^{-\frac{1}{2}} \quad (5\text{-}7)$$

式中 B_M ——磨煤机碾磨出力，t/h。

D、L ——磨煤机筒体的内径和长度，m。

n ——磨煤机筒体的工作转速，r/min。

k_{ap} ——护甲形状系数（对波形装甲和梯形装甲，k_{ap}=1.0；对齿形装甲，k_{ap}=1.10）。

R_{90}——粗粉分离器后的煤粉在筛孔为90μm筛子上的剩余量占总筛粉量的百分比，%。

k_{jd}——由于护甲和钢球磨损使出力降低的修正系数，k_{jd}=0.9。

φ ——钢球装载系数。

k_v——滚筒内实际通风量对磨煤机出力的影响系数。

k_{gr} ——工作燃料可磨性的修正系数，按式（5-8）～式（5-12）确定。

$$k_{gr}=K_{VT1}\frac{S_1\times S_2}{S_g} \tag{5-8}$$

$$S_1=\sqrt{\frac{M_{max}^2-M_{av}^2}{M_{max}^2-M_{ad}^2}} \tag{5-9}$$

$$M_{max}=1+1.07M_{ar} \tag{5-10}$$

$$M_{av}=\frac{M_{M'}+3M_{pc}}{4} \tag{5-11}$$

$$M_{M'}=\frac{M_{ar}(100-M_{pc})-100(M_{ar}-M_{pc})\times 0.4}{(100-M_{pc})-(M_{ar}-M_{pc})\times 0.4} \tag{5-12}$$

式中 S_1 ——工作燃料水分对可磨性的修正系数；

M_{max} ——燃料最大水分，%；

M_{ar} ——燃料收到基水分，%；

M_{ad} ——燃料空气干燥基水分，%；

M_{av} ——磨煤机筒体内燃料的平均水分，%；

M_{pc} ——煤粉水分，%；

$M_{M'}$ ——磨煤机入口燃料水分，%；

K_{VT1} ——可磨性指数，K_{VT1}=0.0149HGI+0.32；

S_g——进入磨煤机的原煤粒度修正系数，按筛孔为5mm×5mm筛子上的剩余量$R_{5.0}$来确定；

S_2——原煤质量换算系数，按式（5-13）确定：

$$S_2=\frac{100-M_{av}}{100-M_{ar}} \tag{5-13}$$

5-19 简述轮式中速磨煤机（MPS型）研磨出力的计算方法。

答：轮式中速磨煤机（MPS型）碾磨出力计算见式（5-14）：

$$B_M=B_{MO}f_H f_R f_M f_A f_g f_e f_{si} \tag{5-14}$$

式中 B_M ——磨煤机碾磨出力，t/h；

B_{MO} ——磨煤机的基本出力，t/h；

f_H、f_R、f_M、f_A、f_g ——可磨性、煤粉细度、原煤水分、原煤灰分、原煤粒度对磨煤机出力的修正系数（对轮式磨煤机，f_g=1.0）；

f_e ——碾磨件磨损至中后期时出力降低系数，f_e=0.95；

f_{si} ——分离器型式对磨煤机出力的修正系数（对静态分离器，f_{si}=1.0；对动静态分离器，f_{si} 取 1～1.07）。

$$f_H=\left(\frac{HGI}{50}\right)^{0.57} \tag{5-15}$$

$$f_R=\left(\frac{R_{90}}{20}\right)^{0.29} \tag{5-16}$$

$$f_M=1.0+(10-M_t)\times0.0114 \tag{5-17}$$

$$f_A=1.0+(20-A_{ar})\times0.005 \tag{5-18}$$

当 A_{ar} ≤20%时，f_A=1.0　（5-19）

当 18%≤R_{90}≤25%时，f_{si}=1+(25−R_{90})×0.01　（5-20）

当 R_{90}>25%时，f_{si}=1.0　（5-21）

当 R_{90}<18%时，f_{si}=1.07　（5-22）

上述出力计算公式适用于 HGI 为 40～90 的贫煤和烟煤。对褐煤磨煤机的出力必须通过试磨确定。

5-20　简述轮式磨煤机（MPS-HP-Ⅱ型）研磨出力的计算方法。

答：轮式磨煤机（MPS-HP-Ⅱ型）碾磨出力按式（5-23）计算：

$$B_M=B_{MO}f_H f_R f_M f_A f_e f_{si} f_g \tag{5-23}$$

式中　B_M ——磨煤机碾磨出力，t/h；

B_{MO} ——磨煤机的基本出力，t/h；

f_H、f_R、f_M、f_g ——可磨性、煤粉细度、原煤水分、原煤粒度对磨煤机出力的修正系数，其中 f_g=1.0；

f_A ——原煤灰分对磨煤机出力的修正系数，具体选取和计算见式（5-24）～式（5-26）：

当 A_{ar}≤20%时，f_A=1.2　（5-24）

当 A_{ar}≥40%时，f_A=1.05　（5-25）

当 20<A_{ar}<40 时，f_A=1.05+(40−A_{ar})×0.0075　（5-26）

f_{si} ——分离器型式对磨煤机出力的修正系数：

当采用挡板分离器时，f_{si}=1.0　（5-27）

当采用动静态分离器时，f_{si}=1～1.07　（5-28）

当 18%≤R_{90}≤25%时，f_{si}=1+(25−R_{90})×0.01　（5-29）

当 R_{90}>25%时，f_{si}=1.0　（5-30）

当 R_{90}<18%时，f_{si}=1.07　（5-31）

f_e ——碾磨件磨损至中后期时出力降低系数，f_e=0.95。

该研磨出力的计算是在磨盘转速较原 MPS 磨煤机提高 20%，加载力为 500kN/m^2 的基础上得到，最高加载力可达 750kN/m^2，适用于贫煤、烟煤和褐煤。

5-21 简述碗式磨煤机（RP、HP 型）碾磨出力的计算方法。

答：碗式磨煤机（RP、HP 型）碾磨出力按式（5-32）计算：

$$B_M = B_{MO} f_H f_R f_M f_A f_g f_e f_{si} \tag{5-32}$$

式中 B_M ——磨煤机碾磨出力，t/h；

B_{MO} ——磨煤机的基本出力，t/h；

f_H、f_R、f_M、f_A、f_g ——可磨性、煤粉细度、原煤水分、原煤灰分、原煤粒度对磨煤机出力的修正系数；

f_e ——碾磨件磨损至中后期时出力降低系数，$f_e=0.9$；

f_{si} ——分离器型式对磨煤机出力的修正系数（对静态分离器和单转子动态分离器，f_{si}=1.0；对动静态旋转分离器，f_{si} 取 1～1.07）。

$$f_H = \left(\frac{\mathrm{HGI}}{55}\right)^{0.85} \tag{5-33}$$

$$f_R = \left(\frac{R_{90}}{23}\right)^{0.35} \tag{5-34}$$

对低热值煤：

$$f_M = 1.0 + (12 - M_t) \times 0.0125 \tag{5-35}$$

当 M_t ≤12%时，

$$f_M = 1.0 \tag{5-36}$$

对高热值煤：

$$f_M = 1.0 + (8 - M_t) \times 0.0125 \tag{5-37}$$

当 M_t ≤8%时，

$$f_M = 1.0 \tag{5-38}$$

$$f_A = 1.0 + (20 - A_{ar}) \times 0.005 \tag{5-39}$$

当 A_{ar} ≤20%时，

$$f_A = 1.0 \tag{5-40}$$

当 18%≤R_{90}≤25%时，

$$f_{si} = 1 + (25 - R_{90}) \times 0.01 \tag{5-41}$$

当 R_{90}＞25%，

$$f_{si} = 1.0 \tag{5-42}$$

当 R_{90}＜18%时，

$$f_{si} = 1.07 \tag{5-43}$$

5-22 简述球环磨煤机（E 型）研磨出力的计算方法。

答：球环磨煤机（E 型）的研磨出力按式（5-44）计算：

$$B_M = B_{MO} f_H f_R f_M f_A f_g f_e f_{si} \tag{5-44}$$

式中 B_M ——磨煤机碾磨出力，t/h；

B_{MO} ——磨煤机的基本出力，t/h；

f_H、f_R、f_M、f_A、f_g ——可磨性、煤粉细度、原煤水分、原煤灰分、原煤粒度对磨煤机出力的修正系数；

f_e ——碾磨件磨损至中后期时出力降低系数，f_e=1.0；

f_{si} ——分离器型式对磨煤机出力的修正系数（对静态分离器，f_{si}=1.0；对动态分离器，f_{si}取1～1.07）。

$$f_H = \left(\frac{HGI}{50}\right)^{0.58} \tag{5-45}$$

$$f_R = \left(\frac{R_{90}}{23}\right)^{0.48} \tag{5-46}$$

当10%≤M_t≤14%时， $$f_M = 1.0+(10-M_t)\times 0.0125 \tag{5-47}$$

当M_t＜10%时， $$f_M = 1.0 \tag{5-48}$$

$$f_g = \left(\frac{d_{max}}{19}\right)^{-0.23} \tag{5-49}$$

d_{max}——煤粉的最大粒径，mm，该值通过图5-13确定。

$$f_A = 1.0+(20-A_{ar})\times 0.005 \tag{5-50}$$

当A_{ar}≤20时， $$f_A = 1.0 \tag{5-51}$$

当18%≤R_{90}≤25%时， $$f_{si} = 1+(25-R_{90})\times 0.01 \tag{5-52}$$

当R_{90}＞25%时， $$f_{si} = 1.0 \tag{5-53}$$

当R_{90}＜18%时， $$f_{si} = 1.07 \tag{5-54}$$

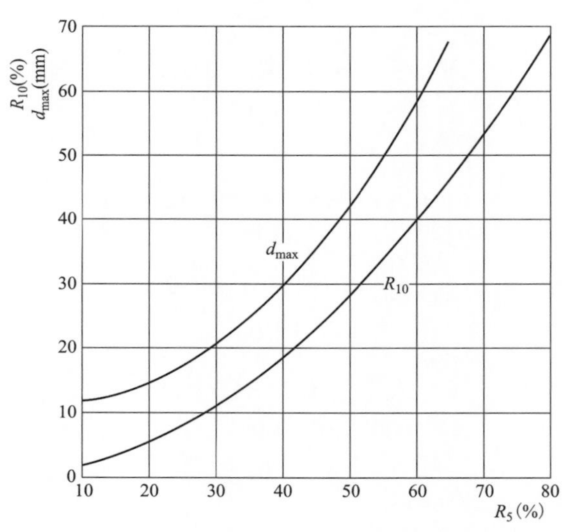

图5-13 R_5、R_{10}、d_{max}之间的关系（经过锤击式碎煤机后）

5-23 简述BBD双进双出钢球磨煤机研磨出力的计算方法。

答：BBD双进双出钢球磨煤机的出力可近似按式（5-55）计算：

$$B_M = B_{MO} f_H f_R f_M f_G f_e \tag{5-55}$$

式中 B_M——磨煤机碾磨出力，t/h；

B_{MO}——BBD磨煤机的基本出力，t/h；

f_H、f_R、f_M、f_G ——可磨性、煤粉细度、原煤水分、钢球装载量对磨煤机出力的修正系数；

f_e ——碾磨件磨损至中后期时出力降低系数，$f_e=0.95$。

$$f_H=\left(\frac{HGI}{50}\right)^{0.9} \tag{5-56}$$

$$f_R=\left(\frac{R_{90}}{18}\right)^{0.55} \tag{5-57}$$

$$f_G=\left(\frac{G}{G_0}\right)^{0.6} \tag{5-58}$$

当 $M_{ar}-M_{pc}\leqslant 10\%$时，$$f_M=1.0 \tag{5-59}$$

当 $M_{ar}-M_{pc}>10\%$时，$$f_M=1.0+(10-\Delta M)\times 0.04 \tag{5-60}$$

式中 M_{ar}、M_{pc} ——煤的全水分、煤粉水分，%；

ΔM ——$M_{ar}-M_{pc}$，为全水分和煤粉水分的差值，%；

G、G_0 ——磨煤机在运行和标准状态下的钢球装载量，t。

5-24 简述S型风扇磨煤机碾磨出力的计算方法。

答：S型风扇磨煤机按原煤计的碾磨出力 B_M 按式（5-61）计算：

$$B_M=B'_M\frac{100-M_{pc}}{100-M_{ar}}=B'_{MO}\frac{F}{100}\cdot\frac{100-M_{pc}}{100-M_{ar}} \tag{5-61}$$

式中 B'_M ——按煤粉计的磨煤机实际出力，t/h；

B'_{MO} ——按煤粉计的磨煤机基本出力，t/h；

F ——磨煤机碾磨出力系数；

M_{ar} ——煤的全水分，%；

M_{pc} ——煤粉水分，%。

5-25 简述S型风扇磨煤机提升压头的计算方法。

答：S型风扇磨煤机提升压头按照式（5-62）计算：

$$H_\mu=H_0f_HK_tK_\mu K_3K_p \tag{5-62}$$

式中 H_μ——在磨煤机出口温度 t_2 和带粉下的磨煤机提升压头，Pa；

H_0 ——基本纯空气提升压头，按选定的磨煤机型号确定，Pa；

K_t ——温度修正系数，$K_t=393/(273+t_2)$，其中 t_2 为磨煤机出口温度，℃；

K_μ——含粉下提升压头修正系数；

K_3——风扇磨煤机使用后期因磨损引起的提升压头修正系数，$K_3=0.9$（对于新磨煤机，$K_3=1.0$）；

K_p——大气压对压头的修正系数（$K_p=P_a/101.3$，P_a 为当地大气压且单位为 kPa）；

f_H ——通风量修正系数。

5-26 制粉系统进行连续监测的主要参数有哪些？

答：制粉系统重点监控的参数主要包括：

（1）磨煤机入口干燥介质温度；

（2）磨煤机出口风粉混合物温度；

（3）磨煤机前、后介质压力；

（4）磨煤机入口干燥剂流量；

（5）磨煤机进出口差压；

（6）密封风压力；

（7）给煤机断煤信号；

（8）惰性蒸汽压力；

（9）CO 浓度值（当装设 CO 浓度监测装置时）；

（10）磨煤机、给煤机、一次风机等电动机的电流。

5-27 简述煤粉细度定义、煤粉均匀指数计算及不同粒径的换算方法。

答：煤粉细度是指煤粉中不同直径的颗粒所占的质量百分率。通常按规定方法用标准筛进行筛分，并用 R_x 表示。其中 R 表示煤粉细度；x 表示筛子的孔径，单位为 μm。煤粉细度一般指的是试验时留在筛子上的煤粉占试验煤粉的比例，筛子孔径不变时，留在上面的煤粉越多，细度越大，煤粉越粗。例如，煤粉细度 R_{90}=12%，意思是煤粉通过孔径为 90μm 的筛子的概率为 88%，不通过率为 12%。

不同粒径下煤粉细度按照式（5-63）进行换算：

$$R_{x_2}=100\left(\frac{R_{x_1}}{100}\right)^{\left(\frac{x_2}{x_1}\right)^n} \tag{5-63}$$

式中 R_{x_1} ——筛子直径是 x_1 时的煤粉细度，%；

x_1 ——筛子孔径为 x_1，μm；

R_{x_2} ——筛子直径是 x_2 时的煤粉细度，%；

x_2 ——筛子孔径为 x_2，μm；

n ——煤粉的均匀性系数，取决于制粉设备的型式和煤种（一般情况下，配离心式分离器的制粉设备，n 取 1.0～1.1；配旋转式分离器的，n 取 1.1～1.2；烧褐煤采用双流式惯性分离器的 n 取 1.0，单流惯性式的 n 取 0.8），按式（5-64）计算。

$$n=\frac{\lg\ln(100/R_{x_1})-\lg\ln(100/R_{x_2})}{\lg(x_1/x_2)} \tag{5-64}$$

5-28 简述推荐煤粉细度的影响因素。

答：随着煤粉变细、磨煤机电耗增加而使锅炉燃烧效率提高，因此存在一个经济煤粉细度。经济煤粉细度的选取主要考虑以下几个因素：

（1）煤的燃烧特性：一般来说，挥发分高、灰分少、发热量高的煤燃烧性能好，煤粉细度可以放粗。

（2）燃烧方式、炉膛的热强度和炉膛的大小：炉膛的热强度高或者炉膛大时，煤粉细度可以放粗。

（3）煤粉的均匀性系数：均匀性好，煤粉细度可以放粗。

（4）燃煤结渣和沾污性能强时，煤粉可适当细化。

5-29 如何根据煤的挥发分推荐煤粉细度？

答： 煤粉细度按下述方法进行选取：

（1）对于固态排渣电站煤粉锅炉燃用无烟煤、贫煤和烟煤时，在无燃尽率指数 B_P 的分析值情况下，煤粉细度按下式选取：

$$R_{90}=0.5nV_{daf} \tag{5-65}$$

式中 R_{90}——煤粉细度，用 90μm 筛子筛分时，筛上剩余量占煤粉总量的百分比，%；

n——煤粉均匀性指数。

（2）当燃用褐煤和油页岩时，R_{90} 取 35%～60%（挥发分高时取大值，挥发分低时取小值）。

（3）进口机组的煤粉细度按外商的要求进行设计。

（4）煤粉细度 R_{90} 的最小值通常控制不低于 3%。

5-30 如何根据煤粉的燃尽率指数 B_p 推荐煤粉细度？

答： 煤粉细度和燃尽率 B_p 的关系（无烟煤、贫煤和烟煤）见图 5-14。在有燃尽率指数 B_p 的分析值时，应根据燃尽率指数 B_p 按图 5-14 来选取煤粉细度。当煤的燃尽率指数 B_p=90% 时，根据图 5-14 可选取煤粉细度 R_{90}=7.0%。

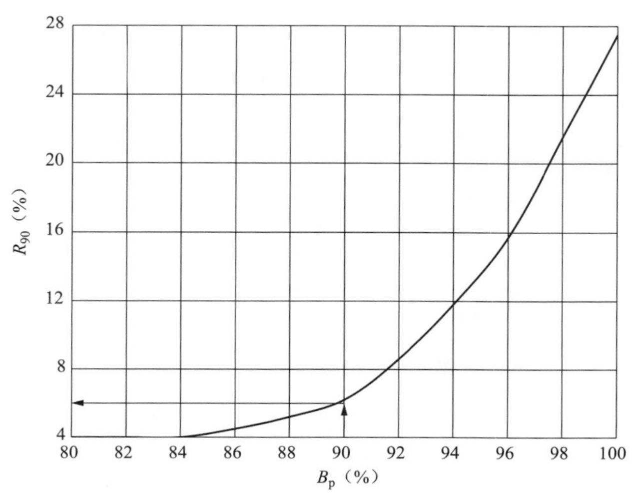

图 5-14 煤粉细度和燃尽率 B_p 的关系（无烟煤、贫煤和烟煤）

5-31 简述混煤的煤粉细度选取原则。

答： 混煤的煤粉细度应先按质量加权的方法求出挥发分，再根据着火特性求混煤的评价挥发分（见图 5-15），根据评价挥发分再按式（5-65）求取混煤的煤粉细度。示例：先按重量加权的方法求出混煤的挥发分，例如 V_{daf}= 20%，根据图 5-15 中实线的箭头指示得到评价挥

发分为 $V_{daf}=9\%$。

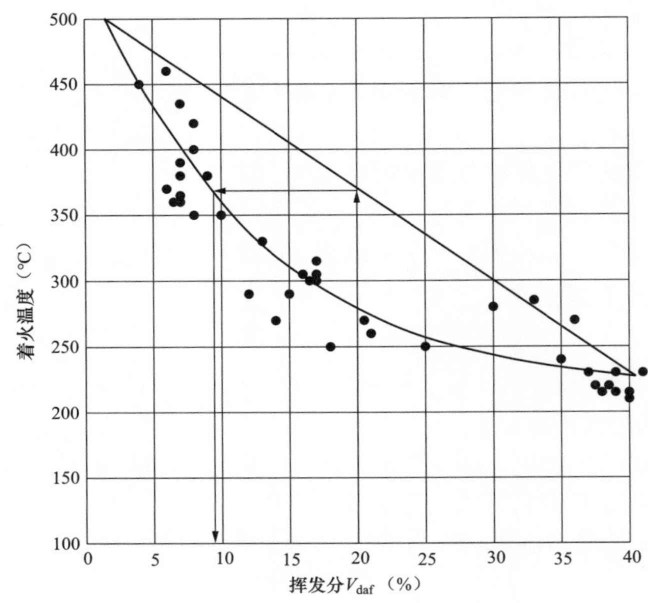

图 5-15　根据着火特性求混煤的评价挥发分

5-32　简述制粉系统选型必要的煤质指标及用途。

答：进行磨煤机和制粉系统选型及参数设计时所必需的煤质数据见表 5-2。

表 5-2　　磨煤机和制粉系统选型及参数设计时所必需的煤质数据

序号	项　目	依　据	用　途
1	工业分析（全水分、固有水分、灰分、挥发分、固定碳）	GB/T 211《煤中全水分的测定方法》、GB/T 212《煤的工业分析方法》	（1）选择干燥方式； （2）选择制粉系统； （3）计算煤粉细度
2	发热量	GB/T 213《煤的发热量测定方法》	结合工业分析计算煤的爆炸性指数 K_d，选择制粉系统
3	元素分析	GB/T 476《煤中碳和氢的测定方法》、GB/T 19227《煤中氮的测定方法》、GB/T 214《煤中全硫的测定方法》、GB/T 31391《煤的元素分析》	计算一次风量（结合一次风率）
4	哈氏可磨性指数	GB/T 2565《煤的可磨性指数测定方法　哈德格罗夫法》	结合工业分析计算磨煤机出力
5	磨损指数	DL/T 465《煤的冲刷磨损指数试验方法》	选择磨煤机
6	成球性指数、煤的摩擦角、堆积角	DL/T 466《电站磨煤机及制粉系统选型导则》	（1）煤斗及磨煤机入口角度设计； （2）煤的水分控制
7	煤粉气流着火温度	DL/T 1446《煤粉气流着火温度的测定方法》	选择制粉系统
8	燃尽率指标	DL/T 1106《煤粉燃烧结渣特性和燃尽率一维火焰炉测试方法》	选择制粉系统和煤粉细度
9	煤的粒度分布、煤的堆积密度和真密度		（1）煤斗容量设计； （2）煤的水分控制

5-33 简述制粉系统对设计煤质的偏差允许范围。

答：制粉系统对设计煤质的偏差允许范围见表 5-3。

表 5-3 制粉系统对设计煤质的偏差允许范围

煤　　种	无烟煤	贫煤	低挥发分烟煤	高挥发分烟煤	褐煤
干燥无灰基挥发分 V_{daf}（%）	−1	−2	±4	±4.5	
收到基灰分 A_{ar}（%）	±4	±5	±5	+5，−10	±5
收到基低位发热量 $Q_{net,ar}$（kJ/kg）	±10	±10	±10	±10	±7
全水分 M_t（%）	±2	±2	±2	当 M_t<12%，±2； 当 M_t≥12%，±4	±5
哈氏可磨性指数（HGI）	±20	±20	±20	±20	±20
可磨性指数（K_{VTI}）	±10	±10	±10	±10	±10
磨损指数（K_e）	±20	±20	±20	±20	±20
成球性指数（K_c）	±20	±20	±20	±20	±20

注　挥发分、灰分、水分为绝对偏差；发热量、可磨性指数、磨损指数、成球性指数为相对偏差。

5-34 煤粉爆炸的影响因素有哪些？

答：严格地说，煤粉的爆炸不仅是粉尘的爆炸，而是可燃性混合物的爆炸。煤粉爆炸的关键影响因素如下：

（1）可燃物析出的多少：在煤的磨制过程中，一部分挥发性可燃物（CH_4、H_2）会从煤中析出。挥发分越高，相对可燃气体析出的就越多，煤粉爆炸倾向越大。

（2）点火源：当给定的煤粉浓度小于爆炸下限时，不可能发生爆炸。但只要掺入少量可燃性气体，就可以完全改变原来煤粉的爆炸特性，致使混合物爆炸的下限下降，爆炸的可能性增加。

（3）混合物温度：混合物温度越高，爆炸倾向越大。

（4）煤粉浓度：煤粉爆炸浓度有一个范围，即存在上限浓度和下限浓度。这个浓度范围和煤种、初温、初压等很多因素有关。通常煤粉浓度越大（煤粉比例高），风粉混合物着火温度越低，爆炸的可能性越大。一次风管内的煤粉浓度正处在爆炸最危险的浓度范围内。

（5）煤粉浓度变化：制粉系统启动或停止的过程中，煤粉浓度变化较大，爆炸危险性最大。

（6）煤粉细度：煤粉越细，煤粉爆炸的倾向越大。

（7）煤粉自燃：煤粉的自燃是产生爆炸的火源，因此防止煤粉爆炸，要避免煤粉的沉积（管道设计避免水平段处于涡流区，以及正确设计管道的流速）并限制气流的温度。

制粉系统爆炸通常在磨煤机启停时易发生，图 5-16 为某电厂一次粉管爆炸情况。

图 5-16　某电厂一次粉管爆炸情况

5-35　简述制粉系统应采用的报警信号和保护装置。

答：制粉系统报警信号和保护装置主要包括但不限于以下内容：

（1）应有供煤中断声、光报警信号，并引至控制室。

（2）应有磨煤机（分离器）后介质温度高于允许值的声、光报警信号，引至控制室。

（3）应有密封风压力低的声、光报警信号，并引至控制室。

（4）应有中速磨煤机氮气（如果有时）压力低的声、光报警信号，并引至控制室。

（5）磨煤机（分离器）后介质温度高保护：当温度升高至规定最高允许值时，保护应自动作用于其温度调节装置；当超过规定最高允许值10℃时，停止向磨煤机供应干燥剂，并切断制粉系统。

（6）防爆保护：对易爆煤种，装设磨煤机（分离器）后介质CO监测和温度变化梯度测量装置，当CO值和温度变化梯度同时超过规定值时，切断制粉系统，并投入灭火或惰化系统。

5-36　简述筒仓储煤应采用的安全监控装置。

答：采用筒仓储煤时，需要设置安全监控装置和声、光报警信号，主要包括但不限于以下内容：

（1）煤位测量装置和高、低煤位报警信号，并与进煤和出煤的带式输送机连锁。

（2）温度测量装置和温度高于预定值的声、光报警信号。

（3）烟雾监测装置和报警信号。

（4）可燃气体监测装置和可燃气体值高于预定值的报警信号，并与排气系统连锁。

（5）当温度高或烟雾监测装置报警和可燃气体值高报警时，连锁启动惰化系统。

5-37　简述可调式煤粉分配器在直吹式制粉系统中的应用。

答：对于直吹式制粉系统，同层燃烧器各一次风管之间的煤粉和空气分配均匀性直接关系着炉膛内煤粉气流的燃烧性能。在直吹式送粉管道中，为使煤粉分配均匀，可设置煤粉分配弯头或煤粉分配器。对于大容量锅炉，优先选用煤粉分配器。我国近几年比较常用的煤粉分配器主要有格栅型煤粉分配器和双可调煤粉分配器等，其中双可调煤粉分配器在煤粉管道较多的1000MW等级机组锅炉上和侧煤仓布置的锅炉上应用较多。

双可调煤粉分配器的工作原理是首先通过煤粉浓缩装置将煤粉气流分为两股，一股为高浓度小流量的气流，另一股为大流量低浓度的气流；再分别对这两股气流进行分配，浓相空间和稀相空间分别布置有不同的调节机构，使得分配过程可调。分配后的浓、淡两股气流在分配器出口汇合，由相应的煤粉管道送往炉膛内，这样可实现对每根通往燃烧器的输粉管道的煤粉及空气流量进行调整和控制。

第六章 火电厂污染物排放控制技术

6-1 燃煤电厂排放的常见大气污染物及控制标准是什么？

答：燃煤电厂排放的常见大气污染物有以下三种：

SO_2：燃煤中的硫元素在燃烧过程中和氧反应生成的物质。

NO_x：燃烧过程中，煤中的氮元素以及助燃空气中的氮元素与氧反应生成的物质。

粉尘：燃烧过程中，煤中的灰分经破碎、熔合等过程，最终形成的粒径极小的矿物颗粒。

GB 13223《火电厂大气污染物排放标准》中规定了主要污染物排放指标。2014 年 9 月，中华人民共和国国家发展与改革委员会、中华人民共和国生态环境部、国家能源局联合印发《煤电节能减排升级与改造行动计划（2014—2020 年）》，要求新建机组应同步建设先进高效脱硫、脱硝和除尘设施，东部地区新建机组基本达到燃气轮机排放限值，中部地区原则上接近或达到燃气轮机排放限值，鼓励西部地区接近或达到燃气轮机排放限值。2015 年 12 月，中华人民共和国国家发展与改革委员会、中华人民共和国生态环境部、国家能源局三部门联合下发《关于实行燃煤电厂超低排放电价支持政策有关问题的通知》，要求对燃煤机组全面实施超低排放和节能改造，全国所有具备改造条件的燃煤电厂必须实现超低排放（即在基准含氧量为 6%的条件下，烟尘、SO_2、NO_x 排放浓度分别不高于 5、35、50mg/m^3），新建燃煤发电机组必须达到超低排放水平。表 6-1 为中国及发达国家大气污染物排放控制标准，可以看出，当前火电机组超低排放控制水平已经达到甚至超越燃气机组排放控制水平。

表 6-1　　中国及发达国家大气污染物排放控制标准（标准状态下）

国　家	粉尘（mg/m^3）	SO_2（mg/m^3）	NO_x（mg/m^3）	汞及其化合物（μg/m^3）
美国	20	184	135	
日本	50～100	200	200	
欧盟	30	200	200	
澳大利亚	100	200	460	30
加拿大	130	740	460	
中国（重点地区）	20	50	100	
中国（非点地区）	30	100～400	100～200	30
2093 号文燃机排放值	10	35	50	30

注　2093 号文，即关于印发《煤电节能减排升级与改造行动计划（2014—2020 年）》的通知。

6-2 简述大型电站煤粉锅炉 NO_x 的组成。

答：NO_x 主要指 NO、NO_2，其次为 N_2O_3、N_2O，统称为氮氧化物。在通常的电站煤粉锅炉燃烧温度下，在煤粉燃烧生成的NO_x中，NO 占 90%以上，NO_2占 5%～10%。但在大气中，NO 会迅速被氧化为NO_2，因此，NO_x的排放浓度是以NO_2来计算的。NO_x有如下三种来源：

（1）燃料型NO_x：燃料中含氮化合物在燃烧过程中进行热分解，进而氧化生成NO_x。由于燃料中氮的热分解温度低于煤粉燃烧温度，在 600～800℃时就会产生燃料型NO_x，首先是含有氮的有机化合物热裂解产生 N、CN、HCN 等中间产物基团，然后氧化成NO_x。由于煤的燃烧过程由挥发分燃烧和焦炭燃烧两个阶段组成，故而燃料型NO_x的形成也由气相氮的氧化和焦炭氮的氧化两部分组成。在通常燃烧温度下，煤粉燃烧时由挥发分生成的NO_x燃烧型 NO 占 60%～80%，由焦炭生成的 NO 则占 20%～40%。图 6-1 为燃料型NO_x生成机理简图。

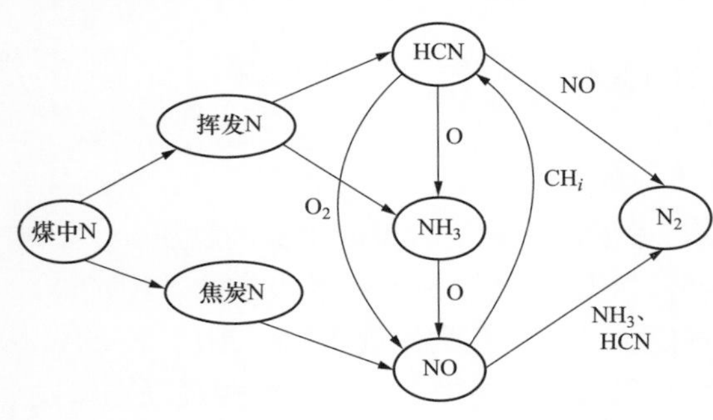

图 6-1 燃料型NO_x生成机理简图

（2）热力型NO_x：燃料燃烧时，空气中的氮在高温下氧化产生NO_x。热力型NO_x的生成随着反应温度的升高，其反应速率呈指数规律增加。对煤粉燃烧锅炉，燃烧温度为 1350℃时，炉膛内生成的NO_x几乎 100%为燃料型；当温度为 1600℃时，热力型NO_x可占生成总量的 25%～30%。

（3）快速温度型NO_x：碳氢化合物燃料燃烧当燃料过浓时，在反应区附近会快速生成NO_x，由于燃料挥发物中碳氢化合物高温分解生成的 CH 自由基可以与空气中氮气反应生成 HCN 和 N，再进一步与氧气作用以极快的速度生成NO_x，其形成时间只需要 60ms，与温度关系不大，对煤粉燃烧，快速生成的NO_x量占总生成量的 5%以下。

6-3 大型电站煤粉锅炉NO_x生成浓度的影响因素有哪些？

答：大型电站煤粉锅炉NO_x生成浓度的影响因素主要有以下几个方面：

（1）燃料特性：包括煤的挥发分、含氮量、固定碳与挥发分含量之比等。通常情况下，煤中氮含量越高，NO_x生成浓度越高。

（2）煤的燃烧方式、燃烧工况：

1）燃烧器型式：采用“低氮燃烧器+分级燃烧”以及强化着火如烟气回流挥发分集中释放技术可有效降低NO_x生成浓度。

2）炉膛结构：通常炉膛截面越大、炉膛越高，即锅炉的热强度参数越小，炉膛燃烧强度越低（炉膛燃烧温度），NO_x生成浓度越低。

3）炉膛内空气动力场：炉膛内燃烧不均匀，局部高温导致局部区域NO_x生成浓度升高。

4）炉膛内反应区烟气的气氛：通常还原性气氛越强，NO_x越低。

5）运行参数：通常情况下，一次风率越高、磨煤机出口风温越高（直吹式）、煤粉越粗、燃烧器区过量空气系数和炉膛出口过量空气系数越高、烟气在高温区的停留时间过长都会导致NO_x生成浓度升高。

6-4 简述NO_x在标准状态下的生成浓度折算。

答：各种燃烧方式锅炉在额定工况（BRL 工况）下炉膛排出烟气中的NO_x浓度是折算到

O_2=6%的干烟气含有量，并假定全部 NO_x 皆按 NO_2 计算。

炉膛排出的 NO_x 浓度通常是在锅炉尾部烟道（若有 NO_x 脱除装置，则在其前）测定 NO 及 NO_2 的体积浓度。再按式（6-1）换算为规定条件的质量浓度，即

$$c_{NO_x}=\left(\frac{21-6}{21-O_2}\right)2.05(c'_{NO}+c'_{NO_x}) \tag{6-1}$$

式中 c_{NO_x}——在规定条件下 NO_x 的质量浓度，mg/m^3（标准状态，O_2=6%）；

c'_{NO}、c'_{NO_x}——实测的 NO 及 NO_x 体积浓度（干烟气组分），μL/L；

2.05——NO_2 的密度，即 46.00/22.41 的商，g/L；

O_2——实测干烟气样品的含氧量，%（体积比）。

如只测量 NO 的体积浓度 c'_{NO} 时，可改用式（6-3）计算：

$$c_{NO_x}=\left(\frac{21-6}{21-O_2}\right)\times\left(\frac{2.05}{0.95}\right)c'_{NO} \tag{6-2}$$

$$c_{NO_x}=\frac{32.4}{21-O_2}c'_{NO} \tag{6-3}$$

6-5 简述燃煤电站锅炉常用的降低 NO_x 的方法。

答：降低燃煤锅炉 NO_x 排放浓度的基本技术参见图 6-2，基本分为低氮燃烧技术和烟气脱除技术两种：

（1）低氮燃烧技术：包括燃料分级燃烧、空气（深度）分级燃烧、烟气再循环技术、低氧燃烧等技术。

（2）烟气 NO_x 脱除技术：主要包括选择性催化还原技术（SCR 技术）和选择性非催化还原技术（SNCR 技术）。

我国大部分大型燃煤机组基本上已实现以低氮燃烧和烟气 NO_x 脱除技术为基础的脱硝技术路线，典型燃煤锅炉的 NO_x 排放控制技术见图 6-3。

采用炉膛内低氧燃烧、双尺度燃烧等先进的低氮燃烧技术控制 NO_x 的生成，通过催化剂创新和改进、流场均化、喷氨优化等烟气脱硝技术革新，可实现各种负荷下 NO_x 质量浓度小于 $50mg/m^3$。

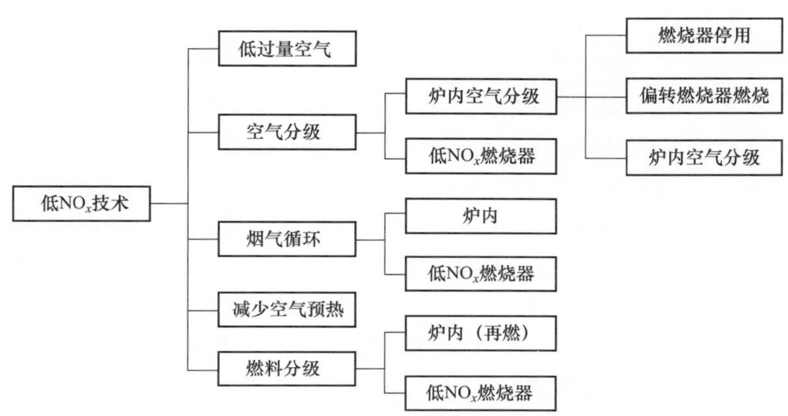

图 6-2 降低燃煤锅炉 NO_x 排放浓度的基本技术

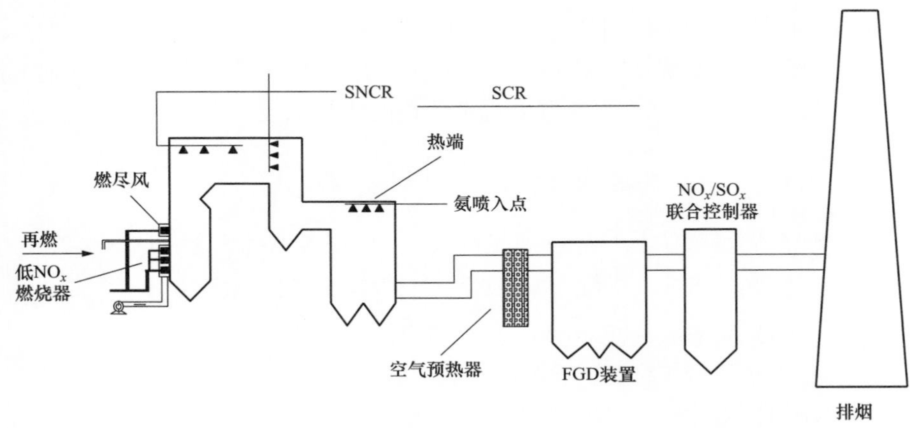

图 6-3　典型燃煤锅炉的 NO_x 排放控制技术

6-6　空气分级燃烧技术特点有哪些？

答：空气分级燃烧技术的特点如下：

（1）通过低氮燃烧器实现空气的初步分级。

（2）控制主燃烧区过量空气系数在 0.8%～0.9%，在主燃烧区域内，减少送入的二次风，煤粉处于缺氧燃烧状况，只保证煤粉燃烧变为 CO。

（3）在位于主燃烧区域的上方，布置分离燃尽风，其内通入一部分二次风，补充锅炉燃尽所需风量，保证锅炉炉膛出口的过量空气系数达到 1.15～1.25，将产生的 CO 继续燃尽，达到完全燃烧的目的，进而实现整个锅炉的分级燃烧。

6-7　什么是选择性催化还原（SCR）法？

答：选择性催化还原（SCR）法是利用 NH_3 和催化剂铁、钒、铬、钴、镍及碱金属在温度为 200～450℃时将 NO_x 还原为 N_2。NH_3 具有选择性，只与 NO_x 发生反应，基本上不与 O_2 反应，其主要的化学反应如下：

$$4NH_3+4NO+O_2 \longrightarrow 4N_2+6H_2O$$
$$2NH_3+NO+NO_2 \longrightarrow 2N_2+3H_2O$$
$$4NH_3+2NO_2+O_2 \longrightarrow 3N_2+6H_2O$$

其中第一个反应是主反应，因为烟气中的大部分 NO_x 以 NO 的形式存在，在没有催化剂的情况下，这些反应只能在很窄的温度范围内（980℃左右）进行，通过选择合适的催化剂，可以降低反应温度，并且可以扩展到适合电厂实际工况的 290～420℃。选择性催化还原系统一般由氨的储存系统、氨和空气的混合系统、氨喷入系统、反应器系统及监测控制系统等组成，燃煤电厂 SCR 反应器大多安装在锅炉省煤器与空气预热器之间，因为此区间的烟气温度刚好适合 SCR 脱硝还原反应，氨则喷射于省煤器与 SCR 反应器之间烟道内的适当位置，使其与烟气混合后在反应器内与 NO_x 反应。

SCR 法催化剂一般采用“2+1”（2 层填装，1 层备用）方式布置，脱硝效率可达 80%左右。近年来，国内电厂为达到超低排放要求，将 3 层全部填装，部分电厂采用 4 层 SCR 催化剂布置，可使脱硝效率提升至 85%～90%。

SCR 法脱硝是我国大型电站锅炉应用最多、技术最成熟的一种烟气脱硝技术。图 6-4 为液氨作为还原剂的 SCR 脱硝系统示意图。

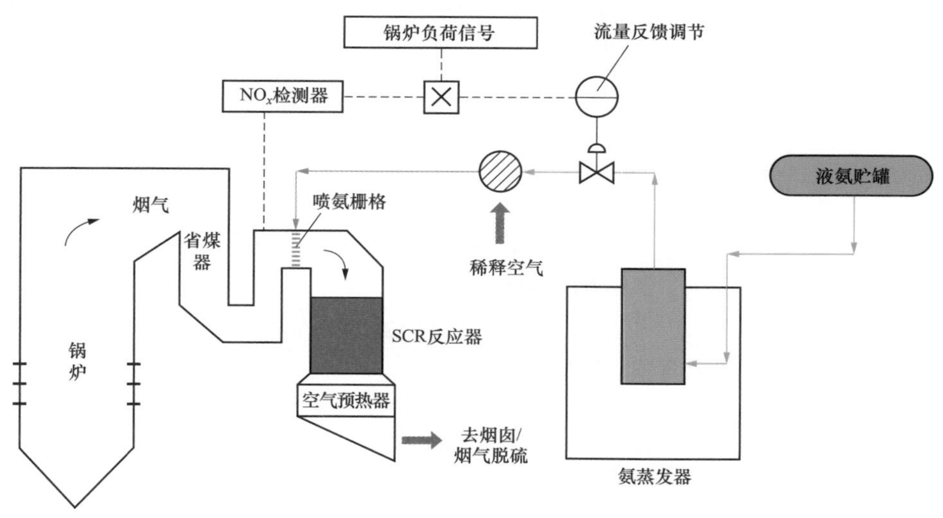

图 6-4 液氨作为还原剂的 SCR 脱硝系统示意图

6-8 影响 SCR 脱硝效率的因素有哪些？

答：影响 SCR 脱硝效率的因素主要包括：

（1）催化剂：SCR 烟气脱硝技术的关键是选择性能优良的催化剂。SCR 催化剂应具有活性高、抗中毒能力强、机械强度和耐磨损性能好、合适的操作温度区间等特点。

（2）反应温度：对于绝大多数商业催化剂，SCR 过程适宜的温度范围可达到 250～420℃，超出此温度范围，会生成 N_2O 等，并且存在催化剂烧结、钝化。一般来说，反应温度越高，反应速度越快，催化剂的活性越高，反应器体积变小。目前，国内外 SCR 系统大多采用中温催化剂，反应温度在 290～420℃。

（3）停留时间和空间速度：停留时间是反应物在反应器中与 NO_x 进行反应的时间。停留时间长，通常 NO_x 脱除效率高。空间速度是 SCR 的一个关键设计参数，它是烟气在催化剂容积内的停留时间尺度，即停留时间的倒数。

（4）实际的 n（NH_3）/n（NO_x）（摩尔比）：典型的 SCR 系统采用 n（NH_3）/n（NO_x）为 1.05。在工程实践中如果加入过多的氨，由于烟气经过空气预热器温度迅速下降，多余的 NH_3 会与烟气中的 SO_2 和 SO_3 等反应形成铵盐，导致烟道积灰与腐蚀。

（5）混合程度：烟气和氨在进入 SCR 反应器之前进行混合，如果混合不充分，NO_x 还原效率降低，且 SCR 设计必须在氨喷入点和反应器入口保证有足够的管道长度的前提下实现混合。

（6）喷氨和流场均匀性：通常横截面上 NH_3 浓度分布和喷氨越均匀，可以使催化剂利用更充分，脱硝效率升高。要求 n（NH_3）/n（NO_x）分布相对标准偏差不大于 10%；速度分布相对标准偏差不大于 10%。

（7）烟气入口出口 NO_x 浓度：脱硝效率随入口 NO_x 浓度的升高而下降。

6-9 什么是选择性非催化还原（SNCR）法？

答：选择性非催化还原（SNCR）法又称热力脱硝，与 SCR 法相比，除不用催化剂外，原理和化学反应基本相同。因为没有催化剂作用，温度控制是关键（控制在 900～1200℃），以免 NH_3 被氧化为 NO_x，SNCR 脱硝系统示意图见图 6-5。其中 NH_3 或尿素作为还原剂还原 NO_x 的主要反应为：

NH_3 为还原剂：

$$4NH_3+4NO+O_2 \longrightarrow 4N_2+6H_2O$$

尿素为还原剂：

$$(NH_4)_2CO \longrightarrow 2NH_2+CO$$

$$NH_2+NO \longrightarrow N_2+H_2O$$

$$2CO+2NO \longrightarrow N_2+2CO_2$$

当温度更高时，NH_3 会被氧化成 NO。

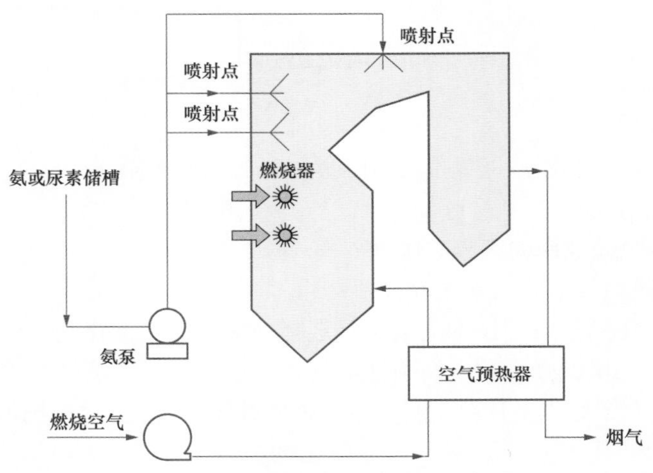

图 6-5 SNCR 脱硝系统示意图

6-10 简述 SNCR 脱硝技术的优缺点。

答：SNCR 脱硝技术的缺点：

（1）SNCR 脱硝技术对反应温度要求十分严格，对机组燃料变化适应性稍差；

（2）SNCR 脱硝技术脱硝效率为 30%～70%，较 SCR 法低。

SNCR 脱硝技术的优点：

（1）SNCR 脱硝系统简单，只需在现有的燃煤锅炉的基础上增加 NH_3 或尿素储槽以及氨或尿素喷射装置及其喷射口即可；

（2）SNCR 技术是已投入商业运行的比较成熟的烟气脱硝技术，建设周期短、投资少、脱硝效率中等，比较适合于中小型锅炉改造项目；

（3）不需要催化剂，运行成本相对较低。

6-11 脱硝系统还原剂喷入系统的基本要求有哪些？

答：要保证脱硝效率，对脱硝系统还原剂喷入系统的基本要求如下：

（1）还原剂的喷入位置：还原剂喷入系统必须将还原剂喷到炉膛内最有效的部位，因为 NO_x 的分布在炉膛对流断面上是经常变化的，如果喷入控制点太少或锅炉整个断面上喷氨不均匀，就会出现较高的 NH_3 逸出量。

（2）还原剂的均匀分布：对于大型燃煤锅炉，还原剂的均匀分布更加困难。多层投料同单层投料一样在每个喷入的水平截面上通常都要遵循锅炉负荷改变引起温度变化的原则。由于喷入量和喷入区域非常复杂，调节也非常困难。为保证脱硝反应能以最少的喷 NH_3 量达到最好的还原效果，必须设法使 NH_3 与烟气良好地混合。若喷入的 NH_3 不充分反应，则泄漏的 NH_3 不仅会使烟气中的飞灰沉积在锅炉尾部的受热面上，而且遇到 SO_3 会生成铵盐，对空气预热器可能造成堵塞和腐蚀。

6-12 高效脱硝效率对脱硝入口流场的具体要求有哪些？

答：为达到较高的脱硝效率，烟气到达反应器第一层催化剂的上部时的参数指标要求如下：

（1）速度最大偏差：平均值的±10%。

（2）温度最大偏差：平均值的±10℃。

（3）氨氮摩尔比 β ［n（NH_3）/n（NO_x）］的最大偏差：平均值的±5%。

（4）入口 NO_x 分布最大偏差：平均值的±5%。

（5）烟气入射催化剂角度（与垂直方向的夹角）：±10°。

催化剂入口的氨氮摩尔比的分布程度决定了反应器出口的 NO_x 浓度分布和 NH_3 逃逸浓度分布，氨氮摩尔比分布对氨逃逸浓度的影响见图 6-6，并影响整体脱硝效率和下游设备的硫酸氢铵堵塞。NO_x 与 NH_3 在顶层催化剂表面的分布均匀性，取决于喷氨格栅上游的 NO_x 分布、烟气流速分布、喷氨流量分配、静态混合器的烟气扰动强度及混合距离等。

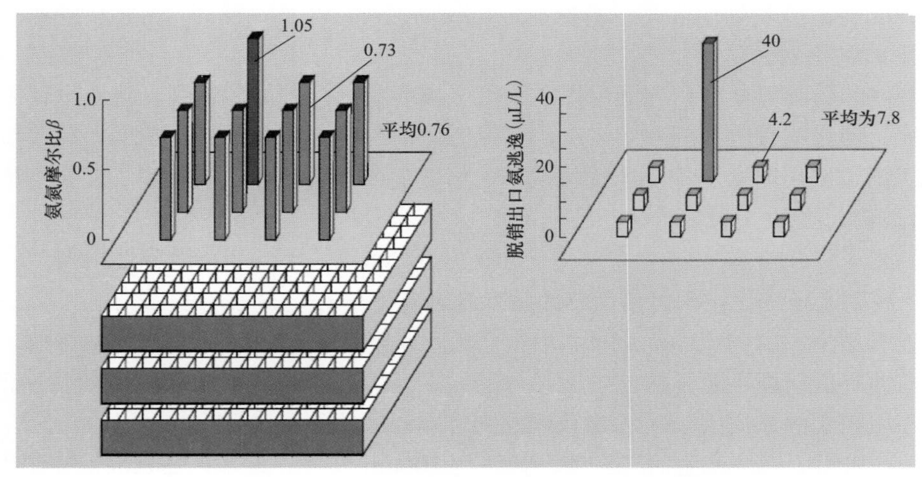

图 6-6 氨氮摩尔比分布对氨逃逸浓度的影响

6-13 简述脱硝流场优化技术及其应用。

答：脱硝流场优化技术是 SCR 关键技术，常规 SCR 流场存在的问题主要包括无法实时保持催化剂入口截面氨氮摩尔比分布的高度均匀性、脱硝装置的堵灰、磨损等。目前提高催化剂入口截面氨氮摩尔比分布均匀性和稳定性的流场技术主要有：

（1）SCR 分区混合技术。

（2）全烟道断面混合流场技术。

（3）分区喷氨自动调节技术。

上述技术应用的基本原则如下：

（1）对于燃用烟煤、褐煤等挥发分较高煤质的锅炉，初始产生的 NO_x 浓度一般低于 300mg/m^3，要求的脱硝效率往往在 90%以内，通过以上技术可较好控制氨逃逸水平。

（2）对于燃用贫煤、无烟煤等挥发分较低煤质的锅炉，尤其是 W 形火焰锅炉，其初始产生的 NO_x 浓度往往高达 500～800mg/m^3，要求的脱硝效率通常高达 93%～96%，控制氨逃逸的难度大。

1）对于燃用中低硫分煤质的 W 形火焰锅炉，可充分发掘 SCR 脱硝潜力，尽量提高脱硝效率，扩展其可承受的入口 NO_x 边界，这种路线将节省大量的投资和运行费用，且运行可靠性更高。

2）燃用特高硫分时，需要适当控制 SCR 设计脱硝效率，以控制 SO_2/SO_3 转化率，使空气预热器的堵塞风险最低，因此往往需要由 SNCR 承担一部分 NO_x 减排任务，而 SCR 按不高于 93%的脱硝效率进行设计。

6-14 简述脱硝流场优化技术在高硫煤 W 形火焰锅炉及高碱煤锅炉中的应用。

答：西安热工研究院有限公司在华能国际电力股份有限公司邯峰电厂燃用中等硫分煤质的 2×660MW 的 W 形火焰锅炉上首次应用 SCR 虚拟反应器技术，实现了 SCR 脱硝效率高于 95%、氨逃逸低于 3μL/L 的长期稳定运行；在国家电投集团贵州金元股份有限公司燃用特高硫分煤质 2×660MW 的 W 形火焰锅炉上，采用 SNCR+SCR 高效耦合技术，首次实现了 NO_x 浓度由 1000mg/m^3 控制到 50mg/m^3 超低排放，长周期可靠运行，同时，SNCR 还原剂耗量相对于常规技术下降 20%以上。

我国西南和新疆等地区，因燃用煤质中碱金属含量高、灰沾污性强，普遍出现了整流格栅、导流板、催化剂等内部的严重堵灰，其中催化剂的堵孔率普遍高于 30%，有些机组甚至超过 50%。通过采用防堵灰型流场优化技术，可避免或显著减轻积灰状况，催化剂堵孔率可降低到 5%以内。

6-15 脱硝流场优化技术目前面临的技术难题有哪些？

答：近五年来，脱硝流场优化技术取得了长足进步，基本可适应脱硝超低排放时的技术需求，目前面临的问题主要包括：

（1）喷氨控制的品质因 NO_x 测量仪表迟滞性难以本质提高。

（2）某些机组因燃烧产生的飞灰的粒径达到 200μm 以上，造成催化剂和后续设备的异常磨损。因此，有研究机构已经把注意力集中到 NO_x 浓度快速测量技术，以及脱硝前粗颗粒飞灰预脱除技术，预期可进一步解决超低排放后更高难度的脱硝技术问题。

6-16 尿素制氨技术的特点有哪些？

答：当前，主流的烟气脱硝治理办法包括 SNCR、SCR 以及 SNCR/SCR 等，其中 SNCR

脱硝还原剂制备工艺主要是尿素和氨水，而国内广泛使用的 SCR 脱硝工艺，其还原剂制备方法主要有液氨、氨水、尿素水解、尿素热解、尿素直喷热解等。脱硝还原剂的选择和使用应综合考虑技术、安全和经济等因素。

液氨制氨工艺在国内普遍应用，采用蒸汽或电加热作为热源将液氨气化成氨气，因其初投资及运行费用均较低，是当前国内 SCR 还原剂制氨的主流工艺，但液氨是有毒化学品，生产场所储存量超过 10t 时，属于重大危险源。因此，国家能源局要求各电力企业要积极开展液氨罐区重大危险源治理，加快推进尿素替代升级改造进度。

尿素不属于危险产品，便于运输和储存，并且使用安全，受热分解即可制成氨气。近年来，随着尿素热解和水解工艺国产化，投资及运行费用降低，尿素制氨工艺在国内得到了广泛应用。

尿素热解技术的主要特点如下：

（1）对机组负荷变化的响应较快。

（2）能耗较高。

（3）尿素热解技术早期热解能量来源于天然气或柴油的燃烧，目前经技术改进后采用一次热风电加热或烟气换热热解工艺，在多家电厂应用良好。

尿素水解技术的主要特点如下：

（1）尿素水解主要采用 U2A 工艺，初始投资与热解相当。

（2）系统内尿素溶液加热分解温度低、除盐水可循环使用，能耗低于尿素热解工艺。

（3）可实现多台机组公用，因此在有多台机组或机组容量较大时，优势较为明显。国内自国电青山热电有限公司引进首套尿素水解 U2A 工艺以来，尿素水解制氨工艺已在国家能源、华能、大唐等集团上百座电厂应用。

6-17 什么是尿素直喷热解技术？

答：西安热工研究院有限公司开发了 SCR 尿素直喷热解技术，该技术将 SCR 进口烟道作为尿素热解炉，将尿素溶液喷入烟道，利用 SCR 进口烟道内的大量高温烟气将喷入的雾状尿素溶液热解成 NH_3 和 HNCO。图 6-7 和图 6-8 分别为燃气蒸汽联合循环尿素直喷热解系统示意图和燃煤机组 SCR 进口烟道尿素直喷热解系统示意图。国内首台燃气蒸汽联合循环尿素直喷热解技术已经成功应用，在氨逃逸不超过 3μL/L 的前提下，出口 NO_x 控制在 $7mg/m^3$ 以

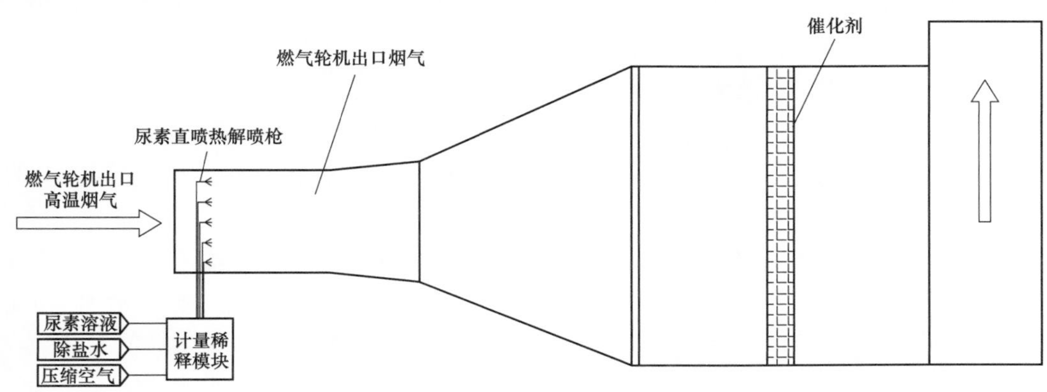

图 6-7 燃气蒸汽联合循环尿素直喷热解系统示意图

内，同时系统简单可靠，为电厂节省了相当可观的费用。相比尿素热解炉热解技术和尿素水解技术，SCR 尿素直喷热解技术具有以下优点：

（1）本质安全，NH_3只存在于烟道内；

（2）系统简单、设备少、初投资低；

（3）检修维护主要集中在计量分配模块和尿素直喷热解喷枪，设备维护量少；

（4）系统启停迅速。

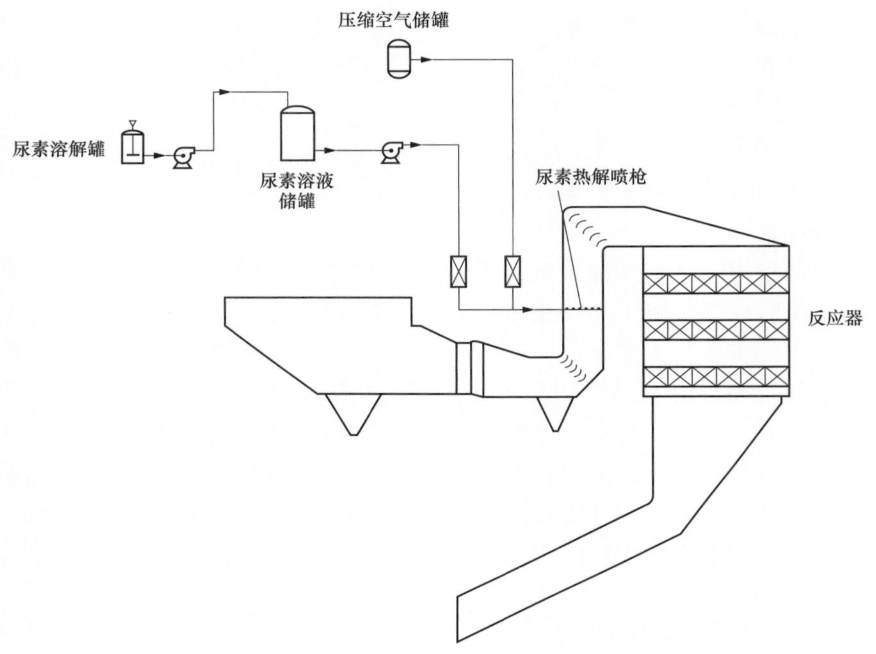

图 6-8 燃煤机组 SCR 进口烟道尿素直喷热解系统示意图

6-18 什么是氨逃逸在线监测技术？

答：自超低排放改造以来，NO_x 排放指标进一步严格，脱硝系统的精细化运行管理技术快速发展，其中对氨逃逸率的控制成为技术整体中的重要环节，对氨逃逸在线测量的精确度、稳定性、可靠性、多点可扩展性甚至设备成本提出了更高的要求。

目前，针对氨逃逸的在线测量技术的基础原理主要是吸收光谱法，常见的仪表产品多在此基础上进行各种优化改进，而需要关注的是，以离线测试法为基础的取样吸收法氨逃逸在线测量技术也逐渐发展，将可能为用户提供一种更加适用于燃煤烟气中氨逃逸在线测量的方案选择。

氨逃逸率的吸收光谱测量基本原理是以某一物质对特定波长光的吸收强弱与该物质浓度相关联的效应为基础，利用激光束通过烟气流场，并根据接收到的与氨气吸收谱对应的光强信号，计算得出烟气中的氨气浓度。许多仪表制造商以此开发研制出近红外激光（NIR）、可调谐半导体激光（TDLAS）、中红外激光（MIR）等直接针对氨气的在线测量仪表，通过调整光源光谱，增强其对氨气的响应特性，避免烟气中其他组分对仪表测量精度的干扰。采用该测量原理的在线监测设备具有精度高、响应快、抗干扰、安装简单等一系列优点。

6-19 现有氨逃逸在线监测技术的主要问题有哪些？

答：在针对燃煤烟气氨逃逸的在线测量实际应用中，相关仪表的性能优势并没有突出显现，甚至出现许多不利影响因素。主要体现在以下几个方面：

（1）烟气含尘：氨逃逸在线测量仪表一般安装于脱硝装置出口，此处烟气中含尘量较大，而烟尘对激光束有较强的散射干扰作用。当烟气含尘量出现波动时，如吹灰作业甚至燃烧调整，都可能导致仪表无法接收到有效的光强信号，影响测量。为了解决这一问题，用户往往采用烟道对角安装的方式减小烟尘对激光透光率的影响。但这样的安装方式使得仪表测量结果往往不具备整个烟气流场的代表性。

（2）最短光程要求：吸收光谱法测量仪表接收端得到的光强与待检气体浓度、光程长度正相关。在氨逃逸浓度较低时，为了提高仪表测量准确性，往往需要较大的激光光程，即增加仪表发射端和接收端的距离，这与上述减小烟尘不利影响的措施相互矛盾。为了解决这个问题，一些制造商提出多次反射的长光程吸收池结构方案，即利用镜面反射原理，在一段较短的空间内使激光束多次经过待检气体，最大限度地延长光程。同时可使激光发射端和接收端一体化集成，使得仪表布置更加灵活，在线测量数据也更具代表性。但在此种结构中，吸收池的整体透光率与镜片的单次反光率成幂指数关系，反光镜面的性能直接影响仪表测量结果。而燃煤烟气成分复杂，灰尘及腐蚀性气体都对采用此种测量仪表的长期运行可靠性产生挑战。

（3）烟道相对位移及振动：实际运行时，烟道的冷、热态工况会出现相对位移现象。而分体式吸收光谱法氨逃逸仪表要求发射端和接收端精准对焦，即便是上述发射、接收一体化仪表也会因为烟道振动造成对光失准现象。这就要求用户对仪表经常进行调整、维护作业。为了解决这一问题，目前常采用抽取式分体装置方案，即将待测烟气引出至外部激光吸收池，该吸收池的激光发射、接收端与外部钢构件有效刚性连接，彻底避免了位移、振动对仪表测量稳定性的影响。但是，待测烟气一旦离开烟道内原有环境，就会生成硫酸氢铵盐（ABS），导致取样管路堵塞，影响仪表长期运行稳定性。

（4）低温 ABS 堵塞：采用抽取式分体布置的吸收光谱法测量仪表，必须要面对低温环境导致极易出现 ABS 带来堵塞的难题，有效的解决办法当然是在整个烟气通流区域采用全程高温电伴热措施。但是这种“不留死角”的高温伴热在实际应用时极难达到，且高温环境极大地影响了光学元器件的稳定运行。因此这种方式带来的只能是高能耗和低可靠性。

6-20 什么是氨逃逸在线监测前沿技术？

答：近些年，科研单位提出以氨逃逸离线测试原理为基础的在线测量技术，其主要技术方案是对烟气中微量氨气进行取样吸收，并通过对液体中离子浓度的测量得到氨气浓度数据。这类技术的主要特点是在系统内生成 ABS 之前，有效固定可长距离、低成本传输的氨气浓度信息，并在环境较好的空间中对介质进行高精度测量。

采用此类技术原理研制的氨逃逸在线测量仪表由标准试验方法发展而来，在燃煤锅炉烟气脱硝系统的工况条件下具有更高的测量精度、适应性以及连续测量能力。另外，从产品角度来说，此类仪表一般配置与其他常见 CEMS（烟气排放连续监测系统）产品通用的内部元器件，对用户的维护、检修技术要求更具亲和力。同时，在多点取样测量应用场合，此类仪表的扩展配置成本远低于吸收光谱法仪表，更符合目前脱硝技术的发展趋势。但需要指出的是，此类仪表的不足之处是测量响应时间较长，一般在分钟级别，在这一点上无法与吸收光谱法仪表的毫秒级别相提并论。

氨逃逸在线监测技术目前正处于强力发展阶段，吸收光谱法和取样吸收法氨逃逸测量技术各有优缺点，依托各种技术原理的产品也层出不穷。随着烟气脱硝系统精细化运行越来越深入，氨逃逸在线测量产品需制定更加有效的检测、检验方法和流程，提高相关产品的技术准入门槛，这将有利于提高氨逃逸指标的实用性，推动烟气深度脱硝技术的发展。

6-21 全负荷 SCR 脱硝有哪些技术路线？

答：对于 SCR 脱硝技术，一般催化剂的工作温度在 290～420℃。当机组负荷低时，脱硝入口烟气温度随之降低，当低于催化剂的有效工作温度后，催化剂的效率大大降低，要达到要求的脱硝效果，将导致氨逃逸率升高，随之而来的是后续的堵塞等问题。大部分机组启动、停炉、调峰时 SCR 系统烟气温度低于 290℃，导致 SCR 系统无法投运。全负荷脱硝主要是解决在低负荷下，烟气温度低、脱硝效率低的问题。全负荷脱硝技术路线主要包括以下几个方向：

（1）选用低温催化剂：目前的低温催化剂（可低至 120℃）大多数处于研究与试用阶段，技术还不成熟，部分工程应用的低温催化剂的脱硝效率不高。

（2）脱硝系统入口烟气温度：目前工程上最普遍的全负荷脱硝技术是通过必要的改造以提高 SCR 系统进口烟气温度。

1）烟气侧：烟气旁路、省煤器分级、燃气补燃、省煤器烟道分割、全分级省煤器等。

2）水侧：省煤器给水旁路、热水再循环、蒸汽加热给水、省煤器中间集箱等。

（3）活性分子臭氧脱硝。

6-22 简述低温 SCR 技术的原理及特点。

答：低温 SCR 技术原理与传统 SCR 烟气脱硝工艺基本相同，两者的最大区别是 SCR 脱硝装置布置在省煤器和空气预热器之间高温（300～450℃）、高尘（20～50g/m^3）端；而低温 SCR 脱硝反应器则布置在锅炉尾部除尘器后或引风机后、FGD（烟气脱硫）前的低温（100～200℃）、低尘（＜200mg/m^3）端，可大大减小反应器的体积，改善催化剂运行环境，具有明显的技术经济优势，是能与传统 SCR 竞争的技术。同时，目前市面上存在活性温度在 250～450℃的宽温催化剂，已有部分进入了工业应用示范阶段。

6-23 什么是烟气旁路宽负荷脱硝技术？

答：烟气旁路方案见图 6-9，烟气侧旁路主要是在宽负荷工况下运行，调节挡板可以增加烟气阻力，通过调节烟气旁路上装设的烟气调节挡板可以控制混合后的烟气温度。在高负荷运行时，关闭旁路烟道挡板即可。抽取旁路烟气的位置有多种选择，如省煤器入口、低温过热器入口和更高参数的上游烟气。旁路烟气的抽气位置越靠前，旁路烟气温度越高，烟气旁路对 SCR 入口的烟气温度调节能力越强，同时影响的炉膛内受热面就越多。

目前，烟气旁路方案在国内已有多个应用业绩，是最广泛采用的宽负荷脱硝技术。

6-24 烟气旁路宽负荷脱硝技术的注意事项有哪些？

答：采用烟气旁路宽负荷脱硝技术的注意事项主要包括：

（1）从省煤器的上部烟道抽取烟气，锅炉要做改造，需要增加旁路烟道的支撑结构和支吊架。

（2）旁路烟气在SCR脱硝反应器入口主烟气流中混合不均会引起烟气温度分层现象，需要对SCR脱硝反应器的入口烟道布置重新评估。

（3）宽负荷时旁路烟气量大，对旁路烟气量的精确控制比较困难。

（4）旁路烟气对脱硝入口烟道的烟气流场及温度均匀性产生较大影响。

（5）烟气挡板门处易积灰，造成挡板门操作困难；同时，挡板门处的泄漏易造成排烟温度升高，影响机组效率。

（6）锅炉宽负荷运行时，会导致排烟温度升高，影响机组经济性。

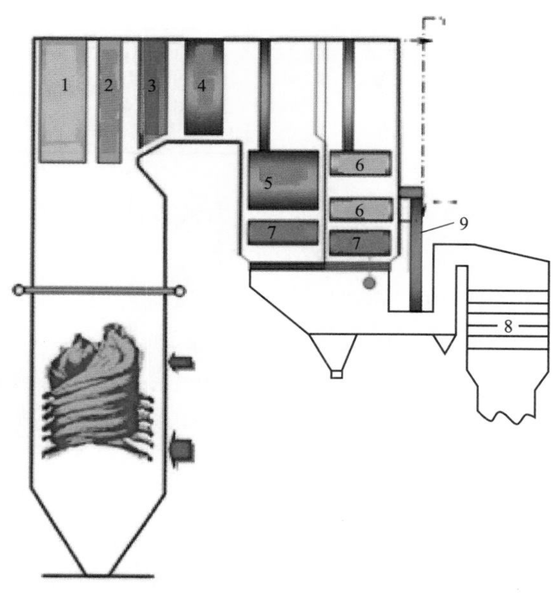

图6-9 烟气旁路方案

1—分隔屏过热器；2—后屏过热器；3—末级过热器；4—高温过热器；5—低温再热器；6—低温过热器；7—省煤器；8—脱硝装置；9—省煤器旁路

6-25 简述各种宽负荷脱硝技术的比对情况。

答：表6-2是各种宽负荷脱硝技术的比对，低温催化剂与臭氧脱硝技术主要问题是技术仍不够成熟，在大型电站锅炉中成功应用业绩少，只有烟气旁路和燃气（油）补燃技术能满足较大的调温幅度，其他技术路线的调温幅度均偏小。

表6-2　　各种宽负荷脱硝技术的比对

序号	项目	烟气旁路	省煤器分级	省煤器水旁路	热水再循环	蒸汽加热给水	燃气（油）补燃	低温催化剂	臭氧脱硝
1	烟气调温范围	0～60℃	不调节	0～10℃	0～30℃	0～20℃	大	不调温	不调温
2	调节方式	烟气挡板	不调节	给水旁路调节阀	再循环调节阀	抽气调节阀	燃气（油）量调节	不调节	不调节
3	运行难易程度	低	低	中	中	中	难	易	中
4	投资	中	最高	中低	中高	高	中低	中低	中高
5	运行成本	低负荷锅炉热效率下降	不影响	低负荷锅炉热效率下降	低负荷锅炉热效率下降	有一定节能效果	较高	后期更换催化剂成本高	高

续表

序号	项目	烟气旁路	省煤器分级	省煤器水旁路	热水再循环	蒸汽加热给水	燃气（油）补燃	低温催化剂	臭氧脱硝
6	安全可靠性	需要解决烟气挡板卡涩、烟气温度分布不均问题	煤种适用性较差，可能出现工质汽化、催化剂烧结	技术成熟	技术成熟	热力系统需要改造，有一定风险	增加燃气管线，有一定风险	技术不成熟	还没有大型机组应用业绩

6-26 **简述粉尘的控制方法及选用标准。**

答：在粉尘控制方面，通过电源创新、流场优化、材料创新，开发了主要采用高频等新型电源供电的高效电除尘及低低温静电除尘器、超净电袋复合除尘器、袋式除尘器等技术和装备，结合脱硫洗涤，选择性加装湿式静电除尘器、新型尘雾富集脱除装置，可控制烟囱颗粒物排放质量浓度小于 10mg/m^3 甚至是 5mg/m^3。除尘器主要包括以下几类：

（1）静电除尘器（低温静电除尘器+湿法脱硫高效协同除尘）。

（2）布袋除尘器。

（3）电袋除尘器。

（4）湿式静电除尘器（静电除尘器+湿法脱硫+湿式静电除尘器工艺）。

根据介质的不同，前三种为干式除尘器，第四种为湿式静电除尘器。

当除尘效率低于 99.85%时，通常选用常规静电除尘器；当除尘效率在 99.85%～99.90%时，一般采用常规静电除尘器加高效电源技术；当除尘效率高于 99.90%时，可考虑采用低低温静电除尘器、布袋除尘器或电袋除尘器等。

6-27 **简述静电除尘器的工作原理。**

答：静电除尘器是采用电晕放电的方法使气体发生电离，产生正离子和自由电子，在放电极和集尘极间形成稳定的电晕，使该区域的粉尘颗粒荷电，最终被集尘极捕集，在合理的振打周期、振打力作用下，被收集在收尘板上的粉尘成片状落入收灰斗去除，静电除尘器的运行简图见图 6-10。

通常根据清灰方式的不同，静电除尘器分为干式和湿式两种。湿式除尘器采用冲刷液冲洗集尘极，使粉尘呈泥浆状清除，也可通过冷却集尘极板促使烟气中水汽在集尘极表面凝结形成一层液膜，进而清除捕集的粉尘颗粒。湿式除尘器需要考虑的主要问题是使集尘极表面的水膜均匀稳定，不产生断流和干区，以避免粉尘颗粒在断流区堆积产生火花放电。而干式除尘器采用机械振打方式清除集尘极上的积灰，因此，需要考虑颗粒的重新携带和由于振打带来的损失。

6-28 **简述湿式静电除尘器的工作特点。**

答：湿式静电除尘技术工作原理图见图 6-11。根据布置方式的不同，湿式静电除尘器可分为卧式和立式两种形式。立式布置占地面积小，适用于现有电厂超净排放改造，而卧式相对投资较小，无布置限制时可优先选用。

2013 年初，国电益阳发电有限公司 300MW 级煤电机组首次实施了柔性电极湿式静电除尘器工程，对 $PM_{2.5}$ 的脱除效率在 85%左右，其成功应用为烟尘超低排放提供了可行技术，使得湿式静电除尘器成为早期超低排放的标准配置。

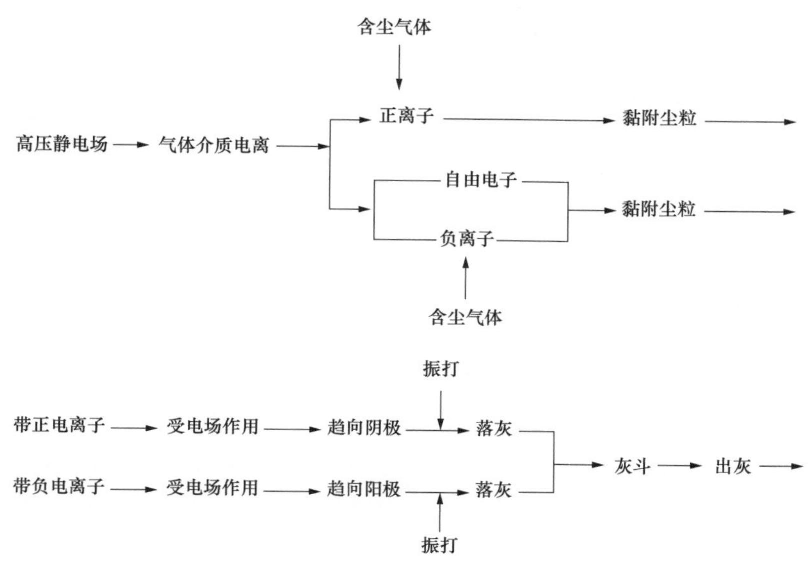

图 6-10　静电除尘器的运行简图

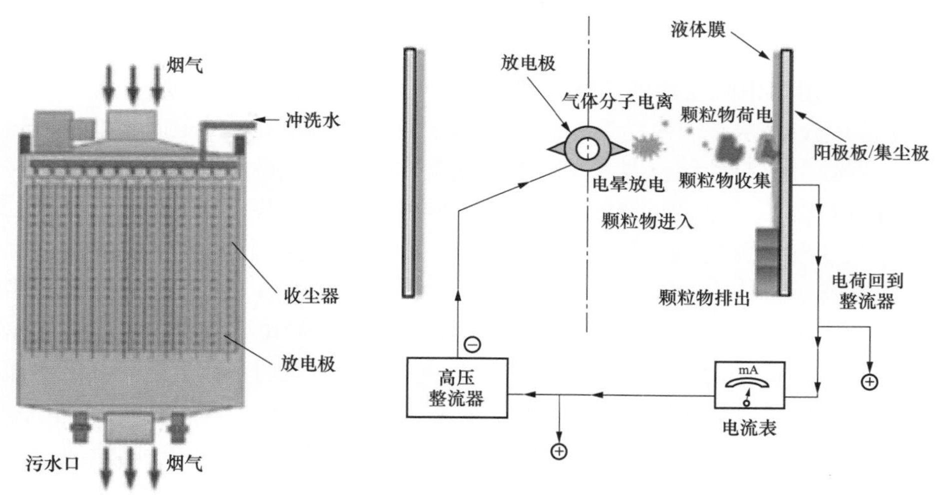

图 6-11　湿式静电除尘技术工作原理图

6-29　简述湿式静电除尘器的优点及适应范围。

答：湿式静电除尘器的优点主要包括：

（1）无振打装置，通过在集尘极上形成连续的水膜高效清灰，除尘效率不受烟尘比电阻影响。

（2）对微细颗粒物（PM_{10}、$PM_{2.5}$细颗粒和石膏颗粒）的捕集效率高，一个电场的除尘效率能够不小于 80%，$PM_{2.5}$的去除效率不小于 70%，可有效避免二次扬尘及反电晕现象。

（3）可有效脱除湿法烟气脱硫或洗涤中形成的硫酸雾滴。

（4）对有毒重金属（汞）等有害物质脱除效果较佳，其中汞脱除效率能够达到 75%以上。

对气溶胶和 SO_3 的去除效率不小于 60%；对 NO_x（NO_2）的去除效率不小于 15%。

与干式静电除尘器相比，湿式静电除尘器特别适合于以下场合：烟气含湿量高，烟气温度接近露点温度；烟气中含有黏性颗粒和雾滴（如硫酸雾）；需要有效捕集亚微米细颗粒。因此，目前湿式静电除尘器常与湿法烟气脱硫（WFGD）系统结合，用于捕集脱硫净化湿烟气中的细粉尘、酸雾及汞等。

电厂实际运行数据显示，当湿式除尘器入口烟尘浓度低于 20mg/m^3 时，其出口烟尘浓度可减小至 5mg/m^3 以下。

6-30 **简述静电除尘器的优缺点及其适应性。**

答：静电除尘器除尘原理决定了静电除尘器对于处理高硫煤、高水分煤种、粉尘比电阻在 $5\times10^{10}\Omega\cdot$cm 以下的粉尘时，具有设备阻力低、适应烟气变化能力强、维护工作量少等优点，通过合理的设计选型，即可达到 50～100mg/m^3 的排放要求，并得到了广泛应用。

静电除尘器的最大缺点是对煤种变化较敏感，除尘效率受粉尘比电阻影响大、不稳定，特别是对微细粉尘荷电难、收尘难，导致静电除尘器在处理低硫煤、高比电阻微细粉尘（PM_{10} 和 $PM_{2.5}$ 荷电极其困难、易产生二次飞扬）时除尘效率偏低、设备投资高、能耗高。

当前，国内静电除尘技术一般结合各种有利的静电除尘器新技术（如配合低温省煤器改造、高效电源、优化控制、预荷电、双区供电、烟气调质、转动电极等）来达到超低排放目标。

6-31 **简述低温静电除尘器的工作原理。**

答：低温静电除尘器是国内结合低温省煤器改造将烟气温度降低至高于烟气酸露点，以提高静电除尘器效率的一种综合技术，即通过低温省煤器（主要采用汽轮机冷凝水与热烟气通过换热器进行热交换，使得汽轮机冷凝水得到额外的热量，以减少驱动给水泵汽轮机冷凝水回路系统中低压加热器的抽汽量），使进入静电除尘器的运行温度由常温状态（150～200℃）降到低温状态（110～120℃，一般控制在烟气酸露点以上 10℃以上）。由于排烟温度的降低使得粉尘比电阻下降，烟尘更易荷电和收集，同时进入静电除尘器的实际烟气量相应减少、烟气流速降低，这些均有利于提高静电除尘效率，再根据烟尘性质配套高效电源、除尘器分区供电、湿法脱硫高效协同除尘等技术，可控制烟囱入口烟尘浓度达到 5～10mg/m^3。

上海上电漕泾发电有限公司 1000MW 机组在除尘器进口加装烟气余热利用换热器后，烟气温度从 123℃降低到约 105℃，静电除尘器效率从 99.81%提高到了 99.87%，出口排放浓度从 21.57mg/m^3 降低到 14.29mg/m^3（标准状态下），上述设备投运 1 年多，运行良好。

6-32 **什么是低低温静电除尘技术？**

答：低低温静电除尘技术是指在静电除尘器前增设低温省煤器以使除尘器入口处烟气温度降至 90～100℃的低低温状态。低低温静电除尘器入口烟气温度主要依据烟气酸露点确定，较低的漏风率可有效减轻静电除尘器本体的腐蚀。低低温静电除尘技术是实现燃煤电厂节能排放的有效技术之一，其主要优点包括：

（1）除尘效率提高：烟气温度降低，飞灰比电阻相应降低至 $10^8\sim10^{11}\Omega\cdot$cm，同时除尘器入口烟气流量减少，除尘效率得到提高。

（2）捕捉细微颗粒：除尘器入口烟气温度降低，烟气中部分 SO_x、HCl、水蒸气等将凝结被吸附在飞灰颗粒表面并形成液膜。飞灰表面含 S、Cl 成分液膜的形成，一方面增大了飞灰表面的电导性，有助于飞灰比电阻的进一步降低；另一方面也使飞灰颗粒的黏性增加，从而使一部分细微飞灰颗粒团聚为粗颗粒，从而更容易被除尘器捕获。

低低温静电除尘技术在国际范围内已获得成熟应用，我国华能国际电力股份有限公司长兴电厂、华能北京热电有限责任公司、国华三河发电有限责任公司等超低排放燃煤机组也采用了此项技术。根据燃用神府东胜煤的国华三河发电有限责任公司实际运行数据，350MW 亚临界锅炉加装低温省煤器后，机组额定工况下的静电除尘器效率提高至 99.91%，静电除尘器出口处烟尘排放浓度由 17mg/m^3 降至 11.68mg/m^3。

6-33 低低温静电除尘器应用时的注意事项有哪些？

答：加装烟气冷却器后，在静电除尘器运行中，粉尘性质发生了很大改变，由此产生了一些与常规静电除尘器不同的问题，需要注意以下问题：

（1）静电除尘器漏风：静电除尘器改造时，应对静电除尘器的密封性进行细致检查，在容易漏风而又无法做保温的地方（如人孔门等）进行防腐。

（2）二次扬尘：由于飞灰比电阻大大降低，粉尘附着力降低，常规振打时二次扬尘会加剧，因此需要改变常规的振打制度，使其更适应低附着力的粉尘。

（3）电控方式：由于粉尘比电阻发生了较大变化，静电除尘器电控设备的控制方式和运行参数均需调整。

（4）灰斗堵灰：由于 SO_3 黏附在粉尘上并被碱性物质吸收中和，收集下来的灰的流动性变差，需防止输灰管道堵塞，从长远考虑，必要时建议低温改造后对静电除尘器进行如下改进措施：

1）保温厚度加大；

2）增大电加热功率；

3）对灰斗内壁一半以上内贴不锈钢板；

4）加大灰斗倾斜角度。

6-34 简述布袋除尘器的工作原理。

答：布袋除尘器为过滤式除尘器，含尘气流均匀地进入到布袋除尘器的各室，经滤袋过滤后，灰尘黏附在滤袋的外表面。随着灰尘黏附厚度的增加，滤袋内外差压达到预先设定值时，脉冲清灰系统启动，对滤袋依次进行清灰，粉尘落入灰斗。被过滤后净烟气由滤袋内部经净气室、引风机、烟囱排入大气，布袋除尘器的工作过程示意图见图 6-12。

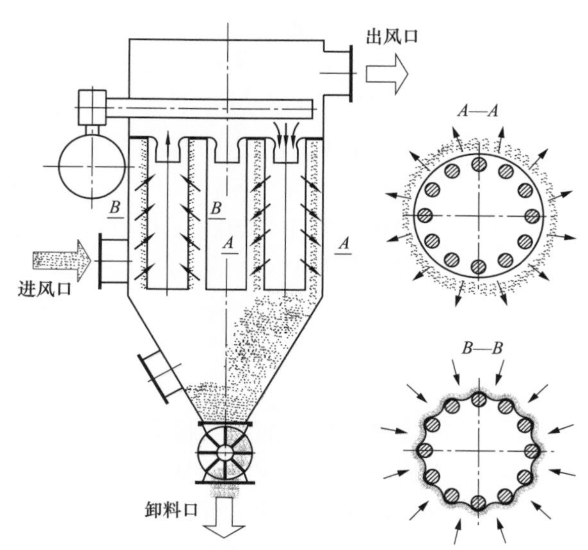

图 6-12 布袋除尘器的工作过程示意图

6-35 什么是电袋除尘器？

答：电袋除尘器的工作原理是在一个箱

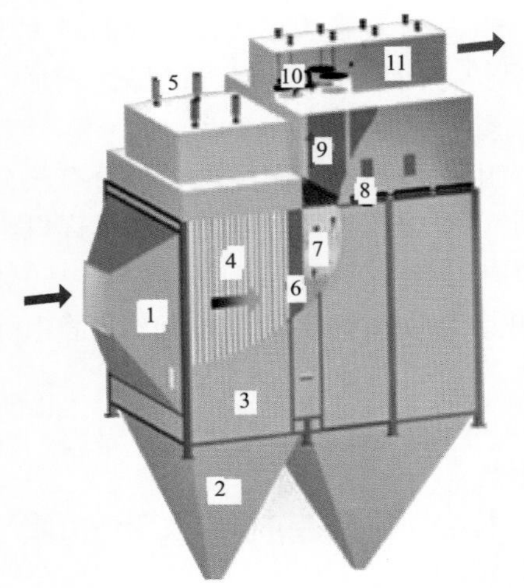

图 6-13 电袋除尘器的结构示意图
1—进口喇叭；2—灰斗；3—壳体；4—电场区；5—振打装置；6—导流装置；7—滤袋区；8—清灰系统；9—进气室；10—提升阀；11—出风烟箱

体内紧凑安装电场区和滤袋区，电场区利用高压电场去除大部分烟尘颗粒，而后利用烟气滤袋收集带有电荷但未被静电除尘区域收集的微细粉尘，电袋除尘器的结构示意图见图 6-13。

电袋除尘器除尘效率高于常规静电除尘器，但电袋除尘器安装后会导致烟道阻力增高，电耗增加，影响风机正常运行，且滤袋还存在寿命短、运行维护费用高、废旧滤袋无有效回收处理方法等问题。

2015 年 2 月，广东省粤电集团有限公司沙角 C 电厂全国首个 660MW 机组超净电袋除尘器成功投运，电袋除尘器出口烟尘质量浓度为 3.7mg/m^3，脱硫出口为 2.66mg/m^3，实现了没有湿式静电除尘器也可实现烟尘超低排放的目标。

6-36 什么是凝并复合除尘技术？

答： 由于静电除尘器、布袋除尘器等传统的除尘技术难以控制超细颗粒物的排放，因而衍生出了超细颗粒物凝并促进技术，目前主要有声凝并、电凝并、磁凝并、热凝并、湍流边界层凝并、光凝并和化学凝并。凝并复合除尘技术就是在常规除尘器之前加上一个凝并器，使较小颗粒凝并成较大的颗粒，以达到常规除尘器的高效除尘范围。

6-37 简述除尘系统的节能优化控制技术及电耗控制目标。

答： 由于机组工况条件、设计、施工、运行、设备质量等方面原因，目前静电除尘多存在运行能耗偏高、设备运行控制方式不合理、烟尘排放波动大等问题。通过将高效静电除尘器（电袋复合除尘器）+湿法脱硫+湿式静电除尘器建立联合智能自动控制系统，实时调整除尘系统运行在科学合理的状态区间，系统运行能耗可降低 20%～40%，厂用电率降低在 0.2%以上，实现烟尘协同治理节能优化自动控制技术，已经在部分电厂除尘系统中实现应用。

对不同等级机组除尘系统运行能耗建议控制目标如下：

（1）300MW 级机组除尘系统运行电耗不大于 660kWh/h，厂用电率不大于 0.22%。

（2）600MW 级机组除尘系统运行电耗不大于 1200kWh/h，厂用电率不大于 0.20%。

（3）1000MW 级机组除尘系统运行电耗不大于 1800kWh/h，厂用电率不大于 0.18%。

6-38 简述除尘技术的发展趋势。

答： 除尘技术未来发展趋势逐步转向多污染物协同治理、智能优化控制、提高系统可靠稳定性、精细化提质增效等方面，具体如下：

（1）精细化提效技术。该技术是除尘技术未来的发展趋势之一。该技术主要包括高灰煤超低排放技术、SO_3、$PM_{2.5}$、气溶胶、汞等多种污染物协同脱除技术；从“粗放”向“效能”

转型，主要包括节能降耗技术改造和运行优化技术；从传统行业向相关行业延伸，主要包括非电行业、生物质发电、工业锅炉等。

（2）多煤种、宽负荷、变工况的超低排放技术。现投运的超低排放机组多燃用优质煤，但仍有较多燃用劣质煤的电厂；同时大部分煤电机组利用小时数持续下降，许多机组在低负荷下持续运行，因此除尘系统在多煤种、宽负荷、变工况下实现超低排放的优化运行技术需要进一步研究。

（3）节能降耗的除尘技术。进一步挖掘各种除尘器潜力，开发基于超低排放技术下的降耗技术、节水型湿式静电除尘技术。在协同控制方面，除尘器与脱硫、脱硝设备间的协同控制将进一步发展。

（4）除尘电源技术。该技术是静电除尘设备提效、节能、降耗的关键点之一。继续研究新型供电电源与静电除尘优化配合技术，以实现节能减排目标。等离子体电源应用于静电除尘脱硫脱硝一体化工艺的研发进展值得关注。

（5）智能化技术。充分利用互联网大数据对静电除尘技术数据进行总结与模拟，科学地优化系统运行。

6-39 燃煤电厂锅炉常见的 SO_2 控制方法有哪些？

答：随着超低排放标准的提出，脱硫技术的发展步入了超低排放阶段，国内在引进消化吸收及自主创新的基础上形成了多个技术方向的系列超低排放控制技术。为降低锅炉 SO_2 排放浓度，常见的 SO_2 控制方法主要包括：

（1）燃烧前脱硫：主要指选煤，煤气化、液化和水煤浆技术。

（2）燃烧中脱硫：主要指炉膛内喷钙（循环流化床锅炉）燃烧技术。

（3）烟气脱硫技术：烟气脱硫技术主要分为干法/半干法和湿法烟气脱硫两类。

1）石灰石-石膏湿法烟气脱硫；

2）氧化镁法烟气脱硫（湿法）；

3）湿式氨法烟气脱硫；

4）循环流化床半干法烟气脱硫；

5）海水烟气脱硫（湿法）；

6）活性焦烟气脱硫（干法）。

湿法烟气脱硫技术在工程上得到了广泛应用，其中又以石灰石-石膏湿法为主导，在大型电站煤粉锅炉中占比在90%以上。近年来，随着国家环保标准的提高，传统的湿法工艺已无法满足 $35mg/m^3$ 的排放限值，基于此，通常将湿法脱硫技术和其他脱硫工艺联合使用，进而保证 SO_2 的达标排放。

6-40 简述石灰石-石膏湿法烟气脱硫的基本原理。

答：石灰石-石膏湿法烟气脱硫的基本原理为进入吸收塔烟气中的 SO_2 被吸收而成为 H_2SO_3，此时 H_2SO_3 被离解为 H^+ 及 HSO_3^-，其中一部分 HSO_3^- 被烟气中的 O_2 氧化成 H_2SO_4，再和浆液的 $CaCO_3$ 反应生成 $CaSO_4 \cdot 2H_2O$（即石膏）；另一部分 HSO_3^- 在吸收塔储槽中被空气氧化为 H_2SO_4，再和原料中的 $CaCO_3$ 中和，形成 $CaSO_4 \cdot 2H_2O$（沉淀）。该工艺适用于各含硫水平的煤种，钙硫摩尔比在1.5左右，脱硫效率可达95%以上，对 SO_2 浓度低于 $12000mg/m^3$

的燃煤烟气均可实现达标排放。此技术还可以部分去除烟气中的 SO_3、颗粒物和重金属。随着燃煤电厂污染物超低排放的全面实施，湿法脱硫协同高效除尘已成为超低排放技术路线的重要组成部分。

6-41 石灰石-石膏湿法烟气脱硫的优点有哪些？

答：石灰石-石膏湿法烟气脱硫工艺是技术最成熟、应用最广泛的烟气脱硫技术，我国 90%左右的电厂的烟气脱硫装置都是采用该工艺。根据采用的脱硫剂不同，可以分成石灰石-石膏法和石灰-石膏法，分别采用石灰石和石灰作为脱硫吸收剂。由于石灰由石灰石煅烧而来，石灰石的成本要比石灰低得多，因此采用该工艺的绝大部分脱硫装置都采用石灰石作为吸收剂。石灰石-石膏湿法烟气脱硫技术的优势明显，主要包括：

（1）应用最广泛，技术最成熟，具有最多的工程案例。

（2）吸收剂来源广泛，价格低廉。

（3）脱硫效率高，通过优化设计可以达到 99%甚至更高的脱硫效率。

（4）系统可靠性和适应性强，可用率一般可以达到 98%以上。

（5）对锅炉负荷有较强的适应性。

（6）系统自动化程度高，运行时间长，运行经验丰富。

6-42 石灰石-石膏湿法烟气脱硫的缺点有哪些？

答：石灰石-石膏湿法烟气脱硫的缺点：

（1）水耗高：在缺水地区的应用受到一定限制。

（2）吸收剂品质：石灰石（粉）的品质对脱硫效率有明显影响，为保证脱硫效率，一般对石灰石（粉）的纯度等品质要求较高。石灰石浆液的供应可以采取两种方式：一是采购一定粒径的石灰石，通过厂内磨煤机系统制备，其流程比较复杂，包括石灰石的运输、储存、破碎、磨制和石灰石浆液的输送、分离、储存等，将增加脱硫系统的复杂性、设备投资、运行成本和占地面积；二是市场采购石灰石粉，这种方式可以简化脱硫系统、节省一次投资，但运行成本比前者更高，而且石灰石粉的品质难以保证，从而影响脱硫效率，同时也存在一定的粉尘污染。

（3）湿烟囱防腐：湿法脱硫排放的烟气为 50℃左右的低温饱和湿烟气，必须对烟囱进行高等级防腐。

（4）“石膏雨”问题：湿法脱硫由于排烟温度低，加之携带的液滴和粉尘，经常在电厂周边出现“石膏雨”问题。

6-43 简述氧化镁法烟气脱硫技术的特点。

答：氧化镁法烟气脱硫技术是一种成熟度仅次于石灰石-石膏湿法烟气脱硫的工艺。在化学反应活性方面，氧化镁要远远大于钙基脱硫剂，并且由于氧化镁的分子量较碳酸钙和氧化钙小。因此在其他条件相同的情况下，氧化镁法的脱硫效率高于石灰石-石膏湿法。

氧化镁的脱硫机理与氧化钙的脱硫机理相似，都是碱性氧化物与水反应生成氢氧化物，再与二氧化硫溶于水生成的亚硫酸溶液进行酸碱中和反应，氧化镁反应生成的亚硫酸镁和硫酸镁再经过回收 SO_2 后进行重复利用或者将其强制氧化全部转化成硫酸盐制成七水硫酸镁。

6-44 简述氧化镁法烟气脱硫技术的原理。

答：原理如下：

（1）MgO 熟化反应在熟化器中进行，通过反应将制成的 Mg（OH）$_2$ 浆液作为脱硫剂：

$$MgO+H_2O \longrightarrow Mg(OH)_2$$

（2）喷淋吸收塔内 SO_2 气体和少量 SO_3 气体与 Mg（OH）$_2$ 进行吸收反应：

$$Mg(OH)_2+SO_2+2H_2O \longrightarrow MgSO_3 \cdot 3H_2O\downarrow$$

$$Mg(OH)_2+SO_2+5H_2O \longrightarrow MgSO_3 \cdot 6H_2O\downarrow$$

$$Mg(OH)_2+SO_3+6H_2O \longrightarrow MgSO_4 \cdot 7H_2O$$

循环浆液中的 $MgSO_3$ 在酸性条件下与 SO_2 进一步反应：

$$SO_2+MgSO_3 \cdot 3H_2O \longrightarrow Mg(HSO_3)_2+2H_2O$$

$$SO_2+MgSO_3 \cdot 6H_2O \longrightarrow Mg(HSO_3)_2+5H_2O$$

浆液中的 Mg（OH）$_2$ 又与 Mg（HSO_3）$_2$ 反应：

$$Mg(OH)_2+Mg(HSO_3)_2+4H_2O \longrightarrow 2MgSO_3 \cdot 6H_2O\downarrow$$

$$Mg(OH)_2+Mg(HSO_3)_2+H_2O \longrightarrow 2MgSO_3 \cdot 3H_2O\downarrow$$

（3）氧化反应：

$$MgSO_3+1/2O_2 \longrightarrow MgSO_4$$

因此，脱硫反应的直接副产物是三水和六水的 $MgSO_3$，而由于烟气中存在 O_2，在一定条件下将 $MgSO_3$ 氧化成 $MgSO_4$。$MgSO_4$ 主要为七水结晶水形态，溶解度约为 30%。从吸收塔排出的 $MgSO_4$ 浆液经浓缩、脱水，使其含水量小于 10%，用输送机送至 $MgSO_4$ 储藏罐暂时存放，按副产物的使用情况用密封罐车运走。氧化镁法烟气脱硫技术的最大问题是脱硫副产物能否真正实现循环利用，否则将使运行成本大幅度增加。

6-45 简述循环流化床半干法烟气脱硫的原理。

答：循环流化床半干法烟气脱硫工艺是近几年国际上新兴的较为先进的烟气脱硫技术，具有投资相对较低的优点。该工艺是以循环流化床为原理，通过物料在流化床内的内循环和高倍率的外循环，使得吸收剂与 SO_2 之间发生强烈的传热传质。由于固体物料在床内的停留时间为 30～60min，且运行温度可降至露点附近，从而大大提高了吸收剂的利用率和脱硫率。

循环流化床半干法烟气脱硫工艺主要由吸收剂制备系统、吸收塔系统、吸收剂再循环系统、烟气及除尘器系统、副产品处置系统和仪表控制系统等组成。该工艺一般采用干态的消石灰粉［Ca（OH）$_2$］和生石灰［CaO］作为吸收剂。该工艺产生的脱硫副产品呈干粉状，其化学组成与喷雾干燥工艺的副产品相类似，主要是 $CaSO_3$、$CaSO_4$ 以及未完全反应的吸收剂 Ca（OH）$_2$、CaO 等。

6-46 循环流化床半干法烟气脱硫的优缺点有哪些？

答：循环流化床半干法烟气脱硫工艺适合于燃用中低硫煤的中小型机组，具有系统简单、造价较低、运行可靠、占地面积小等优点，缺点主要包括：

（1）脱硫效率偏低：可以达到 90%以上的脱硫效率，但很难达到 95%以上的脱硫效率。

（2）吸收剂成本高：吸收剂耗量大，运行经济压力大。

（3）钙硫摩尔比高，吸收剂利用率低：半干法的气固反应不彻底，导致吸收剂的利用率不高，半干法的钙硫摩尔比一般在 1.5 以上。

（4）负荷适应性小：半干法脱硫塔要求一定的进气量才能将塔内的物料床层有效流化，在机组低负荷时，必须将一定量的净烟气返回到塔入口来保持床层的稳定，造成不必要的能源浪费。

（5）大宗利用途径受限：由于副产物中含有较多的 $CaSO_3$，导致产物性质稳定性不佳，缺乏有效的大宗利用途径。

（6）水耗较高：虽然半干法的水耗不及湿法那么大，但依然需要喷水将塔内烟气温度降低到 70～80℃才能有效脱硫。

6-47 简述海水烟气脱硫的原理及优缺点。

答：天然海水中含有大量的可溶性盐类，其主要成分是氯化物（约占 80%）和硫酸盐（约占 10%），此外还含有一定量的可溶性碳酸盐及重碳酸盐（两者约占 0.3%），天然海水的 pH 值为 7.5～8.5、甲基橙碱度为 1.2～2.5mmol/L，因此，海水具有天然的酸碱缓冲能力及吸收酸性气体的能力，是一种天然碱资源及脱硫剂。

海水脱硫的原理就是利用海水的天然碱度（即海水中 HCO_3^-）吸收烟气中的 SO_2。烟气中 SO_2 被海水吸收后，转化为 HSO_3^-和 SO_3^{2-}等形态，统称为四价硫：S（IV）。HSO_3^-电离所产成的 H^+与海水中的 HCO_3^-中和反应生成 CO_2 和 H_2O，这就使得海水具有一定的 SO_2 吸收容量。海水的平均盐度为 3.5%，具有较高的离子强度。脱硫过程中，海水的高离子强度有利于 S（IV）离子化的稳定，这就加强了海水的电离，利于 SO_3^{2-}和 HCO_3^-的生成，可以促进 SO_2 在液相的吸收。

海水烟气脱硫的优点：

（1）海水烟气脱硫是目前唯一一种不需要添加任何化学药剂的工艺，也不产生固体废弃物。

（2）脱硫效率大于 98%。

（3）运行稳定，系统可用率高达 100%。

（4）经济性好，运行及维护费用较低。

（5）压力损失小，一般在 0.98～2.16kPa。

（6）结构简单，操作简便，易于实现自动化。

海水烟气脱硫的缺点：

（1）受地域限制：仅适用于有丰富海水资源的工程，特别适用于海水作循环冷却水的火电厂。

（2）用于脱硫的海水碱度、pH 和盐度等水质指标要求较高。

（3）只适用于燃用中低硫煤的电厂，对燃用高硫煤的电厂脱硫成本将显著增加。

（4）需要采取专门的防腐设计，妥善解决吸收塔内部、吸收塔排水管沟及其后部烟道、烟囱、曝气池和曝气装置的防腐问题。

6-48 简述喷雾干燥工艺脱硫的基本原理及特点。

答：喷雾干燥工艺脱硫的基本原理：用碱性吸收剂的悬浮液或溶液通过高速旋转雾化器

雾化成细小的雾滴喷入吸收塔中，并在塔中与经气流分布器导入的热烟气接触，水蒸气和碱性吸收液在湿干两种状态下同 SO_2 反应，干燥产物则在气液后侧用除尘器除去。

喷雾干燥工艺脱硫是一种半干法烟气脱硫技术，适于低硫煤，脱硫效率可达 50%～60%，由于脱硫效率低，目前在火电厂的应用较少。其主要缺点是利用消石灰乳作为吸收剂，系统易结垢和堵塞，而且需要专门设备进行吸收剂的制备，因而投资费用偏大；脱硫效率和吸收剂利用率也不如石灰石-石膏湿法高。

6-49 简述烟气循环流化床脱硫工艺的特点。

答： 烟气循环流化床脱硫工艺（CFB2FGD）常采用消石灰作为吸收剂，其脱硫原理与喷雾干燥法类似。来自空气预热器的烟气通过循环流化床反应器的底部，向上与塔内的石灰反应，大量的反应产物与飞灰由烟气携带进入反应塔后部的预除尘器和静电除尘器，大部分固体物料返回流化床，最终的产物为干态的粉末状钙基混合物。与传统的石灰石-石膏湿法脱硫装置相比，CFB2FGD 具有系统简单，工程投资、维修和运行费用低，占地面积小等特点。该方法在钙硫摩尔比为 1.1～1.5 时，脱硫效率较高（90%～97%），适用于中低硫煤或炉膛内有脱硫的循环流化床机组，特别适合于缺水地区。吸收塔入口 SO_2 低于 3000mg/m^3 时，可达标排放；低于 1500mg/m^3 时，单独使用即可实现超低排放。

6-50 简述氨法脱硫工艺的特点。

答： 氨法脱硫原理是溶解于水中的氨和烟气接触时，与其中的 SO_2 发生反应生成亚硫酸氨，亚硫酸氨进一步与烟气中的 SO_2 发生反应生成亚硫酸氢铵，亚硫酸氢铵再与氨水发生反应生成亚硫酸氨，通过亚硫酸氰铵和亚硫酸氨不断的循环，以及连续补充的氨水，不断脱除烟气中的 SO_2，氨法脱硫最终的产品为硫酸铵，脱硫效率可达 98%以上。由于氨气的碱性强于石灰石，故氨法脱硫工艺可在较小的液气比条件下实现 98%以上的脱硫效率，加之采用空塔喷淋技术，系统运行能耗低，且不易结垢，也不产生废水。但此工艺对入口烟气含尘量要求较严，一般低于 35mg/m^3。氨法脱硫对煤中硫含量的适应性广，但考虑到经济可行性，该技术主要用于中高硫煤脱硫。氨法脱硫的副产品硫酸铵为重要的化肥原料，因此氨法脱硫是资源回收型工艺。由于以氨气、氨水为吸收剂，因此采用该工艺的电厂周边应有稳定氨来源。目前，电力行业采用氨法脱硫的装机总容量小于 2%，主要用于化工行业 100MW 以下的燃煤机组。

6-51 简述炉膛内喷钙加尾部增湿活化法（LIFAC）的原理。

答： 炉膛内喷钙加尾部增湿活化法脱硫工艺是在炉膛内喷钙脱硫工艺的基础上，在锅炉尾部增设了增湿段，以提高脱硫效率。该工艺多以石灰石粉为吸收剂，石灰石粉由气力喷入炉膛 850～1150℃温度区，石灰石受热分解为氧化钙，氧化钙与烟气中的 SO_2 反应生成亚硫酸钙。由于反应在气固两相之间进行，受到传质过程的影响，反应速度较慢，吸收剂利用率较低。在尾部增湿活化反应器内，增湿水以雾状喷入，与未反应的氧化钙接触生成氢氧化钙，进而与烟气中的 SO_2 反应。当钙硫摩尔比控制在 2.5 及以上时，系统脱硫率可达到 65%～80%。由于增湿水的加入使烟气温度下降，一般控制出口烟气温度高于露点温度 10～15℃，增湿水由于烟气温度加热被迅速蒸发，未反应的吸收剂、反应产物呈干燥态随烟气排出，被除尘器收集下来。

由于脱硫过程对吸收剂的利用率很低，脱硫副产物为以不稳定的亚硫酸钙为主的脱硫灰，副产物的综合利用受到一定的限制。

6-52 简述双塔串联脱硫技术的原理。

答：双塔串联脱硫技术是指在原有喷淋塔基础上新增一座喷淋塔，并将两座石灰石-石膏湿法喷淋塔串联运行，完成对烟气的两级处理。燃煤烟气经过一级塔脱除部分 SO_2，再经过二级塔对 SO_2 进行深度脱除，两次效果相叠加可使总的脱硫效率大于 98%。

该技术适用于对现有电厂脱硫系统的增效改造，改造期间原脱硫系统仍可正常运行，无需做任何变动。但是，双塔串联技术的缺陷在于装置占地面积大、系统复杂、初始投资高、脱硫系统阻力升高、引风机及脱硫增压风机运行能耗升高、连接烟道内存在大量积浆的可能性。

6-53 简述单塔双循环脱硫技术的原理。

答：石灰石-石膏湿法脱硫工艺中，SO_2 的脱除可分为 2 个阶段：首先，SO_2 与石灰石浆液反应生成 $CaSO_3$ 或 $CaHSO_3$，这一阶段，较高的浆液 pH 值有利于 SO_2 的吸收；而后，$CaSO_3$ 或 $CaHSO_3$ 被空气中 O_2 氧化，最终结晶生成 $CaSO_4 \cdot 5H_2O$，这一阶段发生的氧化结晶反应适宜在酸性条件下进行。而传统的石灰石-石膏湿法脱硫装置中，SO_2 的吸收与 $CaSO_3$、$CaHSO_3$ 的氧化在一级浆液循环中同时发生，为兼顾 2 个阶段的效率，现行脱硫循环浆液 pH 值一般选为 5.0～5.5。

针对这一缺点，单塔双循环技术将原有脱硫塔分为吸收区和氧化区 2 个区域：吸收区循环浆液 pH 值控制在 5.8～6.4，以保证较高的脱硫效率，而无需考虑 $CaSO_3$ 的氧化和石灰石溶解的彻底性，以及石膏结晶大小问题；氧化区循环浆液 pH 值控制在 4.5～5.3，以保证 $CaSO_3$、$CaHSO_3$ 的氧化和石灰石的充分溶解，以及充足的石膏结晶时间。氧化区浆液循环可减少烟气中烟尘、HCl 等的含量，有利于提高吸收区脱硫效率且两级浆液循环相互独立，对燃煤煤质变化及锅炉负荷波动适应性良好，适用于高硫煤的高效脱硫。

6-54 什么是单（双）托盘塔脱硫技术？

答：烟气与石灰石浆液均匀有效地接触可促进 SO_2 的脱除，而传统脱硫塔中，烟气由侧面进入塔内后截面流速分布不均匀，易形成涡流区，削弱了烟气与浆液的混合效果。美国巴威公司发明的托盘塔技术在传统脱硫塔喷淋区下部布置多孔合金托盘，对烟气进行整流，使烟气均匀通过脱硫塔喷淋区以强化烟气与浆液的接触，从而进一步提高脱硫效率。此外，当烟气向上通过托盘筛孔时，与从筛孔内向下流的浆液密切接触，同时托盘上保持一定高度的浆液泡沫层进一步增强了烟气与液相的碰撞接触，二者共同作用进一步增加 SO_2 脱除效率。

托盘塔脱硫技术存在的问题有：

（1）加装托盘导致脱硫系统的阻力上升，增加了脱硫运行能耗；

（2）为保证较高的脱硫效率，吸收塔浆液的 pH 值较高，使石膏结晶困难，含水率大大增加。

6-55 什么是单塔一体化脱硫除尘深度净化技术？

答：单塔一体化脱硫除尘深度净化技术（SPC-3D）由我国国电清新环保技术股份有限公司研发，该技术集高效旋汇耦合脱硫除尘技术、高效节能喷淋技术和离心管束式除尘技术于一体，可实现对燃煤电厂 SO_2、烟尘的一体化脱除。脱除过程中烟气首先通过旋汇耦合装置与浆液产生可控的湍流空间，使气液固三相充分接触混合，完成一级脱硫除尘，同时实现快速降温及烟气均布；其次，烟气继续经过高效喷淋装置，对 SO_2 粉尘进行二次脱除；最后，烟气进入管束式除尘除雾装置，在离心力作用下，雾滴和粉尘最终被壁面的液膜捕获，实现粉尘和雾滴的深度脱除。该技术具有单塔高效、能耗低、适应性强、工期短、占地小、操作简便等特点；可在一个吸收塔内同时实现脱硫、除尘，满足 SO_2 排放 35mg/m^3、烟尘排放 5mg/m^3 的超净排放要求。

6-56 什么是烟气脱硫的协同除尘技术？其前景如何？

答：GB 13223《火电厂大气污染物排放标准》较大幅度降低了燃煤电厂烟尘、SO_2、NO_x 等污染物的排放限值并首次提出重金属汞排放低于 0.03mg/m^3（标准状态下）的要求。现在燃煤电厂烟气污染物治理的技术从过去侧重于单一设备对单一污染物进行脱除发展为污染物整体协同治理，通过协调各烟气污染物脱除设备对主、辅污染物的脱除能力，充分提高各烟气治理设备的性能。在脱硫系统中，改变塔内件及与之相匹配的附属设备的设计选型，在脱硫系统后不设置湿式静电除尘器的情况下，即可协同除尘达到超低排放的目的，降低了建设及改造投资，实现环保系统的节能运行。

在湿法脱硫工艺中，吸收塔是核心设备，湿法脱硫工程能否成功，关键看吸收塔、塔内件及与之相匹配的附属设备的设计选型是否合理可靠。在脱硫工程中，运行阻力小、操作方便可靠的吸收塔和塔内件的布置形式，将具有较大的发展前景。因此，塔内件的选取是脱硫塔的最关键环节，塔内件的设计与布置一直是高效脱硫与除尘的重要研究方向。

常规喷淋空塔结构简单可靠，但由于气流分布不均等因素的影响，脱硫和除尘效率较低，无法满足超低排放要求。通过设置高效的塔内气液分布装置（如托盘、双托盘、增效环、多级湍流强化装置、旋回耦合装置等）、高效喷口、增效环、高效除雾器、优化布置喷淋层及喷口、采用合理的氧化空气分布设备及吸收塔浆液悬浮技术等可实现高效脱硫协同除尘。目前协同除尘的主要技术有：

（1）多级湍流高效脱硫协同除尘一体化技术；

（2）旋汇耦合+管束式除尘器技术。

6-57 什么是多级湍流高效脱硫协同除尘一体化技术？

答：多级湍流高效脱硫协同除尘一体化技术是通过在吸收塔内设置多级湍流强化装置和多重导向拦截除雾器来实现高效脱硫协同除尘，多级湍流强化装置将高、低位湍流强化装置分开布置在喷淋层之间，介入脱硫浆液在吸收区的渐变过程，实现高、低位湍流强化装置上浆液 pH 值的分区控制，增大吸收反应末端 SO_2 传质浓度梯度，并对吸收塔流场的分级进行多次整流，显著提高塔内气液流场的均布度。多重导向拦截除雾器通过特殊设计的多重导向分离，多次定向改变气流流向，使气流中的液滴撞击叶片壁面的概率增加，提高叶片的气液分离效率；通过设置多重拦截“排液”槽，将被叶片壁面捕捉的液滴及时排出叶片通道，避免液滴被大量聚集而形成“二次携带”现象。

6-58 简述旋汇耦合+管束式除尘器技术的原理。

答：旋汇耦合+管束式除尘器技术是通过在吸收塔内设置旋汇耦合装置和管束式除尘器实现高效脱硫协同除尘的。旋汇耦合装置的运行工作过程：高温烟气从吸收塔烟气入口进入，经过旋汇耦合除硫除尘装置提高烟气流速并在湍流叶片的导向作用下形成旋转上升的气流，经导流部件与上部浆液喷淋装置喷淋下来的脱硫浆液逆向充分接触，形成强大的湍流空间，迅速反应，高效脱除 SO_2、灰尘等污染物，实现烟气的高效净化。管束式除尘器是利用湿法脱硫系统饱和净烟气中含有大量的雾滴条件，利用液滴与尘、雾滴与雾滴之间的碰撞、凝并成为较大颗粒，再利用离心力作用实现对浆液滴、尘与气相的分离。

6-59 什么是重金属控制技术？

答：煤是一种由多种有机化合物和无机矿物质混合成的十分复杂的固体碳氢燃料，其中包括多种重金属元素，主要指生物毒性显著的 Hg、Cd、Pb、Cr 和类金属 As 等，以及具有一定毒性的一般重金属，如 Zn、Cu、Co、Ni、Sn 等。煤燃烧后，许多重金属元素富集在亚微米级颗粒表面，一部分重金属随着烟气排入大气中，一部分随灰渣排入土壤和河流，造成了污染。目前，我国火电厂大气污染物排放标准仅对汞及其化合物限值做了不高于 0.03mg/m^3 的规定，其他暂无要求。

6-60 燃煤电厂汞排放的来源有哪些？

答：人类的工业化活动加剧了汞向大气的排放和循环的强度及速度，50%～70%的汞排放源于人类活动。尽管不同组织和研究者得出的数据不尽相同，但是一致认为燃煤电厂是全球最大的单一人为汞排放源，煤中汞在燃烧过程中的可能转化途径见图 6-14。

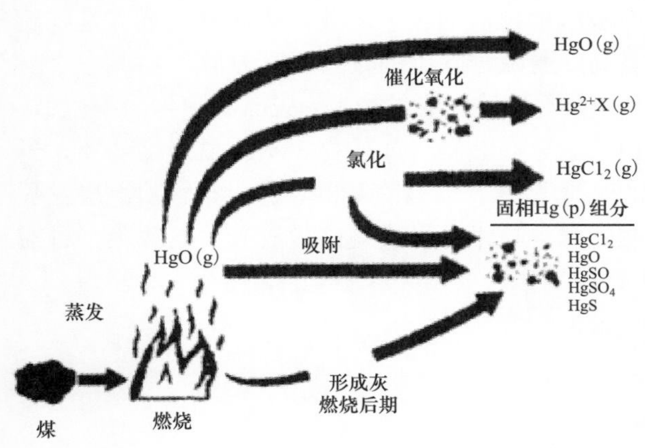

图 6-14 煤中汞在燃烧过程中的可能转化途径

6-61 燃煤电厂汞排放的影响因素有哪些？

答：无论煤中汞以何种形态存在，在燃烧分解过程中都会形成 HgO，燃煤电厂烟气中不同形态汞的形成过程复杂，影响因素主要包括：

（1）锅炉结构。

（2）煤种。

（3）燃烧气氛。

（4）传热和冷却速率。

（5）低温下的停留时间。

（6）污染物脱除装置。

（7）运行参数，如锅炉负荷、过量空气系数、吹灰方式等。

6-62 简述燃煤电厂汞的转化特点。

答：化学热力学平衡计算表明，烟气温度冷却时，几乎所有的单质汞都转化为氧化态汞，但是对实际锅炉的测量结果却表明，汞的氧化率在 0～100%变化，这表明单质汞向氧化态汞的转化受到了动力学控制。大量电站锅炉的汞形态测试表明，烟气中较高的汞氧化率和燃煤中较高的氯含量有很强的相关性，暗示了氯化反应时主导的汞氧化机理。

燃煤烟气中的汞通过均相反应的氯化是燃煤烟气中汞氧化的重要机理。气相 Hg^0 能与几种含氯氧化剂反应，包括 Cl_2、HCl 和自由基。汞的氯化主要在 400～700℃的与 Cl 自由基的反应完成。在这个温度范围内通常会产生大量的 Cl 自由基。因为能垒低，Hg+Cl 的基元反应比 Hg+HCl 的反应快得多。反应通过生成中间产物 HgCl 进行，HgCl 随后被 HCl、Cl_2 或 Cl 自由基氯化而生成 $HgCl_2$。

除了 Cl_2 和 HCl，烟气中其他成分也会影响汞的氧化。氧气是汞的弱氧化剂。水蒸气、SO_2 和 CO_2 能抑制汞的氧化。SO_2 并不直接和汞反应，但是其能通过 $Cl_2+SO_2+2H_2O \longrightarrow 2HCl+H_2SO_4$ 反应使汞与氯的反应减慢。NO_2 是一种汞的氧化剂，但是比 Cl 物种的氧化能力要弱很多。NO 既可能促进也可能抑制汞的氧化，取决于其在氧气中的浓度。在烟气激冷时，NO 存在时，汞氧化程度提高；NO 不存在，汞氧化程度下降。

6-63 燃煤电厂烟气中汞的排放形态有哪些？

答：不管煤中汞以何种形态存在，在燃烧的高温下都将挥发出来，并转化成气态单质汞。当燃煤烟气冷却时，单质汞会在合适的条件下氧化，其中一部分汞会吸附到飞灰表面。这样，煤燃烧尾部烟气中就有三种汞的形态存在：

（1）气相单质汞：零价汞容易穿透传统的大气污染控制设备并释放进入大气环境，具有长达 0.5～2 年的生命周期，成为一种全球性的污染物。

（2）气相氧化态汞：二价汞是水溶性的，易于被湿式洗涤器捕集。

（3）颗粒态汞：颗粒态汞很容易被颗粒物控制装置（如静电除尘器和布袋除尘器）捕集。

6-64 什么是燃煤电厂汞排放控制技术？

答：脱除汞的有效性取决于汞的形态分布，即烟气中汞以何种形式存在，而烟气中汞的形态分布与飞灰成分、温度、烟气成分（如氯化物、SO_x、NO_x）等的影响有很大关系。目前烟气汞的治理方法大致可分为：

（1）燃烧前脱汞：燃烧前脱汞的主要手段是改进煤的洗选技术。

（2）燃烧后脱汞：

1）利用一些吸收剂（包括气相添加剂）来吸附汞，如活性炭类、飞灰、钙基类、沸石等固体吸收剂。

2）改进燃煤电厂现有的大气污染物控制设备。

3）开发新的汞污染控制技术，如电晕放电等离子体技术、臭氧氧化多脱技术等。

4）汞形态转化：利用添加剂（如强氧化剂 Br_2、Cl_2 和 O_3 等）和催化剂，将 Hg^0 转化为二价汞后进一步脱除。

6-65 吸附剂吸附法脱汞的分类有哪些？

答：吸附剂吸附法主要是通过活性炭以及其他吸附剂的吸附作用来除去烟气中的汞。吸附剂吸附法大致有以下几种：

（1）活性炭吸附法。

（2）飞灰吸附法。

（3）基于钙类物质的吸附剂吸附法。

（4）基于矿石类物质的吸附剂吸附法。

（5）基于钛类物质的吸附剂催化吸附法。

（6）基于贵重金属类物质的吸附剂吸附法。

6-66 简述活性炭等吸附剂吸附法脱汞技术的原理。

答：利用活性炭或者其他吸附剂除去烟气中的汞可以通过以下两种方式：

（1）在颗粒脱除装置前喷入粉末状活性炭，吸附了汞的活性炭颗粒经过除尘器时被除去。

（2）将烟气通过活性炭固定吸附床。

垃圾焚烧锅炉为控制重金属汞的排放很早就采用了活性炭吸附和布袋除尘技术，选择合适的碳汞（C/Hg）比例，可以获得90%以上的除汞效率。对于燃煤电站锅炉的烟气除汞，适当增加碳汞（C/Hg）比例，除汞效率可以达到30%以上。另外，运用化学方法将活性炭表面渗入硫、氯、碘等元素，增强活性炭的活性，使汞在活性炭表面形成络合物而被化学吸附，且这些元素与汞之间生成的稳定的化合物能防止活性炭表面的汞再次蒸发逸出。

6-67 简述洗选煤脱汞技术的原理。

答：在煤进入锅炉燃烧之前，煤的常规选洗过程也有助于减少汞的排放。利用传统的物理洗煤技术，如利用相对密度不同分离杂质的跳汰技术、重介质分流技术和旋流器等，还有利用表面物理、化学性质不同的浮选煤技术、油絮凝技术等，都是有效控制煤粉燃烧过程中重金属汞生成的方法，在洗选煤的过程中可以除去原煤中的一部分汞。

6-68 什么是常规污染物控制装置脱汞技术？

答：美国GE能源公司研究的再燃技术和分级燃烧技术在汞脱除中得以应用。在实验设备和锅炉上通过改变煤的再燃量和燃尽风来改变飞灰中的含碳量，利用未燃碳对汞进行捕集。研究表明烧失量为5%、静电除尘器温度为150℃时，汞脱除率达到最大值。继续提高烧失量不能得到更高的汞脱除率。该方法无需添加新设备，但是脱汞效率较低，且提高了飞灰可燃物，降低了燃烧效率，同时降低了飞灰的品质和利用价值。

在美国，90%以上的电站锅炉采用静电除尘；在中国，95%以上的电站锅炉采用静电除尘。其他的控制设备包括用于颗粒物控制的布袋除尘器、旋风除尘器和洗涤器，用于NO_x控制的脱硝系统（低氮燃烧器、SCR和SNCR），用于脱硫的湿式或干式烟气脱硫系统。这些设备除了控制其他污染物的排放，还能影响汞的形态和捕集。利用这些已有的大气污染物控制设备来脱除汞，可以大大降低汞污染控制费用。

6-69 什么是利用脱 NO_x 设备的脱汞技术？

答：燃煤电厂脱除烟气中的 NO_x 主要采取 SCR 和 SNCR 系统进行，有关研究发现脱硝系统在降低 NO_x 含量的同时，也能提高系统中氧化态汞所占的比重，从而有利于汞在下游的除尘、脱硫装置中的脱除。一些机构及研究者在中试设备及大型燃煤电厂上进行了多煤种的燃烧试验，评估了脱硝工艺（主要是 SCR）对汞氧化的能力。研究发现，SCR 工艺提高汞的氧化和捕集的效果受煤种、运行参数和催化剂类型影响很大。SNCR 工艺中喷入烟道中的氨和尿素对提高汞的氧化没有显著作用。在 SCR 系统中喷氨对汞的氧化有抑制作用。其中煤种的影响尤其显著，通常烟煤比低阶煤中氯含量高，因此烟煤比低阶烟煤、褐煤的汞的氧化程度要高，脱除效果更好。

6-70 简述利用除尘器脱汞的技术特点。

答：目前电厂烟气除尘以静电除尘器为主，同时可去除烟气中以颗粒态形式存在的固相汞。汞的脱除率取决于两点因素：

（1）颗粒态汞的比例越高，汞的脱除效率可能越高。

（2）当汞存在于大颗粒中而不是亚微米颗粒物等小颗粒中时，汞的脱除效率高。除尘对亚微米颗粒物的脱除效率较低，特别是对粒径存在于中间模态的颗粒物。

布袋除尘器能有效脱除富集了大量汞的细颗粒，主要原理是烟气以较低的流速通过布袋的滤料，粉尘在滤料表面形成滤饼，这层滤饼可以强化汞在飞灰上的吸附，并为单质汞的多相氧化提供催化介质。因此布袋除尘器在脱除烟气中的汞时有很大潜力。众多现场测试数据发现，布袋除尘器比静电除尘器脱汞潜力大。

6-71 什么是利用脱硫设备的脱汞技术？

答：烟气中的汞化合物大部分为 $HgCl_2$，溶于水，湿法脱硫系统可通过溶解烟气中的二价汞将其捕捉，烟气中剩余的部分零价汞和部分二价汞在经过湿式除尘器时被除去。湿法脱硫装置可以将烟气中 80%～95%的二价汞脱除，但对于不溶于水的零价汞捕捉效果不明显。通过改进湿法脱硫装置的处理过程，如利用催化剂将烟气中的零价汞转化为二价汞，当烟气中的汞主要以二价汞的形式存在时，湿法脱硫装置的除汞效率会大大提高。

6-72 简述多污染物控制技术的原理。

答：煤在锅炉燃烧后产生的主要污染物包括粉尘、$PM_{2.5}$、SO_2、NO_x、SO_3 等。多污染物协同控制技术主要包括控煤与污染物脱除的协同、低氮燃烧与烟气脱硝的协同、除尘器与湿法脱硫塔的协调和锅炉烟气系统一体化等技术，具体如下：

（1）控煤与污染物脱除的协同技术：其技术关键是将使用劣质煤而需要投入环保设备建设及设备运行成本和控制煤质所增加的成本进行对比，然后确定煤质波动的适当范围，从而确定该协同技术的使用。

（2）低氮燃烧与烟气脱硝的协同技术：该技术的关键是低氮燃烧技术，可以从源头控制 NO_x 的产生，然后综合考虑烟气脱硝技术的建设与运行成本，结合两种技术的成本对比，对协同技术进行优化。

（3）除尘器与湿法脱硫塔的协同技术：该技术主要功能是提高除尘效率，然后再利用湿式静电除尘器或者低温烟气系统技术来满足不同排放要求。

（4）锅炉烟气系统一体化技术：该技术的重点是从整体上优化设计尾部烟道，提高整个锅炉烟气的处理效率。

6-73　燃煤电厂常见的温室气体排放控制方法有哪些？

答： 目前，我国的能源消费结构以煤炭为主，煤炭的比重一直占总能源消费的65%以上，同石油、天然气相比，单位热量燃煤产生的CO_2排放量比石油、天然气分别高出36%和61%左右。我国CO_2排放量的71%来自燃煤，并且我国以煤炭为主的能源消费结构在相当长的一段时间内不会改变，因此控制煤炭燃烧过程中产生的CO_2是温室气体减排的重中之重。

燃煤电厂CO_2的控制方法总体上有燃烧前、燃烧过程中及燃烧后烟气净化控制，即源头控制和烟气回收利用两个方面。

6-74　简述洁净煤技术。

答： 洁净煤技术是指在煤炭从开发到利用全过程中，旨在减少污染物排放与提高煤炭利用效率的加工、燃烧、转化和污染控制等新技术的总称，具体包括：

（1）煤炭加工技术：如选煤、型煤、动力配煤改质、水煤浆技术。

（2）洁净燃煤技术：如采用循环流化床锅炉。

（3）煤炭转化技术：如煤炭气化和液化技术。

（4）煤炭的资源化利用技术：如煤矸石综合利用，煤层气开发利用等技术。

6-75　什么是选煤技术？

答： 选煤技术是实现煤炭高效、洁净利用的首选方案，它利用物理、物理-化学等方法除去煤炭中的灰分和杂质（如煤矸石和黄铁矿等），提高了燃煤的燃烧效率，达到了减少CO_2排放的目的。现有选煤技术有跳汰洗选、重介质分选、风选和其他分选技术，通过选煤每年可节燃煤约10%，目前发达国家煤炭入选率已经达到了90%以上，而我国煤炭入选率不到40%，高效的重介质选煤技术不到10%，因此选煤技术在我国有很大的发展潜力。

6-76　什么是富氧燃烧CO_2捕集技术？

答： 燃烧中碳捕集即富氧燃烧技术，它是在现有电站锅炉系统基础上，用高纯度的氧气代替助燃空气，同时辅助以烟气循环的燃烧技术，可获得高达富含80%体积浓度的CO_2烟气，从而以较小的代价冷凝压缩后实现CO_2的永久封存或资源化利用，具有相对成本低、易规模化、可改造存量机组等诸多优势，被认为是最可能大规模推广和商业化的碳捕集、利用与封存（CCUS）技术之一。富氧燃烧技术系统示意图如图6-15所示：由空气分离装置（ASU）制取的高纯度氧气（O_2纯度在95%以上），按一定的比例与循环回来的部分锅炉尾部烟气混合，完成与常规空气燃烧方式类似的燃烧过程，锅炉尾部排出的具有高浓度CO_2的烟气产物，经烟气净化系统净化处理后，再进入压缩纯化装置，最终得到高纯度的液态CO_2，以备运输、利用和埋存（仅举例，可根据实际情况选择二次再循环的位置）。

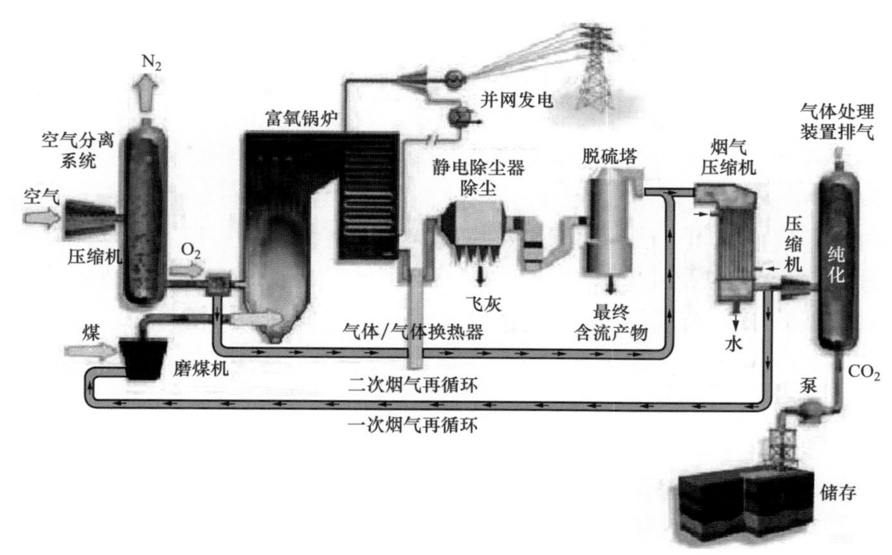

图 6-15　富氧燃烧技术系统示意图

6-77　什么是有色烟羽治理？

答：对于烟气脱硫采用湿法脱硫工艺的燃煤机组，烟气通过湿法脱硫装置后，从高温干烟气变为低温饱和湿烟气，经烟囱进入大气环境，遇冷凝结成微小液滴，产生烟羽现象。其较差的视觉感受虽然对环境质量不会产生影响，但会给周围居民生活带来一定困扰。

自 2016 年 1 月 29 日以来，上海市率先发布了 DB 31/963《燃煤电厂大气污染物排放标准》，要求“燃煤发电锅炉应采取烟气温度控制及其他有效措施消除“石膏雨”、有色烟羽等现象。2017 年 10 月天津市、2017 年 12 月邯郸市、2018 年 4 月徐州市、2018 年 5 月河北省等地区相继出台了烟羽治理的相关政策。其中天津市、徐州市及河北省的文件强制要求对吸收塔出口烟气温度进行冷凝（夏季排烟温度低于 48℃、冬季排烟温度低于 45℃），并鼓励对烟气进行再热升温。邯郸市的政策要求对烟气进行冷凝降温。因此降低湿法脱硫装置出口烟气的排放温度是有色烟羽治理的关键。

降低湿法脱硫装置出口烟气温度的方法主要分为：

（1）脱硫装置前降温为二级烟冷却器技术。

（2）脱硫装置中降温为浆液冷却技术。

（3）脱硫装置后降温为烟道冷凝技术。

6-78　什么是脱硫装置前二级烟气冷却器技术？

答：脱硫装置前二级烟气冷却器技术主要是在除尘器前的一级烟气冷却器基础上，在脱硫装置入口增设二级烟气冷却器，将脱硫装置入口烟气温度降低，以保证脱硫装置出口烟气温度达到烟羽治理要求。该技术对二级烟气冷却器的材质及换热面积要求高、工程投资大，且由于烟气系统阻力增加较大，运行经济性一般。华能国际电力股份有限公司海门电厂、华能威海发电有限责任公司等采用海水法脱硫的机组采用该技术进行了有色烟羽治理。

6-79 **什么是脱硫装置中浆液冷却技术？**

答：脱硫装置中浆液冷却技术主要针对石灰石-石膏湿法烟气脱硫工艺，通过对吸收塔顶层浆液循环泵出口或入口管道串入浆液冷却换热器，对顶层喷淋层的浆液进行降温。降温后的喷淋浆液通过与烟气接触，使烟气温度降低以达到排放要求。该技术通过液-液换热方式将降温后的喷淋浆液与湿烟气直接接触，换热效率高，换热器换热面积相对较小、工程投资小，且由于不会引起烟气系统阻力增加，具有较好的运行经济性。但该技术设置的浆液冷却换热器由于与浆液直接接触，对换热器的制造工艺、耐磨性、耐腐蚀性有较高要求。天津华能杨柳青热电有限责任公司、江苏阚山发电有限公司、国华徐州发电有限公司、邢台国泰发电有限责任公司、河北衡丰发电有限责任公司一期等均采用该技术进行了有色烟羽治理。

6-80 **什么是脱硫装置后烟道冷凝技术？**

答：脱硫装置后烟道冷凝技术主要是通过在脱硫装置出口与烟囱之间的烟道处设置一级烟道冷凝换热器。烟道冷凝换热器本体由数量众多的管排组成，脱硫装置出口饱和湿烟气通过烟道冷凝器管排时被管道内部流通冷源冷却，其换热方式为气-液换热，且由于冷、热端端差小，换热器换热面积较大。由于净烟气温度低且含湿量大，对耐腐蚀材料要求较高，多采用氟塑料或者耐腐蚀性能更高的钛材质，工程投资大，且由于烟气系统阻力增加较大，运行经济性一般。上海外高桥发电有限责任公司四期、华能国际电力股份有限公司邯峰电厂、河北衡丰发电有限责任公司二期等均采用该技术进行了有色烟羽治理。

第七章

锅炉主机及辅机运行技术

7-1 锅炉物质的输入和输出分别包含哪几部分？

答：锅炉的输入部分主要为风、煤以及水三大部分：

（1）入炉风的分类：按照温度，可分为热风与冷风；按照种类，可分为一次风、二次风以及三次风；风机送入的风以及炉膛漏风。

（2）入炉煤：包括入炉煤质特性、上煤加仓信息、煤粉细度以及进入炉膛的方式。

（3）水：锅炉省煤器入口给水，同时还有少量用于调节蒸汽温度的减温水。

锅炉的输出主要为加热后的蒸汽、燃烧产生的烟气以及灰渣：

（1）蒸汽：主蒸汽以及再热蒸汽，主要特性参数为蒸汽流量、蒸汽温度、蒸汽压力。

（2）锅炉排烟：主要特性参数为排烟温度、烟气成分、烟气流量。

（3）燃烧后的灰渣：飞灰以及炉底渣。

（4）其他成分：制粉系统的石子煤、锅炉的定排以及连排等。

7-2 简述锅炉热平衡边界的设备及热量平衡。

答：锅炉机组热平衡系统边界内设备包括：带循环泵的汽水系统、带磨煤机的制粉系统、燃烧设备、脱硝装置、空气预热器、烟气再循环风机及冷渣器（冷渣水热量有效利用）等。暖风器、送风机、引风机、冷一次风机、高压流化风机、密封风机、冷却风机、冷却水泵、油加热器、脱硫剂供给系统、供氨系统等为系统外设备。

锅炉机组的热量平衡图见图 7-1。

7-3 电站煤粉锅炉安全运行主要注意哪几方面？

答：电站煤粉锅炉安全运行主要注意以下几个方面：

（1）锅炉结渣和沾污：需要将锅炉炉膛结渣和受热面的沾污控制在安全生产范围内。

（2）高低温腐蚀：主要包括硫腐蚀和氯腐蚀。

（3）锅炉灭火：控制煤质参数。

（4）燃烧器烧损：控制煤质参数并进行燃烧器运行参数的优化调整。

（5）受热面超温爆管：控制煤质参数及锅炉运行参数优化。

（6）制粉系统爆炸：控制煤种的爆炸性能和优化制粉系统运行参数。

（7）灰渣系统出力不足：控制煤种的灰分和发热量以及结渣性能。

（8）受热面磨损：控制煤种煤质以及受热面的优化设计。

（9）辅机设备安全性。

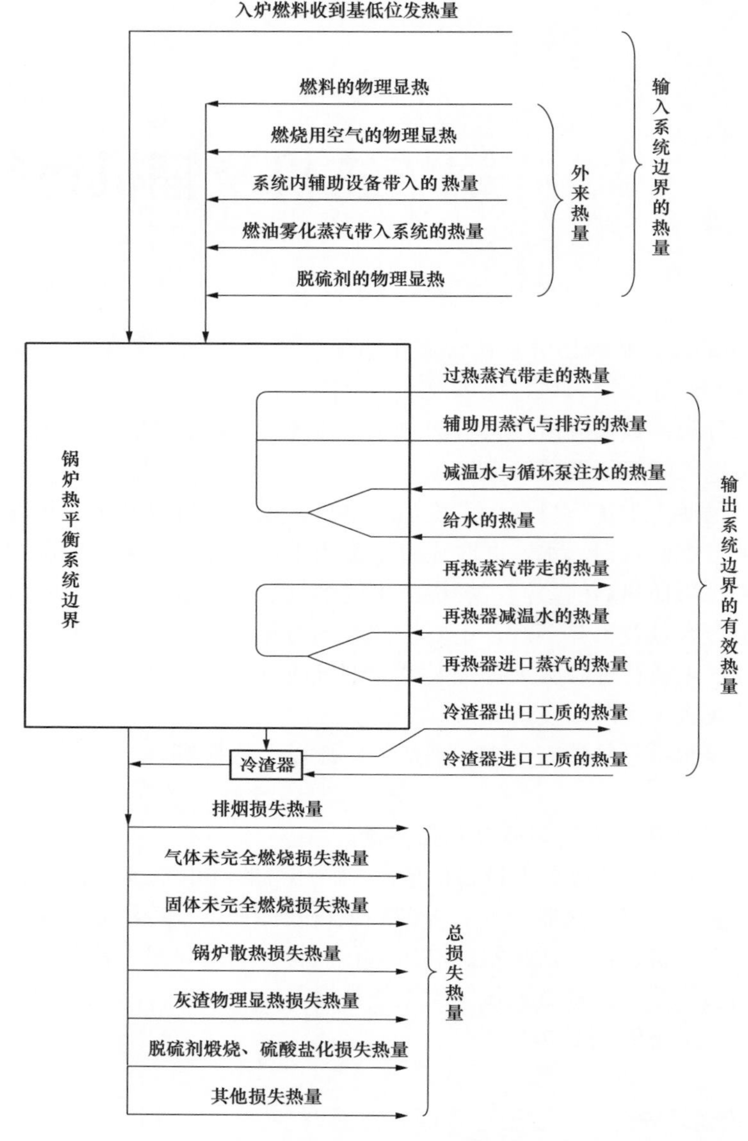

图 7-1　锅炉机组的热量平衡图

7-4 电站煤粉锅炉经济运行主要注意哪几方面？

答：电站煤粉锅炉经济运行主要注意以下几个方面：

（1）锅炉热效率：运行中的核心监测指标包括飞灰可燃物、炉渣含碳量、排烟温度，排烟中的 CO 浓度，通常这些指标越低锅炉热效率越高，表明锅炉运行性能越好，锅炉热效率与运行氧量和入炉煤质、煤粉细度等均有较高的相关性。

（2）蒸汽参数：主蒸汽、再热蒸汽的温度和压力，减温水量。通常减温水量尤其是再热器减温水量投入越低，机组的运行经济性越好。

（3）辅机电耗：主要包括三大风机、磨煤机、脱硫系统、静电除尘器等辅机电耗。通常需要协调燃烧进行辅机运行性能的调节，辅机电耗越低，机组运行经济性越好。

（4）发电煤耗和供电煤耗：通常该指标越小，机组的运行性能越优良。

（5）发电成本和供电成本：结合燃料成本和发电煤耗、供电煤耗得出发电成本和供电成本，通常该指标越低，机组的运行经济性越好。对于脱硫脱硝等环保成本，通常脱硫脱硝成本越低，机组的运行经济性越好。

（6）检修维护成本：检修维护成本越低，机组的运行经济性越好。

7-5 电站煤粉锅炉环保运行主要注意哪几方面？

答：目前，电站煤粉锅炉环保运行主要注意以下几个方面：

（1）SO_2生成和排放浓度。

（2）NO_x生成和排放浓度。

（3）粉尘生成和排放浓度。

其中粉尘和SO_2生成浓度主要与煤质有关，而NO_x生成浓度除与煤质有关外，还与运行有关，通常此类指标越低，污染物脱除导致的环保成本越低。

7-6 什么是电站煤粉锅炉的燃烧调整？其目的是什么？

答：电站煤粉锅炉的燃烧调整是指在对设备运行状态进行诊断分析的基础上，通过调整制粉、燃烧系统的各种运行参数，以及优化燃煤比例等手段，在满足外界电负荷需要的蒸汽量及合格的蒸汽品质的前提下，保证锅炉安全、经济和环保运行，具体可归纳为以下几个方面：

（1）提高锅炉热效率：通过燃烧优化调整减少各种热损失。

（2）提高机组热效率：保证锅炉正常稳定的蒸汽压力、蒸汽温度和蒸发量，通过降低过热器、再热器减温水流量等以提高整个机组的热效率。

（3）提高锅炉运行安全性：

1）提高锅炉燃烧稳定性，防止锅炉灭火；

2）防止火焰发生偏斜，减小炉膛出口烟气温度偏差；

3）避免水冷壁附近产生较强的局部还原性气氛，防止水冷壁高温腐蚀；

4）减轻锅炉结渣、沾污、腐蚀等；

5）防止燃烧器烧损；

6）避免水冷壁、过热器、再热器超温；

7）防止制粉系统爆炸；

8）防止受热面磨损爆管。

（4）提高锅炉对不同煤种和不同负荷的适应性。

（5）降低污染物排放量和污染物控制成本。

7-7 电站煤粉锅炉燃烧系统优化调整的主要对象有哪些？

答：燃烧系统优化调整的主要对象包括：

（1）燃料的比例和掺烧方式。

（2）燃料准备过程：煤的磨制、粉化干燥和煤粉输送等。

（3）燃料燃烧过程：燃烧的组织、煤与空气的混合、着火、燃烧和燃尽、炉膛内空气动力状况、浓度分布与温度分布等。

（4）燃烧过程中的传热：炉膛内的换热、对流受热面的换热、受热面的污染和清理等。

（5）烟气的排放：排烟温度、烟气污染物的综合治理等。

7-8 简述锅炉热效率的正平衡计算方法。

答：锅炉热效率为输出系统有效能量与输入系统能量的比值，具体计算见式（7-1）；

$$\eta_t = \frac{Q_{out}}{Q_{in}} \times 100\% \tag{7-1}$$

式中 η_t ——锅炉热效率，%。

Q_{in} ——输入系统边界的热量总和，单位为 kJ/kg 或 kJ/m^3，其热量包括输入系统的燃料燃烧释放的热量；燃料的物理显热；脱硫剂的物理显热；进入系统边界的空气带入的热量；系统内辅助设备带入的热量；燃油雾化蒸汽带入的热量。

Q_{out} ——输出系统边界的热量总和，单位为 kJ/kg 或 kJ/m^3，其热量包括过热蒸汽带走的热量；再热蒸汽带走的热量；排污水带走的热量；冷渣水带走的热量。

7-9 简述锅炉热效率的热损失计算方法。

答：锅炉热效率的热损失计算方法也称反平衡法，具体计算见式（7-2）：

$$\eta_t = \left(1 - \frac{Q_{loss}}{Q_{in}}\right) \times 100\% \tag{7-2}$$

式中 Q_{loss} ——锅炉总损失热量，单位为 kJ/kg 或 kJ/m^3，其热量包括排烟热损失热量 Q_2；气体未完全燃烧热损失热量 Q_3；固体未完全燃烧热损失热量 Q_4；锅炉散热损失热量 Q_5；灰、渣物理显热损失热量 Q_6；其他损失热量 Q_{oth}。

锅炉热效率热损失法表达式参见式（7-3）或式（7-4）。

$$\eta_t = 1 - \frac{Q_2 + Q_3 + Q_4 + Q_5 + Q_6 + Q_{oth}}{Q_{in}} \tag{7-3}$$

$$\eta_t = 1 - q_{2,t} - q_{3,t} - q_{4,t} - q_{5,t} - q_{6,t} - q_{oth,t} \tag{7-4}$$

式中 $q_{2,t}$ ——排烟热损失，%；

$q_{3,t}$ ——气体未完全燃烧热损失，%；

$q_{4,t}$ ——固体未完全燃烧热损失，%；

$q_{5,t}$ ——锅炉散热损失，%；

$q_{6,t}$ ——灰、渣物理显热损失，%；

$q_{oth,t}$ ——其他损失，%。

7-10 简述锅炉燃料效率的定义及其影响因素。

答：锅炉燃料效率是表示进入锅炉的燃料所能放出的全部热量中被锅炉有效吸收热量所占的百分率，是锅炉的重要技术经济指标，它表明锅炉设备的完善程度和运行管理水平。锅炉燃料效率的测定和计算通常有以下两种方法：

（1）正平衡：用被锅炉利用的热量与燃料所能放出的全部热量之比来计算热效率的方法称为正平衡法，又称直接测量法。

（2）反平衡：通过测定和计算锅炉各项热量损失，以求得热效率的方法称为反平衡法，又称间接测量法。

锅炉燃料效率反映了锅炉设备运行经济性的完善程度，其影响因素很多，如锅炉的参数、容量、结构特性及燃料的种类等，还与锅炉运行调整水平有关，大型锅炉燃料效率一般在90%～95%。反平衡法有利于对锅炉进行全面分析，找出影响效率的各种因素，提出提高效率的途径。

7-11 简述锅炉燃料效率的计算方法。

答：采用输入-输出热量法或者热损失法计算锅炉燃料效率分别见式（7-5）和式（7-6），其中式（7-6）也可以写成式（7-7）和式（7-8）。

$$\eta = \frac{Q_{out}}{Q_{net,ar}} \tag{7-5}$$

$$\eta = \left(1 - \frac{Q_{loss} - Q_{ex}}{Q_{net,ar}}\right) \times 100 \tag{7-6}$$

$$\eta = \left(1 - \frac{Q_2 + Q_3 + Q_4 + Q_5 + Q_6 - Q_{ex}}{Q_{net,ar}}\right) \times 100 \tag{7-7}$$

$$\eta = 100 - q_2 - q_3 - q_4 - q_5 - q_6 + q_{oth} - q_{ex} \tag{7-8}$$

式中 η ——锅炉燃料效率（锅炉热效率），%；

$Q_{net,ar}$ ——入炉燃料（收到基）低位发热量，单位为千焦每千克（kJ/kg）或千焦每立方米（kJ/m^3）；

Q_{ex} ——输入系统边界的外来热量，也就是除入炉燃料发热量以外的所有输入热量，单位为千焦每千克（kJ/kg）或千焦每立方米（kJ/m^3），按式（7-7）和式（7-8）计算；

q_2 ——排烟热损失，%；

q_3 ——气体未完全燃烧热损失，%；

q_4 ——固体未完全燃烧热损失，%；

q_5 ——锅炉散热损失，%；

q_6 ——灰、渣物理显热损失，%；

q_{oth} ——其他损失，包括石子煤热损失等，%；

q_{ex} ——外来热量与燃料低位发热量的百分比，%。

7-12 简述固体未完全燃烧热损失 q_4 的计算。

答：对于电站煤粉锅炉，固体未完全燃烧热损失 q_4 的计算见式（7-9）：

$$q_4 = \left(a_{lh}\frac{C_{lh}}{100 - C_{lh}} + a_{yh}\frac{C_{yh}}{100 - C_{yh}} + a_{fh}\frac{C_{fh}}{100 - C_{fh}}\right)\frac{32700 A_{ar}}{Q_r} \tag{7-9}$$

$$a_{lh} + a_{yh} + a_{fh} = 1 \tag{7-10}$$

其中，C_{lh}、C_{yh}、C_{fh}分别为炉渣、烟道灰和飞灰的灰分份额（%），C_{lh}、C_{yh}、C_{fh}分别为炉渣中、烟道灰和飞灰中可燃物的百分数（%），32700 为每千克纯碳的发热量，A_{ar}为入炉燃料的收到基灰分含量（%），Q_r为入炉燃料的收到基低位发热量（kJ/kg）。

7-13 排烟损失 q_2 的影响因素有哪些？

答：排烟损失是锅炉各项热损失中最大的（4%～7%），而排烟温度和烟气量是影响 q_2 的主要方面，影响锅炉排烟温度的运行方面的因素主要包括：

（1）受热面积灰结渣。

（2）煤的燃烧特性和水分含量。

（3）火焰中心位置。

（4）炉膛漏风。

（5）制粉系统漏风。

（6）一次风率。

（7）磨煤机出口温度。

（8）空气预热器进口风温。

（9）磨煤机投停等。

7-14 排烟温度升高的危害有哪些？

答：锅炉排烟温度高会严重影响锅炉运行的经济性和安全性：

（1）排烟损失增加：一般情况下，排烟温度每升高 20℃，排烟热损失增加约 1.0%。

（2）静电除尘器效率降低：排烟温度升高，烟气量增大，静电除尘器的比集尘面积减小，粉尘比电阻升高，静电除尘器的效率下降。

（3）设备寿命缩短：排烟温度升高使得风机、静电除尘器工作环境恶化，缩短设备寿命。

（4）脱硫系统耗水量增加，脱硫效率降低：

1）对于湿法脱硫系统，排烟温度过高将耗费大量的水资源来减温；

2）总烟气量增大，导致脱硫效率降低；

3）烟气含水量增加，烟囱运行工况恶化。

7-15 锅炉的主要漏风原因及应对措施有哪些？

答：漏风是导致排烟温度升高的主要原因之一，主要包括以下几个方面：

（1）炉膛漏风主要指炉顶密封、看火孔、人孔门及炉底干渣机处漏风。

（2）制粉系统漏风主要指磨煤机风门、挡板处漏风等。

（3）烟道漏风主要指空气预热器前尾部烟道漏风。

漏风主要与运行管理、检修状况以及锅炉设备结构等因素有关，为减少锅炉漏风，建议采取如下措施：

（1）在锅炉大、小修中及日常运行中，针对锅炉本体及制粉系统进行查漏和堵漏工作，检查各个连接法兰密封、膨胀节处密封，或者更换密封比较好的门、孔结构等。

（2）在运行过程中，随时关闭各看火门孔。

（3）炉膛负压及钢球磨煤机入口负压尽量控制较低。

（4）提高磨煤机出口风温或者降低一次风压、减少冷风掺入。

经验表明，通过漏风综合治理，一般可降低排烟温度2～3℃。

7-16 固体未完全燃烧热损失 q_4 的影响因素有哪些？

答：固体未完全燃烧热损失是燃煤锅炉的主要损失之一，通常仅次于排烟热损失。影响这项热损失的主要因素是炉灰量和炉灰中的含碳量。一般固态排渣电站煤粉锅炉的 q_4 为0.5%～5%，影响 q_4 的主要因素包括：

（1）燃料燃尽特性。

（2）燃烧方式。

（3）炉膛形式和结构。

（4）燃烧器设计和布置。

（5）炉膛温度。

（6）锅炉负荷。

（7）燃料在炉膛内的停留时间和与空气的混合情况。

（8）煤粉细度和均匀性。

7-17 燃烧优化调整的主要内容有哪些？

答：燃烧优化调整的主要内容包括：

（1）煤质参数控制，如通过控制掺配煤种和掺烧比例以保证入炉煤煤质指标。

（2）一、二次风（含燃尽风）配比及配风方式。

（3）一次风速。

（4）燃烧器区和炉膛出口过量空气系数等。

（5）煤粉细度和煤粉均匀性。

（6）燃烧器投运方式。

（7）过热度。

（8）磨煤机入口风温和出口风温。

（9）风煤比。

对于四角切圆燃烧锅炉，燃烧调整还包括风箱差压的控制和调整、燃料风的调节和控制；而前后墙燃烧器调整还包括对中心风的调整，内二风门开度调整，内、外二次风旋流叶片角度的调整等。最终确定锅炉燃烧系统的最佳运行参数，并提供不同负荷下过量空气系数、风煤比曲线等，用以指导锅炉优化运行。

7-18 如何对锅炉燃烧优化调整效果进行确定？

答：判断燃烧调整试验获得参数是否合理的依据：

（1）主、再热蒸汽参数达标。

（2）锅炉热效率提高。

（3）发电煤耗降低。

（4）锅炉辅机耗电降低。

（5）污染物生成浓度降低。

（6）防止锅炉结渣、腐蚀、超温、燃烧不稳等的安全性指标得到改善。

（7）劣质煤掺烧比例提升，发电成本降低等。

通过燃烧优化调整最终使锅炉运行的经济性、环保性和安全性得到提升。当以上各个方面彼此如果发生冲突时，应考虑要解决的主要问题，并同时适当兼顾其他方面。

7-19 简述风粉均匀分配控制的定义及具体控制措施。

答：风粉均匀分配是指投运的各一次风喷口风量、粉量趋于一致。在现代大容量燃煤锅炉运行中，各燃烧器一次风粉分配均匀与否是决定锅炉燃烧工况是否正常的重要因素之一。合理配置各燃烧器的一次风速和煤粉浓度是保证锅炉机组安全、经济运行的重要条件。DL/T 5154《火力发电厂煤粉制备系统设计标准和计算方法》中明确规定，对中速磨煤机直吹式制粉系统，同层燃烧器各一次风管之间的煤粉和空气应均匀分配，风量偏差不大于±5%、煤粉分配偏差不大于±10%。

燃烧器一次风速通常利用测风原件通过布置在煤粉管道上的测孔进行，若同层燃烧器风速偏差达不到规程要求，则调整位于煤粉管道上的可调缩孔；若同层燃烧器粉量偏差达不到规程要求，则需调节安装在磨煤机出口或者煤粉管道上的煤粉分配器，使风、粉偏差满足设计要求。

7-20 锅炉运行主要监测指标有哪些？

答：通过机组在线参数监控及调整可实现锅炉运行优化，通常运行人员监控的指标主要包括：

（1）运行氧量。

（2）排烟温度和 CO 浓度。

（3）一次风速及其均匀性。

（4）飞灰大渣可燃物。

（5）主、再热蒸汽温度和减温水量。

（6）NO_x 生成和排放浓度。

（7）二次风和燃尽风门开度。

7-21 总风量的变化对锅炉运行的影响有哪些？

答：总风量的变化（表现为空气预热器进口氧量的变化）对锅炉运行的影响主要包括：

（1）锅炉热效率：运行氧量直接影响锅炉热效率中的排烟热损失与固体未完全燃烧热损失。氧量的确定主要取决于锅炉燃烧的经济性：氧量过大，排烟热损失增加；若过小，又会导致固体未完全燃烧热损失增加。排烟热损失与固体未完全燃烧热损失之和为最小时的运行氧量即为最佳氧量。

（2）辅机出力和电耗：从辅机电耗方面考虑，在满足炉膛内燃烧的前提下，降低总风量，可以大幅降低送、引风机电耗，节约厂用电。

（3）污染物排放：采用较小的总风量，保证炉膛内燃烧前期的还原性气氛，可以有效抑制热力型 NO_x 的生成，减少烟气中 NO_x 排放，减轻尾部烟气脱硝装置的运行压力，得到良好的经济效益和环保效益。

7-22 简述二次风压（风箱-炉膛差压）的控制原则。

答：变风箱-炉膛差压的主要目的是在保证四角二次风配风的均匀性的前提下降低风机电耗。运行中对风箱-炉膛差压的控制基本原则：针对不同类型的煤种、锅炉、燃烧器型式，平衡风机电耗、燃烧器射流风抗扰性的关系，找到兼顾二者的最优工况区间。比如风箱压力太低，炉膛负压波动时或者受到扰动因素，低负荷下燃烧器射流可能不稳定。

在二次风最佳配风方式下，将各层小风门同比开大，保证锅炉的燃烧效率不变和 NO_x 排放浓度达标的前提下尽量开大小风门挡板开度，降低送风机电耗，提高送风机出力裕量以及增强四角二次风配风的均匀性。

7-23 简述炉膛负压的控制原则。

答：炉膛压力是反映燃烧工况稳定与否的重要参数。炉膛内燃烧工况一旦发生变化，炉膛压力将迅速发生相应改变。当锅炉的燃烧系统发生故障或异常情况时，将最先在炉膛压力的变化上反映出来，而后才是蒸汽参数的一系列变化。因此监视和控制炉膛压力，对于保证炉膛内燃烧工况的稳定具有极其重要的意义。

炉膛负压维持过大会增加炉膛和烟道的漏风，当锅炉在低负荷或燃烧工况不稳的情况下运行时，可能由于漏入冷风而造成燃烧恶化，甚至发生锅炉灭火。反之，若炉膛压力偏正，高温火焰及烟灰有可能外喷，不但影响环境卫生，还将造成设备损坏或引起人身事故。

正常平衡通风时，送、吸风保持不变，由于燃烧工况的微小扰动，炉膛压力会有一定脉动，当燃烧不稳时，炉膛压力将产生强烈脉动，炉膛风压表相应会大幅度晃动。运行经验表明：当炉膛压力发生剧烈脉动时，往往是灭火的预兆，这时必须加强监视和检查炉膛内燃烧工况，分析原因并及时进行调整和处理。

炉膛压力通常是通过改变引风机的出力来调节的。引风机的风量调节方法和要求与送风机基本相同，引风机的安全运行方式应根据锅炉负荷的大小和风机的工作特性来考虑。为了保证人身安全，当运行人员在进行除灰、吹灰、清理焦渣或观察炉膛内燃烧情况时，炉膛压力应保持较正常时偏低一些（即炉膛负压应高一些）。

7-24 简述一次风母管压力的控制原则。

答：在保证磨煤机通风量的前提下，降低一次风压，则磨煤机入口风门自动开大，可以有效地降低一次风系统的节流阻力、能够大幅度地降低一次风机电耗、加大一次风机裕量以及减小空气预热器一次风侧漏风率。

由于一次风压的设置应有效保证整个制粉系统中所有运行磨煤机所需要克服的最大系统阻力为原则，因此一次风压的控制应取决于整个制粉系统的最大阻力的那台运行磨煤机，也就是推荐的 DCS 内置一次风压控制逻辑应为所有运行磨煤机中当前最大出力磨煤机的给煤量函数关系，这样的一次风压设置能够有效有保证运行磨煤机所需克服的最大系统阻力。而当前较多电厂锅炉关于一次风压的控制中，基本上为以机组负荷为函数关系或者不同负荷下采用恒定的一次风压粗犷控制模式，增加了整个制粉系统的耗电量。

合理的一次风压控制曲线应该根据合理的一次风煤比，在不同磨煤机出力下由试验方式获得，根据试验结果，修改 DCS 内置的一次风压控制模式以及曲线，长期应用可获得良好的节能效果。

7-25 简述墙式旋流燃烧器二次风及旋流强度的控制原则。

答：墙式旋流燃烧器的助燃二次风通常为燃烧区域风量的主要来源，由于大多数旋流燃烧器均采用层风箱两侧进风或者整体大风箱进风的布置方式，以及二次风箱内压力场分布不均匀；因此在每只燃烧器的旋流叶片以及风门挡板开度一致的情况下，进入每一层燃烧器的风量以及旋流强度是不一样的。

燃烧器的旋流强度以及风量沿炉膛宽度方向的差异化分布对燃烧器区域的热强度以及燃烧状态沿炉膛宽度方向分配影响较大，在较低氧量运行方式下，容易产生局部缺氧导致燃烧恶化，而富氧区域的燃烧又容易产生较高的热力型 NO_x。所以对旋流燃烧器的旋流强度以及风门开度的调节，对于均匀炉膛内燃烧所需的二次风量、优化燃烧以及降低污染物排放有着积极的意义。

实践表明，经过长期热态运行后的旋流燃烧器的旋流强度以及风门挡板往往较难调节，且调节幅度一般也有限，对负荷和煤种的适应性较差，而且墙式旋流燃烧器的操作控制开关一般都布置在就地，热态下参与燃烧调节不便；所以原则上在机组燃烧初期，根据特定煤种下燃烧优化调整结果对其进行设置后，日常运行中将不再对其进行调节。

每层燃烧器的层二次风入口风道风门挡板为控制该层燃烧器燃烧所需要的二次风总量，该风量的精确测量与控制，对解决锅炉燃烧器区域在高度方向上的风量分布精确控制有重要意义。在各层二次风能够精确测量的基础上，将层二次风量对应为磨煤机出力的控制逻辑，使得每台磨煤机对应的层二次风量精确可控。

7-26 简述燃烧器小风门挡板（切圆）、燃尽风与助燃辅助风配比的控制原则。

答：一般来说，切圆燃烧器小风门包含周界风、助燃辅助风以及燃尽风三大部分。辅助风风量沿炉膛高度方向上的分配变化会对炉膛内燃烧带来一定影响，在保持总风量不变的前提下，通过改变各层燃烧器小风门的开度，来达到改变各层辅助风的配比和不同辅助风占总风量的份额。

不同配风方式对锅炉的飞灰可燃物、排烟温度、蒸汽温度以及 NO_x 排放浓度等参数均有影响，该项控制要求各燃烧器小风门有良好的调节特性以及准确的控制精度，合理的配风方式可使锅炉获得良好的经济性以及环保性。

7-27 简述燃烧器摆角以及尾部烟气挡板的控制原则。

答：燃烧器摆角调整是通过抬高或降低火焰中心来调节再热蒸汽温度的，摆角调整对炉膛燃烧动力场的扰动较大，摆角在水平状态下空气动力场产生的旋流强度大，容易卷吸高温烟气至火嘴根部，便于煤粉着火。

对于墙式对冲燃烧锅炉和部分切圆燃烧锅炉，一般靠尾部低压过热器、低压再热器侧烟气挡板来调节低压过热器以及低压再热器通道的烟气量，通过两组受热面的不同对流换热强度来作为蒸汽温度调节的主要手段。

由于燃烧器摆角以及烟气挡板的设计初衷就是用于蒸汽温度调节，根据大量现场试验结果，该参数调节一般对锅炉热效率影响不太大，但应注意摆角下倾时可能会造成冷灰斗结渣加重，摆角上扬时可能会造成屏式过热器沾污结渣加重。

正常运行中，应尽可能采用燃烧器摆角以及尾部烟气挡板等较经济的调节方式来进行蒸汽温度控制，尽量避免单纯用减温水以及事故喷水的方式进行蒸汽温度调节。

7-28 简述主、再热蒸汽温度及压力的控制原则。

答：在锅炉蒸汽温度控制中，常用的经济性较好的调节手段为直流锅炉的水煤比、燃烧器摆角、尾部烟气挡板以及减温水。小风门配风有时也可以通过改变火焰中心位置的方式对蒸汽温度进行调节；再热器的事故喷水仅为特殊情况下防止再热器超温的一种紧急措施，在设计工况中并不作为再热蒸汽温度的调节手段。而主蒸汽的压力参数则作为煤量的前馈信号来参与锅炉燃料量的调节。

根据热力系统的朗肯循环分析，主、再热蒸汽参数越高，机组的循环热效率越高，因此在保证设备安全的前提下，勤于调整，保持主、再热蒸汽参数“压红线”运行，对保证机组的经济性有重要意义。

7-29 简述直流锅炉水煤比以及过热度的控制原则。

答：水煤比是直流锅炉的主要控制点之一，实际运行中的水煤比不是固定的，主要取决于煤种，煤质差时水煤比将降低。

水煤比是锅炉给水控制的核心参数，但可控性较差，所以一般不作为运行控制的监测参数，运行中主要根据过热度和过热器出口温度来调节，各个锅炉不尽相同，但大体上一台锅炉满负荷时过热度要求变化不大，可以作为主要参考量。变负荷情况下，需要根据过热器出口温度和过热度综合确定，保证主蒸汽温度变化不大即可，控制的好坏与运行人员的实际操作经验有很大关系。必要时解除协调，手动控制给水量，确保中间点温度基本正常和蒸汽温度稳定。

7-30 简述过热器、再热器减温水的投入原则。

答：锅炉过、再热器喷水减温设计上是作为辅助性细调或在事故情况下使用，但由于喷水调节具有惰性小、调温幅度大等优点，现场运行人员经常将其作为常规调整手段，过热器减温水的投入对机组经济性影响不大，但再热器减温水的投入对机组的经济性有较大影响。这是因为，减温水大多从给水泵出口、高压加热器进口取出，对于再热蒸汽喷水减温来说，其热力过程是沿再热压力线定压吸热蒸发、过热，然后进入汽轮机中、低压缸膨胀做功，所完成的循环是一个非再热的中参数或更低参数的循环，与主循环（高参数或超高参数的再热循环）相比，热经济性降低很多。

因此，亚临界锅炉过热器减温水的投入应该在燃烧调整的基础上进行，超临界锅炉则应主要以水煤比来调节，尽量在保证主蒸汽温度的同时少投入减温水；再热器减温水的投入以抑制短期超温为主，原则上不投入。

7-31 简述锅炉吹灰系统的投入原则。

答：锅炉吹灰系统的正常投入和及时维护可提高锅炉运行安全性和经济性，具体如下：

（1）可减少受热面结渣积灰以及受热面结渣引起的掉焦灭火、排渣不畅、带负荷受限、超温爆管等问题。

（2）有统计表明，锅炉事故70%为四管泄漏事故，所以应当重视受热面的防泄漏技术管理工作。一方面保证受热面的及时定期吹灰，尽量避免受热面的超温和磨损爆管；另一方面加强局部受热面防磨工作，对易磨损部位受热面采取防磨措施或更换耐磨金属材料是非常必要的。

（3）锅炉受热面定期吹灰可使各受热面烟气温度正常，避免经济性下降。

（4）管道焊接质量把关：利用停炉机会加强对受热面的检查，及时对薄弱环节采取措施，以免锅炉在运行中因受热面泄漏被迫停运。

7-32 什么是燃烧器运行方式？

答：燃烧器的运行方式主要指：

（1）燃烧器各运行参数的调整（如一、二次风速、风压、风温和配比等）。

（2）燃烧器的负荷分配。

（3）燃尽风的配比和水平摆角。

（4）燃烧器的投停组合：一般而言，投运下部燃烧器，停运上部燃烧器；或热功率下部燃烧器多，上部燃烧器少，有利于延长煤粉在炉膛内的停留时间，降低飞灰可燃物含量；集中投运火嘴可使燃烧相对集中，燃烧器区域炉温升高，燃烧稳定性增强，尤其是低负荷或燃用挥发分低的煤时更是如此。

7-33 什么是燃烧器的配风方式？

答：配风方式是指直流燃烧器辅助风的配风形状，配风形状的改变会直接或间接影响燃烧器区煤粉气流的着火和燃烧速度、炉膛火焰中心位置、风粉的混合状况等，从而对锅炉燃烧效率产生一定的影响。通常配风方式包括：

（1）正塔配风：二次风辅助风门自下而上逐渐减小，即下大上小，这种配风方式二次风混入较早，可以为燃烧初期提供充足的氧气，并促进燃烧特性较好的煤种快速着火和燃烧，但NO_x生成浓度容易偏高。

（2）倒塔配风：二次风辅助风门自下而上逐渐变大，即下小上大，这种配风方式二次风混入较晚，有利于着火速度低的低挥发分煤的稳定燃烧，同时兼有压住火球位置、阻止大颗粒煤一次上行、延长其停留时间等作用，燃烧低挥发分时有利于降低飞灰可燃物。

（3）均等配风：二次风辅助风门自下而上基本一致，这种配风方式下二次风均匀混入，对煤粉气流着火和燃烧的影响介于前述两种配风方式之间。

（4）缩腰配风：二次风辅助风门上下两端大，中间开度小。这种配风方式理论上是将燃烧器分成了两段，降低了燃烧器区的热强度；中间部分二次风旋转动量减弱，可减轻煤粉颗粒随气流偏转刷墙结渣。

对于实际运行锅炉，由于安装和设计存在差异或者煤质差别，各种因素的影响可能并不相同，因此合理的燃烧器运行方式及配风方式需要针对特定煤质经过燃烧调整试验确定。一般来说，对于燃烧性能良好的烟煤、褐煤锅炉，推荐采用均等或正塔配风方式；对于燃烧性能较差的贫煤和无烟煤锅炉，推荐采用均等或倒塔配风方式。

7-34 简述风箱-炉膛差压与二次风刚度以及流速的相关性。

答：配置直流燃烧器的锅炉，由于燃烧器喷口面积固定，在二次风温确定的前提下，燃烧器喷口的平均二次风速仅取决于二次总风量：$v_{流速}=Q_{流量}/S_{面积}$。

也就是说，只要锅炉的氧量或者总风量控制不变，燃烧器喷口的平均二次风速也就不变，二次风刚度也就不会变化。

风箱-炉膛差压其实只是二次风进入炉膛的时候在燃烧器二次小风门挡板处产生的节流阻力，在总风量不变的前提下，小风门挡板关得越小，则该处的节流阻力越大，风箱-炉膛差压也就越大。由于燃烧器喷口离二次小风门挡板有一段距离，因此喷口截面处的二次风速不会发生变化，但送风机电耗会有一定升高，出力也会受到一定影响。

风箱-炉膛差压高低虽然与二次风送风量没有直接关系，但风箱-炉膛差压高时可以提高二次风的刚性，二次风扰动能力增强，有利于煤粉燃尽。

7-35 简述一次风压与磨煤机出口一次风速的相关性。

答：一次风压与炉膛负压的差值实际上即为制粉系统的阻力，磨煤机出口的一次风速仅与磨煤机通风量、密封风量以及磨煤机出口温度有关。由于不同工况下磨煤机出口温度偏差基本上不会超过30℃，密封风量占磨煤机通风量的3%～5%；因此磨煤机以及出口的一次风速基本上为磨煤机通风量与磨煤机出口一次风管截面积的比值。

若磨煤机入口在线风量测点经标定后能够反映真实风量，则运行中只要保证足够的磨煤机通风量，其出口风速就能得到保证，而与一次风压没有关系。

7-36 降低 NO_x 的主要调整运行参数有哪些？

答：燃烧煤种确定后，在锅炉现有设备的基础上，可通过燃烧调整手段最大限度地降低 NO_x 排放，但其调整幅度有限。如果调整后 NO_x 排放依然达不到要求，需考虑对现有设备进行改造。控制 NO_x 排放的主要可调参数如下：

（1）四角切圆燃烧方式锅炉：

1）运行氧量。

2）燃尽风量。

3）一次风率。

4）周界风率。

5）配风方式。

6）磨煤机运行方式。

7）煤粉细度和煤粉均匀性等。

（2）前后墙对冲燃烧锅炉：

1）运行氧量。

2）燃尽风量。

3）一次风量。

4）内外二次风量和旋流强度。

5）磨煤机运行方式。

6）煤粉细度和煤粉均匀性等。

7-37 中储式制粉系统的运行优化试验包括哪些内容？

答：中储式制粉系统的运行优化试验主要包括：

（1）钢球装载量、通风量：寻求适应实际燃用煤种的最佳钢球装载量和钢球配比、通风量，以提高磨煤机出力，降低制粉单耗。

（2）粗粉分离器、细粉分离器：进行试验研究，确定分离器的分离特性。

（3）综合分析评价试验结果，提出钢球磨煤机制粉设备最佳运行操作卡片（程序），使磨煤机在最经济工况下运行。

7-38 直吹式制粉系统的运行优化试验包括哪些内容？

答：直吹式制粉系统的运行优化试验包括：

（1）通过冷、热态风量标定试验，确定磨煤机入口风量测量装置的流量系数，确定表盘风量偏差，并进行修改以提高通风量的显示精度，保证磨煤机通风量自动控制的准确性和可靠性。

（2）测量煤粉管道风量分配、粉量分配，并利用现有手段进行调整，使燃烧器间风量、煤量保持平衡，为燃烧优化创造条件。若风粉分配不均是由设备自身结构造成的，则可采用西安热工研究院有限公司研制开发的双可调煤粉分配技术对分配器进行改造。

（3）对于中速磨煤机直吹式制粉系统，可通过出力调整、煤粉细度调整（分离器挡板调整）、通风量调整及磨辊加载压力调整等，掌握磨煤机煤粉细度和电耗情况并加以优化。

（4）对于双进双出钢球磨煤机直吹式制粉系统，一般磨制低挥发分煤或低可磨度煤，要求能磨制出较细的煤粉，因而需重点进行钢球装载量及钢球配比优化试验、分离器特性试验等，最大限度保证磨煤机的研磨能力。

（5）综合分析评价试验结果，提出制粉设备最佳运行操作参数（曲线），使磨煤机在经济煤粉细度和合理的风煤比下运行。

7-39 简述“经济煤粉细度”的定义及影响因素。

答：煤粉细度不但影响煤粉的着火和燃烧条件，而且对燃烧的经济性也将产生直接的影响，此外，煤粉细度还会对锅炉 NO_x 的生成有一定程度的影响。煤粉越细，燃烧越快、越完全，不完全燃烧热损失越低。燃烧细煤粉时还可降低炉膛过量空气系数，使排烟热损失减少。但磨制细煤粉需要消耗较多的电能和制粉设备的金属损耗；反之煤粉越粗，则制粉设备的电耗及金属损耗越少，但不完全燃烧热损失就要增大。经济煤粉细度是指使锅炉的不完全燃烧热损失与制粉系统电耗之和，即其为最小时的煤粉细度。经济煤粉细度的选取主要考虑以下三方面因素：

（1）煤的燃烧特性：一般来说，挥发分高、灰分少、发热量高的煤燃烧性能好的煤种，煤粉细度可适当放粗。

（2）设备特点：燃烧器类型、燃烧方式、炉膛的热强度和炉膛的大小。炉膛的热强度高及炉膛较大、较高时，煤粉细度可以适当放粗。

（3）煤粉均匀性系数：煤粉均匀性较好时，煤粉细度可适当放粗。

7-40 简述燃烧试验时确定经济煤粉细度的方法。

答：经济煤粉细度调整试验一般在额定负荷的 80%～100%下进行。试验前入炉煤种和锅炉运行参数稳定，试验调整期间锅炉不吹灰、不启停磨煤机，分别将各台磨煤机的煤粉细度调整到预定水平。在每个稳定工况下，测取 q_4 损失和制粉单耗所需的相关数据，并从中确定最经济的煤粉细度。为便于比较，制粉单耗可按式（7-11）整理成与 q_4 相当的热量损失。

$$q_{zf}=\frac{2930\times b\times P_{zf}}{BQ_{net,ar}} \tag{7-11}$$

式中 q_{zf}——制粉单耗，%；

b——本机组的标准煤耗，g/kWh；

B——入炉煤量，kg/h；

$Q_{net,ar}$——煤的收到基低位发热量，kJ/kg；

P_{zf}——制粉系统总电耗，kW。

磨煤机检修后，一般需进行煤粉细度试验，以获得煤粉细度与分离器挡板开度（或转速）之间的具体关系，为运行调整提供指导依据，煤种发生变化可在此基础上进行适当调整。

7-41 简述入炉煤量分布控制原则。

答：入炉煤量分布控制主要是为了改变每只燃烧器的投运状态以及热强度分配方式。对于直吹式制粉系统锅炉，给煤量控制包括运行磨煤机组合以及每台运行磨煤机之间的出力配比。对于中储式制粉系统锅炉，给煤量控制为给粉机投运组合以及给粉机之间的转速配比。

不同的燃烧器运行会形成不同的炉膛内温度分布和火焰中心高度，进而影响煤粉的燃尽和 NO_x 生成、烟气温度、蒸汽温度等锅炉运行参数。沿燃烧器高度方向设置不同的燃烧器出力，即实际上使得不同层燃烧器的热功率产生了差异，这种差异会对炉膛内 NO_x 的生成产生一定程度的影响。该项控制要求锅炉系统能够对每台给煤机煤量进行精确测量和控制。

7-42 简述磨煤机分离器转速或折向挡板开度控制原则。

答：影响煤粉细度的因素有煤种特性、制粉系统特性、燃烧设备的型式和完善程度以及运行工况等。动态分离器转速以及折向挡板开度主要是为了在运行中对磨煤机的制粉细度进行调节，进而获得最合适的煤粉细度控制值。对于既定的锅炉设备和燃用煤种，其煤粉经济细度可通过试验来确定，基本控制原则如下：

（1）燃煤的挥发分较高时，由于燃烧相对容易，煤粉可以适当粗一些。

（2）燃煤的灰分较高时，由于灰分会阻碍燃烧，煤粉可以适当细一些。

（3）当制粉设备磨制出的煤粉的均匀性较好时，由于煤粉中粗粉含量相对较少，因而煤粉可适当粗一些。

（4）当煤灰熔点较低、结渣性较强时，为避免煤粉颗粒偏大导致的火焰行程较长和大颗粒惯性大偏转贴墙结渣，煤粉应细一些。

7-43 简述磨煤机通风量、一次风煤比的精确控制。

答：磨煤机通风量的精确测量与控制是制粉系统乃至燃烧系统的关键要素，直接影响锅炉运行的经济性以及安全性。

一次风量的精确控制对保证制粉系统的出力以及一次风粉浓度的稳定有着积极的意义，良好的制粉运行将减少由于风粉的扰动给协调系统带来的干扰，从而影响蒸汽温度、蒸汽压力等参数的波动。

正常运行中，降低一次风煤比，一方面相当于提高煤粉浓度，使煤粉的着火热降低，但着火点过于靠前，可能烧坏喷燃器；另一方面在同样高温烟气量的回流下，可使煤粉达到更高的温度，因而可加速着火过程，对煤粉的着火和燃烧有利。但一次风量过低，往往会由于着火初期得不到足够的氧气，使反应速度反而减慢而不利于着火扩展，一次风速过低还会造成一次风管堵塞。一次风量应以满足挥发分的燃烧为原则。

提高一次风煤比会提高一次风速，使着火点推迟，容易引起燃烧不稳，且煤粉燃烧也不易完全；特别是在低负荷时，由于炉膛内温度较低，甚至可能发生火焰中断或熄火事故。

过高或者过低的一次风煤比均会对燃烧以及制粉系统的安全性和经济性造成不利的影响，通常一次风煤比控制在1.6～2.4。一次风量的控制对一次风量在线测量准确性以及调门挡板的精确可调有较高要求，同时制粉系统的自动投运需要合理优化内置一次风煤比曲线。

7-44 磨煤机出口最高温度的影响因素有哪些？

答：对于钢球磨煤机储仓式制粉系统，磨煤机出口温度通常指磨煤机出口介质温度；对于双进双出钢球磨煤机、中速磨煤机直吹式制粉系统，通常指煤粉分离器出口介质温度。

磨煤机出口最高温度的影响因素主要包括：

（1）煤种。

（2）制粉系统的型式及干燥介质。

（3）磨煤机的型式以及制造厂家的规定。

7-45 简述磨煤机出口温度及风粉混合温度的允许值。

答：磨煤机出口温度及风粉混合温度的允许值规定见表7-1。

表7-1　　磨煤机出口温度及风粉混合温度的允许值

<table>
<tr><td>煤类</td><td>无烟煤</td><td>贫煤[a]</td><td>烟煤[b]</td><td>褐煤</td></tr>
<tr><td>V_{daf}（%）</td><td>＜10</td><td>10～20</td><td>＞20</td><td>＞37</td></tr>
<tr><td>磨煤机及制粉系统</td><td>钢球磨煤机、贮仓式或直吹式</td><td>钢球磨煤机、中速磨煤机，贮仓式或直吹式</td><td>中速磨煤机、钢球磨煤机，直吹式</td><td>中速磨煤机、风扇磨煤机，直吹式</td></tr>
<tr><td>磨煤机出口温度 $t_{m,2}$（℃）</td><td>≥130[c]</td><td>130～100[d]</td><td>90～65[e]</td><td>65（中速磨煤机）[e]；100～180（风扇磨煤机）[f]</td></tr>
<tr><td rowspan="4">一次风粉混合物温度 t_{PA}（℃）</td><td colspan="2">直吹式或贮仓式，乏气送粉</td><td colspan="2">直吹式</td></tr>
<tr><td>≥130[c]</td><td>130～100[d]</td><td colspan="2">同 $t_{m,2}$</td></tr>
<tr><td colspan="2">贮仓式或半直吹式，热风送粉</td><td colspan="2" rowspan="2"></td></tr>
<tr><td>260～220[g]</td><td>230～190[g]</td></tr>
</table>

[a] 含瘦煤及贫瘦煤，诸煤类定义见GB/T 3715《煤质及煤分析有关术语》及GB 5751《中国煤炭分类》。

[b] 此处的“烟煤”所指为除去前栏的“贫煤”之外的诸烟煤类。

[c] 无限制，取决于磨煤机机械部分和制粉系统其他元件可靠运行的条件及干燥剂初温。

[d] 对于直吹式系统，上限温度为150℃。

[e] 对于易爆炸煤种，磨煤机出口温度取下限值。钢球磨煤机用烟气空气混合干燥剂时，$t_{m,2}$=120℃。

[f] 风扇磨煤机用烟气空气混合干燥剂时，$t_{m,2}$=180℃。

[g] 一次风初始温度不应低于330℃。

7-46 中储式制粉系统防止磨煤机启动发生爆炸的手段有哪些？

答：停止磨煤机前尽可能抽空系统内的存粉是防止中储式制粉系统启动时发生爆炸的最有效手段。对于钢球磨煤机的内部结构，尽管不可能把积粉完全抽净，但至少要确保一次风管道和粗、细粉分离器处不积粉。从关闭给煤机插板开始计时要保证15min的抽粉时间，抽粉风量要保证水平管道内的风速不小于18m/s，出口温度控制在50℃。制粉系统的再循环管道设计是考虑制粉风量和三次风温相匹配而设计的，为了提高抽粉期间的筒体风速，建议在抽粉后期的5min内通过适当开启再循环风门来加大筒体的通风量。

传统的监视磨煤机电流和观察细粉分离器下锁气器的动作情况也可作为参考，但不应作为主要手段。这是因为钢球磨损，而补充的钢球量和磨损量之间的偏差很难准确把握，其偏差随着运行时间的增加而累积。如果依然根据电流相同的原则进行抽粉，就会出现抽粉不净，磨煤机内存粉量大。如果抽粉风量足够，即使锁气器上已经没有煤粉，锁气器依然会动作，所以根据锁气器的动作作为判断依据也不够科学。

7-47 简述制粉系统启停操作规范。

答：制粉系统的着火爆炸大多数发生在制粉系统的启动和停止过程中，因为这个过程存在煤粉浓度的变化，必然要经过容易爆炸的煤粉浓度区域，如果系统有积粉自燃和热风提供的热量，就会发生爆炸，所以要规范操作。

（1）制粉系统启停时建议投入惰化蒸汽吹扫5min。

（2）中储式制粉系统：制粉系统停止后要定期监视测量各处温度并确保启动前各参数正常，同时应随着制粉系统的启动和停止而将粉仓吸潮管挡板打开或关闭。

（3）直吹式制粉系统：惰化是防止制粉系统爆炸的有效手段。正常启动和停止制粉系统时要严格进行惰化操作，启动前磨煤机要充蒸汽5min，停止制粉系统前要充蒸汽3～5min。但必须保证惰化蒸汽不能带水，蒸汽系统的疏水要设计合理。必须安装自动疏水器，保证系统随时充入有一定过热度的蒸汽。疏水隔离门要关闭严密，防止疏水进入系统造成积粉自燃。疏水管道设计要考虑热量和工质的回收。

（4）设备定期轮换运行：无论是钢球磨煤机中储式制粉系统还是中速磨煤机直吹式制粉系统，从磨煤机检修和磨损等考虑都要实行轮换运行。对于中储式制粉系统，磨煤机和系统内部可能存在一定量的积粉，设备停止时间过长积粉容易自燃，磨煤机再次启动时，煤粉扬起而容易发生爆炸。对于中速磨煤机直吹式系统，磨煤机停止前，磨煤机和一次风管道内的煤粉已经吹扫干净，积粉的可能性极小，但应定期监视给煤机和煤仓温度。

7-48 防止制粉系统爆炸的设备维护措施有哪些？

答：防止制粉系统爆炸的设备维护措施如下：

（1）确保制粉系统防爆门正确动作，保护系统不受破坏。

（2）安装制粉系统CO浓度监测。

（3）制粉系统附近的外露电缆涂刷防火涂料。

（4）控制系统漏粉、漏风情况：

1）对漏粉部位要及早发现、及时清除，防止积粉自燃和污染环境，在清扫过程中应采用负压吸尘系统或者负压吸尘车，避免煤粉二次飞扬造成爆炸事故。

2）控制系统漏风，消除系统内一切可能漏风的部位，特别是中储式制粉系统的粉仓和磁力防爆门的漏风。如不能及早发现并有效控制，极易酿成大的爆炸事故。粉仓的漏风部位主要是钢板和混凝土的结合处，采用新型磁力防爆门能有效控制漏风。

（5）通过系统防磨损改造减少或消除积粉：应用先进的防磨材料和防磨工艺，选择合适的惰化蒸汽压力，防止过度吹损。

7-49 制粉系统防爆定期检查措施有哪些？

答：制粉系统防爆定期检查措施主要包括：

（1）运行人员每 2h 必须对运行和备用磨煤机、给煤机、原煤斗进行检查。

（2）通过红外线温度测量仪测量设备外壳温度有无异常变化。

1）给煤机箱体温度最高不应超过 70℃（应区分是否为给煤机刚投入消防蒸汽和给煤机消防蒸汽门内漏造成）。

2）原煤斗外壳温度不应超过 60℃。

（3）设备各部无明显的自燃点和外壳烧红现象。

（4）对于存在煤粉发热、自燃的异常现象，按照制粉系统防爆的相关规定执行。

7-50 制粉系统非正常运行条件下的安全措施有哪些？

答：制粉系统非正常运行条件下的安全措施主要包括：

（1）直吹式制粉系统带负荷跳闸并经惰化的磨煤机，且确认内部无自燃或燃烧的燃料后，宜按运行规程的启动程序重新启动磨煤机，将内部的燃料吹入炉膛内烧掉，并将系统管道内的煤粉吹扫干净。多台磨煤机同时跳闸时，磨煤机应逐台启动。

（2）发现一次风入口风道或者磨煤机出口温度不正常升高，可初步判断着火时，不要轻易改变此时的运行风量和给煤量，首先应投入消防蒸汽或惰性气体灭火，然后再考虑关热风门、减煤等措施。不要轻易投入消防水系统（特别是对于中速磨煤机），因为能导致磨煤机筒体变形，衬板炸裂。

（3）禁止用射水流、灭火器或其他可能引起煤粉飞扬的方法消除或扑灭厂房或设备内部的自燃煤粉层。敞露的自燃煤粉层应用砂掩埋或用喷雾水熄灭。

（4）当备用中速磨煤机内有燃烧或自燃的燃料时，应首先灭火，并在惰性气氛下，通过石子煤系统清除燃料。但在磨煤机本体及其内部物料冷却到环境温度之前，不应打开和清扫磨煤机。

7-51 火电厂深度调峰的意义是什么？

答：大力发展风能、太阳能等可再生能源已成为“十四五”期间我国电力发展的重点任务之一。由于风电、光伏发电具有随机性、间歇性较强的特点，其大规模并网给电网的安全稳定运行带来了负面影响。为提高可再生能源的消纳能力，承担着全国 70%以上发电量的火电机组须承担电网的调峰任务。

由于用电负荷是不均匀的，在用电高峰时，电网往往超负荷，此时需要投入在正常运行以外的发电机组以满足需求。这些发电机组称调峰机组（因其用于调节用电的高峰，所以称调峰机组）。调峰机组的要求是启动和停止方便快捷，并网时的同步调整容易。一般调峰机组有燃气轮机机组和抽水蓄能机组等。

深度调峰就是受电网负荷峰谷差较大影响而导致发电厂降出力、发电机组超过基本调峰范围，进行调峰的一种运行方式。深度调峰的负荷范围一般高于该电厂锅炉最低不投油稳燃负荷，深度调峰的负荷调节范围目前多为20%～50%BMCR。

7-52 提高机组深度调峰的设备优化措施有哪些？

答：锅炉主机及辅机的设备性能是影响深度调峰的核心因素之一，具体涉及以下几个方面：

（1）具有超强稳燃性能的燃烧器：当燃烧器设计不合理时，调峰负荷受限。

（2）提高火检精度：低负荷下由于火焰信号较弱，需要提高火检精度，避免误跳机。

（3）磨煤机应加装旋转分离器，提高煤粉细度。

（4）提高一次风量检测精度，提高低负荷稳燃性能并降低NO_x生成浓度。

（5）掺烧气体燃料或者纯（富）氧助燃：如天然气、煤气及生物质气等。

7-53 影响机组深度调峰的锅炉侧的常见问题有哪些？

答：影响机组深度调峰的主要设备包括锅炉、汽轮机、辅机设备和控制系统等。锅炉侧常见问题主要包括：

（1）快速变负荷运行时，由于风煤配合不当，引起燃烧不稳或灭火。

（2）低负荷运行时容易产生下粉不均、风粉配合不协调，引起燃烧不稳或灭火。

（3）煤质突变，打破风粉平衡的燃烧状态，引起燃烧不稳或灭火。

（4）锅炉结渣，炉膛大焦坠落，冲击火焰而灭火。

（5）送、引风机流量过低，导致喘振。

（6）热强度不均，受热面流量偏低，局部超温。

（7）主、再热蒸汽参数不达标。

（8）脱硝进口烟气温度不能满足脱硝催化剂要求。

（9）机组协调控制系统不能满足低负荷变动要求。

7-54 简述深度调峰对锅炉稳燃的影响。

答：当锅炉燃烧工况接近设计的最低稳定运行负荷时，炉膛温度处于较低水平，导致煤粉的快速着火出现困难、火焰稳定性差，容易发生熄火、炉膛灭火、放炮等重大安全隐患。

锅炉出厂给定的最低稳燃负荷均是由燃用设计煤种条件所决定的，而实际情况锅炉最低稳燃负荷又受煤种变动等多种主要因素制约。深度调峰过程中随着燃料的逐渐减少，炉膛内温度逐渐降低，在燃用劣质煤时燃烧工况会越发恶劣，极易发生锅炉灭火。

7-55 简述锅炉燃用煤种对深度调峰的影响。

答：近年来，随着大量小煤矿的关停，煤价连年大幅攀升，发电企业为降低成本，经常直接燃用和混配偏离设计的煤种，增加了深度调峰运行的风险。尤其是超临界锅炉当煤种频繁变化、混合不均时，水煤比容易发生大幅度变化，引起主、再热蒸汽温度大幅波动，水冷壁甚至出现超温状况，严重时在低负荷下难以稳定运行。当煤中水分高、灰分高、挥发分较低时，煤的着火热增加、着火延迟或困难，可能发生燃烧异常。因此，锅炉低负荷运行时应采取以下措施：

（1）选择主力磨煤机运行方式。

（2）合适的风煤配比。

（3）磨煤机采用适当低风量运行，提高燃烧器附近的烟气温度和煤粉浓度，提高着火稳定性。

（4）加强低负荷下配煤技术研究，确保锅炉在低负荷下安全稳定运行；进行燃料灵活性研究，调研新型低成本燃料的同时对燃煤掺配经济性进行研究，建立掺配模型。

7-56 简述影响锅炉深度调峰的燃烧器。

答：由于深度调峰接近锅炉不投油稳燃负荷，因此需选用具有浓淡分离功能的燃烧器，优先选用有助于稳定燃烧的新型煤粉燃烧器，并在深度调峰过程中禁止进行吹灰、打焦等干扰燃烧工况的操作。具体可选用如下燃烧器：

（1）直流燃烧器：WR 型、EI 型、PM 型。

（2）旋流燃烧器：OPCC 型、LNASB 型、EI-XCL 型等。

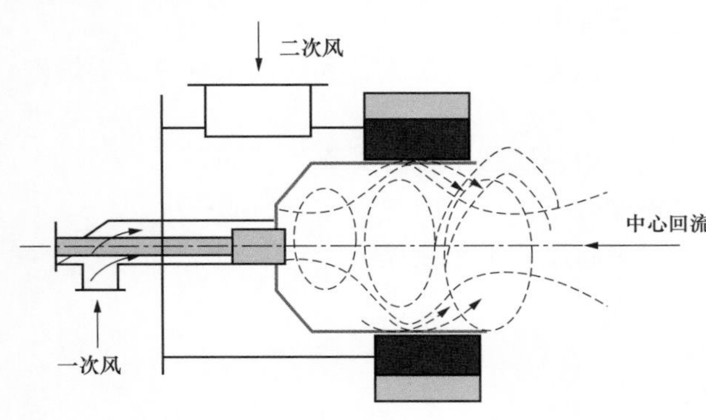

图 7-2 煤粉预燃室燃烧器示意图

7-57 简述煤粉预燃室燃烧器的工作原理。

答：图 7-2 为煤粉预燃室燃烧器示意图，这是我国研究最早的新型煤粉燃烧器装置。预燃室燃烧器具有由耐火材料或耐热钢板制造的前置燃烧室。

7-58 简述钝体燃烧器的工作原理。

答：图 7-3 为钝体燃烧器示意图，它是在角置式煤粉燃烧器每个角一次风喷口出口处设置一个非流线形物体——钝体，使煤粉气流在钝体的尾迹区产生回流，卷吸高温烟气，以利于燃料的着火和火焰的稳定，着火后的煤粉火炬在炉膛内组成四角切圆燃烧。目前，钝体已在我国直流燃烧器上得到了广泛应用。

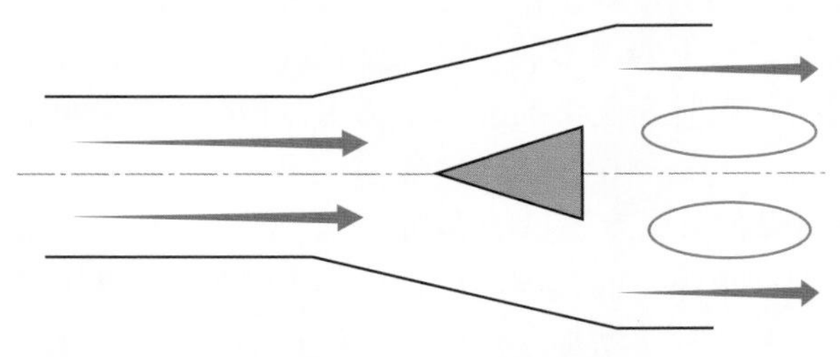

图 7-3 钝体燃烧器示意图

7-59　简述火焰稳燃船燃烧器工作原理。

答：图 7-4 为火焰稳燃船燃烧器示意图，其结构为在常规直流煤粉燃烧器一次风口内加装一个船型火焰稳定器，并在其中心设有点火小油枪。采用这种结构后，煤粉气流绕过它以后射入炉膛，在离一次风喷口不远处形成一个束腰射流。在束腰部的两侧外缘形成高温、高煤粉浓度和有适当氧气浓度的区域，成为点燃煤粉气流的良好着火热源，从而稳定炉膛内燃烧。

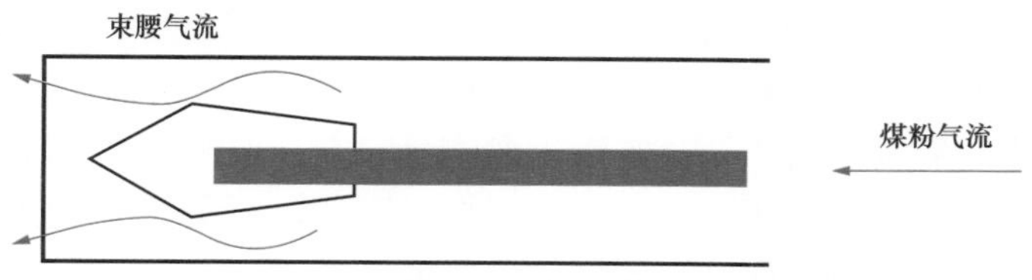

图 7-4　火焰稳燃船燃烧器示意图

7-60　深度调峰的烟气温度调整措施有哪些？

答：锅炉低负荷运行时烟气温度降低，不能满足脱硝系统运行条件，环保设施不能正常投运。可采取以下措施提高烟气温度：

（1）优化磨煤机运行方式，调整火焰中心靠上，提高烟气温度。

（2）提高磨煤机出口温度。

（3）提高二次风温度。

（4）加装省煤器旁路烟道，减少省煤器吸热量，从而提高烟气温度，达到催化剂的运行温度要求。

7-61　深度调峰的一次风速调整有何影响？

答：粉管一次风速大小及其偏差对锅炉在深度调峰状态下的运行影响较大：

（1）一次风速偏高，煤粉气流着火热增加，煤粉偏粗，煤粉气流的着火点推迟，不利于稳定燃烧。

（2）一次风速偏差过大会导致炉膛内热强度偏斜，局部水冷壁温度过高引起超温。

因此，应先将各粉管一次风速偏差调平，在确保不堵管的前提下，适当降低一次风速，提高粉管内煤粉浓度。

7-62　简述煤粉细度调整对深度调峰的影响。

答：煤粉越细（煤粉细度 R_{90} 越小），煤粉颗粒的比表面积增加，煤的表观活化能越低，有利于挥发分的析出和颗粒的非均相着火。随着煤粉粒径降低，煤粉着火温度明显降低。以晋城无烟煤为例，煤粉平均粒径从 90μm 降低至 60μm 后，其着火温度从 640℃左右降低至 570℃左右。在机组深度调峰期间，可通过调整磨煤机分离器挡板或转速，在保证磨煤机运行安全的前提下提高煤粉细度，即降低 R_{90}。

7-63　简述配风方式调整对深度调峰的影响。

答：配风方式对锅炉低负荷稳燃能力的影响与燃烧器的结构形式有关。对于四角切圆锅炉，低负荷下应适当关小周界风，降低煤粉着火热，同时投运燃烧器之间的辅助风开度应合适，过大或过小都不利于低负荷稳燃；对于前后墙对冲旋流燃烧锅炉，低负荷下内二次风风量应适当关小，过大会增加煤粉的着火热。另外，应尽量关小分离燃尽风风门开度，增加主燃烧区的空气量。在保证蒸汽温度的前提下，应尽量减少炉膛出口氧量。

7-64 简述燃烧器旋流强度调整对深度调峰的影响。

答：对前后墙对冲燃烧锅炉，可通过调整燃烧器旋流强度来改变燃烧器喷口一、二次风和高温烟气的流场分布，调节煤粉的着火距离。在一定范围内，旋流强度越大，高温烟气回流量越大，煤粉着火越容易，着火距离越近，燃烧越稳定；但旋流强度过大会导致气流“飞边”现象，引起风粉分离，反而不利于低负荷稳燃。因此，低负荷下燃烧器应维持相对较强的旋流强度，同时确保二次风对煤粉有较好的“包裹”作用。

7-65 简述运行氧量对深度调峰的影响。

答：合适的运行氧量有利于提高锅炉低负荷稳燃能力。运行氧量过大，总风量增加，会导致炉膛内平均温度降低，影响燃烧稳定性；反之，运行氧量过小，一、二次风混合变差，炉膛内煤粉颗粒燃烧不完全，也会威胁锅炉的燃烧稳定性。考虑锅炉低负荷运行过程中大多存在运行氧量偏大的情况，因此在确保炉膛内气体和固体可燃物充分燃尽的同时，应适当降低运行氧量。

7-66 简述磨煤机投运方式调整对深度调峰的影响。

答：磨煤机投运方式对锅炉低负荷稳燃能力的影响十分明显。相对于分散火嘴燃烧，集中火嘴燃烧稳定性更强，因此低负荷下应投运相邻的燃烧器。此外，适当减少磨煤机或给粉机的投运数量，粉管中煤粉浓度会相应提高，热强度会更加集中，锅炉低负荷稳燃能力也会增强。

7-67 简述精细化燃烧调整对深度调峰的影响。

答：在原有设备和煤质条件下，通过锅炉精细化运行调整，一般可将不投油稳燃负荷进一步降低 5%～10%。以内蒙古某燃用低热值高水分烟煤的四角切圆锅炉为例，锅炉额定负荷为 330MW，日常运行最低负荷为 150MW，通过开展一次风速热态调平、适当降低一次风速、降低运行氧量、提高煤粉细度（降低煤粉 R_{90}）、合理配风等精细化调整，投运任意相邻两台磨煤机，可在 83MW［25%ECR（锅炉额定负荷）］负荷下不投油长期稳定运行，实现了深度调峰。某超临界 630MW 机组前后墙对冲燃烧锅炉，入炉煤质为高挥发分烟煤，日常运行最低负荷为 270MW，通过适当调整燃烧器旋流强度、一次风速、配风方式、磨煤机投运方式等，可在投运两台磨煤机的情况下实现 126MW（20%ECR）负荷不投油长期稳定运行，同时通过运行调整降低火焰中心，确保机组在 157MW（25%ECR）负荷以上维持干态运行，保证了机组运行的经济性。

7-68 简述辅机设备对深度调峰的影响。

答：燃煤发电机组在低负荷下长时间运行时，各辅机设备（包括风机和给水泵）均偏离了原来的设计工况，这将直接影响辅机系统的做功效率，可能引发风机的抢风和失速，进而导致喘振、跳闸等一系列安全问题。针对这一问题，目前主流技术是采用变频运行，该运行方式有助于提升燃煤机组在低负荷运行下的效率。

机组参与低负荷深度调峰运行时，因煤粉浓度的制约，必须有2～3台磨煤机运行，因此跳停磨煤机或给煤机对机组的安全运行威胁较大，处理不当将导致锅炉全火焰丧失。为此，要进一步提高设备的可靠性，必须加强对辅机可靠性状态的分析和管理。

7-69 简述控制策略对深度调峰的影响。

答：优化协调控制策略，通过以往运行参数及运行经验，对不同煤种配比、不同变负荷段、不同变负荷速率及幅度进行负荷前馈量的修正，对动态和稳态工况下的参数进行单独设置，从而满足机组在变负荷过程中各参数的要求。

脱硝系统由于存在大延迟、大惯性，PID（比例积分、微分控制）控制回路很难解决这种系统，尤其是在负荷波动大时，喷氨调门往往大幅波动而出口NO_x依然超标，因此需要建立过程数据模型，搭建新型的过程控制策略，从而使脱硝系统能在深度调峰过程中稳定运行，符合环保数据要求。

7-70 简述深度调峰对脱硫和除尘系统运行的影响。

答：国内电站煤粉锅炉的脱硫系统以湿法脱硫为主，基本可以实现全负荷段投入，不影响锅炉低负荷调峰能力；但需要注意在低负荷运行时，由于脱硫蒸发量小，可能造成脱硫水无法控制，影响机组的低负荷运行安全。

锅炉低负荷运行过程中，煤粉燃尽率可能降低，未燃尽的煤粉进入静电除尘器系统，易引发着火风险；同时煤粉颗粒的不充分燃烧，粉尘成分也会发生变化，引起静电除尘效率的降低。通常在锅炉最低不投油稳燃负荷以上工况运行时，除尘系统不会影响机组调峰能力。

7-71 简述深度调峰对脱硝系统运行的影响。

答：随着负荷的降低，锅炉各级受热面或反应装置处的烟气温度也相应降低。对当前国内普遍采用的SCR脱硝装置，低负荷运行对脱硝系统的影响主要包括：

（1）脱硝系统入口烟气温度过低将影响脱硝系统的反应效率，氨逃逸过高会生成较多的硫酸氢铵晶体，从而堵塞空气预热器换热面，威胁机组的安全稳定运行。

（2）在低负荷运行时，如果投入燃油系统保证锅炉稳燃，即使烟气温度满足脱硝催化剂运行要求，但原则上也应停止投入喷氨，防止未完全燃烧的煤油混合物在催化剂表面堆积，引起二次燃烧或催化剂产生板结。

（3）脱硝系统稀释风机的风量不可调节，在低负荷运行期间，进入反应器的烟气量较小，可能会造成气流分布及喷氨的混合产生偏离，造成氨逃逸的增加。

由此分析，锅炉环保装置性能对机组调峰的影响主要集中于脱硝系统。当负荷降低，脱硝入口烟气温度低于催化剂要求的温度限值时，脱硝系统不得不停止运行，这是当前机组低负荷调峰运行所面临的最大问题。因此，在优先保证NO_x污染物排放达标的前提下，脱硝系统能否可靠投用，是锅炉环保性能方面对机组调峰能力的主要限制因素。

7-72 电站煤粉锅炉有哪些常用的节油点火技术？

答：对于新建火力发电机组，在试运行期间需要经过复杂的调试阶段。通常使用常规点火方式的电厂在这个阶段需要消耗大量的燃油。另外，维持机组启、停以及调峰工况下的运行，同样需要消耗大量燃油。若将常规点火方式改为节油点火方式，则可大幅度降低运行费用。电站煤粉锅炉常见的节油点火技术主要包括以下两种：

（1）微油点火：基本原理是利用高能气化油枪使微量油燃烧，并形成高温火焰（1600～1800℃），该高温火焰首先使部分煤粉温度迅速升高，着火燃烧；然后已经着火燃烧的煤粉与更多煤粉混合并点燃，分级燃烧，逐级放大，达到点燃煤粉的目的。

（2）等离子点火：利用直流电流在一定介质气压的条件下接触引弧，并在强磁场控制下获得稳定功率的定向流动空气等离子体，该等离子体在点火燃烧器中形成温度 $T>4000K$ 的梯度极大的局部高温火核。煤粉颗粒通过该等离子体火核时，迅速释放出挥发物，再造挥发分并使煤粉颗粒破裂粉碎，从而迅速燃烧。

7-73 什么是煤的化学干预煤炭催化燃烧技术？

答：在煤中加入少量的化学添加剂可以改变煤的燃烧性能，这是煤的化学干预煤炭催化燃烧技术。根据添加剂的效果不同，可以分为节煤减排类、除焦类，通常节煤减排类添加剂可以达到促进燃烧、提高锅炉热效率、降低污染物生成浓度的效果，进而达到节煤目的；而除焦剂又称防结渣添加剂，通常是通过改变煤灰化学成分，进而改变煤种在炉膛内的结渣和沾污。这些锅炉添加剂通常为固态或液态。

7-74 什么是锅炉防结渣添加剂技术？

答：所谓防结渣添加剂是指将少量不同种类的化学药品掺入煤中或直接喷入炉膛内，结渣添加剂在固态排渣电站煤粉锅炉中的应用主要是为了减轻受热面的结渣沾污；而在液态排渣锅炉中应用，则是为了改善液态渣流动特性，以便能有效地与气相或固相燃烧产物混合反应。

燃煤锅炉中使用除渣剂的量通常并不足以明显改变灰的成分，主要是靠表面催化和选择性化学反应降低灰沉积的倾向。因此，在燃煤锅炉中使用除渣剂应在具有足够科学依据条件下谨慎进行。由于入炉煤质（主要是灰分和灰成分）的波动，以及锅炉负荷高低、磨煤设备运行方式和吹灰系统运行的有效性等因素的影响，往往会妨碍或促进防结渣添加剂可能发生的作用，故在燃煤机组上进行使用添加剂的效果评定时需要通过专业机构进行。

7-75 防结渣添加剂的投入方式有哪些？

答：在大多数防结渣添加剂的应用中，要求添加剂加入炉膛内在烟气中能迅速均匀分布，添加剂的投入方式通常包括以下两种：

（1）连续加入煤中或直接加入炉膛内。

（2）间歇加入，即在短期内以较高剂量（按与煤灰之比）加入煤中或炉膛内，直接注入到炉膛水冷壁和过热器上严重结渣、沾污部位。国外曾在一台燃用黑液燃料的锅炉炉管上间断使用氧化镁添加剂，取得了较好的效果。这种燃料灰分为40%，灰熔点约为1000K。在不用添加剂时，吹灰也很难控制过热蒸汽温度，后利用伸缩式吹灰器喷射氧化镁浆至炉管上，解决了运行问题，改善了机组的可用率。

第八章

神府东胜煤锅炉设计及运行优化技术

8-1 典型神府东胜煤锅炉设计时重点考虑的问题有哪些？

答：神府东胜煤的着火和燃尽性能优良，但具有严重结渣和较高的沾污倾向，在锅炉设备选型和参数设计时，在保证煤粉燃尽率、控制NO_x生成浓度的基础上，需要重点考虑锅炉设备的防结渣和防沾污性能，应重点考虑问题主要包括：

（1）炉型和燃烧方式。

（2）炉膛热强度参数和燃尽高度、最下层燃烧器中心距冷灰斗下折点距离。

（3）燃烧器类型和布置。

（4）吹灰器布置。

（5）风温、风速、风量配比。

（6）运行氧量。

（7）煤粉细度和煤粉均匀性。

（8）屏底烟气温度和炉膛出口烟气温度。

（9）观火孔等。

8-2 典型神府东胜煤锅炉在低氮燃烧技术下应保证的基本指标有哪些？

答：神府东胜煤锅炉在低氮燃烧技术下，应保证的基本指标包括：

（1）脱硝装置入口NO_x浓度不应大于200mg/m^3（标准状态、干燥基、6%O_2、40%～100%负荷、以NO_2计）。

（2）锅炉热效率达到94.0%以上。

（3）排烟CO体积含量不超过100μL/L。

（4）飞灰可燃物小于1.0%。

（5）锅炉主、再热蒸汽参数达标，炉膛内不出现影响锅炉安全运行的受热面沾污、积灰、结渣，水冷壁不发生高温腐蚀。

（6）锅炉最低不投油稳燃负荷达到20%～30%BMCR水平。

8-3 简述神府东胜煤的NO_x的排放特性。

答：目前，按照神府东胜煤设计的大容量电站煤粉锅炉炉膛出口的NO_x生成浓度大多能控制在200mg/m^{3}及以下（标准状态下）。神府东胜煤的NO_x的排放具有以下特点：

（1）NO_x生成浓度较一般烟煤偏低：神府东胜煤含氮量较低、挥发分含量高、易着火、易燃尽，因此神府东胜煤适宜实行严格的分级燃烧技术以及采用低氧燃烧技术，可在较低的温度下安全、高效燃烧，故其 NO_x 生成量可以较其他煤低出较多。

（2）神府东胜煤的低硫特性为严格分级风的实施提供了条件：可采用更严格的低氧与分级燃烧方式，由于神府东胜煤硫含量较低，H_2S 的生成量也较低，通常不会发生严重的高温腐蚀。

（3）燃料分级燃烧技术，即再燃烧技术，是指在炉膛内设置再燃燃料欠氧燃烧的 NO_x 还原段。神府东胜煤的易燃特点使其适宜在燃料分级技术中作为再燃燃料并获得较好的低氮效果。西安热工研究院有限公司的试验研究表明，使用神府东胜煤（试验用补连塔煤）作为再燃燃料，降低 NO_x 的效果比采用低挥发分煤提高近 10%。

8-4 简述典型神府东胜煤锅炉适合的燃烧方式及炉膛布置方式。

答：按照 DL/T 831《大容量煤粉锅炉炉膛选型导则》规定，锅炉燃烧方式的选择主要取决于设计煤质特性，尤其是煤的着火特性。对煤着火特性的判别宜采用煤粉气流着火温度指标（IT，℃）；对于易着火煤（IT≤700℃，V_{daf}>25%），应采用切向燃烧方式或墙式燃烧方式。

典型神府东胜煤的着火温度 IT 较低，一般在 570℃以下，着火性能优良，因此燃烧方式宜采用切向燃烧方式或墙式燃烧方式。从锅炉炉膛的布置方式来看，Π 形和塔式两种布置方式均可适用。表 8-1 为典型神府东胜煤锅炉的燃烧方式和炉膛布置方式。运行结果也表明不同的炉膛布置方式和燃烧方式对锅炉热效率没有明显影响。

表 8-1　典型神府东胜煤锅炉的燃烧方式和炉膛布置方式

电厂名称	TS7	BLSQ	SHFN	WZ	GHJJ	JJ	GHNHYQ	YH
炉膛型式	塔式	Π 形	Π 形	Π 形	Π 形	Π 形	Π 形	Π 形
燃烧方式	四角切圆	墙式对冲	墙式对冲	墙式对冲	墙式对冲	四角切圆	四角切圆	八角双切圆

8-5 简述典型神府东胜煤锅炉的炉膛截面热强度参数的选取。

答：炉膛断面热强度与炉膛（特别是燃烧器区）结渣有较大关系，随着机组容量的增加，炉膛断面热强度增加，不能布置吹灰器的燃烧器区域加大，存在结渣隐患。

表 8-2 为典型神府东胜煤锅炉的炉膛截面热强度参数的选取。通常塔式锅炉的截面热强度选取较 Π 形锅炉高。对 300～1000MW 神府东胜煤机组，锅炉的炉膛截面热强度 q_F 取值应在 4.6MW/m^2 及以下。

表 8-2　典型神府东胜煤锅炉的炉膛截面热强度参数的选取

电厂名称	YH	GHNHEQ	NTSQ	TS7	BLSQ	SHFN	WZ	GHJJ	JJ
机组容量（MW）	1000	1000	1050	1000	1000	1050	1050	1000	660
炉膛型式	Π 形	塔式	塔式	塔式	Π 形	Π 形	Π 形	Π 形	Π 形
燃烧方式	双切圆	四角切圆	四角切圆	四角切圆	墙式对冲	墙式对冲	墙式对冲	墙式对冲	四角切圆
宽（m）	32.08	23.16	21.48	21.48	33.97	33.9734	33.973	33.9734	18.816
深（m）	15.67	23.16	21.48	21.48	15.53	15.558	16.828	15.558	18.816
炉膛截面面积（m^2）	502.69	536.39	461.39	461.39	527.55	528.58	571.70	528.57	354.04
炉膛截面热强度（BMCR，MW/m^2）	4.6	4.47	5.15	5.191	4.5	4.59	4.12	4.42	4.421

8-6 **简述典型神府东胜煤锅炉的燃烧器区壁面热强度 q_B 的选取。**

答： 燃烧器区壁面热强度的选取对燃烧器区的结渣影响较大，对于严重结渣煤种，通常选取较低值有利于缓解燃烧器区的结渣。表 8-3 为典型神府东胜煤锅炉的燃烧器区壁面热强度的选取。对于 300～1000MW 神府东胜煤机组，建议 q_B＜1.5MW/m^2；当燃用煤种结渣性能强且煤灰中 CaO 和 Fe_2O_3 含量较高时，建议 q_B＜1.2MW/m^2。

表 8-3 **典型神府东胜煤锅炉的燃烧器区壁面热强度的选取**

电厂名称	YH	GHNHEQ	NTSQ	TS7	BLSQ	SHFN	WZ	GHJJ	JJ
机组容量（MW）	1000	1000	1050	1000	1000	1050	1050	1000	660
炉膛型式	Π 形	塔式	塔式	塔式	Π 形	Π 形	Π 形	Π 形	Π 形
燃烧方式	双切圆	四角切圆	四角切圆	四角切圆	墙式对冲	墙式对冲	墙式对冲	墙式对冲	四角切圆
燃烧器区壁面热强度（BMCR，MW/m^2）	1.67	1.07	1.12	1.155	2.31	1.67	1.13	1.61	1.568

8-7 **简述典型神府东胜煤锅炉的燃尽高度 h_1 的选取。**

答： 燃尽高度 h_1 随容量的增加而增加，燃尽高度的合理选取不仅对保证煤粉燃尽有利，对屏式过热器结渣防治也有一定作用，表 8-4 为典型神府东胜煤锅炉的燃尽高度的选取。通常，当炉膛截面选取较大，即截面热强度选取较小，烟气在炉膛内的流速较低时，燃尽高度可选取较低值；反之，炉膛截面较小，烟气在炉膛内的流速较高时，燃尽高度应选取较高值。炉膛截面和燃尽高度共同确定了煤粉在炉膛内的停留时间，直接影响煤粉的燃尽性能和屏区的结渣、水平烟道的沾污。对于神府东胜煤机组，建议选取较高的燃尽高度，有利于降低屏底烟气温度，缓解屏区结渣。

表 8-4 **典型神府东胜煤锅炉的燃尽高度的选取**

电厂名称	YH	GHNHEQ	NTSQ	TS7	BLSQ	WZ	GHJJ	JJ	GHNHYQ
机组容量（MW）	1000	1000	1050	1000	1000	1050	1000	660	630
炉膛型式	Π 形	塔式	塔式	塔式	Π 形	Π 形	Π 形	Π 形	Π 形
燃烧方式	双切圆	四角切圆	四角切圆	四角切圆	墙式对冲	墙式对冲	墙式对冲	四角切圆	四角切圆
最上层燃烧器距屏下距离（m）	22.36	26.63	28.4	28.331	22.29	24.067	24.2917	22.1	20.13

8-8 **简述典型神府东胜煤锅炉的炉膛容积热强度 q_V 的选取。**

答： 炉膛容积热强度 q_V 随容量的增加而降低，结合燃尽高度的选取，两者对屏式过热器（大屏）结渣防治有一定作用。对 Π 形布置的大容量神府东胜煤机组，保证屏式过热器在高结渣性以下区域，热强度参数选取较为困难，但应使屏式过热器结渣在严重结渣以下并配置相应的吹灰器，可达到安全稳定运行。表 8-5 为典型神府东胜煤锅炉的炉膛容积和热强度参数的选取。对 1000MW 等级四角切圆燃烧锅炉机组，h_1＞24m、q_V＜75kW/m^3 对防治屏式过热器结渣是必要的。前后墙旋流燃烧方式因为火焰相对较短，h_1 可适当降低。

表 8-5　　典型神府东胜煤锅炉的炉膛容积和热强度参数的选取

电厂名称	YH	GHNHEQ	NTSQ	TS7	BLSQ	SHFN	WZ	GHJJ	JJ
机组容量（MW）	1000	1000	1050	1000	1000	1050	1050	1000	660
炉膛型式	Π 形	塔式	塔式	塔式	Π 形	Π 形	Π 形	Π 形	Π 形
燃烧方式	双切圆	四角切圆	四角切圆	四角切圆	墙式对冲	墙式对冲	墙式对冲	墙式对冲	四角切圆
炉膛容积（m^3）	28000	36373	32568	32379	29810	31986	36580	30612	20611
炉膛容积热强度（BMCR，kW/m^3）	83	65.9	73.5	73.97	80	75.85	64.39	76.26	75.94

8-9　典型神府东胜煤锅炉冷灰斗防结渣设计主要考虑哪些方面？

答：对于神府东胜煤，冷灰斗防结渣设计主要考虑以下方面：

（1）下层燃烧器中心到冷灰斗上折点的距离：该距离决定了冷灰斗与主燃烧器的距离。四角燃烧方式锅炉为摆动式燃烧器，以燃烧器摆动来调节再热蒸汽温度，在燃烧器至过热器屏下距离不足或炉膛内结渣沾污较重时，锅炉上部温度上升，燃烧器须下摆以降低火焰中心，此时，冷灰斗温度会升高，使结渣倾向加剧。对结渣性能严重的神府东胜煤，该距离小于 4.5m 时可能加剧冷灰斗结渣趋势。墙式燃烧没有燃烧器下摆的问题，但对大型锅炉应在 4.0m 以上。

（2）冷灰斗斜坡与水平面夹角：斜坡角度增大可使冷灰斗灰渣易下滑，应保证斜坡角度为 55°。

（3）冷灰斗水冷壁类型：冷灰斗水冷壁管为螺旋管盘绕结构，灰渣易滞留，在高温下会被重新烧结。

（4）冷灰斗排渣口深度：排渣口应有足够深度以免灰渣卡住搭桥，对于神府东胜煤机组建议该值不小于 1.4m。

（5）除渣系统：捞渣机经碎渣机之后，将干渣外运的系统较水封斗经碎渣机以冲灰管道外排或用螺旋式或除渣机接冲灰管道的方式安全性要高。

8-10　简述典型神府东胜煤锅炉的最下层燃烧器中心距冷灰斗上折点距离 h_3 的选取。

答：最下层燃烧器中心距冷灰斗上折点的距离选取通常需要考虑煤样的结渣性能和燃尽性能。为了降低大渣的飞灰可燃物以及冷灰斗的结渣，通常需要选取较大值；相对切圆燃烧，墙式燃烧锅炉可选取相对较低值。表 8-6 为典型神府东胜煤锅炉的最下层燃烧器中心距冷灰斗上折点距离的选取。对于 300～1000MW 神府东胜煤锅炉，当选用切圆燃烧方式时，建议 $h_3>5.0m$；当选用摆动式燃烧器时，建议 $h_3>5.5m$；当选用墙式燃烧锅炉时，建议 $h_3>4.5m$。

表 8-6　　典型神府东胜煤锅炉的最下层燃烧器中心距冷灰斗上折点距离的选取

电厂名称	YH	GHNHEQ	NTSQ	TS7	BLSQ	WZ	JJ	GHNHYQ
机组容量（MW）	1000	1000	1050	1000	1000	1050	660	630
炉膛型式	Π 形	塔式	塔式	塔式	Π 形	Π 形	Π 形	Π 形
燃烧方式	双切圆	四角切圆	四角切圆	四角切圆	墙式对冲	墙式对冲	四角切圆	四角切圆
最下层燃烧器中心距冷灰斗上折点距离（m）	6.94	5.233	5.23	5.11	3.38	5.542	5.106	5.969

8-11 简述神府东胜煤锅炉屏底及炉膛出口烟气温度的选取。

答： 炉膛出口烟气温度一般指由炉膛出口进入高温过热器之前的烟气温度，控制好炉膛出口烟气温度可有效防止神府东胜煤锅炉屏区和水平烟道受热面的沾污和结渣，这是因为烟气温度过高会使飞灰处于熔融状态，黏结到高温对流受热面管子壁面上，灰污使壁温升高又加剧结渣，严重时可使管间通道堵塞，影响锅炉正常运行。

通常用灰的变形温度 DT 作为不发生结渣的极限温度，由于神府东胜煤灰的软化温度 ST 与 DT 之差小于 100℃，因此炉膛出口烟气温度应按小于（ST−100）℃选取。另外，由于神府东胜煤结渣性较强，锅炉炉膛出口布置屏式过热器时，屏式过热器后烟气温度应小于（DT −50）℃或（ST −150）℃。表 8-7 为典型神府东胜煤锅炉屏底及炉膛出口烟气温度的选取，通常选取较低的值可缓解屏区结渣。推荐神府东胜煤 Π 形锅炉的屏底烟气温度和炉膛出口烟气温度分别控制在 1280℃和 980℃左右；对于塔式锅炉，通常屏下烟气温度可选取更低值。

表 8-7　　典型神府东胜煤锅炉屏底及炉膛出口烟气温度的选取

电厂名称	YH	GHNHEQ	NTSQ	TS7	BLSQ	SHFN	WZ	GHJJ	JJ
机组容量（MW）	1000	1000	1050	1000	1000	1050	1050	1000	660
炉膛型式	Π 形	塔式	塔式	塔式	Π 形	Π 形	Π 形	Π 形	Π 形
燃烧方式	双切圆	四角切圆	四角切圆	四角切圆	墙式对冲	墙式对冲	墙式对冲	墙式对冲	四角切圆
炉膛出口温度（BMCR，℃）	990	995	1008	1003	1016	989	962	991	983
屏底烟气温度（BMCR，℃）	1374	1220	1300			1322		1283	1282

8-12 简述典型神府东胜煤锅炉的直流燃烧器布置方式。

答： 直流燃烧器一般采用四角（八角）布置，每角的燃烧器由十几层相间布置的一、二次风喷口组成，燃烧器射流中心线在炉膛中心形成假想切圆，按照一、二次风切圆直径的大小和转向的不同，分为以下几种类型：

（1）对冲布置（一次风对冲、二次风切向）。

（2）同向布置（一、二次风直径和偏转角度相同）。

（3）同心正切（二次风切圆直径大于一次风）。

（4）同心反切（二次风切圆转向与一次风相反）。

在主燃烧器顶部布置紧凑燃尽风、在主燃烧器区上方布置分离燃尽风。典型神府东胜煤锅炉直流燃烧器及其纵向布置以及燃烧器典型切圆布置分别见图 8-1 和图 8-2。

8-13 简述神府东胜煤锅炉除渣方式的选取。

答： 在水资源丰富的南方地区，投运的大型神府东胜煤锅炉大都采用水封斗带碎渣机的除渣方式，此种方式可在焦渣掉落时对其进行水激冷却，有一定破碎作用。但若结渣控制不佳，导致渣块过大，则炉膛内形成的大块凝固焦渣脱落后会卡在碎渣机入口；或是硬度过大、过分坚硬无法破碎，影响正常除渣，成为锅炉限制负荷的原因之一。

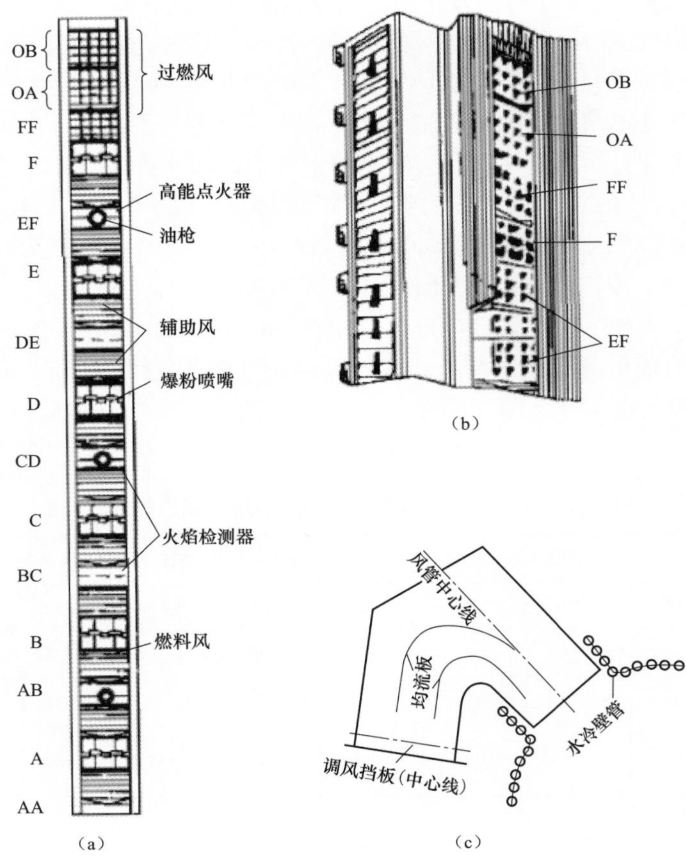

图 8-1　典型神府东胜煤锅炉直流燃烧器及其纵向布置

（a）喷口布置；（b）喷口（局部）；（c）二次风道调风挡板位置

A、B、C、D、E、F—一次风喷口；AA、BC、DE、EF—辅助风喷口；

AB、CD、EF—内置油枪的辅助风喷口；OA、OB—紧凑燃尽风喷口

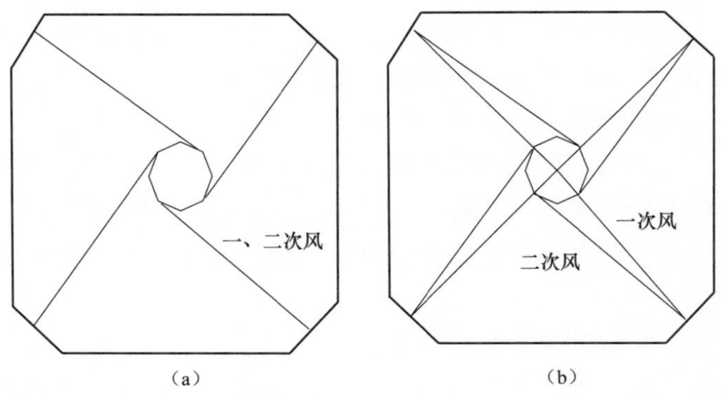

图 8-2　神府东胜煤锅炉燃烧器典型切圆布置（一）

（a）一、二次风同向布置；（b）一次风对冲、二次风切向布置

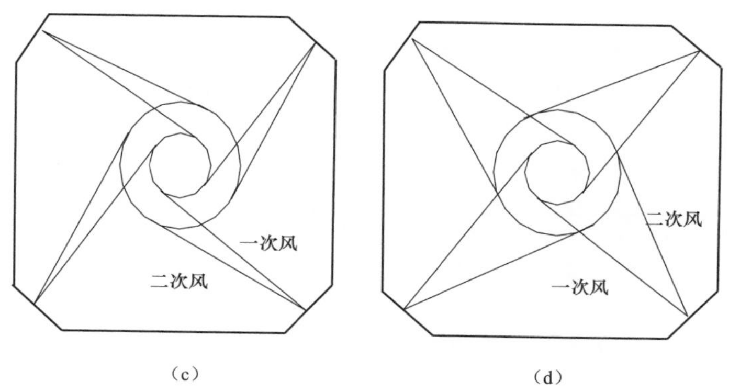

图 8-2 神府东胜煤锅炉燃烧器典型切圆布置（二）

（c）一、二次风同心正切布置；（d）一、二次风同心反切布置

对于北方缺水地区，近年来投运的大型锅炉在燃用低灰熔点煤时也较多采用干式除渣机，在改进锅炉炉膛热强度、燃烧器设计、吹灰器布置和高灰熔点煤掺烧的情况下，锅炉结渣并不太严重；另外由于神府东胜煤的灰分较低，也比较适合采用。

8-14 简述神府东胜煤锅炉观火孔设计内容。

答：通过安装在炉膛的观火孔，可以直接观察炉膛内的燃烧状态，尤其是对于易结渣的神府东胜煤锅炉，合适的观火孔设计可以对炉膛内的易结渣和易沾污区域进行监督，对保障锅炉安全运行具有重要意义。对于神府东胜煤锅炉，建议观火孔设置如下：

（1）锅炉燃烧器喷口附近、还原区炉墙中部和屏式过热器下部标高应设有一定数量的看火孔，以便观察各燃烧器的着火状况及水冷壁、屏式过热器的清洁程度。

（2）适当增加看火孔数量，直至能察看到折焰角上部前水平烟道内和冷灰斗斜坡上的灰渣堆积状况。

（3）观火孔应前后或左右对称布置。

8-15 简述典型神府东胜煤锅炉直流燃烧器配风参数选取。

答：典型神府东胜煤锅炉直流燃烧器配风参数选取（BRL 工况）见表 8-8。

表 8-8 典型神府东胜煤锅炉直流燃烧器配风参数选取（BRL 工况）

机组额定电功率（MW）	300	600	1000
一次风喷口（只）	16～24 （18～24）	20～24 （32～48）	48
一次风喷口（层）	4～6	5～6	单火球 12， 双火球 6
一次风率（%）	14～25 （25～35）	14～25 （25～35）	18～25
一次风出口速度（m/s）	22～30 （18～25）	22～32 （18～25）	22～32
二次风率（%）①	75～84 （65～75）	75～82 （65～75）	75～82

续表

机组额定电功率（MW）	300	600	1000
二次风出口速度（m/s）	40～55 （40～55）	40～55 （46～56）	40～56
炉膛出口过量空气系数	1.15～1.20		1.15～1.20

注 表中括号内数据是风扇磨褐煤机组的数值。

① 二次风率中包括燃尽风；配风率总和为100%，未计入炉膛漏风率（一般小于5%）。

8-16 简述典型神府东胜煤锅炉旋流燃烧器配风参数的选取。

答：典型神府东胜煤锅炉旋流燃烧器配风参数的选取（BRL工况）见表8-9。

表8-9 典型神府东胜煤锅炉旋流燃烧器配风参数的选取（BRL工况）

制粉系统形式	直吹式		
机组额定电功率（MW）	300	600	1000
燃烧器（只）	20～24	25～36	48
燃烧器（层）	5～6		6
一次风率（%）	16～25		16～25
一次风出口速度（m/s）	16～25		17～25
二次风率（%）①	75～84		75～84
二次风出口速度（m/s）	内环风速为13～26，外环风速为26～40		
炉膛出口过量空气系数	1.15～1.2		

① 二次风率中包括燃尽风；配风率总和为100%，未计入炉膛漏风率（一般小于5%）。

8-17 简述典型神府东胜煤锅炉一、二次风温的选取。

答：一次风粉混合物的设计温度 t_{PA} 和二次风设计温度 t_{SA} 对制粉系统安全及着火稳燃影响较大，对于神府东胜煤锅炉，一、二次风温度的设计取值范围见表8-10。

实际运行中，为防止自燃和爆炸，神混系列煤磨煤机出口温度宜控制在65～75℃，有些电厂从节能角度考虑，磨煤机出口温度控制在80℃以上。

表8-10 神府东胜煤锅炉一、二次风温度的设计取值范围

煤　类	神府东胜煤
磨煤机及制粉系统	中速磨煤机、直吹式
磨煤机出口温度 $t_{m,2}$（℃）	约75
磨煤机入口风温（℃）	约300
二次风温度 t_{SA}（℃）	290～320

8-18 简述神府东胜煤锅炉的水冷壁高温腐蚀因素及防治方法。

答：神府东胜煤硫含量较低，一般在0.8%以下，在采用适当低氧+深度空气分级后，一般情况下锅炉水冷壁不会发生严重的高温腐蚀问题，但当炉膛内燃烧工况不良、配风不合理时，水冷壁附近烟气中氧量较低，形成局部还原性气氛，导致 H_2S 含量升高。表 8-11 为 NH 电厂 600MW 神府东胜煤机组的炉膛贴壁气氛测试结果，可见，尽管电厂入炉煤的硫含量全年平均在 0.5%以下，但炉膛水冷壁区域仍存在腐蚀性气体，O_2 低还原性气氛重，而 H_2S 含量较高（大部分都在 300μL/L 以下），这种情况一般通过燃烧优化调整即可明显改善贴壁气氛。

对于神府东胜煤锅炉，日常运行中对燃烧器区域水冷壁近壁气氛进行 O_2、CO 和 H_2S 监测是必要的，当 H_2S 大于 200μL/L 以及 CO 大于 5000μL/L 时，需注意由此带来的高温腐蚀。对于切圆燃烧锅炉，应注意开大周界风；对于对冲燃烧锅炉，则应降低燃烧器外二次风旋流强度和开大贴壁风。此外，还应注意适当提高氧量和 NO_x 生成浓度。

表 8-11　NH 电厂 600MW 神府东胜煤机组的炉膛贴壁气氛测试结果

名称		前墙			后墙		
		点 1	点 2	点 3	点 1	点 2	点 3
42m 标高	O_2（%）	0.00	0.00	0.00	0.00	0.00	0.00
	H_2S（μL/L）	298	388	345	256	238	260
36m 标高	O_2（%）	0.00	0.00	0.00	0.00	0.26	0.05
	H_2S（μL/L）	257	302	305	235	226	247
32m 标高	O_2（%）	0.00	0.00	0.00	0.00	0.17	0.09
	H_2S（μL/L）	238	285	299	240	224	193
28m 标高	O_2（%）	0.00	0.00	0.00	0.00	0.17	0.09
	H_2S（μL/L）	256	280	295	231	235	252

8-19 简述煤粉细度对神府东胜煤锅炉高温腐蚀的影响。

答：对于神府东胜煤，一方面，煤种燃烧性能优良，即使选用较粗的煤粉仍可获得优良的燃烧经济性，且可以降低制粉系统电耗；另一方面，神府东胜煤具有严重结渣倾向，煤粉过粗，容易导致煤粉贴墙燃烧和结渣，加剧高温腐蚀。因此从安全角度考虑，燃用神府东胜煤需要采用更细的煤粉，同时也有利于降低 NO_x 生成量。对于神府东胜煤，通常推荐煤粉细度 R_{90} 在 20%以下，具体需要结合锅炉设计确定。

8-20 神府东胜煤锅炉炉膛的高温腐蚀防治措施有哪些？

答：纯烧神府东胜煤的锅炉需要采取以下防高温腐蚀措施：

（1）炉膛热强度参数选取：锅炉设计时应选择较大的炉膛尺寸和燃尽空间，降低容积热强度和燃烧器区域热强度。

（2）优化燃烧器设计：通过合理选择燃烧器类型和布置方式，改善燃烧器出口气流状况，防止在水冷壁附近形成还原性气氛和预防未燃颗粒直接冲刷水冷壁形成结渣。

（3）保证水冷壁热强度的均匀性：避免局部管壁温度过高造成高温腐蚀加重，在易腐蚀区域可考虑增加水冷壁壁温测点。

（4）采用贴壁风技术、表面喷涂等。

（5）合理控制炉膛出口烟气温度，加强受热面吹灰，避免出现炉膛出口烟气温度过高造成高温过热器、高温再热器沾污，形成熔渣腐蚀。

（6）锅炉运行方式优化：合理配风、较细的煤粉、控制各燃烧器间煤粉浓度分布、防止锅炉缺氧燃烧。

8-21 **简述典型神府东胜煤锅炉炉膛吹灰器的布置特点。**

答： 表 8-12 为典型 600～1000MW 神府东胜煤锅炉的炉膛吹灰器布置，当锅炉炉膛热强度选取较大，锅炉防渣性能较好时，可适当减少吹灰器的布置，最终推荐不同燃烧方式神府东胜煤锅炉炉膛吹灰器的配置如表 8-13 所示。

表 8-12 **典型 600～1000MW 神府东胜煤锅炉的炉膛吹灰器布置**

电厂名称	YH	GHNHEQ	NTSQ	TS7	SHFN	WZ	GHJJ	JJ
机组容量（MW）	1000	1000	1050	1000	1050	1050	1000	660
炉膛型式	Π 形	塔式	塔式	塔式	Π 形	Π 形	Π 形	Π 形
燃烧方式	双切圆	四角切圆	四角切圆	四角切圆	墙式对冲	墙式对冲	墙式对冲	四角切圆
炉膛吹灰器（只）	116	64	64	64	119	118	82	96
炉膛水吹灰		12		8				

表 8-13 **不同燃烧方式神府东胜煤锅炉炉膛吹灰器的配置**

设计煤质	神府东胜煤		
机组额定电功率（MW）	300	600	1000
吹灰器	炉膛吹灰器数量（短吹灰器）		
四角切圆燃烧方式（只）	≥88	88～100	110～120
墙式燃烧方式（只）	≥60	≥80	≥100

8-22 **简述典型神府东胜煤锅炉屏区吹灰器的布置。**

答： 对于早期的四角燃烧 Π 形锅炉，通常在屏区不加装吹灰器，为了满足锅炉的屏区防渣要求，建议前后屏式过热器之间以及屏式过热器与后屏过热器之间的距离在 600～700mm，以便加装足够的吹灰器。TS 电厂 600MW 四角切圆机组为了能够全烧神府东胜煤，在屏式过热器、后屏过热器、低温过热器等受热面共增加 18 只吹灰器。图 8-3 是屏区吹灰器的布置示意图。为保证锅炉受热面不被吹损，加装吹灰器的同时应对锅炉吹灰器吹扫范围内的高温受热面（高温过热器、再热器）管材进行防磨喷涂处理，对低温受热面（低温过热器及省煤器）加装防磨护瓦。

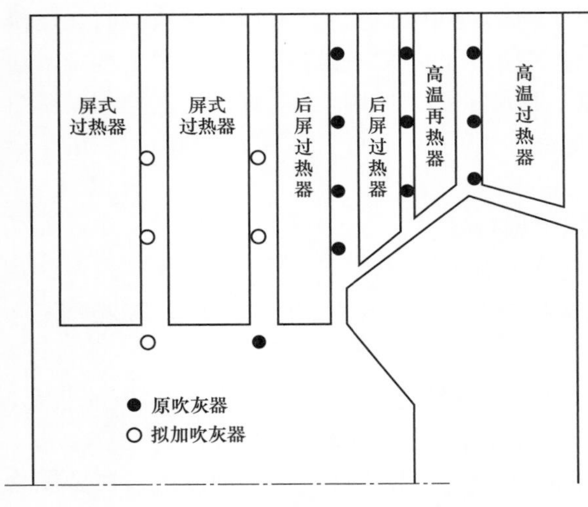

图 8-3 屏区吹灰器的布置示意图

8-23 简述典型神府东胜煤锅炉长伸缩吹灰器配置及推荐。

答：长伸缩式吹灰器主要布置在屏区、水平烟道和尾部竖井烟道，用于吹扫屏式过热器、高温高压过热器、高温高压再热器、低温低压过热器、低温低压再热器和省煤器等受热面。表 8-14 为不同燃烧方式神府东胜煤锅炉长伸缩吹灰器的配置，表 8-15 为不同燃烧方式锅炉水平烟道及尾部受热面吹灰器配置推荐。

表 8-14　　不同燃烧方式神府东胜煤锅炉长伸缩吹灰器的配置

电厂名称	单位	YH	GHNHEQ	NTSQ	TS7	SHFN	WZ	GHJJ
机组容量	MW	1000	1000	1050	1000	1050	1050	1000
炉膛型式	—	Π 形	塔式	塔式	塔式	Π 形	Π 形	Π 形
燃烧方式	—	双切圆	四角切圆	四角切圆	四角切圆	墙式对冲	墙式对冲	墙式对冲
水平烟道及尾部受热面吹灰器数量	只	56	84	96	100	52	84	52

表 8-15　　不同燃烧方式锅炉水平烟道及尾部受热面吹灰器配置推荐

设计煤质	神府东胜煤		
机组额定电功率（MW）	300	600	1000
吹灰器	水平烟道及尾部受热面		
切圆或墙式燃烧方式（只）	≥56	≥56	≥80

8-24 简述神府东胜煤锅炉运行氧量的选取原则。

答：神府东胜煤在我国动力用煤中属于极易着火、极易燃尽的烟煤，因此在低氧条件下，结合空气深度分级技术，可实现较低的 NO_x 生成量，同时锅炉热效率可达 94%以上。

神府东胜煤锅炉运行氧量的选取原则如下：

（1）选择较高的运行氧量主要是为了降低屏区和对流受热面区域的烟气温度，减轻屏区和水平烟道对流受热面沾污和结渣，同时会增加燃烧器区的放热强度，造成燃烧器喷口附近和水冷壁结渣。

（2）表 8-16 是典型府东胜煤锅炉的运行氧量，可见即使在较低的运行氧量下，神府东胜煤锅炉的飞灰可燃物仍然较低，采用低氧燃烧方式可降低排烟损失和 NO_x 生成浓度，建议神府东胜煤锅炉的运行氧量在 2.5%～3.0%，并配合较细的煤粉和加强吹灰。

（3）在存在分离燃尽风的低氮燃烧条件下，屏区受热面还可采用增加吹灰器的方法减轻结渣。

表 8-16　　典型神府东胜煤锅炉的运行氧量

电厂名称	TS7	SHFN	WZ	GHJJ	JJ	GHNHYQ
机组容量（MW）	1000	1050	1050	1000	660	630
炉膛型式	塔式	Π 形	Π 形	Π 形	Π 形	Π 形
燃烧方式	四角切圆	墙式对冲	墙式对冲	墙式对冲	四角切圆	四角切圆
运行氧量性能测试（BMCR，%）	2.56	3.17	2.62	3.00	3.60	3.20
飞灰可燃物（%）	0.71	0.40	0.42	0.41	0.98	1.10

8-25 简述神府东胜煤煤粉细度 R_{90} 及煤粉均匀性指数 n 的选取。

答： 神府东胜煤在低氮燃烧条件下，为保证低氮效果、燃烧效率和防止炉膛出口受热面结渣，煤粉细度 R_{90} 一般按照 $0.5nV_{daf}$ 选取，其中 n 为煤粉均匀性指数，即设计煤粉细度一般在16%～20%，可取得较好的综合效果。

煤粉均匀性指数随选择的分离器类型的不同而不同，静态分离器的煤粉均匀性指数约为1.1，动静态分离器的煤粉均匀性指数约为1.2，后者产生的粗颗粒更少，更有利于提高燃烧效率和减轻受热面结渣。

8-26 简述神府东胜煤锅炉的飞灰及灰渣含碳热损失。

答： 神府东胜煤的干燥无灰基挥发分含量一般在30%以上，煤粉细度可控制在20%以内，着火温度较低、燃尽率较高，其现代大型电站锅炉的飞灰可燃物含量一般在1%以内。表8-17为典型神府东胜煤锅炉的飞灰和灰渣含碳量的运行值，可见神府东胜煤锅炉的飞灰可燃物和灰渣含碳量基本都在1%以下。另外，神府东胜煤灰分含量一般在10%以下，热值在20MJ/kg以上，因此其灰渣含碳热损失较低，一般在0.1%～0.3%，具有较高的锅炉热效率。

表8-17　典型神府东胜煤锅炉的飞灰和灰渣含碳量运行值

电厂名称	TS7	SHFN	WZ	GHJJ	JJ
机组容量（MW）	1000	1050	1050	1000	660
炉膛型式	塔式	Π形	Π形	Π形	Π形
燃烧方式	四角切圆	墙式对冲	墙式对冲	墙式对冲	四角切圆
运行氧量性能测试（BMCR，%）	2.56	3.17	2.62	3.00	3.60
飞灰可燃物（%）	0.71	0.40	0.42	0.41	0.98
灰渣含碳量（%）	0.99	0.14	0.35	0.01	0.37

8-27 简述神府东胜煤锅炉的主燃烧器区空气系数和还原区高度的选取。

答： 在低氮燃烧条件下，为尽可能地降低 NO_x 生成浓度，达到排放控制目标，神府东胜煤锅炉设计时一般选用25%～30%的分离燃尽风率，按神府东胜煤锅炉运行氧量2.5%～3.0%考虑，主燃烧区过量空气系数为0.79～0.88（实际运行时可视 NO_x 浓度通过分离燃尽风门开度进行调节）。同时，设计时还应选取较大的还原区高度，以增加低氮燃烧时煤粉在还原区和炉膛内的停留时间，有利于煤粉的燃尽率保持不变或略有升高。

8-28 简述神府东胜煤锅炉切向燃烧锅炉的切圆直径选取。

答： 神府东胜煤属于低灰熔点、易结渣煤种，燃用该煤种的切圆锅炉直径选取不能过大，以防止旋转强烈的气流偏转严重甚至冲刷水冷壁造成炉膛水冷壁结渣，影响锅炉安全运行，同时假想切圆直径又不能太小，过小则会使炉膛内高温火焰集中在炉膛中央，炉膛四周的温度水平较低，影响炉膛内水冷壁吸热，也不利于煤粉气流的着火，因此煤粉气流的着火和偏转引起的结渣是切圆直径选取时的矛盾之处。

根据现代神府东胜煤大型电站锅炉的设计经验，除一次风对冲布置外，假想切圆直径一般不超过 0.5D（D 为锅炉炉膛的当量直径）。

8-29 简述典型神府东胜煤锅炉的制粉系统类型选取及磨煤机配置。

答：典型神府东胜煤的 V_{daf} 在 30%以上，着火温度 IT 在 570℃以下，适合采用中速磨煤机直吹式制粉系统，同时 K_e 较低，宜选用 HP 磨煤机或 ZGM、MPS 型中速磨煤机，表 8-18 是典型 600～1000MW 神府东胜煤锅炉的制粉系统配置，对于 300MW 级机组，通常配置 5 台磨煤机，对于 600、1000MW 级机组通常配置 6 台磨煤机，为了缓解燃烧器区的结渣，对于结渣性能特别严重的神府东胜煤锅炉也可考虑较常规布置方式多 1 台磨煤机的配置方式，可降低单只燃烧器热功率，缓解燃烧器区的结渣。

表 8-18 典型 600～1000MW 神府东胜煤锅炉的制粉系统配置

电厂名称	YH	GHNHEQ	SHFN	WZ	GHJJ	JJ	GHNHYQ
机组容量（MW）	1000	1000	1050	1050	1000	660	630
磨煤机数量（台）×型号	6×HP1163	6×HP983	6×HP1203/Dyn	6×ZGM123N-Ⅱ-6	6×MPS235HP-Ⅱ	6×ZGM	6×HP983

8-30 典型神府东胜煤锅炉的制粉系统防爆设计措施有哪些？

答：由于神府东胜煤具有较强的自燃和爆炸性能，正压直吹式制粉系统应根据系统特点合理设置风门（阀门），至少应包括以下几项：

（1）原煤仓至给煤机的落煤管上应设置电动或手动煤闸门。

（2）给煤机至磨煤机的给煤管上应设置电动煤闸门。

（3）磨煤机进口热一次风和调温风混合后的管道上或热一次风和调温风的管道上应设置快速隔绝门。

（4）磨煤机（分离器）出口应设置快速隔离阀。

（5）磨煤机至燃烧器的送粉管道上（靠近燃烧器处）应设置隔绝门。

（6）制粉系统应设置灭火设施，灭火系统应由快速动作的阀门控制。

（7）宜设置蒸汽惰化系统作为启动、断煤、停运、着火时的惰化，以减少爆炸风险，惰化系统宜由快速动作的阀门控制。

（8）应采取措施使系统中气粉混合物在各路送粉管道中分配均匀。同层燃烧器各一次风管中的粉量偏差不应超过 10%。

8-31 简述典型神府东胜煤锅炉的原煤仓和筒仓的优化设计。

答：典型神府东胜煤锅炉的原煤仓和筒仓应采取以下优化设计：

（1）当采用筒仓贮存神府东胜煤时，应设置惰化、防爆、通风以及监测温度、可燃气体（或惰化介质）等设施。

（2）筒仓和原煤仓内表面应光滑，其几何形状和结构应使煤整体流动顺畅，而且能使煤能够全部自流排出。

（3）在筒仓和原煤仓的出口段宜采用内衬不锈钢板、光滑阻燃型耐磨材料或不锈钢复合钢板；宜装设预防和破除堵塞的装置，包括在金属侧壁装设电动或气动破堵装置或其他振动装置，这些装置宜远方控制。当原煤仓出口处壁面与水平面夹角大于 70°时，可不设振动装置。采用气动破堵时，气源宜采用惰性气体。

（4）原煤仓容积宜按 DL/T 5000《火力发电厂设计技术规程》的规定取下限。

（5）圆筒型煤仓出口段截面收缩率不应大于 0.7，下口直径不宜小于 600mm，原煤仓出口段壁面与水平面夹角不应小于 60°。非圆筒型原煤仓的相邻两壁交线与水平面的夹角不应小于 70°，壁面与水平面的交角不应小于 65°，相邻壁交角的内侧应做成圆弧形，圆弧半径不应小于 200mm。

（6）在严寒地区，钢结构的原煤仓以及靠近厂房外墙或外露的钢筋混凝土原煤仓，仓壁应有防冻保温装置。

（7）宜在原煤仓上部空间或金属煤斗下部设置通入灭火用惰性气体的引入管固定接口。

（8）应采取措施防止空气与煤粉混合物及可燃气体在筒仓和原煤仓内积聚。应消除筒仓和原煤仓顶部的死角空间，防止可燃气体和煤粉积聚。其上部应设置排除可燃气体和煤粉混合物的排气装置。

（9）对给煤机和磨煤机在正压下运行的系统，应防止热空气从原煤仓下部进入。在给煤机上方应有适当的密封煤柱高度。

（10）原煤仓或筒仓的长径比应小于 5:1。

8-32 简述神府东胜煤筒仓防爆设计具体要求。

答： 筒仓贮存神府东胜煤时，需采取以下防爆设计措施：

（1）设置安全监控装置和报警信号引至输煤控制室，具体包括：

1）煤位测量装置和高、低煤位报警信号；

2）温度测量装置和温度高于预定值的声、光报警信号；

3）烟雾监测装置和报警信号；

4）可燃气体监测装置和可燃气体高于预定值的报警信号。

（2）当温度高或烟雾监测装置报警和可燃气体高报警时，连锁启动惰化系统。

（3）筒仓宜装设自动启闭式防爆门，防爆门总有效泄压面积可按泄压比不小于 0.001 计算。

（4）设置通风排气系统，排除筒仓上部可燃气体，不留死角。

（5）设置惰化系统。

（6）筒仓下部有防止空气漏入的设施。

8-33 简述典型神府东胜煤锅炉的制粉系统设备及其管道、部件设计原则。

答： 典型神府东胜煤锅炉制粉系统设备及其管道附、部件设计原则如下：

（1）制粉系统的设备、管道及部件应是气密型，避免煤粉沉积，并能清除运行时高温部件表面上的煤粉层。

（2）可以不装设防爆门，但系统的设备、管道及部件应按抗爆炸压力或抗爆炸压力冲击设计，并符合下列规定：

1）系统运行压力不超过 15kPa 的设备、管道及部件，应按承受 350kPa 的内部爆炸压力进行设计；系统运行压力超过 15kPa 时，应按承受 400kPa 的内部爆炸压力进行设计。

2）制粉系统某些部件，如大平面、尖角等可能受到冲击波压力作用，应根据这些作用对其强度的影响进行设计。

（3）设备和部件的结构设计强度，应采用机械荷载、运行压力和内部爆炸压力引起的组合应力加上由制造厂和买方协议确定的磨损裕度进行计算。

（4）正压直吹式制粉系统的范围指从给煤机入口上方 0.61m 处和与磨煤机连接的管道及接入系统的密封风接口处起至锅炉燃烧器止。这些设备、管道及部件包括但不限于下列各项：

1）给煤机及其排出煤斗和至磨煤机的给煤管及部件。

2）磨煤机和分离器所有承受内压的部件。

3）磨煤机和分离器至燃烧器的送粉管道及部件。

4)与磨煤机连接的管道至热一次风和调温风隔绝门或磨煤机接口外 8 倍管道当量直径的管道。

5）外置式分离器及其与磨煤机连接的管道。

6）与磨煤机连接的石子煤斗等。

8-34 典型神府东胜煤锅炉的管道和烟、风道设计要求有哪些？

答：典型神府东胜煤锅炉的管道和烟、风道设计需参考以下要求：

（1）原煤管道宜垂直布置，受条件限制时，与水平面的倾角不宜小于 70°。原煤管道宜采用圆形，管径应根据煤的黏性和煤流量选择。

（2）煤粉管道与水平面的倾角不应小于 50°，向磨煤机引入干燥剂的烟、风道与水平面的夹角不应小于 60°。

（3）煤粉管道的布置和结构不应存在煤粉在管道内沉积的可能性。

（4）送粉管道的配置和布置应防止煤粉沉积和燃烧器回火，不应有停滞区和死端。对于直吹式制粉系统，在锅炉任何负荷下，从磨煤机（分离器）至燃烧器的管道，流速不应低于 18m/s。

（5）应配备清扫系统，在系统停止运行时对送粉管道及其部件进行吹扫。

（6）煤粉管道和送粉管道宜采用焊接连接以减少法兰数量。

（7）制粉系统管道上的检查孔、清扫孔、人孔等均应做成气密式的。

（8）煤粉管道弯头等易磨损处宜内贴耐磨陶瓷。

8-35 典型神府东胜煤锅炉的降尘设计要求有哪些？

答：典型神府东胜煤锅炉的降尘设计要求如下：

（1）运煤系统煤尘飞扬严重处应设置除尘装置。当煤仓间设有封闭的输粉设施时，应对该层采取必要的通风和除尘措施，避免粉尘飞扬。

（2）运煤系统各建筑物的地面宜采用水力清扫。锅炉房运转层、锅炉本体及顶部应设真空清扫系统清扫积尘，并兼管煤仓间不宜水冲洗部位的积尘清扫，不允许用压缩空气吹扫积聚的煤粉。

（3）运煤系统除尘装置的型式应根据煤尘特性等因素选用，宜选用湿式除尘器、袋式除尘器和静电除尘器。当选用静电除尘器时，应满足 DL/T 5035《发电厂供暖通风与空气调节设计规范》中 7.3.12 的要求；当采用袋式除尘器时，其内部爆炸压力可按 150kPa 设计，并按该压力设置爆炸泄放装置。

（4）干雾抑尘，港口采用高压喷雾降尘。

8-36 典型神府东胜煤锅炉防爆需要的仪表和控制要求有哪些？

答： 典型神府东胜煤锅炉防爆需要的仪表和控制要求如下：

（1）原煤仓应设置煤位测量装置，每只原煤仓不少于两点。原煤仓应装设高、低煤位信号，并与运煤带式输送机连锁。对直吹式制粉系统，还应装设极限低煤位信号，引至控制室并与给煤机连锁。

（2）对易爆炸和自燃倾向高的神府东胜煤，采用中速磨煤机直吹式制粉系统时，宜设置 CO 监测装置和磨煤机（分离器）后介质温度变化梯度测量装置。

（3）应设置对制粉系统主要参数进行连续监测、记录的仪表或装置，并将信号引至控制室。

（4）按惰性气氛设计的制粉系统，除应具有上述相应的项目外，尚应设置下列装置：

1）磨煤机（分离器）出口应设置氧含量的连续监测、记录装置，并将信号引至控制室。

2）氧含量高于预定限值时的声、光报警装置。

3）当无法恢复惰性气氛运行时，停止（延时）制粉系统运行的连锁装置。

（5）制粉系统的报警信号和保护装置包括，但不限于：

1）制粉系统除上述保护要求的连锁外，尚应有给煤机、磨煤机、一次风机跳闸时的顺序连锁。

2）在任何切断中速磨煤机的情况下，应连锁开启相应阀门向磨煤机内送入蒸汽（或其他灭火/惰性介质），直至制粉系统停止运行。在不向磨煤机内送入蒸汽进行惰化的情况下，不应再次投入磨煤机。

（6）采用筒仓贮煤时，根据煤的特性设置安全监控装置和声、光报警信号，并引至输煤控制室。

（7）所有控制和连锁，应与锅炉的控制和连锁相协调。

8-37 神府东胜煤锅炉制粉系统在启动时的基本要求有哪些？

答： 在机组启动、停运过程中最易发生爆炸，运行人员应特别注意运行参数的变化。对按惰性气氛设计的系统，应保证在任何工况下都处于惰性气氛。应对系统的防爆设施进行定期检查和试验，使其处于完全可控状态。应对运行人员进行必要的培训，以了解系统防爆的要求并正确进行系统和设备的操作。在神府东胜煤锅炉制粉系统启动过程中的基本要求如下：

（1）制粉系统启动前，应按运行规程检查各项设施，达到启动条件后方可启动。

（2）制粉系统启动之前，可向中速磨煤机内喷入微过热蒸汽，使磨煤机投运和供入空气之前，在系统中形成惰性气氛。

（3）燃烧器前的隔绝门应全开，不得处于中间位置。

（4）在启动过程中如有下列情况，不应投入给煤机给煤（如已投入，应中断给煤）：

1）安全装置控制的动力源消失。

2）燃烧空气和/或干燥介质供给未建立或消失。

3）送粉管道上的隔绝（离）阀未开启。

4）点火燃烧器未投入或点火燃烧器火焰消失。

5）引风机停止运行。

6）锅炉允许投入煤粉的其他条件未满足。

8-38 神府东胜煤锅炉制粉系统正常运行时的注意事项有哪些？

答：为了保证神府东胜煤锅炉制粉系统的正常运行，运行过程中需注意以下问题：

（1）对于中速磨煤机直吹式制粉系统，一台磨煤机所供的燃烧器宜全部投入运行。

（2）磨煤机应在允许的最低负荷之上运行，并应维持送粉管道中的介质流速不低于最低允许流速。

（3）在带式输送机运行时，装设在输煤系统中的所有除尘装置应运行。

（4）筒仓和原煤仓中不允许形成贯通漏斗。在直吹式制粉系统中，不允许原煤仓的煤位低于煤柱密封高度的位置。

（5）原煤仓不应长期存煤，设有备用磨煤机及原煤仓的系统应定期切换。

（6）制粉系统在运行中应密切监视下述各项信号：

1）煤流及断煤信号。

2）磨煤机出口气粉混合物温度不宜超过最高和最低允许值。

3）对于惰性气氛下运行的制粉系统，末端干燥剂的含氧量不应超过 14%。

4）如果发现系统中有积粉、自燃、漏粉、漏风等现象，应及时消除。

（7）制粉系统运行时应注意测量仪表、信号、保护、连锁、隔绝门及调节门以及供气（汽）和供水阀门及灭火设施的完好性，不应在没有投入规定的连锁、保护和信号装置的情况下运行。

（8）不应在运行中进行开启手孔、人孔，更换防爆门膜板等引起破坏系统严密性的作业。

（9）保持厂房清洁，定期清扫地面、平台扶梯和设备上的煤粉，尤其应防止煤粉在热表面上积聚。

8-39 神府东胜煤锅炉制粉系统在非正常运行时的基本要求有哪些？

答：神府东胜煤锅炉制粉系统在非正常运行时的基本要求如下：

（1）按防爆条件，制粉系统出现下列情况即进入非正常运行工况，运行人员应加强监视并及时处理，必要时可停止相应磨煤机或系统的运行。

1）按惰性气氛设计的系统达不到惰性气氛的要求或惰性介质供应系统故障。

2）磨煤机出口温度（或温度升高梯度）超过规定值和/或 CO 含量（如可测量时）超过规定值。

3）点火器火焰或部分燃烧器火焰消失。

4）部分送风机、一次风机或引风机跳闸。

5）供煤中断。

6）直吹式制粉系统磨煤机带负荷跳闸或停用的磨煤机内有燃烧或自燃的燃料。

7）制粉系统发生着火等。

（2）当发现筒仓、原煤仓内出现自燃或燃烧时，应立即进行惰化或灭火，并停止其周围的所有作业，除负责灭火的消防人员外，无关人员应全部撤出。

（3）禁止用射水流、灭火器或其他可能引起煤粉飞扬的方法消除或扑灭厂房或设备内部的自燃煤粉层。敞露的自燃煤粉层应用砂掩埋或用喷雾水来熄灭。

（4）直吹式制粉系统带负荷跳闸并经惰化的磨煤机，且确认内部无自燃或燃烧的燃料后，宜按运行规程的启动程序重新启动磨煤机，将内部的燃料吹入炉膛内烧掉，并将系统管道内的煤粉吹扫干净。数台磨煤机同时跳闸时，磨煤机应逐台启动。

（5）当备用的中速磨煤机内有燃烧或自燃的燃料时，应首先灭火，并在惰性气氛下，按下述任一方法完成残存燃料的清除：

1）利用惰性气体作为一次风，按运行规程的启动程序启动磨煤机，将磨煤机及系统内的残留煤粉吹入炉膛内燃烧。

2）通过石子煤系统清除燃料。

3）在磨煤机本体及其内部物料冷却到环境温度之前，不应打开和清扫磨煤机。

（6）未经清除内部燃料的磨煤机再次启动时，宜在惰性气氛下投入运行，直至残留煤粉排入炉膛燃烧后，方可投入正常运行。

（7）当制粉系统发生着火时，依照不同情况，应按下述相应的任一方法予以灭火处理：

1）惰化磨煤机风粉混合物气流，停止供煤，排空磨煤机内燃料，切除并隔离磨煤机。

2）切断一次风，跳闸磨煤机，隔离并惰化制粉系统，不要扰动制粉设备内任何积粉，进行灭火，直至各处温度降到环境温度。

3）当正在运行且存煤较少的磨煤机内着火时切断热风，在不使磨煤机超载的条件下，尽量加大给煤量，并使用调温风继续运行，进行灭火。

（8）对于运行中的制粉系统，凡在防爆门排放物可能危及人员安全的范围内进行检修作业时应设置防护隔离措施。动火作业的地点应有消防设施和临场监护。

8-40 神府东胜煤锅炉制粉系统在非正常停运时的基本要求有哪些？

答：神府东胜煤锅炉制粉系统在非正常停运时的基本要求如下：

（1）制粉系统正常停运时，先停止给煤，在足够通风量下继续运行磨煤机，把磨煤机及系统内的煤粉吹扫出去。待系统排空及磨煤机冷却后，停止磨煤机及相应的风机。

（2）预计短时停止制粉系统时，可在系统不排空的情况下停止磨煤机和相应的风机，但应密切监视系统的安全性。

（3）在停止制粉系统过程中，应注意调节冷、热干燥介质的比例，使磨煤机的出口温度不因供煤减少而急剧升高，超过规定值。

（4）对于在筒仓和原煤仓中允许贮存煤的时间，应根据其黏性、自燃倾向性和爆炸特性，在制定运行规程时给出具体规定。

（5）预计长时间停止系统运行且超过规定的贮存时间时，应在停运前将原煤仓的煤位降低到最低。对神府东胜煤，应对筒仓进行惰化，原煤仓应完全排空并清扫仓壁。运行规程应规定惰化或排空的具体措施。

（6）为检查或检修停运的制粉系统，在打开观察孔和人孔之前，应证实无积粉自燃情况。开启时不应正对它们站立，以免受到飞扬的煤粉或爆炸物的冲击。

（7）直吹式制粉系统因锅炉故障不能将磨煤机内的燃料吹入炉膛燃烧时，对带负荷跳闸并经惰化的中速磨煤机，且确认内部无燃烧或自燃的燃料后，宜按下列程序清除磨煤机内的燃料：

1）将所有跳闸的磨煤机与炉膛隔离；

2）启动冷却风机（如有）冷却磨煤机磨盘及上面的煤；

3）利用盘车装置逐台将磨煤机内的煤排出机外。

（8）当停运的磨煤机着火时，必须保持其在停运状态并予以隔离。切断磨煤机的所有空气供应并进行灭火，待各处温度恢复到环境温度再进行残煤清理。

（9）制粉系统和磨煤机灭火后，应对系统及设备内部进行检查，并清除所形成的焦炭和其他积聚物。清理时，不宜采用压缩空气喷射。

8-41 神府东胜煤锅炉制粉系统检修维护的基本要求有哪些？

答：神府东胜煤锅炉制粉系统检修维护的基本要求如下：

（1）制定合理的制粉系统定检周期并严格执行，降低制粉系统故障停运率，消除制粉系统热风门漏风缺陷，降低备用时磨煤机内的温度，消除积煤死角，防止磨煤机内积粉。

（2）合理地安排制粉系统的检修工作。神府东胜煤锅炉常用的刮板式给煤机对防爆影响最大的常见缺陷主要有联轴器安全销剪断、链条断节、台板磨损破裂、箱体减薄变形等，需加强定期检修，提高制粉系统稳定性和安全性。

（3）加强制粉系统设备的维护检修，大力治理渗漏点，杜绝设备外漏死角的积粉自燃现象。

（4）制粉系统检修时应先做好防止积煤落入一次风室的隔绝措施。检修结束后检查一次风室内是否有原煤落入，检查喷口是否堵死。启动前必须清理干净一次风室，疏通环型喷口，防止发生爆炸。利用定检检查磨煤机一次风室刮板间隙，不符合要求的及时调整，防止煤粉堆积过厚。

（5）检修过程中应重点注意对防爆门（如果有）、惰性蒸汽系统、热风门严密性、消防设施的完整性等进行检查，保证制粉系统防爆能力、自燃和爆炸可控。

8-42 什么是适合神府东胜煤锅炉的低 NO_x 燃烧技术？

答：为降低锅炉 NO_x 排放浓度至 50mg/m^3 的超低排放限值，我国大型燃煤机组基本上已实现以低 NO_x 燃烧器+SCR 脱硝装置为基础的脱硝技术路线。其中，低氮燃烧技术主要采用了燃料浓淡燃烧、空气（深度）分级和低氧燃烧等技术，即低氮燃烧器+分离燃尽风技术。对于神府东胜煤来说，NO_x 生成浓度可降低至 200mg/m^3 以下；尾部 SCR 脱硝装置的脱硝效率一般在 70%～90%，可将神府东胜煤锅炉的 NO_x 排放浓度进一步降低至 30～50mg/m^3 以下。

8-43 什么是适合神府东胜煤的 SO_2 超低排放控制技术？

答：石灰石-石膏湿法由于具有技术成熟、吸收剂来源广泛、煤种适应性强、价格低廉、副产物可回收利用等特点是我国燃煤电厂最主流的脱硫工艺，但传统的石灰石-石膏湿法已无法满足 35mg/m^3 的排放限值，基于此，各燃煤电厂因地制宜采用了增加喷淋层、性能增强环、双塔串联技术、单塔双循环技术、单（双）托盘塔技术、单塔一体化脱硫除尘深度净化技术等新型超净排放技术，这些技术的脱硫效率在98%以上，神府东胜煤燃烧后烟气中的SO_2含量一般不超过2000mg/m^3。因此，这些技术对于低硫的神府东胜煤均适用。

8-44 什么是适合神府东胜煤的粉尘超低排放控制技术？

答：在大型电站燃煤锅炉上采用的常规除尘设备主要为静电除尘器、袋式除尘器。近年来，随着国家环保标准的提高，传统的除尘技术已无法满足5～10mg/m^{3}的排放限值，低低温静电除尘技术、湿式静电除尘技术、电袋复合除尘技术、旋转电极静电除尘技术、高频电源技术等高效除尘技术也逐渐得到推广应用。在我国现有超净排放燃煤机组中，除尘系统大体上有两种技术路线：

（1）低温省煤器+五电场低低温静电除尘器+高效除尘FGD+湿式静电除尘器。

（2）五电场旋转极板静电除尘器+高效除尘FGD+湿式静电除尘器。

这两条技术路线均可满足超净排放小于5mg/m^{3}的要求，对于低灰的神府东胜煤来说都适用。

8-45 什么是适合神府东胜煤锅炉的重金属脱除技术？

答：国内已有一些学者对我国部分燃煤电厂的烟气重金属进行了实炉测试，同时研究了污染控制措施对汞的脱除效果。研究表明，汞脱除主要有协同脱除和专项脱除两种方法。其中，协同脱除主要是利用燃煤电厂污控设施中的除尘装置、脱硫装置、脱硝装置部分脱除汞等重金属；专项脱除指的是专门控制重金属排放的技术，主要是固体吸附剂法，常用的吸附剂包括飞灰、活性炭、氧化钙、高岭土等矿物。对于未来燃煤机组的重金属脱除技术，应重视发展深度协同脱除$PM_{2.5}$、SO_2、NO_x、SO_3和重金属技术，并认为湿式静电除尘技术正是这种能深度脱除复杂污染物的技术。

因此，对于神府东胜煤锅炉来说，重金属脱除宜与常规污染物脱除技术协同进行，尤其要重视湿式静电除尘技术在重金属脱除中的应用。

将神府东胜煤与国内典型烟煤按照23MJ/kg的基准对煤中汞含量进行了折算，即按23MJ/kg基准折算后煤中汞含量对比见图8-4。结果显示神府东胜煤折算汞含量处于较低水平。在西安热工研究院有限公司一维火焰炉上进行了汞含量平衡测试，根据试验结果看，神府东胜煤燃烧后灰、渣、烟气中的汞含量均处于中等水平，可利用NO_x脱除设备、SO_2脱除设备和除尘设备去除烟气中的汞。

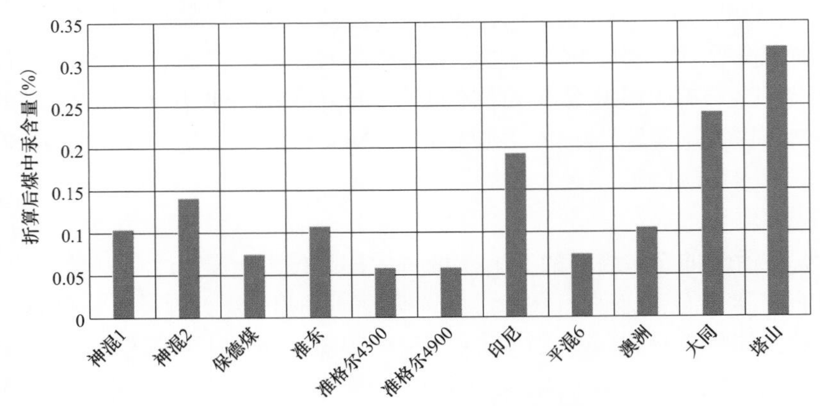

图8-4 按23MJ/kg基准折算后煤中汞含量对比

8-46 简述燃烧方式对神府东胜煤 NO_x 生成浓度的影响。

答：神府东胜煤锅炉的燃烧方式主要有切圆燃烧方式和对冲燃烧方式。为了达到低氮效果，切圆燃烧方式首先采用浓淡直流燃烧器即上下浓淡或左右浓淡，然后在煤粉气流水平方向上使二次风相对于一次风形成偏置的风包粉布置，实现一、二次风气流的混合推迟，最后在炉膛高度方向上的燃烧器上方布置分离燃尽风，实现深度空气分级，这样最终可将神府东胜煤锅炉的 NO_x 生成浓度降低至 200mg/m^3 以下；对冲燃烧方式也首先对一次风进行浓缩，形成外浓内淡布置，然后在燃烧器径向实现二次风的两级甚至三级送入，以推迟一、二次风的混合，最后同样在炉膛高度方向上的燃烧器上方布置分离燃尽风，实现深度空气分级，也可将神府东胜煤锅炉的 NO_x 生成浓度降低至 200～300mg/m^3 以下。表 8-19 为不同燃烧方式的神府东胜煤锅炉的 NO_x 生成浓度测试结果，可见通过锅炉设计和运行参数优化，神府东胜煤锅炉的 NO_x 生成通常可达到 200mg/m^3 以下（标准状况下），在控制 NO_x 生成浓度方面，切圆燃烧方式锅炉相对更优。

表 8-19 不同燃烧方式的神府东胜煤锅炉的 NO_x 生成浓度测试结果

电厂名称	TS7	BLSQ	SHFN	WZ	GHJJ	JJ	GHNHYQ
炉膛型式	塔式	Π 形	Π 形	Π 形	Π 形	Π 形	Π 形
燃烧方式	四角切圆	墙式对冲	墙式对冲	墙式对冲	墙式对冲	四角切圆	四角切圆
NO_x 性能测试（mg/m^3）	185	266	300	165	174	152	121

8-47 简述神府东胜煤的燃尽风率选取标准。

答：为达到超低排放对 NO_x 生成浓度的要求，分离燃尽风率一般为 25%～30%，甚至有些锅炉达到了 40%的高水平。但在实际运行中，燃尽风门的开度大小除了考虑 NO_x 生成浓度外，还要考虑其对锅炉受热面壁温、水冷壁高温腐蚀、炉膛出口受热面结渣和沾污、飞灰可燃物和锅炉热效率等的影响，即存在一个最佳的分离燃尽风率，使锅炉能够实现安全、经济条件下的低氮燃烧。合理的分离燃尽风率需要通过试验确定，对神府东胜煤锅炉，主要是考虑低氮燃烧对炉膛出口受热面结渣的影响，但由于低氮效果比较优异，燃尽风门开度一般在 50%以下。

8-48 什么是神府东胜煤锅炉的宽负荷脱硝技术？

答：神府东胜煤锅炉的最低不投油稳燃负荷一般在 30%～40%BMCR。为实现我国 2020 年、2030 年非化石能源消费比重达到 15%、20%的目标，增强火力发电机组负荷调节灵活性，提高新能源消纳能力，需提高机组的深度调峰能力，即在上述负荷至 100%BMCR 负荷之间，机组能够正常稳定运行，机组的脱硝设施都要投运并使机组的 NO_x 排放浓度达到污染物超低排放水平，也就是所谓的宽负荷脱硝。

电厂锅炉的 SCR 脱硝装置布置在省煤器及空气预热器之间，其运行时要求进口烟气温度一般在 290～420℃。但实际上当机组负荷低于 40%BMCR 时，许多 SCR 系统进口烟气温度无法满足催化剂最低连续喷氨运行温度要求，为了保证催化剂安全，在低负荷下需停止喷氨或短期喷氨，便也无法满足宽负荷脱硝投运要求。因此，需采取措施提高脱硝进口烟气温度，常见技术包括烟气旁路、省煤器旁路、分级省煤器等，此类技术均可适用于神府东胜煤。

8-49 简述神府东胜煤与除渣系统的适应性。

答： 目前神府东胜煤锅炉炉底除渣系统主要有淹没式刮板连续除渣系统和炉底装设钢带的干式除渣系统两种。

对于湿式除渣以灰沟排灰渣的系统，冲灰水的压力，以及灰沟坡度、冲灰喷口与灰沟底面的角度等都关系到排渣顺畅与否，当形成熔渣时，渣的相对密度大，灰沟中可能会积下硬渣块，灰沟及冲灰水系统则应及时改进。

干式除渣机多用在缺水地区，由于锅炉渣块在落下后未经水激破碎，大块渣硬度大时不易破碎，熔融渣因黏性大容易堆积在格栅上造成落渣不畅，可能会给锅炉除渣带来困难。碎渣机是干除渣系统的关键设备之一，其碎渣功能往往影响整个除渣过程。另外，由于硬度较大的渣块未经冷却，也容易造成碎渣机卡跳。对于神府东胜煤，锅炉较长时间连续高负荷运行之后，当降低负荷时，因炉膛温度有所降低，炉膛内挂渣会较集中落下，此时应加强对碎渣系统的监视，及时排除故障。

8-50 简述神府东胜煤与温室气体排放控制措施的适应性。

答： 神府东胜煤燃烧特性良好，其燃烧效率优于国内大部分烟煤。因此，在目前技术条件下，其在燃煤锅炉上应用时宜优先选用超高参数、大容量机组，在实现高锅炉热效率的同时实现高的机组效率，可达到低煤耗和低碳的效果。

图 8-5 为各煤种收到基碳含量对比，可见神府东胜煤收到基碳含量较高，燃烧后烟气中的 CO_2 体积百分比也相对较高，较其他煤种适合采用尾部烟气的 CO_2 捕集。对于其他 CO_2 捕集方法，如 IGCC、富氧燃烧技术等，可在其技术成熟、投资和运行成本合适时再进行采用。

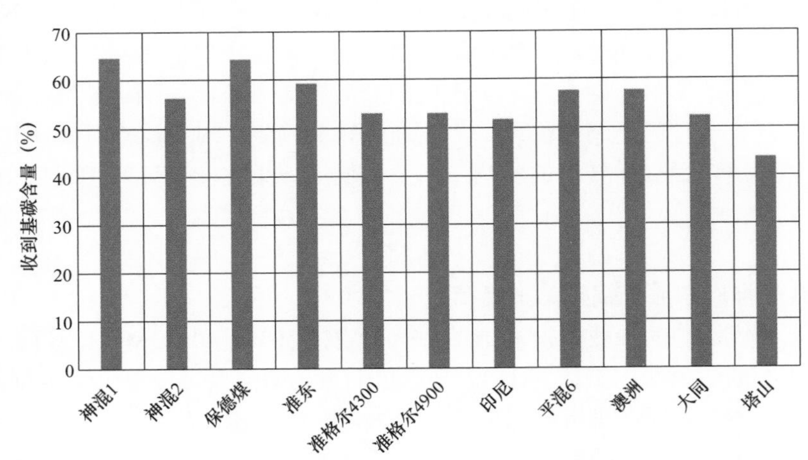

图 8-5 各煤种收到基碳含量对比

8-51 锅炉燃用神府东胜煤时在安全性方面的重点考虑问题有哪些？

答： 神府东胜煤极易着火、极易燃尽，但具有严重结渣倾向和较高的沾污倾向，结渣问题是影响锅炉安全运行的主要问题。另外，神府东胜煤极易着火的燃烧特性也导致神府东胜煤易自燃、易爆炸以及燃烧器的烧损，这也是电厂设计和安全运行当中应考虑的主要问题。神府东胜煤煤质特性参数对电厂机组运行的影响见表 8-20。

表 8-20　神府东胜煤煤质特性参数对电厂机组运行的影响

特性	等级或趋势	带来的利益	存在的问题
发热量	中高～高	燃烧温度高，带负荷能力强，厂用电率低，供电煤耗低	
灰分	低	灰渣系统出力要求较低，设备磨损很轻	
硫含量	特低～低	SO_x 排放低	静电除尘效率降低
氮含量	低	NO_x 排放低	
可磨性	中～难		
磨损性	较强以下	延长磨煤机磨辊寿命	
灰中钙含量	高	自脱硫效率高，受热面腐蚀低	
着火性能	极易	燃烧稳定，低负荷稳燃性能好	火焰过于集中导致结渣和烧损燃烧器喷口
燃尽性能	极易	飞灰可燃物低，燃烧效率高	
爆炸特性	极易		制粉系统爆炸
自燃特性	极易		原煤易于自燃
结渣、沾污特性	极易		（1）大屏、炉膛结渣； （2）受热面沾污、堵灰； （3）大渣块砸伤冷灰斗； （4）碎渣机卡渣； （5）捞、输渣系统故障； （6）排烟温度高，炉效降低； （7）蒸汽温度增高或降低，过、再热器爆管

由表 8-20 可见，燃烧神府东胜煤可能出现的安全性问题主要集中在：

（1）燃烧设备如喷口结渣、烧损等。

（2）制粉系统爆炸。

（3）煤的自燃导致煤场及输、储煤系统不安全运行。

（4）锅炉严重结渣、沾污等。

其中，喷口烧损等问题较为单一，目前已基本不成为燃烧神府东胜煤的障碍；而后几个因素则是安全燃烧神府东胜煤所必须解决的，尤其是结渣，几乎存在于每一个燃用神府东胜煤的电厂中，且危害极大，成为燃烧神府东胜煤所必须面临的问题。

8-52　简述神府东胜煤锅炉的结渣区域特点及安全燃烧技术体系。

答：大容量神府东胜煤机组结渣有明显的区域分布特征，具体分区如下：

（1）燃烧器区域：燃烧器及偏上部位水冷壁区域。

（2）屏式过热器区域：对四角燃烧方式指屏式过热器与后屏过热器及位于炉膛出口的屏式再热器；而对墙式对冲燃烧方式指屏式过热器（或称前屏过热器）以及折焰角上部的高温过热器入口。

（3）冷灰斗与除渣系统区域。

神府东胜煤的安全燃烧重点在结渣防治，主要从设备设计、运行优化和掺烧三方面技术进行研究，从而建立完整的神府东胜煤安全燃烧技术体系，具体见表 8-21。

这三方面技术相互影响，所以该安全燃烧技术体系将不同防结渣技术统一考虑，即对神府东胜煤而言三项防渣技术都是必要的。

表 8-21　神府东胜煤安全燃烧技术体系

安全燃烧技术	设备设计技术	运行技术	掺烧技术
关键技术	（1）新建机组锅炉选型； （2）锅炉燃烧器和吹灰器优化技术； （3）锅炉尾部受热面优化技术	（1）锅炉运行优化； （2）制定运行规程	（1）煤的分类堆放技术； （2）煤的掺配技术； （3）煤的全过程煤质检测技术
针对神府东胜煤的关键技术	（1）炉膛特征参数的选取； （2）燃烧器设计； （3）屏底烟气温度和炉膛出口烟气温度的确定； （4）吹灰器的配置； （5）除渣机的配置	（1）制粉系统运行优化； （2）燃烧系统运行优化； （3）氧量优化； （4）吹灰优化	不同煤种与神府东胜煤的： （1）掺配比例； （2）掺烧方式； （3）燃烧调整
应达到的效果	保证神府东胜煤的大比例、安全、高效、洁净燃烧		

8-53　简述典型神府东胜煤锅炉运行时的炉膛结渣特点。

答： GHTS 电厂 1、2 号国产亚临界 600MW 机组分别在 2003 年 12 月和 2004 年 4 月投入商业运行。锅炉设计煤种为神府东胜煤，投产初期 1、2 号锅炉均 100%燃用神混煤，在运行中锅炉出现了炉膛结渣严重的问题。图 8-6 和图 8-7 分别为神府东胜煤锅炉的炉膛结渣和炉底大渣样貌图，可见结渣为黑色熔融状态，硬度大，炉膛内结渣严重。

图 8-6　神府东胜煤锅炉的炉膛结渣

图 8-7　神府东胜煤锅炉的炉底大渣

8-54　简述神府东胜煤锅炉的屏区结渣特点及其对安全性和经济性的影响。

答： 部分神府东胜煤锅炉屏式过热器结渣程度是比较严重的，渣层厚度可达 30～150mm，更为严重的是该处的渣是灰在熔融状态结成的，渣块致密坚硬，运行中无法清除。锅炉屏式过热器的致密熔融渣见图 8-8，对锅炉运行的影响主要是：

（1）安全方面：渣块掉下后导致冷灰斗水冷壁被砸伤。

（2）经济方面：屏式过热器结渣导致吸热量减少，主蒸汽温度降低，空气预热器进口和排烟温度升高，锅炉热损失增加。

图 8-8 锅炉屏式过热器的致密熔融渣

8-55 简述神府东胜煤锅炉对流受热面的沾污情况。

答：由于神府东胜煤灰分中碱金属元素和铁的氧化物含量比较高，同时氧化钙达到25%～27%，导致其灰黏度较大，容易板结。GHTS电厂2号锅炉停炉检查发现在末级过/再热器和低温过热器部分受热面存在积灰板结现象，末级过/再热器部位为烧结度比较高、相对比较硬的赭红色灰块（末级过/再热器部位的沾污见图8-9），低温过热器局部为灰色疏松的纵向管间搭桥（低温过热器积灰搭桥见图8-10）。现在的神府东胜煤大多为掺烧煤，煤灰成分中的Fe_2O_3和CaO含量大大减少，尽管还属于严重结渣范围，但结渣和沾污性能有所下降，通过锅炉的优化设计，通常可保证锅炉的长期安全运行。

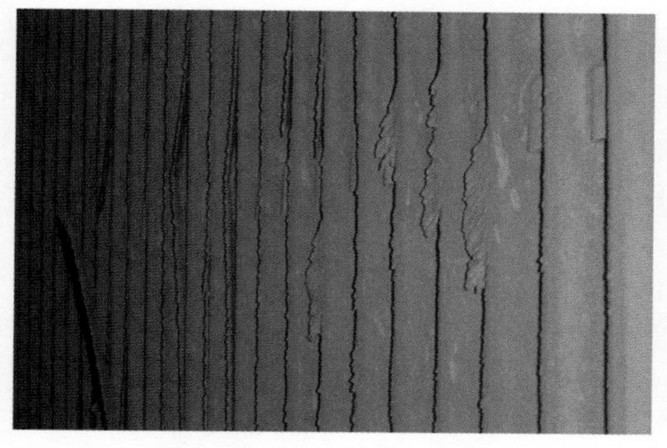

图 8-9 末级过/再热器部位的沾污

图 8-10 低温过热器积灰搭桥

8-56 神府东胜煤锅炉燃烧器及燃尽区域结渣的影响因素有哪些？

答：神府东胜煤锅炉燃烧器区和燃尽区域出现大面积结渣一般与以下因素有关：

（1）锅炉炉膛热强度参数选取不合理。

（2）燃烧器设计不合理。

（3）制粉系统设计不合理。

（4）吹灰器布置不足以及吹灰不合理。

（5）运行参数不合理。

如GHB电厂采用了较高的热强度参数、较大的切圆直径、较高的二次风速和燃烧器区吹灰器布置不足，造成燃烧器喷口和燃烧器区域水冷壁的严重结渣。燃烧器上部至折焰角下部出现结渣大多因燃烧器区过量空气系数过低、火焰中心过高等所致。

8-57 神府东胜煤锅炉屏区结渣及对流受热面积灰沾污的影响因素有哪些？

答：屏区结渣、受热面灰污严重是燃用神府东胜煤常出现的问题。通过电厂调研、现场试验结果的分析，得出煤粉在炉膛内停留时间较短、颗粒温度较高、蒸汽温度不足、燃烧器上仰运行是屏区结渣主要的因素，具体包括：

（1）最上层燃烧器中心距屏底距离不足，煤粉在炉膛内的停留时间不足。

（2）屏区烟气温度和炉膛出口烟气温度过高：灰粒到达屏区时仍处于熔融状态，容易黏附在屏式过热器上形成结渣。

（3）煤粉颗粒过粗：煤粉颗粒过粗导致煤粉在屏区仍在燃烧，煤灰处于熔融状态而造成结渣。

（4）折焰角及屏区吹灰器布置不足：折焰角部位易黏附焦渣，应视条件安装长伸缩式吹灰器，上炉膛屏式受热面也应布置吹灰器。一种方式是在屏区两侧墙加装长伸缩吹灰器，如TS 电厂 1、2 号锅炉均在屏区加装了 8 只长伸缩式吹灰器，系装在两侧墙，屏式过热器与后屏过热器间 4 只，前后两屏式过热器间 4 只。另一种方式是在前墙加装长伸缩吹灰器：TS 电厂 3、4 号锅炉将前吹灰器装在前墙，共 5 只，标高为 57.4m，仍保留了屏式过热器与后屏过热器间的 4 只吹灰器。实际安装过程中，前墙中间一只吹灰器与主蒸汽管道相碰而被取消，实际装设了 4 只。

8-58 煤粉停留时间对神府东胜煤锅炉屏区结渣的影响有哪些？

答：表 8-22 为各神府东胜煤锅炉的煤粉在炉膛内的停留时间及屏区结渣情况，实际运行结果表明燃用神府东胜煤适当提高煤粉停留时间是必要的。这是早期未采用分级燃烧的统计值，目前考虑分级燃烧的影响，建议神府东胜煤机组在锅炉设计时应保证煤粉在炉膛内的停留时间大于 2.2s。

表 8-22 各神府东胜煤锅炉的煤粉在炉膛内的停留时间及屏区结渣情况

电厂	视在停留时间（s）	屏区结渣情况
SJC	1.63	严重
TS、DZ 一期	1.93	中等
TS3	1.99	中等

8-59 神府东胜煤锅炉水冷壁结渣特点有哪些？

答：对神府东胜煤电厂进行了原煤样、水冷壁灰渣样的采取，表 8-23 为神府东胜煤结渣的成分分析数据，可见神府东胜煤锅炉结渣的主要特点如下：

（1）SJC 和 PS 两电厂水冷壁区域的结渣具有较为明显的 Fe_2O_3 选择性沉积的现象，水冷壁渣块中的 Fe_2O_3 明显高于原煤。初步分析由于含铁量高的煤灰颗粒相对密度大，在旋转的气流中容易被甩向壁面，使壁面灰渣的 Fe_2O_3 含量增加，在还原性气氛下，3 价铁被还原成 2 价铁，使壁面的 2 价铁增加，形成致密的熔渣。

（2）神府东胜煤灰中矿物质形成低熔点共熔体是神府东胜煤结渣的另一主要因素。水冷壁渣块中 CaO 的含量和原煤中的 CaO 含量相近。燃烧过程中易和 Fe_2O_3 形成低熔点的 Fe_2O_3-CaO 化合物。

表 8-23　神府东胜煤结渣的成分分析数据　%

成分	SJC 电厂		MW 电厂		PS 电厂		SJB 电厂	
	试验煤样	水冷壁渣	入炉煤	水冷壁渣	入炉煤灰	水冷壁渣	炉底松渣	炉底硬渣
SiO_2	32.72	34.9	53.79	49.82	31.18	32.47	50.72	42.81
Al_2O_3	15.93	16.03	19.01	20.18	13.24	14.35	27.28	21.31
Fe_2O_3	11.2	16.23	5.7	6.02	16.12	18.41	5.42	17.32
CaO	31.01	24.33	10.31	14.13	26.42	24.33	7.63	10.12
MgO	1.82	1.36	1.31	1.86	0.92	0.74	1.12	0.84
K_2O	0.24	0.42	2.25	1.79	0.45	0.71	0.89	0.24
Na_2O	0.2	0.38	2.25	0.46	0.31	0.5	0.24	0.12
SO_3	3.31	4.02		2.18	7.32	6.74	3.16	2.2
TiO_2	微量			0.12	0.53		0.82	0.13

8-60　简述神府东胜煤锅炉运行优化调整的总体策略。

答：神府东胜煤煤质稳定、燃烧性能极好，在一般情况下其低负荷稳燃特性、碳不完全燃烧热损失等没有成为影响神府东胜煤安全、经济运行的制约因素。

神府东胜煤燃烧调整的首要问题是保证蒸汽参数合格前提下的结渣防治问题；然后是在该基础上实现高效燃烧、低 NO_x 排放的目标，同时避免水冷壁发生高温腐蚀。

根据神府东胜煤燃烧性能优异、结渣倾向严重的特点，在一般要求的基础上，燃烧调整应主要围绕降低燃烧器区燃烧强度、减轻燃烧器区结渣进行。神府东胜煤锅炉运行调整内容见图 8-11。

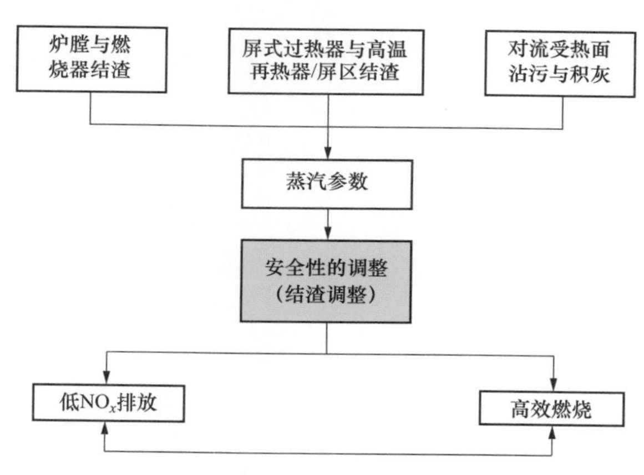

图 8-11　神府东胜煤锅炉运行调整内容

8-61　什么是神府东胜煤安全燃烧的运行优化技术？

答：神府东胜煤的安全燃烧运行优化技术是主要考虑如何防止锅炉结渣、水冷壁腐蚀、制粉系统爆炸等问题。在锅炉设备一定的情况下，可通过锅炉运行参数调整、优化神府东胜配煤比例和配煤方式等进行运行优化。

8-62　简述神府东胜煤锅炉空气预热器的堵灰情况。

答：神府东胜煤属于低硫、低灰煤，本身含硫量低，电站锅炉燃用神府东胜煤时 SO_3 生成浓度较低，烟气的露点温度也较低，且不易生成硫酸氢铵。因此燃用神府东胜煤时锅炉空气预热器堵灰发生的可能性较低。运行过程中，主要需要注意以下问题：

（1）优化脱硝进口流场，避免局部氨逃逸过高。

（2）保持空气预热器正常吹灰。

8-63　缓解神府东胜煤锅炉沾污积灰的运行措施有哪些？

答：神府东胜煤属沾污性能较强的煤种，在锅炉设计时应进行专门考虑，具体措施如下：

（1）神府东胜煤沾污属硫酸钙沉积型沾污，适当控制 SO_3 的生成量应是防止积灰的措施之一。

（2）加强对流受热面的吹灰，避免尾部受热面大量积灰。

早期国内部分电厂为降低神府东胜煤锅炉炉膛结渣，采用大氧量运行，同时又未注意尾部对流受热面吹灰（或吹灰器故障率高），曾因积灰出现了停机事故。

8-64　简述神府东胜煤的防爆控制要求。

答：神府东胜煤本身是具有极易爆炸特性，但应避免磨煤机启动过程中进口风温过高，在磨煤机停运过程中加强吹扫，消除积粉点，并避免出现热风门关不严的情况发生，燃烧神府东胜煤发生的爆炸是可以避免的。

图 8-12 是神府东胜煤风煤比的关系曲线。可见，当神府东胜煤风煤比低于 1.8 后，着火温度 IT 急剧下降；而风煤比大于 2.0 后，着火温度呈较慢的增长趋势。因此，从防爆和防止燃烧器烧损两方面考虑，燃用神府东胜煤最好将风煤比控制在 1.8 以上，且风煤比越高越有利，具体需结合制粉系统干燥出力要求确定。

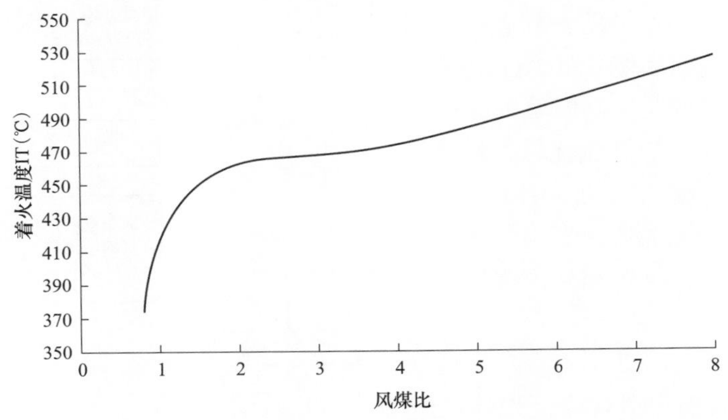

图 8-12　神府东胜煤风煤比的关系曲线

8-65　简述神府东胜煤锅炉运行优化调整的具体要求。

答：神府东胜煤锅炉运行优化调整的具体要求见表 8-24。

表 8-24　神府东胜煤锅炉运行优化调整的具体要求

序号	调整内容	应达到的目标	调整方法与建议
1	单层燃烧器风粉的均匀分配	基本要求①	偏差合理，防止出现局部燃烧高温区与煤粉贴壁
2	一次风温、风速	延缓着火	降低一次风温，提高一次风速

续表

序号	调整内容	应达到的目标	调整方法与建议
3	二次风温、风速（以及旋流强度）	降低一、二次风混合强度，避免出现尖峰温度	二次风温适当降低，二次风速不宜过高
4	二次风配风方式	防止结渣，降低燃烧强度	直流燃烧器开大周界风，关小二次风；旋流燃烧器减小内二次风，增大外二次风量；开大分离燃尽风
5	制粉系统运行方式（配粉方式）	防止燃烧器区域结渣	应尽量分散热强度，如选择中部燃烧器喷口对应的磨煤机为备用磨煤机，必要时定期倒磨
6	煤粉细度	减少大颗粒煤粉贴墙燃烧引起结渣，降低 NO_x 排放	尽量降低煤粉细度 R_{90}，并提高煤粉均匀性
7	过剩空气量	降低排烟损失、降低 NO_x 排放	尽量采用低氧运行
8	吹灰方式	保证受热面清洁、蒸汽参数正常	采用选择性吹灰方式，易结渣部位吹灰全覆盖

① 基本要求是指燃烧调整的一般要求，但对神府东胜煤更为重要。

8-66 简述神府东胜煤锅炉热效率。

答：表 8-25 为典型神府东胜煤锅炉热效率测试结果，可见，最新设计的神府东胜煤锅炉热效率基本可达 94%以上，最高的为 96%。不同的炉膛布置方式和燃烧方式对锅炉效率没有明显影响。通过锅炉的优化设计，神府东胜煤锅炉均可实现较高的锅炉热效率。

需要说明的是，GHJJ 和 JJ 电厂锅炉热效率分别高达 96%和 95.37%，主要是锅炉采用了较高的空气预热器入口风温（高达 80～90℃），通过入口风温修正后的排烟温度在 100℃以下导致锅炉热效率升高。

表 8-25　典型神府东胜煤锅炉热效率测试结果

电厂名称	TS7	BLSQ	SHFN	WZ	GHJJ	JJ	GHNHYQ
炉膛型式	塔式	Π 形	Π 形	Π 形	Π 形	Π 形	Π 形
燃烧方式	四角切圆	墙式对冲	墙式对冲	墙式对冲	墙式对冲	四角切圆	四角切圆
设计排烟温度（修正前/修正后）（℃）	—/127		—/119	—/118	163/—	118/116	
实测修正后排烟温度（℃）	127.5		134.4	120.2	153.2（修正前）	97.6	131.9
锅炉热效率性能测试（%）	94.51	94.51	94.26	94.79	96.00	95.37	93.67

8-67 简述神府东胜煤锅炉的一次风率和一次风速选取原则。

答：从着火热来看，煤粉燃烧器的一次风率和着火过程密切相关。一次风率越大，为达到煤粉空气混合物着火所需要吸收的热量也就越多，达到着火所需的时间也就越长。这对挥发分含量低、难以燃烧的煤是不利的，当一次风温低时尤其如此。但对神府东胜煤这类高挥发分、低灰分的极易着火煤，则需要较高的一次风率和一次风速，同时应维持较低的一次风温，以免着火距离太近而烧坏燃烧器或引起燃烧器区结渣。

但一次风速增加、风温降低后，炉膛出口温度及屏区温度有升高趋势，从屏区结渣防治的角度考虑，需注意加强屏区受热面吹灰。

表 8-26 为典型 600～1000MW 机组的风率设计值，可见神府东胜煤锅炉的一次风率设计大多在 20%左右。

表 8-26　　典型 600～1000MW 机组的风率设计值

电厂名称	SHFN	WZ	JJ	GHNHYQ
机组容量（MW）	1050	1050	660	630
炉膛型式	Π 形	Π 形	Π 形	Π 形
一次风率（%）	23.81	21.51	22.21	19.6
二次风率（%）	76.19	78.49	72.83	75.4
漏风风率（%）			4.96	

8-68　简述神府东胜煤的煤粉细度控制。

答：煤粉细度对燃烧影响明显，煤粉过细，着火点提前，易在喷口处结渣；煤粉过粗，着火推迟，火焰中心上移，炉膛出口温度提高，易在炉膛出口处结渣，同时粗煤粒从燃烧器出来后，容易脱离主气流，导致燃烧的煤粉和灰粒撞击水冷壁管，形成结渣。

由于神府东胜煤燃烧特性较好，从燃烧经济性考虑，煤粉细度高于一般习惯的选定值仍可以获得较好的燃烧效果。但是，对神府东胜煤而言，煤粉细度选择主要考虑结渣性与燃烧的环保性（NO_x 生成量），在低氮燃烧条件下，推荐煤粉细度 R_{90} 值一般在 20%以下。

运行实践表明，采用较细的煤粉，即较小的煤粉细度 R_{90}，可以减小煤灰颗粒向水冷壁的惯性迁移，有利于减轻结渣；尤其是当四角风速分配不均，炉膛内旋转气流中心偏斜或某一角一次风因速度低而偏斜刷墙时，煤灰颗粒的惯性撞击几倍甚至几十倍的增加，这大大增加了结渣的速度和程度。需要注意的是，采用细煤粉可能会导致的煤粉爆炸、着火提前与燃烧器烧损等问题，可以通过调整风煤比、一次风速以及燃烧器周界风等来解决。实际运行过程中，还需综合考虑选取合适的煤粉细度。

8-69　简述神府东胜煤的煤粉均匀性控制。

答：提高煤粉的均匀性，燃用神府东胜煤应避免煤粉中出现过多 0.2mm 以上的颗粒，因为大颗粒可能被甩出气流黏附在炉膛水冷壁上从而形成结渣。炉膛内煤粉在燃烧时其颗粒温度要高于烟气温度，煤粉的粒径越大，颗粒温度越高。

图 8-13 为国外对颗粒温度的研究结果，在与燃烧器距离一定的情况下，500μm 粒度的颗粒温度最多可比烟气温度高 240℃左右；100μm 粒度的颗粒温度比烟气温度高 100℃左右；29μm 粒度的颗粒温度比烟气温度高 25℃左右，而且大颗粒煤粉由于燃尽时间较长，其保持较高温度水平的时间更长。

为避免出现较多的粗颗粒，在降低煤粉细度的同时，需要提高煤粉的均匀性。目前，提高煤粉均匀性比较好的办法是采用动态旋转分离器，其煤粉均匀性指数可达 1.2～1.3，而常规静态分离器的煤粉均匀性指数甚至不大于 1.0。根据某电厂的改造试验，动静结合的旋转分离器可以提高磨煤机的出力 5%～10%，煤粉细度 R_{90} 可以在 5%～25%的范围调节，煤粉均匀性可以提高到 1.2～1.3（即在 R_{75}=25%时，R_{200} 在 0.2%～0.3%），且分离器的阻力还可以进一步降低。

8-70　简述神府东胜煤锅炉的减温水及吹灰器投运情况。

答：受热面沾污结渣是一个指数型加速叠加的过程，当锅炉受热面出现少量结渣后，表面粗糙度增加，温度升高，结渣速度加快。坚持定期吹灰，保持受热面清洁是防止因结渣造成停炉的有效措施，同时可以有效降低减温水量。图 8-14 为某台机组燃用神府东胜煤（纯补连塔煤）及其混煤（神准混煤）在满负荷下吹灰与减温水投入量的关系，可见尽管神府东胜煤的结渣性能较强，但在锅炉运行中增加了吹灰频率，运行中减温水量可以得到有效控制。

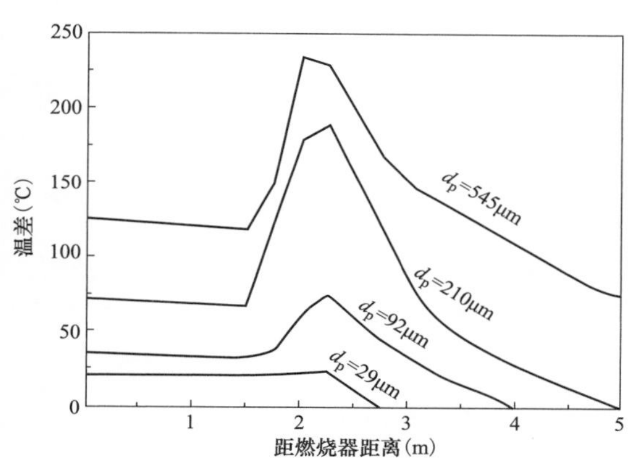

图 8-13　国外对颗粒温度的研究结果

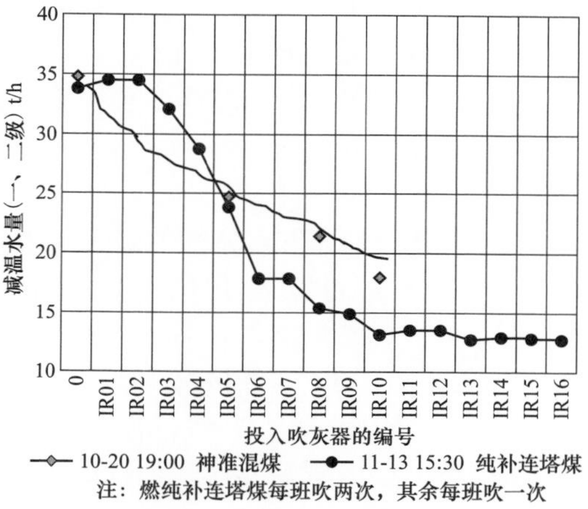

减温水量(一、二级) t/h
40
35
30
25
20
15
10
0 IR01 IR02 IR03 IR04 IR05 IR06 IR07 IR08 IR09 IR10 IR11 IR12 IR13 IR14 IR15 IR16
投入吹灰器的编号
10-20 19:00 神准混煤　11-13 15:30 纯补连塔煤
注：燃纯补连塔煤每班吹两次，其余每班吹一次

图 8-14　某台机组燃用神府东胜煤（纯补连塔煤）及其混煤（神准混煤）在满负荷下吹灰与减温水投入量的关系

8-71　简述神府东胜煤锅炉实现优化吹灰的必要条件。

答：优化吹灰是在保证运行平稳（蒸汽温度、蒸汽压力参数稳定）的基础上，实现对受热面上的积灰、积渣进行清除。神府东胜煤锅炉采用优化吹灰方案可减少炉管及吹灰器磨损，减少蒸汽耗损，节能降耗、减少进入炉膛内蒸汽量，可缓解尾部因烟气中水分过高而形成结灰或堵灰等问题。神府东胜煤锅炉要实现优化吹灰，需要采取如下措施：

（1）首先根据锅炉运行特性，了解锅炉易结渣和积灰的部位。

（2）各级过热器、再热器及省煤器出口烟气温度测点应完备，以便运行中通过各点烟气温度的比较来判别某级过热器或再热器积灰是否较多，使其吸热量降低，若判断积灰较多，则可适时投入该级受热面的吹灰器。

（3）运行过程中，还可由运行人员就地观察锅炉冷灰斗、燃烧器区、屏区和水平烟道等部位的实际结渣状况，有效指导相应部位的吹灰器投运。

（4）停炉时，技术人员进入炉膛内，进一步确定炉膛内水冷壁和屏区受热面等处的结渣、积灰情况，提高运行时吹灰投运的针对性。

8-72 **简述神府东胜煤锅炉优化吹灰的具体实施情况。**

答：对神府东胜煤，吹灰是一个重要的运行操作内容，无论从蒸汽温度调整还是保证安全运行都需将吹灰作为一种手段，吹灰的重点部位为燃烧器区、还原区和屏区高温对流受热面。对 300MW 以上容量锅炉，吹灰系统或有所不同，吹灰周期以及投运的吹灰器应由锅炉运行参数以及结渣、积灰部位在运行中确定。如有的电厂采用炉膛墙式吹灰器及水平烟道和后竖井长伸缩吹灰器定期投运的方式，各吹灰器按一定周期全投一次，每天白班全吹炉膛，中班吹水平烟道及后竖井（可供参考）。每支吹灰器定期动作一次是必要的，长期不动的吹灰器可能日久卡涩。实行选择性吹灰的方案是必要的，在炉膛内易结渣、积灰部位增强吹灰，次要部位吹灰器则可延长吹灰周期。选择性吹灰重点考虑以下两点：

（1）确定吹灰器投入顺序：主要目的是保证在吹灰过程中蒸汽温度、蒸汽压力波动幅度小，最大程度减轻吹灰对运行的干扰。

（2）实现选择性吹灰：该项工作主要是根据蒸汽温度、蒸汽压力以及炉膛内结渣情况确定吹灰时间间隔、作用区间等。

8-73 **简述神府东胜煤锅炉的燃烧优化调整。**

答：神府东胜煤的燃烧优化应以结渣防治为主。调整时必须兼顾炉膛结渣和屏区结渣，即首先考虑炉膛结渣的防治，同时避免因炉膛结渣引起炉膛出口温度上升，从而出现屏式过热器等处的结渣问题。一般情况下需要对以下参数进行调整：

（1）切圆燃烧锅炉的切圆直径：停炉时进入炉膛内，确定燃烧器切圆是否偏斜、大小是否偏离设计值，以及燃烧器倾角是否水平等。

（2）运行氧量：对炉膛设计较小的锅炉，可以采用较低的运行氧量，注意控制二次风速。高速的二次风可能使燃烧强度增加，出现“尖峰温度”。对炉膛设计偏大的锅炉，运行氧量可以偏高一些，以充分体现神府东胜煤高效洁净的特性，获得较高的经济与环保效益；合理的氧量应通过试验得出。

（3）锅炉配风：充分利用周界风、二次风风量调整，防止煤粉贴墙，形成结渣源。旋流燃烧器应控制旋流强度在较低的位置；二次风配风方式要考虑燃烧器区燃烧温度和炉膛出口烟气温度，适合的配风方式应通过试验结果得出。

（4）制粉系统：

1）提高风煤比，神府东胜煤磨煤机风煤比控制在 1.8～2.0；

2）一次风温控制在 75℃以下；

3）应选取合适的煤粉细度，并提高煤粉均匀性，如有条件，煤粉细度 R_{90} 应控制在 18%以下，防结渣以及低 NO_x 排放的效果较为理想；

4）备用磨煤机应选择在燃烧器中部位置，以降低燃烧器区域热强度。

（5）吹灰优化：根据锅炉结渣位置确定合理的吹灰频次、吹灰压力等。

8-74 **简述神府东胜煤灰中 CaO 对低温腐蚀的影响。**

答：近年国外有研究表明，对于某些煤种，特别是高钙煤，仅用煤的硫含量这一单一指标无法正确预测电站煤粉锅炉炉膛内酸沉积率或露点温度的高低。这是由于有相当一部分SO_3与钙的氧化物反应后形成硫酸钙，因此有人采用以下分类方式（燃用不同煤种锅炉烟气的酸性分类见表8-27）。对于通常灰中CaO含量较低的高硫烟煤，炉膛内烟气呈高度酸性，当烟气中SO_3浓度超过25μL/L时，空气预热器严重腐蚀：对低硫高钙煤，烟气SO_3浓度往往低于10μL/L，是非酸性的；对于大多数中硫煤，低温腐蚀则取决于煤中非硅酸盐的钙和碱金属含量高低，烟气可能是高度酸性、中等酸性或是非酸性的。神府东胜煤属于低硫高钙煤种，发生低温腐蚀的可能性较低。

表8-27　燃用不同煤种锅炉烟气的酸性分类

煤种	煤中硫（%）	灰中CaO（%）	烟气中SO_3（μL/L）	露点温度（K）	最大酸沉积率 mg/（m^2h）
高硫低钙	＞2.5	2～5	10～25	400～410	5～10
中硫低钙	1～2.5	2～5	5～10	295～400	2.5～5
中硫中钙	1～2.5	5～10	1～5	285～295	1～2.5
低硫高钙	＜1	＞10	＜10	＜285	＜1

8-75　锅炉燃用神府东胜煤运行时的注意事项有哪些？

答：神府东胜煤属于低硫高钙煤种，硫含量较低，高、低温腐蚀的可能性均不大。为减轻高温腐蚀风险，在运行过程中需注意以下问题：

（1）运行时避免燃烧器区氧量过低。

（2）切圆锅炉注意开大周界风。

（3）墙式燃烧锅炉注意减小靠两侧墙燃烧器的外二次风旋流强度和开大贴壁风。

（4）为减轻低温腐蚀，空气预热器进口风温应避免过低，必要时投运暖风器或采用热风再循环提高进口风温。

8-76　简述运行氧量对神府东胜煤锅炉沾污积灰的影响。

答：在一台燃用神府东胜煤锅炉上测试了空气预热器入口烟气温度在不同氧量时的变化情况，即不同氧量下神府东胜煤空气预热器入口烟气温度的变化趋势见图8-15。可见，当运行氧量在4%时，烟气温度变化速度达3℃/min；而运行氧量在2.8%时，烟气温度变化速度仅1℃/min。表明，过高的氧量易导致炉内结渣沾污严重，炉内吸热量减少，水平烟道及尾部受热面的延期温度升高。因此，提高氧量（过量空气系数）对防止神府东胜煤中低温对流受热面积灰不利。

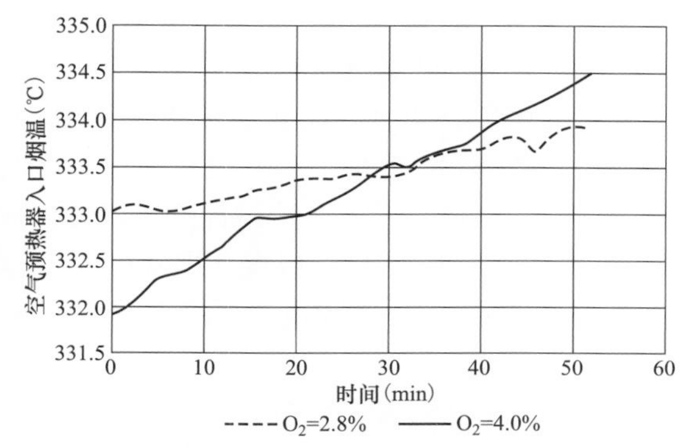

图8-15　不同氧量下神府东胜煤空气预热器入口烟气温度的变化趋势

8-77　典型神府东胜煤锅炉的制粉系统防爆措施有哪些？

答：典型神府东胜煤锅炉的防爆措施主要包括以下几个方面：

（1）设备检修维护：

1）定期及时消除系统内死角的积煤和积粉，必要时改造设备，清除死角。

2）每次停炉后要进行检查并更换热风关断门盘根，避免热一次风关断门漏风影响停运磨煤机的安全和检修工作。

3）保证防爆门设计合理，建议使用PLD超导自动启闭式防爆门。

4）建议在一次风入口处加装护网，阻拦石子煤进入一次风道。

（2）运行优化和控制：

1）磨煤机断煤运行时，要及时关小热风门，开大冷风门，投入该制粉系统消防蒸汽，停止给煤机运行。

2）煤粉细度合适，过粗过细均不利（过细易于爆燃；过粗易于管道沉积，导致自燃而引起爆燃）。

3）对停运磨煤机加强监视，发现有磨煤机出口温度有不正常升高的趋势或磨煤机出口温度达到75℃时，一定要投入磨煤机的消防蒸汽。

4）加强燃料管理，杜绝易燃易爆物品进入磨煤机内。

5）惰化是防爆的有效手段。在磨煤机跳闸后要投入灭火蒸汽。

6）制粉系统停止前，要先减少煤量，关小热风调节调门，开大冷风调门，待磨煤机出口温度降至55℃且稳定后方可停止给煤机运行，并立即关闭热风门，磨煤机继续运行至电流降至空载电流。整个停给煤机过程中，要控制磨煤机风量在70%额定风量，从而保证磨煤机内有较大的通风量，降低磨煤机停时的煤粉浓度，减少处在危险的爆炸浓度中的时间，减少发生爆炸的概率。

7）采用掺混的方法可减少易爆煤种爆炸，将不易爆煤和易爆煤种掺混，不易爆煤含量越多，混煤粉爆炸性越弱。

8）磨煤机正常运行过程中，发现原煤有自燃现象时，禁止停止磨煤机运行，应适当增加煤量，控制出口温度，投入灭火蒸汽，避免煤粉浓度在爆炸范围内。

9）系统启动前，要充分暖磨10min。

8-78　神府东胜煤磨煤机启停时需要采取的防爆措施有哪些？

答：磨煤机启动前，在进行磨煤机通风时一定要开启磨煤机出入口快速关断门，开启冷风门并稍开热风门，然后适当开启入口总风门进行暖磨。严禁先开入口总风门，再开热风门。调整磨煤机一次风量时，要严格控制风煤比，操作要平稳，一定不能突升和突降。

制粉系统停用时，要将原煤斗煤闸板关闭，将给煤机内存煤走空，磨煤机通风5～10min。吹扫要彻底，将一次风管内残存余粉吹净，防止一次风管内积粉自燃。

8-79　简述低温省煤器在神府东胜煤锅炉的应用。

答：表8-28为典型神府东胜煤与其他烟煤的烟气露点温度（理论计算），可见，神府东胜煤的烟气露点温度较其他煤种低10℃左右，可降低锅炉发生低温腐蚀的可能性，对于神府东胜煤锅炉更适合采用低温省煤器技术降低排烟温度、提高机组热效率。

表 8-28 典型神府东胜煤与其他烟煤的烟气露点温度

煤　样	神府东胜煤	平混煤	兖州煤	大优混煤
烟气露点温度（℃）	101	109	111	110

TS 电厂 5 号机组于 2006 年投产，锅炉是由上海锅炉厂有限公司制造的 SG-2028/17.5-M907 型亚临界一次中间再热控制循环汽包锅炉，采用四角切圆燃烧方式、单炉膛、Π形露天布置、全钢架悬吊结构、固态排渣。为回收锅炉排烟余热，提升机组运行经济性，在锅炉系统的尾部空气预热器和除尘器之间的水平烟道上安装了低温省煤器。

TS 电厂 5 号机组低温省煤器选型参数见表 8-29，低温省煤器的性能测试结果如下：

（1）100%额定负荷-低温省煤器不投运的工况下，高压缸效率为 85.28%，中压缸效率为 92.67%，经过一类、二类修正后发电机功率为 636.130MW，修正后的热耗率为 8009.5kJ/kWh。

（2）100%额定负荷-投低温省煤器工况下，低温省煤器进水流量约为 505.884t/h，进水温度为 77.7℃，出水温度为 103.2℃，烟气侧进口平均温度为 132.7℃，出口平均温度为 99.6℃。高压缸效率为 84.32%，中压缸效率为 92.67%，经过一类、二类修正后发电机功率为 631.404MW，修正后的热耗率为 7955.7kJ/kWh，热耗率较退低温省煤器工况降低约 53.8kJ/kWh，发电煤耗较退低温省煤器工况降低约 2.0g/kWh，即低温省煤器投入运行后机组经济性提升约 0.67%。

表 8-29 TS 电厂 5 号机组低温省煤器选型参数

项　目	单位	选型参数	备注
型式		管箱式结构	
管侧流程		逆流	
壳侧介质		烟气	
管侧介质		凝结水	
换热器壳侧设计压力	kPa	±12	
换热器壳侧设计温度	℃	200	
换热器管侧设计压力	MPa	4.0	
换热器管侧设计温度	℃	200	
每台换热器壳侧选型进口烟气量	m^3/h	890393.4	
换热器壳侧设计进口烟气温度	℃	141	选型温度，BMCR 工况基础上考虑温度裕量
换热器壳侧出口烟气温度	℃	90～95	
每台换热器水侧进口凝结水量	t/h	384.5	卖方填写
换热器水侧进口凝结水温	℃	73±3	高于水露点 25℃
换热器水侧出口凝结水温	℃	100	
换热器烟气侧阻力	Pa	≤450	正常：≤450； 大修期之内：≤500
换热器水侧阻力	MPa	<0.2	

8-80 简述神府东胜煤锅炉的厂用电率及供电煤耗。

答：由于神府东胜煤热值较高、硫分与灰分低且杂质少，因此燃用神府东胜煤可以有效降低制粉电耗，同时可使输煤系统、除灰系统、脱硫系统等的用电量降低，特别是对设备设计裕量较大的机组，其厂用电率降低尤为突出。

以在不同时期燃用过神府东胜煤与其他煤种（含混煤）的 WJ 电厂、PS 电厂以及 YZE 电厂为例，比较同一电厂燃用神府东胜煤与燃用其他煤种的经济指标比较。具体见表 8-30。可见，燃用神府东胜煤可有效降低供电煤耗，尤其以 PS 电厂单烧神府东胜煤和大同煤比较最为明显，主要是因为锅炉热效率提高以及厂用电率降低。

表 8-30　部分电厂燃用神府东胜煤与其他煤种的经济指标比较

电厂名称	WJ（全厂）		PS（全厂）		YZE（2 号机组）		WZ（全厂）
时间	2000 年 3 季度	2001 年 3 季度	1999 年 5 月	1998 年 5 月	2001 年 10 月 1～30 日		2018 年
燃煤组成	神府 东胜煤	神府东胜煤: 大同煤=3:1	神府 东胜煤	大同煤	神府 东胜煤	神府东胜煤: 兖州煤=1:1	神府东胜煤
负荷率（%）	73	70	80	79	80	72	100
排烟温度（℃）	—	123	122	122	108.3	108.6	120.2
飞灰可燃物（%）	—	1.56	5.25	11.71	1～2	1～2	0.42
锅炉热效率（%）	95.26	93.90	92.84	89.11	92.80	92.50	94.79
汽轮机热耗（kJ/kWh）	9160	9160	8358	8732	8396	8460	7199.5
厂用电率（%）	4.91	4.94	5.72	6.35	3.71	3.99	3.20
供电煤耗（g/kWh）	349	355	331	369	324	328	272.3

8-81 简述神府东胜煤锅炉的污染物控制成本特点。

答：在日益严格的环保要求下，神府东胜煤的高环保性能在运行中有明显的经济效益，具体如下：

（1）脱硫剂耗用量少、脱硫设备电耗低：首先神府东胜煤本身含硫量低、热值高、自脱硫率高，SO_2 总排放量降低，脱硫成本降低。

（2）脱硝剂耗用量少：神府东胜煤含氮量较低，加之神府东胜煤可在较低的温度下安全、高效燃烧，故其在 NO_x 生成量方面可以较其他煤低出较多，脱硝成本降低。

（3）除尘设备电耗低：神府东胜煤灰分含量较低，除尘器电耗低，除尘成本低。

8-82 简述神府东胜煤机组的检修维护成本特点。

答：灰分是煤中的有害成分，一般认为含灰量高的煤种，在磨制破碎时对金属的磨损严重，二氧化硅与三氧化二铝又是灰分特性中影响磨损的特别重要因素。神府东胜煤灰分较低，且灰中二氧化硅与三氧化二铝含量较低，二氧化硅大多在 30%左右，三氧化二铝含量大多在 10%左右，煤的冲刷磨损指数 K_e 一般小于 1.5，磨损程度属于轻微和不强的范围。因此其煤与煤灰磨损性能较轻，可延长煤粉制备设备、对流受热面的使用寿命。如 PS 电厂燃用神府东胜煤 14000h 后，磨煤机仍然运转良好，而燃用其他煤种运行 8000h 后磨煤机一般就需要大修，图 8-16～图 8-18 分别是磨制其他煤种时磨煤机磨辊、静环、密封风管磨损情况。可见，燃用神府东胜煤有利于延长磨煤机以及受热面的使用寿命，可降低设备检修维护成本。

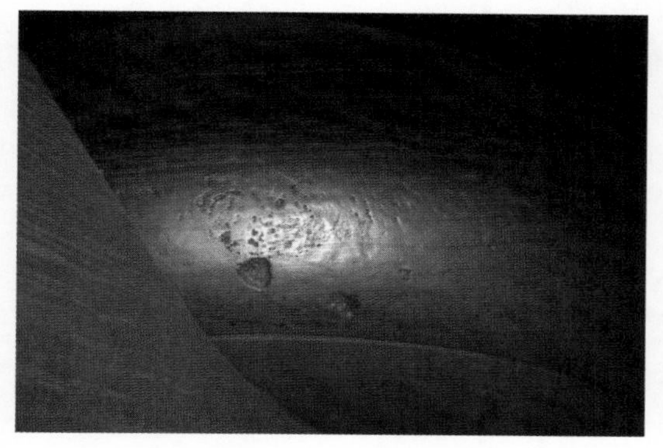

图 8-16 磨煤机磨辊磨损情况
（9214h，磨制其他煤种）

图 8-17 磨煤机静环磨损情况
（磨制其他煤种）

8-83 简述神府东胜煤锅炉的灰渣综合利用。

答：电厂煤灰渣资源综合利用前景广阔，煤灰渣可大量应用于生产粉煤灰水泥、砖、碳酸盐砌块、加气混凝土及其他建筑材料，还可作为农业肥料和土壤改良剂。灰渣综合利用不仅有助于实现节能降耗，控制环境污染，减小企业的运营成本和排污损失；而且还可以填补电力缺口，实现能源的最大化利用。神府东胜煤属于易燃尽煤种，飞灰可燃物一般低于 1.5%，有的甚至低于 1%；因此灰中杂质少、颗粒均匀、可利用性较好，经过分选后大都可以按一级灰的标准出售，有较高的回收价值。

图 8-18 磨煤机密封风管磨损情况
（磨制其他煤种）

8-84 简述神府东胜煤煤质特点与目前脱硝技术的适应性。

答：结合不同地区 NO_x 排放控制的要求，燃煤锅炉降低 NO_x 生成和排放浓度时，炉膛内可采用低氮燃烧器、分离燃尽风设计和运行优化技术，尾部可采用 SCR 脱硝技术。

与国内典型煤种相比，神府东胜煤具有燃烧优良的特性，锅炉在燃用神府东胜煤时可采用较一般低氮燃烧锅炉更低的过量空气系数，可在保证锅炉热效率基本不变的前提下实现更低的 NO_x 生成浓度，NO_x 生成浓度基本在 200～300mg/m^3 以下，大型锅炉 NO_x 甚至可低至 120～180mg/m^3。较低的脱硝进口 NO_x 浓度为实现燃煤机组的超低排放打下了良好基础，燃用神府东胜煤的锅炉均可轻松将 NO_x 排放浓度控制在 50mg/m^3 甚至是 30mg/m^3 以下。

8-85 **简述神府东胜煤锅炉的SCR脱硝效率与氨逃逸浓度。**

答：WZ电厂1050MW机组2号锅炉SCR烟气脱硝装置采用高尘型工艺，反应器布置在省煤器与空气预热器之间。每台锅炉设两台SCR反应器，沿锅炉中心线对称布置，烟道内设计烟气流速为15m/s。表8-31为1050MW机组脱硝效率与氨逃逸浓度试验结果，可见：

（1）脱硝效率：T-01和T-02两个平行工况的实测脱硝效率分别为88.4%和84.5%，平均值为86.5%，满足性能设计脱硝效率不小于85%的要求。

（2）氨逃逸浓度：T-01和T-02工况下的对应氨逃逸浓度分别为2.1μL/L和1.4μL/L，平均值为1.8μL/L，满足性能设计保证值氨逃逸浓度低于3μL/L的要求。

表8-31 **1050MW机组脱硝效率与氨逃逸浓度试验结果**

项目		T-01工况		T-02工况	
SCR反应器		A	B	A	B
脱硝效率	实测入口NO_x（6%O_2，mg/m^3）	226.5	223.4	240.6	229.8
	实测出口NO_x（6%O_2，mg/m^3）	30.0	22.3	44.7	28.8
	实际脱硝效率（%）	86.8	90.0	81.4	87.5
	实际脱硝效率（%）	88.4		84.5	
	脱硝效率平均值（%）	86.5			
氨逃逸浓度	实测氨逃逸浓度（μL/L）	2.2	2.5	1.2	2.0
	SCR出口氧量（%）	3.49	3.76	3.36	3.81
	氨逃逸浓度平均值（6%O_2，μL/L）	1.9	2.2	1.0	1.7
	氨逃逸浓度（6%O_2，μL/L）	2.1		1.4	
	氨逃逸浓度平均值（6%O_2，μL/L）	1.8			

8-86 **简述神府东胜煤锅炉脱硝系统的SO_2/SO_3转化率。**

答：烟气经过催化剂后，部分SO_2被氧化成SO_3。在温度低于220℃时，SO_3会与NH_3反应生成硫酸氢铵，造成空气预热器冷端受热面的堵塞和腐蚀，为此需要控制SO_2/SO_3转化率，SO_2/SO_3转化率成为SCR系统的关键考核指标之一。WZ电厂1050MW机组2号锅炉试验时，每个反应器进出口各取3个点采集SO_2、SO_3样品，SO_2/SO_3转化率数据汇总见表8-32，可见，反应器出口的SO_3浓度约为7.0μL/L，试验中SO_2/SO_3转化率平均为0.74%，小于1.0%。

表8-32 **SO_2/SO_3的转化率数据汇总**

项目			A反应器			B反应器		
反应器入口	SO_2浓度	（6%O_2，μL/L）	356.0	368.0	367.3	365.7	389.1	378.2
	SO_3浓度	（6%O_2，μL/L）	4.4	3.9	3.9	4.3	4.3	4.9
反应器出口	SO_3浓度	（6%O_2，μL/L）	6.8	7.2	6.8	7.1	7.0	7.4
实测SO_2/SO_3转化率（%）			0.78			0.70		
SO_2/SO_3转化率（%）			0.74					

8-87 简述神府东胜煤锅炉脱硝系统的还原剂耗量。

答：根据烟气流量、脱硝效率以及氨逃逸测试结果进行了 WZ 电厂 1050MW 机组 2 号锅炉的液氨耗量计算（还原剂液氨耗量见表 8-33），试验负荷为 1050MW，并进行了 T-01、T-02 两个平行工况的测试，具体结果如下：

（1）两平行工况的液氨耗量分别为 224.6、226.5kg/h，平均液氨耗量为 225.6kg/h，液氨耗量满足在保证的液氨耗量不高于 265kg/h 时的设计保证值。

（2）两平行工况的尿素耗量分别为 395.4、398.7kg/h，平均液氨耗量为 397.0kg/h，尿素耗量满足不高于 445kg/h 的设计保证值。

（3）根据尿素热解炉雾化喷枪的流量显示，两平行工况的尿素流量分别为 0.784、0.782m^3/h。按照尿素溶液浓度 50%和密度 1133kg/m^3 计算，两个工况的尿素耗量分别为 444.1、443.0kg/h。两个平行工况的平均尿素耗量为 443.6kg/h，低于保证的 445kg/h 的尿素耗量。

表 8-33 还原剂液氨耗量

项　目	T-01 工况		T-02 工况	
机组负荷（MW）	1050		1050	
SCR 反应器	A	B	A	B
湿基烟气流量（m^3/h）	1382134	1414065	1426113	1423140
干燥基烟气流量（6%O_2，m^3/h）	1496643	1497195	1522696	1523290
实测入口 NO_x（6%O_2，mg/m^3）	226.5	223.4	240.6	229.8
实测出口 NO_x（6%O_2，mg/m^3）	30.0	22.3	44.7	28.8
脱硝效率（%）	86.8	90.0	81.4	87.5
氨逃逸浓度（6%O_2，μL/L）	1.9	2.2	1.0	1.7
NH_3/NO 摩尔比	0.885	0.920	0.823	0.890
计算液氨耗量（kg/h）	110.9	113.7	111.4	115.2
计算液氨耗量（kg/h）	224.6		226.5	
平均液氨耗量（kg/h）	225.6			
计算尿素耗量（kg/h）	195.18	200.19	196.00	202.68
	395.4		398.7	
平均尿素耗量（kg/h）	397.1			

8-88 简述神府东胜煤锅炉的脱硫系统运行性能。

答：表 8-34 为两电厂 1000MW 机组脱硫系统性能测试结果，其中 HS 电厂燃用高硫煤，而 WZ 电厂燃用低硫的神府东胜煤。WZ 电厂脱硫系统运行性能有如下特点：

（1）SO_2 生成浓度低：WZ 电厂原烟气 SO_2 浓度低于 1000mg/m^3，而 HS 电厂原烟气 SO_2 浓度高达 5000mg/m^3（标准状态、干燥基、6%O_2）。

（2）石灰石耗量低：达到同样的 SO_2 排放浓度，燃用神府东胜煤的机组需要较少的石灰石消耗量，节约了石灰石成本。

（3）水耗低：高硫煤的水耗量是神府东胜煤的 2.25 倍。

（4）电耗低：高硫煤锅炉脱硫系统的电耗量是神府东胜煤的 1.92 倍。

表 8-34　两电厂 1000MW 机组脱硫系统性能测试结果

项　目	HS 电厂		WZ 电厂	
燃用煤种	高硫煤		神府东胜煤	
机组容量（MW）	1000		1050	
全水分 M_t（%）	12.0		16.5	
空气干燥基水分 M_{ad}（%）	4.77		3.42	
收到基灰分 A_{ar}（%）	12.37		10.38	
干燥无灰基挥发分 V_{daf}（%）	37.43		36.4	
收到基全硫 $S_{t,ar}$（%）	1.89		0.43	
收到基低位发热量 $Q_{net,ar}$（kJ/kg）	23.97		22.14	
负荷（MW）	1000	1000	1031	1049
烟气体积流量（标准状态、干燥基、实际 O_2，km^3/h）	2780.85	2759.824	2688.9	2736.5
烟气体积流量（标准状态、干燥基、6%O_2，km^3/h）	3012.27	3096.38	2975.7	3028.4
石灰石粉纯度（%）	92.03	92.03	97.64	97.64
原烟气 SO_2 浓度（标准状态、干燥基、6%O_2，mg/m^3）	4804.2	5094.9	897	990.5
净烟气 SO_2 浓度（标准状态、干燥基、6%O_2，mg/m^3）	20.22	21.75	17	16.2
脱硫效率（%）	99.58	99.57	98.10	98.4
钙硫摩尔比	1.075	1.10	1.02	1.02
烟气流量（m^3/s）	836.7	860.1	826.58	841.21
SO_2 脱除量（kg/h）	14411	15708	2619	2950
碳酸钙消耗量（t/h）	24.2	27	4.16	4.68
石灰石消耗量（实际纯度，t/h）	26.3	29.34	4.26	4.8
石灰石消耗量平均值（实际纯度，t/h）	27.82		4.53	
水耗量（t/h）	153.3		68.13	
电耗（kW）	6478		3378	

8-89　简述神府东胜煤煤质特点与火电厂常用粉尘控制措施的适应性。

答：大型电站煤粉锅炉燃用神府东胜煤时，适用的除尘技术为高效静电除尘技术、电袋复合除尘技术、低低温静电除尘器、湿式静电除尘器等，将粉尘浓度降低至 30mg/m^3 以下，然后再采用高效除尘 FGD（粉尘浓度进一步下降至 15mg/m^3 以下）+湿式静电除尘器技术将粉尘浓度降低至 5mg/m^3 以内。

8-90　简述神府东胜煤锅炉的静电除尘器运行效果。

答：WZ 电厂 2 号锅炉为 1050MW 超超临界压力燃煤直流锅炉，锅炉尾部配备两台兰州电力修造厂设计制造的双室五电场静电除尘器，2 号机组静电除尘器性能试验结果见表 8-35，可见在试验条件下，2 号机组静电除尘器除尘效率 η= 99.80%。

表 8-35　　2 号机组静电除尘器性能试验结果

机组负荷（MW）	1050					
除尘器	A 台			B 台		
	A1	A2	A3	B1	B2	B3
进口烟气温度（℃）	118	125	134	124	121	119
出口烟气温度（℃）	115	123	132	121	116	117
进口烟气流量（标准状态，$\times10^4m^3/h$）	52.77	45.95	46.29	46.67	48.51	51.17
出口烟气流量（标准状态，$\times10^4m^3/h$）	53.72	46.81	47.18	47.58	49.42	52.16
总处理烟气量（标准状态，$\times10^4m^3/h$）	146.36			147.74		
平均静电除尘器本体阻力（Pa）	189			193		
平均进口含尘浓度（标准状态，g/m^3）	9.55			8.73		
平均出口含尘浓度（标准状态，g/m^3）	18.46			18.15		
平均除尘效率（%）	99.80			99.79		
比集尘面积（$m^2/m^3/s$）	126.09			126.37		

8-91　简述神府东胜煤锅炉的最低不投油稳燃负荷。

答：在目前国内的动力用煤中，神府东胜煤的着火特性属特优质烟煤，仅次于一般褐煤。燃用神府东胜煤的低负荷稳燃性能要优于其他烟煤，一般可使最低不投油稳燃负荷降低 10%左右，表 8-36 为两台 1000MW 机组的燃用煤质和最低不投油稳燃负荷比较。可见神府东胜煤锅炉可获得更低的不投油稳燃负荷。

对于配置直吹式制粉系统和稳燃功能较强的直流或旋流低氮燃烧器的神府东胜煤锅炉，锅炉最低不投油稳燃负荷一般可达 20%～30%。

表 8-36　　两台 1000MW 机组燃用煤质及最低不投油稳燃负荷比较

项　　目	QSC 电厂	TS 电厂（7 号机组）
机组容量（MW）	1000	1000
炉膛布置和燃烧方式	四角切向塔式	四角切向塔式
燃用煤种	非神府东胜煤	神府东胜煤
全水分 M_t（%）	8.57	19.7
空气干燥基水分 M_{ad}（%）	2.15	9.17
收到基灰分 A_{ar}（%）	30.41	8.12
干燥无灰基挥发分 V_{daf}（%）	45.3	34.9
收到基全硫 $S_{t,ar}$（%）	0.59	0.32
收到基低位发热量 $Q_{net,ar}$（kJ/kg）	18120	21880

续表

项　　目	QSC 电厂	TS 电厂（7 号机组）
电负荷（MW）	397.68	280
最低不投油稳燃负荷（%）	40	28
投运磨煤机	C、D、E	C、D、E

第九章

动力配煤掺烧技术

9-1 简述“动力配煤掺烧”的定义。

答：锅炉是按给定煤种设计制造的，只有当燃用煤种的煤质参数在一定范围内，机组才能正常运行。当电厂来煤煤种多且煤质较杂时，需通过“动力配煤掺烧”手段提高入炉煤与锅炉主机及辅机的适应性。所谓“动力配煤掺烧”，是指通过一定的设备和手段将不同类型、不同品质的煤按比例混合送入炉膛燃烧所采取的方式，通过动力配煤掺烧手段，使入炉煤的理化特性和燃烧性能与锅炉主机及辅机等设备均能较好地匹配，并将其对机组及设备的负面影响降低到最低限，提高了机组运行的安全性、环保性和经济性。

9-2 简述配煤掺烧的管理要求。

答：为了提高配煤掺烧的安全性，需加强配煤掺烧管理工作，建议采取以下措施：

（1）对于新煤种，建议掺烧前将煤样送至权威检测机构进行全面的煤质常规、非常规检测以及着火、燃尽、结渣、沾污等燃烧性能试验，准确掌握煤种的煤质及燃烧性能。

（2）对于特殊煤种，建议在专业机构进行掺烧后的污染物排放、高温腐蚀、煤灰结渣沾污、研磨等特性测试。

（3）通过掺烧试验确定最佳掺烧比例，并形成掺烧标准操作卡，指导运行操作调整，确定锅炉安全稳定运行。

（4）当配煤掺烧比例波动大于15%或者不同入厂煤挥发分绝对偏差大于15%时，必须重新进行掺烧试验。

（5）实炉掺烧前应对掺烧煤种的着火、稳燃、燃尽、结渣、沾污、污染物排放、腐蚀、研磨、干燥等特性与锅炉主机及辅机设备的适应性等进行匹配性研究，为后期的实炉掺烧提供基础数据。

（6）需要定期对燃用煤种进行煤灰熔点、煤灰成分、可磨性指数以及黏结指数等进行测试，当某些关键指标变化较大时，需进行相应的燃烧性能测试。

9-3 动力配煤掺烧解决的机组运行中的问题有哪些？

答：通过动力配煤掺烧能提高机组燃烧的安全性、环保性和经济性，具体内容如下：

（1）提高锅炉燃烧稳定性。

（2）缓解锅炉结渣、积灰。

（3）保证蒸汽温度正常化。

（4）缓解受热面腐蚀、超温和爆管。

（5）降低制粉系统爆炸倾向。

（6）提高锅炉出力。

（7）降低运行成本。

（8）降低污染物生成。

（9）减轻制粉系统、锅炉受热面磨损，提高设备寿命，降低检修维护成本。

9-4 动力配煤掺烧的入炉煤质基本要求有哪些？

答： 动力配煤掺烧的入炉煤质基本要求如下：

（1）入炉混煤灰分应满足除渣系统、除尘系统要求。

（2）入炉混煤水分应满足制粉系统干燥能力要求。

（3）入炉混煤可磨性指数应满足制粉系统出力要求。

（4）入炉混煤发热量应满足制粉系统出力、锅炉带负荷能力要求。

（5）入炉混煤含硫量应满足脱硫系统能力要求。

（6）入炉混煤灰熔融温度应采用式（9-1）、式（9-2）的计算，并取灰软化温度和灰熔融温度两者中的高值作为入炉混煤灰熔融温度的下限值。

对于灰软化温度 ST（℃）：

$$ST \geqslant \theta_c + 150 \tag{9-1}$$

式中　θ_c——设计炉膛出口温度，℃。

对于灰流动温度 FT（℃）：

$$FT \geqslant \theta_p - 100 \tag{9-2}$$

式中　θ_p——设计屏底温度，℃。

（7）入炉煤的着火和燃尽性能满足低负荷稳燃性能和燃烧经济性要求。

（8）入炉煤的结渣、沾污、腐蚀性能满足锅炉安全运行的要求。

9-5 混煤煤质对锅炉主机及辅机运行性能的影响有哪些？

答： 要保证煤粉在炉膛内的燃烧效果，就需保证入炉混煤与锅炉设计煤的煤质相差不宜过大。混煤煤质对锅炉主机及辅机运行性能的影响如下：

（1）全水分 M_t 和空气干燥基水分 M_{ad}：主要影响燃煤的流动性、制粉系统研磨出力、制粉系统干燥出力以及排烟温度。

（2）灰分 A：主要影响锅炉灰渣系统出力和粉尘排放，当灰分过高、发热量过低时，将影响锅炉的燃烧稳定性和燃烧经济性。

（3）挥发分 V：主要影响锅炉的燃烧稳定性、燃烧经济性以及 NO_x 生成浓度。

（4）硫含量 S：主要影响 SO_2 生成浓度和排放，以及锅炉高低温腐蚀。

（5）氮含量 N：结合煤样的燃烧性能，主要影响 NO_x 生成浓度及排放。

（6）发热量 Q：主要影响机组的燃烧稳定性和带负荷能力。

（7）哈氏可磨性指数 HGI：主要影响磨煤机研磨出力。

（8）磨损指数 K_e：主要影响磨煤机磨辊及研磨件寿命。

（9）煤灰熔点：结合煤灰成分，主要影响锅炉的结渣积灰。

（10）煤灰成分：需要注意煤灰中的 CaO、MgO、Fe_2O_3、Na_2O、K_2O 等碱性氧化物成分，此类物质升高，可能引起结渣、沾污和腐蚀的加剧；当 SiO_2 含量高时，可能引起煤磨损和飞灰磨损加重；当 Al_2O_3 含量较高时，可能引起比电阻升高，进而导致除尘器效率下降。

（11）煤中氯含量：当煤中氯含量较高时，将引起锅炉腐蚀加重。

（12）煤灰比电阻：结合煤灰中 Al_2O_3 含量，当比电阻和 Al_2O_3 升高时，可能引起静电除尘器收尘难的问题。

（13）着火性能：影响锅炉燃烧稳定性。

（14）燃尽性能：影响锅炉燃烧经济性。

（15）结渣、沾污、腐蚀性能：影响锅炉燃烧安全性。

（16）污染物排放性能：影响锅炉的环保性能。

混煤的着火、燃尽、结渣、沾污、研磨、腐蚀、污染物排放等性能不具备加权特性，需要通过专业试验台架进行测试。因此当入炉煤有部分或全部煤种为非设计煤时，需考虑掺烧煤种的这些特性，尤其是煤样的着火、燃尽、结渣性能。

9-6 简述混煤煤质指标的具体控制方法。

答：入炉混煤的 M_t、A_{ar}、V_{daf}、Q_{ar}、ST、HGI、K_e 等煤质指标对锅炉着火、燃尽、结渣、腐蚀、污染物排放、机组带负荷能力和锅炉热效率有较大影响。入炉混煤煤质指标对锅炉运行性能的影响及推荐控制值见表 9-1。

表 9-1　入炉混煤煤质指标对锅炉运行性能的影响及推荐控制值

指　　标	与机组运行的关系	推荐控制值
干燥无灰基挥发分	保证燃烧稳定性或防止爆炸	接近锅炉设计煤值
灰软化温度	防止结渣	高于设计值
煤的收到基水分； 收到基灰分； 收到基发热量	保证锅炉带负荷能力以及保证主、辅机在最佳状态下运行	接近锅炉设计煤值
全硫	环保与安全指标	根据脱硫设备能力确定
哈氏可磨性指数	制粉出力	接近或大于设计煤值
煤的冲刷磨损指数	磨煤机磨损	钢球磨煤机不限，中速磨煤机小于5.0，风扇磨煤机小于3.5

9-7 简述混煤煤质参数与设计煤的允许偏差。

答：混煤煤质参数与设计煤的允许偏差见表 9-2。如果无法配置出设计煤参数，应至少保证混煤的各项主要煤质指标在表 9-2 的范围内。该偏差是原电力工业部根据电站锅炉特点，于 1993 年下发了《加强大型燃煤锅炉燃烧管理的若干规定》（电安生〔1993〕540 号），对电厂燃煤允许的煤质参数变化范围作出的明确规定，其参数以锅炉设计煤为基准。

表 9-2　混煤煤质参数与设计煤的允许偏差

煤种	偏差（%）				
	V_{daf}	A_{ar}	M_t	$Q_{net,ar}$	ST
无烟煤	–1	±4	±3	±10	–8
贫煤	–2	±5	±3		

续表

煤种	偏差（%）				
	V_{daf}	A_{ar}	M_t	$Q_{net,ar}$	ST
低挥发分烟煤	±5	±5	±4	±10	−8
高挥发分烟煤	±5	−10～+5	±4		
褐煤		±5	±5	±7	

注 挥发分、灰分、水分为与设计值的绝对偏差；发热量、ST 为与设计值的相对偏差。

9-8 简述混煤煤质与掺配煤种煤质的相关性。

答：混煤是一个简单的机械混合过程，混煤的部分煤质指标具有加权平均特性，但由于各组分煤种的物理构成及物化特性不同，混合后不同煤质的颗粒在磨制及燃烧过程中相互影响、相互制约，混煤的部分特性并不是组分煤种的简单叠加，不具备加权平均特性。混煤煤质指标特性见表 9-3。

表 9-3　混煤煤质指标特性

计算值可靠性	指标	计算方法或趋势
较好	水分 M、灰分 A、发热量 Q、挥发分 V、硫 S、碳 C、氢 H、氧 O、氮 N	按单样参数重量比例加权平均
	灰成分	按单样参数灰分重量比例加权平均
一般	哈氏可磨性指数 HGI	按单样参数重量比例加权平均
	灰熔点	按单样参数灰分重量比例加权平均
较差	着火温度	通常混煤介于各单一煤种之间，偏向燃烧性能优良的煤种
	燃尽性能	各单一煤种性能差别过大时，由于易燃煤种“抢风”，使难燃煤种燃尽更加困难，导致混煤燃尽性能急剧下降
	结渣性能	由于各煤灰成分不同，一旦形成共熔体，混煤的结渣性可能高于所有单一煤种
	原煤磨损指数、自燃特性、流动特性	介于各单一煤种之间，原煤磨损、自燃特性一般偏向严重的煤种；流动性则偏向流动差的煤种
较差	飞灰比电阻	介于各单一煤种之间
	煤粉爆炸特性、沾污特性、煤的腐蚀特性	介于各单一煤种之间，爆炸特性偏向严重煤种
	污染物 NO_x 生成特性	偏向易燃煤种

9-9 简述混煤的煤质参数计算。

答：混煤的煤质参数 MZ（水分、灰分、挥发分、发热量、硫、碳、氢、氧、氮等）的计算公式如下：

$$MZ = \frac{\Sigma_{i=1}^{n} p_i \times C_i}{\Sigma_{i=1}^{n} p_i} \tag{9-3}$$

式中　p_i——各单煤 i 的质量分数；

C_i——各单煤 i 的煤质参数。

9-10 简述混煤灰熔点及灰成分的计算。

答：混煤的灰熔点不具备加权平均特性，灰成分具有加权特性，在没有试验数据的情况下，混煤的灰熔点及灰成分 MH 可按下式计算：

$$MH = \frac{\sum_{i=1}^{n} p_i \times A_i \times Z_i}{\sum_{i=1}^{n} p_i \times A_i} \tag{9-4}$$

式中 A_i——各单煤 i 的灰分质量分数，%；

Z_i——各单煤 i 的灰熔点（℃）或者灰成分（%）。

9-11 配煤掺烧对煤种及煤质的基本要求有哪些？

答：在电厂配煤掺烧过程中，优先推荐掺烧同类煤种，其次是邻近煤种，不建议跨煤种掺烧，主要是煤种接近的煤在燃烧性能上更为接近，不会对锅炉燃烧引起较大问题，如烟煤机组掺烧无烟煤可能引起灭火和飞灰可燃物升高问题，而无烟煤机组掺烧烟煤则可能引起燃烧器烧损、制粉系统爆炸、炉膛结渣等问题。配煤掺烧对煤种及煤质的基本要求如下：

（1）设计燃用无烟煤的锅炉宜采用无烟煤、贫煤作为掺烧煤，也可掺烧部分烟煤，不宜以褐煤作为掺烧煤。

（2）设计燃用贫煤的锅炉宜采用贫煤、无烟煤、烟煤作为掺烧煤，不宜以褐煤作为掺烧煤。

（3）设计燃用烟煤的锅炉宜采用烟煤、贫煤、褐煤作为掺烧煤，不宜以无烟煤作为掺烧煤。

（4）设计燃用褐煤的锅炉宜采用褐煤、烟煤作为掺烧煤，不宜以无烟煤、贫煤作为掺烧煤。

掺烧过程中宜进行燃烧试验，当不同入厂煤挥发分（V_{daf}）绝对值相差在15%以上时，应进行燃烧试验。

9-12 火电厂主要的掺烧方式有哪些？

答：火电厂一般采用如下四种掺烧方式：

（1）间断掺烧（或周期性掺烧）。

（2）炉前预混掺烧。

（3）分磨入炉掺烧。

（4）混合掺烧方式。

9-13 简述“间断掺烧”的定义及注意事项。

答：间断性掺烧也称“周期性掺烧”，指锅炉在一定时间内燃用某煤种后，再燃用另外煤种一定时间，如此循环燃烧。该种掺烧方式适用于供煤比较困难或煤场较小不便存放的电厂，满足来煤随到随烧的需求，可用于降低炉膛结渣目的的掺烧。当电厂采用间断掺烧方式时需要注意以下问题：

（1）燃用煤种挥发分及发热量指标不宜相差过大，以避免掺烧切换过程中由于挥发分和

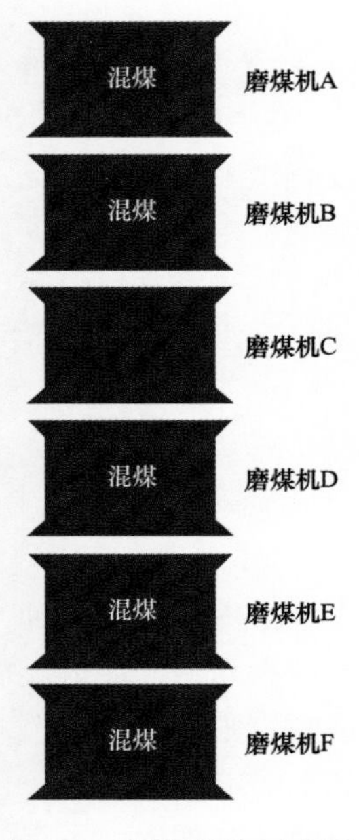

图 9-1　预混掺烧示意图

发热量差别过大导致燃烧不稳、燃烧器烧损等问题，掺烧煤种煤质应满足一定要求。

（2）在结渣防治方面，重点注意两方面问题：其一，避免长期高负荷燃烧结渣煤，若单烧某一煤种一段时间造成比较严重的结渣，可改烧一段时间其他不易结渣煤种或与其他不易结渣煤种的混煤，待炉膛结渣缓解后再切换回原单烧煤种，并根据炉膛内结渣情况控制各煤种燃用时间；其二，注意煤种切换过程，防止由于换煤过程中燃烧温度场和煤灰化学成分的变化引起塌焦或结渣加重等现象，以免在煤种切换过程出现大量落渣问题。

9-14　什么是炉外预混掺烧？

答：炉外预混掺烧方式是将两种或两种以上入厂煤预先进行掺混，在进入炉膛之前完成混合，预混掺烧示意图见图 9-1。由于炉外预混方式混煤中的各成分分布较为均匀，对锅炉燃烧具有以下优点：

（1）保证了所有燃烧器的煤粉燃烧性能一致，燃烧易于控制。

（2）易结渣、易爆炸或高硫煤种均匀掺混了低结渣、低爆炸或低硫煤，可避免局部出现易融灰渣区、易爆炸煤粉区或高腐蚀区，对结渣、爆炸、腐蚀防治较为有效。

9-15　炉外预混掺烧的具体实施方法有哪些？

答：炉外预混掺烧方法较多，主要分为煤场混合（煤场堆煤、中间煤场）、煤流混合（混煤罐、斗轮机）等。需强化煤场管理，方式不当时可导致燃煤混合不匀，严重影响机组的安全、经济运行。炉外预混掺烧的具体实施可采用以下方法：

（1）在煤矿或煤炭中转过程中混合：目前神府东胜侏罗纪煤与石炭纪煤即以该方案掺烧，其掺配地点在秦皇岛和黄骅港煤码头，沿海较多电厂均燃用该类煤。在配煤比例适合的情况下，可有效缓解结渣问题。具体方式是按不同的燃煤配比调整取料机速度，将各混合煤种倒换至同一皮带上，通过多次皮带转运进行混合，其混合效果较好，但要求有较大的煤场实现煤种分堆。

（2）在入炉煤上煤过程中掺配：掺烧煤种通过不同的上煤皮带向同一煤斗输煤时预混，掺烧比例不易精确掌握。

（3）电厂煤场储存过程中掺混。

9-16　预混掺烧方式提高入炉煤掺配均匀性的方法有哪些？

答：预混掺烧方式提高入炉煤掺配均匀性的方法如下：

（1）当在上煤过程中掺配入炉煤时，按不同的掺烧比例调整取料机速度，将各单一煤种倒换至同一带式输送机上，通过多次带式输送机转运进行混合，该种混合效果较好，但要求有较大的煤场或储煤设施实现煤种分堆（存），属运动过程中的混煤。

（2）当在电厂煤场储存过程中掺配入炉煤时，应将掺烧入炉煤摊开，然后在其上面按比例覆盖另一种入炉煤。入炉煤上煤时由横断面取煤，达到掺烧的目的，属静态混煤，主要有分堆组合堆放、对称分层堆放、不对称分层堆放等。煤场混煤措施较多，应根据煤场情况灵活使用，保证配煤的均匀性。

9-17 什么是分堆组合堆放？

答： 图 9-2 为分堆组合堆放示意图，即在堆料过程中在某一小堆中分层堆放不同煤种。这种方式适合取料范围较小的斗轮取料机。

9-18 什么是对称分层堆放？

答： 图 9-3 为对称分层堆放示意图，煤沿煤场中心线分层堆放，并采用横跨煤堆的桥型耙式取料机取煤。采用煤耙将表面的煤翻滚到煤堆底部，再由下面的链条刮板机刮到输煤皮带上，达到混煤目的。

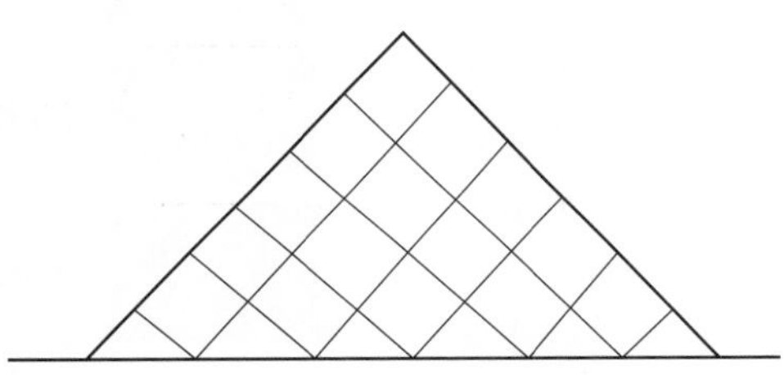

图 9-2 分堆组合堆放示意图

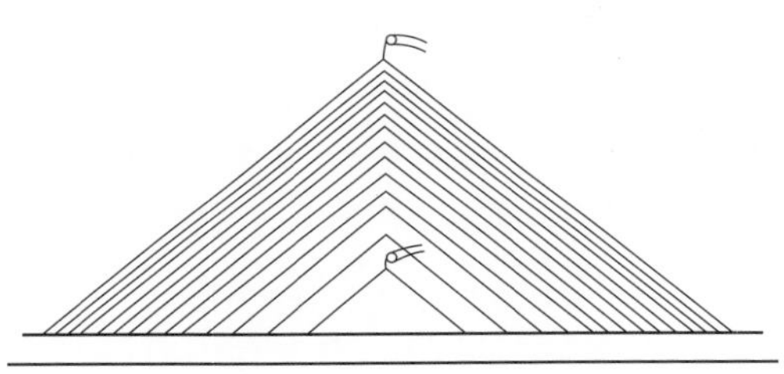

图 9-3 对称分层堆放示意图

9-19 不对称分层堆放及斜面刮板机取料？

答： 图 9-4 为不对称分层堆放及斜面刮板机取料示意图，该方式适合刮板式取料机取样，并有较好的混煤效果。

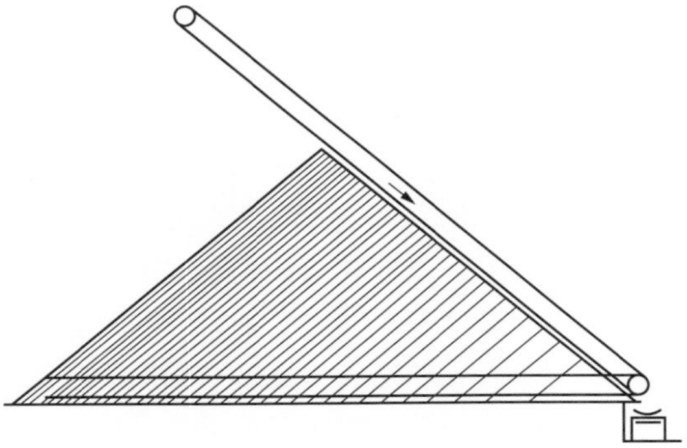

图 9-4 不对称分层堆放及斜面刮板机取料

9-20 炉外预混掺烧方式注意的问题有哪些？

答： 当电厂采用炉外预混掺烧方式时，需注意以下问题：

（1）不同煤种在炉外预混时难以达到所需的均匀性，对预混设备和预混控制要求较高。

（2）当一种煤掺混比例较小时，很难实现均匀掺混，易导致事故的发生。

（3）当电厂掺烧煤种的热值、挥发分等参数相差较大时，其混合的均匀性对燃烧的经济性和安全性有较大影响。

9-21 什么是分磨入炉掺烧？

答： 分磨入炉掺烧是以锅炉作为掺混设备，不同入厂煤由不同磨煤机磨制，并由相对应的燃烧器燃用该煤种，使燃煤在炉膛内燃烧过程中混合（可随时根据负荷等调节比例），不同煤种在炉膛内边燃烧边混合的掺烧方式，适用于直吹式制粉系统的锅炉。应通过燃烧试验确定不同层燃烧器及其对应的磨煤机适合的煤种。分磨掺烧示意图见图 9-5，这种掺烧方式的优点如下：

（1）不专用混煤设备，易实现。

（2）掺烧比例控制灵活。

（3）煤种性能差异不大时，燃烧稳定性易掌握。

（4）磨煤机运行方式（如出口风温、煤粉细度等）可以根据煤的特性分别进行控制，制粉系统不存在“过磨”或者“欠磨”问题。

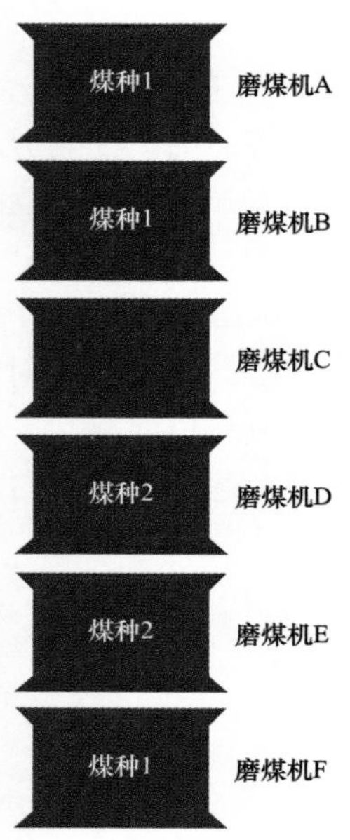

图 9-5　分磨掺烧示意图

9-22　分磨入炉掺烧过程的注意问题有哪些？

答：当电厂采用分磨入炉掺烧方式时，需注意以下问题：

（1）当掺烧煤种的水分、灰分、热值和着火、燃烧特性等差别较大时，不宜选择分磨掺烧方式，优先选择预混掺烧方式。

（2）对于分磨入炉掺烧方式，炉膛内煤种混合存在煤质不均匀是影响燃烧效果的主要问题。四角切圆燃烧锅炉炉膛内气流混合强烈，不同煤种在炉膛内的混合相对较好。前后墙对冲旋流燃烧锅炉由于各燃烧器燃烧相对独立，不同燃烧器煤粉气流在炉膛内混合较弱，有时达不到煤种混合的目的。因为有辐射等热量的传递，分磨入炉掺烧对煤粉燃烧影响较小，但高低熔点煤灰未能很好混合，易在局部区域形成结渣等问题；因此为了防治结渣，分磨掺烧必须保证煤种在炉膛内的均匀混合，方可达到结渣防治的预期目标。

（3）因各层煤种的燃烧性能不同，将对锅炉热强度分布和蒸汽参数产生影响。

（4）通常为保证燃烧稳定性，最下层燃烧器应燃用煤质稳定的易燃煤种。

9-23　简述混合掺烧的定义。

答：混合掺烧方式（炉前预混掺烧+分磨入炉掺烧），即不同磨煤机磨制预先配置好的混煤（部分磨煤机磨制单一煤种），但不同磨煤机磨制的煤种、煤质参数要求不同，该种掺烧方式可在全负荷下实现最大比例掺烧劣质煤，提高掺烧经济性。

如 HNYS 电厂 300MW 四角切圆机组，配置 5 台中速磨煤机，电厂来煤较杂，煤种和煤质波动较大，煤质控制策略如下：

（1）最下两层燃烧器对应的磨煤机磨制挥发分较高、发热量中高、硫含量中等的煤种，并确定最低运行煤量，可保证低负荷下的燃烧稳定性。

（2）中间两层燃烧器对应的磨煤机磨制发热量偏低、硫含量较高的劣质煤，可提高中高负荷下的劣质煤掺烧比例，降低发电成本。

（3）最上层燃烧器对应的磨煤机磨制发热量高、硫含量偏低的优质煤，保证机组的带负荷能力。

在中低负荷时投运下四层或者下三层燃烧器，在不低于磨煤机最低煤量的情况下，尽量增加中间层磨煤机的煤量，最大限度掺烧价格低廉的劣质煤。当锅炉负荷进一步升高后，投运最上层燃烧器，保证机组的带负荷能力。

9-24 简述不同掺烧方式的优缺点。

答：不同掺烧方式的优缺点比较见表9-4。

表9-4 不同掺烧方式的优缺点比较

项目	间断掺烧	炉外预混掺烧	分磨掺烧
优点	在电厂供煤比较困难或煤场较小、不便存放的情况下采用较为方便	对防治锅炉结渣和制粉系统爆炸较为有效。在掺烧高水分褐煤时，能充分利用各磨煤机的干燥能力，提高掺烧量	不需专用混煤设备，易实现，掺烧比例控制灵活。煤种性能差异较大时，燃烧稳定性易掌握
缺点	煤种切换周期长，可能出现高负荷时燃烧结渣煤，在煤种切换过程出现大量落渣问题。不适合煤种特性差异较大时的煤种掺烧	对混煤设备和混煤控制要求较高，一般电厂实施困难	一般只用于直吹式制粉系统。炉膛内混合存在不均匀的可能。煤种差异较大时，对煤场管理要求较高
尽量避免的掺烧煤种	结渣方面应注意掺烧后的煤质特性，如神府东胜煤不能与高Fe_2O_3（原则为大于8%）煤掺烧	掺烧煤的热值等煤质参数相差较大时，应注意混合均匀性	烟煤、褐煤锅炉下层磨煤机避免掺烧低挥发分煤和劣质烟煤
应用较为成功的锅炉	大多数电厂受条件所限，不得不采用该方式，不出现问题的较少	内地及沿海主要大容量机组等	沿海地区电厂
建议	该方法的危险性较大，尽量少采用。鉴于国内较多电厂煤场较小，建议采用设施齐备的港口进行配煤	对结渣防治较为有效，应尽量采用	掺烧位置的选择对机组运行有一定影响，应注意选择。前后墙对冲旋流燃烧方式尽量不采用，以避免热强度和壁温偏差。四角切圆燃烧方式应注意炉膛内混合问题。在操作过程中还应注意煤种在同一磨煤机上切换时，结渣加重及制粉系统防爆问题

9-25 简述掺烧煤种煤质对掺烧方式选取的影响。

答：掺烧煤种煤质对掺烧方式选取的影响见表9-5，具体如下：

（1）当待掺烧煤种的挥发分、发热量、灰熔点都较为接近时，采用间断掺烧、预混掺烧、分磨掺烧均可。

（2）掺烧难燃煤种，且混合条件不好时，不宜采用分磨掺烧。

（3）当待掺烧煤种的挥发分跨等级（或绝对值差15%以上）或发热量差异超10%时，不建议采用分磨掺烧，可采用预混掺烧。

（4）当待掺烧煤种的灰熔点差异较大，且有低灰熔点煤时，推荐采用预混掺烧。

（5）当待掺烧煤种中有易爆炸煤或流动性差的煤时，不建议采用间断掺烧和分磨掺烧，可采用预混掺烧方式，提高掺烧安全性。

表9-5 掺烧煤种煤质对掺烧方式选取的影响

掺烧煤种煤质差异	间断掺烧	预混掺烧	分磨掺烧
挥发分、发热量、灰熔点相近	√√	√√	√√
挥发分跨等级（或绝对值差15%以上）	×	√	×

续表

掺烧煤种煤质差异	间断掺烧	预混掺烧	分磨掺烧
发热量差异超 10%	×	√√	√
灰熔点差异大，其中有低灰熔煤	√	√	√√
掺烧易爆炸煤或流动性差的煤	×	√√	—
掺烧高水分煤	—	√√	—

注 √√：适应性好；√：基本适应；×：适应性差；—：不推荐。

9-26 掺烧方式选取的其他注意事项有哪些？

答： 电厂应根据自身条件选择掺烧方式，同时应考虑机组安全性能，注意如下问题：

（1）混煤条件不好时，不宜采用炉外预混掺烧。

（2）磨损性强（K_e＞5）的煤，不宜在中速磨煤机上分磨掺烧。

（3）掺烧高水分煤种时，为保证磨煤机出力，不宜采用分磨掺烧。

（4）掺烧难燃、低灰熔点或高硫煤时，不宜采用分磨掺烧。

（5）掺烧极易爆炸煤种，在热风送粉钢球磨煤机系统上不宜采用分磨掺烧。

9-27 简述掺烧煤种和掺烧比例的确定。

答： 首先制定约束条件，确定目标值，然后根据煤质、设计参数、锅炉和煤场掺混条件确定理论的混煤煤种和掺烧比例，最后应通过现场掺烧试验验证最佳掺烧比例的合理性，并确定最佳掺烧方式。掺烧试验应在锅炉额定负荷下经过 168h 考核试验。掺烧煤种及掺烧比例确定技术路线见图 9-6。

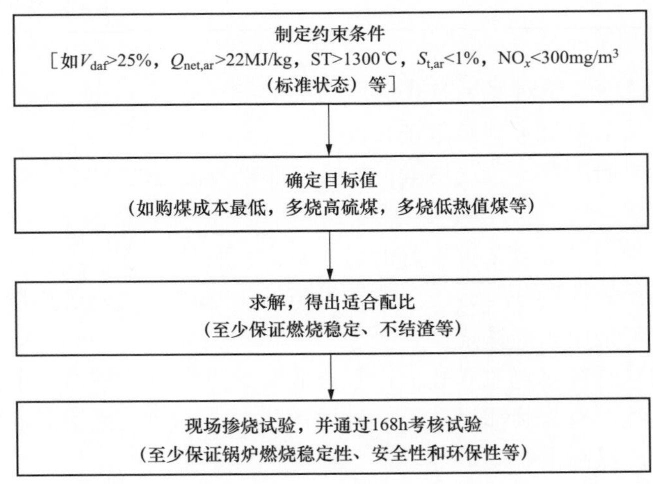

图 9-6 掺烧煤种及掺烧比例确定技术路线

9-28 配煤掺烧对锅炉运行参数调整有什么影响？

答： 配煤掺烧时，需根据入炉煤质的燃烧性能进行适当的运行参数调整，主要调整方向包括：

（1）运行氧量：通常煤种的燃烧性能越差，运行氧量越高；反之，燃烧性能越好，运行氧量越低。在低氮燃烧情况下，综合考虑燃烧经济性、环保性以及炉膛高温腐蚀等，燃烧性能优良的烟煤过量空气系数可选取为1.15左右，而对于难燃的无烟煤和贫煤则过量空气系数可选取为1.2左右。

（2）吹灰系统：当入炉煤结渣性能增强时，需要增加吹灰频率。

（3）燃烧系统方式：根据掺烧煤种确定合适的一次风、二次风、燃尽风等风率和风速等。

（4）制粉系统运行参数：具体包括风煤比、磨煤机进出口风温、煤粉细度、煤粉均匀性，以及停运磨煤机位置选取。

（5）炉膛内贴壁气氛：进行必要的测试和调整，防止高温腐蚀与结渣。

（6）对冷灰斗斜坡角度小于55°的锅炉，最下层燃烧器不宜燃用易结渣煤。

9-29 配煤掺烧对制粉系统运行参数的调整有哪些影响？

答：配煤掺烧时，需考虑对制粉系统关键运行参数的影响，具体包括：

（1）掺烧位置选取：对于分磨入炉掺烧方式，掺烧位置的选择对锅炉运行有较大影响，其影响范围和程度视锅炉不同而有所不同，应通过试验确定。通常为保证燃烧稳定性，最下层燃烧器应燃用煤质稳定的易燃煤。

（2）磨煤机入口风温确定：通常在锅炉设计的一次热风温度范围内选取（一般为300～330℃）均可。但在磨煤机运行状态不佳，石子煤量过大时，掺烧易燃煤种，特别是褐煤，应该做好石子煤的及时排放，防止石子煤在箱内燃烧。对掺烧极易爆炸煤种的情况，应当采取足够的防爆措施，启停磨煤机时该值应控制在200℃以下。

（3）磨煤机出口风温：采用分磨掺烧方式时，对磨煤机出口风温、一次风温的选择应按磨煤机对应煤种进行控制。采用预混掺烧方式时，对磨煤机出口风温、一次风温的选择可采用加权挥发分指标来选取，并应低3～5℃。

（4）煤粉细度：采用预混掺烧方式时，宜根据实际燃烧效果对煤粉细度进行调整，通常煤粉细度应按难燃煤种选取。

（5）风煤比：掺烧难燃煤种，应适当降低风煤比；掺烧易燃煤种，应适当提高风煤比。

9-30 简述混煤的磨煤机出口温度的选取原则。

答：混煤的磨煤机出口温度选取原则上按表7-2进行，用挥发分指标来选取时，实际运行应低3～5℃。如烟煤掺烧褐煤，磨煤机出口温度按挥发分应取75℃，实际运行取值应在70～72℃，最低不应低于55℃。若设备不能达到取值范围，则应尽量接近。采用分磨掺烧时，磨煤机出口温度应按煤种分磨进行控制。在中间储仓热风送粉系统中掺烧高热值烟煤，磨煤机出口温度应低于160℃。

通常按照表7-2的原则选取磨煤机出口温度就可以有效防治制粉系统爆炸，当（双进双出）钢球磨煤机系统掺烧易燃煤种时，还应该控制易燃煤种掺烧比例，并强化启停磨煤机的吹扫工作。

应核算磨煤机出口一次风水露点温度，保证磨煤机出口温度大于露点温度2℃（直吹式）和5℃（中储式）。

9-31 **简述混煤掺烧对磨煤机入口风温选取的影响。**

答：在煤质稳定的情况下，满足稳定性和安全性的同时，应选用较高的磨煤机入口风温以降低排烟温度。通常磨煤机入口风温每增加 10℃，排烟温度降低 3℃左右，可以提高锅炉热效率。在掺烧时需注意由于煤种变化带来的磨煤机入口风温的变化对排烟温度的影响：

（1）掺烧高水分煤（如褐煤）时，尽管磨煤机入口风温升高，但排烟温度会有所上升。

（2）掺烧难燃煤种，需提高磨煤机入口风温，排烟温度降低。

9-32 **简述配煤掺烧煤种对蒸汽温度的影响。**

答：在掺烧以下煤种时可使蒸汽温度出现上升趋势：

（1）掺烧难燃煤种。

（2）掺烧低热值煤，特别是高水分低热值煤，因烟气量增加，蒸汽温度出现上升趋势。对对流传热量较大的锅炉影响较大。

（3）掺烧易结渣煤。

上述情况反之亦然。如某电厂 400t/h 锅炉，燃煤发热量由 11.30MJ/kg 提高至 13.81MJ/kg，主蒸汽温度度由 540℃大幅度下降至 510℃，影响趋势明显。

9-33 **简述掺烧时炉膛灭火事故发生的原因及应对措施。**

答：锅炉发生灭火的根源：掺烧低挥发分煤种或到厂煤灰分波动较大（A_{ad}>35%）时，若掺混不均，则容易造成锅炉灭火。

示例 1：某电厂 300MW 机组，设计煤 V_{daf} 为 10%，为无烟煤和贫煤各占 50%的混煤。实际运行中曾燃用一船无烟煤/烟煤（9/1）的混煤（V_{daf} 为 9.5%），负荷在 250MW 以上出现 3 次灭火和几次大幅度的炉膛负压波动，其主要原因是无烟煤（V_{daf} 在 7.6%左右）比例大，造成预混掺烧煤种混合不均匀。灭火后，给粉机入口处采集煤粉的发热量为 22.651MJ/kg，挥发分为 7.61%，为纯无烟煤，明显低于设计值。

示例 2：L1 电厂 360MW 机组，设计 40%贫煤+60%烟煤，实际燃用煤由于灰分增加，导致燃烧不稳，频繁出现灭火事故，其煤质参数变化见表 9-6，表现出灰分对着火的影响。

表 9-6 **L1 电厂煤质参数变化**

项目	V_{daf}（%）	A_{ar}（%）	$Q_{net,ar}$(MJ/kg）
2005 年炉煤	22.11	31.07	19.79
设计煤	17.26	26.27	21.60

应对措施：掺烧时应选择合适的煤种、控制劣质煤比例、强化混煤均匀性、适当提高一次风温、降低煤粉细度 R_{90} 等。

9-34 **简述掺烧时锅炉结渣和积灰发生的原因及应对措施。**

答：掺烧时出现结渣和积灰的主要原因包括：

（1）混煤不均，周期性燃用强结渣煤。

（2）比例不当，强结渣煤燃用量大。

（3）掺烧方式不合理，局部结渣严重。

（4）不匹配的煤混烧，结渣性增强。

示例：某台600MW机组锅炉设计煤种为晋北烟煤，属严重结渣倾向（灰熔融性DT=1110℃，ST=1190℃，FT=1270℃）。实际到厂煤为大同混煤（88%）、大同精末煤（4%）和乌混煤（8%，主要为神府东胜煤田产煤）。大同混煤和大同精末煤ST≥1460℃（大同混煤 A_{ad} 为20%～25%；大同精末煤 A_{ad}<10%），乌混煤ST=1250℃，A_{ad} 为5%～10%，采用间断性更换煤种的掺烧方式，入炉煤未经很好混合，基本是分开入炉。距事故前4个月期间入炉煤统计，A_{ad} 为8%～14%的天数占14%，显然以低灰熔点易结渣的乌混煤为主，且一般只持续烧1～2天即改烧高灰分煤。在乌混煤比例较低时，与大同煤掺烧在煤种切换时，结渣加重问题也是导致炉膛内结渣区域扩大、渣量增加的原因。这种间断分烧方式容易造成大块挂渣，当炉膛温度场改变或渣块变大时会自动脱落砸入炉底，这种落渣声响和振动标志着非正常运行状态，很多厂有砸坏冷灰斗水冷壁管的教训。该事故表明间断分烧方式对这几种煤是不合适的。

应对措施：选择适合煤种、控制强结渣煤比例、确定合理掺烧方式（炉前预混和分磨炉内掺烧）、强化混煤措施、调整运行方式、缩短吹灰周期等措施都是有效的。

9-35 简述掺烧时锅炉蒸汽温度参数异常、腐蚀爆管发生的原因及应对措施。

答：掺烧时引起锅炉受热面腐蚀、超温和爆管的原因主要包括：

（1）混煤特性变化：将导致燃烧中心和烟气特性变化，或者出现积灰、结渣，均可使蒸汽温度或减温水投入量偏离设计值。

（2）掺烧方式不当：燃烧过于集中，受热面局部超温爆管。

（3）掺烧高硫（煤中硫含量大于1.5%）、高钠（灰中钠含量大于3%）和高氯（煤中氯含量大于0.3%）等腐蚀成分较高的煤。

（4）锅炉结渣、积灰。

示例：某电厂掺烧高硫煤（混煤 $S_{t,ar}$ 达1.5%以上）时水冷壁出现硫化物腐蚀爆管，测试发现贴壁含有过高的 H_2S 腐蚀气体，水冷壁贴壁烟气成分见表9-7，可见水冷壁附近处于严重缺氧状态，主要与入炉煤含硫量较高有关。因此，应控制入炉煤硫分，根据该厂设备特点，要求 $S_{t,ar}$ 不大于0.8%，同时通过燃烧优化调整将贴壁气氛和近壁温度调节至合理水平。

表9-7 某电厂水冷壁贴壁烟气成分

测点位置	燃烧器下部区域						
O_2（%）	0.35	0.46	0.41	0.24	1.48	0.36	0.28
CO（μL/L）	>5000	>5000	>5000	>5000	2970	>5000	>5000
H_2S（μL/L）	189	326	77	141	98	324	372
测点位置	燃烧器上部区域						
O_2（%）	0.16	0.21	0.27	0.19	5.20	0.34	0.23
CO（μL/L）	>5000	>5000	>5000	>5000	2805	>5000	>5000
H_2S（μL/L）	344	320	102	166	58	173	213

应对措施：缓解锅炉结渣积灰，确定合理的掺烧位置、合适的煤粉细度等。

9-36 掺烧时制粉系统发生爆炸的原因及应对措施有哪些？

答： 掺烧时制粉系统发生爆炸的原因主要包括：

（1）掺烧煤种中有易爆炸煤种。

（2）混煤不均：易爆炸煤单独进入磨煤机。

（3）运行参数选取不合理：磨煤机进出口温度、煤粉浓度选取过高均易造成制粉系统爆炸。每种制粉系统均会出现爆炸现象，其中钢球磨煤机爆炸相对更为频繁。

应对措施：燃用高挥发分煤种应注意控制磨煤机入口和出口风温，磨煤机启停阶段加强吹扫，并采取措施消除磨煤机内积粉，以及避免频繁启停磨煤机。

9-37 掺烧时锅炉出力不足的原因及应对措施有哪些？

答： 导致锅炉出力不足的原因主要与入炉煤质及其变化有关：

（1）易结渣煤为避免引起炉膛严重结渣，而被迫限制锅炉出力。

（2）燃煤有沾污倾向而使高温过热器、再热器管屏堵塞，从而限制锅炉出力。

（3）锅炉辅机与掺烧煤种煤质不适应，辅机出力不足，从而限制锅炉出力。

（4）因煤中含硫较高，致使空气预热器发生堵灰腐蚀而影响锅炉出力。

（5）混煤掺烧中，制粉系统因煤的热值降低、可磨性变差和水分增加导致不能磨制足够多的煤粉，从而限制锅炉出力。

应对措施：调整入炉煤的品质以及选用合理的掺烧方式、运行参数等。

9-38 掺烧时锅炉运行经济性差、设备寿命缩短的原因及应对措施有哪些？

答： 锅炉运行经济性是燃料成本、锅炉热效率、主/再热蒸汽参数、减温水量及制粉系统等辅机电耗和设备寿命的综合结果，主要影响因素包括：

（1）与混煤的着火稳燃特性、燃尽特性及水分、灰分、发热量、可磨性、磨损等煤质指标偏离设计值的程度有关。

（2）与掺混原煤煤质差异的大小有关。当掺混原煤的煤质差异大时，混煤后的燃烧效果可能较差，或者辅机电耗增加、设备寿命缩短等。如烟煤掺低挥发分煤（无烟煤及贫煤）及高灰分煤，需降低煤粉细度 R_{90}，这样就增加了制粉电耗。

应对措施：混煤的燃烧性能和煤质指标尽量接近设计煤，掺烧煤种的煤质差异不宜过大。

9-39 掺烧时锅炉污染物排放量增加的原因及应对措施有哪些？

答： 混煤品质选取不好时，可能导致 SO_2、NO_x 以及灰尘生成量的变化，导致此类污染物生成量升高的主要原因包括：

（1）掺烧高硫煤导致 SO_2 生成量升高。

（2）掺烧煤种的氮元素含量升高或者掺烧难燃煤种，导致 NO_x 生成浓度升高。

（3）掺烧高灰分煤导致飞灰及大渣生成量增加。

（4）灰比电阻升高（如掺烧高铝煤等）、入炉煤水分或硫含量降低等导致除尘效率下降，粉尘排放升高。

应对措施：前两者可以适当控制煤中硫和氮的含量，或控制燃烧强度（减少 NO_x 生成）。总体需要通过控制入厂煤性能，选择合理煤种掺烧，调整运行方式等措施加以控制。

9-40 常用的配煤决策方法有哪些？

答：电厂配煤决策方法主要包括：

（1）煤种配煤法：以煤种为指标的掺配方法，采用电厂较多，方法简单可行，操作性强。未知新煤种必须进行试烧，取得经验后方可在电厂正式实施。同一煤种煤质指标发生变化或波动时将对锅炉运行造成影响。

（2）指标配煤法：以煤质指标为基准的掺配方法，如配出所需的发热量、挥发分、硫分等，煤炭供应商采用较多，煤质参数稳定，可保证锅炉及辅机运行稳定，并可有效控制污染物排放。对燃烧效果（如燃烧效率）、结渣、积灰等预测准确性差。

（3）性能配煤法：以锅炉和燃煤性能指标为基准的掺配方法，预报准确性高，计算复杂，采用手算时间长，比较科学的办法是编制相应的计算决策软件。

（4）综合配煤法：以性能掺配法为主，结合煤种掺配法和指标掺配法，提高预测精度，减少计算工作量。未能及时取得煤质参数时，按煤种考虑掺配方案，首先保证机组安全运行，辅机出力按照指标法进行计算。

9-41 配煤掺烧管理工作注意事项有哪些？

答：配煤掺烧管理工作主要注意以下几个方面：

（1）掺烧前后应对锅炉主、辅设备及各系统的出力和效率等进行评估。

（2）采用预混掺烧方式时，应采取可靠措施以达到混合均匀。

（3）对于运行中发现的问题，应及时沟通和反馈，以便进一步优化混煤方案和改进调整措施。

（4）加强煤场管理，实现煤场分类堆放与燃料调配，优先燃用易燃煤种并及时向负责确定混煤方案的人员提供各煤场煤质数据，以及向锅炉运行人员提供入炉混煤煤质数。

（5）应加强入厂煤与入炉煤质监督，建立完善的煤场管理及混煤工作制度，并认真执行。

9-42 配煤掺烧时的入厂煤选择应注意哪些问题？

答：入厂煤种选择应注意以下问题：

（1）采购合理煤质和煤量的煤种，控制入炉煤质。运行电厂应根据煤价、煤质、设计参数、锅炉和煤场掺混条件，确定混煤煤种和掺烧比例，基本煤质参数应尽量接近设计值，对混煤的着火特性、燃尽特性、结渣沾污特性、磨损特性、爆炸特性、流动特性等应通过专门试验台架获得。

（2）原则上不跨煤种掺烧，如无烟煤与烟煤、褐煤，贫煤与褐煤的混合煤等。

（3）只有设有完善的混煤设施或采用分磨掺烧方式时，才可混烧高灰分或挥发分相差较大的煤。

（4）采用炉外预混掺烧时，如果没有配煤筒仓等高精度配煤措施，应维持比例在50%左右，以提高配煤精确性。

9-43 配煤掺烧时的运行管理注意事项有哪些？

答：应通过现场试烧试验确定最佳掺烧方案，在运行过程中需注意以下问题：

（1）应根据入炉混煤的特性及时进行燃烧调整。

（2）按混煤爆炸特性确定磨煤机入口和出口风温。

（3）掺烧高硫煤或强结渣性煤时，应注意炉膛贴壁气氛，并进行必要的测试和调整。

（4）试验中发现问题及时沟通和反馈，以便进一步优化混煤方案和改进调整措施。

9-44 配煤掺烧时的燃料采购和煤场管理需采取哪些措施？

答： 燃料采购人员应掌握锅炉燃烧设备的性能，熟悉锅炉对煤质的要求，尽可能减少或避免混烧严重偏离设计煤质的煤种。需采取以下措施：

（1）加强煤场管理，实现煤场合理堆放与燃料调配。

（2）优先燃用易燃煤种（防止煤场热值损耗），并及时向有关人员提供各煤场煤质数据。

（3）加强到厂与入炉煤质监督，建立完善的煤场管理及混煤工作制度并认真执行。

9-45 简述配煤掺烧时的经济性核算。

答： 掺烧过程中要进行掺烧煤的经济性核算，及时结合购煤成本与运行经济性修正掺烧方案，提高企业效益。掺烧的经济性变化主要分两部分：

（1）固有经济性：指由于成本或煤价变化而引起电厂经济效益的变化。

（2）运行经济性：主要指锅炉热效率变化以及由于污染物排放成本增减、设备检修维护而使电厂经济效率发生的变化。

配煤掺烧是一个极其复杂的系统工程，涉及燃煤的采购、储运、燃烧、污染物排放处理等各个方面，需要企业领导统一协调、指挥，以努力降低混煤掺烧中的技术风险，提高机组运行效率，保证企业效益最大化，满足节能减排要求。

9-46 简述综合配煤优化决策与管理系统。

答： 综合配煤优化决策方法是精度最高、可靠性好的一种方法。但仍然存在计算工作量大等缺点，由此出现了各种决策软件来满足电厂实时配煤和煤场管理的要求。配煤优化技术路线按照图 9-7 进行，并应涉及机组的安全经济和环保性能等各个方面。

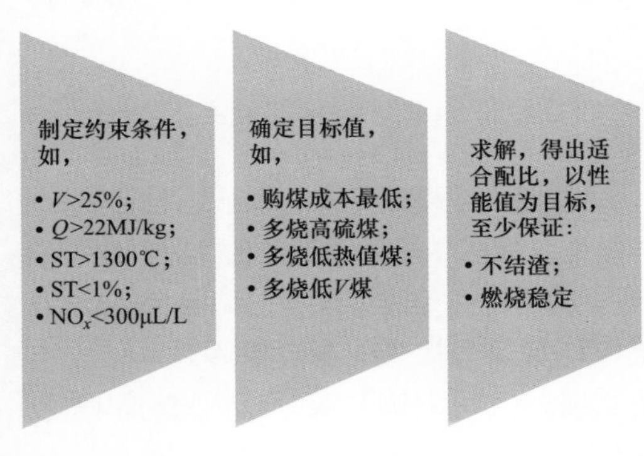

图 9-7 配煤优化技术路线

9-47 智能配煤掺烧系统的特点有哪些？

答： 智能配煤掺烧系统是以电站配煤掺烧及其管理活动中各种信息的数字化为前提，以计算机、网络、通信技术为基础，通过采用数据分析和处理、智能控制、自主决策等技术，使其在各种负荷条件下，都能提供最佳配煤掺烧方案及最优运行方式，保证锅炉及其辅机运行的安全性、环保性、经济性的专家系统。智能配煤掺烧系统具有以下几个特点：

（1）数字化：智能化的基础，它是通过采用各种先进的传感测量技术及网络通信技术，将配煤掺烧及其管理活动的全过程用数字量进行表述并实现大数据（存储、共享及查询），为智能控制和决策提供依据。

（2）自适应：广泛采用数据挖掘、自适应控制、预测控制、模糊控制、神经网络自学习等自主决策和智能控制等技术，使其能根据燃烧条件、环保指标、燃料状况的变化，自动调整控制策略和管理方式，保障电站生产过程处于最安全、经济、环保运行状态。

（3）互动化：通过与智能电网、煤源信息网、生产管理及控制等系统的信息交互和共享，实时分析和预测燃料与锅炉及其辅机设备运行的适应性，合理规划配煤掺烧及其管理活动，使其电能达到度电效益最大化的目的。

9-48 简述基于实时入炉煤质数据的在线配煤掺烧系统。

答：当前电厂的配煤掺烧，采用的煤质数据源多为电厂入厂煤机械采样煤质数据和入炉煤机械采样煤质数据，当煤种较多、煤质变化波动大时，该数据具有较强的滞后性，不能及时指导电厂配煤掺烧及锅炉运行优化。

在线配煤掺烧系统以实时煤质检测为核心，结合锅炉实时运行数据和历史运行数据，构建煤场堆煤管理、精准配煤、实时运行优化、实时经济指标计算、运行效果评估以及购煤建议等模块，在保证安全、环保的前提下为电厂提供综合供电成本最低的掺配方案，并根据实时入炉煤质结合机组运行情况，为电厂人员提供优化的关键运行参数，提高了电厂配煤的精准性以及锅炉运行的经济性。图 9-8～图 9-11 为上煤加仓方案推荐、上煤加仓煤质检测、关键运行指标及经济指标的实时计算。

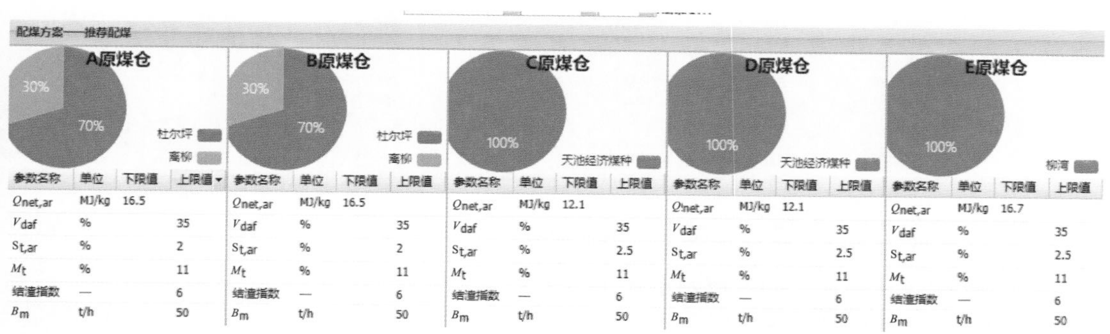

图 9-8 上煤加仓方案推荐

煤质属性名称	单位	测点值	煤质属性	转换值	目标值	偏差值
干燥基高位发热量	MJ/kg	18.95	$Q_{gr,ar}$	17.29		
全水分	%		M_t	8.69	8.69	
干燥基挥发分	%	19.34	V_{ar}	17.66	24.79	5.45
干燥基全硫	%	3.39	$S_{t,ar}$	3.10	1.84	-1.26
干燥基灰分	%	38.35	A_{ar}	35.02	39.07	4.05
干燥基碳	%	42.22	C_{ar}	38.55		
干燥基氢	%	2.30	H_{ar}	2.10		
干燥基氮	%	0.88	N_{ar}	0.80		
干燥基氧	%	12.86	O_{ar}	11.74		
干燥基无灰基挥发分	%		V_{daf}	31.37	24.79	-6.58
干燥基低位发热量	MJ/kg		$Q_{ner,ar}$	16.65	17.08	0.43
二氧化硅	%	23.34		56.38		
三氧化二铝	%	10.99		26.55		
三氧化二铁	%	4.89		11.81		
氧化钙	%	0.85		2.05		
氧化镁	%	0.11		0.27		
氧化钠	%	0.00		0.00		
氧化钾	%	0.36		0.87		
氧化钛	%	0.30		0.72		
三氧化硫	%	0.56		1.35		

图 9-9 上煤加仓煤质检测

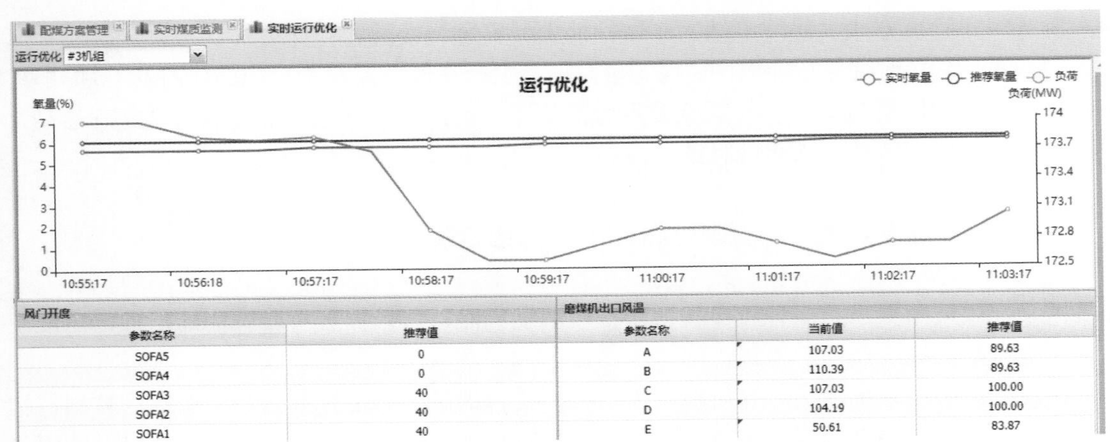

图 9-10　关键运行参数优化

序号	指标名称	单位	值	序号	指标名称	单位	值
1	负荷	MW	186.08	12	发电成本	元/kw.h	0.1714
2	入炉煤量	t/h	120.44	13	供电成本	元/kw.h	0.1911
3	空气预热器出口氧量	%	5.79	14	脱硫脱硝供电价	元/kw.h	0.2241
4	排烟温度	℃	137.01	15	脱硫前 SO_2浓度	mg/m3	5980.75
5	锅炉热效率	%	86.06	16	脱硫后 SO_2浓度	mg/m3	19.72
6	厂用电率	%	10.31	17	脱硫效率	%	99.67
7	发电煤耗	g/kw.h	346.59	18	脱硝前 NO_x浓度	mg/m3	496.62
8	供电煤耗	g/kw.h	386.45	19	脱硝后 NO_x浓度	mg/m3	31.34
9	入炉煤原煤单价	元/吨	250.81	20	脱硝效率	%	93.69
10	入炉煤标煤单价	元/吨	494.62	21	除尘前烟尘浓度	mg/m3	74253.11
11	上网电价	元/kw.h	0.3200	22	除尘后烟尘浓度	mg/m3	3.74
				23	除尘效率	%	99.99

图 9-11　关键运行指标及经济指标的实时计算

9-49　智能配煤掺烧技术的主要难点有哪些？

答： 智能配煤掺烧技术的主要难点如下：

（1）煤场智能化管理技术：

1）实现煤场数字化管理，将煤场地理信息、存煤结构、设备状态等信息可视化；实现煤堆堆放形状、煤堆化验数据、设备位置等数据在动态三维煤场视图上统一实时管理。

2）实现配煤掺烧自动化，基于精确的三维煤场动态数据，对燃料堆取设备进行自动管控，为配煤上煤作业提供精准数据。

（2）入炉混煤煤质在线智能检测技术：

1）研究元素在线分析与不同煤种不同比例的混煤煤质成分在线检测规律，建立混煤的在线检测模型。

2）研究混煤在线检测模型自修正的规律，建立自主学习的混煤在线智能检测模型。

（3）配煤掺烧智能分析与自主决策技术：

1）研究燃料变化与锅炉及其辅机设备运行的适应性规律，建立配煤掺烧决策模型。

2）研究燃料变化与机组运行控制规律，从掺烧经验中挖掘配煤掺烧决策模型的自主优化模型。

（4）自适应煤质变化的自动燃烧优化的智能控制技术：

1）研究燃料特性、锅炉燃烧特性与机组运行控制的规律，建立智能燃烧控制模型。

2）研究燃烧变化趋势与运行控制自修正的规律，从运行经验中建立燃烧控制模型的自行优化模型。

9-50 什么是 TPRI 在线配煤掺烧系统？

答：TPRI 在线配煤掺烧系统是西安热工研究院有限公司总结几十年的实验室及实炉掺烧经验的结晶，在“中国动力用煤数据库”“数字化煤场管理系统”“燃料生产管理系统”“电厂 SIS 系统”的基础上，利用数据挖掘及自主决策等智能技术，依据机组设备与燃煤耦合适应性及燃料管理需求定制研发的，集燃料的购、堆、配、上、烧、排、评为一体的掺烧技术，以及与燃料管理技术为一体的决策管理系统，TPRI 在线配煤掺烧系统见图 9-12。

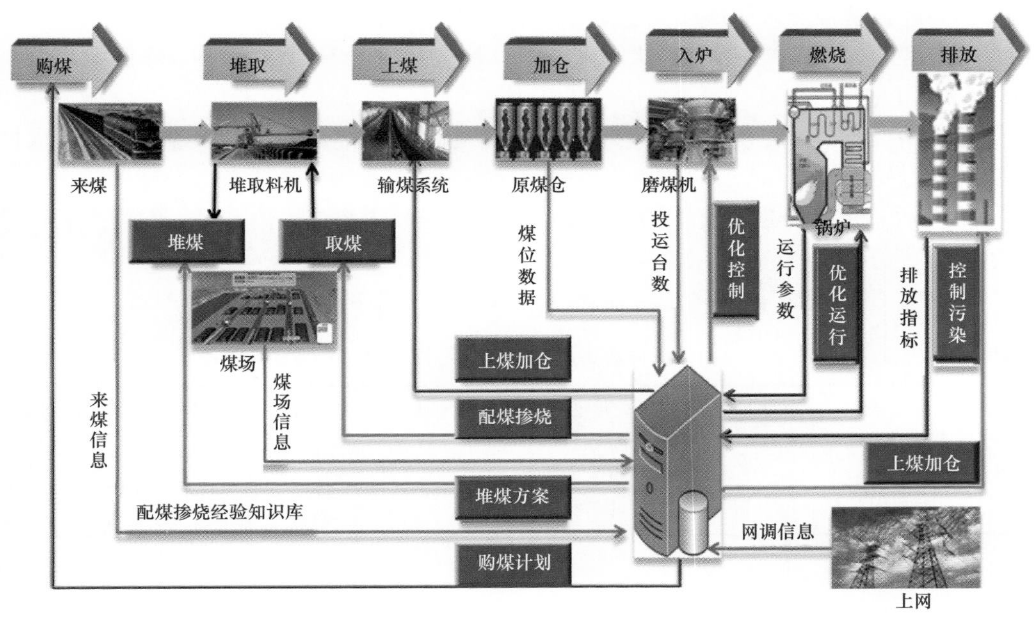

图 9-12 TPRI 在线配煤掺烧系统

系统功能具有一炉一策、适应多类煤及不同掺烧方式，并进行燃煤评价、掺烧预测、方案制定。最终达到增强新煤种或经济煤种适应性，提高机组安全、环保、经济运行性能，指导电厂制定配煤掺烧方案，降低单位燃料成本的目的。

第十章

神府东胜煤的配煤掺烧技术

10-1　简述典型神府东胜煤和典型烟煤掺烧后的着火性能变化。

答：表 10-1 中列出了各煤种着火温度及着火特性等级，图 10-1 为神府东胜混煤着火温度变化趋势。可见：

（1）通常情况下，神府东胜煤的煤粉气流着火温度 IT 低于国内其他典型烟煤，着火性能更优。

（2）掺烧后总体趋势是随着燃烧性能优良的神府东胜煤掺烧比例升高，混煤的着火温度越低，着火性能越好。

（3）混煤的 IT 通常在两者之间，总体偏向易着火性能煤种，为非线性关系。

表 10-1　　各煤种着火温度及着火特性等级

煤种	神府东胜煤	大同煤	兖州煤	澳大利亚煤	淮南煤	平朔煤	准格尔煤
IT（℃）	510	580	640	620	620	610	620
等级	极易	易	中等	易	易	易	易

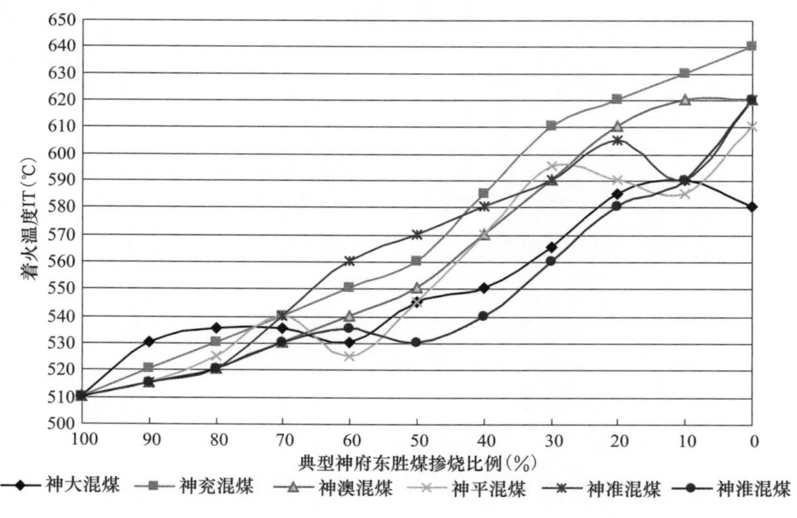

图 10-1　神府东胜混煤着火温度变化趋势

10-2　简述典型神府东胜煤和东胜石炭纪煤（保德煤）掺烧后的燃尽性能。

答：通常可以通过一维火焰炉燃尽率 B_p 较为准确地反映煤样的燃尽性能，通常 B_p 值越高，煤样的燃尽性能越好。图 10-2 为神府东胜混煤燃尽率 B_p 变化趋势可见：

（1）神府东胜煤的燃尽率 B_p 高于东胜石炭纪煤，燃尽性能更优。

（2）总体趋势是神府东胜煤掺烧比例越高，混煤的燃尽率 B_p 越高，混煤的燃尽性能越好。

（3）混煤的 B_p 通常在两者之间，且为非线性关系。

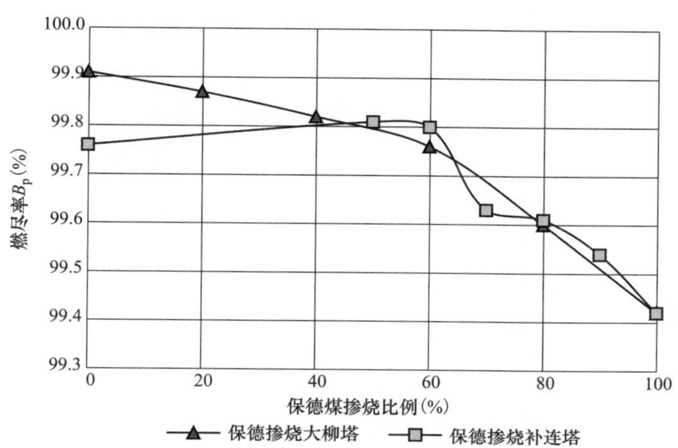

图 10-2　神府东胜混煤燃尽率 B_p 变化趋势

10-3　简述典型神府东胜煤和东胜石炭纪煤掺烧后的灰熔点 ST 变化。

答：神府东胜煤掺烧东胜碳纪煤灰熔点 ST 变化情况见图 10-3。可见：

（1）混煤的灰熔点 ST 随着东胜石炭纪煤掺烧比例的增加而呈现上升趋势，但并非线性增加。

（2）当东胜石炭纪煤掺烧比例分别达到 20%和 50%时，混煤的煤灰软化 ST 就分别达到 1400℃和 1500℃以上，可见掺烧东胜石炭纪煤可在较低掺烧比例下明显提升混煤的 ST，可有效缓解结渣。

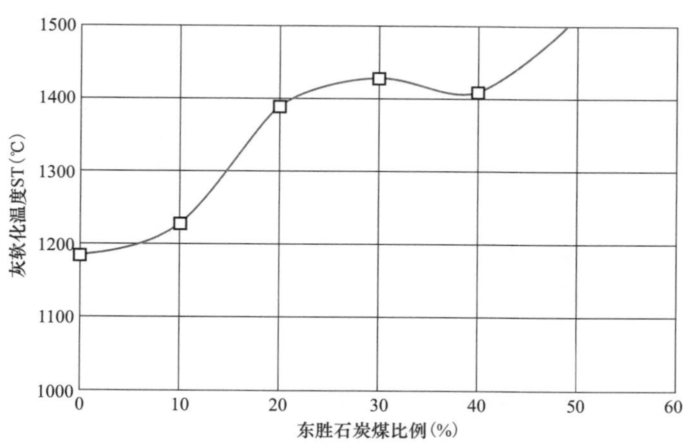

图 10-3　神府东胜煤掺烧东胜石炭纪煤灰熔点 ST 变化情况

10-4 简述典型神府东胜煤和东胜石炭纪煤掺烧后的一维火焰炉结渣指数 S_c 变化情况。

答：典型神府东胜煤和东胜石炭纪煤掺烧后的一维火焰炉结渣指数 S_c 的变化情况见图10-4。可见：

（1）神府东胜煤掺烧东胜石炭纪煤后，混煤结渣指数下降明显，当东胜石炭纪煤掺烧比例分别达到 10%、20%、30%时，混煤的结渣等级就由掺烧前的严重降低到高、中等和低等级，可见掺烧东胜石炭纪煤对改善混煤结渣特性的效果明显。

（2）需要注意的是，在东胜石炭纪煤掺烧比例为 40%时结渣指数 S_c 略有波动，且 S_c 的变化情况和前述灰熔点温度 ST（见图 10-3）的变化情况完全吻合。

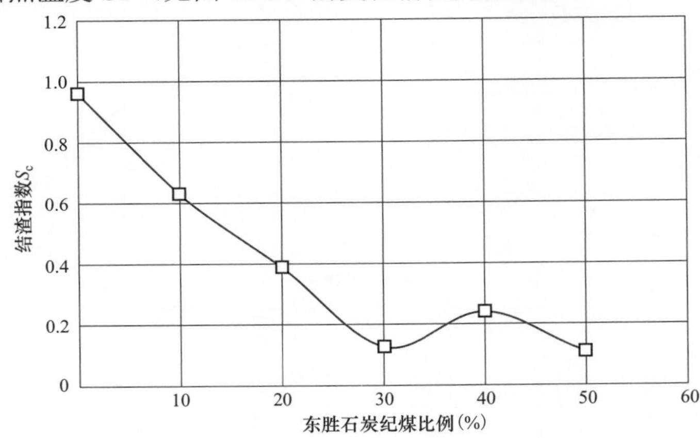

图 10-4 典型神府东胜煤和东胜石炭纪煤掺烧后的一维火焰炉结渣指数 S_c 的变化情况

10-5 简述典型神府东胜煤和东胜石炭纪煤掺烧时引起结渣性能波动的主要原因。

答：在神府东胜煤掺烧东胜石炭纪煤比例为 40%时结渣趋势有波动，混煤的结渣性及灰熔点并非随掺混比例的变化而单调变化。图 10-5 为神府东胜煤掺烧东胜石炭纪煤灰成分的变化情况，可见这主要与掺混后煤灰成分的变化有关：

（1）神府东胜煤灰中 CaO 含量达到 25%左右，远高于东胜石炭纪煤。

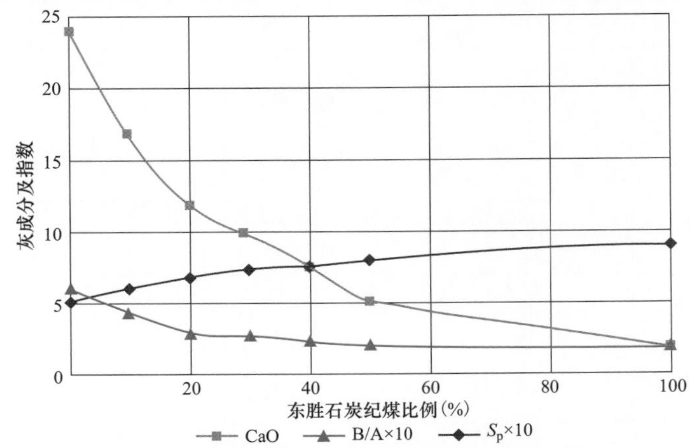

图 10-5 神府东胜煤掺烧东胜石炭纪煤灰成分的变化情况

CaO：煤灰中氧化钙含量（%）；$S_p=SiO_2/(SiO_2+Fe_2O_3+CaO+MgO)$，煤灰中硅比；

$B/A=(CaO+MgO+Fe_2O_3+K_2O+Na_2O)/(SiO_2+Al_2O_3+TiO_2)$，煤灰中碱酸比

（2）混煤灰中 CaO 含量与硅比 S_p 都随东胜石炭纪煤掺烧比例的增加而下降，结渣趋势下降。

（3）混煤碱酸比 B/A 随东胜石炭纪煤掺烧比例的增加而增加，结渣趋势升高。

（4）混煤的最终结渣性能是 CaO 及 S_p 与 B/A 两种变化相互影响的结果；因此，在实际燃用混煤时，必须严格控制混煤的掺混比例，以避免煤结渣特性波动，影响生产安全。

10-6 简述典型神府东胜煤和东胜石炭纪煤掺烧后的一维火焰炉不同位置渣棒渣型变化。

答：典型神府东胜煤和东胜石炭纪煤掺烧后的一维火焰炉不同位置渣棒渣型的变化见图 10-6。可见：

（1）掺烧低结渣性能煤种后，混煤在一维炉不同位置的渣棒渣型显示混煤的结渣水平随着东胜石炭纪煤比例的增加而降低。

（2）通常结渣性能越低的煤种，在相同掺烧比例下对改善混煤结渣性能的作用越大。

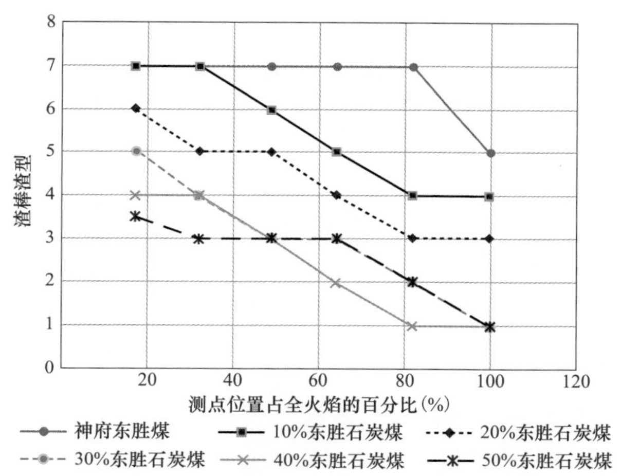

图 10-6 典型神府东胜煤和东胜石炭纪煤掺烧后的一维火焰炉不同位置渣棒渣型变化

10-7 简述典型神府东胜煤混煤的煤粉爆炸倾向划分。

答：相对无烟煤和贫煤，大部分烟煤属于易爆炸煤种，但典型神府东胜煤具有更强的爆炸倾向，这也是部分燃用神府东胜煤的电厂通过掺烧具有更低爆炸性能的烟煤（如准格尔、神华石炭纪煤）达到防治制粉系统爆炸的原因。为了进一步区别常规烟煤和神府东胜煤及其混煤的爆炸倾向，可通过计算煤粉爆炸热量浓度 ELHC，再根据 ELHC 值判别混煤的爆炸倾向。

煤粉爆炸热量浓度 ELHC 与全水分、灰分、挥发分、氢的相关性较好，可采用下式进行爆炸特性判别：

$$ELHC = 6.083 \times e^{\left(\frac{A_{ad}}{M_{ad}V_{ad}^2}\right)\times 87.46} \tag{10-1}$$

式中 ELHC——煤粉爆炸下限热量浓度，MJ/m^3；

M_{ad}——煤空气干燥基水分，%；

A_{ad}——煤空气干燥基灰分，%；

V_{ad} ——煤空气干燥基挥发分，%。

其判别标准为：

ELHC≥50MJ/m^3，低爆炸倾向；

22MJ/m^3＜ELHC＜50MJ/m^3，中等爆炸倾向；

ELHC≤22MJ/m^3，易爆炸倾向。

10-8 简述神府东胜煤混煤的流动性判别标准。

答：原煤的流动性与原煤的粒度、全水分、孔隙率等具有较强的相关性，通常煤样的全水分和孔隙率越大，煤样的流动性越差，可通过内外摩擦角和堆积角反应煤样的流动性。对于神府东胜混煤，当内摩擦角大于 40°、外摩擦角大于 28°、堆积角小于 102°时，煤样的流动性较差，需注意煤的防堵问题以及由此可能引发的制粉系统爆炸问题。结合煤的表面水分 M_f［M_f=100×(M_t–M_{ad})/(100–M_{ad})］判别原煤流动性，神府东胜煤混煤的流动性判别标准见表 10-2。

表 10-2　　神府东胜煤混煤的流动性判别标准

等级	煤的表面水分 M_f	其他指标	流动性描述
好	M_f≤8%		易流动，输煤正常
中	M_f＞8%	内摩擦角不大于 40°，外摩擦角大于 28°，堆积角大于 102°	流动性中等，可能出现原煤仓落煤管堵塞
差		内摩擦角大于 40°，或外摩擦角不大于 28°，或堆积角不大于 102°	流动性差，难以安全运行

10-9 神府东胜煤在掺烧过程中的优势有哪些？

答：对于无烟煤、贫煤及烟煤机组，掺烧神府东胜煤通常具有以下优势：

（1）煤田储量大，可长期向电厂稳定供煤。

（2）可明显改善低负荷稳燃性能，减少耗油；降低飞灰和大渣含碳量，提高锅炉热效率。

（3）掺烧神府东胜煤可采用严格的分级燃烧，明显降低 NO_x 生成量，在保证 NO_x 排放达标时降低脱硝运行成本。

（4）掺烧低硫的神府东胜煤（一般 $S_{t,ar}$ 在 0.3%～0.4%）可使 SO_2 生成量明显降低，同时入炉硫含量降低还会降低炉膛内水冷壁管金属高温腐蚀及尾部低温腐蚀。

（5）燃煤灰分下降、热值升高，除灰系统出力下降，制粉、输煤等系统电耗下降，机组经济性提高。

因此，掺烧品质优良的高效、低污染神府东胜煤，可获得明显的经济和环保效益。

10-10 简述神府东胜煤掺烧时对入炉煤质的基本要求。

答：要保证煤粉在炉膛内的燃烧效果，就需保证入炉煤与锅炉设计煤煤质相差不宜过大，具体煤质指标控制见表 5-3，当锅炉主机及辅机裕量较大时，煤质偏差也可适当增高。因为锅炉设计煤种不同，其对应的设备设计和运行参数相差较大。例如，对于难燃煤种，锅炉设计和运行中通常会采用较大的炉膛截面热强度、燃烧器区壁面热强度、较小的容积热强度、较高的运行氧量、较高的磨煤机出口温度及较细的煤粉等强化着火和燃尽的措施；而对于燃烧性能优异且具有严重结渣倾向的神府东胜煤，锅炉设计过程中不必过分强调稳燃和燃尽，而是重点考虑采用较小的热强度参数作为有效的防结渣措施，还可选用更低的运行氧量、较粗的煤粉、更低的磨煤机出口温度等。

因此，在电厂实际生产运行中，通常应避免掺烧与设计煤质差别过大的煤种，当掺烧煤种与设计煤种的煤质及燃烧性能偏差较大时，需通过控制掺烧比例、运行参数优化、必要的设备改造等措施保证掺烧后锅炉的安全、经济和环保运行。

神府东胜煤灰的高钙（CaO=15%～35%）、高铁（Fe_2O_3=6%～25%）是导致其具有严重结渣和沾污积灰倾向的主要因素。掺烧低钙、低铁、较高灰熔融温度（ST≥1350℃）的煤是防止神华煤锅炉结渣的有效手段。

10-11 神府东胜煤掺烧技术中的重点考虑问题有哪些？

答：掺烧是解决神府东胜煤结渣沾污问题最有效的方法之一，燃煤掺烧过程需重点考虑以下问题：

（1）掺烧方式：根据掺烧煤种特点和设备特点，选取合适的掺烧方式。

（2）掺烧比例：合理的混煤比例下不会出现结渣以及制粉系统爆炸问题，但煤种切换过程以及比例变化过程则不易控制，应该特别引起注意。

（3）掺烧过程中的燃烧优化调整：实时根据掺烧煤种燃烧性能的变化调整锅炉运行参数，提高掺烧的安全性和经济性。

总体而言，通过掺配方式优选、掺烧比例控制、运行参数优化，必要时进行设备改造，均可保证神府东胜煤在火电厂的安全掺烧。

10-12 掺烧神府东胜煤的燃烧优化调整注意事项有哪些？

答：神府东胜煤掺烧过程中燃烧优化调整注意事项主要包括：

（1）燃烧器喷口烧损：神府东胜煤着火性能优良、燃烧强度大，容易引起燃烧器喷口烧损。

（2）燃烧器喷口、炉膛结渣：在掺烧过程中应注意采取适当的结渣防治措施，必要时进行燃烧系统和吹灰器系统优化。

（3）受热面沾污：部分神府东胜煤具有较强的沾污性能，在掺烧过程中应注意采取适当的防沾污措施。

（4）原煤仓和制粉系统爆炸：神府东胜煤煤粉爆炸性能较强，在掺烧过程中应注意采取适当的防爆炸措施。

10-13 掺烧神府东胜煤的结渣防控要求有哪些？

答：掺烧神府东胜煤的结渣防控基本要求如下：

（1）锅炉设计煤种为燃烧不易或中等结渣煤种时，由于锅炉设备抗结渣能力较弱，需控制神府东胜煤掺烧比例，并通过现场试验确定。当较大比例燃烧神府东胜煤时，需要掺烧一部分灰熔点较高的煤种，防止炉膛内结渣。

（2）当大比例掺烧神府东胜煤受到炉膛特征参数的限制时，可适当增加吹灰器数量，保证易结渣区域全面覆盖，可进一步提高神府东胜煤掺烧比例。

（3）合理调整吹灰器的吹灰频率、强度、吹灰压力，及时对吹灰蒸汽管道疏水。另外，还需根据炉膛结渣情况，确定合适的吹灰顺序，避免水冷壁管吹损减薄或者出现炉膛掉大焦的情况。

（4）利用停炉机会对锅炉水冷壁管上的结渣和积灰进行彻底清理，减少水冷壁表面的粗糙度，避免结渣和挂渣。

（5）对于神府东胜煤，当煤粉较粗时，容易导致炉膛结渣加剧和飞灰可燃物升高，需及时调整煤粉细度和煤粉均匀性。

（6）对煤灰结渣特性的判断，不能单看煤种名称，还应了解具体煤质和特性，尤其是灰特性。同是神府东胜煤，由于矿点不同，结渣特性可能有较大差别。对其他低结渣煤种，也存在同样问题，如大同煤和兖州煤中也存在结渣较重的煤种，大同煤有侏罗纪煤和石炭纪煤之分；兖州煤尽管灰熔点较高，但部分兖州煤铁含量较高，需予以区分。神府东胜煤与其他煤掺烧时，应格外注意 Fe_2O_3、CaO 等含量较高对混煤结渣性能的影响。

10-14　简述掺烧方式对神府东胜煤炉膛内结渣的影响。

答：不同掺烧方式对炉膛内结渣有较大影响，如间断掺烧，先烧神府东胜煤，炉膛内已形成较重结渣，此时换烧低结渣特性煤，其灰渣会在神府东胜煤原有结渣基础上继续黏结，如果灰量较大，渣量增加较快，当增加到一定程度，灰渣黏附力不足以维持其质量时，会有大量渣脱落，渣中硬渣含量较多。当换回神府东胜煤燃烧时，神府东胜煤也会在低结渣特性煤形成的疏松挂渣上继续黏结，灰渣越积越重，也会有较大落渣形成。对炉外预混掺烧和分磨炉内掺烧情况，混煤燃烧和渣的形成相对比较稳定，喷口等局部结渣也不会太重，炉膛内落渣的情况要少一些，也不致形成单烧神府东胜煤时的硬渣；因此从防渣效果考虑，掺烧神府东胜煤推荐采用预混掺烧方式，也可考虑分磨掺烧方式，但需注意掺烧位置的选取。

10-15　神府东胜煤采用间断掺烧方式的注意事项有哪些？

答：当受条件限制采用间断掺烧方式燃用神府东胜煤时，主要需要注意结渣方面的影响：

（1）避免长期高负荷燃烧神府东胜煤，以免在煤种切换过程出现大量落渣问题。单烧神府东胜煤一段时间已造成比较严重的结渣，然后改烧一两天其他低结渣煤种或者神府东胜煤与其他低结渣煤的混煤，待结渣缓解后再切换回单烧神府东胜煤，一般根据炉膛内结渣情况控制上煤。

（2）注意煤种切换过程，防止由于换煤过程中燃烧温度场和煤灰化学成分的变化引起塌焦或结渣加重等现象。掺烧煤种需注意煤灰中 Fe_2O_3 和 CaO 含量，避免与神府东胜煤灰中的富裕 CaO 和 Fe_2O_3 形成更多的 CaO-Fe_2O_3 共熔体导致结渣加剧。

（3）当锅炉采用间断性掺烧方式时，应合理选择煤种，并加强运行监控和吹灰。煤种切换在低负荷期间进行，尽量降低锅炉发生严重结渣的风险。

（4）神府东胜煤原则上不建议间断掺烧。

10-16　神府东胜煤采用炉前预混掺烧方式提高掺混均匀性的措施有哪些？

答：应根据具体的配煤措施针对性地提高神府东胜煤掺混的均匀性：

（1）原煤筒仓配煤：通过调节筒仓下部的给煤机可以较为精确地控制混煤掺配比例。

（2）皮带配煤：对于从不同皮带向同一煤斗输煤的方式，应在输煤皮带分别设置计量装置，输煤时注意设置不同的皮带转速，否则混煤比例不易精确控制。

（3）中转地或码头配煤：对于具有铁路运输和海运能力的国家能源集团，可将需掺配的煤种（如神府东胜煤和石炭纪煤）集中到铁路中转地或码头，根据供应电厂锅炉的抗渣能力预先按比例掺配后装船，其到厂后可以直接在锅炉上燃用，减少了中间环节，提高了神府东胜煤的使用比例和效率。

10-17　简述锅炉燃烧方式及制粉系统形式对神府东胜煤分磨入炉掺烧效果的影响。

答：分磨掺烧主要在直吹式系统上应用，一般固定某一台或几台磨煤机加神府东胜煤，其他磨煤机加其他煤种。分磨掺烧方式输煤运行简单，便于运行人员掌握和控制，混煤比例易于准确调节，但掺烧神府东胜煤时需注意以下几个问题：

（1）切圆燃烧炉膛内混合更好：对四角燃烧方式锅炉，两煤种为分层混合，各角相互引燃、各层相互补充；墙式燃烧方式每个燃烧器为一个独立燃烧单元，各燃烧器缺乏相互支撑，混合效果不如四角燃烧方式。

（2）对于墙式燃烧尤其需要注意掺烧磨煤机的选取。对于分磨掺烧，炉膛内是否均匀掺混将直接影响掺烧效果。对于墙式燃烧锅炉，掺烧位置对炉膛内混合均匀性影响较大。

（3）对于配置中储式制粉系统、热风送粉的锅炉来说，分磨掺烧神府东胜煤时需注意降低送粉的风温至120℃以下，提高一次风速，以免烧损燃烧器；另外，应缩短存粉时间，注意监测粉仓温度。

10-18　简述神府东胜煤采用分磨掺烧方式时掺烧位置的选取。

答：神府东胜煤采用分磨掺烧方式时，目前主要采用如下两种掺烧位置：

（1）上层燃烧器燃烧其他煤，下部燃烧器燃烧易结渣的神府东胜煤。上海地区电厂多采用该类方案，其基本思想是下部燃烧温度偏低，有利于防止结渣。因为下部煤种总是要经过高温区，所以该方案对部分电厂并不理想。下层燃烧器距冷灰斗折点较小的锅炉禁用该方案。

（2）上部燃烧器燃用易结渣的神府东胜煤，下部燃烧器燃用其他煤种。

10-19　简述神府东胜混煤结渣性能与锅炉设备抗渣能力的匹配原则。

答：对于神府东胜煤掺烧比例的确定主要考虑混煤的结渣性、设备的综合抗结渣能力等。因此，确定不同煤种与神府东胜煤掺烧后的结渣变化趋势是关键，混煤的结渣趋势变化应通过专业燃烧试验确定。设备的防渣能力应根据不同区域进行综合性分析。掌握了混煤结渣特性指数 S_c 及设备抗结渣能力后，可提出匹配方案，基本原则是设备防渣等级高于混煤结渣等级，具体原则如下：

（1）Ⅰ类：对按不结渣烟煤设计的，或在防结渣方面有严重缺陷的锅炉，配煤比例应按 $S_c<0.25$ 的条件选取。

（2）Ⅱ类：对按结渣烟煤、但非神府东胜煤设计且吹灰系统不完善的锅炉，配煤比例可按 $S_c<0.45$ 的条件选取。

（3）Ⅲ类：对按结渣烟煤、但非神府东胜煤或严重结渣煤种设计的锅炉，防渣系统完善的锅炉，配煤比例可按 S_c＜0.65 的条件选取。

（4）Ⅳ类：对按神府东胜煤或严重结渣烟煤设计的锅炉，且防渣系统完善，加强吹灰时可按全烧神府东胜煤考虑，或配煤比例可按 S_c 在 0.65～1.0 的条件选取。

10-20 神府东胜煤采用间断掺烧方式时，应从哪些方面避免炉膛内结渣加剧？

答： 当神府东胜煤采用间断掺烧方式时，应从以下几个方面避免炉膛内结渣加剧：

（1）运行氧量：锅炉运行上，应注意炉膛内气氛（氧量）对结渣的影响，及运行氧量使结渣区域发生的变化。

（2）不同区域结渣控制：随燃用煤种和掺烧方式的不同，炉膛内结渣会在屏区和燃烧器区变化，针对不同情况需采取相应措施。

（3）煤种切换过程控制：煤种切换过程中采用不同的燃烧调整方法是十分必要的。如神府东胜煤同结渣特性较低的煤，尤其是大同煤、兖州煤切换之前应经过低负荷 3～5h 甩渣过程，或全面吹灰，尽量减少炉膛内神府东胜煤的挂渣，以免在原有渣的基础上积结成大渣块。

10-21 切圆燃烧锅炉掺烧神府东胜煤的炉膛内结渣防治措施有哪些？

答： 对于切圆燃烧锅炉掺烧神府东胜煤防结渣的运行优化措施主要包括以下几个方面：

（1）一次风速调平：调平一次风速可均匀燃烧器热强，防止四角燃烧器气流出现偏斜引起结渣。

（2）煤粉细度和煤粉均匀性：提高煤粉细度即降低 R_{90} 以及提高煤粉均匀性指数 n，采用细煤粉以及减少粗颗粒比例有利于减轻大煤粉颗粒的燃烧推迟、贴壁燃烧和因惯性大被甩到水冷壁上引起结渣。

（3）停运磨煤机选取：优先选择停中层磨煤机。

（4）配风方式：

1）二次风采用缩腰配风方式有利于分散炉膛热强度，减轻水冷壁结渣。

2）采用较高的一次风速和周界风速有利于推迟着火、减轻喷口结渣，同时提高一次风的抗偏转能力、减轻水冷壁结渣。但一次风速不易过高，否则易导致着火推迟，火焰中心上移，加重屏区结渣。

3）较高的燃尽风门开度有利于降低主燃烧器区的风量和燃烧强度、降低炉温并减轻结渣。

（5）吹灰频率：适当提高吹灰器投运频率和吹灰压力可提高焦渣清除效果。

10-22 墙式燃烧锅炉掺烧神府东胜煤的结渣防治措施有哪些？

答： 对于墙式燃烧锅炉来说，防止炉膛内结渣加剧的主要措施包括：

（1）调平一次风速。

（2）降低煤粉细度 R_{90} 并提高煤粉均匀性指数 n。

（3）采用较高的燃尽风门开度。

（4）采用较高的吹灰器投运频率，重点是吹扫燃烧器区两侧墙和还原区水冷壁。

（5）降低外二次风旋流强度，可减轻水冷壁结渣，但应注意其对煤粉燃尽率和炉膛出口烟气温度的影响。

（6）合理控制分离燃尽风外层旋流风量，避免还原性气氛和发生高温腐蚀。

10-23 简述掺烧神府东胜煤一次风温的选择。

答：选择适合的一次风温，可以降低制粉系统爆炸倾向、避免烧损燃烧设备，降低排烟温度、提高锅炉热效率。一次风温的选择主要考虑以下几个方面：

（1）根据混煤的挥发分确定磨煤机出口温度及风粉混合温度，具体参见表 7-1。

（2）神府东胜混煤一次风温最低值不应低于 55℃，应高于水露点 3℃以上。

（3）采用分磨燃烧时，一次风温应按煤种分磨进行控制。

（4）在中间储仓热风送粉系统中掺烧神府东胜煤，送粉的一次风温应低于 120℃。

10-24 锅炉掺烧神府东胜煤燃烧器区的防渣措施有哪些？

答：炉膛燃烧器区域水冷壁防结渣的技术关键在于防止煤粉气流贴墙甚至刷墙和提高水冷壁附近氧浓度，以提高灰凝固温度点来抑制结渣。

切圆燃烧锅炉燃用神府东胜煤，建议采用相对较小的一次风假想切圆。并控制好一次风和二次风气流的出口方向，在炉膛内形成良好的切圆。在主燃区需要控制好水平方向二次风的风量和方向，在水平方向与一次风形成合理的空气分级，并形成“风包粉”燃烧。

对于墙式燃烧锅炉，需要维持火炬形状，防止火炬过早扩散贴墙，并适时补充煤粉燃尽所需空气。具体措施包括增大外二次风出流与轴线角度以及二次风速，形成适宜的旋流包覆风。确保合理的燃烧器出口空气动力场，适度推迟煤粉和二次风的混合，特别是外二次风与煤粉的混合，维持外二次风的包覆作用和水冷壁附近的氧化性气氛。

此外，应适当增大燃尽风率，降低主燃烧器区的燃烧强度，减轻水冷壁结渣。

10-25 掺烧神府东胜煤的其他要求有哪些？

答：神府东胜煤掺烧时的其他基本要求如下：

（1）煤粉浓度：煤粉浓度的选取对锅炉燃烧有较大影响，应慎重选取。通常掺烧难燃煤种，应适当提高煤粉浓度；掺烧易燃煤种，应适当降低煤粉浓度。如神府东胜煤掺烧印尼褐煤和扎莱诺尔褐煤时，磨煤机出口煤粉浓度应维持较低的水平（$\leqslant 0.5\text{kg/m}^3$），相应风煤比在 2.0kg/kg 以上。

（2）分磨掺烧位置：分磨掺烧方式、掺烧位置的选择对锅炉运行有较大影响，其影响范围和程度视锅炉不同而有所不同，应通过试验确定。通常为保证燃烧稳定性，最下层燃烧器应燃用煤质稳定的神府东胜煤。

（3）混煤结渣：神府东胜煤与严重结渣性煤种掺烧时，应有可靠的混煤措施以达到均匀混合，或采用分贮、分输、分磨、分燃烧器燃烧措施，以尽量避免由于掺烧比例控制不当而加重炉膛内沾污、结渣倾向。

（4）混煤燃烧稳定性：混烧诸煤种如灰分相差超过一倍，应采取可靠的混煤措施以达到均匀混合，以保证风煤比适宜，燃烧稳定。掺烧前应对除渣、输渣和除尘等系统进行出力和效率等评估。

（5）高温腐蚀：掺烧高硫煤时，应注意炉膛贴壁气氛，并进行必要的测试和调整。

10-26 掺烧神府东胜煤时制粉系统的防爆措施有哪些？

答：神府东胜煤一般采用中速磨煤机直吹式制粉系统，在煤种切换过程中，制粉系统防爆应采取如下措施：

（1）磨煤机消防蒸汽须随时备用，磨煤机启动暖磨前投入蒸汽惰化，时间不小于 3min，暖磨速度不能过快，控制好升温速度，正常启动暖磨时磨煤机出口温度不超过 70℃。

（2）磨煤机正常运行过程中，磨煤机出口温度控制在 65～75℃，制粉系统停备不超 7 天。运行中的制粉系统不应有漏粉现象。发现原煤有自燃现象时，应迅速通入惰性蒸汽，禁止停止磨煤机运行，或者应适当增加煤量，控制出口温度，避免煤粉浓度在爆炸范围内。

（3）制粉系统正常停运时，停止给煤机前先关闭入口门，在给煤机皮带及清扫器均无煤后停止给煤机运行，一是防止给煤机内部积煤自燃，二是可防止给煤机内空气进入煤仓引起自燃。

（4）磨煤机停止后，磨煤机冷风调节挡板开大，风量不低于额定风量吹扫至少 5min，以确保煤粉管道吹扫干净；而后保持冷风关断挡板全开，调节挡板 5%的开度通风，以排出磨煤机内可燃气体。

（5）加强对磨煤机风室刮板和石子煤系统的检查和维护，防止刮板和石子煤系统故障使石子煤在磨煤机风室内堆积自燃而引起制粉系统着火、爆炸。

（6）为避免出现因落煤管堵塞出现的磨煤机断煤和制粉系统爆炸，在南方多雨地区应注意设置干煤棚，以防止出现煤水分过高、流动不畅的情况。

（7）原煤仓不应长期存煤，备用磨煤机应定期切换。

10-27 神府东胜煤锅炉适宜的掺烧煤种有哪些？

答：由于神府东胜煤灰熔点低，具有严重结渣倾向，通常情况推荐和灰熔点较高的烟煤掺烧，国内典型高灰熔点烟煤的常规煤质数据见附录 C，对着火和燃烧效率没有明显影响，且结渣性能可得到明显改善。目前神府东胜煤与烟煤掺烧主要有两种：

（1）与低结渣的神府东胜石炭纪煤，如保德煤掺烧。

（2）与其他燃烧性能良好且低结渣的大同、准格尔、淮南、平朔以及兖州等煤掺烧。

此类煤掺烧可“优势互补”，达到降低混煤结渣性能和灰中钙含量的目的，同时也保证了混煤发热量、灰分不会有明显变化，掺烧不会在燃烧、辅机等运行方面产生明显不良后果。

10-28 掺烧神府东胜煤提高锅炉不投油稳燃负荷能力的方式有哪些？

答：针对燃用较低挥发分或煤种燃烧性能较差的锅炉，通过掺烧高挥发分的神府东胜煤可提高锅炉低负荷稳燃能力，常见的掺烧方式有两种：

（1）分磨掺烧：比如计划深度调峰时投运两底层燃烧器，则日常运行就将神府东胜煤上到两底层燃烧器对应的磨煤机中。

（2）预混掺烧：将神府东胜煤和常用低挥发分煤在进入磨煤机前按比例掺混好。

10-29 神府东胜煤作为调峰煤提高锅炉调峰能力的具体措施是什么？

答：神府东胜煤煤质及燃烧性能优良，可作为优选的调峰煤提高机组调峰能力，具体措施如下：

（1）增加一套制粉和燃烧系统：当需要锅炉深度调峰时，快速将高挥发分调峰煤送入炉膛燃烧，增强锅炉低负荷稳燃能力，目前国外已有相关工程应用。

（2）改变给煤系统连接方式：

1）对于直吹式制粉系统，新增存储高挥发分煤的原煤斗，当需要锅炉深度调峰时，切换给煤方式，迅速将高挥发分煤送入磨煤机中磨制并进入炉膛燃烧。

2）对于直吹式双进双出钢球磨煤机，将单台磨煤机对应的 2 个原煤斗分别上常规煤种和调峰煤种，正常负荷时减少调峰煤的给煤量，在深度调峰时增大调峰煤的给煤量，该项措施在河南某超临界 600MW 机组上得到了应用。

3）双燃料煤仓：西安热工研究院有限公司发明了一种配置气力疏松装置的电站锅炉双燃料原煤仓系统，该系统有独立储存优质燃料和劣质燃料的优质燃料煤仓和劣质燃料煤仓，可在提高锅炉深度调峰能力的同时，最大限度地增加劣质燃料的掺烧比例，降低电站锅炉燃料成本，提高机组运行安全性和经济性。

采用调峰煤的方式可能需要对原制粉系统进行相应改造，优点在于燃料切换灵活，可减少高挥发分煤质的使用，降低燃料成本。

10-30 简述非神府东胜煤锅炉掺烧或改烧神府东胜煤的设备改造方向。

答：非神府东胜煤锅炉由于原设计煤和神府东胜煤的煤质特性以及燃烧、结渣性能有所差别，因此需要进行全面的核算和改造，重点考虑以下方面：

（1）锅炉燃烧系统。

（2）制粉系统。

（3）锅炉受热面布置。

（4）吹灰系统。

（5）相应的热工、电气等设备和系统。

10-31 简述非神府东胜煤锅炉改烧神府东胜煤的燃烧器改造。

答：神府东胜煤燃烧性能优良，关于燃烧器不宜过多考虑着火稳燃的技术措施，在如下情况改烧神府东胜煤需进行燃烧器改造：

（1）原设计锅炉若燃用劣质煤，一次风喷口采用稳燃能力较强的燃烧器。

（2）四角切圆燃烧锅炉采用一次风集中布置方式。

（3）墙式对冲锅炉的二次风扩锥与轴线夹角偏小。

这些强化着火的措施会导致神府东胜煤较早着火，剧烈燃烧放热。燃烧反应和温度场的相互正反馈作用，将导致过高的燃烧器喷口火炬温度，使燃烧器喷口严重变形甚至烧损，恶化炉膛内燃烧组织；因此应合理减除相关强化稳燃的措施，如改造时注意减小一次风喷口面积、提高一次风速、拉开燃烧器间距等。

10-32 简述掺烧或改烧神府东胜煤的燃烧器改造后的技术验收。

答：掺烧或改烧神府东胜煤的燃烧器改造安装结束后，应进行如下技术验收工作：

（1）组织进行锅炉冷态动力场试验，检查燃烧器安装角度及空气动力场组织效果。

（2）对制粉系统、二次风系统风门风量进行冷态调试、核验。

（3）核对燃烧器安装精度：测量冷模状态下空气动力场，初步判定空气动力场是否满足燃烧神府东胜煤的需要，若发现较大缺陷，则应及时组织力量进行校正。

（4）改造后的热态燃烧调整试验：一方面确认改造的实际效果，另一方面将锅炉优化调整至最优状态。

10-33　简述掺烧或改烧神府东胜煤的空气预热器运行和改造技术。

答：非神府东胜煤锅炉掺烧或者改烧神府东胜煤，由于炉膛受热面结渣易导致炉膛出口烟气温度升高，同时煤灰沾污性增加导致尾部受热面积灰，可能会导致空气预热器进口烟气温度升高，从而使排烟温度升高、锅炉热效率下降；因此，需对空气预热器进行适当改造，具体内容如下：

（1）增大空气预热器换热面积，有效控制排烟温度。

（2）降低空气预热器入口风温：由于神府东胜煤的硫分较低，空气预热器发生冷端低温腐蚀和堵灰的风险降低，空气预热器进口风温可适当降低。

10-34　什么是掺烧或改烧神府东胜煤锅炉的宽负荷脱硝改造技术？

答：满足超低排放运行和频繁深度调峰的要求几乎成为今后燃煤电厂维持连续生产的基本条件。神府东胜煤作为优质烟煤，相对于劣质煤（高水分、高灰分、低热值或低反应性煤），其稳燃和环保特性好，利于超低排放和深度调峰的稳燃。锅炉改造时可考虑同步进行宽负荷脱硝改造、空气预热器降阻改造、降排烟温度改造，可提升 SCR 宽负荷脱硝性能、降低喷氨量和氨逃逸量、减轻空气预热器堵塞、降低引风电耗、提升换热效果、增加一次风干燥出力。

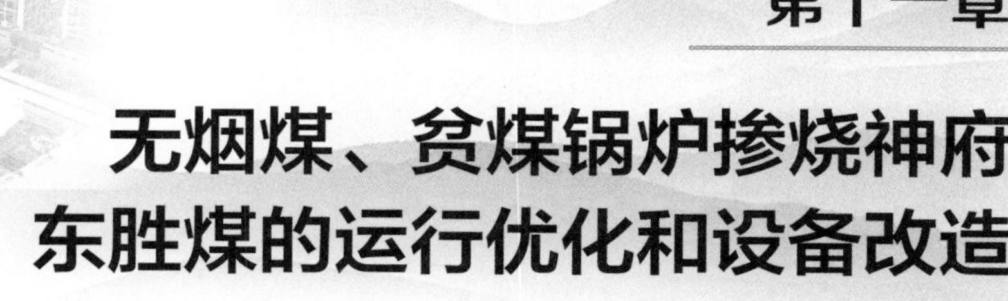

第十一章

无烟煤、贫煤锅炉掺烧神府东胜煤的运行优化和设备改造

11-1 简述无烟煤、贫煤锅炉的设计特点。

答：无烟煤、贫煤的基本特点是难着火和难燃尽，燃烧性能较差，通常情况下此类煤的灰熔点高，结渣性能较低。通常锅炉设计时炉膛热强度较高、燃烧器稳燃能力强、煤粉在炉膛内停留时间较长、煤粉较细、一次风温高等，促进稳燃和燃尽。

针对无烟煤和贫煤的燃烧性能，一般选用 W 形火焰、四角切圆、墙式对冲燃烧方式。通常 W 形火焰锅炉对难燃煤种的适应性更强，且可以获得良好的燃烧经济性，对煤种波动适应性更广，因此无烟煤及较低挥发分的贫煤一般采用 W 形火焰锅炉。四角切圆、墙式对冲燃烧锅炉相对 W 形火焰锅炉，对难燃煤种的适应性偏差，当煤种燃烧性能变差时，可能导致灭火和飞灰可燃物的明显升高。

11-2 简述现役无烟煤、贫煤机组掺烧神府东胜煤的必要性。

答：无烟煤和贫煤在我国的储量有限，煤炭价格相对较高，将无烟煤、贫煤锅炉掺烧甚至改烧价格相对较低的高挥发分神府东胜煤，不仅能够降低锅炉的经营成本，而且也是实现无烟煤、贫煤锅炉节能减排的重要措施。无烟煤、贫煤机组掺烧燃烧性能优良的神府东胜煤，其优点主要包括：

（1）锅炉不投油稳燃负荷降低，燃烧稳定性增强。

（2）飞灰和大渣含碳量降低，固体未完全燃烧热损失降低。

（3）掺烧神府东胜煤，可以采用更粗的煤粉，降低制粉系统电耗。

（4）掺烧神府东胜煤，可采用较无煤、贫煤锅炉更低的运行氧量，一方面可降低 NO_x 生成浓度；另一方面可减少排烟损失。

（5）通常无烟煤、贫煤锅炉 NO_x 生成浓度高，而掺烧神府东胜煤后 NO_x 生成浓度可明显降低，从而降低喷氨量以及氨逃逸的风险。如 SWMAS 电厂 300MW 无烟煤和贫煤混燃机组进行了纯烧神府东胜煤的设备改造，将锅炉 SCR 脱硝反应器入口烟气 NO_x 排放浓度从 600mg/m^3 左右降低到 190～250mg/m^3

（6）大部分无烟煤、贫煤硫含量较高，加之锅炉设计和运行均采取了强化燃烧的措施，进一步加剧了炉膛内高温腐蚀，掺烧低硫的神府东胜煤可明显降低入炉煤硫含量，可有效缓解水冷壁高温腐蚀，同时减少 SO_2 生成浓度，降低脱硫成本。

11-3 简述无烟煤、贫煤锅炉掺烧神府东胜煤的锅炉热效率变化。

答：无烟煤、贫煤锅炉掺烧神府东胜煤对锅炉热效率的影响主要包括：

（1）神府东胜煤的着火稳定性、燃尽性优于无烟煤、贫煤，合理掺烧神府东胜煤，通常情况下飞灰和炉渣可燃物会有一定程度降低，加之神府东胜煤灰分低、热值高，锅炉热效率有所升高。

（2）掺烧神府东胜煤需要降低磨煤机出口风温，一次风中冷风掺入量增加导致排烟温度升高，排烟损失增加。

（3）神府东胜煤的结渣性能较强，可能导致炉膛吸热量减少，锅炉排烟温度升高，进而导致锅炉热效率降低。

相对于同容量的无烟煤、贫煤锅炉而言，掺烧或者改烧神府东胜煤后，由于其燃尽性能比无烟煤、贫煤好，固体未完全燃烧热损失降低，掺烧后锅炉热效率通常会有所提高，具体情况和掺烧煤种、掺烧比例有关。如 SWMAS 电厂 300MW 无烟煤、贫煤混烧机组进行了纯烧神府东胜煤的设备改造，原设计锅炉热效率为 91.76%，改烧神府东胜煤后锅炉热效率达到 93%。

11-4 简述无烟煤、贫煤锅炉改造后掺烧神府东胜煤锅炉辅机电耗的变化。

答：无烟煤、贫煤锅炉为了保证燃烧稳定性，需要采用更细的煤粉，通常采用钢球磨煤机制粉系统，因此制粉电耗较高。改烧神府东胜煤后，可采用更粗的煤粉，制粉系统电耗可适当降低，若制粉系统直接改造为直吹式中速磨煤机制粉系统，则制粉电耗将会下降更多。贫煤锅炉改造后掺烧神府东胜煤综合厂用电率可降低 0.5%以上。

11-5 简述无烟煤、贫煤锅炉改烧神府东胜煤锅炉污染物排放指标的变化。

答：对于燃烧低挥发分的无烟煤、贫煤锅炉而言，在锅炉设计时需要采用较大的炉膛断面热强度和燃烧器区壁面热强度，保证锅炉稳燃，但较高的热强度将造成锅炉 NO_x 生成量的增加。此类机组进行改烧神府东胜煤的改造后，由于神府东胜煤具有较好的稳燃和燃尽特性，配合低 NO_x 燃烧技术，可以采用低氧+深度空气分级燃烧技术。因此，改造后炉膛内 NO_x 生成浓度不仅可降低 30%～50%，并低至 180mg/m^3 以下；而且神府东胜煤含硫量较低（通常在 0.5%以下），改烧后，SO_2 生成量也大大降低。

11-6 简述神府东胜煤与 W 形火焰锅炉的适应性。

答：W 形火焰锅炉是针对无烟煤、半无烟煤着火、燃尽困难而开发的炉型。国外对干燥无灰基挥发分 V_{daf}＜13%的煤，一般都推荐采用 W 形火焰锅炉。W 形火焰锅炉的特点如下：

（1）燃烧器稳燃性能强：所用直吹式系统大都有煤粉浓缩装置，乏气另行引入炉膛，如北京 B&W 公司采用 EI-XCL 燃烧器、美国 FW 公司采用双旋风筒燃烧器。

（2）燃尽性能优：火焰行程长，燃尽性能优良。W 形火焰锅炉的特点是将炉膛分为上、下炉膛，燃烧器布置在下炉膛上部的炉拱上，向下的射流在下炉膛下部转而向上，形成 W 形火焰行程。

（3）炉膛燃烧强度高：W 形火焰锅炉下炉膛布置卫燃带，卫燃带保持高温且具有辐射作用，W 形火焰行程为煤粉着火提供了有利条件，卫燃带区域炉膛火焰温度可达 1500～1600℃，但需要注意高温引起的结渣问题。

（4）燃尽性能优良：尾部燃烧保持较高的温度，不仅可以加速燃烧；而且通过辐射传热会影响到前部，使得前部的燃烧温度也得以提高，进一步加速了燃烧过程。

（5）防腐蚀和防结渣性能优良：对于W形火焰锅炉，不仅煤粉射流方向与炉壁大致平行；而且前后墙壁面可引入乏气或空气，形成帘幕，可避免火焰冲刷壁面，炉膛内结渣较易控制，同时对缓解炉膛内高温腐蚀也是有利的。

W形火焰锅炉掺烧神府东胜煤主要存在的问题如下：

（1）炉膛结渣加剧：炉膛热强度参数过高、卫燃带面积过大，容易引起炉膛结渣。

（2）燃烧器烧损和结渣：燃烧器喷口一次风速低、煤粉浓度大且一次风温较高，最高可到150℃，掺烧神府东胜煤可能引起燃烧器烧损和结渣。

（3）神府东胜煤燃烧时火焰中心低，可能引起蒸汽温度不足。

（4）需要核算不同比例下混煤的燃烧性能、结渣性能、沾污性能与锅炉炉膛热强度参数以及受热面布置的适应性。

11-7 简述神府东胜煤与切圆或墙式燃烧无烟煤、贫煤锅炉的炉膛热强度参数的适应性。

答：对于无烟煤、贫煤切圆或墙式燃烧锅炉，为了强化稳燃和促进燃尽，通常采用瘦高型炉膛。部分锅炉为了增强稳燃，在燃烧器区敷设一定面积的卫燃带，此类锅炉大比例或者纯烧神府东胜煤可能引起如下问题：

（1）无烟煤、贫煤炉膛截面热强度和燃烧器区壁面热强度过高，掺烧神府东胜煤可能导致炉膛结渣及尾部受热面沾污加剧。

（2）无烟煤、贫煤锅炉燃烧器设计强调稳燃，掺烧神府东胜煤容易引起燃烧器的烧损和燃烧器区结渣。

（3）最上层燃烧器中心距屏底距离较高，掺烧神府东胜煤可能造成蒸汽温度不足；另外，神府东胜煤结渣严重，炉膛吸热的变化也有可能引起炉膛出口温度升高和对流受热面发生超温。

（4）掺烧神府东胜煤时，可采用更小的炉膛出口过量空气系数，炉膛烟气流速降低、煤粉停留时间增加，有利于降低排烟温度。

此类锅炉掺烧神府东胜煤，需要核算不同比例下混煤的燃烧性能、结渣性能、沾污性能、锅炉炉膛热强度参数以及受热面布置的适应性。

11-8 简述神府东胜煤与四角或墙式对冲无烟煤、贫煤锅炉燃烧器的适应性。

答：随着锅炉环保要求的提高，无烟煤、贫煤切圆和墙式锅炉除采用具有浓淡分离功能的低氮燃烧器外，在切圆燃烧锅炉的直流燃烧器设计中，燃用低挥发分煤时部分锅炉采用一次风喷口集中布置方式进一步强化燃烧，而不采用一、二次风喷口间隔布置的均等配风方式。墙式锅炉的燃烧器横向间距和纵向间距均较小，布置较为集中，部分锅炉甚至通过降低每排燃烧器数量以增加单支燃烧器热功率强化燃烧。

无论是切向燃烧，还是墙式燃烧，大型锅炉均采用了分级燃烧方案，即在主燃烧器区上部布置分离燃尽风实现分级燃烧，这对 NO_x 排放量控制有明显效果。对于无烟煤、贫煤锅炉，强调燃烧的措施和控制 NO_x 生成浓度的措施是相悖的；因此大部分难燃煤种在实际运行过程中为了保证 NO_x 排放达标，会考虑通过适当升高飞灰可燃物来协调。

掺烧神府东胜煤时，上述燃烧器燃烧强度高，可能引起燃烧器的烧损和燃烧器区的严重结渣。

11-9 简述神府东胜煤与无烟煤、贫煤锅炉制粉系统的适应性。

答：为了强化无烟煤、贫煤的稳燃，部分锅炉制粉系统选用钢球磨煤机中储式热风送粉系统，结合国内多家掺烧高挥发分烟煤的经验，该制粉系统不经改造直接磨制高挥发分烟煤，存在较高的安全风险，主要包括：

（1）设备爆炸：可能发生爆炸的设备包括磨煤机、粗细粉分离器、排粉机、粉仓、制粉管道等。

（2）管道积粉：由于中储式制粉系统设备多、管路长、存在死角和不同程度的漏风等原因，很难完全避免设备和管路内积粉。

（3）设备和管路的烧损：神府东胜煤具有挥发分高、可燃气体析出温度低、氧化自燃温度低等特点。煤粉极易自燃，引发制粉系统设备和管路的烧损，严重情况下会引发制粉系统爆炸。

为此，在配置钢球磨煤机中储式热风送粉系统的锅炉掺烧神府东胜煤时，应首先进行完善的制粉系统防爆处理，然后在运行过程中降低制粉和送粉风温，加强磨煤机停运时的吹扫，提高制粉系统运行安全性。

11-10 简述无烟煤、贫煤锅炉掺烧神府东胜煤的掺烧方式选取。

答：已有运行机组的运行实践表明，由于无烟煤和神府东胜煤的燃烧性能相差过大，宜采用“预混掺烧”方式，这样对避免燃烧器喷口烧损和结渣均较为有利，同时也有利于难燃煤的着火和燃烧。另外，预混掺烧还有利于减轻制粉系统的自燃爆炸倾向，送粉温度也不必降低得过多，有利于运行控制。

对于燃烧性能优良的贫煤锅炉，也可考虑“炉前预混掺烧”方式。

11-11 简述无烟煤、贫煤锅炉掺烧神府东胜煤的运行优化调整。

答：无烟煤、贫煤着火和燃烧性能较差，需要采用较细的煤粉强化着火和燃尽，因此大部分无烟煤、贫煤机组采用双进双出钢球磨煤机直吹式制粉系统和中储式钢球磨煤机热风送粉系统，少部分采用半直吹式制粉系统。对于燃烧性能较好的贫煤，也可配置中速磨煤机直吹式制粉系统，为了保证煤粉细度和煤粉均匀性，大部分配置了动态分离器。为了强化稳燃，大都选用较低的一次风速和较高的一次风温，一次风温甚至可达到 200℃以上。因此掺烧神府东胜煤需注意以下问题：

（1）分离器转速：根据混煤特性确定合理的煤粉细度，当单独磨制神府东胜煤时，应选用较粗的煤粉，避免煤粉过细，导致燃烧器烧损。

（2）一次风速：掺烧神府东胜煤可适当增加一次风速，减少燃烧器烧损和一次风管道的积粉。对于纯神府东胜煤，推荐一次风速在 25～28m/s。

（3）一次风温：掺烧神府东胜煤时应适当降低送粉风温和制粉风温，避免制粉系统爆炸、粉管积粉自燃和燃烧器的烧损。

（4）风煤比：当掺烧神府东胜煤时需适当提高风煤比。

（5）过量空气系数：由于神府东胜煤燃烧性能优良，采用较小的过量空气系数即可获得良好的燃烧性能，同时也可减少排烟损失。

（6）增加吹灰频率和强度，防止炉膛内形成大焦。

11-12 无烟煤、贫煤锅炉掺烧神府东胜煤的防止制粉系统爆炸和燃烧器烧损的运行优化措施有哪些？

答：无烟煤、贫煤锅炉掺烧神府东胜煤的防止制粉系统爆炸和燃烧器烧损的运行优化措施如下：

（1）适当提高煤粉细度 R_{90}。

（2）适当降低送粉风温，当采用预混掺烧方式时，也应参照神府东胜煤的防爆要求控制磨煤机出口风温。

（3）严格控制磨煤机一次风母管压力，适当提高一次风速，防止喷燃器烧损和结渣。

（4）制定严格的启停、运行规定，停运磨煤机时必须将磨煤机抽空、给煤机皮带上的原煤走空、防止制粉系统积粉自燃。

（5）配置制粉系统惰性蒸汽系统，配置原煤仓惰化系统，注意监视粉仓温度和粉管温度，在停炉时及时清空粉仓存粉。

11-13 无烟煤、贫煤锅炉掺烧神府东胜煤提高锅炉热效率和降低 NO_x 生成浓度的运行优化措施有哪些？

答：无烟煤、贫煤锅炉掺烧神府东胜煤提高锅炉热效率和降低 NO_x 生成浓度的运行优化措施主要包括：

（1）通过掺烧确定合适的神府东胜煤掺烧比例和掺烧方式，注意避免两种煤出现抢风现象。

（2）根据混煤特性适当降低运行氧量，可降低排烟损失、提高锅炉热效率，同时还可降低 NO_x 生成浓度。

（3）根据混煤特性确定合适的燃尽风门开度，在促进煤粉燃尽、提高锅炉热效率的情况下，还可降低 NO_x 生成浓度。

11-14 无烟煤、贫煤锅炉掺烧神府东胜煤的结渣防控运行优化措施有哪些？

答：无烟煤、贫煤锅炉掺烧神府东胜煤有较大的结渣风险，从运行调整方面加以控制的主要优化措施包括：

（1）通过掺烧，确定合适的神府东胜煤比例和配煤方式。

（2）观察结渣部位，喷口附近结渣需提高一次风速、降低一次风温和降低浓相喷口煤粉浓度；还原区结渣则应通过加强吹灰和关小燃尽风等措施降低火焰中心；屏区结渣沾污同样应采取降低火焰中心的措施。

（3）对于切圆锅炉，可关小二次风门，降低燃烧器区的燃烧强度；对于对冲锅炉，应注意减小靠两侧墙燃烧器外二次风旋流强度。

（4）优化配风，对于有三次风的机组，需要降低三次风的风速和带粉量，以免造成三次风喷口结渣，同时加强三次风喷口的清渣。

（5）提高吹灰频率。

（6）采用合适的煤粉细度，避免煤粉过粗。

（7）为了降低炉膛内的还原性气氛、缓解炉膛内结渣，可适当提高运行氧量。

11-15 简述无烟煤、贫煤双进双出钢球磨煤机制粉系统改烧神府东胜煤的运行优化调整。

答：双进双出钢球磨煤机制粉系统磨制神府东胜煤时，为保证制粉系统运行安全，运行参数需做以下调整：

（1）磨煤机进口温度应控制在300℃以内，出口温度需降低至65～75℃，降低磨煤机爆炸风险。

（2）增大旁路风量，将一次风速提高至 24～27m/s，以满足粉管送粉和喷口防烧损的安全要求。

（3）停运磨煤机时需适当延长吹扫时间。

11-16 W形火焰锅炉启动或者低负荷掺烧神府东胜煤的运行优化措施有哪些？

答：由于神府东胜煤燃烧稳定性和燃烧经济性好，对于W形火焰锅炉，在机组启动和低负荷时可适当增加神府东胜煤掺烧比例，既能提高锅炉燃烧稳定性，又能节油降耗，以及提高经济效益，但神府东胜煤与锅炉原设计煤的煤质和燃烧性能相差较大，需进行如下运行优化措施：

（1）启动前，烧空拟磨制神府东胜的磨煤机对应原煤仓的煤样，并抽空磨煤机内煤粉。

（2）注意神府东胜煤掺烧比例，通常考虑结渣问题，在低负荷可以较大比例掺烧神府东胜煤。

（3）控制磨制神府东胜煤的磨煤机出口风温在75℃以下，最高不超过80℃。

（4）控制一次风速不低于20m/s，防止管道积粉。

（5）适当增大内二次风量，减少外二次风量，提高煤粉气流的刚度，使着火点与喷口保持合理的距离，防止喷口结渣和烧坏喷口。

（6）投运燃烧器沿炉膛宽度尽可能均匀，防止局部过热造成管壁超温。

（7）水冷壁热偏差控制在50℃以下，防止膨胀不均、应力过大拉裂水冷壁管。

（8）严格控制升温升压速率，防止管壁超温爆管。

11-17 简述无烟煤、贫煤锅炉掺烧神府东胜煤的锅炉改造方向。

答：无烟煤、贫煤锅炉掺烧神府东胜煤，煤质特性相对原设计煤发生变化，对多方面产生较大挑战，且通过机组运行参数优化调整难以协调好相关矛盾，影响锅炉安全、稳定、超净排放运行，因此需要考虑通过锅炉改造来达到较好掺烧神府东胜煤的目的。无烟煤、贫煤锅炉掺烧神府东胜煤一般涉及改造和完善的系统主要包括：

（1）制粉系统。

（2）燃烧系统。

（3）对于敷设有卫燃带的锅炉，需要确定合适的卫燃带面积，必要时取消卫燃带，防止炉膛水冷壁的严重结渣。

（4）吹灰系统及防渣改造。

（5）通过省煤器改造降低排烟损失。

（6）空气预热器和送引风系统改造。

11-18　简述无烟煤、贫煤锅炉掺烧神府东胜煤锅炉炉膛受热面的核算工作。

答：无烟煤、贫煤锅炉炉膛一般呈瘦高型，炉膛截面热强度和燃烧器区壁面热强度偏大，而容积热强度偏小，主要是利于煤粉着火和燃尽。为进一步强化低挥发分煤着火燃烧放热过程，无烟煤、贫煤锅炉可能还在燃烧器区域敷设卫燃带，这种情况下进行掺烧神府东胜煤改造时，需要开展如下工作：

（1）将炉膛受热面的卫燃带减少或者去除，以恢复燃烧器区域水冷壁的吸热，降低燃烧器区域壁面热强度，抑制炉膛结渣和燃烧器烧损。

（2）贫煤锅炉改烧烟煤后，由于烟煤着火、燃尽速度较快，应注意将燃烧器标高上移，使火焰中心处于合理的位置。

（3）同时核算主、再热蒸汽温度是否达标，对于蒸汽温度不足的受热面，可适当增加。

11-19　简述无烟煤、贫煤锅炉掺烧神府东胜煤燃烧器的改造。

答：神府东胜煤是一种容易实现低 NO_x 排放的优质动力用煤，无烟煤、贫煤锅炉掺烧神府东胜煤后，结合燃烧器优化改造，可在原锅炉的基础上大幅降低燃烧产生的 NO_x，节约 SCR 脱硝氨用量。

目前，适用于超低排放的低 NO_x 燃烧器绝大部分适用于燃烧神府东胜煤，易于实现脱硝入口 $200mg/m^3$ 的 NO_x 生成浓度，部分优异的燃烧器甚至可达到 $150mg/m^3$ 的 NO_x 生成浓度。神府东胜煤着火燃烧特性良好，但结渣特性较强，掺烧神府东胜煤的无烟煤、贫煤锅炉燃烧器改造重点方向是：

（1）对燃烧器进行防喷口烧损和结渣改造，对于原一次风集中布置方式改为均等布置，拉大燃烧器层间距以降低燃烧器区域壁面热强度。

（2）采用低氮性能更优异、燃烧效率更高的烟煤型低 NO_x 燃烧器。

（3）适当提高燃烧器标高，通过提高火焰中心的方法保证主、再热蒸汽温度。

（4）控制喷口结渣，可适当提高一次风速。对于切圆锅炉，还应适当减小切圆直径，提高周界风量。

（5）对冲锅炉应注意增大旋流燃烧器扩锥与轴线角度，推迟一、二次风混合。

11-20　无烟煤、贫煤锅炉掺烧神府东胜煤的制粉系统运行调整措施有哪些？

答：通常情况下，无烟煤、贫煤机组采用中储式钢球磨煤机制粉系统，由于此类煤的着火性能较差，需要采用更细的煤粉、较低的风煤比以及较高的一次风温度等措施提高煤的着火和稳燃性能。掺烧神府东胜煤，钢球磨煤机内、煤粉管、煤粉仓等煤粉爆燃的危险性均较大。

当神府东胜煤掺烧比例较低时，制粉系统需进行制粉系统运行参数的优化调整，具体如下：

（1）升高煤粉细度 R_{90}：煤粉应适当变粗以避免煤粉着火点太近而烧坏喷口，调整措施如下：

1）提高大直径钢球比例；

2）调节粗粉分离器折向门开度；

3）提高制粉系统通风量；

4）开大再循环风门开度。

（2）降低磨煤机进出口风温和送粉风温：开大冷风门开度。

11-21 简述无烟煤、贫煤锅炉掺烧神府东胜煤的制粉系统的设备改造。

答：当大比例或者纯烧神府东胜煤时，将引起制粉系统爆炸和燃烧器烧损及炉膛内的严重结渣等问题，需对制粉系统进行如下设备改造：

（1）降低磨煤机进口风温。

（2）对于钢球磨煤机中储式制粉系统，需进行增加惰性气体改造，防止制粉系统自燃和爆炸，通常是增加炉烟风机，抽取省煤器后的烟气送入磨煤机总管，降低介质中氧浓度，可有效防止制粉系统爆燃风险。

（3）采用乏气热风双介质或乏气热风烟气三介质送粉，可有效防止爆燃风险。

（4）对于配置中储式热风送粉的锅炉，需采用热一次风冷却器降低送粉风温，保证输粉安全。

（5）为彻底解决制粉系统爆炸问题，可将制粉系统改造成中速磨煤机直吹式制粉系统。需要注意的是，由于空间布置问题，改用后可能无备用磨煤机。

（6）通常无烟煤和贫煤的水分低，而神府东胜煤的水分较高，还需核算制粉系统干燥出力是否满足运行要求。

11-22 简述中储式制粉系统降低神府东胜煤风粉混合物温度的改造。

答：对于中储式制粉系统，为降低气粉混合物温度，有以下方案可供选择：

（1）冷一次风扩容+低温省煤器。

（2）热一次风冷却器系统+温风送粉。

（3）将热风送粉系统改为乏气送粉系统。

（4）乏气掺入一次风系统。

（5）风烟混合送粉，如西安热工研究院有限公司设计了一套集成式的、煤种适应性强的低 NO_x 燃烧系统，抽空气预热器前温度为 330～380℃的中高温炉烟干燥制粉和乏气热风复合送粉，进行超低一次风率烟气再循环燃烧，并将富余高压一次风作为高速燃尽风与分离燃尽风结合，实现水平方向和沿炉膛高度方向的空气深度分级燃烧。采用该方案改造后，满负荷工况时 NO_x 排放较改造前降低 60%以上，锅炉热效率提高超过 1%。

11-23 简述冷一次风扩容+低温省煤器方案。

答：制粉系统运行存在安全隐患，最直接的方法就是增加冷一次风管道直径，增大冷一次风量，具体方案是现有冷一次风管道保持不变，增大冷一次风量，或者增加冷一次风旁路管道，改造方案简单、灵活、投资小；但增大冷风量会导致排烟温度升高，锅炉热效率降低，并影响脱硫和静电除尘系统安全运行，为消除影响可在空气预热器出口加低温省煤器。

烟气冷却器回收的烟气余热被用来加热低压凝结水，起到部分低压加热器的作用，减少低压加热器抽汽，增加汽轮机做功，提高机组效率。

直接把锅炉低压给水引入烟气冷却器，是传统的低压省煤器系统（见图 11-1）。

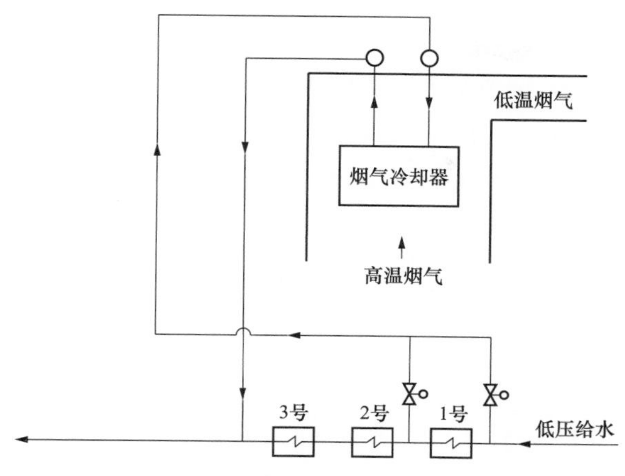

图 11-1 低压省煤器系统

11-24 简述热一次风冷却器系统方案。

答：图 11-2 为热一次风冷却器原理示意图，热一次风冷却器设置在热一次风管道上，热一次风冷却器的加热热源为热一次风，而被加热的工质为来自机组回热系统的主凝结水，后者经加热后再回到机组的回热系统，回收热一次风中的部分热量，热一次风的温度则被降低，从而达到控制送粉风温，保证煤粉输送和燃烧器喷口安全运行的目的。

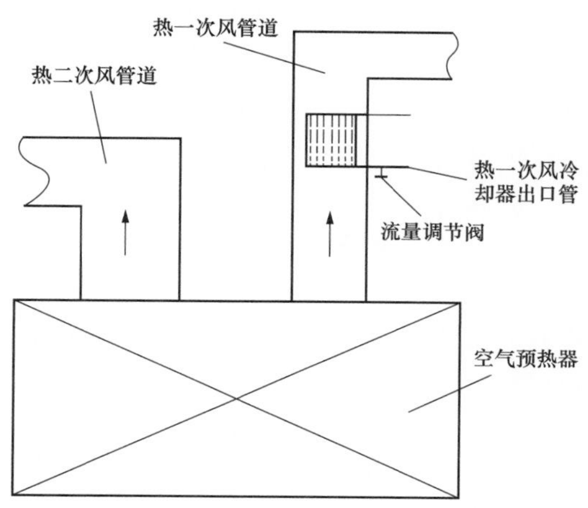

图 11-2 热一次风冷却器原理示意图

通过流量调节阀可以控制热一次风冷却器的凝结水流量，进而控制送粉风温。通过热风冷却器实现了锅炉侧热量向汽轮机侧的转移，热量被有效利用，提高了机组效率，实现了节能。

11-25 简述热一次风冷却器布置的优点。

答：一次风冷却器风道布置图如图 11-3 所示，不存在低温腐蚀问题，磨损也非常轻微。从水侧看，冷却器进出口凝结水温度较高，余热利用效率高；300MW 贫煤、无烟煤机组凝结水温度为 80～90℃，一次风温为 350～360℃，热一次风温度和冷凝水温度传热温差大，换热效率高，投资小。受热面布置在热一次风旁路上，机组运行中，一次风冷却器可随时退出，回到原有一次风系统，改造风险小，适应煤种较广。

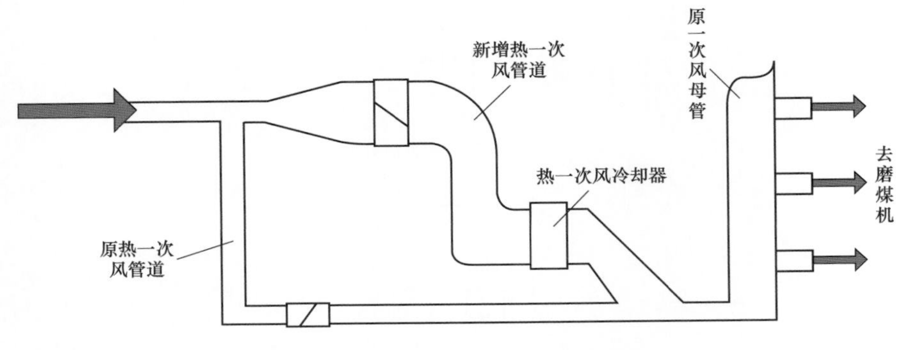

图 11-3　一次风冷却器风道布置图

11-26　简述热风送粉系统改乏气送粉系统的方案。

答：乏气送粉与热风送粉系统的主要区别：乏气送粉系统是利用由细粉分离器出来的乏气（干燥剂）经排粉风机升压后，作为一次风输送煤粉进炉膛燃烧。但是，乏气（干燥剂）作为一次风，使系统对煤质的适应性较差，主要原因是风粉混合温度较低（仅 60～120℃），且乏气含有水蒸气，当燃用燃烧性能较差的煤种时，易导致煤粉气流着火困难、燃烧不稳定。

如果将热风送粉系统改造为乏气送粉系统，通常需要拆除现有一次风道和一次风机，同时只能磨制和燃用烟煤，丧失了燃用贫煤和无烟煤的能力。在一台磨煤机停运后，为保证乏气风箱压力，排粉机不能停，需要掺入冷风保证风温，运行经济性较差。乏气送粉系统改造对现有一次风系统影响较大，需要拆除一次风机、改造空气预热器、增加送风机出力。

11-27　简述乏气掺入一次风系统的方案。

答：变热风送粉系统为乏气热风复合送粉系统，同时为避免三次风的影响而去掉三次风系统，将原来的三次风引入到环形热风道中，与来自空气预热器的热风混合后作为一次风用于送粉；但是，由于磨煤机运行方式的变化会引起乏气送粉能力的巨大波动，必须保留热风系统以补充乏气送粉能力之不足；因此整个锅炉的送粉系统改为热风和乏气并联系统，热风和乏气的节点为乏气与热风混合室，只需根据送粉管道内的速度调节热风的流量即可实现整个系统连续平稳过渡。根据引射器工作原理，设计了乏气、热风混合室，即乏气热风引射器，在不增加额外动力的情况下，满足了热风与乏气的混合比例要求。

该系统集成了热风送粉和乏气送粉两套系统，在磨制贫煤和烟煤时可以切换，并且正常运行不掺入冷风，保证了较高的锅炉热效率。

11-28　无烟煤、贫煤锅炉掺烧神府东胜煤热炉烟风机运行问题的解决措施有哪些？

答：通常对于无烟煤、贫煤机组，当采用中储式制粉系统时，为了加大烟煤掺烧比例，通常需要实施抽炉烟干燥乏气热风复合送粉系统改造，通过抽取炉烟降低制粉系统氧量，解决中储式制粉系统的爆炸问题。热炉烟风机工作环境有烟气温度高、粉尘浓度大，以及容易出现蜗壳等处漏炉烟、法兰变形及入口挡板卡涩等缺陷，给机组的正常运行带来安全隐患。

需要采取以下措施提高热炉烟风机的长周期安全运行：

（1）在安全范围内，尽量控制风机转速在较低值。

（2）选用耐磨材料的风机叶片。

（3）对蜗壳磨损处进行焊补，做陶瓷进行防磨处理，使管道变径，对炉烟管道走向变向的弯头做龟甲网防磨处理，加厚风机蜗壳法兰及增加紧固螺栓密度，挡板轴封由轴承结构（轴封温度高、轴承无法冷却，轴承失效卡涩）改为轴封填料结构等措施。

11-29 简述乏气热风烟气复合送粉系统的作用。

答：经过粗细粉分离器分离后的乏气通过排粉机加压后通过管道送入一次风风箱，乏气与热一次风混合后，进入一次风管输送煤粉。含有炉烟的低温制粉乏气与热一次风进行混合后送粉能够起到三方面作用：

（1）有效降低送粉介质温度，防止送粉管道内煤粉自燃，烧损煤粉管道；同时也能有效控制煤粉火焰的着火距离，防止燃烧器喷口烧损。

（2）乏气参与送粉，挤占了相当一部分热一次风，在一次风速不变的条件下，使得一次风率大为降低；且送粉介质含有大量烟气，使得一次风氧量降低，形成了烟气再循环燃烧方式。循环烟气可以惰化一次风火焰，降低一次风煤粉火焰的燃烧速度和燃烧温度，有助于降低炉膛火焰的温度和峰值温度，对抑制燃料型、热力型 NO_x 的生成及防治炉膛内结渣都有帮助。

11-30 简述高速燃尽风系统的定义。

答：对于采用乏气热风烟气复合送粉系统的改烧神府东胜煤的无烟煤、贫煤锅炉，由于采用乏气热风复合送粉，将乏气送入一次风风箱，原有一次风风量富余，该系统将这部分富余的高压热一次风设置在分级风的顶部，形成高速燃尽风。由于高速燃尽风风源压头高，使其具有速度高（可高于 60m/s）、刚性强的特点，能够深入炉膛中心，不仅起到空气分级降低 NO_x 生成作用，还能补充燃烧后期的氧量，强化燃烧后期的混合，促进煤粉的燃尽。另外，通过将高速燃尽风喷口设计成摆角可调的结构，通过调整摆角可以调整炉膛上部的烟气旋流特性，达到调整烟气温度偏差和蒸汽温度偏差的作用。

11-31 简述无烟煤、贫煤双进双出钢球磨煤机制粉系统改烧神府东胜煤的改造。

答：增加粉管旁路热风，实现磨煤机出口温度和送粉管道温度的独立控制，使送粉温度高于磨煤机出口温度，实现磨煤机出口温度在 65～75℃，粉管温度在 85～90℃运行。使磨煤机启动、停止过程中抗爆炸性能大幅度提高，还可以提高一次风速，减小粉管堵粉自燃和喷口烧损的危险，有效减少掺入磨煤机冷风量，较大程度降低锅炉排烟温度。

在磨煤机进口热风管、出口管道上增加防爆门，扩大入磨煤机冷风管，检修、完善现有磨煤机蒸汽消防系统。

11-32 简述无烟煤、贫煤锅炉改烧神府东胜煤的一次风系统改造。

答：无烟煤、贫煤锅炉相对于烟煤锅炉，一般一次风率和一次风速相对较低，分别在 20%、20m/s 左右。神府东胜煤相对于原设计无烟煤、贫煤着火和燃烧稳定性均有较大提高，可选较高的一次风率和一次风速。燃用高挥发分的神府东胜煤，推荐一次风率范围为 20%～26%、一次风速范围为 24～28m/s。考虑到一次风率对送粉管道磨损有较大影响，应对一次风管风速进行控制，可考虑更换管径更大的送粉管道。

为保证制粉系统运行安全和降低 NO_x 生成浓度，一次风系统需做如下改进：

（1）配置钢球磨煤机热一次风送粉系统的制粉系统改为中速磨煤机直吹式制粉系统时，需核算原有一次风机的风压并适当提高，未配置一次风机的需增加一次风机。

（2）配置热风送粉制粉系统的一次风系统可改为乏气送粉系统或者风烟混合干燥送粉系统。另外，还可考虑采用热一次风冷却器系统回收部分热量，降低风（乏气、炉烟）粉混合物温度至 90～120℃。

11-33 简述无烟煤、贫煤锅炉掺烧神府东胜煤时抽炉烟口位置的选取。

答：采用乏气、热风、炉烟三介质送粉系统改造时，抽炉烟口位置可从三种方案考虑：

（1）方案一：从引风机出口抽取炉烟，通过炉烟管道送至入磨煤机热风母管。

（2）方案二：从省煤器出口 SCR 脱硝反应器入口之间的烟道抽取炉烟，通过炉烟管道送至入磨煤机热风母管。

（3）方案三：从省煤器出口 SCR 脱硝反应器入口之间的烟道抽取炉烟，经过炉烟风机加压后送至入磨煤机热风母管。

三种改造方案都能达到防爆目的，同时降低 NO_x 生成浓度，改善汽水条件。其中方案二和方案三抽取中温炉烟，还能提高制粉系统干燥出力，降低制粉系统冷风掺入量，降低排烟温度，但注意需核算管道阻力。

11-34 引风机出口抽取炉烟方案的优缺点有哪些？

答：引风机出口抽取炉烟，通过炉烟管道送至入磨煤机热风母管改造方案的优点如下：

（1）方案简单，改造工程量小。

（2）能充分利用引风机出口压头和磨煤机入口负压的压头之差，抽取的烟气量大，调节余地较大。

（3）抽取的是净烟气，对管道和设备磨损较小。

（4）提高制粉系统防爆能力，满足磨制高挥发分烟煤的要求，符合相关规程的安全要求。

（5）改造方案仅增加了炉烟管道、风门和温度测点等，对原设备和控制系统的改动较少。

缺点：抽取的烟气温度较入磨煤机热风温度要低约 200℃，与热风混合后会影响制粉系统干燥出力，如磨制高水分烟煤，可能会导致出力受限，不能适应燃煤水分变化较大的现状，并增加了引风机电耗。

11-35 省煤器出口和 SCR 脱硝反应器入口之间抽取炉烟的优缺点有哪些？

答：省煤器出口和 SCR 脱硝反应器入口之间抽取炉烟的优点如下：

（1）抽取的烟气温度通常较入磨煤机热风温度要高，与热风混合后能提高制粉系统干燥出力，能适应燃煤水分在较大范围内波动。

（2）在空气预热器之前抽取炉烟，对排烟温度影响较小。

（3）能提高磨煤机出口温度，降低冷风的掺入量，降低排烟温度。

（4）该方案简单，改造工程量小。

缺点如下：

（1）SCR 脱硝反应器入口烟气压力与磨煤机入口负压的压头之差较小，抽取的烟气量有限，调节余地较小。

（2）炉烟含尘对炉烟管道有一定的磨损。

11-36 省煤器出口、SCR 脱硝反应器入口之间抽取炉烟，并增加炉烟风机方案的优缺点有哪些？

答：该方案优点如下：

（1）能充分利用炉烟风机的压头来调节抽取的烟气量，调节幅度较大。

（2）抽取的烟气温度较入磨煤机热风温度高，与热风混合后能提高制粉系统干燥出力，能适应燃煤水分在较大范围内波动。

（3）在空气预热器之前抽取炉烟，对排烟温度影响较小。

（4）能提高磨煤机出口温度，降低冷风的掺入量，降低排烟温度。

缺点如下：

（1）布置炉烟风机，改造工程量相对较大。

（2）炉烟含尘对炉烟管道和风机有一定磨损。

11-37 简述无烟煤、贫煤锅炉掺烧神府东胜煤的吹灰系统改造。

答：大比例掺烧或者改烧神府东胜煤，炉膛燃烧器区域水冷壁和大屏式过热器结渣的可能性显著增高，吹灰系统需做如下改进：

（1）适当提高炉膛燃烧器区域的短吹灰器数量和屏区、水平烟道区域的长吹灰器数量。实施具体改造前，可开展同等级燃神府东胜煤锅炉吹灰系统的技术调研，比对吹灰系统的数量及配置方式，确定好适宜的改造方案。

（2）燃用神府东胜煤时吹灰器数量和吹灰频率增加，甚至需要提高吹灰器吹灰压力；因此考虑到吹灰效果的优化，可根据吹灰系统的技术调研情况进行吹灰汽源的优化选择和汽路改造。

（3）吹灰系统改造的同时，需要考虑受热面金属高压管的防吹损能力。特别是对于过热器区域，需要在相应位置合理设置防磨盖板，预防蒸汽吹灰导致的磨损爆管。

第十二章

烟煤锅炉掺烧神府东胜煤的运行优化和设备改造

12-1 **简述神府东胜煤与烟煤锅炉炉膛热负荷的适应性。**

答：通常烟煤的燃烧性能优良，因此在锅炉设计中不会过多考虑稳燃和燃尽措施。对于具有严重结渣倾向的烟煤，需要采用较小的炉膛热强度参数即较小的炉膛容积热强度、炉膛截面热强度、燃烧器区壁面热强度，较高的最上层燃烧器中心距屏底距离及最下层燃烧器中心距冷灰斗上折点距离，且在炉膛和对流受热面布置足够数量的吹灰器作为有效的吹灰手段。

总体说来，现役烟煤机组掺烧神府东胜煤时，主要注意原设计煤种的结渣倾向，对于原设计煤种是按结渣煤种设计的，神府东胜煤的适应性较强；当原设计煤种是按中低结渣煤种设计的，需要全面评估炉膛热强度参数对神府东胜煤的适应性，可通过控制神府东胜煤掺烧比例保证掺烧的安全性；在炉膛尺寸不进行改造时，可通过增加吹灰器布置和燃烧器切圆直径的调整（切圆燃烧锅炉），进一步提高神府东胜煤的掺烧比例；要达到全烧神府东胜煤，必要时需对炉膛受热面尺寸进行调整，同时增加吹灰器布置。

12-2 **简述神府东胜煤与烟煤锅炉燃烧器的适应性。**

答：无论是切圆燃烧还是墙式燃烧方式，现代大型锅炉的燃烧器在设计过程中均考虑采用浓淡分离、在燃烧器喷口加钝体（如上海锅炉厂有限公司的 WR 燃烧器）或采用稳燃环（如东方电气集团东方锅炉股份有限公司的 OPCC 型燃烧器）的方式提高煤粉的着火稳定性和燃尽程度。

在控制 NO_x 排放方面，各种技术流派先是采用一次风浓淡分离技术，然后又考虑燃烧器水平方向（上海锅炉厂有限公司的偏置风系统），或径向（如东方电气集团东方锅炉股份有限公司的 OPCC 型燃烧器和哈尔滨锅炉厂有限责任公司的 HG-UCCS 燃烧器）的分级送风，推迟一次风气流与二次风的混合，最后采用全炉膛空气分级的方法来控制下部燃烧中心区的氧浓度和燃烧温度。

无论切向角式还是对冲燃烧方式，烟煤锅炉均在主燃烧器区上部布置了分离燃尽风，其风率一般为 25%～30%（占总风量）。切圆燃烧锅炉比较典型的分离燃尽风布置方式为 6～8 层，其中部分锅炉厂家还采用分组布置方式；对冲燃烧锅炉比较典型的分离燃尽风布置为 1～3 层+侧边风方式。

总体说来，上述燃烧器均可适应神府东胜煤，但需要调整运行参数，必要时切圆锅炉还需对燃烧器切圆直径进行调整。

12-3 简述神府东胜煤与烟煤锅炉制粉系统的适应性。

答： 由于烟煤的冲刷磨损指数 K_e 通常小于 5，因此大容量烟煤机组大多采用直吹式制粉系统，也有少部分采用双进双出钢球磨煤机直吹式制粉。对于 300MW 以下容量的机组，有部分采用中储式钢球磨煤机制粉系统。总体说来，直吹式制粉系统对神府东胜煤的适应性更强，但需要在运行中适当调整运行参数使其适应神府东胜煤。

表 12-1 为燃用神府东胜煤常用的几种制粉系统，神府东胜煤对上述磨煤机基本都适应，但在中储式温风送粉钢球磨煤机和双进双出钢球磨煤机制粉系统上磨制时，需注意制粉系统爆炸问题，尤其是分磨制粉时。

表 12-1 燃用神府东胜煤常用的几种制粉系统

电厂名称	机组容量（MW）	制粉系统	磨煤机型式
GHSM	100	中储式钢球磨煤机、乏气送粉	钢球磨煤机
BJYR	100	中储式钢球磨煤机、温风送粉（温度 180℃）	钢球磨煤机
SDKR	600	中速磨煤机、直吹式	HP 磨煤机、RPB 磨煤机等
WGQ	300		
WJ	300		
YZR	600	中速磨煤机、直吹式	MPS 磨煤机
NT	350		
SH	350	双进双出钢球磨煤机、直吹式	D-11D 磨煤机

12-4 简述神府东胜煤与烟煤掺烧时的主要煤质参数及影响。

答： 根据动力用煤划分，神府东胜煤属于烟煤类，因此与同类煤种掺烧各种煤质指标和燃烧性能偏差相对较小，但仍需注意以下煤质参数变化对锅炉设备带来的影响：

（1）发热量：部分烟煤的发热量和神府东胜煤偏差较大，尤其是低热值烟煤，尽管掺烧神府东胜煤后混煤的燃烧性能变好，但需注意由此带来的燃烧器烧损和蒸汽温度问题。

（2）可磨性：需要校核掺烧神府东胜煤后 HGI 变化较大带来的对磨煤机研磨出力的影响。

（3）灰熔点：需要注意掺烧后混煤灰熔点及结渣性能的变化，分析其与机组抗渣能力的适应性。

（4）煤灰成分：需要注意掺烧后混煤的煤灰成分，避免某些共融成分升高造成结渣加重的问题。

12-5 简述神府东胜煤在烟煤锅炉上掺烧时的燃烧优化调整。

答： 神府东胜煤在烟煤锅炉上掺烧时的总体方向是进行制粉和燃烧系统优化调整试验，并确定合适的运行参数，达到减轻锅炉结渣的目的，具体如下：

（1）进行一次风速调平、一次风量标定和风煤比曲线调整。

（2）燃烧器调整：

1）对于旋流燃烧器，内/外二次风旋流强度和风量调整。

2）对于直流燃烧器，二次风配风方式、二次风门和周界风门开度调整。

（3）制粉系统调整：使制粉系统运行参数，如煤粉细度、煤粉均匀性、磨煤机进出口风温等更加符合低氮燃烧、防结渣以及制粉系统防爆要求。

（4）确定合适的掺烧方式和掺烧比例：根据机组特点和掺烧煤种，确定合理的掺烧方式和掺烧比例，控制制粉系统的爆炸危险性和炉膛内结渣倾向。

（5）确定合适的磨煤机运行方式：具有良好的防结渣效果，且汽水参数达标。

1）停运上层燃烧器对应的磨煤机，可降低屏底烟气温度，对缓解屏区结渣有利，但有可能导致蒸汽温度不足。

2）停运中间层燃烧器对应的磨煤机，可降低燃烧器区壁面热强度，对缓解燃烧器区结渣有利。

3）停运下层燃烧器对应的磨煤机，在主蒸汽温度偏低时可采用，但可能造成煤粉在炉膛内的停留时间减少，飞灰可燃物升高，锅炉热效率降低，同时可能增加屏区结渣风险。

（6）确定合适的掺烧位置：当采用分磨掺烧时，需注意神府东胜煤对应燃烧器的位置，保证混煤在炉膛内的充分混合，并具有良好的防结渣效果，且汽水参数达标。

（7）锅炉运行氧量和燃尽风风量优化；综合考虑锅炉热效率和 NO_x 生成浓度，确定合适的锅炉运行氧量和燃尽风门开度。

（8）吹灰方式优化：根据炉膛内结渣情况，制定优化的吹灰方案，控制锅炉结渣在可控范围。

（9）其他：在锅炉燃烧优化调整时还需注意排烟 CO 浓度、炉膛中上层燃烧器区和还原区水冷壁近壁腐蚀性气体含量，同时兼顾锅炉汽水参数、结渣、经济性、NO_x 排放等因素，确定锅炉最佳运行参数，提高机组运行的安全性、经济性以及环保性。

12-6 神府东胜煤在烟煤锅炉上掺烧时的锅炉改造措施有哪些？

答：对掺烧神府东胜煤的混煤的结渣性能和锅炉的抗渣性能进行匹配性分析，当需要大比例或者纯烧神府东胜煤时，需进行以下方面的改造：

（1）更换燃烧器类型，调整其间距和标高。

（2）调整燃烧器切圆直径。

（3）调整受热面面积。

（4）改进吹灰器布置。

（5）炉膛尺寸调整。

第十三章

褐煤锅炉掺烧神府东胜煤的运行优化和设备改造

13-1　简述我国褐煤的煤质特点。

答：依据碳化程度的不同，褐煤分为老年褐煤和年轻褐煤。

老年褐煤是指碳化程度较深、组织结构较为致密、外观呈黑褐色、在褐煤中其发热量及含碳量相对较高的煤。我国内蒙古和东北地区的褐煤大都属于老年褐煤。内蒙古东部地区的霍林河、锡林浩特、伊敏、宝日希勒、扎赉诺尔、大雁、白音华、元宝山和辽宁西部的平庄等矿区，是我国褐煤的主要矿区，水分为25%～40%，灰分为15%～28%，发热量为10.80～14.94MJ/kg。

年轻褐煤的碳化程度较浅，外观呈褐色、松散状，含有木质纤维（变质石棉）；一般水分较高，多数为40%～50%，个别高达70%；灰分较低，挥发分通常在50%以上；发热量较低，为5.442～10.467MJ/kg。我国云南昭通、凤鸣村的褐煤属于年轻褐煤。

褐煤的共同特点：水分和挥发分高，发热量和灰熔融性温度低，易自燃，易爆炸，结渣和沾污性能较强。

13-2　简述褐煤锅炉炉膛设计的特点。

答：随着褐煤水分升高、发热量降低、烟气量增加，当褐煤的水分由33%增加到48%时，随着发热量降低，烟气容积将增加140%～180%。在炉膛内产生大量的烟气和水蒸气，由于燃烧技术原因，炉膛内的烟气速度不允许超出一定范围。图13-1为褐煤锅炉与烟煤锅炉热强度参数比较，可见相同机组容量下，褐煤锅炉具有以下特点：

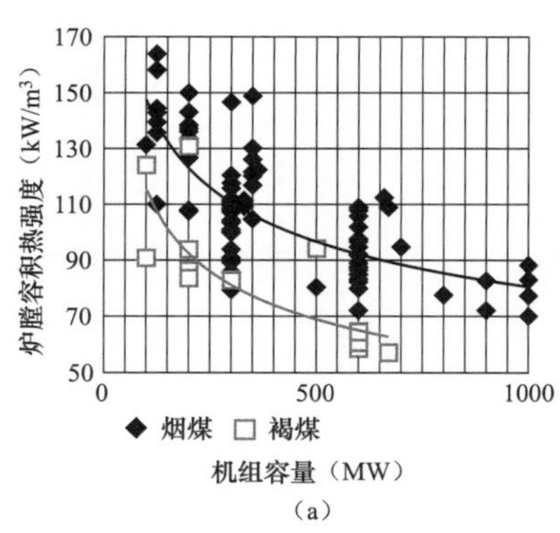

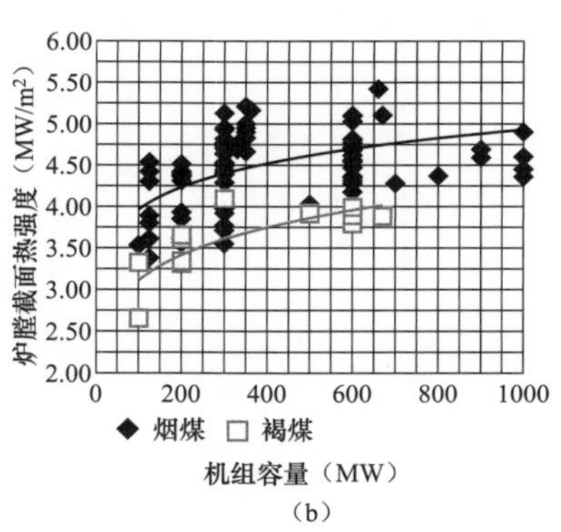

图13-1　褐煤锅炉与烟煤锅炉热强度参数比较（一）

（a）烟煤与褐煤的机组容量与容积放热强度的关系；（b）烟煤与褐煤的机组容量与截面放热强度的关系

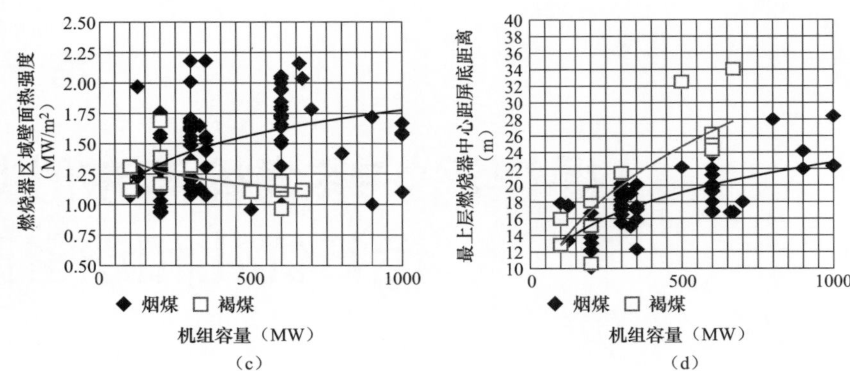

图 13-1 褐煤锅炉与烟煤锅炉热强度参数比较（二）

（c）烟煤与褐煤的机组容量与燃烧器区域壁面热强度的关系；（d）烟煤与褐煤的机组容量与最上层燃烧器中心距屏底距离的关系

（1）褐煤锅炉炉膛容积放热强度 q_V 更低，即炉膛容积更大。对于 600MW 级机组，褐煤锅炉比烟煤锅炉的容积增加 30%左右。

（2）褐煤锅炉的横截面更大，断面放热强度 q_F 更低。

（3）褐煤锅炉的燃烧器区壁面放热强度 q_B 更低。

（4）褐煤锅炉的燃尽高度（上排燃烧器喷口中心线到屏式过热器下缘的距离）h_1 更高。

13-3 简述我国褐煤锅炉的炉膛布置和燃烧方式特点。

答：褐煤锅炉整体布置方式主要有 Π 形、塔式和 T 形三种，其中 T 形布置方式多用于早期引进机组，目前褐煤锅炉均采用 Π 形或塔式布置。燃烧方式主要有切圆（角式切圆、墙式切圆）燃烧和墙式对冲两种，采用切圆燃烧方式时，燃烧器均分段布置。早期投产机组多采用有十字风的直流燃烧器，现由于超低排放要求，电厂都采用低氮燃烧器，直吹式褐煤锅炉燃烧系统通常分为以下三种（见图 13-2），其中前两种应用相对较多，具体内容如下：

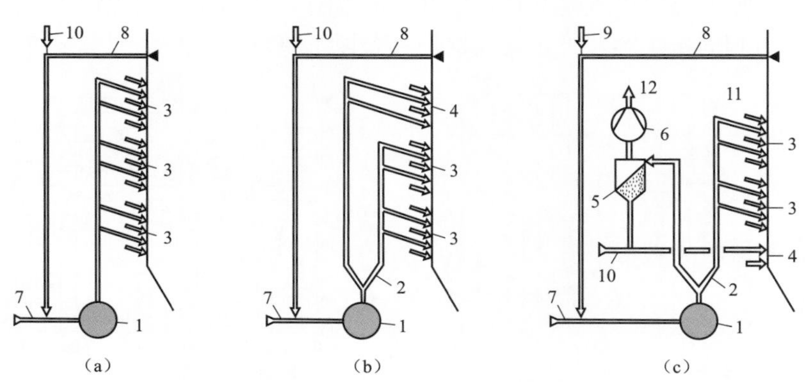

图 13-2 直吹式褐煤锅炉燃烧系统

（a）直吹式不分离乏气；（b）直吹式乏气送入炉膛；（c）直吹式乏气排大气

1—风扇磨煤机；2—乏气分离器；3—主燃烧器；4—乏气（煤粉）燃烧器；5—乏气过滤器；6—乏气风机；7—原煤；8—烟气；9—冷烟气；10—一次风；11—二次风；12—排空

（1）直吹式不带乏气分离器，以炉烟和一次空气两者或者纯空气为干燥介质，制粉乏气作为一次风直接送入炉膛。

（2）采用乏气分离器，对于高水分褐煤，以炉烟和一次空气两者为干燥介质，为了燃烧稳定性，部分被分离的乏气由燃烧器上部经乏气燃烧器引入炉膛，而被浓缩了的煤粉和剩余制粉气体经过燃烧器引入炉膛。目前，褐煤机组为了降低 NO_x 生成浓度，部分采用热空气干燥的直吹式制粉系统及乏气分离技术，进行煤粉浓缩，一方面稳燃；另一方面乏气分离后，一次风率降低，可明显降低 NO_x 生成浓度。

（3）以热炉烟和冷炉烟为干燥介质，采用乏气分离器将部分乏气经过滤器过滤后排空，过滤出的煤粉以热一次风送入炉膛，浓缩后煤粉与剩余乏气经过燃烧器引入炉膛。

13-4 简述我国褐煤锅炉的制粉系统特点。

答：对于褐煤锅炉，制粉系统的选择将直接影响炉膛内燃烧组织的优劣。通常四角切圆燃烧和墙式对冲燃烧Π形锅炉配中速磨煤机直吹式制粉系统，采用热风+冷风作为干燥介质；六角或八角切圆燃烧Π形或塔式锅炉配风扇磨煤机直吹式制粉系统，采用热炉烟+热风两介质或者热炉烟+冷炉烟+热风三介质干燥。

风扇磨煤机与中速磨煤机的优缺点比较见表 13-1。

表 13-1　风扇磨煤机与中速磨煤机的优缺点比较

磨煤机类型	风扇磨煤机	中速磨煤机
优点	（1）对褐煤水分的适应性较强，水分在较大范围内变动时，仍能满足磨煤机出力要求。 （2）塔式锅炉配风扇磨煤机，炉膛截面接近正方形，每面墙上布置两组燃烧器，每组燃烧器与一台风扇磨煤机相配，八角小切圆燃烧能使风扇磨煤机的切投（即改变投运磨煤机的数量）对炉膛内的空气动力场和烟气温度场影响较小。 （3）系统简单，运行维护方便，制粉电耗低，防爆能力强，安全可靠	（1）耐磨性较好。 （2）制粉系统漏风小。 （3）可以做到精确出力和煤粉细度控制。 （4）可靠性好，维护费用低，布置紧凑，检修方便。 （5）系统简单
缺点	（1）叶轮、机壳等部件磨损快，炉烟管口结渣。 （2）煤粉较粗，炉渣含碳量大，稳燃能力和锅炉热效率较中速磨煤机低。 （3）热炉烟管道长，维修费用高。 （4）制粉系统、抽热炉烟管道漏风大，增加排烟损失。 （5）磨煤机出力对煤粉细度的调节范围小；随着冲击板磨损，出力降低快	（1）当需要采用 8 台磨煤机时，8 台磨煤机对应 8 层一次风喷口，一次风管布置困难，且运行中不易将一次风粉调平。 （2）磨煤电耗高。 （3）当不采用乏气分离技术时，一次风率高，燃烧组织困难。 （4）防爆能力差

13-5 简述风扇磨煤机特点。

答：风扇磨煤机一般应用于直吹式制粉系统中。由于风扇磨煤机同时具有磨煤、干燥、干燥介质吸入和煤粉输送等功能，煤粉分离器与磨煤机连成一体；因此风扇磨煤机制粉系统比其他型式磨煤机的制粉系统简单、设备少、投资省。根据煤的水分不同，风扇磨煤机制粉系统分别采用单介质干燥直吹式制粉系统、二介质干燥直吹式制粉系统和三介质干燥直吹式制粉系统。风扇磨煤机特别适用于高水分褐煤，具有以下优点：

（1）热风和炉烟混合后，降低了干燥剂的氧浓度，有利于防止高挥发分褐煤煤粉发生爆炸。

（2）含氧量低的热风和炉烟混合物作为一次风送入炉膛，可以降低炉膛燃烧器区域的温度水平；燃用低灰熔点褐煤可缓解炉膛内结渣，并减少 NO_x 的生成。

（3）当燃煤水分变化幅度大时，改变高、低温炉烟的比例即可满足煤粉干燥的需要，而一次风温度和一次风比例仍保持不变，减轻了燃煤水分变化对炉膛内燃烧的影响。

13-6 **简述国内褐煤机组的运行及掺烧情况。**

答：目前，国内褐煤机组大多为坑口电站或距离煤矿较近，因此大多烧单一煤矿褐煤或者不同煤矿褐煤掺烧。部分电厂由于煤质波动（水分升高、灰分升高、热值降低等）导致制粉系统干燥出力不足、风扇磨煤机提升压头不足、研磨出力不足等问题，进而影响机组带负荷能力。可考虑通过掺烧发热量较高的且燃烧性能优良的烟煤，改善上述情况；但应通过实验室和现场试验最终确定合适的掺烧比例，并同时进行运行参数优化，必要时进行设备改造。

13-7 **褐煤机组掺烧烟煤的注意事项有哪些？**

答：褐煤机组掺烧烟煤的注意事项如下：

（1）掺烧方式选取。

（2）烟煤煤种选取。

（3）一次风温、风率和风速核算。

（4）煤粉细度选取。

（5）烟煤掺烧比例的确定。

（6）锅炉热力计算。

（7）磨煤机出力（研磨出力、干燥出力和通风出力）核算。

（8）风扇磨煤机打击板寿命核算。

13-8 **简述褐煤机组掺烧烟煤时掺烧方式的选取原则。**

答：由于褐煤和烟煤的煤质参数及燃烧性能偏差较大，要求的运行参数也大相径庭，褐煤机组掺烧烟煤时，掺烧方式的总体选取原则如下：

（1）采用中速磨煤机直吹式制粉系统的褐煤机组，如果烟煤的煤质参数和燃烧性能与褐煤相差过大，推荐选用炉前预混掺烧方式；如果烟煤的燃烧特性和褐煤相差不大，推荐选用分磨掺烧方式，运行参数可分别进行控制。

（2）对于采用风扇磨制粉系统的褐煤机组，通常由于烟煤的硬度较大，优先推荐炉前预混掺烧方式，可以改善烟煤的着火。

13-9 **褐煤机组掺烧烟煤对烟煤煤质的要求有哪些？**

答：由于褐煤和烟煤的燃烧性能差异，燃烧性能优良的褐煤“抢风”，燃烧性能相对较差的烟煤在低氧、低温及粗煤粉条件下着火和燃尽更为困难，使固体未完全燃烧热损失增加。烟煤选取的总体原则：烟煤和褐煤掺烧后的各种煤质指标尽量和原设计煤接近，这样对制粉系统和燃烧性能的影响均较小。烟煤煤质指标控制如下：

（1）着火和燃尽等燃烧性能优良。

（2）结渣性能根据锅炉防渣能力确定。

（3）对于中速磨煤机直吹式制粉系统，建议烟煤 K_e<5 即可；而对于风扇磨煤机直吹式制粉系统，建议烟煤 K_e 最好越小越好，建议掺混后的混煤 K_e<3.5，并核算风扇磨煤机打击板寿命在 1000h 以上。

13-10 简述中速磨煤机直吹式制粉系统褐煤机组掺烧烟煤一次风温、风率和风速的核算。

答：褐煤机组掺烧烟煤时，由于烟煤的煤质和燃烧性能与褐煤相差较大，需要根据煤的全水分、磨煤机出口温度的选取、空气预热器能提供的热风温度、锅炉一次风率的选取等进行热平衡计算来确定一次风温、一次风率和一次风速。具体原则如下：

（1）当采用分磨掺烧方式时，磨煤机出口温度可根据褐煤和烟煤特性分别控制。通常情况下，磨制烟煤的磨煤机出口温度可适当提高。

（2）当采用炉前预混掺烧方式时，磨煤机出口温度可按照褐煤控制。

（3）掺烧烟煤后，由于一次风率的降低必然导致一次风速的降低，需要注意选取合适的一次风速，以免引起燃烧器的烧损以及煤粉的沉积导致制粉系统爆炸。

13-11 简述褐煤机组掺烧烟煤煤粉细度的选取。

答：当采用炉前预混掺烧方式时，推荐煤粉细度选取偏向烟煤。风扇磨煤机磨制褐煤和烟煤的混煤，必然导致烟煤煤粉过粗，导致烟煤的燃烧性能变差，具体需要根据风扇磨煤机的提升压头和研磨出力确定合理的煤粉细度，尽量降低混煤的 R_{90}。

当采用分磨炉内掺烧方式时，可分别根据褐煤和烟煤的燃烧性能选取合适的煤粉细度，通常褐煤 R_{90} 选取为 35%左右，而烟煤 R_{90} 选取为 20%左右。

13-12 简述褐煤掺烧神府东胜煤后的主要煤质参数变化及其对掺烧的影响。

答：褐煤掺烧神府东胜煤后主要煤质变化及其对掺烧的影响：

（1）全水分 M_t 和空气干燥基水分 M_{ad} 降低：在相同的磨煤机出口温度下，混煤的煤粉水分应有所降低，并影响干燥剂初始温度。

（2）挥发分降低：可能引起煤粉气流着火温度升高、煤粉燃尽率下降，影响燃烧稳定性和经济性。

（3）发热量升高：燃煤量降低，机组带负荷能力提升，辅机电耗降低。

（4）混煤的哈氏可磨性指数：通常神府东胜煤的可磨性为难磨，当混煤的哈氏可磨性指数下降时，可能引起磨煤机研磨出力下降和煤粉变粗等。

（5）混煤的磨损指数 K_e：虽然神府东胜煤的磨损性能不强，但是通常情况下烟煤的硬度高，掺烧后会加剧风扇磨煤机打击板的磨损，降低风扇磨煤机使用寿命，但对中速磨煤机磨损性能的影响不大。

（6）结渣性能：尽管褐煤和神府东胜煤均为低灰熔点强结渣煤种，但仍需注意两者掺烧后部分灰成分达到易熔比例造成混煤结渣加剧的问题。

13-13 简述掺烧神府东胜煤与褐煤锅炉的炉膛热强度参数的适应性。

答：我国褐煤的主要特点是水分高、热值低，着火和燃尽性能优良，但通常具有严重结渣倾向，因此锅炉设计时重点考虑防结渣问题。与烟煤锅炉相比，因为褐煤锅炉的烟气量大且结渣严重，所以褐煤锅炉炉膛尺寸较大，炉膛热强度参数较小，炉膛容积热强度、截面热强度、燃烧器区壁面热强度通常小于典型烟煤锅炉，而燃尽高度通常大于典型烟煤锅炉。如典型的600MW褐煤锅炉的炉膛容积热强度在60kW/m^{3}左右，而同容量的神府东胜煤锅炉该值一般在70～80kW/m^3。因此，褐煤掺烧神府东胜煤后，烟气量减少，炉膛充满度降低，需要注意由此带来的对燃烧稳定性和汽水系统的影响，经过锅炉热力计算核算后确定合适的神府东胜煤掺烧比例。

13-14　简述掺烧神府东胜煤与褐煤锅炉燃烧器的适应性。

答：掺烧神府东胜煤与褐煤锅炉燃烧器的适应性主要考虑以下方面：

（1）一、二次风率及风速：对于配中速磨煤机直吹式制粉系统的褐煤机组，通常一次风率和一次风速高，掺烧烟煤后可适当降低一次风率；而二次风率相应升高，有利于燃烧的组织，但需核算一、二次风速是否在规定范围内。

（2）一、二次风温：掺烧后由于煤种变化，需要核算一、二次热风温度。对于采用三介质干燥的风扇磨煤机制粉系统，需要核算抽取热炉烟温度和冷炉烟温度，以便核算干燥剂入口风温和不同介质的比例。

13-15　神府东胜煤在风扇磨煤机直吹式褐煤锅炉上掺烧时的干燥剂初始温度核算需要注意的影响因素有哪些？

答：当褐煤掺烧神府东胜煤后，煤质参数有较大的变化，需要进行磨煤机热平衡校核计算，需要注意的影响因素主要包括：

（1）混煤煤粉水分的选取：该参数对制粉系统热力计算影响较大，建议通过试磨煤机试验确定。

（2）磨煤机出口风温：根据混煤特性确定合适的磨煤机出口风温。

（3）磨煤机出口氧浓度：掺烧烟煤后，由于混煤的燃烧性能变差以及爆炸倾向降低，此时在满足防爆要求范围内，可通过适当提高磨煤机出口氧浓度以提高混煤的着火稳定性。

13-16　简述神府东胜煤在褐煤锅炉上掺烧时对风扇磨煤机提升压头和打击板寿命的影响。

答：对风扇磨煤机计算的主要性能参数有设计出力、通风量、提升压头、电动机功率以及电耗。而准确地计算磨煤机在带粉状态下的提升压头是风扇磨煤机能否正常运行的关键。通常情况下，掺烧烟煤后，磨煤机的提升压头会有不同程度的下降，需要核算磨煤机提升压头是否满足运行要求，以免影响磨煤机出力。

另外，通常情况下烟煤的磨损性能较褐煤偏强，需要核算掺烧烟煤后在BMCR工况下的风扇磨煤机打击板寿命，当打击板寿命大于1000h时，能够满足设计要求。

13-17　简述神府东胜煤在褐煤锅炉上掺烧时的掺烧方式选择原则。

答：神府东胜煤在褐煤锅炉上掺烧时掺烧方式的选取主要依据制粉系统形式，基本原则如下：

（1）对于中速磨煤机直吹式制粉系统，推荐采用预混掺烧方式，也可采用分磨掺烧方式。

（2）对于风扇磨煤机直吹式制粉系统，推荐采用预混掺烧方式。一方面，可以充分利用每台磨煤机的干燥能力和研磨能力，且燃烧性能相对较差的烟煤在褐煤的引燃下可保证锅炉的稳燃性能；另一方面，烟煤只能磨制到和褐煤一样的煤粉细度，而烟煤在较粗的煤粉下可能导致混煤的燃尽率下降，降低锅炉的燃烧经济性。如果将混煤磨制得过细，可能导致提升压头下降、制粉系统出力不足，同时还增加辅机电耗和供电煤耗、降低研磨件寿命以及增加制粉系统的爆炸倾向。

13-18 简述神府东胜煤在褐煤锅炉上掺烧时的磨煤机出口温度的选取。

答：DL/T 466《电站磨煤机及制粉系统选型导则》规定：对于风扇磨煤机制粉系统，当采用烟气/空气混合干燥方式时，磨煤机出口温度最高可选取为180℃，目前大型褐煤机组大多选取为150℃。尽管掺烧烟煤后混煤的燃烧性能有所变差，但通过控制神府东胜煤掺烧比例在合理范围，仍可保证混煤具有优良的燃烧稳定性。另外，也可考虑通过适当提高磨煤机出口风粉混合物温度来强化着火，但最高不超过180℃，高温炉烟比例的增加还会导致磨煤机出口氧浓度的下降，对混煤的着火不利。综合考虑，推荐磨制混煤时磨煤机出口温度在150℃左右。

对于中速磨煤机，掺烧神府东胜煤时可适当提高，推荐磨煤机出口温度在65℃左右。

13-19 简述神府东胜煤在褐煤锅炉上掺烧时煤粉细度的选取原则。

答：由于褐煤燃烧性能优良，即使在较粗的煤粉细度下也可获得优良的燃烧经济性，目前，国内采用风扇磨煤机的褐煤机组的煤粉细度 R_{90} 一般设计为45%，而神府东胜煤的 R_{90} 一般设计为15%～20%。神府东胜煤在褐煤机组上掺烧时的煤粉细度确定主要依据机组的制粉系统形式和掺烧方式，具体选取原则如下：

对于风扇磨煤机制粉系统，通常推荐采用预混掺烧方式，必然导致烟煤磨制过粗。在一维火焰炉上进行了褐煤与高灰分烟煤掺烧时的燃尽性能测试，掺烧烟煤后的燃尽率 B_p 变化见图13-3，可见，在煤粉细度 R_{90} 为45%时，褐煤的燃尽性能优良，燃尽率 B_p 为99.32%，掺烧烟煤后，混煤的燃尽性能有所下降，掺烧20%烟煤时，混煤的燃尽率 B_p 为98.59%，对锅炉热效率有一定影响。对于风扇磨煤机制粉系统掺烧烟煤，推荐混煤的煤粉细度 R_{90} 尽量不超过45%，同时控制烟煤掺烧比例在较低范围，以免风扇磨煤机打击板寿命降低。

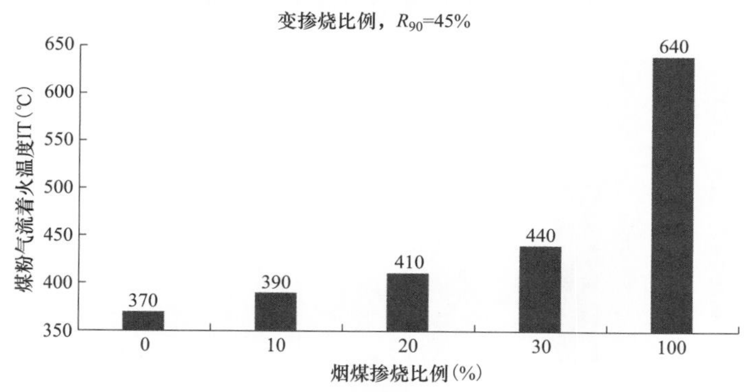

图13-3 掺烧烟煤后的燃尽率 B_p 变化

对于中速磨煤机制粉系统，当采用炉外预混掺烧时，推荐混煤的煤粉细度 R_{90} 最好能控制在 25%以下；当采用分磨炉内掺烧方式时，可分别进行控制，推荐褐煤 R_{90} 控制在 30%左右，神府东胜煤 R_{90} 最好控制在 20%以下。

13-20 简述神府东胜煤在褐煤锅炉上掺烧时煤粉水分的选取。

答：在实验室 S02 型风扇磨煤机上进行了褐煤掺烧烟煤的试磨试验，图 13-4 为煤粉水分与磨煤机出口温度的相关性。受试验台干燥出力限制，磨煤机出口温度最高达到 120℃。但可以看出，在相同的磨煤机出口温度下，混煤的煤粉水分较纯褐煤低，在制粉系统热力计算中需注意选取合适的煤粉水分，该参数将影响风煤比及干燥剂初始温度的选取。

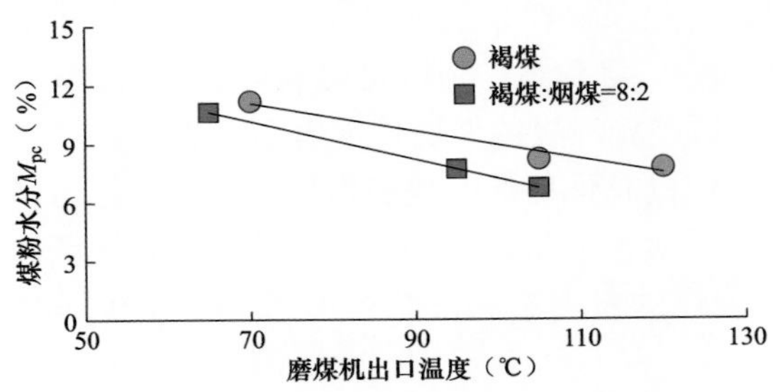

图 13-4 煤粉水分与磨煤机出口温度的相关性

13-21 简述神府东胜煤在褐煤锅炉上掺烧时风扇磨煤机出口氧浓度的选取。

答：DL/T 466《电站磨煤机及制粉系统选型导则》规定：制粉系统气粉混合物中含氧量降低到 12%（褐煤）和 14%（烟煤）时，可以防止爆炸。氧浓度越低，制粉系统的防爆性能越好，但过低的氧量将导致煤粉的着火性能变差，对燃烧稳定性不利，国内大部分褐煤机组终端干燥剂氧浓度在 BMCR 工况下为 8%～11%。按照煤粉气流着火温度的测定方法，进行了褐煤：烟煤=8:2 的混煤在不同一次风氧浓度下的煤粉气流着火温度测试，试验时煤粉细度 R_{90} 为 45%，炉膛出口氧量为 3.5%，一次风率（纯空气）控制在 16%，通过惰性气体 N_2 的比例控制一次风中的氧浓度，即一次风含氧浓度对煤粉气流着火温度 IT 的影响（R_{90}=45%）见图 13-5。可见，氧浓度对 IT 有明显影响，当一次风为纯空气时，IT 仅为 370℃；当一次风氧浓度降低到 6%时，IT 上升到 520℃，可见氧浓度越低，IT 越高，煤粉的燃烧稳定性下降。因此在保证风扇磨煤机安全性和干燥能力的前提下，应尽量提高一次风的氧浓度。

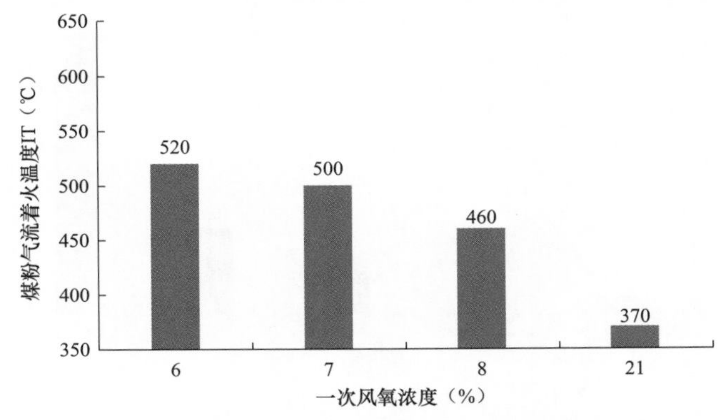

图 13-5 一次风含氧浓度对煤粉气流着火温度 IT 的影响（R_{90}=45%）

13-22 简述掺烧烟煤对风扇磨煤机打击板寿命的影响。

答：风扇磨煤机打击板寿命可按实磨实测或根据式（13-1）计算所得的金属耗量来确定：

$$\delta = 20\times K_{e}\times\ln\left(\frac{100}{R_{90}}\right)\ln\left(\frac{B_{M1}}{S}\right)\frac{S}{B_{M}} \tag{13-1}$$

式中 K_e——煤的冲刷磨损指数；

δ——打击板的金属耗量，g/t；

R_{90}——煤粉细度，%；

B_{M1}——磨煤机内煤量，t/h；

S——打击板面积，m^2。

打击板寿命 T 的计算见式（13-2）：

$$T=\frac{0.3G}{\delta B_{M}} \tag{13-2}$$

式中 G——冲击板净重，g；

B_M——磨煤机原煤出力，t/h。

第十四章

工业锅炉与神府东胜煤的适应性

14-1 简述当前我国工业锅炉的现状。

答： 工业锅炉泛指额定蒸汽工作压力大于0.04MPa并小于3.8MPa的蒸汽锅炉，以及额定出水压力大于0.1MPa的多种容量与温度的热水锅炉。作为供热、供汽的重要设备，工业锅炉广泛应用于关系国民经济发展的工厂动力、建筑采暖、人民生活等各个行业和部门。据不完全统计，目前我国拥有各类工业锅炉约62万台，其中燃煤工业锅炉约47万台，占总量的76%左右，每年消耗标准煤约4亿t，是仅次于电站锅炉的第二大"燃煤大户"。燃煤工业锅炉中有80%左右为燃煤链条炉，总数近38万台。

14-2 简述燃煤工业锅炉的主要形式。

答： 目前，我国燃煤工业锅炉主要形成了三种技术形式：

（1）基于颗粒煤（<30mm）移动床层状燃烧原理的链条炉。

（2）基于粉煤（<10mm）流化床（流态化）燃烧原理的循环流化床锅炉。

（3）基于煤粉（<0.1mm）浓相气流床燃烧原理的煤粉工业锅炉。

链条炉是当前以及未来一段时间内燃煤工业锅炉的主要组成部分，数量最多、应用最广。循环流化床锅炉目前已经大型化（300～600MW等级），初步具备与大型电站煤粉锅炉相媲美的运行性能。煤粉工业锅炉是近年来工业锅炉发展的重要方向之一。

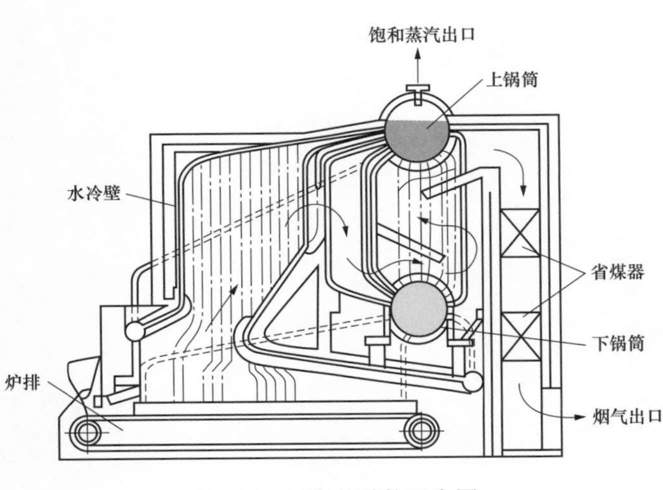

图14-1　链条炉结构示意图

14-3 简述链条炉的结构及特点。

答： 链条炉结构示意图如图14-1所示，固体燃料以一定厚度分布在炉排上进行燃烧。链条炉的工作特点是有一个固定的或可运动的炉排，将块状的固体燃料送入炉膛内，在炉排上形成固体燃料层，空气从炉排下的通风孔隙穿过燃料层向上流动，在高温下，空气和燃料发生燃烧反应，大部分燃料在炉排上形成火床燃烧，只有少数微小颗粒的固体燃料和燃烧生成的可燃气体在火床上的炉膛空间燃烧。燃料在炉排上燃烧生成的高温烟气也离开燃料层向上流动，升入炉膛。

14-4 简述循环流化床锅炉的结构及特点。

答：循环流化床锅炉系统如图 14-2 所示。燃烧室又分成密相区（主燃烧区）和稀相区（悬浮区或辅燃烧区）两部分。燃烧系统也可称之为前部及后部两个竖井。前部竖井为总吊结构，四周布置膜式水冷壁，自下而上依次为一次风室、密相区、稀相区；后部竖井为支撑结构，一般无水冷壁布置，自上而下旋风分离器的旋风子通过底部竖管与密封料腿及回料器连接。通常，密相区及分离器内部表面均设有绝热防磨内衬。

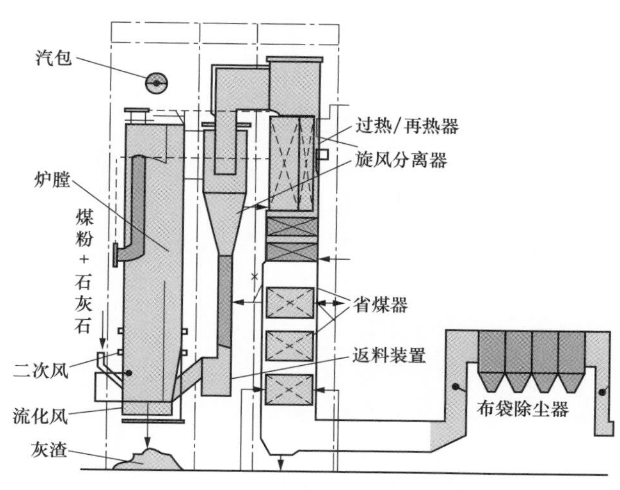

图 14-2 循环流化床锅炉系统

运行过程中，符合粒度要求的粉煤由输送带、埋刮板或螺旋等输送装置送入炉膛内，并与布风板上部密相区的高温炉料混合，完成脱水、干馏及燃烧等过程。布风板下部从风室进入的高压一次风为全部炉料提供流态化所需的动力，也是主燃区的助燃风；密相区上部侧壁高速送入的二次风为稀相区的助燃风，也即燃尽风。出稀相区的烟气夹带颗粒进入高温旋风分离器，分离器底部收集的未燃尽颗粒（含颗粒灰）通过密封料腿及回送器重新返回密相区。为了维持床层稳定，运行过程中产生的多余大颗粒高温灰渣，需采用干式方法从燃烧室底部间歇性或连续性排出，经冷却回收热量后进一步处理。

14-5 简述煤粉工业锅炉的结构及特点。

答：煤粉工业锅炉是在原用于电站的大容量电站煤粉锅炉基础上经过技术革新推出的新型燃煤工业锅炉，其主要由锅炉本体、烟气处理、燃烧控制、煤粉储存输送以及其他辅助设备等组成。其包括煤粉储罐（塔）、供料器、燃烧器、锅炉本体、污染物协同脱除装置、灰库、点火油（气）站、压缩空气站、惰性气体保护站及测控等子系统。在整个系统中，连续稳定、无脉动、高固气比供（喂）料是“瓶颈”，多要素集成稳燃（包括一次风携带煤粉中心逆喷、二次风对数螺旋线强旋流、双锥强制烟气回流与“钝体”烟气回流的嵌套等）是关键，煤粉浓相着火是核心。根源是这种燃烧组织方式着火热需求量小，仅为传统稀相燃烧的 1/6，着火迅速、燃烧稳定。煤粉工业锅炉工艺流程见图 14-3。

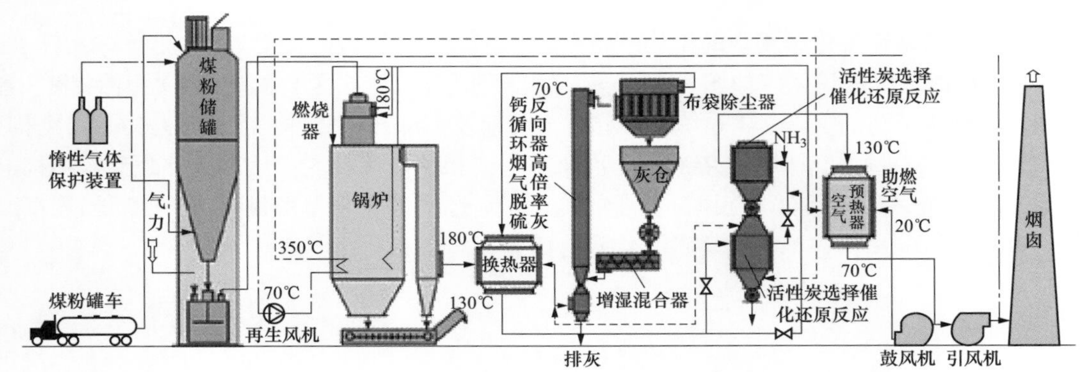

图 14-3　煤粉工业锅炉工艺流程

14-6　循环流化床锅炉主要技术特点有哪些？

答：循环流化床锅炉的主要技术特点包括：

（1）对不同性质的燃料均有理论上的适应性。

（2）可以实现炉膛内固硫及低 NO_x 燃烧。

（3）系统庞杂，核心及关键设备可靠性不高。

（4）稳定流态化的运行影响因素多、操控技能要求高。

14-7　简述循环流化床锅炉对燃料特性的要求。

答：流态化燃烧的锅炉炉膛中，床层热容量较大，新加入的冷煤粒进入体积比自身大数十倍的高温炉料中被迅速加热，达到燃烧温度，且高温粒子在床层中剧烈翻腾运动，强化了整个燃烧与传热过程。因而，理论上流态化燃烧组织能适应各种燃料，包括低挥发分的难燃无烟煤和灰分为 40%～60%的劣质煤。此外，也可以燃用石油焦、页岩以及固废（含垃圾）等。但在工程项目实施时，与其他类别的锅炉一样，炉子结构及系统配置必须严格按照属地燃料的属性及品质进行设计；在生产运行中，入炉燃料的质量也需严格控制，各种指标并不允许偏离设计指标太多，更忌讳不同性质的燃料随意切换。否则，脆弱的流态化燃烧组织遭受破坏，锅炉无法维持正常运行。

14-8　简述循环流化床锅炉的 SO_2 和 NO_x 污染物排放控制。

答：炉膛内 CaO 的最佳固硫温度是 850℃，流态化燃烧可以在此温度下进行，这是流化床锅炉炉膛内固硫率高的一个原因；另一个原因是脱硫剂在炉膛内的平均停留时间较长，达数十分钟，尽管进料时的表观钙硫摩尔比不高，但实际床层内的有效钙硫摩尔比很高，所以 SO_2 的捕集率高。循环流化床锅炉的炉膛内固硫率可以达到 80%以上，燃料的折算全硫低于 0.5%时，初始排放浓度可以控制至在 200mg/m^3 以下。

循环流化床锅炉 NO_x 浓度低的原因是炉膛的总体温度水平低，热力型和快速型 NO_x 难以生成，只有少量燃料型 NO_x。一、二次风也遵循经典的空气分级配风。因此，一般 NO_x 的初始排放浓度也可以控制至 200mg/m^3 以下。值得注意的是，循环流化床锅炉 N_2O 的排放远高于电站煤粉锅炉，其浓度达到 400～600mg/m^3，是循环流化床锅炉发展的技术瓶颈。

14-9 简述循环流化床锅炉主要存在的问题。

答：为了满足床层稳定流态化及大量未燃高温颗粒的闭路循环，由给煤、卸灰、流化、分离及回送等装置构成了庞杂的循环流化床锅炉燃烧系统。系统的核心是流态化燃烧室，上下游的所有设备配置均围绕密相床的稳定流态化展开。

生产实践证明，高温硬质大颗粒随气流运动（有时高速运动）对设备内表面形成冲刷不能避免，因此燃烧室绝热面与水冷面过渡段及炉膛四周角落膜式壁水管磨蚀、密相床及高温分离器绝热表面磨损，就成为困扰锅炉稳定运行的首要问题。除此之外，由于无法预料的低、高温固体物料流动阻滞原因，输送管路及通道不畅及堵塞是经常现象；由于低负荷及燃料质量变化等原因，床层流态化失效转变成固定床，使床层超温结渣，燃烧迅速恶化，甚至风帽烧毁也频繁发生；高温渣冷却、热量回收装置中的运转部件受热变形、膨胀氧化、卡塞磨损问题较突出；L 形气吹回料阀同样存在高温磨损问题。

14-10 影响流化床燃烧稳定性的因素有哪些？

答：影响流化床稳定燃烧的第一因素是燃料，一台设计好的循环流化床锅炉对入炉煤的质量指标界定明确。如灰分过低，流态化床层变薄，蓄热量不够，稳定运行难以维持；灰分过高，燃尽困难，排渣带走大量物理显热，使锅炉热效率下降。

影响锅炉稳定运行的外部因素很多。高温分离器需要在全负荷范围内有高的分离效率，利于物料循环，提高燃烧效率，及沿炉膛高度方向温度分布均匀等；布风及流化装置要求配风均匀，利于消除床层死区和粗颗粒沉淀，减少排渣含碳量；给煤方式要求加入床层的新鲜燃料在整个床面上播撒均匀，防止局部缺氧、超温；二次风配送要求有足够的动量，穿透能力强，能进入远离壁面的区域，并使炉膛内烟气混合均匀；床层温度控制要求不得超过灰渣熔融温度，否则炉料结渣使流态化失效，同时也不利于污染物生成控制。

流化床的燃烧效率与运行管理水平、操控技能有较高的关联度。锅炉运行过程中，需要运行人员根据负荷及燃料质量变化，实时调整并协同运行状态参数，如风煤比、床温、料层高度及风室压力等。

14-11 煤粉工业锅炉的主要技术特点有哪些？

答：煤粉工业锅炉主要技术特点包括四个方面：

（1）油（气）燃烧系统流程简捷。

（2）稳定运行的影响因素少、操控简单。

（3）清洁煤粉的质量控制要求严格。

（4）供料器技术、燃烧器技术创新要求高。

14-12 燃煤工业锅炉对燃烧设备的要求有哪些？

答：工业锅炉面广量大，其运行条件往往变化很大，远不及电站锅炉稳定、优越，这就要求工业锅炉的燃烧设备还必须兼有其他一些特点，须满足以下基本要求：

（1）燃料能及时、连续、稳定地着火。

（2）具有尽可能高的燃烧率：即能最大限度地释放燃料的化学能，减少各种不完全燃烧损失。

（3）具有高的热强度：即在单位容积炉膛内或单位面积炉排上能稳定、经济地燃烧掉更多的燃料，以降低金属耗量，缩小锅炉的几何尺寸及占地。使燃烧设备能提供确保良好燃烧工况的最主要条件，即“一A三T”［充足的空气量（air），良好的气固两相接触和扰动（turbulance），适当高的炉膛温度（temperature）以及燃料在炉膛内足够的停留时间（time）］。

（4）具有良好的负荷适应性和调节特性：当锅炉蒸汽负荷频繁或大幅度变动时，有充分的手段保证锅炉的燃烧出力及时快速地响应，低负荷不至于中断燃烧，高负荷下不结渣，压火或重新点火时不发生困难等。

（5）具有较宽的煤种适应范围：运行中煤种变化时，尤其是在燃用高水分、高灰分、低挥发分、低热值的劣质煤时，仍能使锅炉顺利着火和稳定燃烧。

（6）具有较理想的环保性能：即消除黑烟和降低排烟含尘量，这就要求燃料能够充分的燃烧以及采取一定的污染物处理设备。

（7）就燃烧设备本身，要考虑到结构紧凑、运行可靠、操作简便、维修容易，要有更高的机械化程度。

14-13 简述煤粉工业锅炉燃烧设备的主要特点。

答： 如同流态化燃烧室是循环流化床锅炉的核心一样，煤粉浓相逆喷燃烧器是现代煤粉工业锅炉烟风系统的核心，上下游设备的配置围绕逆喷燃烧器展开。完整的燃烧器由二次风仓、二次风导流圈、点火仓及附属、对数螺旋线切向导流叶片旋流子（布风盘）、双锥稳燃室、煤粉喷管（含回流帽）等多部件构成。煤粉喷管穿过点火仓及导流叶片布风盘，置于双锥稳燃室的中轴线上，回流帽喷出口端面与前、后锥接口平面重合。稳燃室前锥为扩散锥，后锥为收敛锥。煤粉中心逆喷双锥燃烧器具有强化煤粉燃烧组织，推进燃烧进程的作用。燃烧器结构示意图如图 14-4 所示。

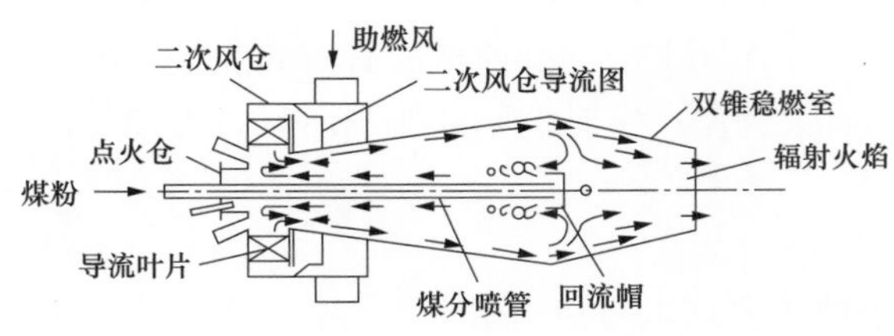

图 14-4 燃烧器结构示意图

从上游风粉管道送来的煤粉进入燃烧器喷管，接着被喷管出口处设置的回流帽阻挡而发生 180°转向，从喷管与回流帽形成的环形缝隙中喷出，进入前锥腔室。煤粉气流环绕喷管，依靠惯性力沿前锥中心区域上行至旋流子出口附近。已快速升温至 800℃左右的煤粉与从导流叶片导入前锥的新鲜二次风相遇，被迅速点燃，接着二次折返下行，逐渐混入旋流二次风中，最终形成稳定的锥管状主火焰。主火焰螺旋下行，推进至前后锥接口端面下游附近某处（滞点）时，约 1/2 的高温烟气回流，形成后续新鲜冷煤粉气流的稳定加热源。其余高温烟气（半煤气火焰）受后锥压迫，至出口处以 100～150m/s 的速度喷出，进入下游炉膛，与直接进入炉膛的高速缠绕三次风相遇，继续完成燃烧与燃尽。

中心逆喷双锥燃烧器形成“风包火，火包火”的独特流场，双锥腔室内返混剧烈，燃烧体积效率高、稳定性好。出喷口时的煤粉燃烧进程不低于40%，最高可达60%。

14-14 简述煤粉工业锅炉类油（气）燃烧系统的主要技术特点。

答：煤粉浓相喷燃借鉴了轻柴油、天然气等低着火点高级燃料的燃烧及燃烧器结构设计理念，燃料质点与助燃空气快速混合、快速着火及快速燃尽是基本出发点。所以，烟风系统能够采用与油（气）锅炉完全等同的表现形式，流程简洁。如22MW以下小容量锅炉本体采用了火管锅壳型式，基于较高的气密性，通常可以取消引风机，进行微正压燃烧；42MW以上容量系统采用大功率多燃烧器顶置下喷，获得与等容量天然气锅炉相似的火焰形状。所有容量锅炉的助燃风系统一般无空气预热器设置，所以管路敷设较简单；所有容量的锅炉系统可配置双燃料燃烧器，方便实现高级煤粉与天然气的快速切换，达到互为备份的目的。

锅炉系统的设备配置，无高温受热运转部件，无长期接受硬质颗粒剧烈冲刷的表面，设备的可靠性较高。

14-15 简述煤粉工业锅炉运行特点。

答：区别于循环流化床锅炉，现代煤粉工业锅炉的运行影响因素比较少。内因仍然是燃料的品质，但一般接受质量标准约束，且在入炉前，经过了严格的事前控制，如煤炭的分选、配置、烘干脱水、磨制及质量检验等，所以燃料质量引起的燃烧效果变差是偶然事件。锅炉系统运行过程中，各种变量的调整和控制可通过测控系统迅速实现，并达到最优化。锅炉系统无人值守，实现智能化远程控制。

14-16 简述煤粉工业锅炉对煤粉质量的要求。

答：煤粉工业锅炉的定位是油（气）锅炉备份或互换，所以对燃料的质量有严格要求。为了保证较高的煤粉流动性，要求入炉煤粉的空气干燥基水分小于5%；为了保证煤粉高的燃烧效率，要求煤粉细度R_{90}≤15%；为了满足用户“即开即停、宽负荷调节”等需求，要求22MW以下小容量系统使用低变质高活性燃料（如褐煤、长焰煤、不黏煤等），22MW以上系统可扩展至中高变质较低活性燃料（如弱黏煤、气煤、肥煤等）；为了满足系统的低（超低）排放特性，要求清洁煤粉的灰分小于15%（最好在10%以内），全硫小于0.5%。

14-17 简述煤粉工业锅炉对供料器和燃烧器的要求。

答：煤粉浓相供（喂）料是电站煤粉锅炉系统的“瓶颈”及难点技术，供料器是系统中最为“要害”的设备，锅炉系统的运行质量维系在供料器上，因为它担负着连续、均匀、稳定地给燃烧器喂料的任务。要求无脉动，偏差小，且固气比越高越好。发达国家依托良好的工业制造基础，研究起步较早，浓相供料取得突破，如采用容积式流态化多孔转盘及转子秤，供料浓度达到4.0kg/m^3（每立方米空气的输粉质量）以上，约为发电厂一次风粉浓度的10多倍，供料精度可以控制小于±1%。国内尚在发展阶段，容积式双锁气阀耦合文丘里供料器取得进展，供料浓度达到3.0kg/m^{3}左右，供料精度可控制小于±2%。燃烧器是锅炉系统的心脏，中心逆喷、双锥强制回流的燃烧组织原理与发达国家相近。但由于对双锥稳燃室内的空气动力场，如助燃二次风强旋流、高温烟气回流及燃料与空气（烟气）紊流混合的客观规律认识还不深，燃烧器结构设计与国际水平有一定的差距，着火阶段的燃烧组织质量有较大的提升空间。通常燃料至双锥稳燃室出口时若达不到设定的燃烧进程，将给炉膛燃尽带来困难。

14-18 简述煤粉工业锅炉与循环流化床锅炉系统的性能差异。

答：煤粉工业锅炉与循环流化床锅炉系统的性能差异如表 14-1 所示。

表 14-1　　煤粉工业锅炉与循环流化床锅炉系统的性能差异

类型	定位	使用场所	技术特点	烟气污染物脱除及（超）低排放
循环流化床锅炉	处理高灰劣质燃料	矿区、坑口及周边的城镇	优点： （1）对煤的适应性较广，可以燃烧劣质燃料。 （2）炉膛内可固硫，可低 NO_x 燃烧。 缺点： （1）系统庞杂、设备配置多，储煤场、备煤、输煤及灰场等功能区占地面积大。 （2）锅炉启停时间长，烘炉、助燃耗油大。稳定流态化燃烧影响因素多，运行操作技能要求高。 （3）绝热内衬及特殊部位的水冷壁磨损（蚀）严重，设备运行可靠性较低。 （4）动力消耗大，用电负荷高。 （5）燃料消耗大，废物产出多，烟风系统密闭性差，环境卫生标准及等级低	（1）使用高灰粉煤，烟尘初始排放浓度高，除尘负荷高，需要配置先进可靠的除尘设施，运行成本高。 （2）飞灰中活性 CaO 浓度高，SO_2 初始浓度低，采用半干法烟气脱硫，运行成本低。 （3）低温、分段送风，NO_x 初始排放浓度低，采用 SNCR 及 SCR，运行成本低
煤粉工业锅炉	天然气锅炉的备份或互换	远离矿区、坑口的现代城镇	优点： （1）系统简单、设备配置少，罐储煤粉及飞灰，无堆场和灰场，占地面积小。 （2）类油（气）燃烧，锅炉启停灵活、操控简单、可实现无人值守。 （3）燃烧效率高、锅炉热效率高。 （4）燃烧设备维护保养工作量少、无故障运行周期长，可靠性高。 （5）燃料消耗少，废物产出少。 （6）系统全密闭，环境卫生标准及等级高。 缺点：对入炉燃料质量要求严格	（1）使用低灰清洁煤粉，烟尘初始排放浓度低，除尘负荷低，运行成本低。 （2）低硫清洁煤粉中配置脱硫剂，炉膛内固硫，飞灰中活性 CaO 浓度高，采用半干法烟气脱硫，运行成本低。 （3）（半）煤气化深度空气分级燃烧，NO_x 初始排放浓度低，采用 NGD（高倍率灰钙循环烟气脱硫）与 C-SCR（活性炭选择催化还原反应）耦合，运行成本低

14-19 链条炉中反映燃烧设备工作的主要特征参数有哪些？

答：链条炉中反映燃烧设备工作特性的主要参数有：

（1）炉排面积热强度。

（2）炉膛容积热强度。

（3）炉排通风截面比。

14-20 简述炉排面积热强度 q_R 的计算。

答：链条炉的燃料燃烧主要在炉排上进行，因而炉排面上的燃烧放热强烈程度是一个十分重要的指标。相应于单位炉排面积、单位时间内燃料燃烧释放的热量，被称作炉排面积热强度 q_R（单位：kW/m^2），具体计算见式（14-1）：

$$q_R = \frac{BQ_{net,ar}}{A_R} \tag{14-1}$$

式中 B ——锅炉实际燃料消耗量，kg/s；

$Q_{net,ar}$ ——燃料低位发热量，kJ/kg；

A_R ——炉排的有效面积，m^2。

过分提高 q_R，缩小炉排面积，将使单位面积炉排承受很高的燃烧出力，炉排工作条件恶化，有可能烧坏炉排；就燃烧情况而言，炉排面积过小，势必导致煤层加厚，空气通过燃烧层的流速太大，导致通风阻力增大、漏风加剧、炉温降低，煤层越厚，底层煤的吸热和着火就越困难，整个煤层也不易烧透。过大的风速则会破坏火床平整和燃烧工况的稳定。而且从炉排上吹起更多、更大的煤进入炉膛，会使 q_4 损失增大到难以接受的地步。反之，如果 q_R 太低，不仅要无谓地增大炉排金属消耗量，而且燃料层厚度降低、风速减缓、燃烧速度放慢，难以维持正常燃烧。

14-21 简述炉排截面积热强度 q_R 的选取标准。

答：为保证链条炉燃烧正常、炉排工作安全和锅炉设计的经济性，链条炉炉排截面热强度 q_R 的推荐值见表 14-2。

表 14-2　　链条炉炉排截面热强度 q_R 的推荐值

燃烧煤种	无烟煤	烟煤（I）	褐煤	贫煤	烟煤（II、III）
q_R 的推荐值（kW/m^2）	600～800			700～1050	

14-22 简述链条炉的炉膛容积热强度 q_V 的计算。

答：链条炉中虽然大部分燃料在炉排面上燃烧，但仍有一部分可燃物质在炉膛空间里燃烧。炉膛容积热强度 q_V（单位：kW/m^3）是燃料在单位炉膛容积、单位时间内燃耗释放的热量，具体计算见式（14-2）：

$$q_V = \frac{BQ_{net,ar}}{V} \tag{14-2}$$

式中 B——锅炉实际燃料消耗量，kg/s；

$Q_{net,ar}$ ——燃料低位发热量，kJ/kg；

V——炉膛容积，m^3。

需要指出的是，在炉膛空间中真正燃烧释放的热量，并不是燃料的全部热量，而只是其中的一部分。因此，q_V 只是在形式上具有燃烧放热强度的概念，有时也称作“可见容积热强度”。

14-23 简述链条炉的炉膛容积热强度 q_V 的选取标准。

答：链条炉的炉膛容积热强度 q_V 的选取也需要一个合理的限值。炉膛容积虽然不是影响燃烧效率的主要因素，但其对燃料的不完全燃烧影响很大。链条炉 q_V 的推荐值见表 14-3。

表 14-3　　链条炉 q_V 的推荐值

燃烧煤种	无烟煤	烟煤	褐煤
q_V 的推荐值（kW/m^3）	250～350		

14-24　简述链条炉的炉排通风截面比 r_{tf} 的计算。

答：炉排通风截面比 r_{tf} 是指炉排上通风孔隙的总面积与炉排有效面积之比，具体计算见式（14-3）：

$$r_{tf}=\frac{A_{tf}}{A_R}\times 100 \qquad (14-3)$$

式中　r_{tf}——炉排通风截面比，%；

A_{tf}——通风空隙的总面积，m^2；

A_R——炉排的有效面积，m^2。

r_{tf} 也是衡量炉排工作特性的重要指标。对炉排通风阻力、煤层温度分布、炉排的冷却均有影响。r_{tf} 大，通风阻力小，炉排冷却条件好，但漏煤量大。但 r_{tf} 太大会使炉排的通风阻力小于煤层阻力，炉排的通风均匀性变差。

14-25　简述链条炉的炉排通风截面比 r_{tf} 的选取原则。

答：设计炉排时 r_{tf} 的选取与煤种和通风形式有关，基本原则如下：

（1）自然通风的炉子，为减少通风阻力常选用较大的 r_{tf} 值，r_{tf} 在 20%～25%。

（2）强制通风的锅炉可以选用小些的 r_{tf}，r_{tf} 在 7%～10%，甚至更小。

（3）燃用低挥发分煤时，火床上放热强度增大，炉排温度升高，倾向于选取较小的 r_{tf} 大以加快气流速度，将煤层中高温区向上推，以保护炉排。但近年来，为了控制漏煤量，便于调整燃烧和减小过量空气系数，即使燃用高挥发分的炉子，也常常选用较小的 r_{tf}。

14-26　简述无烟煤和烟煤链条炉的设计特点。

答：对无烟煤来说，它难于着火，而且火焰的辐射较弱，因此必须设法用炉拱强烈燃烧区辐射热的反射加强对煤层的加热，为此，常将炉膛中的前后拱加大，使之将强烈着火煤层的辐射热反射给新进入炉膛的煤层，以利着火，有时还需要除前、后拱之外，在中间部位还需要加中间炉拱。

对烟煤来说，比较容易着火，而且燃烧后有强烈的火焰辐射，使煤层容易着火。最后到链条炉排的后方已经大幅燃尽，燃烧效率比较高。因此，炉拱的结构可以比较简单。在煤的挥发分含量高时，可以采用所谓的开式炉膛，用其中的火焰辐射就足以使新进入炉膛的煤层及时着火。

14-27　简述链条炉对燃料的基本要求及原因。

答：链条炉对煤的要求比较严格，颗粒一定要均匀，要有一定的、不强的胶结性等，否则燃烧效率就比较低。原因如下：

（1）煤层中煤颗粒大的地方煤层对空气的阻力较大，通过的风量较少；相反，在细小颗粒较多的地方，煤层对空气的阻力小，风量就较高，而且会把细小的颗粒吹起来，大量的风会从这里漏过。而颗粒大的地方却得不到足够的风量，难以燃烧完全。

（2）如果煤有比较强的胶结性，通风不均问题就更加严重。大块煤较多处就会在受热面中黏结起来，风透不过，而难以燃烧完全。如果煤的胶结性过弱，细小的颗粒就更加容易被风吹走，漏风较多，造成通风较多。

14-28 链条炉运行存在的主要问题有哪些？

答： 目前我国燃煤工业锅炉主要以链条炉为主，存在的主要问题包括：

（1）由于燃料燃烧不完全、排烟热损失大等造成的锅炉热效率不高。

（2）烟气排放难以达标。

链条炉普遍存在着平均运行热效率低、能耗大、排放污染严重的问题，单台平均容量仅为3.8t/h，实际运行效率不足60%～65%，尤其是10t/h及以下的小容量锅炉运行中的能耗及污染物排放问题更加严重（10t/h以下锅炉大多没有安装环保设备设施，用煤的灰分、硫分较高，技术装备落后）。设备落后、操作水平低、环保设施不到位、烟气直排等原因导致燃煤工业锅炉如果不加以治理，其污染物排放总量将有可能超过电站锅炉，加上燃煤工业锅炉在我国的广泛分布，治理难度极大。

14-29 简述链条炉、循环流化床锅炉与电站煤粉锅炉的技术差异。

答： 链条炉、循环流化床锅炉与电站煤粉锅炉的技术差异见表14-4。

表14-4　链条炉、循环流化床锅炉与电站煤粉锅炉的技术差异

比较项目	链条炉	循环流化床锅炉	电站煤粉锅炉
燃烧区高度（m）	0.2	15～40	27～45
截面流速（m/s）	1.2	4.0～6.0	4.5～9.0
过量空气量（%）	20～35	10～25	15～25
炉膛截面热强度（MW/m^2）	0.5～1.5	3.0～4.5	2.5～5.0
不用油时的负荷调节比	4:1	4:1	2:1
燃烧效率（%）	85～90	97～99	99～99.5
炉膛内脱硫效率（%）	低	80～90	低
给煤粒度（mm）	6～30	0～13	＜0.1

14-30 简述神府东胜煤与链条炉的适应性。

答： 总体说来，链条炉的燃料适应性较强，对烟煤、贫煤、无烟煤均能适应。不同煤种的着火、燃烧特效不同，链条炉的炉拱结构也有所不同。

神府东胜煤作为一类优质的烟煤，在以烟煤为设计煤种的链条炉上燃用是完全合适的。当其在以贫煤和无烟煤为设计煤种的链条炉上燃用时，由于不同煤种链条炉的炉拱结构有所不同，再考虑到炉膛截面热强度、锅炉过量空气系数、炉排下风压等也不同；因此适合采用掺烧的方法燃用，应通过运行工况调整的方式提高对神府东胜煤的适应性。

14-31 **简述神府东胜煤在链条炉上的掺烧及其对热效率的影响。**

答：在以烟煤为设计煤种的链条炉上神府东胜煤可以完全替代原燃用煤种，实现 100%燃用；在以贫煤和无烟煤为设计煤种的链条炉上燃用时，神府东胜煤可以一定比例掺烧，具体的掺烧比例通过实际掺烧和调整试验确定。

神府东胜煤作为一类优质动力煤，属于极易着火、极易燃尽煤种，其着火和燃尽性能较一般烟煤、贫煤和无烟煤更好，由其完全或部分替代一般烟煤、贫煤和无烟煤，锅炉的不完全燃烧损失均会有一定程度的降低，有助于提高锅炉的燃烧效率。

14-32 **简述掺烧神府东胜煤对链条炉污染物排放的影响。**

答：这里仅考虑掺烧神府东胜煤对污染物原始生成量的影响。神府东胜煤属于低灰（8%左右）、特低硫（0.5%以内）、特低磷、特低氯、中高发热量的优质洁净动力煤。

由于神府东胜煤优异的燃烧性能，神府东胜煤的完全燃烧可以在更低的氧量下进行，因而 NO_x 的生成量会降低，对贫煤和无烟煤锅炉降低幅度将更大。

神府东胜煤含灰、含硫都比较低，燃烧产物中的灰尘、硫氧化物等有害物质都相应减少，神府东胜煤灰中氧化钙含量高，在燃烧过程中可以固硫，进一步降低了硫氧化物的排放。

总体上来讲，掺烧神府东胜煤对降低链条炉污染物生成的总体效应是其他煤种所无法相比的。

14-33 **简述链条炉掺烧神府东胜煤后的主要注意事项。**

答：链条炉掺烧神府东胜煤应注意以下几点：

（1）煤层不宜太厚，10t/h 及以下的锅炉建议采用的煤层厚度为 100～110mm，并根据锅炉鼓、引风机的风压来调整，对于较小容量的锅炉可选用较薄的煤层厚度。

（2）燃料不宜过干或过湿，燃烧时保持火床的平整，在主燃区集中送风。

（3）保持较大长度的灰渣燃尽段，但要尽量避免冷风从冷渣段漏入炉膛。

（4）锅炉出渣器建议尽量使用刮板出渣器。若使用螺旋出渣器应随时注意出渣器的出渣情况，特别是在较长时间停止使用出渣器时，必须将出渣器内的渣完全排干净。在最后一段时间宜采用干灰的形式出渣，避免出渣器中的泥浆黏在出渣器上，堵塞出渣器。

（5）对于锅炉中侧密封漏风较大的锅炉宜适当进行设备改造，可进一步完善燃烧状况，提高锅炉热效率。

14-34 **简述掺烧神府东胜煤后链条炉的优化调整方向。**

答：炉排上燃料层的燃烧出力主要取决于燃料层厚度、炉排速度和送风量，三者的合理匹配是获得正常燃烧的必要条件。

（1）炉排上的煤层厚度是借助于煤闸门的升降来调节的。按照煤种、煤质和颗粒度的不同，煤层厚度一般在 100～150mm。煤层过薄、火床蓄热量太小，不易保持燃料层的高温，对稳定着火和燃尽不利，而且也难以维持火床工作的稳定；但煤层太厚，又会增加通风阻力使燃烧速度下降，燃烧出力和燃尽程度降低，细颗粒很多的燃料还容易在火床上吹起“火口”。对黏结性较强的神府东胜煤，煤层要薄一些为宜。

（2）炉排速度是链条炉的主要燃烧调节措施之一。炉排速度调节牵涉到较为复杂的因素，主要是燃烧出力和燃烧经济性相对矛盾，炉排速度可以代表煤在炉膛内的停留时间，显然较低的炉排速度可以使燃烧进行得更加充分。但这意味着放热不甚强烈的燃尽区向炉前延伸，从而使炉排截面上单位时间的总放热量减少。对于掺烧神府东胜煤而言，可以采用较薄的煤层、较大的炉排速度，增加放热量，提高燃烧出力。

（3）送风量是链条炉的另一主要燃烧调节措施。煤在链条炉上的燃烧处于扩散区，焦炭的燃烧反应速度主要取决于空气的供给速度，只要增加送风量就能立即使燃烧出力增加。所以，当锅炉变负荷时，通常总是先调节送风量然后再改变给煤量（炉排速度），改变给煤量是获得可以持续下去的条件。

第十五章

燃用神府东胜煤锅炉运行案例分析

15-1 简述 GHSG 电厂 1000MW 神府东胜煤机组掺烧高热值神府东胜煤试验。

答：设备特点及燃煤情况：GHSG 电厂 2×1000MW 机组工程锅炉为 DG3002/29.3-Ⅱ1 型高效超超临界参数变压运行直流锅炉，一次中间再热、单炉膛、平衡通风、固态排渣、Π 形布置，前后墙对冲燃烧方式。锅炉设计煤种、校核煤种均为神府东胜煤田煤，表 15-1 为 GHSG 电厂与其他电厂 1000MW 机组的炉膛热强度参数比较，表 15-2 为设计煤、校核煤及掺烧煤种的部分煤质参数。可见，GHSG 电厂炉膛容积热强度、炉膛截面热强度、燃烧器区壁面热强度参数最高，最上层燃烧器距屏底距离最小，炉膛出口烟气温度也最高。因此，GHSG 电厂锅炉相比其他两台锅炉防结渣能力偏弱。

GHSG 电厂实际燃用煤种为神混 5000 和石炭纪煤，并习惯在满负荷时 2 台磨煤机掺烧神府东胜煤。为节约燃料运输成本，GHSG 电厂拟掺烧发热量更高的神混 5500 煤种。掺烧高热值煤可能带来的影响：锅炉结渣加重，燃烧器烧损，壁温超温，NO_x 生成浓度升高。

表 15-1　　GHSG 电厂与其他电厂 1000MW 机组的炉膛热强度参数比较

参数	GHSG 电厂	WZ 电厂	AQEQ 电厂
机组容量（MW）	1023	1050	1000
容积热强度（kW/m^3）	78.66	64.39	68.69
截面热强度（MW/m^2）	4.40	4.12	3.94
燃烧器区壁面热强度（MW/m^2）	1.6	1.13	1.52
最上层燃烧器距屏底距离（m）	21.44	24.36	23.02
炉膛出口烟气温度（℃）	995	962	983
设计煤灰熔点（℃）	1183	1220	1250

表 15-2　　设计煤、校核煤及掺烧煤种的部分煤质参数

项目	设计煤种	校核煤种	神混 5500	石炭纪煤
全水分 M_t（%）	18.5	17.9	14.1	8.0
收到基灰分 A_{ar}（%）	10.24	15.1	11.02	18.69
干燥无灰基挥发分 V_{daf}（%）	35.61	34.68	35.74	37.12
收到基全硫 $S_{t,ar}$（%）	0.63	0.47	0.41	0.50

续表

项目	设计煤种	校核煤种	神混 5500	石炭纪煤
收到基低位发热量 $Q_{net,ar}$（MJ/kg）	21.23	20.02	23.09	22.92
三氧化二铁 Fe_2O_3（%）	11.52	8.81	8.12	
氧化钙 CaO（%）	12.75	8.3	12.79	
哈氏可磨性指数 HGI	57	57	60	
软化温度 ST（℃）	1183	1250	1180	＞1500

（1）掺烧试验及燃烧优化调整。经过燃烧优化调整试验，神混 5500 煤种的掺烧比例可达 60%，具体措施如下：

1）磨煤机一次风速调平。

2）各磨煤机煤粉细度基本均低于设计值 19%，且均匀性良好；较细的煤粉细度有利于煤粉燃尽，减轻锅炉屏式过热器和水平烟道结渣。

3）运行氧量优化。

4）燃烧器参数调整。

5）燃尽风量调整。

6）贴壁风开度试验。

7）吹灰优化。

（2）掺烧结论。

1）锅炉可以短期 4 台磨煤机掺烧神混 5500，为长期安全考虑，建议 3 台磨煤机掺烧神混 5500 煤，3 台磨煤机掺烧神混 5500 煤时屏区结渣情况如图 15-1 所示。可见，屏区左右墙水冷壁较干净，屏上略有挂渣，没有大渣块形成。

（a）

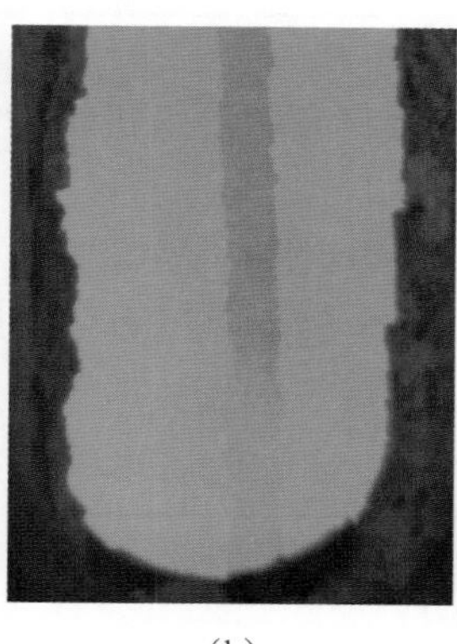

（b）

（c）

图 15-1 3 台磨煤机掺烧神混 5500 煤时屏区结渣情况

（a）屏区左墙；（b）中间屏；（c）屏区右墙

2）锅炉再热蒸汽温度可达 615℃，较调整前提高 4～5℃，且高温再热器壁温不超温，壁温分布更加均匀。

3）神混 5500 煤掺烧比例提高后，屏区结渣略有增加，通过负荷升降、倒磨、吹灰等扰动可自行脱落，不影响锅炉正常运行。

4）降低了燃烧器喷口烧损、结渣风险。

5）锅炉在100%、75%、50%负荷下的锅炉热效率分别达到94.64%、94.78%和94.59%，均高于设计值，中、低负荷锅炉热效率较习惯工况提高0.31%和0.19%。

6）满负荷NO_x生成量在260mg/m^{3}左右，中、低负荷可控制在190mg/m^{3}左右，较调整前降低约20mg/m^3。

掺烧高热值的神混5500煤时，推荐锅炉运行参数见表15-3，需要说明的是锅炉设置了贴壁风，且神府东胜煤的硫含量较低，为锅炉在满负荷可采用2.3%～2.5%的低氧运行方式提供了条件。

表15-3　　推荐锅炉运行参数

项目	控制方式	机组电负荷		
		1000MW	750MW	500MW
运行氧量	表盘	2.3%～2.5%	3.0%～3.2%	4.3%～4.5%
运行磨煤机	表盘	A、B、C、E、F	B、C、E、F	B、C、E、F
燃尽风风箱开度	表盘	100%	80%	60%
二次风箱开度	表盘	70%	60%	50%
主燃烧器内二次风开度	就地	70°/70°/70°/70°/70°/70°/70°/70°		
主燃烧器外二次风开度	就地	60°/60°/60°/60°/60°/60°/60°/60°		
燃尽风旋流开度	就地	300mm/100 mm/100mm/100mm/100mm/100mm/100mm/300mm		
还原风开度	就地	90%/90%/90%/90%/90%/90%/90%/90%		
贴壁风开度	就地	习惯开度		
吹灰方式		增加屏区吹灰频次	正常吹灰	正常吹灰

15-2　简述GHLZ电厂350MW神府东胜混煤机组掺烧高水分神府东胜煤试验。

答：1．设备及燃煤情况

GHLZ电厂热电联产2×350MW级机组锅炉由哈尔滨锅炉厂有限责任公司设计制造，锅炉炉型为HG-1150/ 25.4-YM1，为一次中间再热、超临界压力变压运行直流锅炉，单炉膛、平衡通风、固态排渣、Π形布置。燃烧器采用前二后三的墙式布置对冲布置方式，每层4只共20只低NO_x旋流燃烧器。在最上层煤粉燃烧器上方，前后墙各布置2层燃尽风，前后墙各8只。配置5台中速磨煤机，设计煤粉细度为18 %。

GHLZ电厂和SHWCW电厂的锅炉炉膛热强度参数对比见表15-4。可见，两台锅炉的主要参数接近，GHLZ电厂锅炉炉膛出口烟气温度更低、截面热强度更小、燃烧器间距更大，因此更利于防止结渣。主要问题是侧燃烧器距离侧墙的距离偏小，易导致侧墙结渣或出现高温腐蚀。

表15-4　　GHLZ电厂和SHWCW电厂的锅炉炉膛热强度参数对比

项目	单位	GHLZ电厂	SHWCW电厂
炉膛出口烟气温度	℃	982	1019
锅炉容积热强度	kW/m^3	87.11	86.27

续表

项目	单位	GHLZ 电厂	SHWCW 电厂
锅炉截面热强度	MW/m^2	4.255	4.44
炉膛截面尺寸	m×m	15.287×13.217	15.101×13.679
上一次风中心与屏底距离	m	21.025	23.15
下一次风中心与冷灰斗拐点距离	m	3.035	3.14
燃烧器水平间距	m	3.105/3.450/3.105	2.845
燃烧器垂直间距	m	4.511	3.885
两侧燃烧器中心距侧墙距离	m	2.815	3.283

GHLZ 电厂设计燃用神府东胜煤和准格尔煤，由于煤源问题拟改烧水分较高且灰熔点更低的神混 2 煤，GHLZ 电厂设计煤种和掺烧煤种的部分煤质参数见表 15-5。掺烧高水分低熔点神混 2 煤可主要带来结渣加重的问题。

表 15-5　GHLZ 电厂设计煤种和掺烧煤种的部分煤质参数

符号	设计煤	校核煤	准混 2	神混 2 煤
M_t（%）	10.0	18.4	12	22.4
A_{ar}（%）	19.78	16.4	18.76	7.01
V_{daf}（%）	30.53	34.08	37.18	37.32
$S_{t,ar}$（%）	0.9	0.55	0.59	0.49
$Q_{net,ar}$（MJ/kg）	21.8	19.68	19.86	21.00
HGI	73	66	65	66
ST（℃）	1290	1260	＞1500	1150
SiO_2（%）	54.52	53.67	30.17	38.66
Al_2O_3（%）	22.13	21.85	49.01	18.35
Fe_2O_3（%）	8.98	9.26	8.35	13.24
CaO（%）	9.22	9.34	2.57	12.49
Na_2O（%）	0.6	0.66	0.69	0.65

2．运行优化措施

（1）将一次风速偏差调整至规程允许范围内。

（2）各掺烧煤种的细度 R_{90} 值基本调整至合理范围内。

（3）降低燃烧器内外二次风旋流强度、关小分离燃尽风层风门开度，使锅炉在各个负荷下水冷壁贴壁气氛中 H_2S 含量处于较低水平，缓解了水冷壁高温腐蚀，同时也降低了水冷壁区域结渣的风险。

3．改烧情况

（1）锅炉可全烧低熔点神混 2 煤：全烧神混 2 煤时，锅炉结渣较轻且可控，汽水参数正常；满负荷时锅炉修正后效率为 93.39%，NO_x 生成浓度为 $166mg/m^3$。

（2）锅炉在高、中、低负荷下的最佳运行参数推荐见表 15-6。

表 15-6　　锅炉在高、中、低负荷下的最佳运行参数推荐

项目	控制方式	机组电负荷		
		350MW	250MW	170MW
投运磨煤机数量（台）	设定	4	3～4	3
运行氧量（%）	表盘	3.5 左右	4.0 左右	5.0 左右
一次风机出口压力（kPa）	表盘	10.5	9.5	8.5
煤粉细度（%）	调整	18～25（分离器开度为 60）		
燃烧器外二次风旋流强度（°）	就地	每层均为 0/30/30/0		
内二次风量拉杆（mm）	就地	每层均为 125/125/125/125（中间）		
内二次风旋流拉杆（mm）	就地	每层均为 250/250/250/250（最弱）		
燃尽风门开度（%）	表盘	60	45	30
二次风门开度（投运磨煤机，%）	表盘	80	70	60
NO_x 控制值（mg/m^3）	表盘	200 左右		

15-3　简述 GHTS 电厂 600MW 机组纯烧神府东胜煤出现大屏严重结渣事故的情况分析。

答：1．运行问题

2004 年 4 月，GHTS 电厂因大屏结渣严重停炉，检查发现末级再热器、末级过热器中部积灰严重，不仅管子间被灰堆满，而且积灰极为坚硬。GHTS 电厂 1 号锅炉末级再热器中部积灰情况、末级过热器中部积灰情况分别见图 15-2 和图 15-3。其他对流受热面上虽有积灰，但均较为疏松。

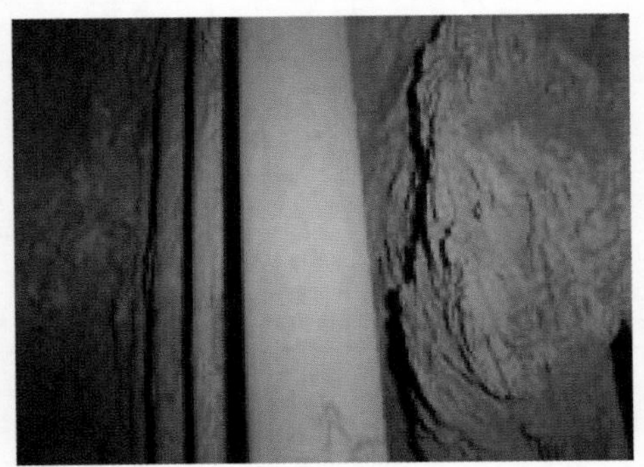

图 15-2　GHTS 电厂 1 号锅炉末级再热器中部积灰情况

图 15-3　GHTS 电厂 1 号锅炉末级过热器中部积灰情况

2．原因分析

末级再热器入口至末级过热器出口烟气温度在 700～900℃，正是反应式（15-1）进行的最佳温度区域，可见钙、硫反应是神府东胜煤积灰的主要机理之一。

$$CaO+SO_3 \longrightarrow CaSO_4\text{（石膏）} \tag{15-1}$$

3．应对措施

（1）减少烟气中水蒸气含量或采用低氧燃烧，可较好控制灰中游离 CaO 和烟气中 SO_3

含量，有效降低锅炉发生上述积灰的可能性。

（2）水平受热面合理布置吹灰器。

（3）控制竖直对流受热面烟道入口烟气温度。

（4）适当提高烟气流速。

15-4 简述 GHTS 电厂 660MW 机组纯烧神府东胜煤的设备改造情况分析。

答：1．运行问题

GHTS 电厂一期 2×600MW 机组锅炉为上海锅炉厂有限公司生产的亚临界中间一次再热控制循环锅炉，采用摆动式燃烧器调温、四角切向燃烧、单炉膛、Π 形露天布置、固态排渣、全钢架结构、平衡通风。炉膛宽为 19558mm，深为 16940.5mm。锅炉采用正压直吹式制粉系统，配 6 台 HP983 型中速磨煤机，BMCR 负荷时一般投运 5 台磨煤机，一台备用。

锅炉全烧神府东胜煤出现如下问题：

（1）炉膛水冷壁严重结渣。

（2）屏式过热器上结渣程度严重，渣层较厚、渣为熔融状态、渣块致密坚硬。

（3）在末级过热器和末级再热器管子迎风面形成结垢状灰层，吹灰器难以吹除，表明飞灰在高温作用烧结。

（4）吹灰器不能吹到的低温受热面（包括低温过热器和省煤器）导致积灰严重及纵向管间积灰，并形成灰块。

（5）减温水量大，再热器减温水量为 30～35t/h、过热器减温水量为 50t/h 左右，严重影响机组运行经济性。

2．原因分析

（1）炉膛热强度参数过大。

（2）炉膛出口温度过高。

（3）吹灰器布置不足。

3．应对措施

由西安热工研究院有限公司提出 GHTS 电厂二期工程 3～5 号锅炉的改造方案，由上海锅炉厂有限公司实施，具体改造如下：

（1）炉膛深度在 1、2 号锅炉基础上增加 0.508m，使炉膛断面尺寸达到 17.4485m×19.558m，从而使炉膛容积热强度及截面热强度都有所降低，且炉膛截面更接近正方形。

（2）进行各受热面面积、管径、排列等参数的调整，调整后的受热面积与 1、2 号锅炉的比较见表 15-7。

（3）增加低温过热器垂直段受热面积，达到 4417m^2（原有面积 2124m^2、新增计算面积 2293m^2），并同时保证屏底温度有一定程度降低。该方案已在 GHTS 电厂 4、5 号锅炉上实施，4、5 号锅炉的其他参数均与 3 号锅炉相同。

表 15-7 调整后的受热面积与 1、2 号锅炉的比较

受热面名称	1、2 号锅炉受热面积（m^2）	3 号锅炉受热面积（m^2）	3 号锅炉增/减面积（m^2）
墙式再热器	637	651.6	+14.6

续表

受热面名称	1、2 号锅炉受热面积（m^2）	3 号锅炉受热面积（m^2）	3 号锅炉增/减面积（m^2）
屏式过热器	1732	1862.4	+130.4
后屏过热器	2280.6	2280.6	0
屏式再热器	3534	3291.0	–243
末级再热器	3093	3497.0	+404
末级过热器	5114.4	5114.4	0
低温过热器	17246	17246	0
省煤器	13312	13809	+497

4．改造效果

2006 年 4 月 19 日～7 月 22 日，GHTS 电厂 4 号锅炉连续 3 个月全烧神华煤，负荷在 80% 以上。2006 年 9 月完成全烧神华煤的考核试验，自 9 月考核（考核期间分隔屏吹灰器停用）结束后，锅炉炉膛与分隔屏结渣轻微，运行参数变化不大，1、2 号锅炉出现的分隔屏结渣问题在 4～5 号锅炉上已彻底解决。

截至 2008 年 3 月，GHTS 电厂 4～5 号锅炉至今未出现分隔屏、炉膛结渣等安全问题。

15-5　简述 GHPS 电厂燃用神府东胜煤引起塌灰事故的情况分析。

答：1．运行问题

2002 年 7 月，GHPS 电厂出现塌灰事故，此次塌灰事故由锅炉尾部受热面积灰过多引起。

2．原因分析

对尾部积灰的红色和灰色两种渣样和入炉原煤进行分析，得出的 GHPS 电厂煤灰成分化验结果（见表 15-8）。表 15-8 中红色渣样 Fe_2O_3 的相对密度较大，表明了 Fe_2O_3 的富集与炉膛内富集原理不同，主要是由于烟气在尾部烟道的流动转弯过程中，相对密度大的灰粒子由于离心力的作用甩向外侧，显示了因流动而造成的 Fe_2O_3 富集。而灰色灰样出现了硫富集，这是因为神府东胜煤灰中钙含量高，长时间处在温度适宜的烟气中，钙和硫反应生成石膏，这与神府东胜煤自固硫率高的特性相印证。

表 15-8　GHPS 电厂煤灰成分化验结果　%

灰成分	神府东胜煤灰样	红色灰样	灰色灰样
SiO_2	29.63	17.79	25.7
Al_2O_3	12.36	6.8	9.6
Fe_2O_3	15.23	38.61	12.27
CaO	24.83	26.14	20.34
MgO	0.9	0.76	0.65
SO_3	8.00	4.55	27.45
TiO	0.58	0.37	0.53

续表

灰成分	神府东胜煤灰样	红色灰样	灰色灰样
K_2O	0.66	0.44	0.62
Na_2O	1.82	1.26	1.04
P_2O_5	0.04	0.03	0.02

15-6 简述 BL 电厂 600MW 机组锅炉严重结渣的情况分析。

答：1．运行问题

BL 电厂 600MW 机组锅炉发生严重结渣问题，炉膛内共积聚了上千吨坚硬的致密渣、玻璃体渣和疏松型渣。

2．原因分析

（1）燃烧煤种的结渣性能增强：该锅炉设计煤种为晋北烟煤，属低结渣煤。实际入炉煤以低灰分易结渣的神府东胜煤为主。

（2）间断掺烧，煤种更换时间不合理：间断掺烧方式容易造成大团块挂渣，由于炉膛内温度场改变或渣块太大等原因，挂渣会自动脱落砸向炉底。

（3）运行时燃烧器喷口过分下倾的运行方式不适宜。

（4）炉膛吹灰器数量少、吹灰面积覆盖不够且运行可靠性差、利用率低，也导致了结渣。

（5）炉膛结构参数设计不当：

1）炉膛高度偏小，表 15-9 是 BL 电厂 1 号锅炉与 PW 电厂 1、2 号锅炉及 SDKRC 电厂 1、2 号锅炉的炉膛参数对比。对于炉膛高度（冷灰斗下口至顶棚），PW 电厂比 BL 电厂高出约 6.5m；燃烧器上一次风口距屏底距离要高出约 3.4m。

2）炉膛容积热强度偏高：BL 电厂比 PW 电厂（燃用低结渣煤种）高出 9%。

表 15-9 BL 电厂 1 号锅炉与 PW 电厂 1、2 号锅炉及 SDKRC 电厂 1、2 号锅炉的炉膛参数对比

电厂及机组	炉膛断面尺寸（深×宽，m×m）	炉膛高度（冷灰斗下口距顶棚管距离，m）	燃烧器上一次风口距屏底距离（m）	q_F（炉膛截面热强度，kW/m^2）	q_V（炉膛容积热强度，MW/m^3）
BL 电厂 1 号锅炉	16.43×19.56	57. 27	16.77	4.88	103
PW 电厂 1、2 号锅炉	16.43×18.54	63.79	20.12	5.10	94
SDKRC 电厂 1、2 号锅炉	16.58×18.82	62. 12	20.00	4.90	93. 25

15-7 简述 BL 电厂 3～5 号锅炉燃烧器区严重结渣的情况分析。

答：1．运行问题

BL 电厂 3～5 号锅炉曾在 2001 年 8 月进行神府东胜煤试烧试验，即使在燃用神府东胜和石炭纪煤 1:1 时也在燃烧器区出现严重结渣。

BL 电厂 3～5 号锅炉采用 IHI-FW 双调风燃烧器。一次风通过涡壳切向进入燃烧器喷入炉膛，旋流方向与二次风相同。燃烧器中心套管的风是由二次风箱引入的热风，且为手动调节，主要用来冷却煤粉燃烧器和低负荷油枪前端，并防止煤粉和飞灰在燃烧器内的沉积。二次风由内二次风和外二次风组成，没有采用活动套筒及孔板罩结构，内、外二次风的量和旋流强度由内、外两组调风器叶片的角度来控制。外二次风叶片可电动遥控操作，内二次风叶片用手动调节。

2．原因分析

表 15-10 为 600MW 锅炉旋流燃烧器喷口结构尺寸与出口速度比较，该燃烧器严重结渣的原因如下：

（1）一次风旋流，着火提前：一次风切向进入燃烧器，出口产生一定强度的旋转和径向扩散使与旋转的内、外二次风迅速发生较早的混合，而 YZ 电厂 1、2 号锅炉和 BL 电厂 2 号锅炉一次风均为直流。

（2）燃烧器布置不适当：层间距离偏小导致燃烧器区壁面放热强度偏高（q_B=2.02MW/m^2），燃烧器区火焰温度水平偏高容易引起灰粒熔融。单只燃烧器热功率偏高（BL 电厂 3～5 号锅炉燃烧器是 YZ 电厂及 BL 电厂 2 号锅炉的 1.5 倍）使问题更为突出。

（3）一次风喷口过分后缩：一次风喷口缩向炉外较大距离，它的环形出口表面与水冷壁中心距达到约 665mm（与燃烧器喉口直径的比为 0.57）。对于易着火煤，会导致在喷口内部提前着火。

（4）二次风喷口流速偏高：旋流燃烧器的二次风轴向风速一般取用 25～40m/s。BL 电厂 2 号锅炉内、外二次风速平均值超出 50m/s，比一般推荐值和其他电厂的流速偏高。

因此，燃用神府东胜煤，二次风速可较一般烟煤锅炉偏低，或取其下限值。另外，适当控制二次风温也有利于缓解燃烧器区结渣。

表 15-10　600MW 锅炉旋流燃烧器喷口结构尺寸与出口速度比较

燃烧器型式	单位	BL 电厂 3～5 号锅炉	ZX 电厂 5、6 号锅炉	YZ 电厂 1、2 号锅炉	BL 电厂 2 号锅炉
		IHI/FW	FW-CF/SF	B&W，EI-XCL	B&W，DRB
一次风流动特点		旋转流动环形截面，有中心套筒[①]		轴各直流圆形截面，无中心套筒	
二次风流动特点		全为内、外双调风旋流式，采用轴向可调叶片		全为内、外双调风旋流式，采用径向可调叶片	
燃烧器炉膛内喷口直径	mm	1315	1651	1519	
燃烧器喉口直径	mm	1168	1473	1270	1290
内二次风口外环直径（外径）	mm	960	1040	1040	1041
一次风口外环直径（外径）	mm	650	710	610	610
中心套筒直径（外径）	mm	230	229	0	0
单只燃烧器喉口公称面积	m^2	1.0709	1.7032	1.2661	1.3063
外二次风口环形截面积	m^2	0.34746	0.85418	0.41707	0.45563
内二次风口环形截面积	m^2	0.32556	0.38950	0.48507	0.48663
一次风口截面积[①]	m^2	0.24107	0.29050	0.24618	0.24618
中心套筒截面积[②]	m^2	0.02834	0.02804	0	0

续表

燃烧器型式	单位	BL 电厂 3～5 号锅炉	ZX 电厂 5、6 号锅炉	YZ 电厂 1、2 号锅炉	BL 电厂 2 号锅炉
		IHI/FW	FW-CF/SF	B&W，EI-XCL	B&W，DRB
一次风喷口内缩量（与前后墙水冷壁管中心线的距离）	mm	665	570	267	345
其与燃烧器喉口直径之比		0.57	0.39	0.21	0.27
机组额定负荷下投入燃烧器的数量	只	20	20	30	30
空气预热器出口一次风温度	℃	329	318	318	309
空气预热器出口二次风温度	℃	341	302	302	296
一次风总质量流量③	kg/s	106.9	113.2	111.2	116.8
二次风总质量流量③	kg/s	412.6	420.3	416.3	419.0
一、二次风总质量流量	kg/s	519.5	533.5	527.5	507.0
燃烧器喉口公称总截面积	m^2	25.70	40.88	40.52	41.80
一次风口速度	m/s	20.24	17.79	14.78	15.52
二次风内外环出口平均速度	m/s	53.92	27.84	25.34	24.16
二次风内外环及中心风出口平均速度	m/s	51.74	27.22	25.34	24.16
喉口公称气流速度	m/s	38.44	23.36	20.93	20.35

①ZX 电厂 5、6 号锅炉一次风喷口被同心椎筒分成内、外两环形部分，其内环形通道是与中心套筒构成的，仍可保持一次风粉的旋转流动；其外环被分割成 4 条椭圆截面的通道，通过的一次风粉流被疏导为轴向直流。

②中心套筒端面位置（可调）按与一次风喷口齐平，此时内环截面约占一次风口截面的 1/2。

③额定负荷工况，未包括约占入炉总风量 10%的周界风。

15-8 简述 GDBB 电厂一期 630MW 高熔点低结渣煤锅炉掺烧神府东胜煤出现严重结渣问题的情况分析。

答：1．运行问题

GDBB 电厂一期 1、2 号机组锅炉是哈尔滨锅炉厂有限责任公司引进英国三井巴布科克能源公司技术生产的超临界直流锅炉，型号为 HG-1913/25.4-YM7。机组设计煤种为高挥发分、高灰熔点烟煤，锅炉采用Π形布置，前后墙对冲燃烧方式。2 号锅炉低 NO_x 燃烧技术改造后，锅炉 NO_x 排放浓度较改造前明显降低，平均降幅在 40%左右。NO_x 最低排放浓度可达 270mg/m^3 左右。2018 年 1 月电厂开始掺烧神府东胜煤，主要问题如下：

（1）在掺烧低熔点煤期间渣量较大，掉焦频繁。

（2）锅炉再热器减温水量明显增大。

（3）2 号锅炉屏式过热器、末级过热器、末级再热器壁温明显升高。

（4）水冷壁管减薄严重，掺烧神府东胜煤后 1 年时间，2 号锅炉吹灰器周围水冷壁减薄严重，仅剩 3.6mm。

（5）冷灰斗斜面水冷壁管腐蚀严重。

（6）捞渣机上浇注料反复脱落。

（7）停机检查发现燃烧器喷口结渣，2 号锅炉燃烧器结渣相对严重，个别喷口面积被焦块堵塞一半以上，燃烧器区两侧墙水冷壁基本不挂焦。2 号锅炉燃烧器喷口结渣情况见图 15-4。

（8）从燃尽风上部至折焰角下部四周水冷壁都有大面积结渣。

（9）大屏挂渣后需要对燃烧器及周围区域进行人工清渣。

（10）2018 年 11 月，2 号锅炉掺烧神府东胜煤后清理出的渣块见图 15-5。

（11）低灰熔点煤掺烧结束后锅炉基本能恢复正常。

图 15-4　2 号锅炉燃烧器喷口结渣情况

图 15-5　2 号锅炉掺烧神府东胜煤后清理出的渣块

2．原因分析

（1）炉膛特征参数是按照不易结渣或中等结渣煤种设计的，不适宜大比例掺烧结渣性能严重的神府东胜煤。

（2）锅炉吹灰器数量偏少。

3．应对措施

（1）控制低灰熔点煤掺烧比例。

（2）调整吹灰器运行参数。

（3）及时对吹灰蒸汽管道疏水。

（4）利用停炉机会对锅炉水冷壁管上的结渣和积灰进行彻底清理。

（5）若要提高低灰熔点煤种掺烧比例，则需增加锅炉吹灰器数量。

15-9　简述 GDTL 电厂 600MW 机组锅炉掺烧神府东胜煤锅炉严重结渣的情况分析。

答： 1．运行问题

GDTL 电厂一期工程锅炉由东方锅炉（集团）股份有限公司与东方日立锅炉有限公司合作设计、联合制造。前后墙各布置 3 层 HT-NR3 燃烧器，每层 4 只共 24 只燃烧器，每台磨煤机对应供给前墙（或后墙）一层 4 只燃烧器。机组高负荷运行时，低灰熔点神府东胜煤的掺烧比例为 30%～40%，机组低负荷运行时低灰熔点煤的掺烧比例则达到 50%。燃用低灰熔点神混煤时，出现严重结渣问题，具体如下：

（1）炉膛、屏式过热器、高温过热器管束结渣。

（2）机组在 600MW 高负荷时，锅炉结渣严重，导致炉膛出口烟气温度进一步升高。

（3）在高负荷下掺烧低灰熔点煤种时，投运上层燃烧器，炉膛出口烟气温度进一步升高。

（4）2 号机组曾发生因 A 一次风机跳闸，导致负荷陡降而渣块掉落，直接将捞渣机的一块裙板冲掉。

2．原因分析

（1）炉膛出口温度高：在迎峰度夏期间，电厂不得不选择少掺低灰熔点煤种。

（2）单只燃烧器热强度较高：大部分 600MW 前后墙对冲烟煤机组每层配备 6 只燃烧器，该炉每层仅 4 只燃烧器，单只燃烧器热强度较高。

（3）结渣引起炉底漏风：锅炉屏式过热器结渣后，大渣块会掉落在灰斗中，从斜坡段的水冷壁滑下，对捞渣机裙板造成冲击。多次掉焦冲击后，2 号机组捞渣机的裙板破损较多，冷空气进入炉膛底部，使得火焰中心上移，炉膛出口烟气温度升高，大屏等处结渣进一步加重，落渣再次冲击捞渣机裙板，形成恶性循环。

（4）吹灰系统容量受限：电厂吹灰系统汽源均来自屏式过热器，需要吹灰的设备有炉本体（包括水冷壁、过热器、再热器以及省煤器）、空气预热器、脱硝催化剂、脱硫烟气换热器（GGH）等设备。吹灰系统负担较重，再增加吹灰次数可能性不大。

15-10 简述 SWCZJH 电厂 300MW 机组锅炉掺烧神府东胜煤锅炉结渣的情况分析。

答：1．运行问题

SWCZJH 电厂 300MW 亚临界锅炉，四角切圆燃烧方式，设计燃料为淮北混煤。假想切圆直径为 1021mm。燃烧器原配制粉系统形式为钢球磨煤机中储式热风送粉系统，共 4 台 DTM350/600 磨煤机，后改为 4 台中速磨煤机。炉膛布置吹灰器 80 只，伸缩式吹灰器 32 只，空气预热器 2 台，吹灰器总数量 114 只。

掺烧神府东胜煤后，1 号锅炉结渣严重，2015 年 11 月 23～24 日对锅炉掉渣进行测定，炉膛内部掉渣引起强烈冲击振动，最大振动烈度为 5 度。炉膛内上排一次风至燃尽风之间水冷壁结渣严重。

2．原因分析

（1）实际燃用煤种结渣性能较强：锅炉设计为燃烧不易结渣煤种或中等结渣煤种，较大比例燃烧低灰熔点神混煤时，燃煤结渣性能增强。

（2）锅炉防渣措施不足：大比例掺烧低灰熔点煤种受到锅炉燃烧方式和炉膛特征参数的影响。

3．应对措施

（1）提高灰熔点煤种掺烧比例，降低混煤的结渣性能。

（2）优化吹灰频率：运行人员习惯用短吹灰器 2 天吹扫一遍，长伸缩式吹灰器 2 天吹扫一遍。大比例掺烧低灰熔点煤种时需要进一步提高吹灰频率，加强吹灰。

（3）增加吹灰器数量：在炉膛上部等区域适当增加吹灰器数量。

（4）降低煤粉细度 R_{90} 和提高煤粉均匀指数 n：磨煤机出力为 32.0t/h 左右时，A、B、C、D 四台磨煤机出口煤粉细度 R_{90} 分别为 18.7%、27.9%、25.8%和 15.2%，B、C 磨煤机出口煤粉细度较设计值（R_{90}=18%）偏粗。燃料挥发分在 36.0%～37.0%，煤粉细度 R_{90} 宜控制在 18.0%～22.0%。另外，煤粉偏粗也导致飞灰可燃物较高和炉膛内结渣，需要降低煤粉细度 R_{90} 和提高煤粉均匀性。

15-11 简述 BJYR 电厂全烧神府东胜煤燃烧器结渣严重的情况分析。

答：1．运行问题

BJYR 电厂全烧神府东胜煤燃烧器区出现严重结渣。

2．原因分析

表 15-11 为 BJYR 电厂锅炉运行风量核算。造成 BJYR 电厂全烧神府东胜煤燃烧器结渣严重的主要原因如下：

（1）一次风速和风温明显偏高：一次风温高达 160℃，导致燃烧器区结渣。

（2）二次风速过高：在燃烧稳定的前提下，提高二次风速并加强一、二次风混合，是强化燃烧、提高燃烧效率的主要措施。神府东胜煤燃烧性能介于褐煤与典型烟煤之间，为降低结渣倾向，不宜采用较高的二次风速。该锅炉实际运行时二次风速高达 52～67m/s，对缓解神府东胜煤的结渣十分不利。

（3）炉膛燃烧温度高：锅炉燃烧温度有时高达 1600℃左右。

3．应对措施

（1）适当降低一次风温。

（2）适当降低二次风速。

表 15-11　　BJYR 电厂锅炉运行风量核算

项目		单磨煤机运行	双磨煤机运行
一次风	风量（km³/h）	88.41	88.41
	风温（℃）	160	160
	风率（%）	25	25
	风速（m/s）	31.14	31.14
二次风	风量（km³/h）	194.65	150.97
	风温（℃）	340	340
	风率（%）	55.04	42.69
	风速（m/s）	67.52	52.36
三次风	风量（km³/h）	43.67	87.35
	风温（℃）	60	60
	风率（%）	12.35	24.7
	风速（m/s）	60.38	60.38
周界风	风量（km³/h）	26.56	26.56
	风温（℃）	340	340
	风率（%）	7.51	7.51
	风速（m/s）	50.63	50.63

15-12　简述 GHNH 电厂 1000MW 机组纯烧神府东胜煤出现低负荷 NO_x 升高的情况分析。

答：1．运行问题

GHNH 电厂 6 号锅炉为上海锅炉厂有限公司制造的 SG3091/27.56-M54X 超超临界参数变压运行螺旋管圈直流锅炉，锅炉采用一次再热、单炉膛单切圆燃烧、平衡通风、露天布置、固态排渣、全钢构架、全悬吊结构塔式布置。锅炉最低稳燃负荷为 30%BMCR。大量测量数据表明，锅炉运行时出现了以下问题：

（1）高负荷运行时，NO_x 生成浓度较低；而在低负荷（<650MW）时，NO_x 生成浓度较高。

（2）当锅炉快速变负荷运行时，会出现短时间 NO_x 生成浓度飞升后快速回落的现象，造成短时间内 NO_x 排放浓度可能环保超标。

2．原因分析

（1）低负荷时运行氧量高于高负荷，在低负荷主燃烧区域的过量空气系数明显高于高负荷，削弱了分离燃尽风的功能，在低负荷区间运行氧量设定值较高是造成 NO_x 升高的重要原因。图 15-6 为 6 号锅炉运行氧量与负荷关系趋势图，在 1000MW 满负荷时，运行氧量平均为 2.8%；在 500MW 负荷时，运行氧量平均为 6.8%。

（2）低负荷运行时，风煤比较高负荷增加 30%以上，导致一次风煤粉质量浓度严重偏低，燃烧初期的风煤比增加促进了燃烧初期 NO_x 的生成反应，削弱了 NO_x 的还原反应。图 15-7 为 6 号锅炉风煤比与磨煤机出力关系趋势图。

（3）在快速降负荷过程中，由于煤量下降速度快于风量下降速度，造成氧量短时间超出对应负荷下的设定值，是造成短时间 NO_x 生成量剧增的主要原因。

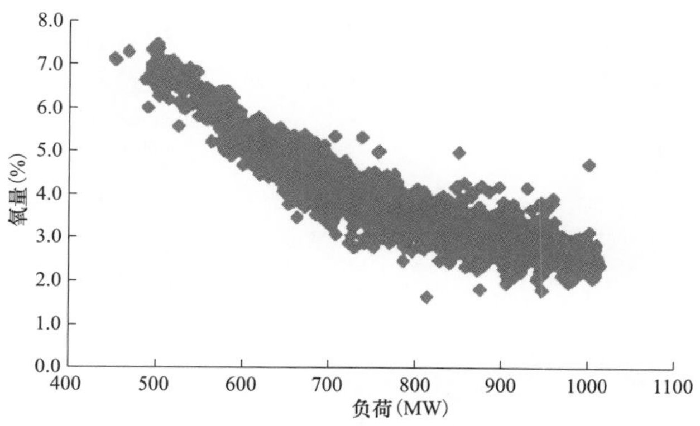

图 15-6　6 号锅炉运行氧量与负荷关系趋势图

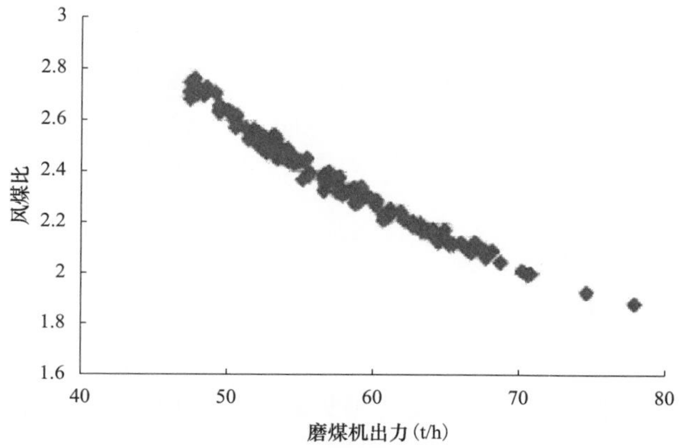

图 15-7　6 号锅炉风煤比与磨煤机出力关系趋势图

3．应对措施

（1）优化运行氧量设置，在设备许可条件下，尽可能降低运行氧量。

（2）对 6 号锅炉的磨煤机风煤比曲线进行优化试验，尽可能降低一次风量。

（3）改进周界风的控制方式，降低燃烧初期的化学当量。

通过燃烧优化调整，在 500MW 和 700MW 负荷点，对 6 号锅炉 NO_x 生成浓度分别平均降低 33%和 28%。

15-13　简述 GHNH 电厂 1000MW 机组纯烧神府东胜煤出现水冷壁热偏差高的情况分析。

答：1．出现问题

GHNH 电厂 6 号锅炉为上海锅炉厂有限公司制造的 SG3091/27.56-M54X 超超临界参数变压运行螺旋管圈直流锅炉，锅炉采用一次再热、单炉膛单切圆燃烧、平衡通风、露天、固态排渣、全钢构架、全悬吊结构塔式布置。锅炉最低稳燃负荷为 30%BMCR。

图 15-8 为垂直水冷壁与出口集箱对应关系示意图。炉膛上部垂直段水冷壁管分别引入前后左右四个出口集箱，每个出口集箱引出两个管道，共 8 个管道引出到水冷壁出口汇合集箱，这八个管道内的蒸汽最高温度直接引入机组锅炉给水的控制逻辑。由于水冷壁出口温度偏差大，极易造成水冷壁局部（某个角）温度超限，导致某个管线的温度偏高；因此只有加大给水使一次过热器处于欠焓状态，直接影响过热蒸汽温度和机组经济性。6 号锅炉长期存在着低负荷水冷壁热偏差较大，影响锅炉给水控制与过热蒸汽温度控制。

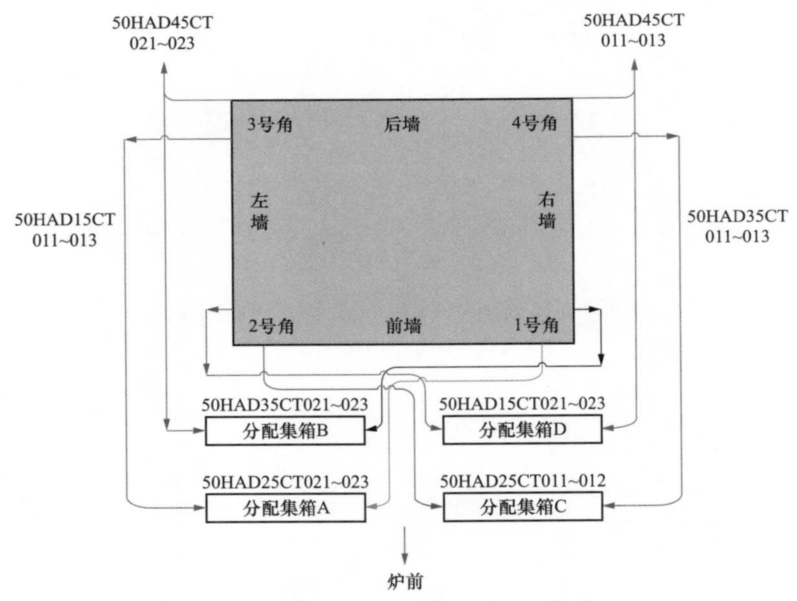

图 15-8　垂直水冷壁与出口集箱对应关系示意图

2．原因分析

图 15-9 为集箱温度差值随着负荷的变化趋势，可见引出管间蒸汽温度差值随负荷的降低呈增加趋势，在 500MW 及以下负荷，集箱温度偏差平均在 60～70℃，最高可达 90℃以上，导致高点温度经常接近保护高 1 值，引起给水加大，导致蒸汽温度下跌过快或提不高等问题，

严重影响了锅炉的运行安全性、经济性。

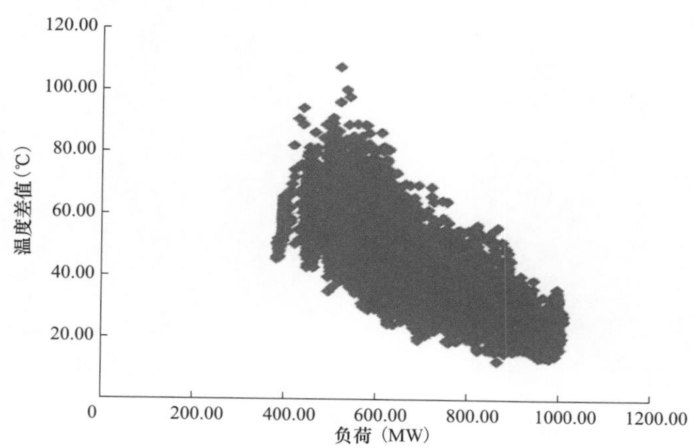

图 15-9 集箱温度差值随着负荷的变化趋势

3．应对措施

（1）调整锅炉各磨煤机出口至燃烧器喷口煤粉管内流速分配均匀。

（2）对炉膛四角燃烧器二次风门开度预设偏置，改善炉膛内风量分配，优化燃烧。

（3）减少燃烧器偏转风比例。

经过调整，锅炉在低负荷运行时，水冷壁中间集箱间温度偏差降低了 25℃，过热蒸汽参数明显改善，满足运行需要。

15-14 简述 DTHD 电厂 670MW 机组掺烧神府东胜煤出现严重结渣的情况分析。

答：1．运行问题

DTHD 电厂三期 5、6 号 670MW 超临界烟煤机组，锅炉型号为 SG-2012/25.4-M953，四角切圆燃烧方式，Π 形布置，设计煤种为兖州烟煤，校核煤种为兖州烟煤和晋中贫煤混煤。设计煤和校核煤的灰熔点 ST 分别为 1440℃和 1350℃。

炉膛容积热强度为 88.13kW/m^3，炉膛断面热强度为 4.819MW/m^2，燃烧区热强度为 1.786MW/m^2，炉膛水冷壁四周装有 96 只短吹灰器；在炉膛上部和对流烟道区域布置有 42 只长伸缩式吹灰器，另外还布置了 16 只半伸缩式吹灰器，两侧吹灰器采用对称布置。空气预热器装有 4 只短行程半伸缩式吹灰器，其中冷端为双介质吹灰器（蒸汽+高压水）。锅炉低氮燃烧改造后，掺烧神府东胜煤出现了如下问题：

（1）锅炉炉膛结渣明显加剧。

（2）对流受热面积灰严重：折焰角上部积灰较多，灰偏红色，部分积灰深度约为 40cm。

（3）屏式过热器结渣严重。

（4）锅炉吹灰次数增加，排烟温度升高。

（5）再热器减温水量大幅增加，再热蒸汽温度难以控制，被迫通过降低主蒸汽温度来控制。

（6）图 15-10 和图 15-11 分别为大屏受热面结渣和大焦块脱落到冷灰斗被捞渣机拉出的情况。

图 15-10 大屏受热面结渣

图 15-11 大焦块脱落到冷灰斗被捞渣机拉出的情况

2．原因分析

吹灰器数量不足：根据目前国内燃用强结渣煤锅炉运行的实际经验，660MW 机组锅炉需要安装至少 176 只吹灰器。DTHD 电厂 660MW 机组锅炉炉膛容积热强度为 77.21kW/m^3，灰熔点 ST 是 1150℃，设计安装 168 只吹灰器，由于结渣严重，不得不在对流受热面加装 8 只吹灰器。

3．应对措施

（1）合理增加和布置炉膛内吹灰器。

（2）掺烧一定数量的高熔点石炭纪煤。

15-15 简述 GDHJB 电厂 600MW 高熔点燃煤锅炉掺烧神府东胜煤出现严重结渣的情况分析。

答：1．运行问题

GDHJB 电厂 600MW 超临界燃煤锅炉的型号为 SG1913/25.40-M966。锅炉为单炉膛、一次再热、四角切圆燃烧、Π 形布置。锅炉按照高灰熔点煤种设计，炉膛容积热强度为 82.56kW/m^3，燃烧器区壁面热强度为 1.661MW/m^2，炉膛截面热强度为 4.539MW/m^2，布置短吹灰器 96 只、长吹灰器 66 只。锅炉燃烧低灰熔点煤种时出现燃烧器上部水冷壁结渣问题。

2．原因分析

锅炉按照高灰熔点煤设计，总体抗渣能力较弱，不能满足大比例掺烧低灰熔点煤的要求。

3．应对措施

若大量掺烧低灰熔点煤种，则需采取以下技术措施：

（1）屏式过热器下部增加吹灰器，及时清除屏式过热器上的结渣。

（2）改造屏式过热器管卡，避免结渣导致屏式过热器变形、管子出列，以及吹灰器吹损出列管。

（3）适当提高高灰熔点煤的掺烧比例。

15-16 简述 GDZH 电厂 600MW 机组掺烧神府东胜煤出现严重结渣的情况分析。

答：1．出现问题

GDZH 电厂 1 号锅炉型号为 HG-1950/25.4-YM3，为一次中间再热、超临界压力变压运行带内置式再循环泵启动系统的本生直流锅炉，单炉膛 Π 形布置。锅炉设计煤种为双鸭山煤，校核煤种为双鸭山混煤，灰熔点 ST 分别为 1270℃和 1250℃。前后墙各 3 层，每层布置 5 台旋流燃烧器，制粉系统采用中速磨煤机正压直吹系统，每台锅炉配 6 台磨煤机，煤粉细度 R_{90} 设计值为 18%。锅炉布置有 98 只炉膛吹灰器、56 只长伸缩式吹灰器、8 只半伸缩式吹灰器，4 只空气预热器吹灰器。

2010 年该厂掺烧神府东胜煤，灰熔点 ST 为 1060℃，出现了燃烧器喷口、屏式过热器结渣严重的问题。

2．原因分析

锅炉抗渣能力不适应单独燃烧灰熔点 ST 为 1060℃的煤种。

3．应对措施

（1）掺烧高灰熔点煤种：掺烧比例需通过锅炉燃烧试验确定。

（2）选择性吹灰：在吹灰器的投运方式上，可以对炉膛内结渣较重的部位进行选择性吹灰，提高吹灰频率，在大的焦块形成以前即时吹掉；也可以避免焦块长时间烧结，从而起到有效控制结渣的作用。

（3）增加吹灰器：在屏底和其他位置需适当布置吹灰器。

15-17 简述 A 电厂 600MW 机组间断性掺烧神府东胜煤出现严重结渣的情况分析。

答：1．运行问题

A 电厂 600MW 机组设计煤种为晋北烟煤，结渣倾向低。某段时间内实际到厂煤为 88%大同混煤、4%大同精末煤和 8%乌混煤。其中大同混煤和大同精末煤为低结渣倾向煤种，而乌混煤有严重结渣倾向。该厂采用间断性更换煤种的掺烧方式，周期性燃用乌混煤和大同煤，锅炉出现由于炉膛大渣块掉入炉底导致炉膛爆炸的严重事故。

2．原因分析

（1）当锅炉燃用结渣煤种时，煤灰在水冷壁形成流动的熔融渣区，并在较低温度区形成疏松渣层和积灰区。

（2）更换煤种时，燃烧高温区转移，并将该高温区域内原疏松的低熔点渣熔融。

（3）乌混煤为高 CaO（煤灰中 CaO 含量高于 30%）煤种，除与本身煤灰中 Fe_2O_3（含量高于 15%）形成共熔体外，在与大同煤等高铁煤（煤灰中 Fe_2O_3 大于 10%）掺烧时还有多余的 CaO 与掺烧煤中的 Fe_2O_3 形成共熔体，形成更大的、更新的熔渣区，从而在一定比例下出现结渣加剧现象。

（4）当炉膛温度场改变时，大渣块脱落砸入炉底，引起严重的炉膛爆炸事故。图 15-12 为间断性掺烧形成严重结渣的示意图。

3．应对措施

（1）合理选择煤种。

（2）加强运行监控和吹灰。

（3）煤种切换尽量在低负荷期间进行。

15-18 简述 GDLD 电厂 350MW 机组掺烧神府东胜煤出现严重结渣的情况分析。

答：1．运行问题

GDLD 电厂 350MW 超临界参数变压运行的螺旋管圈直流锅炉为单炉膛、一次中间再热、前后墙对冲、平衡通风、固态排渣、侧煤仓布置、露天岛式布置、炉顶设大罩壳全钢架、悬吊结构Π形锅炉。炉膛容积热强度为92.83k/m^3，炉膛断面热强度为4.350MW/m^2，燃烧器区壁面热强度为1.399MW/m^2。

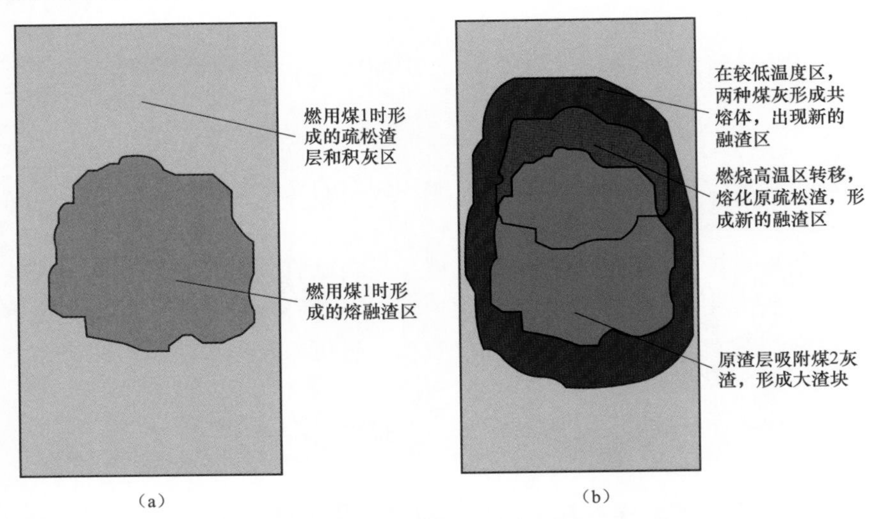

图15-12　间断性掺烧形成严重结渣的示意图

(a) 更换煤种前煤形成的渣样；(b) 更换煤种后形成的混合渣样

采用36只长伸缩式吹灰器（行程为7.6m）和52只炉膛吹灰器；另外，空气预热器吹灰器4只，每台空气预热器的冷端和热端各2只。

锅炉3台磨煤机磨制神府东胜煤、一台磨煤机磨制印尼煤时，出现炉膛内掉大渣，碎渣机跳闸，灰渣输送通道内空气温度高达70℃左右。

2. 应对措施

掺烧较大比例低灰熔点煤种时，需采取以下措施：

（1）合理的煤粉细度和均匀性指数。

（2）调平各个燃烧器喷口一次风速。

（3）避免炉膛内氧量过低，水冷壁附近出现还原性气氛，降低煤的灰熔点温度。

（4）结渣较严重的炉膛及高温对流受热面区域加装吹灰器，如在屏式过热器下部增加吹灰器。

（5）掺烧一定数量的石炭纪煤种，降低入炉煤的结渣性能，避免产生威胁锅炉安全运行的结渣。

（6）运行中加强吹灰，及时清理渣块。

（7）可考虑增大碎渣机电动机容量。

15-19　简述GDLF电厂350MW超临界燃煤锅炉掺烧神府东胜煤后结渣加剧和减温水量上升的情况分析。

答：1. 运行问题

GDLF电厂一期工程2×350MW超临界锅炉为北京B&W公司设计的超临界参数锅炉，锅炉型号为B&WB-1150/25.4-M。锅炉以内蒙古褐煤与山西大同烟煤混煤（6:4）为设计煤种。锅炉采用中速磨煤机正压冷一次风直吹式系统，前后墙对冲燃烧方式。

锅炉炉膛容积热强度为 86.1kW/m^3，炉膛截面热强度为 4.153MW/m^2，燃烧器区壁面热强度为 1.339MW/m^2，最上排燃烧器到屏底的距离为 22.138m。锅炉炉膛短吹灰器为 48 只，伸缩式吹灰器为 26 只，半伸缩吹灰器为 12 只，空气预热器吹灰器 4 只，每台锅炉共 90 只吹灰器。锅炉在掺烧神府东胜煤时出现如下问题：

（1）炉膛出口 NO_x 高。

（2）掺烧神府东胜煤时短吹灰器每天吹扫一次，长吹灰器两天吹扫一次。神混煤掺烧比例最多为 70%～80%，大于此比例会引起炉膛内结渣，减温水量上升。

2．原因分析

炉膛出口 NO_x 高达 400mg/m^3，与煤粉明显偏粗有关，需对磨煤机进行检修，保证煤粉细度达到燃烧要求。

3．应对措施

（1）运行氧量控制：锅炉高负荷时炉膛出口氧量控制在 3.1%左右，避免炉膛内氧量过低出现还原性气氛，导致炉膛内结渣加剧。

（2）前后墙燃烧器分别上不同的煤种，避免同时上低灰熔点煤种。

（3）吹灰频次不高时，大比例掺烧低灰熔点煤种时，需掺烧 20%以上的石炭纪煤，提高入炉煤灰熔点温度，避免炉膛内严重结渣。

（4）合理增加吹灰器的吹扫频率：掺烧低灰熔点煤种时，合理提高吹灰器吹扫频率。另外，锅炉低负荷运行时仍需及时吹灰，避免水冷壁结渣导致表面粗糙，以及锅炉高负荷时快速结渣。

（5）增加吹灰器布置：需在炉膛上部、屏区、折焰角下部、锅炉两侧墙等安装吹灰器，及时清渣，避免大渣下落造成锅炉灭火和砸坏水冷壁管。

（6）彻底清理水冷壁管上的结渣：利用停炉机会尽量对锅炉水冷壁管上的结渣和积灰进行彻底清理，减少水冷壁表面的粗糙度，避免结渣和挂渣，尽量恢复水冷壁的传热能力，降低炉膛出口烟气温度，避免高温对流受热面管束超温，以及再热器减温水量增加。

（7）加强煤场管理：加强来煤信息和煤场管理，将低灰熔点和高灰熔点煤种分堆堆放，避免低灰熔点煤种集中加仓造成炉膛内结渣。

（8）防止吹灰器周围水冷壁管减薄严重。

烧神府东胜煤后 1 年时间，1、2 号锅炉吹灰器周围水冷壁减薄严重，主要原因及应对措施如下：

（1）吹灰器蒸汽压力过高：需合理调整吹灰器蒸汽压力。

（2）吹灰器蒸汽管道带水：吹灰器吹扫前没有及时对吹灰器蒸汽管道进行疏水，管道内存在冷凝水，蒸汽吹灰带水。在吹灰进行前，应对吹灰器进行疏水和暖管。当介质温度达到设定值之后，疏水阀才能关闭。吹灰结束，管路停止供汽，疏水阀应能自动打开，尽量减少管路系统的凝结水，防止蒸汽带水吹损水冷壁管。

（3）灰渣打击水冷壁：吹灰蒸汽射流有灰渣，严重吹损水冷壁管。炉膛内吹灰器依次由上至下吹灰，减少炉膛上部掉渣量，尽量减少下落大渣被卷吸进入下部吹灰气流中。

15-20　简述 GWQHD 公司 330MW 机组掺烧神府东胜煤的结渣情况分析。

答：1．运行问题

GWQHD 公司 2×330MW 机组锅炉为亚临界参数、四角切圆燃烧方式，设计燃料为烟煤。炉膛短吹灰器 52 只，伸缩式吹灰器 26 只，空气预热器吹灰器 2 台。

电厂以分磨掺烧为主，神府东胜煤掺烧比例在 70%～80%，在掺烧过程中出现问题如下：

（1）锅炉在高负荷、高蒸发量运行条件下，炉膛结渣，尤其是屏式过热器结渣严重，并且部分结渣部位无除焦措施。

（2）空气预热器入口烟气温度超过 390℃，排烟温度比同时期提高 5～10℃，严重威胁机组的安全、经济运行。

2．原因分析

（1）最上排燃烧器到屏底的距离仅为 17.816m，容易引起炉膛出口温度及排烟温度偏高，导致屏区结渣和排烟损失增加。

（2）吹灰器数量较少，锅炉高负荷燃烧低灰熔点煤种时炉膛内出现结渣，吹灰器无法吹扫到部分受热面。

（3）煤粉偏粗，燃烧着的粗颗粒煤粉易撞击在水冷壁上。

（4）切圆直径过大，气流容易冲刷水冷壁。

（5）一次风量过大，煤粉颗粒惯性大，当燃用低灰熔点煤种时易造成水冷壁结渣。

3．应对措施

（1）燃烧调整试验：降低 R_{90}，采用更细的煤粉。

（2）调整燃烧器假想切圆直径：减小燃烧器假想切圆直径，避免气流冲刷水冷壁。

（3）提高吹灰频率：燃烧低灰熔点煤种时需要提高吹灰器的吹灰频率。

（4）适当增加吹灰器：屏式过热器区域结渣严重，需要在屏式过热器区域加装长吹灰器。燃烧低灰熔点煤种时，避免炉膛内产生了比较大的渣块，威胁锅炉的安全运行。

（5）掺烧高灰熔点煤种：在没有进行技术改进前，掺烧神混煤时，需掺烧一定数量的准混、石炭等高灰熔点煤种，确保锅炉的安全性。

15-21 简述HDLK电厂670t/h机组掺烧神府东胜煤后炉膛及水平烟道结渣的情况分析。

答：1．运行问题

HDLK 电厂二期 3、4 号锅炉型号为 WGZ 670/13.7-2，主烧大同煤及高热值烟煤；三期 5、6 号锅炉型号为 WGZ 670/13.7-6，主烧当地褐煤及神府东胜煤。

3、4 号锅炉原设计用煤主要为晋北烟煤。从 1998 年开始，改用神府东胜煤（包括神混和准混煤），后期神府东胜煤和蒙泰混煤为 3、4 号锅炉的主要燃煤。5、6 号机组实际燃用梁家褐煤。锅炉燃烧低灰熔点神府东胜煤时炉膛和前、后屏过热器对流受热面结渣严重。

2．原因分析

二期 3、4 号锅炉设计时其校核煤灰软化温度 ST 为 1310℃，三期 5、6 号锅炉设计煤的灰软化温度 ST 为 1130℃。表 15-12 为二期和三期锅炉的热强度参数及吹灰器对比，可见三期 5、6 号锅炉的炉膛高度、深度和宽度都比二期 3、4 号锅炉的大。三期 5、6 号锅炉本体吹灰器数量较多，从锅炉设计看，三期 5、6 号锅炉能够燃烧更高比例的低灰熔点神府东胜煤。

3．应对措施

（1）为了掺烧更高比例的低灰熔点神府东胜煤，可在结渣较严重的炉膛及高温对流受热面区域加装吹灰器。

（2）燃烧低灰熔点的神府东胜煤时，掺烧一定数量的石炭纪煤种，避免产生威胁锅炉安全运行的结渣。

表 15-12　　二期和三期锅炉的热强度参数及吹灰器对比

名称	单位	3 号锅炉	4 号锅炉	5、6 号锅炉
炉膛容积	m^3	5278	5278	5614.62
炉膛宽度	mm	11920	11920	12720
炉膛深度	mm	10800	10800	12720
炉膛高度	m	41.0	41.0	51
炉膛容积热强度	kW/m^3	137	137	103
燃烧器区壁面热强度	MW/m^2	—	—	1.044
炉膛截面热强度	MW/m^2	4.339	4.339	3.558
短吹灰器	台	18	20	45
长吹灰器	台	6	4	20
吹灰器数量	台	24	24	65

15-22　GDJN 电厂 330MW 机组掺烧神府东胜煤出现严重结渣的情况分析。

答：1．运行问题

GDJN 电厂 2×330MW 机组锅炉高比例掺烧低灰熔点神府东胜煤过程中出现了严重结渣现象，空气预热器入口烟气温度超过 400℃，排烟温度比同期增加 5～10℃，严重威胁机组的安全、经济运行。

2．原因分析

（1）磨煤机出口一次风速偏差大。

（2）煤粉偏粗。

（3）燃烧系统和吹灰系统对神府东胜煤的适应性较差。

3．应对措施及效果

（1）磨煤机出口一次风速偏差调整至±5%以内。

（2）煤粉细度 R_{90} 调整至 14%～18%。

（3）其他防渣优化调整。

通过防结渣优化调整试验，炉膛内结渣明显减轻，屏式过热器底部温度、脱硝入口和脱硫入口原烟气温度均降低，机组均能安全、经济燃用 40%～60%的神府东胜煤。如果要进一步提高神府东胜煤的掺烧比例至 80%左右，就需进行燃烧系统切圆及吹灰器布置优化改造。

15-23　简述 SG-440/13.7-M779 四角切圆燃烧无烟煤机组掺烧神府东胜煤的改造情况分析。

答：1．运行问题

某电厂 1、2 号锅炉为 SG-440/13.7-M779 型自然循环锅炉，采用四角切圆燃烧方式，其中三层一次风燃烧器喷口中的下两层采用集中布置方式。同时，在炉墙上敷设近 220m^2 的卫燃带。锅炉制粉系统为中储式热风送粉系统，配 2 台钢球磨煤机，设计热一次风温为 380℃。

由于煤源问题，锅炉燃用当地无烟煤和神府东胜煤的混煤，当神府东胜煤掺烧比例在 50%以上时，锅炉出现严重结渣问题，并多次被迫停炉。另外，在制粉系统的一次热风中掺入大量冷风，使锅炉排烟温度升高 20℃以上，机组运行经济性下降。

2．应对措施

为了大比例或者纯烧神府东胜煤，机组进行了以下改造：

（1）燃烧系统改造：将现有一次风燃烧器喷口集中布置（无烟煤型布置方式）改为一次风燃烧器喷口间隔布置（烟煤型布置方式），并提高上两层一次风燃烧器的标高，以降低燃烧器区域的局部热强度，从而缓解燃烧器区域结渣。

（2）卫燃带改造：其中，1 号锅炉采用背火侧卫燃带分块布置方式，保留了不到 80m^2 的卫燃带销钉（即只去除耐火涂层）；2 号锅炉的卫燃带全部去除（包括全部销钉）。

（3）送粉系统：送粉系统增加冷风管道。

（4）制粉系统：加装防爆门。

（5）热一次风冷却技术：在热一次风总管道上设置换热器，其热源为热一次风；而被加热的冷源为来自机组回热系统的凝结水，凝结水经加热后再回到机组的回热系统。

3．改造后效果

（1）燃用煤种以神府东胜煤为主，锅炉结渣在可控范围。

（2）锅炉的飞灰可燃物含量由原来的 7%～10%降低到 1%以下。

（3）热一次风温由原来的 380℃左右降低到 120～130℃，风粉混合温度均可控制在 80℃左右。

（4）送粉系统可不再掺入冷风，使锅炉排烟温度降低 20℃以上，锅炉热效率提高 1%以上。

15-24　简述 LXMHG 公司 680t/h 锅炉掺烧神府东胜煤后水冷壁结渣的情况分析。

答：1．运行问题

LXMHG 公司 680t/h 锅炉设计煤种煤灰软化温度 ST 为 1110℃，属于低灰熔点、易结渣煤种。采用水平浓淡不等边周界风煤粉燃烧器，燃烧器假想切圆直径为 720mm，炉膛出口烟气温度较低（为 987℃），炉膛容积热强度为 101.2kW/m^3，炉膛截面热强度为 3.72MW/m^2，燃烧器区壁面热强度为 1.339MW/m^2。炉膛布置 38 只蒸汽吹灰器，过热器布置 8 只长伸缩式蒸汽吹灰器，省煤器布置 6 只半伸缩式吹灰器及 12 只固定旋转式吹灰器。入炉煤为神府东胜煤和贫煤混掺，空气干燥基挥发分在 27%左右。运行中存在炉膛水冷壁结渣问题，通过调整四角配风后效果不明显。

炉膛特征参数表明，锅炉是为适应低灰熔点煤种而设计炉膛截面热强度和燃烧区面积热强度取值较小。为防止炉膛结渣，采用了较小的单只喷口的热功率，煤粉喷口的周界风为非对称不等边形式，在喷口出口的向火面为小周界风量，背火面为大周界风量，其目的是增加水冷壁附近的氧化性气氛，防止燃烧器区域的结渣。

2．原因分及应对措施

（1）燃烧器假想切圆直径较大。

（2）没有及时吹灰：需观察水冷壁结渣的位置，并利用吹灰器达到及时清渣的作用。

（3）增加吹灰器数量。

15-25 简述 RXGS 电厂 260t/h 循环流化床锅炉炉膛内结渣的情况分析。

答：1．运行问题

RXGS 电厂有 260t/h 循环流化床锅炉 3 台，混煤设计，主要燃烧贫煤和造气炉渣。掺烧神府东胜煤后，由于床温较高，达 1000℃；而煤灰熔点 ST 仅为 1030℃，炉膛内结渣严重，锅炉负荷仅能带 190t/h。

2．原因分析

（1）入炉煤燃烧性能变化，结渣性能变强。

（2）床温偏高。

3．应对措施

（1）降低床温。

（2）掺烧较高灰熔点煤。

15-26 简述 LX 往复推动炉排锅炉掺烧神府东胜煤后结渣的情况分析。

答：1．运行问题

LX 往复推动炉排锅炉出力均为 64MW。由于往复推动炉排锅炉一半数量的炉排不断做往复运动，燃料被快速加热并与空气充分混合，故该类型锅炉非常适应挥发分和发热值较低、灰熔点较高的煤种。当锅炉改烧高挥发分、高发热量和低灰熔点的神府东胜煤时，出现以下问题：

（1）炉膛内结渣加重：未调整时，LX 往复推动炉排锅炉烧神府东胜煤锅炉排结渣情况见 15-13；调整后锅炉负荷到 220GJ，渣块较小，但炉后煤层发红。经初步调整，LX 往复推动炉排锅炉烧神府东胜煤的情况见图 15-14。LY 往复推动炉排锅炉满负荷（230GJ）运行时，乙侧煤层发红，LY 往复推动炉排锅炉燃烧神府东胜煤炉排结渣情况见图 15-15。

（2）锅炉热效率降低。

图 15-13 LX 往复推动炉排锅炉烧神府东胜煤锅炉排结渣情况

图 15-14 经初步调整的 LX 往复推动炉排锅炉烧神府东胜煤的情况

图 15-15　LY 往复推动炉排锅炉燃烧神府东胜煤炉排结渣情况

2．原因分析

（1）入炉煤质结渣性能增强：由于神府东胜煤挥发分高、燃烧速度快，加之煤层温度也高，当高于煤灰熔点时煤灰软化，并在炉排不停往复推动下黏连周围的煤粒，形成较大形状焦块，并含有一定比例的煤渣。

（2）送风短路：渣块周围煤层厚度减少，出现裸露炉排使送风短路，影响其他正常煤层的通风量，这样不但使渣块中的含碳量增加，而且使正常煤层也不能完全烧透。上述情况增加了锅炉大渣含碳量，锅炉固体不完全燃烧热损失或物理热损失增加，降低了锅炉热效率。

（3）LX 往复推动炉排锅炉结渣的原因是两风道风门全开，前期燃烧速度快，温度高，结渣较严重，但炉排尾部炉渣颜色比较暗。LY 往复推动炉排锅炉两风道风门开 50%，前期燃烧速度较慢，温度较低，结渣较轻，但炉排后部乙侧焦渣比较亮。

3．应对措施

锅炉燃烧神府东胜煤时，炉排上有一些渣块也比较正常。为不影响锅炉安全运行，应避免大渣卡住捞渣机，以及结渣导致通风差而烧坏炉排等。同时避免对流管束结渣形成大块后落下砸坏炉排。因此在保证锅炉安全运行的前提下：

（1）避免大渣和飞灰可燃物高，即较低的固体不完全燃烧热损失。

（2）避免风量过大，炉膛出口氧量一般控制在 5%～7%比较合适，最终氧量控制还需通过试验确定。

（3）实践证明炉排煤层局部燃烧温度过高，燃烧产生的 NO_x 也会增加；因此炉排煤层均匀燃烧对于降低 NO_x 是有益的。

15-27　简述 BH 电厂 350MW 机组炉膛和高温过热器结渣的情况分析。

答：1．运行问题

BH 电厂 2×350MW 超临界锅炉为北京 B&W 公司按美国 B&W 公司 SWUP（spiral wound up）锅炉技术标准，结合本工程燃用的设计、校核煤质特性和自然条件，进行性能、结构优化设计的超临界参数 SWUP 锅炉。

燃烧神混煤收到基低位发热量在 20.93～21.77MJ/kg 时，当前后墙磨煤机同时掺烧 40%～50%神混煤，或掺烧 30%收到基低位发热量大于 23.03MJ/kg 的神混煤时，两台锅炉炉膛内均出现结渣，且渣的数量多、体积大，并发现几乎整个前屏过热器、高温过热器第一排下部管子 2m 处均严重结渣，几乎堵塞烟气通道，影响安全生产。

2．原因分析

（1）运行氧量过低。

（2）掺烧比例和掺烧方式不合理。

（3）入炉煤的结渣性能和锅炉防渣能力不匹配。

3．应对措施

（1）控制运行氧量：锅炉高负荷时炉膛出口氧量控制在 3.1%左右，避免炉膛内氧量过低出现还原性气氛，导致炉膛内结渣。

（2）掺烧方式优化：前后墙燃烧器分别燃烧不同的煤种，避免同样燃烧低灰熔点煤种。

（3）控制入炉混煤结渣性能：掺烧较大比例低灰熔点煤种时，需掺烧 30%及以上石炭纪煤，提高入炉混煤的灰熔点，避免炉膛内严重结渣。

（4）提高吹灰频率：掺烧低灰熔点煤种时合理提高吹灰器吹扫频率；另外，锅炉低负荷运行时仍需要及时吹灰，避免水冷壁结渣导致表面粗糙，导致锅炉高负荷时快速结渣。

（5）布置足够的吹灰器：需在炉膛上部、屏区、折焰角下部、锅炉两侧墙等安装吹灰器，及时清渣，避免大渣下落造成锅炉灭火和砸坏水冷壁管。

（6）结渣和积灰的清理：利用停炉机会对锅炉水冷壁管上的结渣和积灰进行彻底清理，减少水冷壁表面的粗糙度，尽量恢复水冷壁的传热能力，降低炉膛出口烟气温度，避免高温对流受热面管束超温，以及再热器减温水量增加。

（7）加强来煤信息和煤场管理：低灰熔点和高灰熔点煤种分开堆放，避免低灰熔点煤种混掺造成炉膛内结渣。

15-28 简述 SNXT 电厂 460t/h 机组燃用类神府东胜煤锅炉不能带满负荷的情况分析。

答：1．运行问题

SNXT 电厂 6 台 460t/h 高温高压电站煤粉锅炉由哈尔滨锅炉厂有限责任公司设计制造，设计燃用低灰熔点严重结渣煤种，与神府东胜煤的煤质接近，对于神府东胜煤锅炉的安全运行具有间接指导意义。锅炉采用四角切圆燃烧，自然循环，平衡通风，干式刮板捞渣机固态排渣，三分仓回转容克式空气预热器，直吹式制粉系统，配 4 台 ZGM80N 中速磨煤机。锅炉自 2010 年陆续投运后，实际燃煤热值低于设计煤，运行存在结渣与积灰严重、排烟温度较高等影响锅炉运行安全性与经济性的重大问题，实际达到的最大连续出力在 350t/h 以下，严重影响了锅炉运行经济性。虽然该厂进行了吹灰器、除渣机等锅炉设备的重大技术改造，但仍不能带满负荷。

2．原因分析

炉膛热强度参数高：锅炉炉膛热强度取值在中等偏下，但与结渣煤为设计煤的锅炉（JGHS、LNFK、LK 和 XLT 电厂）比较，其容积热强度偏大、断面热强度中等，SHXT 电厂锅炉与国内同容量等级锅炉参数比较结果见表 15-13。

（1）燃烧器假想切圆直径偏大，炉膛内存在较为严重的一次风贴壁现象。

（2）燃烧器安装角度偏差较大，炉膛内存在明显的火焰偏斜。

（3）燃烧器区域燃烧温度较高。

表 15-13　　SHXT 电厂锅炉与国内同容量等级锅炉参数比较结果

电厂	SHXT	BJYR	JGHS	LNFK	HB	DWK	LK	XLT
锅炉号	1～6	1～4	1～2	1、2	3、4	1～4	1	1
制造厂	哈尔滨锅炉厂有限责任公司	哈尔滨锅炉厂有限责任公司	哈尔滨锅炉厂有限责任公司	上海锅炉厂有限公司	上海锅炉厂有限公司	武汉锅炉集团有限公司	武汉锅炉集团有限公司	武汉锅炉集团有限公司
蒸发量（t/h）	460	410	435	480	410	410	410	410
燃用煤	银南	神府东胜	后改烧哈密、准东	后掺烧新疆准东	岱河原煤	大武口洗中煤	黄县褐煤	小龙潭褐煤
炉膛断面尺寸（深×宽，m×m）	10.38×10.38	9.98×9.98	10.38×10.38	11.32×10.42	8.357×9.6	9.04×10.32	10.32×9.84	9.04×10.32
设计切圆直径（mm）	814	800	814	780	200/800	800	750	650
改后切圆直径（mm）		200/400		650		600		
上一次风中心距屏下缘高度（m）	12.085		13.3	13.02	13.38	12.66	15.04	12.8
炉膛容积热负荷（MW/m^3）	115.1	122	109.67	111.2	144.36	131.39	105.56	124.17
炉膛截面热负荷（MW/m^2）	3.26	3.1	3.38	3.35	4.30	3.53	3.08	3.33
炉膛出口烟气温度（℃）	973			976	1100	1101	1050	1090

3．应对措施

西安热工研究院有限公司对锅炉进行了设备改造和燃烧优化调整，保证了机组的负荷能力，具体措施如下：

（1）燃烧优化调整：锅炉按“低氧”与“大比例分级配风”方式运行，降低了炉膛燃烧温度，缓解了结渣并提高了锅炉热效率。

（2）进行燃烧器切圆的优化调整与改造：一次风假想切圆直径由原设计 814mm 减小为 400mm，二次风假想切圆直径由原设计 814mm 减小为 500mm。

（3）燃烧器摆动角度调整：燃烧器下倾角由原来的 0°改为 3°。

4．改造后效果

改造后经运行优化调整，各炉均能在 400t/h 以上负荷长期、稳定运行。其中 5、6 号锅炉能在 100%负荷率下稳定运行，并通过了“72+24h”BMCR 工况连续运行试验。由于燃烧器设计与安装问题，1～4 号锅炉仍因燃烧器以及屏式过热器区域仍存在严重结渣而带不满负荷。锅炉灰、渣含碳量均小于 1.0%；额定负荷下锅炉热效率为 92.5%～93.0%，略高于设计保证值。锅炉各负荷段 NO_x 生成量均在 $300mg/m^3$，远低于设计保证值以及国家允许排放值。

15-29　简述 GDZH 电厂 600MW 机组掺烧神府东胜煤出现燃烧器烧损的情况分析。

答：1．运行问题

GDZH 电厂 1 号锅炉型号为 HG-1950/25.4-YM3，为一次中间再热、超临界压力变压运行带内置式再循环泵启动系统的本生直流锅炉，单炉膛Π形布置，锅炉设计煤种为双鸭山煤，校核煤种为双鸭山混煤，灰熔点分别为1270℃和1250℃。前后墙各3层，每层布置5台旋流燃烧器，制粉系统采用中速磨煤机正压直吹系统，每台锅炉配6台磨煤机，煤粉细度R_{90}设计值为18%。锅炉布置有98只炉膛吹灰器、56只长伸缩式吹灰器、8只半伸缩式吹灰器，以及4只空气预热器吹灰器。

2010年电厂掺烧神府东胜煤，灰熔点ST为1060℃，出现了燃烧器喷口烧损问题。

2．主要原因及应对措施

（1）初步判断为燃烧器内积粉、煤粉着火燃烧所致。停燃烧器前需要有足够的吹扫风清除燃烧器内的积粉。

（2）燃烧神府东胜煤时，适当提高燃烧器喷口流速，保持着火点与喷口的距离。

（3）燃烧高水分褐煤时，由于一次风量大，喷口煤粉速度太高，着火点推后，当炉膛对面燃烧器停运时，火焰直接吹扫停运燃烧器喷口。

15-30 简述GDHJBF电厂600MW机组掺烧神府东胜煤出现燃烧器烧损的情况分析。

答：1．运行问题

GDHJBF电厂600MW超临界燃煤锅炉（型号：SG1913/25.40-M966）为单炉膛、一次再热、四角切圆燃烧Π形布置。锅炉按照高灰熔点煤种设计，掺烧神府东胜煤时出现燃烧器烧损问题。

2．应对措施

（1）检查燃烧器停运后喷口的冷却风能否满足冷却喷口的要求。

（2）控制燃烧器喷口流速在合理范围内，燃烧较高挥发分煤种时适当提高一次风速和周界风速，避免燃烧器喷口烧损。

（3）测量并控制燃烧器假想切圆直径，避免燃烧器切圆直径过大、燃烧器着火提前。

15-31 简述GDHJBF电厂600MW机组锅炉等离子点火困难的情况分析。

答：1．运行问题

GDHJBF电厂600MW超临界燃煤锅炉的型号为SG1913/25.40-M966。锅炉为单炉膛、一次再热、四角切圆燃烧、Π形布置。锅炉按照高灰熔点煤种设计。一台磨煤机热风入口配有一台暖风器，当锅炉炉膛启动时，启动暖风器加热一次风，使磨煤机出口的风粉混合物温度达到60℃时启动等离子点火装置。根据电厂经验，燃烧淮南煤时，磨煤机出口的风粉混合物温度控制在60℃时启动等离子就能点燃煤粉，但燃烧高水分神府东胜煤（M_t=19%）时，磨煤机出口的风粉混合物仅为40℃，需要启动4～5次等离子点火器才能点燃煤粉。

2．应对措施

（1）分仓上煤：等离子点火器对应的磨煤机使用低水分煤种。

（2）增加暖风器加热能力，提高磨煤机出口风粉混合物温度。

（3）增加等离子点火器功率。

（4）降低煤粉细度R_{90}：煤粉细度应随挥发分的变化而改变，应控制煤粉细度在$R_{90}=0.5nV_{daf}$的水平，同时煤粉均匀性指数在1.1～1.3。

15-32 简述 BH 电厂 350MW 机组掺烧神府东胜煤水冷壁减薄的情况分析。

答：1．运行问题

BH 电厂 2×350MW 超临界锅炉为北京 B&W 公司按美国 B&W 公司 SWUP 锅炉技术标准，结合本工程燃用的设计、校核煤质特性和自然条件，进行性能、结构优化设计的超临界参数 SWUP 锅炉。掺烧神府东胜煤后出现了水冷壁减薄问题。

2．原因分析

（1）吹灰器蒸汽压力过高。

（2）蒸汽吹灰带水：吹灰器吹扫前没有及时对吹灰器蒸汽管道进行疏水，管道内存在冷凝水。

（3）吹灰蒸汽射流卷吸灰渣，灰渣打击水冷壁，严重吹损水冷壁管。

3．应对措施

（1）合理调整吹灰器蒸汽压力。

（2）在吹灰进行前对吹灰器进行疏水和暖管，当介质温度达到设定值之后，疏水阀才能关闭。

（3）吹灰结束，管路停止供汽，疏水阀应能自动打开，尽量减少管路系统的凝结水，防止蒸汽带水吹损水冷壁管。

（4）根据锅炉结渣情况，确定合理的吹灰顺序，主要包括由上至下或者由下至上吹灰。

15-33 简述 HRYC 电厂 350MW 机组掺烧神府东胜煤后钢球磨煤机爆炸的情况分析。

答：1．运行问题

HRYC 电厂热电联产一期工程是由哈尔滨锅炉厂有限责任公司自主开发设计、制造的具有自主知识产权的超临界 350MW 锅炉。锅炉型号为 HG-1136/25.4-YM1，为一次中间再热、超临界压力变压运行直流锅炉，单炉膛、平衡通风、固态排渣、全钢架、全悬吊结构、Π 形布置，采用不带再循环泵的大气扩容式启动系统。锅炉岛为露天布置。机组采用双进双出钢球磨煤机，几乎每年出现一次制粉系统爆炸。

2．原因分析

磨煤机两端下煤处积煤着火造成制粉系统爆炸。

3．应对措施

对设备进行改造，避免磨煤机两端进煤口长期积煤。

15-34 简述 HRYC 电厂 350MW 机组掺烧神府东胜煤尾部烟气温度高的情况分析。

答：1．运行问题

HRYC 电厂热电联产一期工程 2×350MW 锅炉炉膛安装 44 只吹灰器，高温对流受热面 14 只，空气预热器 4 只。锅炉低温受热面原设计有吹灰器，但电厂为了节省成本未安装。

自 2015 年 7 月开始烧神府东胜煤，SCR 脱硝反应器前烟气温度升高，限制机组负荷最高为 280MW，SCR 脱硝反应器前烟气温度升至 410℃；8 月烧 2 万 t 神混 2 号，SCR 脱硝反应器前烟气温度为 380～390℃；9 月继续烧神混 2 号，负荷限制在 250MW，加强吹灰后烟气温度仅下降 6～8℃。试图通过控制炉膛出口氧量来调整煤粉着火距离仍不奏效，未投 C 磨煤机时，SCR 脱硝反应器前烟气温度仅能影响 2～3℃。停炉发现低温再热器受热面严重积灰和搭桥，但燃烧柳林和大同煤后有所好转。掺烧 50%的其他煤种后积灰和搭桥现象同样好转，但积灰和搭桥现象仍然存在。

2．原因分析

根据燃煤特性分析，神府东胜煤灰中碱金属含量不高，不会在低温再热器上形成难以吹扫的积灰和搭桥，主要是该区域未安装吹灰器的原因。

3．应对措施

（1）在低温对流受热面加装足够数量的吹灰器。

（2）进行燃烧优化调整。

15-35 简述 LCLXMHG 公司 480t/h 锅炉飞灰可燃物高的情况分析。

答：1．运行问题

对于 LCLXMHG 公司 480t/h 锅炉，低氮喷燃器改造完双套制粉系统运行，飞灰可燃物达到 10%左右，经过调整配风效果不明显。

2．原因分析

掺烧煤种燃烧性能相差较大：燃烧神府东胜煤时掺烧了阳泉二景无烟煤（V_{daf} 仅为 9.67%）。由于两种煤的着火和燃尽特性相差较大，混煤燃烧过程中出现易燃煤种“抢风”，导致难燃煤种燃烧困难，进而导致飞灰可燃物高。

3．应对措施

尽量避免跨煤种掺烧，尤其燃烧烟煤时掺烧无烟煤会产生火焰拖后，以及固体不完全燃烧热损失增加等现象，导致锅炉热效率降低等问题。建议停止掺烧无烟煤，可掺烧灰熔点较高的烟煤或贫煤。

15-36 简述 BH 电厂 350MW 机组掺烧神府东胜煤飞灰可燃物升高的情况分析。

答：1．运行问题

BH 电厂 2×350MW 超临界锅炉为北京 B&W 公司按美国 B&W 公司 SWUP 锅炉技术标准，结合本工程燃用的设计、校核煤质特性和自然条件，进行性能、结构优化设计的超临界参数 SWUP 锅炉。从 2019 年初开始，2 号锅炉飞灰可燃物持续超标，各项运行调整效果不明显。

2．原因分析

（1）一次风速高：不同负荷磨煤机通风量均偏高，一次风速均大于 30m/s。

（2）煤粉管道煤粉分配不均匀：2 号锅炉几台磨煤机的煤粉偏差较大，炉膛内煤粉与空气混合、燃烧不均匀。

（3）煤粉偏粗：磨煤机采用动态分离器，设计煤粉细度 R_{90}=22%，实际 R_{90} 为 27%～33%。

3．应对措施

（1）降低一次风速到 25m/s 左右。

（2）神混煤干燥无灰基挥发分 V_{daf} 约为 35%，要求煤粉细度 R_{90} 在 18%左右。

15-37 简述 GHPS 电厂 500MW 机组锅炉掺烧神府东胜煤排烟 CO 升高的情况分析。

答：1．运行问题

GHPS 电厂 1 号锅炉为俄罗斯波多尔斯克奥尔忠尼启泽机器制造厂制造的 ПП-1650-25-545KT（П-76）型直流超临界固态排渣锅炉。锅炉为单炉体结构、T 形布置，锅炉原设计燃用山西晋北烟煤，采用左、右墙对冲燃烧方式，制粉系统为正压直吹式。锅炉配备有 8 台国产的 ZGM95（G）型中速辊式磨煤机，在磨煤机额定出力为 35t/h 时，煤粉细度在 18%～25%。每台磨煤机专供一侧一层 4 台燃烧器。正常情况下，投运 6 台磨煤机可带满负荷。

锅炉实际燃用神府东胜煤和准格尔煤混煤。通过前期调试发现火焰不稳定（发暗）、排烟中 CO 含量高、水冷壁贴壁气氛中前墙 H_2S 含量严重超标（均值为 650μL/L）、水冷壁腐蚀性气氛强及四大偏差（氧量、烟气温度、减温水、NO_x）等问题。

2．原因分析

（1）燃烧器状态不佳：旋流燃烧器作为对冲燃烧方式锅炉的主要设备，其运行状态好坏直接影响锅炉燃烧性能。

（2）过分强调低 NO_x 浓度，没有协调燃尽、防结渣、防腐蚀以及汽水参数等要求。

3．应对措施

进行了锅炉燃烧调整试验，排烟中 CO 浓度由调整前的 1615μL/L 降低至 100μL/L 以下，锅炉热效率由调整前的 93.79%提高至 94.42%，贴壁气氛中的 H_2S 浓度大幅下降，氧浓度也有所升高，水冷壁腐蚀性倾向大幅降低。另外，锅炉结渣、汽水参数、NO_x 生成浓度等均正常。具体调整措施如下：

（1）将一次风速偏差调整至允许范围内，各磨煤机煤粉细度调整至 18%～25%。

（2）确定各磨煤机一次风量标定系数，并进行风煤比曲线校正。

（3）对靠前、后侧墙的两列（共 16 台）燃烧器的外二次风旋流强度由 50°调整至 10°，降低旋流强度。

（4）外二次风扩展角变小。

（5）调整燃烧器内二次风拉杆位置，降低内二次风旋流强度。

（6）磨煤机运行方式由 7 台变为 6 台。

（7）建议磨煤机定期轮换燃用准格尔煤，方便喷口局部结渣脱落。

15-38　简述 320MW 机组 W 形火焰锅炉掺烧神府东胜煤飞灰可燃物升高的情况分析。

答：1．运行问题

某 320MW 机组 W 形火焰锅炉为北京 B&W 公司生产的亚临界中间再热自然循环汽包锅炉、平衡通风、露天布置。每台锅炉配有 16 个浓缩型 EI-XCL 低 NO_x 双调风旋流煤粉燃烧器，采用正压直吹式双进双出钢球磨煤机制粉系统。锅炉设计燃用晋城无烟煤，校核煤种为越南鸿基无烟煤。

为了提高经济效益，电厂掺烧澳大利亚烟煤、神府东胜煤和印尼褐煤。前期电厂考虑防爆原因，采用炉前预混掺烧方式，但飞灰可燃物高达 10%左右。

2．原因分析

（1）为了防止制粉系统爆炸，磨煤机出口温度随着煤和褐煤掺烧比例而下降，当掺烧 60%烟煤和褐煤时，磨煤机出口温度控制在 75℃以下，对于难燃的无烟煤必然导致燃烧的推迟。

（2）混煤煤粉细度偏向烟煤导致无烟煤煤粉细度偏粗，加之易燃的烟煤“抢风”，导致难燃的无烟煤燃尽更为困难。

3．应对措施

（1）掺烧方式改为分磨煤机掺烧。

（2）磨煤机加装防爆装置。

（3）分别按照煤种特性控制磨煤机运行参数。

（4）加强燃烧器壁温监测和运行氧量控制。

（5）优化配风，防止炉膛内生成还原性气氛。

4．最终效果

最终实现在锅炉不改造的前提下，安全掺烧60%烟煤和褐煤，飞灰可燃物降至3.5%以下。后期，为了掺烧更高比例甚至全烧烟煤，机组实施了卫燃带改造，降低卫燃带面积。锅炉连续多年纯烧烟煤，未出现严重结渣情况。满负荷下，飞灰可燃物降至2.5%以下，SCR脱硝装置入口 NO_x 浓度降至 400mg/m^3 左右（标准状态）。表明W形火焰锅炉通过设备改造和运行优化可实现改烧烟煤，但需注意制粉系统的防爆。

15-39 简述RX公司500t/h电站煤粉锅炉过热器减温水量增大的情况分析。

答：1．运行问题

RX公司500t/h煤粉锅炉（无再热器）配置4台MPS170中速磨煤机，掺烧神府东胜煤存在过热器减温水量大的问题。燃煤灰分 A_{ar} 为25%～28%，硫分 $S_{t,ar}$ 为0.8%，挥发分在 V_{daf} 为24%以上，收到基低位发热量 $Q_{net,ar}$ 为20.52～23.03MJ/kg。锅炉飞灰可燃物在3%以下，大渣含碳量约为2%，炉膛出口氧量为2%～3%。煤灰软化温度ST为1300℃，R_{90} 为30%。

2．原因分析

燃煤煤粉细度在30%左右，煤粉过粗导致锅炉燃烧推后。

3．应对措施

煤粉细度应按 $0.5nV_{daf}$ 控制。

15-40 简述GDHJBF公司600MW高灰熔点煤粉锅炉掺烧神府东胜煤空气预热器堵灰的情况分析。

答：1．运行问题

GDHJBF公司600MW超临界燃煤锅炉型号为SG1913/25.40-M966。锅炉为单炉膛、一次再热、四角切圆燃烧、Π形布置。锅炉按照高灰熔点煤种设计。掺烧高水分神府东胜煤时，空气预热器冷风入口距离管端200～300mm堵灰严重，导致烟气侧阻力增加，1号锅炉烟气侧阻力达到2.8kPa，2号锅炉烟气侧阻力达到1.5～2.8kPa，增加了引风机电耗。空气预热器堵灰导致阻力增加，引风机电流上升，从而不得不停炉冲洗空气预热器受热面，减少了机组利用率，增加了机组维护费用。

2．原因分析

（1）空气预热器入口冷风温度低，烟气酸露点较高，烟气中 SO_3 气体在受热面上冷凝，黏灰是造成空气预热器堵灰的主要原因之一。

（2）逃逸氨气与烟气中的 SO_3 生成有腐蚀性和黏结性的硫酸氢铵，造成空气预热器烟风通道堵塞与传热元件腐蚀。SCR脱硝装置氨的逃逸是造成空气预热器堵塞的重要原因之一。

3．应对措施

（1）减少入炉煤水分，降低烟气水露点温度。

（2）降低炉煤含硫量，降低烟气酸露点温度。

（3）控制炉膛出口运行氧量，减少 SO_3 生成量。

（4）开启空气预热器热风再循环挡板，适当提高空气预热器入口风温，控制空气预热器冷端受热面的温度高于烟气酸露点，减少 SO_3 气体在受热面上的冷凝，避免积灰。

（5）严格控制 SCR 脱硝装置的氨逃逸率。

（6）加强空气预热器的吹灰，及时清理空气预热器冷端积灰，必要时可在线清洗。

15-41　简述 AGDY 电厂 240t/h 锅炉掺烧神府东胜煤 NO_x 升高的情况分析。

答：1．运行问题

AGDY 电厂建有 2 台额定蒸发量为 240t/h 的掺烧高炉煤气的高压蒸汽锅炉，为杭州锅炉厂生产的 NG-220/9.8-MQ1 型锅炉，配 1 台 25MW 背压式前置汽轮发电机组。锅炉设计煤为铁法烟煤，并掺烧 30%的高炉煤气。脱硝采用 SNCR 和 SCR 组合工艺，炉膛内喷尿素溶液，SCR 催化剂为一层。脱硝剂为尿素，采用尿素水解制氨工艺，吸收剂喷口为 2 层，布置在前墙水冷壁上。2017 年 2 月 27 日，1、2 号锅炉燃烧神府东胜煤后锅炉 NO_x 排放量超标（排放标准为 50mg/m^3），运行人员采用增加尿素量、下调锅炉负荷等手段均未阻止 NO_x 排放量超标。

2．应对措施及效果

采取措施减轻炉膛结渣、降低炉膛出口烟气温度后，NO_x 排放恢复正常。

15-42　简述 1025t/h 锅炉掺烧神府东胜煤降低 NO_x 的燃烧优化调整措施。

答：1．运行问题

某厂锅炉采用上海锅炉厂有限公司设计制造的 1025t/h 亚临界中间再热控制循环燃煤锅炉，四角切圆燃烧，实际燃烧煤种主要以神混煤为主，同时还有部分优混煤、石炭纪煤。由于 NO_x 排放超标，严重影响了锅炉环保运行。

2．应对措施及效果

通过对锅炉的燃烧优化调整，额定负荷下 NO_x 排放由调整前的 760mg/m^3（折算到 6%O_2，标准状态）降至 460mg/m^3（折算到 6%O_2，标准状态），且锅炉热效率（修正后）保持在 93.3%左右。主要调整措施包括：

（1）降低运行氧量：将实际运行氧量由 4.8%降至 3.6%左右。

（2）增大燃尽风门开度：实际燃尽风挡板开度维持在 80%～100%，燃尽风基本全开。

（3）采用微倒塔配风方式，加强分级配风力度。

（4）采用微正塔配粉方式。

（5）燃烧器适当上摆，减小煤粉在高温度区的停留时间。

（6）将一次风速适当降低。

（7）采用合适的周界风挡板开度、风箱炉膛差压等。

15-43　简述 DLBH 电厂 220t/h 锅炉掺烧神府东胜煤脱硝效率降低的情况分析。

答：1．运行问题

DLBH 电厂有 4 台 1987 年武汉锅炉集团有限公司生产的 220t/h 煤粉锅炉，型号为 WZZ220/100-13。煤粉锅炉为单炉膛、四角切圆燃烧、平衡通风、室内布置、固态排渣、全悬吊结构Π形锅炉。炉膛高为32m、长为7.6m、宽为7.6m。每台锅炉配置两台钢球磨煤机。4台锅炉均已完成低氮改造。锅炉炉膛容积热强度为154kW/m^3，炉膛内未安装吹灰器。煤粉细度R_{90}控制在14%左右，R_{200}在0.5%～1.0%。掺烧神府东胜煤后出现脱硝效率降低的问题。

2．原因分析

SNCR喷氨喷口的位置不合理。

3．应对措施

根据炉膛内温度将SNCR喷氨喷口位置后移，NO_x控制在160～190mg/m^3，低于200mg/m^3，满足环保排放标准。且氨水（20%纯度）消耗量由原来每天60t减少为40t，每天节约氨水费用约2万元。

15-44 简述HBGH电厂660MW锅炉掺烧神府东胜煤深度调峰效果差的情况分析。

答：1．出现问题

HBGH电厂660MW机组锅炉为上海锅炉厂有限公司引进美国ALSTOM公司技术制造的超临界参数、变压运行、螺旋管圈直流锅炉，型号为SG-2080/25.4-M969。锅炉设计煤种为神府东胜煤，校核煤种为晋北煤。由于神府东胜煤结渣性能较强，为了保证锅炉的安全运行，缓解炉膛内结渣，4号锅炉实际入炉煤为神府东胜煤和高灰熔点石炭纪煤的混煤。神府东胜煤的煤质特性与设计煤种接近，但石炭纪煤差异较大，其收到基灰分接近设计煤种的两倍，热值较低，不利于低负荷运行期间的稳定燃烧。

4号锅炉在燃用试验煤种条件下的最低不投油稳燃负荷为260MW，即4号锅炉最低不投油稳燃负荷能力为40%THA（热耗率验收工况），达到机组设计的最低调峰负荷。但较典型神府东胜煤机组的不投油稳燃负荷偏高。

2．原因分析

（1）入炉煤质较差：低负荷运行时神府东胜煤和石炭纪煤入炉比例为2:1，随着高灰分石炭纪煤的掺烧比例的增加，降低了锅炉的稳燃性能。

（2）掺烧方式不合理：采用分磨上煤炉内掺烧的燃烧方式，混煤的均匀性一般较难保证，在一定程度上影响了燃烧的稳定性，导致低负荷工况炉膛负压波动较大。

3．应对措施

（1）提高神府东胜煤掺烧比例。

（2）采用预混掺烧方式。

15-45 简述GHMJ电厂660MW烟煤、贫煤混烧机组掺烧神府东胜煤锅炉结渣严重、燃烧经济性差的情况分析。

答：1．运行问题

GHMJ电厂锅炉由东方锅炉（集团）股份有限公司设计制造，型号为DG1900/27.02-Ⅱ4，为超临界参数变压直流锅炉，单炉膛、一次中间再热、平衡通风、露天布置、固态排渣、全悬吊结构Π形布置。锅炉总高为86350mm，顶棚高度为73250mm，炉膛水平切面积为19419.2mm×15456.8mm（宽×深），炉膛冷灰斗的角度为55°。锅炉负压运行，固态排渣，采用刮板式捞渣机排渣系统。吹灰器布置情况：锅炉本体70只，排烟脱硝蜂巢式触媒处12只，空气预热器吹灰器4只。锅炉采用正压直吹式制粉系统，配6台HP943中速磨煤机。

该厂实际煤源较杂、煤质特性差异较大，并大量燃用严重结渣性的神府东胜煤，2011 年 10 月占入厂煤比例的 35%。由于燃煤煤质偏离设计煤，锅炉运行中出现如下问题：

（1）锅炉飞灰可燃物居高不下，锅炉运行经济性较差。

（2）炉膛内存在较为严重的结渣，并曾出现过掉大渣砸坏炉底液压关断门的重大安全事故。

（3）炉膛吹灰器配置数量偏少。

2．原因分析

（1）锅炉设计为瘦高型锅炉，炉膛热强度参数不能完全适应神府东胜煤，易导致燃烧器区和炉膛结渣以及蒸汽温度的不足。

（2）磨煤机一次风流量偏差大：风量较大的燃烧器热负荷较高，形成局部高温区，加剧燃烧器区域结渣，且一次风管磨损严重；风量较小的燃烧器一次风流速较低，燃用高挥发分煤种喷口容易烧损，且一次风管容易积粉堵塞。

（3）锅炉共布置了 6×4 只燃烧器，而国内其他同类型锅炉一般布置 6×6 只或 6×5 只燃烧器。相比较而言，GHMJ 电厂锅炉单支燃烧器热负荷较高，由于风粉不均匀而导致的危害将更为严重。

（4）磨煤机加载力偏低，部分工况煤粉偏粗，尤其是磨制可磨性指数 HGI 偏低的神府东胜（HGI 为 50～60）时，煤粉细度 R_{90} 一般接近或超过 30%。较粗的煤粉不但导致飞灰可燃物升高，燃烧效率降低，而且还容易因为煤粉“飞边”而加剧燃烧器区域结渣。

3．采取措施及效果

（1）采取调整燃烧器旋流强度、二次风配风方式以及降低煤粉细度等优化运行措施后，600MW 负荷工况飞灰含碳量可以降低到 2%以下，固体未完全燃烧热损失显著降低，锅炉热效率可以达到并略超过设计值保证值（93.1%），掺烧神府东胜煤时的制粉系统运行参数控制原则见表 15-14。

（2）经燃烧调整后，运行中渣量较小，渣车渣量一般不到 1/4。此外，由运行中过热蒸汽温度偏高以及再热蒸汽温度偏低的实际情况也可以判断，炉膛内并不存在严重的结渣。

（3）要进一步增加神府东胜煤掺烧比例，建议增加炉膛吹灰器，同时在屏式过热器标高 58.85m 的左、右两侧墙吹灰预留孔处各加装 1 只吹灰器，共新增 2 只长吹，以能更有效地清除屏区结渣。

表 15-14　　掺烧神府东胜煤时的制粉系统运行参数控制原则

分磨掺烧				
运行参数	单位	控制方式	神华锦界	河南烟煤
分离器电动机转速	r/min	表盘	850	850
磨煤机出口温度	℃	表盘	70～75	80～85
磨煤机通风量	t/h	表盘	按锦界煤风煤比曲线控制	按锦界煤风煤比曲线加 5t/h 负偏置控制
磨煤机液压加载力	MPa	就地	5.0～6.0	5.0～6.0
密封风与一次风母管压差	kPa	表盘	1.8～2.0	1.8～2.0
煤粉细度 R_{90} 控制值		取样分析	15%～20%	10%～15%

续表

预混掺烧				
运行参数	单位	控制方式	锦界煤不小于 50%	河南烟煤大于 50%
分离器电动机转速	r/min	表盘	850	850
磨煤机出口温度	℃	表盘	70	80
磨煤机通风量	t/h	表盘	按锦界煤风煤比曲线控制	按锦界煤风煤比曲线加 5t/h 负偏置控制
磨煤机液压加载力	MPa	就地	5.0～6.0	5.0～6.0
密封风与一次风母管压差	kPa	表盘	1.8～2.0	1.8～2.0
煤粉细度 R_{90} 控制值		取样分析	15%	15%

15-46 简述 NMGJN 电厂 350MW 褐煤机组掺烧神府东胜煤影响机组带负荷能力的情况分析。

答：1．运行问题

NMGJN 电厂 2 台 350MW 超临界燃煤供热机组，锅炉型号为 B-1221/25.4-M，由北京 B&W 公司制造，为超临界参数、螺旋炉膛、一次中间再热、平衡通风、固态排渣、全钢构架、紧身封闭的 Π 形锅炉，每台锅炉配置 6 台 MPS200HP-Ⅱ型中速磨煤机。采用前后墙对冲燃烧方式，前墙、后墙各布置 3 层燃烧器，每层布置 4 台，共 24 台燃烧器。由于入炉煤热值降低，机组运行过程中出现了如下问题：

（1）带负荷能力差。

（2）炉膛水冷壁左右侧结渣严重。

（3）炉膛出口左右侧烟气温度偏差高达 130℃左右。

（4）一次风率高达 45%～55%（设计值为 37%～42%）。

（5）高负荷时排烟温度高达 160℃（BMCR 工况设计值为 149℃）。

（6）锅炉热效率低，为 90.2%（设计值为 93.5%）。

（7）NO_x 生成浓度为 600～700mg/m^3（设计值为 300mg/m^3）。

2．原因分析

（1）入炉煤热值降低，磨煤机出力不足，导致机组带负荷能力差。

（2）一次风率过高，二次风率过低，炉膛内空气动力场组织不好，导致烟气温度偏差大，结渣严重。

（3）排烟温度高、煤质差，导致锅炉热效率低。

（4）一次风率过高，煤粉较粗导致 NO_x 生成浓度高。

3．应对措施

（1）掺烧烟煤并优化掺烧比例。

（2）进行掺烧后的燃烧优化调整试验。

15-47 简述 600MW 的 W 形火焰锅炉掺烧神府东胜煤锅炉严重结渣的情况分析。

答：1．运行问题

某台 600MW 的 W 形火焰锅炉掺烧 15%的神府东胜煤，锅炉出现严重结渣，经常发生垮焦砸跳捞渣机的事故。捞渣机检修需要降负荷运行，一方面损失发电量；另一方面检修捞渣机时，炉底没有水封，炉底漏风增加，导致低负荷下稳燃性能下降而被迫投油，增加燃油费，更为严重的结渣则导致停炉。

2．原因分析

（1）神府东胜煤具有严重结渣倾向，而 W 形火焰锅炉设计中强调着火和稳燃，所以掺烧低比例的神府东胜煤就造成严重结渣。

（2）掺烧低灰熔点神府东胜混煤后的结渣性能增强。

（3）掺烧高热值的神府东胜煤后，下炉膛温度升高近 150℃，炉膛温度高于混煤的灰熔点 ST。

（4）卫燃带面积过大。

（5）翼墙设计不合理，翼墙水冷壁区域没有二次风通入，导致该区域煤粉燃烧在还原性气氛中进行，煤灰的 Fe_2O_3 在还原性气氛中被还原为 FeO，灰熔点降低，造成结渣加剧。

3．应对措施

（1）增加翼墙幕墙风口，在整个翼墙高度方向增加防焦风。

（2）增加翼墙贴壁风口，在翼墙水冷壁的 3 个不同高度方向增加多排风口，风口形式与边界风基本相同。

（3）增加拱上角部风喷口。

15-48 简述 GDJT 电厂墙式对冲贫煤锅炉掺烧神府东胜煤出现“浮黑”飞灰的情况分析。

答：1．运行问题

GDJT 电厂 2×600MW 亚临界燃煤发电机组配置 DG2028-/17.45-Ⅱ5 型锅炉，为亚临界参数、自然循环、前后墙对冲燃烧方式、一次中间再热、单炉膛平衡通风、固态排渣、尾部双烟道、全钢构架的 Π 形电站煤粉锅炉。自 2020 年 5 月以来，电厂的粉煤灰时常呈现“浮黑”现象，造成部分粉煤灰用户混凝土构件质量不合格，影响粉煤灰销售。

2．原因分析

（1）粉煤灰呈现“浮黑”现象通常是在锅炉油煤混烧过程中形成的，是由于油中碳氢化合物未能完全燃烧产生碳烟所致。

（2）锅炉大比例掺烧了高挥发分神府东胜煤，入炉煤干燥无灰基挥发分达到 34%～37%，远高于设计值（26.89%），且燃烧器为低 NO_x 浓淡分离式，设计一次风率原本就偏低，使得锅炉高负荷运行时煤粉着火期间缺氧严重，加之着火阶段挥发分大量析出，产生碳烟，造成粉煤灰呈现“浮黑”现象。现场烟气测试结果表明，高负荷运行时烟气中 CO 含量偏高（有时高达 5000～7000r/min），这也证明炉膛内局部燃烧严重缺氧。

3．应对措施

（1）控制入炉煤干燥无灰基挥发分不大于 30%。

（2）加大一次风量，必要时增加中心风量。

（3）增加内二次风量，适当增加外二次风量。

（4）根据蒸汽温度，适当减少前、后墙燃尽风量。

15-49 简述 GHTS 电厂燃用神府东胜煤锅炉出现白色“石膏雨”的情况分析。

答：1．运行问题

GHTS 电厂 5 台 600MW 亚临界燃煤机组的脱硫系统均采用鼓泡式吸收塔湿法烟气脱硫工艺。其中，3～5 号机组未安装烟气换热器（GGH），在环境温度较低时，凝结水蒸气会在 3～5 号机组烟囱出口形成白色烟羽。严重时，烟气中携带的粉尘以及酸性溶解物聚集在液滴中落到地面形成“石膏雨”或酸雨，影响厂区的环境卫生和居民的正常生活，甚至腐蚀厂房以及生产设备的外皮与保温层。由于烟气温度低于烟气酸露点，造成湿烟气对烟道与烟囱内衬材料的腐蚀，增加维修费用。GHTS 电厂厂区内的汽车上附有明显的石膏颗粒、3～5 号机组烟囱底部烟囱降雨形成的斑点、机组静电除尘顶部“石膏雨”情况分别见图 15-16～图 15-18。

漆面上布满石
膏点，有的已
经无法清理，
形成暗斑

图 15-16 GHTS 电厂厂区内的汽车上附有明显的石膏颗粒

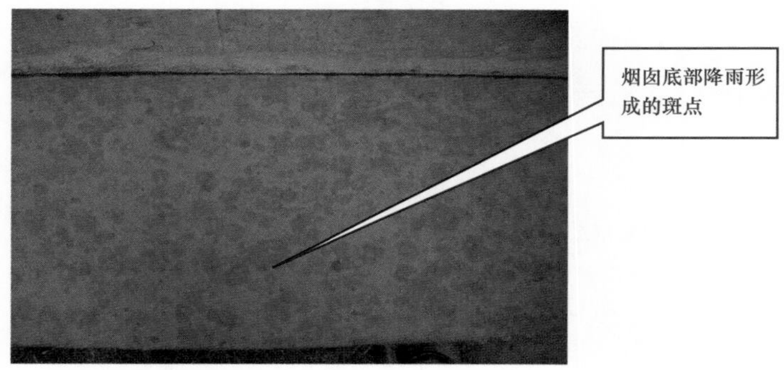

图 15-17 3～5 号机组烟囱底部烟囱降雨形成的斑点

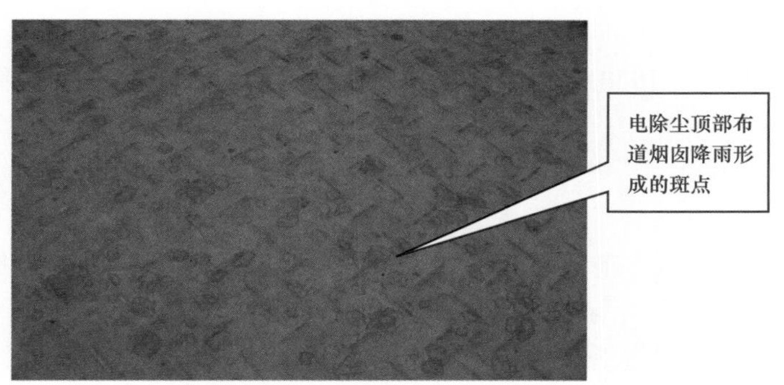

图 15-18 机组静电除尘顶部“石膏雨”情况

2．原因分析

经过湿法脱硫后的烟气温度一般在45～55℃，已达到湿饱和状态，如不经过处理直接排放将影响烟气的抬升高度和扩散，只能在较小的范围内分布和落地，造成局部范围内的湿度和粉尘浓度增加，形成“石膏雨”和污染。

3．应对措施

为提高湿法脱硫后净烟气排放温度，使其扩散范围增大，须对排空前的净烟气进行加热。GGH是在进入脱硫塔前的锅炉排烟（原烟气）与脱硫后的净烟气间进行对流换热，其工作原理类同于容克式空气预热器，目前在国内电厂的应用最为广泛，国内安装FGD系统的机组几乎都加装了GGH。但是，长期的运行实践表明使用GGH有如下问题：

（1）设备庞大，价格昂贵。

（2）腐蚀与堵塞严重，需要复杂的吹灰和清洗系统。

（3）由于漏泄，降低系统脱硫效率。

（4）系统阻力大，增加FGD运行费用。

GHTS电厂利用送风机的设计裕量，抽取部分二次热风注入FGD出口脱硫烟气加热烟气，有效解决了烟囱冒白烟以及厂区“石膏雨”问题，并改善厂区工作环境，延长烟道与烟囱的寿命，具体改造方案示意图见图15-19。

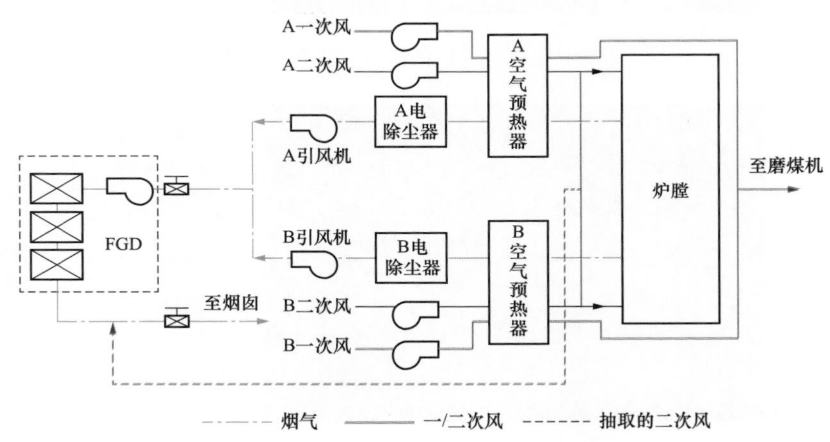

图15-19　具体改造方案示意图

15-50　简述AQ电厂1000MW神府东胜煤机组锅炉出现高温腐蚀的情况分析。

答：1．运行问题

AQ电厂二期2×1000MW燃煤机组锅炉为超超临界参数、单炉膛、一次再热、平衡通风、露天布置、固态排渣、前后墙对冲燃烧Π形直流锅炉，型号为DG2910/29.15-Ⅱ3。锅炉设计煤和校核煤均为神府东胜煤。前后墙各三层，每层布置8只燃烧器，全炉共48只燃烧器。在最上层燃烧器的上部布置了两层燃尽风喷口和一层还原风喷口。为了防止燃烧区域侧墙水冷壁出现磨损、结渣和高温腐蚀等现象，在燃烧器靠近水冷壁侧设三层贴壁风。

制粉系统采用中速磨煤机冷一次风机正压直吹式，每台锅炉配置6台磨煤机（5台运行、1台备用），设计煤粉细度R_{90}=20%，煤粉均匀指数n=1.1。

机组自 2015 年投产以来，锅炉始终存在侧墙近壁区还原性气体浓度偏高、侧墙水冷壁高温腐蚀和高温再热器壁温偏高等问题。

2．原因分析

二次风分配不均。图 15-20 为原二次风道及风箱布置示意图。可见，热二次风从空气预热器出口至层风箱需要经过数个弯头、变径异形件等，这将导致原 A/B 侧二次风总风量在线风量测量截面流场分布不匀，二次风量表盘值频繁失真、波动剧烈，难以实现二次风量的精细化控制，严重影响了低氮燃烧的经济性和环保性。一般而言，要求测量截面上游平直段不小于 4 倍当量直径，下游不小于 2 倍当量直径。

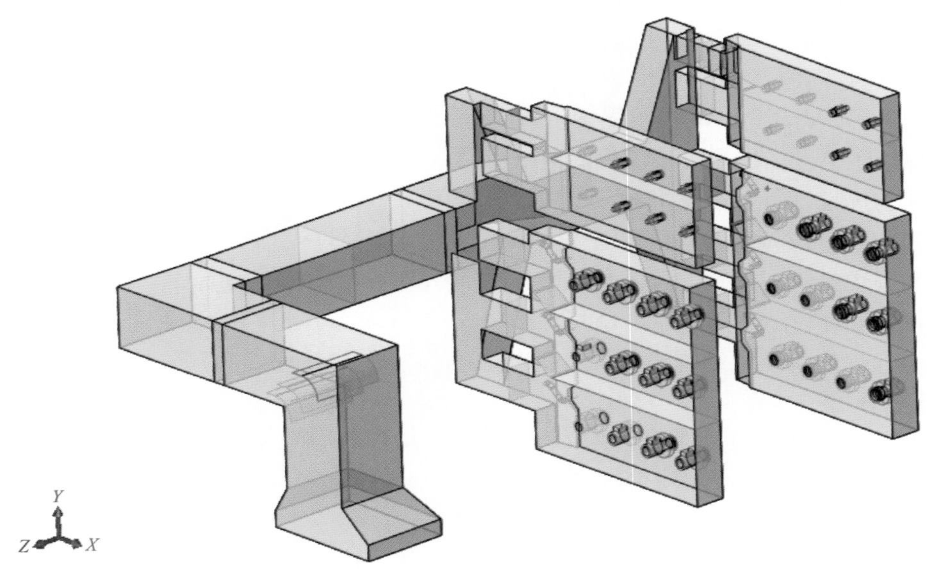

图 15-20　原二次风道及风箱布置示意图

3．应对措施

通过对风道的关键位置进行导流、扩口、汇流等优化，平顺风道内的气流流动，并针对性地提升靠侧墙区域的二次风量。主要改造内容包括：

（1）二次风道及导流板改造。

（2）贴壁风管改造。

（3）靠侧墙单只燃烧器内二次风入口转向改造。

（4）靠侧墙单只燃烧器外二次风喇叭口改造。

（5）靠侧墙两只燃尽风喷口的内二次风喇叭口改造。

（6）靠侧墙两只燃尽风喷口的外二次风环形进风口改造。

改造后结合燃烧优化调整试验，各项技术指标均达到了预期目标，主要结果如下：

（1）二次风流量测量装置线性良好，热态标定不同流量下的系数相对偏差均小于 3%。

（2）省煤器出口靠侧边缺风问题得到明显改善，1000MW 负荷的不同磨煤机组合工况下，省煤器出口截面氧量分布均匀性提高，各点测量值与平均值偏差低于 14%；截面 CO 浓度的平均值在 65μL/L 以下，侧边最高值在 277μL/L 以下。

（3）高温再热器壁温高点有所下降，壁温低温区有所抬升，在A、B、C、D、E、F磨煤机组合下，壁温高、低点的差值由改造前的49℃降低至42℃，两侧平均再热蒸汽温度提升了2℃；在A、B、C、D、E、F磨煤机组合下，壁温高、低点的差值由改造前的64℃降低至33℃，两侧平均再热蒸汽温度提升了3.5℃。

（4）在1000MW负荷下，水冷壁近壁区CO和H_2S浓度均值为47000～49000μL/L和94～118μL/L，分别比改造前降低了40%～43%和35%～48%。

（5）在1000MW负荷下，热二次风道阻力降低0.3kPa。

15-51 简述GHSH电厂350MW低灰熔点煤锅炉掺烧神府东胜煤排烟温度升高和制粉系统爆炸的情况分析。

答：1．运行问题

GHSH电厂两台350MW机组锅炉为日本三菱公司引入CE公司技术所制造，为亚临界参数控制循环锅炉，设计煤和校核煤为低灰熔点的晋北煤。采用4台FW公司制造的D-11D双进双出钢球磨煤机，每台磨煤机对应一层一次风喷口。两台锅炉试运行时全烧准格尔煤，正式运行时则以神府东胜为主，运行中飞灰碳量低，在0.45%以下。存在的主要问题包括：

（1）炉膛内结渣不严重，但满负荷时要连续吹灰。

（2）排烟温度较高，夏季时达150℃，由于烟气温度高，曾发生空气预热器过度膨胀事故。

（3）两台锅炉均发生过制粉系统爆炸事故。

2．原因分析

（1）制粉系统爆炸与双进双出磨煤机及其系统结构及控制有关。

（2）热强度参数过高，锅炉防渣能力较弱。

3．应对措施

（1）根据设备的防渣能力，控制神混2号煤的掺烧比例在70%～75%，并加强吹灰。

（2）表15-15为神混2号煤和准格尔煤在不同掺烧比例下的煤灰熔点测试结果，可见，掺烧10%的准格尔煤后，混煤的灰熔点就得到大幅度提升，因此掺烧准格尔煤对缓解神府东胜煤结渣效果明显。

表15-15　神混2号煤和准格尔煤在不同掺烧比例下的煤灰熔点测试结果　℃

神混2号煤:准格尔煤	DT	ST	HT	FT
0:10	>1500	>1500	>1500	>1500
4:6	>1500	>1500	>1500	>1500
5:5	1440	>1500	>1500	>1500
6:4	1400	1410	1420	1430
7:3	1390	1400	1410	1420
8:2	1380	1400	1410	1420
9:1	1360	1380	1390	1400
10:0	1130	1150	1160	1170

15-52 简述 BJYR 电厂 410t/h 锅炉中储式热风送粉钢球磨煤机制粉系统改烧神府东胜煤的设备改造。

答：1．运行问题

BJYR 电厂 410t/h 锅炉是哈尔滨锅炉厂有限责任公司制造生产的 HG410/98-YM15 单汽包自然循环膜式水冷壁、固态排渣、四角直流喷燃、高压电站煤粉锅炉，Π 形布置。锅炉采用钢球磨煤机中储式热风送粉系统，每台锅炉配两台钢球磨煤机。四角布置的直流燃烧器，在炉膛内形成ϕ800mm 的假想切圆。原锅炉设计燃用低灰熔点的山西大同混煤，因此该锅炉炉膛较一般 400～410t/h 的锅炉大。计算得出的容积热强度为 123.04kW/m^3，截面热强度为 3.65MW/m^2，燃烧器区壁面热强度为 1.76MW/m^2。2000 年 3 月因燃煤结构调整，电厂改用神府东胜煤。

2．改烧神府东胜煤的设备改造及燃烧优化调整

（1）过热器区增加 12 只蒸汽吹灰装置。

（2）切圆直径缩小为 600mm。

（3）加强吹灰：为控制蒸汽温度，须频繁吹灰，高负荷时，吹灰周期缩短到每班两次，水冷壁上积渣也难以清除。

3．改造后神府东胜煤的燃烧效果

机组在单烧神府东胜煤时有如下情况：

（1）一、二次风喷口间、燃烧器区水冷壁以及冷灰斗斜坡水冷壁管结渣严重，渣块较硬。常出现堵塞冷灰斗下口、卡捞渣机、渣浆泵吸渣困难导致渣池水位上升等问题，纯烧神府东胜煤困难。

（2）1 号锅炉在 100%负荷下全烧神府东胜煤，效率为 92.55%，较设计值 92.07%略高。

（3）原喷口烧损问题明显缓解，锅炉可在 40%负荷下不投油助燃。

最终确定锅炉燃煤组成：神府东胜煤+30%（或 40%比例）准格尔煤，采用该配煤方案，通过加强吹灰可基本保证锅炉结渣不影响机组运行，但燃烧器喷口附近仍有不易清除的硬渣，但基本可保证锅炉长期安全运行。另外，锅炉热效率仅在 90%左右，较单烧神府东胜煤时下降 2%左右。

15-53 简述 GHPS 电厂 500MW 机组锅炉掺烧神府东胜煤出现水冷壁横向裂纹的情况分析。

答：1．运行问题

GHPS 电厂锅炉的设备特点参见问题 15-37，锅炉实际主要燃用低灰熔点的神府东胜煤，并掺烧部分准格尔煤以提高燃煤的灰熔点。变更煤种后，锅炉水冷壁向火侧外壁出现大量的横向裂纹，甚至爆管，造成非计划停机。对水冷壁管裂纹和爆口处进行金属检测，结果可见，结合宏观及断口特征，外壁有大量的灰样堆积，存在较多的腐蚀坑或腐蚀条带特征，该疲劳裂纹从外壁开裂，沿着壁厚方向向内壁扩展，外壁部分区域有大量深浅不一的多条裂纹；通过金相观察发现，大多数裂纹启裂和中部较宽，尖端圆钝，裂纹区域内有角度的腐蚀产物，穿晶特征明显；断口电镜观察到在外壁启裂区和中部存在大量的腐蚀疲劳弧线及二次裂纹；能谱结果发现裂纹各区域有一定浓度的 S、O 等腐蚀性元素。水冷管向火侧外壁爆管且出现大量横向裂纹见图 15-21。

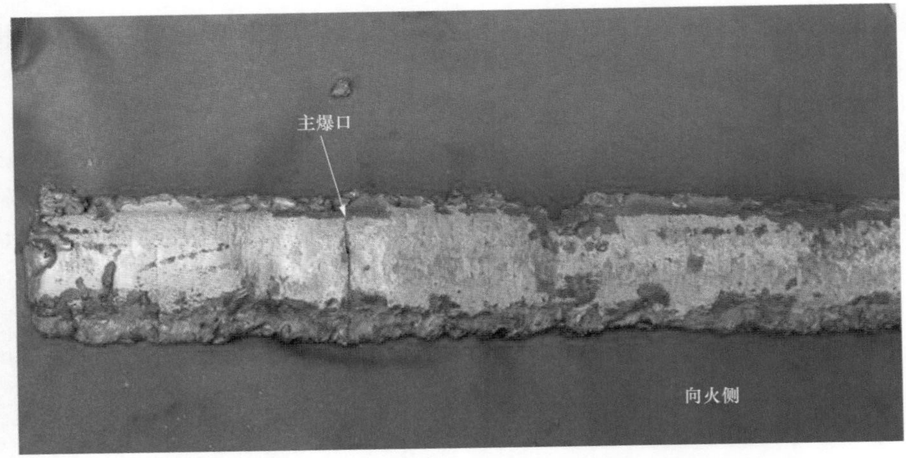

图 15-21 水冷管向火侧外壁爆管且出现大量横向裂纹

2. 原因分析

（1）神府东胜煤着火温度较低，且燃烧器没有保护喷口的设计，长期运行存在烧损燃烧器喷口的风险。

（2）燃烧器周围烟气冲刷水冷壁，形成局部高温区，可能造成燃烧器喷口及附近水冷壁结渣。

（3）炉膛采用水吹灰器，水流量过大，导致水冷壁管向火侧出现环向交变应力，是造成水冷壁管横向裂纹和爆管的主要原因。

（4）锅炉快速频繁启动以及水冷壁管附近烟气中腐蚀性气体等加速了水冷壁管横向裂纹和爆管的产生。

3. 应对措施

（1）燃烧优化调整试验：采用降低运行氧量、停用中间层磨煤机等措施降低燃烧器区域的燃烧温度，减少燃烧器区域的局部高温以及还原性气氛和腐蚀性气体，降低热负荷的频繁波动。

（2）加强燃煤管理，防止因入炉煤煤质变差引起燃烧波动，并控制入炉煤硫分。

（3）改进、优化水吹灰器运行：原来 8 只水吹灰器喷口孔径由 14mm 改为 9mm，同时将吹扫水量减少 2/3 以上，吹灰水流量大为减少，吹扫强度及其对水冷壁表面温度的影响降低。水冷壁向火侧的壁面温度降低，大大减少了水冷壁管膨胀受阻时所产生的热应力。

采用上述措施后，未出现水冷壁管横向裂纹和爆管，提高了锅炉运行的安全性、经济性与环保性。

15-54 简述 GHDZ 电厂燃用神府东胜煤屏式过热器结渣严重的情况分析。

答：1. 运行问题

GHDZ 电厂一期工程安装 2 台 SG-2008/540-M903 型亚临界参数燃煤汽包锅炉。该锅炉采用控制循环、一次中间再热、单炉膛、四角切圆燃烧方式、固态排渣、露天布置。锅炉设计煤种为神府东胜煤。锅炉炉膛宽度为 19558mm，炉膛深度为 16940.5mm。锅炉采用正压直吹式制粉系统，配有 6 台 ZGM113N（MPS225）中速磨煤机。最上层燃烧器中心距屏底距离为 20.13m；最下层燃烧器中心至冷灰斗上折点距离为 5.969m。24 台直流燃烧器分 6 层布置于炉膛下部四角，煤粉和空气从四角送入，在炉膛中呈切圆方式燃烧。炉膛布置 90 只墙式短伸缩蒸汽吹灰器，炉膛上部对流烟道区域布置 44 只长伸缩吹灰器，每台空气预热器出口端布置 2 只伸缩式吹灰器。

2004 年电厂锅炉在 100%燃用神华煤时，经过夏季连续高负荷考验，虽然经过多方面调整试验，但锅炉屏式过热器结渣比较严重，中下部结渣厚度约在 300mm，水冷壁、水平烟道结渣和积灰比较轻微。省煤器仓泵因吹灰时，水平烟道烧积灰块和部分焦粒随烟气带入尾部竖井，省煤器干除灰系统经常发生仓泵堵塞或输灰管堵塞现象。100%燃用神府东胜煤机组长周期连续运行，屏式过热器结渣较难脱落且焦块硬度较大，对锅炉冷灰斗斜坡水冷壁安全运行构成一定危险。

2．原因分析

锅炉总体设计与严重结渣性能的神府东胜煤不能完全匹配。

3．应对措施

从 2005 年 1 月开始掺烧 20%保德煤，屏式过热器上部结渣基本脱落。为了彻底解决屏式过热器区域结渣和尾部受热面积灰，屏式过热器区域、低温过热器区域增加了吹灰器，效果较好。

15-55 简述 GHTS 电厂 2 号锅炉低氮燃烧器改造后纯烧神府东胜煤的情况分析。

答：1．机组改造情况

为了适应国家与地方政府对电站锅炉 NO_x 减排的政策性要求，GHTS 电厂实施了 2 号锅炉低氮燃烧器改造，并进行改后的锅炉运行性能考核试验。

锅炉燃烧系统采用了上海锅炉厂有限公司高级复合空气分级低 NO_x 燃烧技术，改造后 BMCR 工况燃烧设备主要设计参数见表 15-16。

表 15-16 改造后 BMCR 工况燃烧设备主要设计参数

名　称	单位	数值
锅炉燃煤量	t/h	230.9
磨煤机投用数量	台	5
单只煤粉喷口燃煤量	t/h	11.545
单只煤粉喷口输入热量	kJ/h	280.3×10^6
过量空气系数		1.20
省煤器出口烟气含氧量		3.50%
炉膛漏风量占进入炉膛总风量的比率		5.0%
进燃烧器一次风量	kg/h	365789
一次风占燃烧总风量的比率		16.36%
磨煤机出口风粉混合物温度	°C	77
一次风/煤粉的喷口出口速度	m/s	25.2
一次风/煤粉的喷口出口面积	mm^2	271200

续表

名　　称	单位	数值
一次风/煤粉管道内流动速度	m/s	25
一次风/煤粉管道内流通面积	mm^2	273258
一次风/煤粉管道规格	mm×mm	610×10
进燃烧器二次风质量流量	kg/h	1758172
进燃烧器二次风温度	℃	322
二次风占燃烧总风量的比率		78.64%
二次风（含燃尽风、燃料风和辅助风）速度	m/s	53.7
相邻煤粉喷口中心距	mm	1860

改造后燃烧器的安装角度不变，各层二次风喷口的射流角度有变化，AA 层消旋二次风、燃尽风 OFA 消旋二次风、低位分离燃尽风和高位分离燃尽风采用可水平调整偏转角度的设计，偏转角度为±15°，改造后的燃烧器布置见图 15-22。

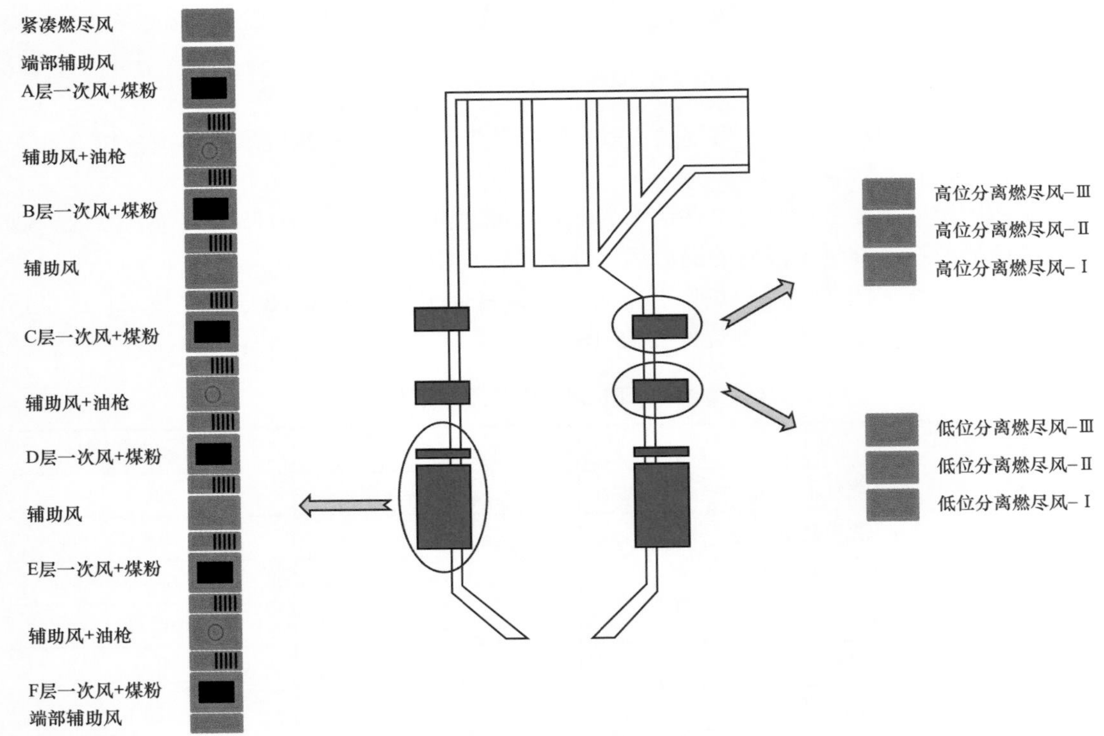

图 15-22　改造后的燃烧器布置

2．机组改造后的性能试验

（1）燃用设计煤种（神混 1），600、450、330、270MW 负荷实测 SCR 系统入口烟气中 NO_x 含量分别为 121.0、120.2、224.4、205.9mg/m^3。

（2）燃用设计煤种（神混 1），600、450、330、270MW 负荷修正后的锅炉热效率分别为 94.11%、94.35%、93.86%、92.25%，改后锅炉热效率均高于设计保证值与改前测试值。

（3）炉膛内不存在严重结渣，能够100%燃用神府东胜煤（改造前高负荷不能全烧）。

（4）对于具有严重和高结渣性能的神府东胜煤或者神府东胜混煤，在采用低氧和低氮燃烧的同时，实现了炉膛内低温燃烧，有利于缓解炉膛内结渣。大部分投运的新锅炉以及进行低氮分级燃烧改造的已投运锅炉的炉膛内结渣情况也明显减轻。

15-56 简述MASWND电厂330MW无烟煤与贫煤混煤锅炉纯烧神府东胜煤的设备改造技术。

答：1．设备概况

MASWND电厂330MW锅炉由东方电气集团东方锅炉股份有限公司设计制造，锅炉设计煤种为无烟煤与贫煤的混煤，3、4号锅炉型号为DG1036/17.5-Ⅱ12，两台锅炉均为亚临界、一次中间再热、自然循环、单炉膛Π形、四角切圆燃烧、尾部双烟道结构、烟气挡板调节再热蒸汽温度、固态排渣、全钢架悬吊结构、平衡通风、半露天布置。锅炉制粉系统设计采用钢球磨煤机中储式热风送粉系统，每台锅炉配置4套制粉系统，磨煤机型号为DTM350/600。

2．改造原因

为了响应国家号召，提高机组的上网竞争力和盈利能力，电厂4号锅炉进行了无烟煤锅炉改烧神华烟煤技术的工程改造和提高机组灵活性技术改造，改造目的主要包括：

（1）拓宽锅炉煤种适应范围，将锅炉适烧煤种从原设计低挥发贫煤拓宽到高挥发分神府东胜煤范畴，从而大大降低电厂燃煤采购成本。

（2）将锅炉SCR脱硝反应器入口烟气NO_x排放浓度从600mg/m^{3}左右降低到250mg/m^{3}以下，为脱硝改造节约初投资和运行费用。

（3）实现30%～35%额定负荷的深度调峰能力。

3．具体改造措施

MASWND电厂与西安热工研究院有限公司合作，进行了掺烧神府东胜煤改造和低氮燃烧器改造两大部分内容，主要采用了西安热工研究院有限公司炉烟干燥热风乏气复合送粉制粉系统和新型多煤种适应型低NO_x燃烧系统两项专利技术，具体改造如下：

（1）制粉和送粉系统的改造：采用抽中温炉烟干燥热风乏气热风复合送粉系统。

（2）燃烧器改造（燃烧器系统布置示意图见图15-23）主要内容如下：

1）适当缩减一次风喷口面积，将一次风喷口风速提高到26m/s左右，防止喷口烧损，以更适应神府东胜煤燃烧。

2）燃烧器喷口标高重新设定，使得上层喷口煤粉颗粒能喷射到炉膛中心欠氧区，建立燃料分级燃烧方式。

3）一次风喷口反切，防止煤粉气流冲刷下游水冷壁，可缓解燃烧器区域结渣，同时推迟了一、二次风的混合，利于NO_x控制。

4）完善煤粉喷口的周界风喷口，直接减少周界风掺入到一次风的量，减少实际一次风率。

5）乏气风喷口结构形式不做改动，对相应的周界风面积进行了调整。

6）将三次风喷口下移至主燃烧器区域上部，同时将上部燃尽风喷口增加到4层，配合顶端高速燃尽风喷口共5层分级风。

7）同时为便于调整炉膛出口烟气温度偏差和控制蒸汽温度偏差，将上部燃尽风和高速燃尽风喷口全部设置成水平角度可调的喷口。

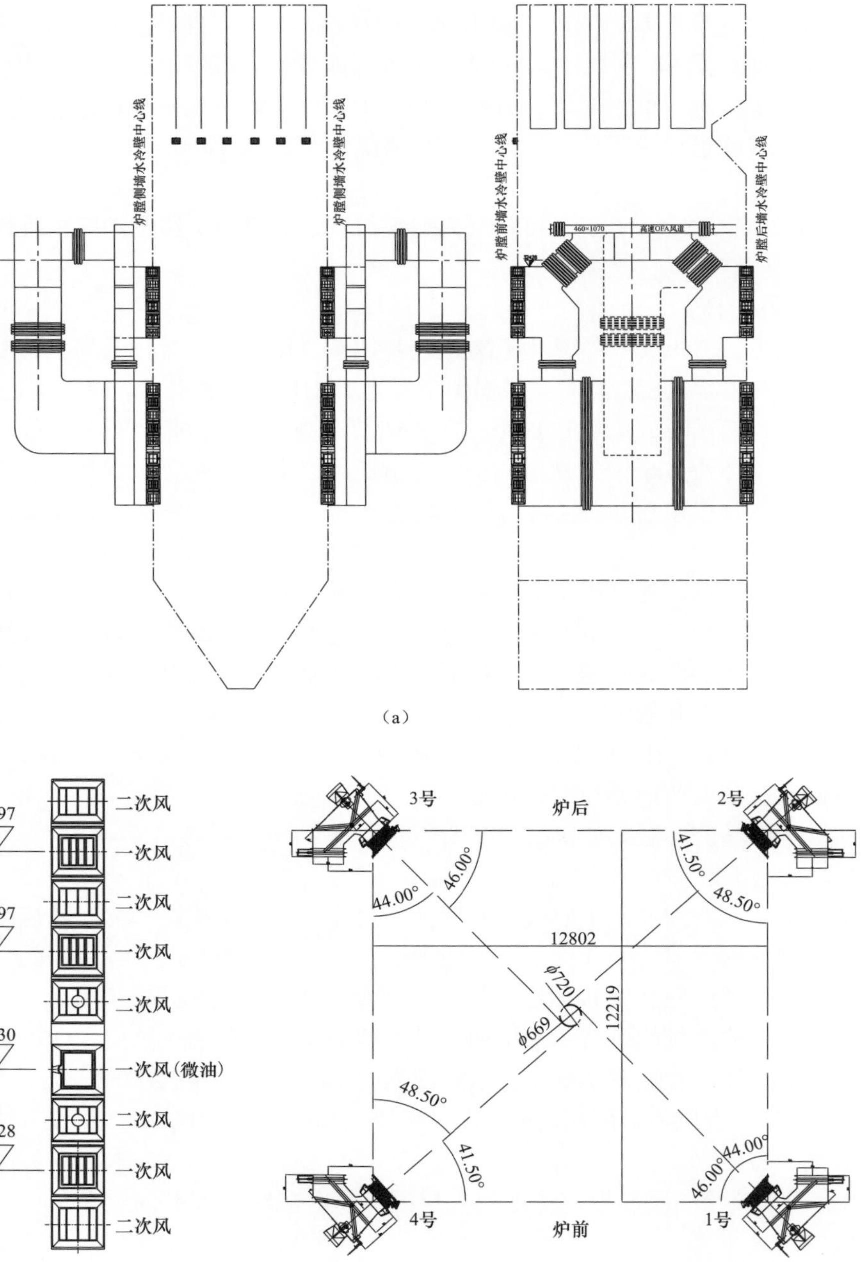

（a）

（b）

图 15-23 燃烧器系统布置示意图

（a）锅炉低氮燃烧器及风箱；（b）燃烧器喷口布置

8）燃尽风喷口结构形式改动为水平摆动式，摆动角度为正切 15°到反切 15°。

9）为消纳制粉乏气所挤出的一次风，在燃尽风喷口上方增加一层高速燃尽风喷口。高速燃尽风喷口设计风速约为 60m/s，燃尽风喷口设计成可左右摆动，摆动角度为±15°。外设冷却用周界风，来源为燃尽风二次风风箱。

10）设置屏底风，降低屏底烟气温度，减缓和防止大屏的结渣。同时屏底风由二次风提供，因此可以消纳炉烟挤出制粉干燥热风，减少主燃烧区域氧量，降低 NO_x 的生成。

（3）吹灰系统改造：新增 34 只炉膛短吹灰器，大屏下方两侧墙增加一层共 4 只长吹灰器。

（4）其他改造：

1）二次封箱改造：将二次风大风箱改造成一体式大风箱结构。

2）燃尽风风箱的改造：其中高速燃尽风系统（将部分热一次风从一次风箱引入高速燃尽风喷口进入炉膛）即为典型代表，首次将压头较高的一次风作为分级风控制 NO_x 的生成。

4. 改造后效果

（1）热态调试期间，锅炉能够安全燃用高挥发烟煤。

（2）汽水参数正常，减温水量小，NO_x 排放浓度平均小于 250mg/m^3（可达到 200mg/m^3），飞灰可燃物小于 3%，满负荷锅炉热效率大于 93%，各项指标均达到或超过设计值。

（3）通过对高速燃尽风和燃尽风反切角度进行调整，能将炉膛出口烟气温度偏差控制在 50℃内，蒸汽温度偏差达到协议要求，各项指标良好。

（4）锅炉 40%负荷即 132MW 负荷期间炉膛火焰明亮，火检信号正常，炉膛出口氧量约为 6.8%，NO_x 浓度约为 223.50mg/m^3，空气预热器出口排烟温度约为 117.17℃，主蒸汽温度为 541℃，再热蒸汽温度为 531℃。

（5）锅炉 30%BMCR 负荷即 99MW 负荷试验期间炉膛火焰明亮，火检信号基本正常，炉膛出口氧量约为 8.12%，NO_x 浓度约为 272mg/m^3，空气预热器出口排烟温度约为 111.8℃，主蒸汽温度为 541℃，再热蒸汽温度为 515℃。试验期间减温水投用对 SCR 脱硝装置入口烟气温度影响较大，投用减温水量较大时 SCR 脱硝装置入口烟气温度最低值为 292℃，低于催化剂厂家给定的 305℃以上的运行值，30%负荷条件试验维持时间约 1h 结束。30%负荷维持期间出现 1 次 G1 燃烧器因火检信号缺失引发的火嘴退出情况。

第十六章

准东煤燃烧性能及准东煤锅炉的设计和运行优化技术

16-1 简述准东煤的定义。

答：新疆准东煤田位于准噶尔盆地的东部，北界山体为西北走向的克拉麦里山，南界山脉为东西向的东天山的博格达山，二者在木垒县城东北部胡乔克处交汇，西界由克拉麦里山西端的滴水泉沿 216 国道向南至吉木萨尔城西三台镇，与准噶尔盆地中心相接。煤田东西长约 220km，南北宽约 60km，整体呈东窄西宽的三角形。准东煤田在 2005 年被勘探确认为地下储藏着数千亿吨的煤炭资源，是我国目前最大的整装煤田，也是新疆地区 3 个储量大于 3000 亿 t 的超级煤田之一。

准东煤是典型的高碱煤，五彩湾地区煤灰中 Na_2O 含量大部分在 4%～6%，到奇台县境内煤灰中 Na_2O 含量大部分在 7%～8%，到木垒县境内煤灰中 Na_2O 含量可高达 12%左右（最高达 17%）。

16-2 简述准东煤田的矿区划分及矿区储量。

答：整个准东煤田主要包括五彩湾、大井、西黑山、将军庙和老君庙矿区，准东煤田各矿区的探明储量及规划开采量见表 16-1。其中：

（1）五彩湾矿区主要有神华、宜化、大成、天隆等矿点；

（2）大井矿区主要有神华准东二矿、天池能源矿等矿点；

（3）西黑山矿区主要有神华红沙泉矿、天池能源将二矿及木垒小煤矿北山矿、义马矿等矿点。

表 16-1　　准东煤田各矿区的探明储量及规划开采量

矿名	五彩湾矿区	大井矿区	西黑山矿区	将军庙矿区	合计
探明储量（亿 t）	197.69	688.16	468.86	274	1628.7
规划开采量（亿 t/年）	1.15	1.75	1.57	部分规划	4.47

16-3 简述五彩湾矿区的产能。

答：五彩湾矿区神华矿点（见图 16-1）已具备达产能力，其余矿点多处于边建设边生产状态，还未完全达产。神华五彩湾矿探明储量 17 亿 t，可采储量 14 亿 t，批复产能 1000 万 t/年，是目前准东矿区产量最大的矿区。

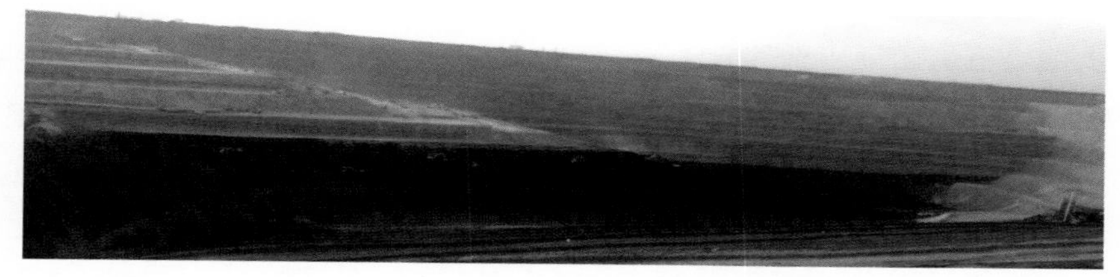

图 16-1 五彩湾矿区神华矿点

16-4 简述准东矿区煤质参数与国内典型煤种的差异。

答： 准东煤的主要特点是煤化程度较低，煤种主要为不黏煤和长焰煤，高水分、特低～低灰分、中高挥发分、特低～低硫分、中高～高热值、低～中等煤灰软化温度、易～极易可磨、反应活性好、特低～低有害元素含量（低磷、特低氯、特低氟、低砷），准东煤与典型低熔点烟煤和褐煤的主要煤质参数比较见表 16-2。与国内其他典型低熔点煤种比较，准东煤主要有以下特点：

（1）煤灰中碱金属（Na_2O 和 K_2O）含量高：尤其是煤灰中 Na_2O 含量高，准东煤灰 Na_2O 含量 3%～8%，部分区域大于 10%。

（2）煤灰中碱土金属（CaO 和 MgO）含量高：CaO 含量在 10%～40%，部分区域大于 40%；MgO 含量在 3%～10%，远高于中国其他地区动力用煤。

（3）Fe_2O_3 含量高；部分矿区 Fe_2O_3 超过 20%。

（4）主要酸性氧化物 SiO_2 和 Al_2O_3 含量之和一般小于 55%。

（5）煤灰中 SO_3 含量一般大于 4%，部分甚至接近 20%，远高于国内其他典型煤种。

总体上讲，准东煤是高碱煤，结渣性和沾污性极强，目前主要用于发电及其他化工动力用煤。

表 16-2 准东煤与典型低熔点烟煤和褐煤的主要煤质参数比较

煤质参数	准东煤（神华五彩湾）	神府东胜煤	晋北烟煤	华亭烟煤	靖远烟煤	霍林河褐煤	宝日希勒褐煤	扎赉诺尔褐煤	胜利褐煤
M_t（%）	26.0	14.5	10.3	15.5	6.0	28.7	33.4	30.2	31.5
A_{ar}（%）	5.66	7.7	21.94	11.16	22.31	27.49	6.39	12.42	18.36
V_{daf}（%）	33.6	38.8	33.33	39.97	33.07	48.37	44.65	42.68	46.12
$S_{t,ar}$（%）	0.46	0.66	0.49	0.35	0.4	0.43	0.16	0.14	0.53
$Q_{net,ar}$（MJ/kg）	19.26	23.79	22.03	21.52	22.91	11.3	15.78	16.2	12.31
ST（℃）	1150	1180	1190	1270	1290	1240	1160	1210	1250
HGI	115	58	58	56	57	60	67	47	37
SiO_2（%）	21.6	20.7	49.86	44.66	58.93	41.69	46.85	62.87	56.55
Al_2O_3（%）	5.99	11.07	15.84	23.78	18.15	19.94	14.58	13.92	19.89
Fe_2O_3（%）	4.55	25.88	22.37	9.67	7.3	10.37	12.27	5.25	7.2
CaO（%）	34.44	23.58	2.84	10.01	6.72	11.32	14.05	9.5	5.54
MgO（%）	11.0	0.86	0.87	2.27	1.31	1.94	2.64	1.85	3.41

续表

煤质参数	准东煤（神华五彩湾）	神府东胜煤	晋北烟煤	华亭烟煤	靖远烟煤	霍林河褐煤	宝日希勒褐煤	扎赉诺尔褐煤	胜利褐煤
Na_2O（%）	4.86	0.88	2.02	0.75	0.53	2.68	0.66	0.7	0.62
K_2O（%）	0.47	0.24	2.02	1.53	2.55	2.68	1.78	1.86	1.67
SO_3（%）	35.85	3.78	0.9	2.31	2.31	7.35	5.89	3.44	3.59

16-5 简述五彩湾矿区煤样的工业分析、元素分析及发热量统计情况。

答：五彩湾矿区A煤组平均厚度为3.95m，B煤组平均厚度为60.15m，A煤组样本数超过10个，B煤组样本数超过300个。根据样本数分析五彩湾矿区煤质指标最大值、最小值和均值变化，五彩湾矿区工业分析、元素分析、发热量统计结果见表16-3，可见五彩湾矿区煤样具有灰分低和挥发分高的特点，且可磨性较好。

表16-3　五彩湾矿区工业分析、元素分析、发热量统计结果

煤组	统计情况	工业分析（%）			元素分析（%）				发热量（MJ/kg）		HGI
		M_{ad}	A_d	V_{daf}	C_{daf}	H_{daf}	N_{daf}	O_{daf}	$Q_{gr,d}$	$Q_{net,d}$	
B煤组	最小值	2.59	3.92	29.58	66.38	3.11	0.57	6.87	21.68	22.10	72
	最大值	32.64	34.47	45.04	81.30	5.91	1.56	30.93	34.44	28.43	132
	均值	12.95	10.85	34.40	77.26	3.81	0.79	17.07	27.48	25.29	96
	样品量	304	304	304	136	148	79	79	251	188	102
A煤组	最小值	4.12	5.39	37.16	75.22	4.65	1.12	15.47	24.37	20.34	
	最大值	15.19	20.63	53.90	77.14	5.91	1.56	17.91	32.53	27.09	
	均值	11.01	12.25	46.84	76.88	5.43	1.30	16.18	27.29	24.47	
	样品量	14	14	14	13	13	13	13	13	9	

16-6 简述五彩湾矿区煤灰熔融温度情况。

答：表16-4为五彩湾矿区煤灰熔融温度汇总表，统计结果表明准东五彩湾煤的煤灰熔融温度总体较低，且A煤组平均煤灰熔融温度高于B煤组。

表16-4　五彩湾矿区煤灰熔融温度汇总表

煤组	统计情况	煤灰熔融温度（℃）			
		DT	ST	HT	FT
B煤组	最小值	1020	1030	1040	1050
	最大值	1471	1486	1492	>1500
B煤组	均值	1159	1188	1207	1232
	样品量	108	108	87	108
A煤组	最小值	1020	1060	1060	1070
	最大值	1320	1340	1350	1370
	均值	1210	1240	1254	1276
	样品量	11	11	8	11

16-7 简述五彩湾矿区煤灰成分情况。

答： 五彩湾矿区煤灰成分统计结果见表16-5，可见五彩湾矿区煤灰中Fe_2O_3、CaO、Na_2O等碱性氧化物平均值分别为10%左右、17%以上、3.8%以上，具有严重的结渣和沾污倾向。

表16-5 五彩湾矿区煤灰成分统计结果 %

煤组	统计情况	煤灰成分										
		SiO_2	Al_2O_3	Fe_2O_3	CaO	MgO	SO_3	TiO_2	K_2O	Na_2O	P_2O_5	MnO_2
B煤组	最小值	6.48	3.18	2.59	3.25	1.63	0.92	0.12	0.22	0.14	0.02	0
	最大值	66.54	25.32	26.79	37.47	26.69	30.77	27.74	1.51	11.23	1.53	0.54
	均值	30.93	11.45	10.93	17.68	5.53	13.74	1.92	0.72	3.89	0.18	0.16
	样品量	108	108	108	108	108	108	108	83	83	81	81
A煤组	最小值	12.64	11.24	2.16	4.36	1.2	0.46	0.29	0.42	0.64	0.07	0.034
	最大值	58.15	28.06	20.98	30.28	5.44	18.74	1.55	1.91	5.42	0.19	0.79
	均值	38.48	19.47	9.71	15.33	3.46	8.1	0.99	1.05	1.77	0.13	0.2
	样品量	11	11	11	11	11	11	11	8	8	8	8

16-8 简述五彩湾矿区煤中有害元素含量。

答： 五彩湾矿区煤中有害元素含量汇总见表16-6，可见五彩湾矿区的有害元素含量总体较低。

表16-6 五彩湾矿区煤中有害元素含量汇总

煤组	统计情况	$S_{t,d}$（%）	微量元素			
			P_d（%）	F_d（μg/g）	Cl_d（%）	As_d（μg/g）
B煤组	最小值	0.001	0	6	0.01	0
	最大值	3.2	0.045	127	0.84	10
	均值	0.53	0.014	35	0.047	3
	样品量	265	287	219	235	229
A煤组	最小值	0.23	0.002	31	0.031	2
	最大值	0.93	0.064	102	0.038	8.5
	均值	0.64	0.02	52	0.035	5
	样品量	12	12	7	7	7

16-9 简述准东煤的煤灰成分及煤灰熔融温度特点。

答： 对国内典型烟煤（67组，其中19组灰熔融温度小于1300℃，48组灰熔融温度大于1300℃）、褐煤（20组，其中19组灰熔融温度小于1300℃，1组灰熔融温度大于1300℃）以及准东煤（66组，其中41组灰熔融温度小于1300℃，25组灰熔融温度大于1300℃）的煤灰熔点和煤灰成分进行了统计，具体见表16-7。准东煤与国内典型烟煤和褐煤的平均煤灰成分比较，呈现的主要特点如下：

（1）SiO_2、Al_2O_3 酸性氧化物偏低。

（2）Fe_2O_3、CaO、MgO、Na_2O 碱性氧化物偏高，其中 MgO 的平均值甚至高于国内典型烟煤和褐煤的最高值。

需要注意的是由于准东煤灰成分的特殊性，将导致其煤灰成分对灰熔融性的影响规律有别于已有的研究结果。虽然准东煤的平均煤灰熔融温度高于国内典型褐煤或者低灰熔融性烟煤，但在锅炉燃烧过程中均表现出比褐煤锅炉和低灰熔融性烟煤锅炉更严重的结渣性。因此，不能仅凭煤灰熔融温度判别准东煤结渣性能的强弱。

表 16-7　准东煤与国内典型烟煤和褐煤的煤灰成分 %

煤灰成分	烟煤			褐煤			准东煤		
	最低	最高	平均	最低	最高	平均	最低	最高	平均
SiO_2	19.91	80.88	45.92	10.16	56.42	47.89	1.07	57.85	27.91
Al_2O_3	8.76	48.60	26.55	5.64	31.38	17.20	4.15	22.88	10.74
Fe_2O_3	1.15	64.50	7.64	4.67	21.34	9.36	3.80	28.64	11.37
CaO	0.57	30.41	9.84	5.03	39.02	10.27	4.47	55.88	21.37
MgO		3.15	1.54	0.11	2.43	3.69	1.61	13.50	7.07
P_2O_5	0.01	4.88		0.04	2.53				
Na_2O		9.57	0.65	0.09	11.38	2.36	2.74	15.92	5.88
K_2O		9.57	1.03	0.09	11.38	1.44	0.16	2.56	0.77
TiO_2	0.15	5.36	0.96	0.28	3.76	0.90	0.01	0.68	1.33
SO_3	0.07	13.43	4.01	0.63	35.16	6.15	0.55	35.85	13.49
MnO_2			0.09			0.07	0.04	0.42	0.12

16-10　简述准东煤碱酸比 B/A 与灰熔融性的相关性。

答： 相关研究指出，碱酸比 B/A 对煤灰软化温度 ST 的影响总体趋势：随着 B/A 增大，软化温度 ST 有升高的趋势。图 16-2 是准东煤 B/A 与软化温度 ST 的相关性，可见：

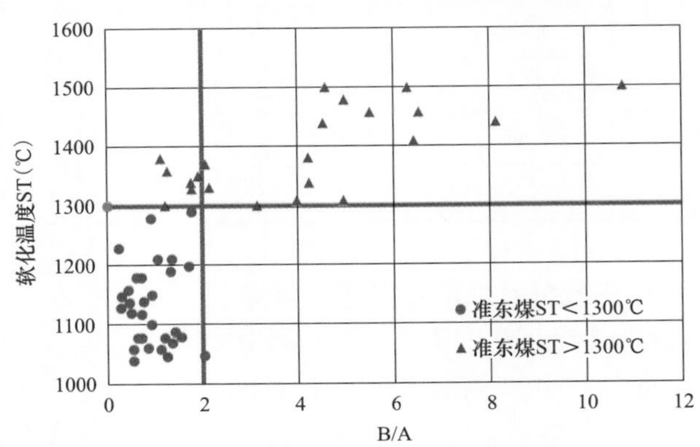

图 16-2　准东煤 B/A 与软化温度 ST 的相关性

（1）当 B/A＞2 时，灰软化温度 ST 大都在 1300℃以上，且随着 B/A 增加灰软化温度 ST 有升高的趋势。

（2）当 B/A＜2 时，B/A 与灰软化温度 ST 的相关性并不明显，但灰软化温度 ST 大都小于 1300。

（3）对于准东煤碱性氧化物，尤其是碱土金属氧化物含量较高是导致其灰熔融温度较高的主要原因。但碱性氧化物含量的增加会增加炉膛结渣和锅炉高温受热面的沾污积灰速度。

16-11 简述准东煤 B/（B+A）与灰熔融性的相关性。

答：图 16-3 是准东煤以及国内典型烟煤和褐煤灰的软化温度 ST 与 B/（B+A）的相关性，可见：

（1）国内典型烟煤和褐煤以及准东煤有明显的分布区域差异：

1）国内烟煤和褐煤灰的软化温度 ST 在 1300℃以上的煤种主要分布在Ⅳ区域，且 B/（B+A）都小于 0.2；准东煤灰的软化温度 ST 在 1300℃以上的主要分布在Ⅱ和Ⅲ区域，且 B/（B+A）都大于 0.5。可见准东煤和国内的典型高灰熔融性煤的分布区域截然不同。

2）国内烟煤和褐煤灰的软化温度 ST 在 1300℃以下的主要分布在Ⅰ和Ⅴ区域，该区域和准东煤灰的软化温度 ST 小于 1300℃重合，对应 B/（B+A）基本都在 0.2～0.7，只是准东煤Ⅴ区域分布概率更高。

（2）国内典型烟煤和褐煤灰的软化温度 ST 总体趋势是随着 B/（B+A）的升高，煤灰软化温度 ST 有下降趋势；而对于准东煤则反之，随着 B/（B+A）的升高，煤灰的软化温度 ST 有上升趋势。

由图 16-3 可见，可以通过煤灰中的 B/（B+A）含量进行准东煤灰的软化温度 ST 的初级判断：

当 B/（B+A）＜0.5 时，ST＜1300℃；

当 B/（B+A）≥0.7 时，ST≥1300℃；

当 0.5≤B/（B+A）＜0.7 时，灰熔融性很难判别，需通过实验确定。

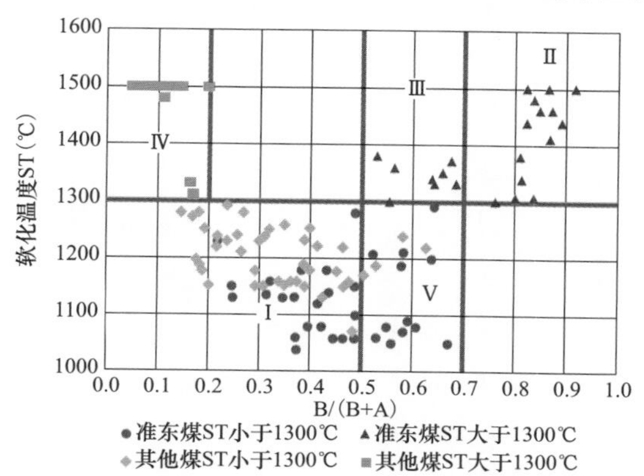

图 16-3 准东煤以及国内典型烟煤和褐煤灰的软化温度 ST 与 B/（B+A）的相关性

16-12 简述准东煤的着火性能。

答：准东煤的煤粉气流着火温度 IT 通常小于 550℃，属于极易着火等级。图 16-4 为准东煤与国内典型烟煤及褐煤的煤粉气流着火温度IT比较，可见准东煤的着火性能介于典型烟煤和褐煤之间，着火性能优良。

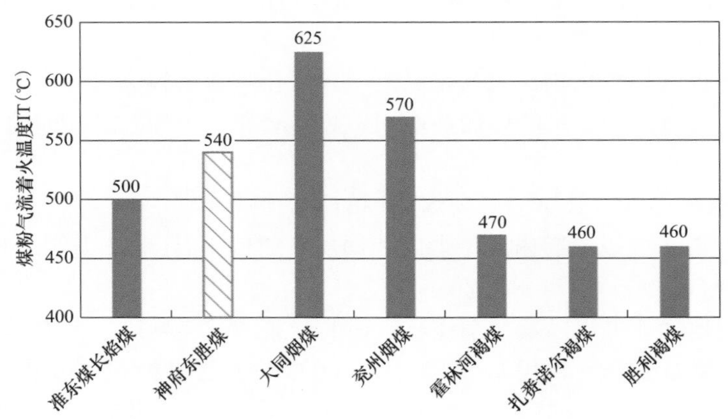

图16-4　准东煤与国内典型烟煤及褐煤的煤粉气流着火温度IT比较

16-13　简述准东煤的燃尽性能。

答：准东煤的一维火焰炉燃尽率 B_p 通常都在99%以上，属于极易燃尽等级，图16-5为准东煤与国内典型烟煤及褐煤的一维火焰炉燃尽率 B_p 比较，可见准东煤的燃尽性能优于常规烟煤，较常规褐煤略微偏差，总体燃尽性能介于烟煤和褐煤之间。

16-14　简述准东煤的结渣性能。

答：图16-6为几种典型准东煤的一维火焰炉渣棒渣型图，从右往左数，依次为炉膛第一级到炉膛第六级。计算得出准东煤的一维火焰炉结渣指数 S_c 通常大于1，属于严重结渣等级，一维火焰炉从上到下沿烟气流程的前两级或者前三级的渣棒渣型都呈现最为严重的熔融状态，可见准东煤的结渣性能严重，且不同矿区煤种的结渣性能也有所不同；因此不同的准东煤和同样比例的低钠煤或者高岭土等掺烧后混煤的结渣性能也有所不同。

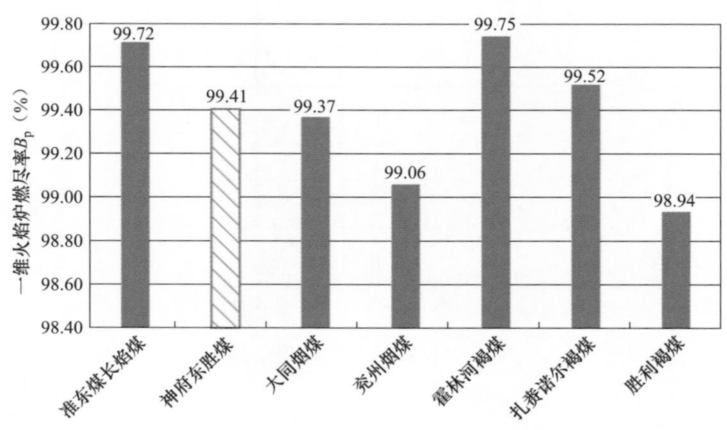

图16-5　准东煤与国内典型烟煤及褐煤的一维火焰炉燃尽率 B_p 比较

(a) (b) (c) (d)

图 16-6 几种典型准东煤的一维火焰炉渣棒渣型图

(a) 准东 1；(b) 准东 2；(c) 准东 3；(d) 准东 4

16-15 简述准东煤的沾污性能。

答：按照 T/CESS 0054《煤灰沾污特性的测定及判别 烧结法》对四个不同矿区的准东煤（分别以准东 1、准东 2、准东 3、准东 4 区分，具体煤灰成分测试结果参见表 16-8）进行了煤灰烧结比例测试，具体测试结果见图 16-7。可见，不同矿区准东煤的沾污性能有所不同，准东 3 在整个温度段内的烧结比例均较其他煤种偏低，沾污性相对最弱，主要与其钠含量较低有关；其次是准东 1，应与其煤灰中 Fe_2O_3 和 CaO 含量较低有关；准东 4 最为严重，在 1000℃时的烧结比例已大于 90%，发现除了煤灰中 Na_2O 含量较高外，煤灰中的 Fe_2O_3 和 CaO 含量也较高；次严重为准东 2。

表 16-8 不同准东煤的灰成分特点

项目	准东 1	准东 2	准东 3	准东 4
SiO_2（%）	38.49	53.06	31.51	32.05
Al_2O_3（%）	17.05	24.26	17.04	14.15
Fe_2O_3（%）	7.28	6.63	15.39	14.03
CaO（%）	14.73	4.08	13.24	17.14
MgO（%）	5.87	3.40	4.17	5.46

续表

项目	准东 1	准东 2	准东 3	准东 4
Na_2O（%）	3.00	7.12	5.39	4.08
K_2O（%）	0.22	2.11	0.24	0.21
TiO_2（%）	0.82	0.64	1.29	0.76
B（%）	31.10	23.34	38.43	40.92
B/A	0.55	0.30	0.77	0.87
B/A·Na_2O	1.66	2.13	4.16	3.56

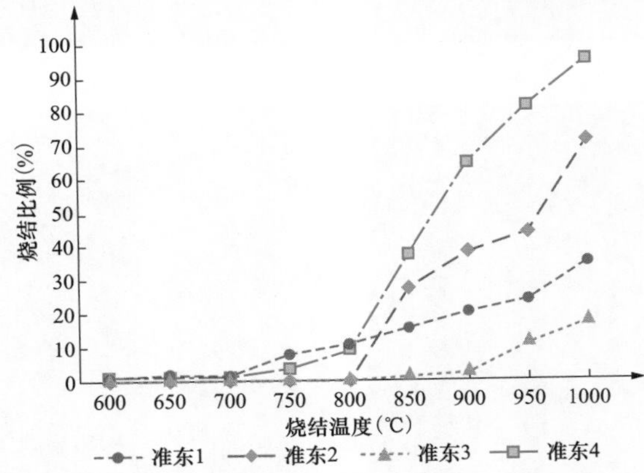

图 16-7　不同矿区准东煤灰烧结比例测试结果

16-16　简述准东五彩湾煤与低钠乌东煤混煤的着火性能。

答：图 16-8 为准东五彩湾煤掺烧低钠乌东煤后着火温度 IT 的变化情况。可见，乌东煤的着火温度较五彩湾煤高，随着乌东煤掺烧比例的增加，混煤的着火温度呈上升趋势。但总体而言，混煤均为极易着火煤种，着火性能优良，掺烧新疆地区低钠乌东煤对准东五彩湾煤着火性能影响不大。

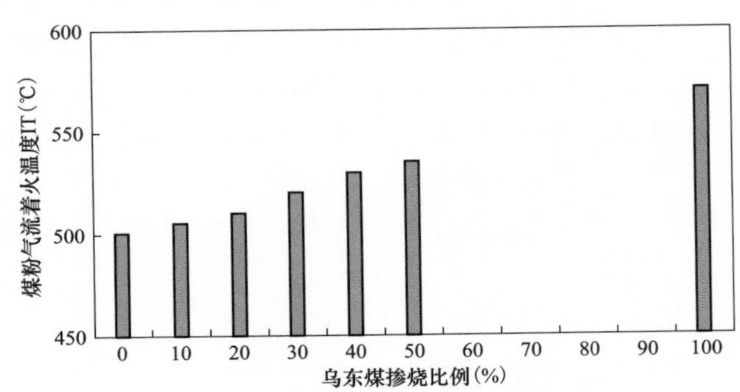

图 16-8　准东五彩湾煤掺烧低钠乌东煤后着火温度 IT 的变化情况

16-17　简述准东五彩湾煤与低钠乌东煤混煤的燃尽性能。

答：图 16-9 为准东五彩湾煤掺烧低钠乌东煤后一维火焰炉燃尽率 B_p 的变化情况，可见，乌东煤的燃尽性能较五彩湾煤偏差，随着乌东煤掺烧比例的增加，混煤的燃尽率呈下降趋势，但总体而言，混煤燃尽性能优良，均为极易燃尽煤种，掺烧新疆地区低钠乌东煤对准东五彩湾燃尽性能影响不大。

16-18 简述准东五彩湾煤与低钠乌东煤混煤的结渣性能。

答：图 16-10 为准东五彩湾煤掺烧低钠乌东煤后混煤的一维火焰炉结渣指数 S_c 的变化情况。可见，由于两种掺配煤均为严重结渣煤种，掺烧后混煤仍为严重结渣。需要注意的是准东煤的结渣速度更快，且准东煤的强结渣和强沾污性相互影响，进一步加剧结渣和沾污。

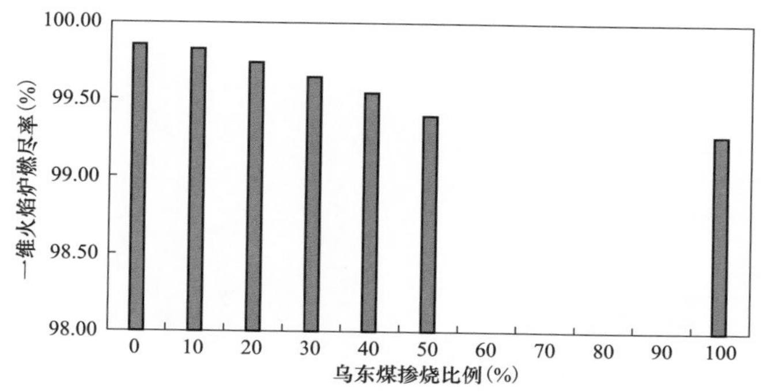

图 16-9 准东五彩湾煤掺烧低钠乌东煤后一维火焰炉燃尽率 B_p 的变化情况

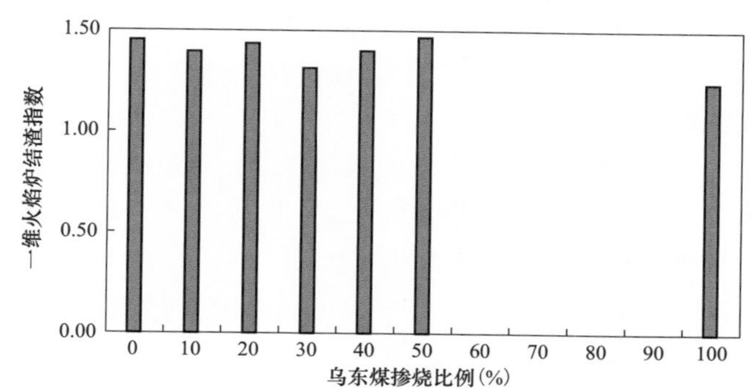

图 16-10 准东五彩湾煤掺烧低钠乌东煤后混煤的一维火焰炉结渣指数 S_c 的变化情况

16-19 简述准东煤与低钠煤掺烧后受热面不同沾污层的煤灰成分变化。

答：相关研究表明，准东煤高钠煤贴近管壁（沾污层）和远离管壁（浮灰层）的沾污层所含物质是不同的，通常沾污层中 Na_2O 含量较原煤有所升高，且原煤灰中 Na_2O 含量越高，沾污层 Na_2O 的富集越明显，主要原理是钠在高温下挥发，挥发的钠通过沾污层渗透到温度较低的受热面管壁并冷却和积聚，最终导致受热面沾污内层的 Na_2O 升高。且当煤中 Na_2O 含量较高时，沾污层对 SO_3 有捕捉作用。另外，沾污内层的 Na_2O 对 SO_3 有补集作用，对于准东高钠煤，无论是沾污层还是浮灰层中 SO_3 含量明显较原煤升高。通过大量的准东煤锅炉的现场取样测试结果也发现沾污层有大量硫酸盐。

图 16-11 为掺烧低钠煤后沾污层和浮灰层中 Na_2O 及 B/A · Na_2O 的分布规律，可见准东煤掺烧低钠煤后，混煤在对流受热面管壁上积灰内层的 Na_2O 富集减弱，表明掺烧低钠煤可显著降低准东煤的沾污程度。

16-20 简述准东煤与低钠煤混煤的煤灰烧结比例测试情况。

答：图 16-12 是不同煤种在不同温度下的烧结比例测试结果，可见：

（1）天池能源煤和五彩湾煤的沾污特性最强，且天池能源煤的沾污性能强于五彩湾煤，天池能源矿煤在 700℃左右开始烧结，而五彩湾煤在 950℃左右开始烧结。

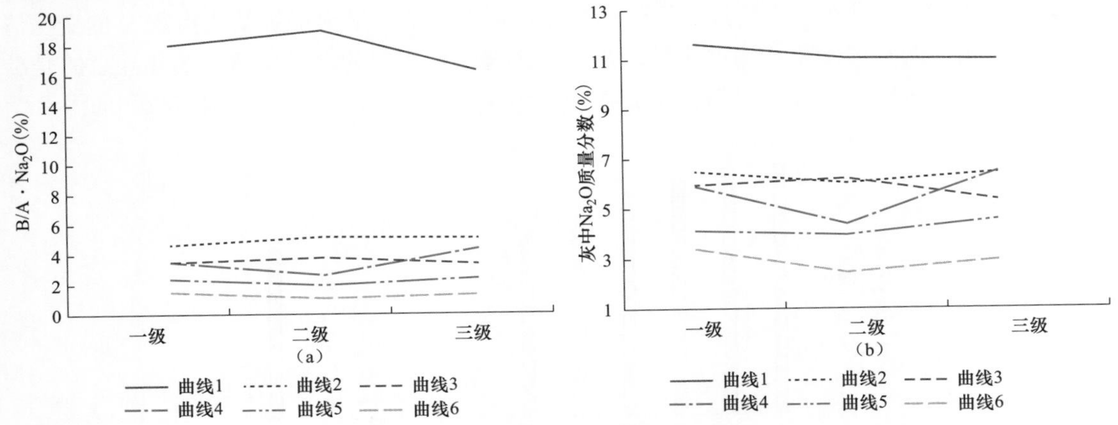

图 16-11 掺烧低钠煤后沾污层和浮灰层中 Na_2O 及 B/A · Na_2O 的分布规律

（a）B/A · Na_2O 的分布规律；（b）Na_2O 的分布规律

（2）对于神府东胜煤等中低沾污煤种，烧结起始温度高，烧结比例低。

（3）由于天池能源煤的沾污性能强于五彩湾煤，掺烧同样比例的低钠乌东煤时，五彩湾煤掺烧效果优于天池能源煤。

五彩湾：乌东=8:2、五彩湾：乌东=7:3 以及天池能源：乌东=8:2 大约在 1150℃开始烧结；而五彩湾：乌东=5:5 在 1150℃还未有明显烧结现象，也从另一个方面说明掺烧低钠煤可有效缓解准东煤沾污，且低钠煤掺烧比例越高效果越好。

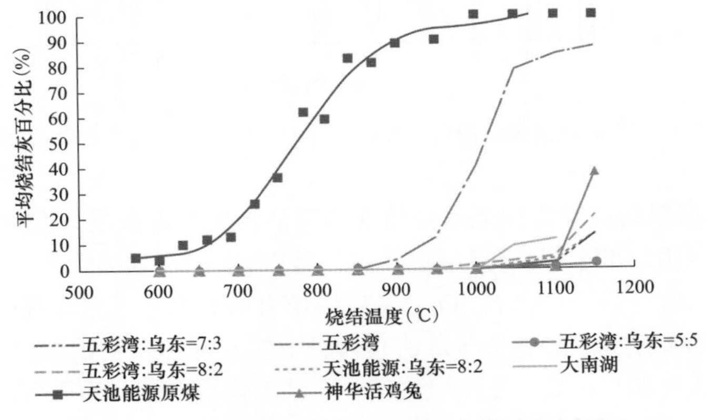

图 16-12 不同煤种在不同温度下的烧结比例测试

16-21 简述准东煤在火电厂的结渣沾污特点。

答：锅炉在燃用准东煤时会出现严重结渣和沾污情况，具体如下：

（1）不同类型、不同容量锅炉燃用准东煤均会出现结渣、沾污问题。无论是电站煤粉锅炉还是循环流化床锅炉，目前均无法实现全烧准东煤。

（2）炉膛至空气预热器区域的所有受热面均可能发生不同程度的结渣、沾污。实际运行情况表明，目前锅炉在准东煤比例过高时均出现炉膛水冷壁、屏区结渣（电站煤粉锅炉）以及对流受热面沾污（所有类型锅炉）等现象，常规蒸汽吹灰器难以有效清除燃用准东煤形成的焦渣，极易出现冷灰斗堆渣、除渣系统卡涩、超温限负荷、烟道堵塞等问题，严重时被迫停炉。

（3）电站煤粉锅炉燃用准东煤时，水冷壁区域结渣的突出特点是速度快、范围广，但渣层厚度小，到一定厚度后管内介质温度对渣层表面温度影响减弱，渣层表面温度接近炉膛内高温烟气温度，渣层表面即开始呈熔融状态，俗称“流焦”。熔融渣流到冷灰斗区域会后因温度降低而冷凝堆积，极易形成大渣块或堵塞冷灰斗，这是造成锅炉非停的最主要因素。

（4）不管是电站煤粉锅炉还是循环流化床锅炉，大比例燃用甚至全烧准东煤时对流受热面均存在严重沾污问题，沾污严重区域主要是烟气温度在 600℃以上的受热面，部分锅炉也存在低温过热器、低温再热器甚至省煤器严重沾污问题。沾污的主要表现形式是管壁挂渣（严重时管间搭桥堵塞烟气流道）、水平烟道堆渣。

新疆某电厂掺烧准东煤，在锅炉运行 15 天之后，发现锅炉整体被焦渣堵死，从炉膛到水平烟道过热器、再热器，再到尾部受热面低温再热器、低温过热器、省煤器，均出现大面积结渣，受热面结渣沾污“搭桥”现象严重，甚至在受热面管子迎风侧也大量出现沾污结渣现象，爆管现象频发，停炉后进行清理发现结渣非常坚硬，难以处理。受热面沾污层的煤灰成分结果显示，靠近管壁侧的灰层具有明显的 Na 元素富集，准东煤锅炉的结渣沾污情况见图 16-13。

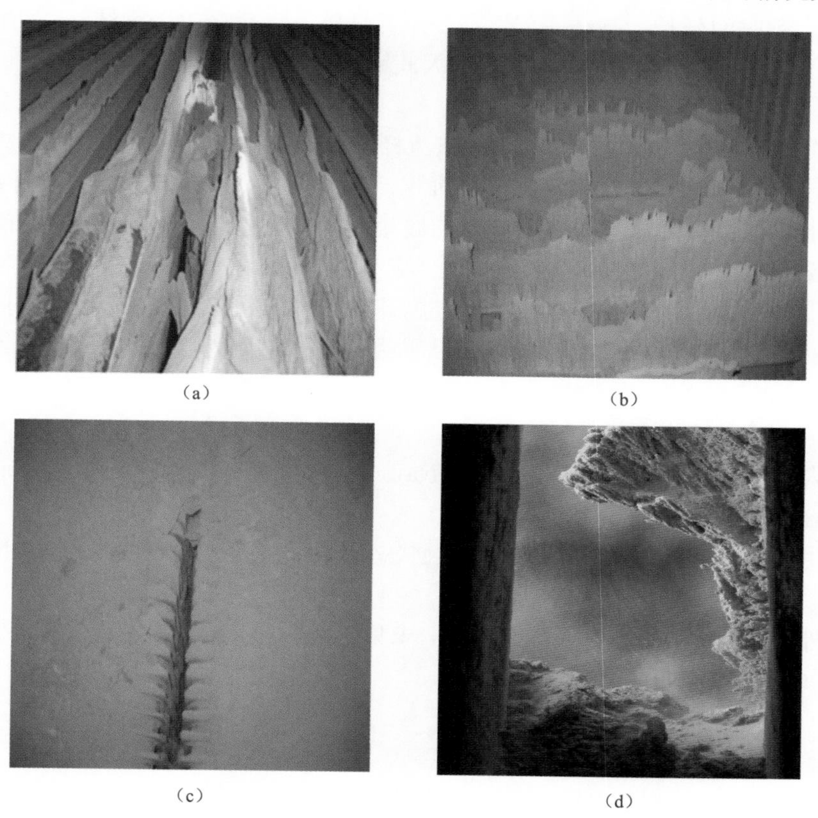

图 16-13 准东煤锅炉的结渣沾污情况

（a）高温过热器结渣沾污；（b）低温过热器结渣沾污；（c）省煤器沾污积灰；（d）炉膛结渣

16-22 准东煤在大型电站煤粉锅炉燃烧时存在的主要问题有哪些？

答：准东煤具有着火温度低、燃尽率高、燃烧经济性好、污染物排放低等优点，是优良的动力用煤，符合我国节能减排的目标。与国内其他严重结渣煤种相比，燃烧准东煤存在如下问题：

（1）准东煤具有灰中 Na_2O 和 CaO、Fe_2O_3 含量高，SiO_2 和 Al_2O_3 含量低，煤的结渣性极强。

（2）准东煤反应活性高，极易着火，剧烈燃烧的火焰温度高，会加剧燃烧器喷口、水冷壁结渣程度。

（3）准东煤易导致严重的沾污、结渣和腐蚀问题，影响机组连续安全稳定运行。

现有电站煤粉锅炉技术难以保证高负荷下长期100%燃用准东煤的安全运行，严重时出现大量流焦现象或者尾部烟道堵塞，不得不停炉清理，严重限制了准东煤的安全燃用比例和燃用经济性。

16-23 简述准东煤锅炉在不同受热面的结渣和沾污特点。

答：研究认为，准东煤中的碱金属含量偏高是造成炉膛及对流受热面结渣、沾污的根本原因。煤中碱金属气化温度低，在炉膛内高温区产生气化，此后遇到低温受热面或烟气温度降低时发生凝结，沉积在受热面上，与 S、Si 等矿物质形成低温共熔体，进一步黏附烟气中飞灰，产生沾污。经吹灰后，表层浮灰可吹掉，但高钠底层由于黏结性强，无法靠吹灰清除，随着锅炉运行时间延长，黏结底层逐渐变厚并烧结，最后产生严重结渣、沾污。煤灰中碱金属含量大于3%即存在炉膛内沾污风险；因此锅炉大比例燃用准东煤普遍会产生结渣、沾污问题。

图 16-14 为五彩湾电厂锅炉不同受热面灰渣样品分析结果，可见：

（1）水冷壁、低温过热器及末级再热器沉积样硬度较大，屏式过热器沉积样结构疏松。高温区域沉积样（水冷壁及屏式过热器）以硅酸盐/硅铝酸盐为主，中低温区域沉积样（末级再热器及低温过热器）以硫酸盐为主。

（2）碱金属在末级再热器出现明显富集，且末级再热器沉积样品结构分层明显，沾污最为严重，Na 含量高于其他区域，且 Na 含量从贴近管壁内层到外层逐渐降低，同时 Ca 含量逐渐增加。

（3）末级再热器沉积样品中：

1）沾污内层 FR-I 成熔融状态，主要以 Na_2SO_4 为主，$CaSO_4$ 含量稍低于 Na_2SO_4，含有较少的 Na（$AlSi_3O_8$）和 Na_3Fe（SO_4）$_3$；

2）沾污中间层 FR-M 呈熔融状态/半熔融状态，组成主要以 $CaSO_4$ 为主，Na_2SO_4 及 Na（$AlSi_3O_8$）含量均小于 FR-I；

3）沾污外层 FR-O 则由小颗粒聚合而成，未见熔融颗粒，组成以 $CaSO_4$ 和 Na_2SO_4 为主，并含有 SiO_2、$CaSiO_3$ 和 Na（$AlSi_3O_8$）。

16-24 简述准东煤锅炉的结渣机理及危害。

答：高钠准东煤进入炉膛内燃烧后，燃烧过程中 Na、NaOH、NaCl、Na_2O 等从煤中释放出来，在高温条件下，Na、Ca 和 Si 等发生反应生成具有较强黏性的低温共融化合物（熔融硅铝酸钠）冷凝在温度较低的受热面，在水冷壁上形成熔融状的结渣底层。而后与高熔点物质如石英、莫来石等共熔，形成熔融结渣，并捕获烟气中的其他颗粒，使渣层逐渐加厚而促进结渣过程。由于碱金属是以气态形式存在于烟气中，只要与烟气接触的水冷壁都有可能出现碱金属化合物熔渣层，因此准东煤锅炉的一个突出特点是整个炉膛均有结渣，基本没有死角。当结渣层达到一定厚度后水冷壁吸热减少，渣层温度接近火焰温度，使得整个结渣层均呈熔融状并沿水冷壁向下流，因此燃用准东煤的锅炉水冷壁上虽结渣区域大但不易形成很厚的渣层。

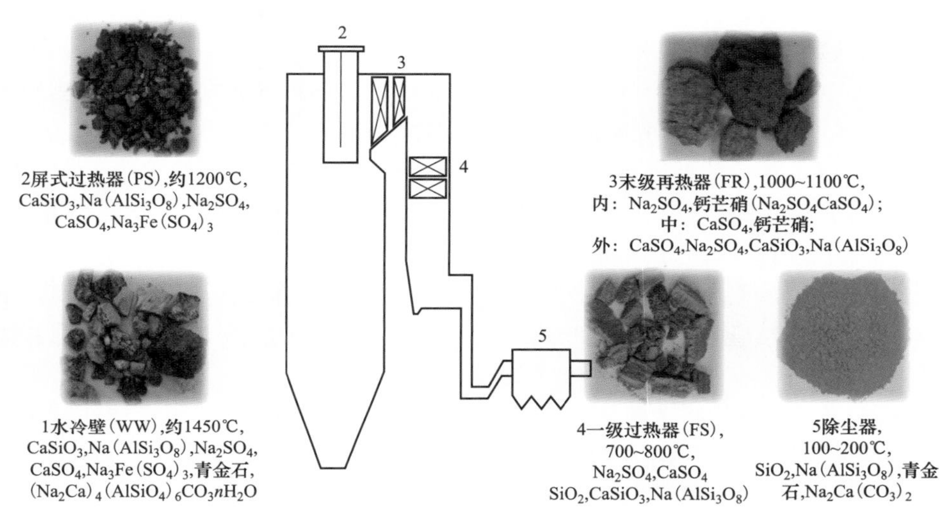

图 16-14 五彩湾电厂锅炉不同受热面灰渣样品的化合物分析结果

熔渣顺水冷壁向下流到冷灰斗后由于温度降低而凝固，若不能及时掉落则有可能导致冷灰斗处的凝渣越来越多，严重时堵塞冷灰斗，导致停炉。冷灰斗上出现大渣块危及锅炉正常运行是燃用准东煤的锅炉普遍存在的问题。

16-25 简述准东煤的沾污机理。

答：沾污是指高温条件下煤灰中易挥发物质挥发后，遇到对流受热面（过热器、再热器）后凝结。对于含有较多碱金属钠的燃料，其所含钠的氧化物在高温（700℃以上）燃烧环境中发生升华，冷凝在换热面壁面上，然后再与烟气中的二氧化硫、氧化铝、氧化铁等化合，形成各种硫酸盐，例如硫酸钠（Na_2SO_4）、复合硫酸钠盐［$Na_3Fe(SO_4)_3$］和焦硫酸钠（$Na_2S_2O_7$）等密实黏结沉淀层，该种现象称为煤的高温沾污。

随着烟气温度降低，熔点高的灰分先行转化为灰颗粒，而碱金属由于熔点低其凝结过程要滞后一些，故初期灰颗粒中碱金属很少，随着烟气温度进一步降低，碱金属化合物开始冷凝，部分直接黏附到受热面上形成沾污底层，并不断吸附碰触到受热面的灰颗粒，造成受热面沾污。当对流受热面近壁面区域的烟气温度越低，特别是在烟气温度低于碱金属化合物的熔融温度时，碱金属化合物对受热面的沾污就会明显减弱，此时对流受热面发生沾污的概率就会降低。

16-26 准东煤锅炉受热面结渣和沾污的影响因素有哪些？

答：准东煤锅炉受热面结渣和沾污的影响因素主要包括：

（1）煤质因素：准东煤中碱及碱土金属元素含量高是造成燃用准东煤锅炉结渣、沾污严重的主要原因。煤灰中 Na_2O 对准东煤的结渣及沾污影响最大，其次是煤灰中的其他碱性氧化物（如 CaO、Fe_2O_3、MgO），通常此类物质越高，准东煤的结渣和沾污性能越强。

（2）设备因素：包括锅炉及制粉系统的设计。

（3）运行参数：

1）合适的煤粉细度：准东煤极易着火燃烧，煤粉过细易造成燃烧器喷口结渣，但煤粉过粗又容易导致灰颗粒贴壁引起水冷壁结渣。

2）合适的炉膛空气动力场：避免煤粉气流着火过早、煤粉气流刷墙、炉膛偏烧等问题，良好的空气动力场应能有利于形成风包粉燃烧，减轻结渣。

3）合适的烟气流速：使烟道热流分布更均匀，可减小对流受热面发生沾污的可能性。

4）管壁温度：管壁温度升高，沾污层灰中 Na_2O 含量及 B/A·Na_2O 显著升高，高壁温时壁温对 Na_2O 的沉积起主导作用，低壁温时烟气温度对 Na_2O 的沉积起主导作用。

5）烟气温度：在烟气温度大于 1000℃的区域，由于碱金属仍处于挥发状态，以硅铝酸盐的沉积为主，进而造成结渣问题；在较低烟气温度区间，硫酸盐的沉积是造成沾污的主要因素。

16-27 缓解准东煤锅炉结渣和沾污的措施有哪些?

答：缓解准东煤锅炉结渣和沾污的措施主要包括：

（1）在长期高负荷运行的情况下，目前所有锅炉需要掺烧部分低钠煤或高岭土等添加剂，降低入炉煤灰中 Na_2O、CaO、Fe_2O_3 含量，提高 SiO_2、Al_2O_3 含量，具体掺烧比例需通过试验确定。

（2）优化锅炉运行参数，具体内容如下：

1）优化制粉系统运行参数：首先要完成磨煤机各一次风粉管道的一次风调平，防止一次风不平导致出现局部高温及动力场紊乱。此外要选用合理的煤粉细度，既要避免煤粉过细引起喷口结渣或烧损，又要防止煤粉过粗引起水冷壁结渣及火焰中心上移导致对流受热面结渣。

2）通过炉膛冷态空气动力场测试、调整，优化炉膛内气固流场。

3）优化燃烧系统运行参数：通过燃烧试验确定合理的运行氧量、二次风配风方式（尤其是分离燃尽风开度）、一次风速、周界风开度等。尽量通过燃烧调整消除炉膛内燃烧偏差、炉膛出口烟气温度偏差、局部高温，尽量降低炉膛出口烟气温度。

4）优化吹灰系统运行方式：通过吹灰试验，确定易结渣、易沾污部位，有针对性加强上述部位吹灰。对于大比例燃用准东煤的锅炉，通过试验可适当提高吹灰蒸汽压力及频率。

（3）进行必要的设备改造：对于设计煤不是准东煤的锅炉改烧准东煤，需首先对现有设备与准东煤的匹配性进行评估，查找设备不足，进行必要的设备优化改造。新疆地区早期火力发电机组多是针对常规烟煤设计的，普遍存在制粉系统干燥出力不足、燃烧系统适应性差、吹灰器布置偏少等问题，也有部分机组存在制粉系统碾磨出力不足问题等，需根据设备情况针对性采取措施进行升级改造。

（4）对于新建准东煤锅炉开展针对性设计：对于新建准东煤锅炉，应在设计过程中充分考虑准东煤极强的结渣和沾污特性，采用尽量低的容积热强度、燃烧器区域壁面热强度、炉膛断面热强度，增大炉膛高度，布置足够的吹灰器，采用防结渣能力更好的燃烧器，拉大对流受热面管间距，比常规锅炉多增加一台磨煤机等。

16-28 简述五彩湾准东煤腐蚀的特点。

答： 当煤中 Cl 元素含量（空气干燥基）低于 0.3%时，可忽略锅炉中的氯腐蚀问题，五彩湾准东煤 Cl 元素含量仅为 0.06 %，可不必考虑锅炉的氯腐蚀问题。当煤中 S 元素含量低于 1.5%时，对锅炉的硫腐蚀较弱，五彩湾准东煤 S 元素含量不高于 0.95%，对锅炉的硫腐蚀问题按常规考虑即可。

16-29 准东煤锅炉结渣、沾污、腐蚀重点防控因素有哪些？

答： 准东煤锅炉结渣、沾污、腐蚀重点防控因素见表 16-9。

表 16-9 准东煤锅炉结渣、沾污、腐蚀重点防控因素

<table>
<tr><th>防控因素</th><th>结渣</th><th>沾污</th><th>低温积灰</th><th colspan="2">腐蚀</th></tr>
<tr><td>炉膛内发生部位</td><td>炉膛、水冷壁</td><td>对流受热面</td><td>尾部烟道低温受热面</td><td colspan="2">高温受热面</td></tr>
<tr><td>影响因素</td><td>（1）煤的燃烧特性；
（2）煤粉细度；
（3）炉膛内空气动力场；
（4）炉膛热强度；
（5）吹灰器布置；
（6）灰渣的熔融特性</td><td>（1）灰的沾污特性；
（2）燃尽高度；
（3）吹灰器布置；
（4）烟气温度、壁温；
（5）管材属性及表面处理；
（6）烟气流速分布；
（7）烟道热流分布均匀性</td><td>（1）煤的积灰特性；
（2）受热面布置；
（3）传热</td><td>煤中 Cl 元素含量</td><td>煤中 S 元素含量</td></tr>
</table>

16-30 简述准东煤锅炉防结渣和防沾污的优化设计。

答： 根据已投运燃用准东煤的锅炉设计特点和运行情况，准东煤锅炉优化设计的主要方向包括：

（1）炉膛特性参数选取：一般认为炉膛容积热强度、炉膛截面热强度、燃烧器区壁面热强度、燃尽高度（最上层燃烧器中心与屏下缘距离）这四个参数与锅炉的结渣特性密切相关。随着煤结渣特性趋于严重，上述三个热强度参数应随之减小；而为了减缓屏式过热器或大屏区域的结渣，燃尽高度应随之增加。

（2）烟气温度：选取较低的屏底烟气温度和炉膛出口烟气温度。

（3）锅炉受热面设计：优化受热面管束布置，合理节距，采用合理顺、错列布置方式等。

（4）吹灰器设置：针对该煤种结渣沾污有区域性特点，需要合理选取吹灰器型式、吹灰器数量及吹灰器布置位置。

（5）锅炉磨煤机选型：由于准东煤水分波动大，选型中应适当加大磨煤机干燥出力。

（6）除渣方式：采用湿除渣方式。

（7）锅炉温度、压力、氧量测点设置：布置完善的测点，方便对炉膛出口、转向室等处运行参数进行严格监测。

16-31 简述大比例燃用准东煤的 300MW 容量等级锅炉的炉膛热强度参数。

答： 大比例燃用准东煤的 300MW 容量等级锅炉的炉膛热强度参数见表 16-10。

表 16-10　　大比例燃用准东煤的 300MW 容量等级锅炉的炉膛热强度参数

电厂	HYD	XFLY	JG	DFXW	WRD	SHWCW	TBDG
机组容量（MW）	330	360	300	350	330	350	
压力等级	亚临界					超临界	
上一次风中心距屏下缘高度（m）	19.5	19.976	19.0	20.28	19.98	23.15	20.2
下一次风中心距冷灰斗拐点距离（m）	5.46	4.597	3.45	4.02	4.59	3.14	4.863
炉膛宽度（m）	14.048	14.048	14.048	14.707	14.706	15.101	14.64
炉膛深度（m）	14.019	14.019	14.019	14.658	13.743	13.679	14.63
炉膛容积热强度（kW/m^3）	90.74	96.36	84.4	86.97	99.92	86.27	82.47
炉膛截面热强度（MW/m^2）	4.25	4.51	3.93	4.43	4.41	4.44	4.25
燃烧器区壁面热强度（MW/m^2）	1.85	1.48	1.36	1.43	1.39	1.48	1.351

16-32　简述大比例燃用准东煤的 600MW 容量等级锅炉的炉膛热强度参数。

答：大比例燃用准东煤的 600MW 容量等级锅炉的炉膛热强度参数见表 16-11。

表 16-11　　大比例燃用准东煤的 600MW 容量等级锅炉的炉膛热强度参数

项目	电　厂						
	GDHM	SHHY	SHWCW	HLWCW	TBBY	DFXW	GNZD
锅炉厂家	哈尔滨锅炉厂有限责任公司	上海锅炉厂有限公司	哈尔滨锅炉厂有限责任公司	上海锅炉厂有限公司	哈尔滨锅炉厂有限责任公司	哈尔滨锅炉厂有限责任公司	东方电气集团东方锅炉股份有限公司
炉型	Π形	塔式	Π形	塔式	Π形	Π形	Π形
燃烧方式	切圆	切圆	对冲	切圆	切圆	切圆	对冲
机组容量（MW）	660	660	660	660	660	660	660
锅炉容积热强度（kW/m^3）	63.90	62.51	50.5	64.38	59.41	54.00	59.26
锅炉截面热强度（MW/m^2）	3.92	3.83	3.735	3.84	3.98	3.74	3.80
锅炉燃烧器区壁面热强度（MW/m^2）	1.185	1.250	0.839	1.210	1.178	1.049	1.040
炉膛截面尺寸（m×m）	20.336×19.230	21.230×21.230	25.8098×16.6673	20.355×20.355	20.402×19.082	20.402×20.072	
上一次风中心与屏下缘距离（m）	22.30	29.66	27.898	28.30	27.08	27.15	27.60
下一次风中心与冷灰斗拐点距离（m）	5.07	5.07	4.679	5.10	5.00	5.50	4.10

16-33 简述不同容量等级的准东煤锅炉吹灰器布置推荐。

答：在准东煤锅炉实际运行中发现，在吹灰器较少或没有吹灰器布置的吹灰盲区，由于缺少有效的除渣手段，结渣相对较重；因此锅炉是否布置足够数量的吹灰器是影响结渣沾污程度的重要因素，不同容量准东煤锅炉的吹灰器数量推荐见表16-12。

表16-12 不同容量准东煤锅炉的吹灰器数量推荐

机组额定电功率（MW）	300	600	1000
燃烧方式	角式、墙式		
锅炉布置方式	Π形、塔式		
炉膛吹灰器数量（台）	≥100	≥120	≥140
水平及尾部烟道吹灰器数量（台）	≥60	≥80	≥80
炉膛水分吹灰器数量（台）	≥4	≥4	≥8

16-34 简述准东煤锅炉的屏底烟气温度选取原则。

答：限制炉膛出口烟气温度主要是防止对流受热面结渣沾污，特别是对高结渣、高沾污煤种，如果温度过高，就会加剧对流受热面的沾污，而严重沾污又会加重炉膛结渣，锅炉结渣和沾污相互影响，形成恶性循环。

目前国内外主要采用灰熔点指标选择炉膛出口烟气温度，理论上保证炉膛出口的灰渣在非熔融状态进入管排密集的对流受热面从而防止结渣。但部分准东煤因为煤中高CaO的影响，测试灰熔点升高，实际结渣严重。表16-13为两种典型准东煤在一维火焰炉上的结渣测试结果，可见，对五彩湾和天池能源煤烟气温度在1000℃以下形成的灰渣还具有黏结性，与初始结渣温度T_{s0}接近。

表16-13 两种典型准东煤在一维火焰炉上的结渣测试结果 ℃

煤样名称	测点	1～6	2～6	3～6	4～6	5～6	6～6	初始结渣温度T_{s0}
五彩湾	烟气温度	1358	1223	1081	991	895	792	973
	渣型	熔融	熔融	黏聚	弱黏聚	附着灰	附着灰	
天池能源	烟气温度	1360	1270	1235	1180	1080	950	958
	渣型	熔融	熔融	熔融	熔融	黏聚	附着灰	

建议以初始结渣温度T_{s0}作为炉膛出口烟气温度设计控制指标。其标准为炉膛出口温度FEGT应小于下列计算值的最低值，即需同时满足下列条件：

（1）FEGT＜T_{s0}=3.57［18–（K_2O+Na_2O）^{2}–0.048（Fe_2O_3+CaO）］+1025；

（2）FEGT＜DT–100；

（3）FEGT＜ST–150。

16-35 简述准东煤锅炉的贴壁风设计特点。

答：贴壁风是从二次风道或一次风道引入一股少量的热风，在水冷壁附近形成一层气膜，阻挡煤粉气流冲刷水冷壁，改善水冷壁附近还原性气氛，有利于防止结渣和高温腐蚀，将近壁气氛中的氧含量提高到1.0%以上，则基本可以避免高温腐蚀，也实现了一定程度的分级送风，有利于降低 NO_x。常规贴壁风在风箱处的引入口位于风门调节挡板的最下端，风量可手动调节，具体位置要结合风道接口及水冷壁开孔位置而定。准东煤锅炉布置贴壁风，一方面可以缓解高温腐蚀，另一方面也有利于减轻炉膛水冷壁的结渣，墙式对冲燃烧锅炉的贴壁风的布置示意图见图16-15。

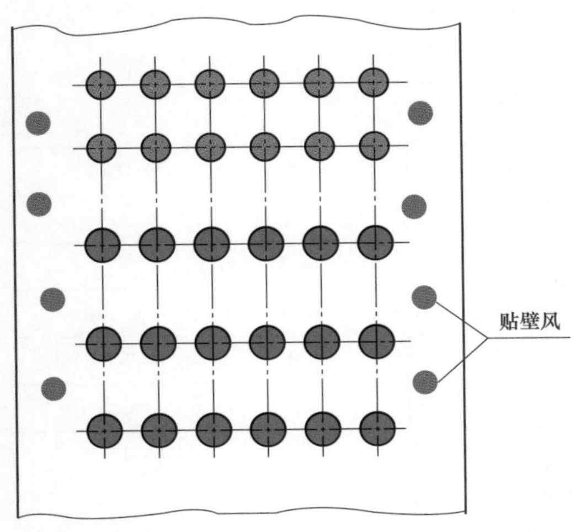

图16-15 墙式对冲燃烧锅炉的贴壁风布置示意图

16-36 简述准东煤锅炉受热面的优化设计。

答：过热器和再热器管屏采用大横向节距布置。大节距设计可以防止挂焦产生阻塞，获得稳定的吸热。在有效吹灰的情况下，高温过热器、高温再热器和低温过热器/再热器受热面横向节距的合理选取，可防止受热面发生严重沾污。表16-14给出了常规锅炉和准东煤锅炉受热面间距设计的差异。

表16-14 常规锅炉和准东煤锅炉受热面间距设计的差异

管组	660MW等级对冲锅炉		
	常规项目（mm）	调整后节距（mm）	调整后节距（相当于多少倍 D）
屏式过热器	1371.6	1485.9	约33D
高温过热器	609.6	685	约15D
高温再热器	228.6	457.2	约9D
低温再热器垂直段	228.6	228.6	约4D
低温再热器水平段1	114.3	228.6	约4D
低温过热器垂直段	228.6	228.6	约5D
低温过热器水平段1	114.3	228.6	约5D

注 D表示受热面管材直径。

16-37 准东煤锅炉受热面间距拉大后防止管子变形的措施有哪些?

答：过热器和再热器管屏采用大横向节距布置后容易引起管子变形。过热器和再热器管屏之间可采用成熟可靠的定位滑动块结构形式，防止管子出列变形引起结渣，定位滑动块结构形式见图16-16。

16-38 准东煤锅炉的制粉系统选型应考虑哪些问题？

答：通常准东煤机组选用直吹式中速磨煤机制粉系统即可，但需重点考虑以下问题：

（1）合适的磨煤机数量：可选用比常规烟煤机组多一台磨煤机的方式，优点是可降低各台燃烧器的热功率，对缓解燃烧器区的结渣和炉膛内结渣是有利的；缺点是增加设备投资以及制粉系统电耗。

（2）足够的干燥出力：目前准东煤锅炉在冬季容易出现制粉系统干燥出力不足的问题，在设计时可考虑适当增加干燥裕量。

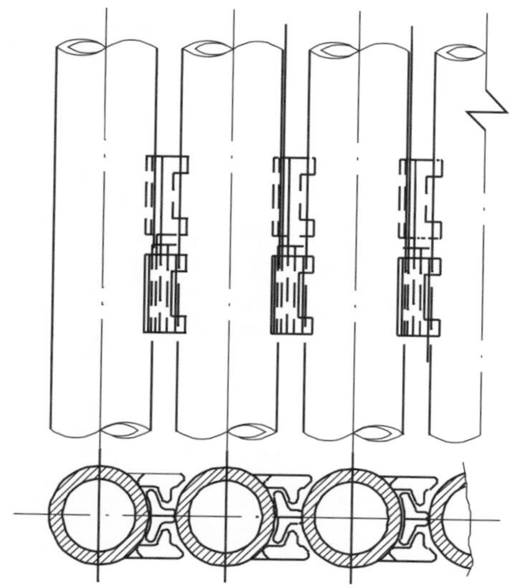

图 16-16　定位滑动块结构形式

16-39　简述现役燃用准东煤的锅炉运行存在的问题及应对措施。

答：现役燃用准东煤的锅炉存在的典型问题及应对措施主要包括：

（1）制粉系统干燥出力不足：调研情况显示，准东地区机组普遍存在空气预热器出口一次风温偏低，制粉系统干燥出力不足的问题，应采取措施进一步提高一次风温。

（2）吹灰器布置偏少：对于常规锅炉，即使是燃用结渣性煤种的锅炉，炉膛吹灰器只布置在主燃烧器上部和燃尽风区域，主燃烧器区域通常不布置燃烧器。对于燃用准东煤的锅炉，主燃烧器区域是极易结渣区域；因此常规吹灰器布置方式吹灰器数量严重偏少。水平烟道也有类似问题，需增加长吹灰器覆盖面，做到无死角吹灰。

（3）燃烧系统防结渣能力不足：常规烟煤燃烧器（包括燃用低灰熔点烟煤的燃烧器），对准东煤的结渣防控能力也不足，包括切圆大小、燃烧器间距、贴壁风配置等。

（4）燃用准东煤，吹灰频率不可避免增加，需要加强受热面防吹损能力。

16-40　简述掺烧低钠煤和高岭土降低准东煤锅炉结渣、沾污性能的原理。

答：目前锅炉仍不能在高负荷下长期100%燃用准东煤，大都通过掺烧低钠煤或者高岭土缓解准东煤锅炉的结渣和沾污，对掺烧有效的低钠煤和高岭土的煤灰成分进行了统计分析，具体见表16-15。可见掺烧低钠煤和高岭土有以下特点：

（1）低钠煤的 SiO_2 和 Al_2O_3 酸性氧化物质量分数明显高于准东煤。

（2）低钠煤 Fe_2O_3、CaO、MgO 和 Na_2O 等碱性氧化物质量分数明显低于高钠煤。

（3）低钠煤的碱酸比 B/A 指标大大低于高钠煤。

（4）高岭土的灰成分和低钠煤接近，也是煤灰中的酸性氧化物质量分数较高而碱性氧化物质量分数较低，只是高岭土中的 Al_2O_3 质量分数较低钠煤偏高，而 SiO_2 质量分数偏低。

（5）高岭土 SiO_2 和 Al_2O_3 两种物质的质量分数基本在80%以上，最高达96%以上。

总体而言，掺烧低钠煤和高岭土缓解准东煤结渣和沾污的基本原理大致相同，即通过掺烧将准东煤灰中的碱性氧化物等引起锅炉结渣和沾污的物质降低到合理水平。

表 16-15　准东煤及低钠煤、高岭土的煤灰成分

项目	准东煤	低钠煤	高岭土
SiO_2（%）	$\frac{1.07\sim57.85}{27.45}$	$\frac{38.30\sim63.66}{56.01}$	$\frac{20.21\sim59.12}{44.92}$

续表

项目	准东煤	低钠煤	高岭土
Al_2O_3（%）	4.15～24.26 11.26	13.55～26.13 20.19	23.42～76.57 46.21
Fe_2O_3（%）	3.8～28.64 10.18	2.58～15.14 7.04	1.20～6.15 3.01
CaO（%）	4.08～46.54 22.40	2.29～8.58 5.82	0.06～8.97 2.29
MgO（%）	1.61～12.96 6.71	1.40～3.48 1.94	0.03～0.62 0.23
Na_2O（%）	2.13～15.50 5.89	0.49～2.64 0.98	0.04～0.97 0.42
K_2O（%）	0.21～2.11 0.65	0.84～2.20 1.35	0.22～1.25 0.59
TiO_2（%）	0.01～1.29 0.68	1.28～2.90 3.36	0.02～1.34 0.82
B（%）	20.11～73.75 45.70	9.83～24.26 17.02	2.14～17.03 6.53
B/A	0.26～8.10 1.91	0.11～0.35 0.23	0.02～0.21 0.07
B/A·Na_2O	0.67～76.99 12.81	0.08～0.64 0.24	0.01～0.08 0.02

注　表中上排数为最小值到最大值，下排数为平均值。

16-41　锅炉炉膛热负荷参数及吹灰器布置对准东煤掺烧比例的影响有哪些？

答：表 16-16 为典型准东煤锅炉炉膛特征参数及入炉煤煤质参数，其中 SHHM 电厂掺烧大南湖高钠褐煤。运行结果表明：

（1）当锅炉防结渣和防沾污性能越好时，准东煤的掺烧比例越高，如 SHWCW 电厂二期和 XY 电厂是近期设计的代表性准东煤锅炉，在满负荷时两者的准东煤掺烧比例分别为 97%（97%高钠煤+3%高岭土）和 90.4%（高钠煤和低钠煤掺烧），入炉煤煤灰成分中的 Na_2O 质量分数分别为 4.00 %和 4.45%。

（2）掺烧后入炉煤的 Na_2O、Fe_2O_3 和 CaO 等碱性氧化物的质量分数大大降低，保证了锅炉掺烧的安全性。

（3）通常掺烧高岭土时，准东煤的掺烧比例大于掺烧低钠煤。

表 16-16　　典型准东煤锅炉炉膛特征参数及入炉煤煤质参数

电厂名称	SHWCW	XY	SHHM	HLWCW	SHWCW	DFXW	XFLY	QYLD
容量（MW）	660	600	660	660	350	350	360	360

续表

电厂名称	SHWCW	XY	SHHM	HLWCW	SHWCW	DFXW	XFLY	QYLD
掺烧煤种	高岭土	低钠煤	低钠煤	低钠煤	低钠煤	高岭土	低钠煤	低钠煤
炉膛截面热强度（MW/m^2）	3.735	3.93	3.83	3.84	4.44	4.43	4.51	3.82
燃烧器区炉壁面积热强度（MW/m^2）	0.839	1.093	1.25	1.21	1.48		1.48	1.17
炉膛容积热强度（MW/m^3）	50.5	56.74	62.51	64.38	86.27	86.97	96.36	81.28
燃烧器上一次风喷口至屏底尺寸（m）	27.898	26.99	29.66	28.30	23.15			18.42
最下层燃烧器距离冷灰斗上折点距离（m）	4.679	5.50	5.07	5.1	3.14			4.49
炉膛出口温度（℃）	960	970	1 101	1 142	1 019		1 007	1 008
除渣方式	湿式	湿式	干式		干式	干式	干式	干式
炉膛短吹灰器（只）	60	96	100	160	62		80	112
炉膛水吹灰器（只）	12	0	8	0	0	0	0	0
水平烟道及尾部烟道（只）	94	80	72	60	62		38	90
最高准东煤掺烧比例（%）	97	90.4	70	70	70	90	80	80
入炉煤 *w*（Fe_2O_3）（%）		11.002	6.47	6.16	9.92	2.25	5.37	9.55
入炉煤 *w*（CaO）（%）		9.07	11.100 5	14.40	14.54	8.07	19.91	11.09
入炉煤 *w*（Na_2O）（%）		4.45	3.21	2.06	2.84	1.39	2.54	3.06
入炉煤 B（%）		28.87	25.48	26.73	32.29	13.27	35.22	27.69
入炉煤 B/A		0.45	0.36	0.43	0.60	0.16	0.77	0.46
入炉煤 B/A・*w*（Na_2O）		1.99	1.16	0.89	1.70	0.23	1.97	1.38

注 *w* 为质量分数。

16-42 简述锅炉容积热强度与入炉煤灰中 Na_2O 的相关性。

答：对掺烧准东煤锅炉的入炉煤质进行全面调研和分析，得到了锅炉在满负荷时的准东煤最高掺烧比例及对应入炉煤煤质参数。图 16-17 为入炉煤最高允许 Na_2O 质量分数与锅炉炉膛容积热强度的相关性。可见，当机组容积热强度较低时，能适应更高 Na_2O 质量分数的入炉煤，表明采用较大的炉膛有利于对准东煤的适应性。

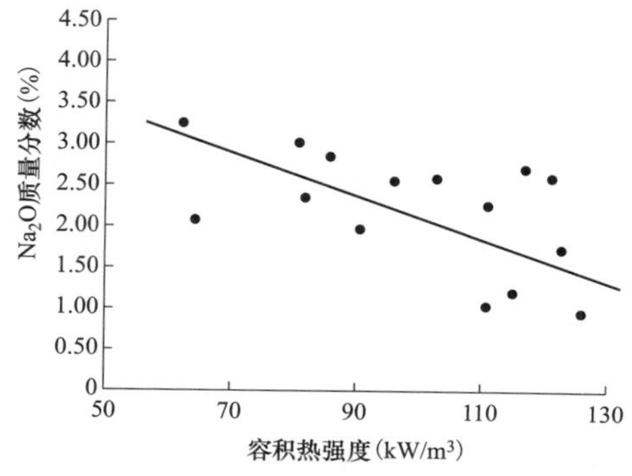

图 16-17 入炉煤最高允许 Na_2O 质量分数与锅炉炉膛容积热强度相关性

16-43 简述保证准东煤锅炉安全运行的煤质参数控制原则。

答：燃煤飞灰在高温扰动的气流中会形成结渣和沾污，结渣和沾污形成机理不同，引起结渣和沾污的物质也有所不同。通常有严重结渣倾向的煤种，其沾污性能不一定严重，如神华侏罗纪煤，这表明引起结渣的物质不一定引起沾污。但具有严重沾污倾向的煤种，其煤灰结渣性能通常较强，表明引起受热面沾污的物质通常会加重结渣，并相互影响。对于准东煤，为了保证锅炉的安全运行，需同时考虑结渣和沾污两个方面。

需要说明的是，不同矿区的准东煤、低钠煤以及高岭土的煤质参数差距较大，如果掺烧煤质或者掺烧比例选取不当，可能达不到缓解准东煤锅炉结渣和沾污的预期效果，甚至加重锅炉结渣和沾污。因此需要通过煤质指标控制来选取合适的掺烧煤种和掺烧比例，以保证准东煤锅炉的安全运行。大量试验和运行结果表明，为保证准东煤锅炉的长期安全稳定运行，需要加强以下煤质指标的控制：

（1）煤灰中 Na_2O、Fe_2O_3、CaO、总碱金属质量分数及 B/A·Na_2O 等指标监测；煤灰中的 Na_2O 质量分数是影响结渣和沾污的一个重要因素，当锅炉防结渣和防沾污能力较差时，首先要将 Na_2O 指标控制在更低值，而其他煤质指标需根据锅炉设计具体确定。

（2）建议入炉煤煤灰中 Fe_2O_3 和 CaO 质量分数分别控制在 10%和 20%以下，当 CaO 质量分数在 15%以上时，建议将 Fe_2O_3 质量分数控制在 8%以下，即煤灰中的 Fe_2O_3 和 CaO 质量分数不建议同时达到上限值，当其中一种成分较低时，另一成分可适当升高。

（3）控制入炉煤煤灰中质量分数和 B/A·Na_2O 分别在 36%和 2.3%以下，该种方式保证了加重煤灰沾污的 B/A 和 Na_2O 质量分数不能同时达到高值。当入炉煤 Na_2O 质量分数较低时，B/A 可适当提高。

16-44 简述不同准东混煤的煤灰烧结测试结果比较。

答：将不同矿区的准东煤配置成灰成分接近的准东混煤，不同准东混煤的煤灰成分见表 16-17，不同准东混煤的煤灰烧结比例测试结果见图 16-18，总体说来，不同准东混煤的烧结比例曲线较为接近，同时也表明煤灰成分控制方法降低准东煤的结渣和沾污性能是有效的，具体结果如下：

（1）准东混煤 1、准东混煤 3 以及准东混煤 4 在相同温度下的煤灰烧结比例更为接近，尤其是烧结温度达到 1000℃时，主要是混煤的灰成分更为接近。

（2）准东混煤 2 在整个试验温度下的烧结比例都最低，沾污性能相对最轻，初步分析与准东混煤 2 的煤灰总碱金属含量最低有关。尽管准东混煤 4 在低温度段的烧结比例较低；但当温度达到 950℃以后，烧结比例迅速升高，沾污加剧，初步分析主要与煤灰中总碱金属质量分数较高有关。

准东混煤的沾污性能测试结果显示煤灰中的 Na_2O 对沾污性能影响最大，但同时还受煤灰中 Fe_2O_3 和 CaO 的影响，此类物质升高，将导致沾污进一步加剧。

表 16-17　　不同准东混煤的灰成分

项目	准东混煤 1	准东混煤 2	准东混煤 3	准东混煤 4
SiO_2（%）	44.45	46.16	45.38	33.60
Al_2O_3（%）	20.72	21.50	20.53	15.99

续表

项目	准东混煤 1	准东混煤 2	准东混煤 3	准东混煤 4
Fe_2O_3（%）	8.66	8.43	8.53	12.69
CaO（%）	8.99	7.87	9.14	15.07
MgO（%）	4.25	4.02	4.34	5.10
Na_2O（%）	5.62	6.01	5.70	4.28
K_2O（%）	1.19	1.39	1.31	0.22
TiO_2（%）	0.83	0.80	0.70	0.97
B（%）	27.84	26.31	27.05	37.68
B/A	0.42	0.38	0.41	0.75
B/A・Na_2O	2.44	2.43	2.48	3.16

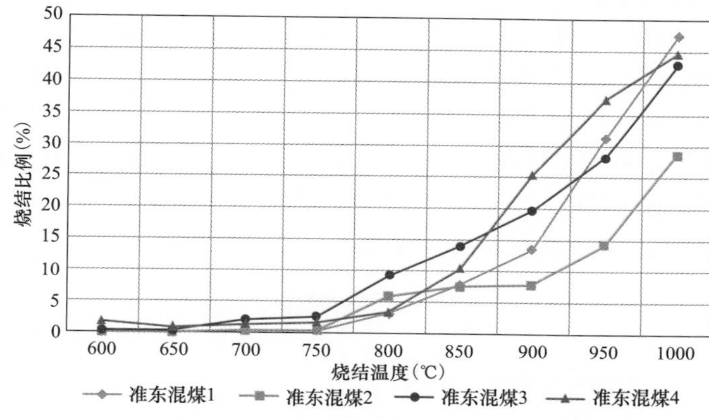

图 16-18 不同准东混煤的煤灰烧结比例测试结果

16-45 准东煤锅炉的运行参数控制措施有哪些？

答： 目前准东煤锅炉大都通过掺烧低碱煤或者高岭土缓解准东煤的结渣和沾污，机组运行中锅炉在高比例燃用准东煤时应采取的措施主要包括：

（1）适当提高一次风压，采取较高的一次风速和合适的煤粉细度，推迟煤粉气流着火，减轻喷口结渣。

（2）准东煤磨煤机出口风粉混合物温度控制在 60～75℃。

（3）采取大的周界风开度，投运磨煤机的周界风开度为 100%。

（4）采用低氮燃烧器的锅炉，控制 NO_x 生成量在合理范围，NO_x 过高意味着主燃烧器区域燃烧强度大易结渣，NO_x 过低意味着空气分级过强易导致火焰中心升高，引起屏式过热器和水平烟道结渣。

（5）严格控制炉膛出口烟气温度，超过设定值应及时对炉膛吹灰。

（6）增加吹灰频率，炉膛短吹应每班至少吹一次，另外视炉膛出口烟气温度及结渣情况选择性增加吹灰次数。

（7）加强炉膛结渣情况巡检，尤其是注意屏式过热器、冷灰斗及水冷壁结渣。

第十七章

典型案例

17-1 简述SHWZ电厂纯烧神府东胜煤锅炉的设计及运行情况。

答：1．锅炉设备简介

SHWZ电厂1000MW机组，锅炉型号为DG3035/29.3-Ⅱ，为提升参数后的超超临界参数、一次中间再热变压运行直流锅炉，采用平衡通风、单炉膛、前后墙旋流对冲燃烧方式、Π形布置。中速磨煤机冷一次风机直吹式制粉系统，每台炉配置6台ZGM123G-Ⅱ磨煤机，并配置动态分离器。燃烧器采用前后墙对冲、中间层错层布置、分级燃烧技术，设计煤种为神府东胜煤。锅炉主要技术参数见表17-1。

充分考虑锅炉燃烧结渣、燃尽的要求，采用动态分离器，设计煤粉细度R_{90}=20%，煤粉均匀系数n=1.2。燃用设计煤种，锅炉在BRL工况时保证热效率不小于94.4%，NO_x排放不超过180mg/m^3（标准状态下，且在脱硝装置前）。

表17-1　　锅炉主要技术参数

项　　目	单位	参数
过热蒸汽流量（BMCR工况）	t/h	3035
过热器出口蒸汽压力	MPa	29.40
过热器出口蒸汽温度	℃	605
再热蒸汽流量（BMCR/BRL工况）	t/h	2495.67/2420.11
再热器进/出口蒸汽压力（BMCR工况）	MPa	6.08/5.88
再热器进/出口蒸汽温度	℃	358/623
省煤器进口给水温度	℃	307
炉膛出口温度	℃	960
空气预热器出口一/二次风温	℃	348/345
排烟温度（修正前/修正后）	℃	123/118
炉膛尺寸（宽×深×高）	m×m×m	33.973×16.828×72.5
炉膛容积热强度	kW/m^3	64.16
炉膛截面热强度	MW/m^2	4.12
燃烧器区壁面热强度	MW/m^2	1.13
最上排燃烧器中心到屏下端的距离	m	24.067
最下层燃烧器中心距灰斗上沿尺寸	m	5.542

2．设计煤和实际燃用煤的煤质参数

设计煤和实际燃用煤的部分煤质参数见表17-2，实际燃用煤与设计煤参数基本接近，但实际燃用煤的煤灰熔点更低。

表 17-2　　设计煤和实际燃用煤的部分煤质参数

名　　称	实际燃煤	设计煤
全水分 M_t（%）	16.2	15.9
空气干燥基水分 M_{ad}（%）	3.92	3.88
收到基灰分 A_{ar}（%）	12.07	16.42
干燥无灰基挥发分 V_{daf}（%）	35.97	36.06
收到基碳 C_{ar}（%）	58.72	55.65
收到基氢 H_{ar}（%）	3.16	3.06
收到基氮 N_{ar}（%）	0.78	0.89
收到基氧 O_{ar}（%）	8.49	7.70
全硫 $S_{t,ar}$（%）	0.58	0.38
收到基低位发热量 $Q_{net,ar}$（MJ/kg）	21.96	20.78
哈氏可磨性指数 HGI	70	68
变形温度 DT（℃）	1160	1200
软化温度 ST（℃）	1170	1220
半球温度 HT（℃）	1180	1240
流动温度 FT（℃）	1190	1260

3．燃烧器布置特点

锅炉前后墙燃烧设备布置示意图分别见图 17-1 和图 17-2。燃烧器采用前后墙对冲分级

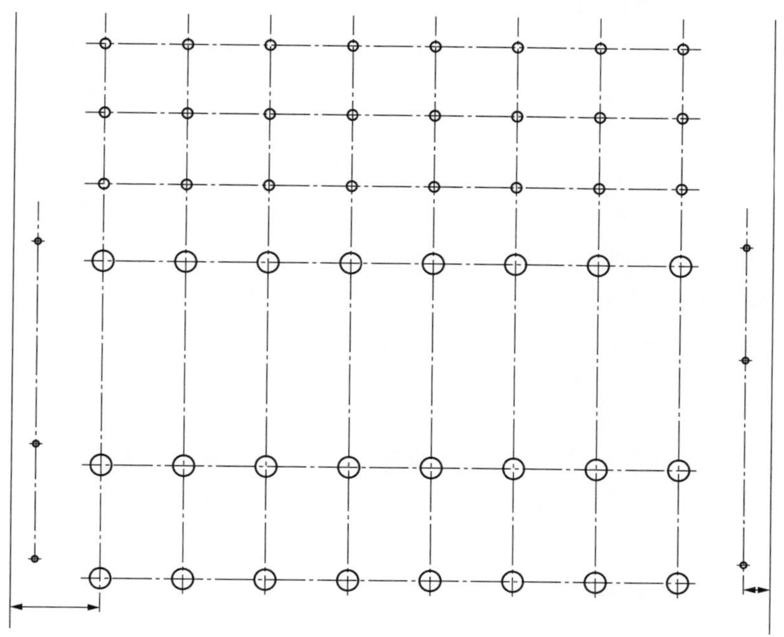

图 17-1　锅炉前墙燃烧设备布置示意图

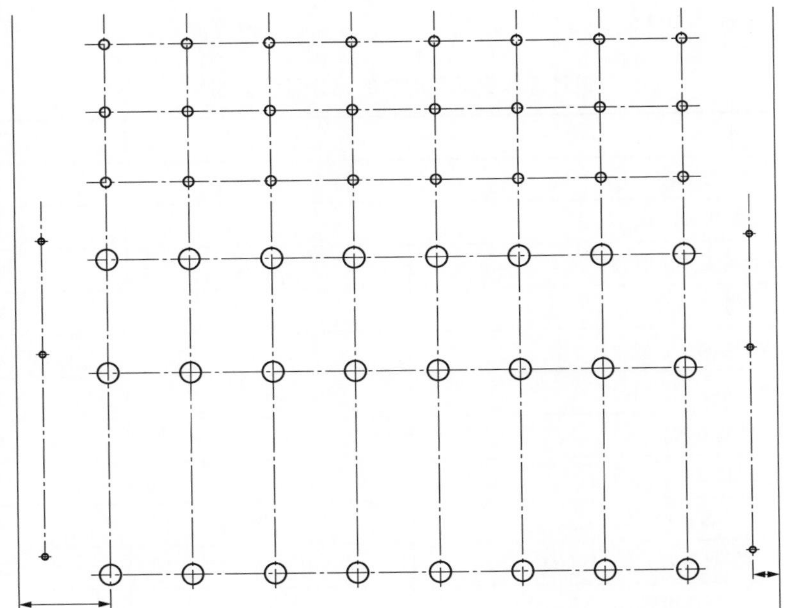

图 17-2　锅炉后墙燃烧设备布置示意图

燃烧技术。炉膛前后墙各布置三层新型低 NO_x 旋流燃烧器，每层 8 只，全炉共 48 只，需说明的是前后墙三层燃烧器为非对称布置，主要是为了满足不同负荷时锅炉的安全环保燃烧。在最上层燃烧器的上部布置了两层燃尽风喷口和一层还原风喷口。为了防止燃烧区域结渣，在燃烧器靠近水冷壁侧设 3 层贴壁风。

4．运行特性

通过现场测试，得到锅炉的运行性能如下：

（1）100%额定负荷实测锅炉热效率为 94.70%，修正锅炉热效率为 94.64%；75%额定负荷实测锅炉热效率为 94.58%，修正锅炉热效率为 94.53%；50%额定负荷实测锅炉热效率为 94.20%，修正锅炉热效率为 94.15%。

（2）锅炉在 100%额定负荷工况下，A、B 侧空气预热器漏风率分别为 3.81%和 3.71%。

（3）50%～100%额定负荷内，过热蒸汽温度能够达到额定值 605±5℃。50%～100%额定负荷内，再热蒸汽温度在 615～620℃。

（4）锅炉脱硝装置进口 NO_x 浓度为 170.5mg/m^3（标准状态，O_2=6%）。

（5）锅炉不投油最低稳燃负荷为 895t/h（29.4%BMCR）。

（6）磨煤机最大出力约为 99t/h，磨煤单耗约为 6.9kWh/t。

（7）100%负荷工况下，原烟气 SO_2 浓度为 897mg/m^3（标准状态、干燥基、O_2=6%），净烟气 SO_2 浓度为 17.0mg/m^3（标准状态、干燥基、O_2=6%），脱硫效率为 98.1%。

（8）100%负荷工况下，除尘器入口含尘量为 11.02g/m^3，出口含尘量为 18.57mg/m^3，除尘效率为 99.82%。

（9）炉膛内燃烧良好，无明显结渣现象。

5．原因分析及采取的措施

运行中存在的主要问题是再热蒸汽温度偏低和高温再热器 HR3C 管道爆管。再热蒸汽温度偏低，投运后，锅炉的各项参数优异，但再热蒸汽温度平均值未能达到设计值（机侧为620℃）。表17-3为燃烧优化调整前后的再热蒸汽温度对比。

原因分析：①再热器集箱管座接头材质为T92，给定报警值649℃，为保证机组安全运行，运行暂按报警值639℃控制，操控裕度较小，为防止超温，大幅度增加了减温水量。②磨煤机出口4根粉管的煤粉质量及煤粉细度均存在较大的差别，造成局部的热强度及粉管风速、浓度不均，着火点不一致，造成受热面管壁温度横向偏差较大。

采取措施：①进行一次风速调平、配风方式及磨煤机组合方式优化调整，保证四角风速、粉量均匀，炉膛内燃烧热强度均匀，防止局部燃烧推迟导致再热器受热面超温。②优化吹灰，细化不同负荷下吹灰方式、吹灰频次。③逐渐提高报警设定值，原则上不超过645℃，密集加装壁温测点，精细化调整，避免受热面超温。

表17-3 燃烧优化调整前后的再热蒸汽温度对比 ℃

月份	2015年	2016年
1		610.4
2	606	613.4
3	598.1	614
4	601.1	
5	598.3	
6	599.6	606.7
7	596.9	607.6
8	601.3	611.1
10		615.1
11	607.1	619
12	610.7	618.3

17-2 简述CQ电厂200MW无烟煤锅炉掺烧神府东胜煤的运行优化试验。

答：1．神府东胜煤掺烧背景

2012年，为降低电厂燃料采购成本和经营压力，CQ电厂拟掺烧神府东胜煤。该机组为670t/h四角切圆锅炉，原设计燃用难着火、难燃尽的松藻无烟煤，掺烧易着火、易燃尽且具有严重结渣倾向的高挥发分神府东胜煤，可能出现制粉系统自燃和爆炸、炉膛内结渣和燃烧器喷口烧损等影响锅炉安全运行的问题。

为保证机组大比例掺烧神府东胜的安全运行，CQ电厂特委托西安热工研究院有限公司进行了详细的神府东胜煤实炉改造和试烧试验。

2．锅炉设备简介

CQ发电厂1、2号锅炉为东方电气集团东方锅炉股份有限公司生产的DG670/140-8型超高压、中间再热、自然循环、固态排渣电站煤粉锅炉，分别于1986年和1987年投运。炉膛高度为43.3m，炉膛断面宽×深为11.92m×10.88m，设计炉膛截面热强度为4.42MW/m^2，容积热强度为 134.4kW/m^3。经多次改造后，CQ 电厂 1、2 号锅炉燃烧器布置图见图 17-3，其中下数第二层为带煤粉预燃室的燃烧器。

该锅炉主要设计参数如下：

最大连续蒸发量：670t/h。

额定电负荷：200MW。

主蒸汽压力：13.72MPa。

主蒸汽温度：540℃。

再热蒸汽流量：579t/h。

再热蒸汽入口压力：2.6MPa。

再热蒸汽出口压力：2.4MPa。

再热蒸汽入口温度：323℃。

再热蒸汽出口温度：540℃。

给水温度：240℃。

热风温度：395℃。

锅炉设计效率：88.4%。

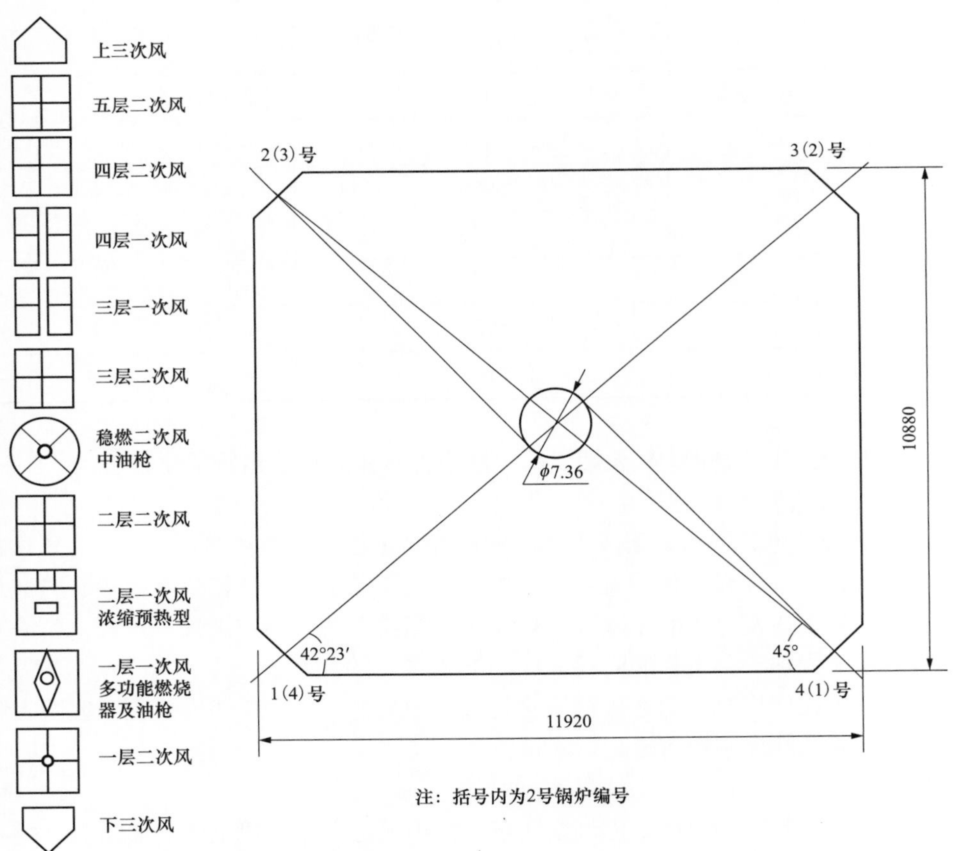

图 17-3　CQ 电厂 1、2 号锅炉燃烧器布置图

该锅炉设计燃用松藻无烟煤，CQ 电厂设计煤质数据见表 17-4。制粉系统为钢球磨煤机中储式热风送粉，配备 2 台 DTM350/700 型钢球磨煤机，表 17-5 为一、二、三次风设计参数。

表 17-4　　CQ 电厂设计煤质数据

名称	设计煤
全水分 M_t（%）	10.0
收到基灰分 A_{ar}（%）	18.19
干燥无灰基挥发分 V_{daf}（%）	9.79
收到基碳 C_{ar}（%）	63.84
收到基氢 H_{ar}（%）	2.74
收到基氮 N_{ar}（%）	1.02
收到基氧 O_{ar}（%）	1.89
全硫 $S_{t,ar}$（%）	2.32
收到基低位发热量 $Q_{net,ar}$（MJ/kg）	24.25

表 17-5　　一、二、三次风设计参数

燃烧器	型式	缝隙式直流喷燃器
	数量（台）	16
	布置方式	四角布置切向燃烧方式
	一次风风率（%）	20
	二次风风率（%）	55
	三次风风率（%）	18
	一次风速（m/s）	24.5
	二次风速（m/s）	45.5
	三次风速（m/s）	47
	一次风温（℃）	256
	二次风温（℃）	385
	三次风温（℃）	105

3．试验煤质和风险分析

试验用煤为神府东胜煤和松藻洗煤的混煤，试验煤主要煤质分析结果见表 17-6。与松藻煤相比，神府东胜煤的主要特点如下：

（1）挥发分高、燃烧性能优良、着火温度低、着火燃烧速度快、燃尽性能好，可取得较好的燃烧经济性，但同时具有极强的爆炸特性。

（2）灰熔点低，灰中钙、铁含量高，具有明显的低温灰熔融特性，是我国目前最易结渣的煤种之一。

（3）灰分、硫分低，具有较低的污染物排放特性。

电厂采取掺烧的方法燃用神府东胜煤，随着神府东胜煤比例的升高，最明显的变化是灰分、硫分下降，挥发分升高，热值和水分变化不大。结合电厂锅炉设备特性，神府东胜煤掺烧过程中可能存在的主要风险及可采取的防范措施如下：

（1）神府东胜煤煤场自燃：需严密监视煤场存煤温度，当煤堆内部温度达到50℃以上时，应采取相应的降温措施。一旦发现冒烟、温度异常时，应及时将其压实，严禁将已自燃的煤送上皮带。同时控制煤场试验煤的存放时间，尽量做到及时燃用，以免热值损失过多。

（2）神府东胜煤具有较强的爆炸性：需注意制粉系统防爆（包括磨煤机、粗/细粉分离器、煤粉仓、一次风管、排粉机及管道、原煤仓等）。

（3）CQ 电厂设计燃用燃烧性能较差的无烟煤，为了保证燃烧稳定性，选用了稳燃能力较强的燃烧器，但神府东胜煤着火温度低，强化燃烧的措施将增加燃烧器喷口烧损和结渣的风险。

（4）一次风采用集中布置，炉膛火焰过于集中，水冷壁温度高，掺烧神府东胜煤容易导致水冷壁局部过热、结渣和腐蚀。可能出现炉膛结渣严重，渣斗堵塞。

（5）如炉膛内结渣加重，可能导致过、再热器减温水量增加。

（6）燃用燃烧性能优良的神府东胜煤，也可能出现燃烧行程缩短，主、再热蒸汽温度不足等问题。

表 17-6　　试验煤主要煤质分析结果

项目名称	神府东胜煤	松藻洗煤
全水分 M_t（%）	11.4	9.4
空气干燥基水分 M_{ad}（%）	8.62	1.77
收到基灰分 A_{ar}（%）	9.07	24.39
干燥无灰基挥发分 V_{daf}（%）	33.52	12.72
收到基碳 C_{ar}（%）	64.78	58.27
收到基氢 H_{ar}（%）	3.52	2.56
收到基氮 N_{ar}（%）	0.73	0.94
收到基氧 O_{ar}（%）	9.92	1.91
全硫 $S_{t,ar}$（%）	0.58	2.53
收到基高位发热量 $Q_{gr,ar}$（MJ/kg）	25.30	22.81
收到基低位发热量 $Q_{net,ar}$（MJ/kg）	24.31	22.07
哈氏可磨性指数 HGI	52	89
煤灰软化温度 ST（℃，$\times10^3$）	1.18	1.26

4．神府东胜煤掺烧试验结果和讨论

根据煤质特性和掺烧神府东胜煤过程中可能出现的风险点，西安热工研究院有限公司采用逐渐提高神府东胜煤掺烧比例的方式（递增幅度为10%）进行试验。试验主要在1号锅炉上进行，主要考察1号锅炉燃用不同比例的神府东胜煤对锅炉制粉、燃烧等系统的影响，重点观测炉膛内燃烧器喷口和燃烧器区水冷壁的结渣情况，以及制粉系统安全运行情况。试验前在钢球磨煤机入口、粗粉分离器入口、细粉分离器下部安装蒸汽消防系统预防制粉系统积粉自燃，在煤粉仓选用氮气（惰性气体）消防系统控制粉仓自燃，在粗粉分离器入口、细粉分离器入口水平段、一次风管水平段等处设置壁温监测点，作为保证安全的运行监测手段之一。

试验过程中，通过预先调整制粉系统、燃烧系统参数，在保证运行安全的前提下，将神府东胜煤比例由 10%逐渐提高至 50%。期间，进行了神府东胜煤各比例下的制粉系统运行特性和锅炉在 210、130MW 负荷下的运行特性试验，掌握了锅炉的运行状况。在神府东胜煤比例达到 50%的情况下，为进一步提高锅炉运行经济性，对锅炉的主要运行参数进行测试和调整，主要包括运行氧量、一次风速、配风方式、锅炉负荷等。

（1）神府东胜煤不同比例掺烧的锅炉设备运行性能。1 号锅炉和制粉系统进行的试验数据汇总表见表 17-7。通过试验确定神府东胜煤掺烧比例可达到 50%，需注意的是，燃烧器的运行监测应进一步加强。

表 17-7　　1 号锅炉和制粉系统进行的试验数据汇总表

神府东胜煤比例（%）	0	10	20	30	40	50
1 号磨煤机煤粉细度（%）	9.6	8.0	10.0	10.0	8.8	8.4
2 号磨煤机煤粉细度（%）	6.0	7.2	9.2	8.6	11.2	10.4
210MW 负荷						
锅炉热效率（%）	89.55		88.86	89.31	88.48	89.41
排烟温度（修正后，℃）	184		188	189	184	181
飞灰可燃物（%）	4.2		5.6	6.6	7.9	7.2
NO_x 排放浓度（标准状态，mg/m^3）	687		666	700	617	644
火焰中心温度（℃）	1445		1433	1455	1448	1473
后屏过热器进口烟气温度（℃）	987		969	951	910	925
130MW 负荷		单磨煤机运行工况		双磨煤机运行工况		
锅炉热效率（%）		89.67	89.32	89.51	88.09	89.08
排烟温度（修正后，℃）		170	174	171	172	170
飞灰可燃物（%）		3.5	3.0	7.5	8.0	7.5
火焰中心温度（℃）		1282	1331	1341	1385	1411
后屏过热器进口烟气温度（℃）		805	811	845	841	812
NO_x 排放浓度（标准状态，mg/m^3）		431	501	522	464	493

1）制粉系统安全运行措施及运行效果。在神府东胜煤掺烧试验期间由于制定了完善的安全措施，合理对制粉系统主要运行参数进行调整，掺烧试验期间制粉系统运行正常，磨煤机进口、粗/细粉分离器进出口水平段、一次风管等处未出现因积粉和热风温度较高造成的煤粉自燃、爆炸现象，制粉系统对试验中各比例神府东胜煤均可适应。

随着神府东胜煤比例升高（40%及以上）、煤粉有变粗迹象，为避免粉仓温度过高导致自燃，制粉系统磨煤机出口温度控制偏低（60～65℃），导致飞灰可燃物升高至 10%～12%，及部分给粉机出现压粉现象。经调节粗粉分离器挡板开度，提高磨煤机出口温度不低于 65℃（65～70℃）和停磨煤机时保持排粉机运行，杜绝了给粉机压粉现象的发生，保证了制粉系统的稳定运行。

试验结果表明，将磨煤机出口温度控制在65～70℃，粉仓温度控制在80℃以内（四个温度测点中三个均超过 120℃时，投消防惰性气体氮气）可保证制粉系统的安全运行。当给煤机转速在450～700r/min时，煤粉细度R_{90}在6.0%～11.2%。在神府东胜煤比例为50%时，根据煤粉细度合理选择公式$R_{90}=0.5nV_{daf}$进行计算，此时的煤粉细度建议为11%，实际的煤粉细度在8%～10%，低于计算值，对保证煤粉燃尽有利。

2）锅炉热效率及运行情况。神府东胜煤掺烧试验结果表明，在各神府东胜煤掺烧比例下，锅炉均表现出了较好的适应性，主要试验结果如下：

（a）锅炉主、再热蒸汽参数正常。

（b）锅炉飞灰可燃物在3%～8%，210MW负荷时排烟温度（修正后）为181～189℃，锅炉热效率在88.48%～89.55%；130MW负荷时的排烟温度（修正后）为170～174℃，锅炉热效率在88.09%～89.67%。两种负荷时的锅炉热效率均高于设计值88.4%。

（c）随着神府东胜煤比例的升高，锅炉的飞灰可燃物逐渐升高，锅炉热效率先下降后升高，在神府东胜煤比例为50%时，其效率与松藻洗煤基本一致。前者主要是受烟煤与无烟煤“抢风”的影响，后者主要受混煤灰分下降的影响。

（d）随着神府东胜煤比例的升高，煤粉气流着火速度逐渐加快，火焰中心温度逐渐升高，而炉膛出口烟气温度逐渐下降。炉膛内燃烧器区水冷壁结渣面积逐渐增加。当神府东胜煤掺烧比例在40%以上时，炉膛内燃烧器区水冷壁和燃烧器喷口出现块状焦，需注意及时清除，但总体结渣较轻。锅炉排渣正常，渣中的硬质块渣和熔融后冷却渣偶有出现，但量较小，不会影响锅炉的安全运行。从高负荷时排烟温度的变化趋势来看，呈现出先升高后下降的趋势，前者受炉膛内受热面沾污的影响较大，而后者受火焰行程缩短的影响更大。

（e）随着神府东胜煤比例的升高，满负荷时锅炉NO_x排放浓度在617～700mg/m^{3}变化，与松藻洗煤基本一致。

（2）神府东胜煤掺烧时锅炉设备运行参数优化。在燃烧和制粉系统调整试验的基础上，特提出如下运行调整建议：

1）制粉系统。

（a）在神府东胜煤比例为40%～50%时，磨煤机出口温度按照65～70℃、粗粉分离器挡板按照55%～60%开度、煤粉细度R_{90}按照8%～10%运行。

（b）在神府东胜煤比例为10%～30%时，磨煤机出口温度按照70～75℃、粗粉分离器挡板按照55%～60%开度、煤粉细度R_{90}按照8%～10%运行。

（c）为提高制粉系统运行经济性，建议磨煤机在最佳通风量（T=67℃、v=109.9km^3/h）附近运行，给煤机以较高转速（不低于 650r/min）运行。在输粉绞龙系统加强密封和吹扫等准备措施完成、输粉安全能够保证后，建议实行正常的倒粉制度。

2）燃烧系统。

（a）在高负荷（180～220MW）时，运行氧量在3.0%～3.5%，尽可能取高值；一次风速为26m/s，配风方式采用均等配风。在燃烧器壁温正常时，配粉可采用下大上小的微正塔方式，若壁温偏高，则建议采用均等配粉方式。

（b）在中、低负荷时，运行氧量在4.0%～4.5%、4.5%～5.0%，一次风速为25～26m/s，配粉可维持目前方式；但配风应注意加大下部风量，关小中上层二次风门和上部第三、四层一次风门，以提高送风的利用率，降低飞灰可燃物。

（3）神府东胜煤掺烧时保证制粉系统安全性的措施。钢球磨煤机制粉系统积粉点较多，在磨制较高挥发分煤种时，若风温控制不当，则易出现积粉自燃问题。为了防止电厂在掺烧高挥发分神府东胜煤时制粉系统发生爆炸，杜绝事故发生，根据《防止电力生产重大事故的二十五项重点要求》，特制定如下措施：

1）运行中控制。

（a）一般运行规定。

a）启动磨煤机前，对日常监测的粗、细粉分离器进出口水平段、一次风管等处的温度测点进行检查，确保温度正常。启动磨煤机时，注意控制磨煤机进、出口温度，防止积粉自燃引起爆炸。

b）运行人员加强操作和监视，当神府东胜煤比例为10%～30%时，磨煤机出口温度控制在70～75℃；当神府东胜煤比例为40%～50%时，磨煤机出口温度控制在65～70℃。根据磨煤机出口最高允许温度设定磨煤机后介质温度高保护，当超过最高允许值10℃时，停止向磨煤机供应干燥剂，切断制粉系统。若温度仍不断升高，则投入消防蒸汽。

c）运行人员每2h必须对运行和备用磨煤机、给煤机、原煤斗进行检查，通过红外线温度测量仪，测量设备外壳温度有无异常变化，给煤机箱体温度最高不应超过70℃（应区分是否给煤机刚投入消防蒸汽和给煤机消防蒸汽门内漏造成），原煤斗外壳温度不应超过 60℃。设备各部位无明显的自燃点和外壳烧红现象，当存在煤粉发热、自燃等异常现象，按照制粉系统防爆相关规定执行。

d）运行过程中注意监视使粉仓温度不超过 80℃，当粉仓温度（四点）中的三点均超过120℃时，粉仓内有煤粉自燃的可能，应停止向粉仓内送粉，严禁粉漏入粉仓，并关闭粉仓吸潮管进行彻底降粉，然后采取迅速提高粉位的方法进行压粉（包括临炉来粉）。进行压粉前应先输入足量的二氧化碳（视粉位定，二氧化碳密度为1.96kg/m^3，每罐二氧化碳折合23m^3）。

e）停磨煤机时，从关闭给煤机插板开始计时要保证 15min 的抽粉时间，抽粉风量要保证水平管道内风速不小于18m/s，磨煤机出口温度控制在50℃。为了提高抽粉期间的筒体风速，抽粉后期的5min内应适当开启再循环风门加大筒体通风量。

f）在制粉系统停磨煤机倒风后，保持排粉机小开度运行，使制粉系统内有一定通风量，防止积粉自燃；保持吸潮管开启，避免粉仓温度升高。

g）加强煤厂存煤管理，尽量避免过火煤进入给煤机和磨煤机内。如在输煤皮带上发现过火现象，应加大喷淋抑制过火。

h）在任何负荷下，保持一次风速不低于25m/s，并注意保持四角一次风速均匀。运行人员需每2h测量后墙2、3号角一层到四层一次风管壁温，防止出现烧红和壁温异常等现象。

i）严格执行定期降粉制度，若粉仓温度高时，可适当增加降粉次数。

j）认真执行清理给煤机垃圾箱的定期工作，防止煤量下降磨煤机低负荷运行。

k）对于停运、备用给粉机，应定期切换运行、避免在停运给粉机入口处出现积粉自燃。

l）停炉时间超过三天，必须将粉仓内的粉烧空，或将粉仓内煤粉向临炉排放烧尽。

m）吸潮管应保温良好，如有漏风应及时消除。

n）绞龙管理：①每班检查绞龙无积粉自燃现象（通过试转绞龙打开检查孔检查）；②每班接班前试转绞龙一次（正反转），并做好记录；③发现绞龙双向插板不严时，立即填写缺陷，及时进行处理；④检查绞龙各处严密不漏风，绞龙下粉插板关闭严密。

（b）非正常条件下的安全措施：

a）在发生给煤机落煤管堵煤、原煤斗蓬煤时，为避免因磨煤机内粉尘达到爆炸极限导致磨煤机爆炸，要及时下调磨煤机总风量，降低磨煤机入口风温，控制磨煤机出口温度在规定范围内。当磨煤机出口温度超过规定值10℃以上，停止向磨煤机供应干燥剂，切断制粉系统。若温度仍在不断升高时，则投入消防蒸汽进行惰化。同时，停止给煤机运行，关闭煤闸板，待停磨煤机5min后停止磨煤机消防蒸汽。制粉系统恢复时，需首先开启排粉机进行低温通风，待磨煤机出口温度正常时启动磨煤机进行正常操作。

b）发生磨煤机内爆炸时，应紧急停止磨煤机运行，严密关闭热风门，并投入灭火或惰化系统。

c）故障情况（如锅炉灭火、紧急停炉和磨自身故障）下紧急停磨煤机，若排粉机能够正常运行，则要保持排粉机通风能力（风管风速不低于18m/s），并保证磨煤机出口温度正常；若磨煤机出口温度超过规定值，则投入消防蒸汽；若紧急停磨煤机时排粉机同时停运，则应立即关闭磨煤机入口热风门，视磨煤机出口温度情况确定是否需要投入消防蒸汽。

d）若出现磨煤机运行正常而排粉机跳闸的情况，则应立即关闭磨煤机入口热风门，视磨煤机出口温度情况确定是否需要投入消防蒸汽。

e）若出现粗、细粉分离器和排粉机入口温度不正常升高，则说明系统局部出现自燃，应降低给煤量和磨煤机出口温度（–5℃以内）运行。

f）在锅炉事故停运后，若粉仓有粉，运行班组则应立即密闭粉仓，并向粉仓内打入1～2罐二氧化碳并汇报分场。若停炉时间超过三天，分场则应汇报生技部及公司主管生产领导，申请对煤粉仓采取人工放粉措施将煤粉放空。除人工放空粉仓外，其他厂放粉措施还包括：①风粉混合器采用法兰连接，中间解开后，落粉管内的煤粉通过管道被吸入临炉排粉机进行回收，4台给粉机风粉混合器做成此种法兰连接即可。②在给粉机闸板门上部开孔，将引出管引入厂内的负压吸尘系统，通过除尘系统排出。

在事故停炉时或锅炉大修期间，要求尽快排空粉仓内的煤粉，经与电厂协商，拟采取将停运锅炉粉仓的煤粉送入相邻锅炉燃烧的方法排空粉仓。其基本原理为将停运排粉机作为鼓风机，将停运炉粉仓的煤粉（从给粉机下粉）通过放粉管输送至运行锅炉的一次风管中，放粉速度为15t/h。

2）严格执行动火工作票制度：

（a）严禁在运行中的制粉系统设备及管道上进行动火工作。

（b）在停运的制粉系统上进行动火工作，必须将此处积粉清理干净，并采取可靠隔离措施。

（c）在煤粉浓度大的场所，经有关人员测定粉尘浓度合格并办理动火工作票后，方可进行动火工作，并配备充足的灭火器材。

（d）清理煤粉仓时若发现仓内残余煤粉有自燃现象时，清扫人员应立即退出仓外，将煤仓严密封闭，用蒸汽、二氧化碳或氮气进行灭火。

（e）清理积粉时避免直接用水柱或压缩空气吹扫，避免粉尘扬起产生爆炸。

（f）清仓时，煤粉仓内必须使用防爆行灯，铲除积灰时，工作人员应穿不产生静电的工作服，使用铜质或铝质工具，不得带入火种，禁止用压缩空气或氧气进行吹扫。

3）检修时应消除易积粉和漏风处：

（a）每次大修煤粉仓应清仓，并检查煤粉仓内壁是否光滑、有无死角。

（b）检查各制粉管道交叉接口处有无盲区（如各防爆门接叉口、回粉管与落煤管、再循环与落煤管等）。

（c）检查磨煤机、排粉机的热风门和隔绝门是否严密，并在就地和盘前校验，防止运行中排粉机入口温度、停运磨煤机后磨煤机入口温度偏高。

（d）控制粉仓漏风，粉仓的漏风部位主要是钢板和混凝土的结合处和防爆门处。

（4）神府东胜煤掺烧结论和建议。通过神府东胜煤试烧试验，得到以下结论和建议：

1）在目前的设备状态下，CQ 电厂 1 号炉神府东胜煤安全掺烧比例为 50%，即松藻洗煤与神府东胜煤可按 1:1 方式预混掺配后入磨煤机和入锅炉。

2）神府东胜煤可磨性较松藻洗煤低，掺烧 50%神府东胜煤时，煤粉细度 R_{90} 在 8%～10%变化，低于有关规程推荐值 11%，有利于煤粉燃尽。将磨煤机出口温度控制在 65～70℃，粉仓温度控制在 80℃以内（4 个温度测点中 3 个均超过 120℃时投消防惰性气体）可保证制粉系统的安全运行。

3）掺烧神府东胜煤后锅炉主、再热蒸汽参数正常，210MW 负荷时锅炉飞灰可燃物在 3%～8%，排烟温度（修正后）在 181～189℃，锅炉热效率在 89.21%～89.98%，均高于保证值 88.4%。随着神府东胜煤比例的升高，锅炉的飞灰可燃物逐渐升高，锅炉热效率先下降后升高，在神府东胜煤比例为 50%时，其效率与松藻洗煤基本一致。

4）燃用神府东胜煤时，着火速度加快，着火稳定性逐渐提高。随着神府东胜煤比例的增加，燃烧器区水冷壁沾污，喷口有少量结渣，炉底渣偶有黑色小渣块出现，但整体结渣较轻。

5）降低锅炉负荷对减缓炉膛内结渣有利，负荷从 125MW 降低到 100MW，屏式过热器处烟气温度可降低约 40℃，燃烧器火焰峰值温度降低 30℃。

6）为保证锅炉安全经济运行，推荐的运行方式为在高负荷（180～220MW）时，运行氧量在 3.0%～3.5%，尽可能取高值，一次风速为 26m/s 左右，配风方式采用均等配风。在燃烧器壁温正常时，配粉可采用下大上小的微正塔方式，若壁温偏高，则建议采用均等配粉方式。在中、低负荷时，运行氧量在 4.0%～4.5%、4.5%～5.0%运行，一次风速为 25～26m/s，配粉可维持目前方式，但配风应注意加大下部风量、关小中上层二次风门和上部第 3、4 层一次风门，以提高送风的利用率，降低飞灰可燃物。

7）为进一步增强锅炉设备对神府东胜煤的适应性，保证机组运行安全，建议：

（a）在各燃烧器壁上安装温度测点，通过燃烧调整保证喷口壁温在合理范围内，避免调整的盲目性造成喷口烧损，并及时安排在停炉检修时进行检查、修补或更换。

（b）从送风机出口、空气预热器前引压力冷风至一次风箱，降低风粉混合后一次风温度至 160℃以下（设计要求），以控制燃烧器壁温和防止一次风管积粉自燃。

（c）设置粉仓放粉系统，避免在事故停炉或大修时出现粉仓温度异常升高造成自燃。

（d）在粉仓增加 CO_2 惰性消防系统，并加强维护，切实保证粉仓安全。

17-3 简述 XZ 电厂 1000MW 低结渣烟煤锅炉掺烧神府东胜煤的燃烧优化调整案例分析。

答：1．神府东胜煤掺烧背景

XZ 电厂 2×1000MW 锅炉设计煤为山西、陕西以及徐州当地的混合烟煤，属于高灰熔点、不易结渣煤种，实际燃用煤为神府东胜煤（神混 2）和石炭混煤，其中神府东胜煤属于低灰熔点煤，与设计煤相差较大，掺烧不当则可能造成锅炉结渣严重，影响锅炉的安全运行，XZ 电厂特委托西安热工研究院有限公司研究进行了现场掺烧试验。

2．锅炉设备简介

XZ 电厂 2×1000MW 机组为超超临界变压运行螺旋管圈直流锅炉，单炉膛塔式布置、四角切向燃烧、摆动喷口调温、平衡通风、全钢架悬吊结构、露天布置、采用干式机械除渣。锅炉上部沿着烟气流动方向依次分别布置有一级过热器、三级过热器、二级再热器、二级过热器、一级再热器、省煤器。炉后尾部布置两台三分仓容克式空气预热器。锅炉尾部空气预热器上方布置有两台 SCR 脱硝装置。

锅炉配备 6 台中速磨煤机，磨煤机采用弹簧加载、动态分离，设计煤粉细度 R_{90}=17%。每台磨煤机对应提供 2 层燃烧器所需的煤粉。磨煤机出口的 4 根煤粉管道在燃烧器前通过一个 1 分 2 的分配器分成 8 根煤粉管道，进入 4 个角燃烧器的 2 层煤粉喷口中。在主风箱上部布置包括 6 层可水平摆动的分离燃尽风喷口。

3．试验过程

2014 年 9 月 22 日～12 月 23 日进行了石炭 3 掺烧神混 2 的预混掺烧试验，12 月 24 日～次年 1 月 1 日进行了神混 2：石炭 3=2:3 或 3:2 分磨掺烧试验，预混掺烧试验期间机组负荷率及神府东胜煤掺烧比例、试验期间机组负荷率及掺烧方式分别见表 17-8 和表 17-9，期间进行了锅炉热效率、CO 生成量和 NO_x 生成量测试。

表 17-8　预混掺烧试验期间机组负荷率及神府东胜煤掺烧比例

试验时间	试验煤种	平均负荷（MW）	负荷率（%）
12 月 4 日	神混 2:石炭 3=1:1	953	95.3
12 月 5 日	神混 2:炭 3=3:2	922	92.2
12 月 6 日	神混 2:石炭 3=2:1	930	93.0
12 月 7 日～12 月 9 日	神混 2:石炭 3=3:1	917	91.7

表 17-9　试验期间机组负荷率及掺烧方式

试验时间	试验煤种	磨煤机组合方式		平均负荷（MW）	负荷率（%）
		神混 2	石炭 3		
12 月 24 日	神混 2:石炭 3=2:3	11、12	13、14、15、16	807	80.7
12 月 25 日	神混 2:石炭 3=2:3	12、14	11、13、15、16	826	82.6
12 月 26 日	神混 2:石炭 3=2:3	14、15	11、12、13、16	859	85.9
12 月 29 日	神混 2:石炭 3=3:2	11、12、14	13、15、16	753	75.3
12 月 30 日	神混 2:石炭 3=3:2	11、12、13	14、15、16	765	76.5
12 月 31 日	神混 2:石炭 3=3:2	11、14、15	12、13、16	753	75.3

4．试验煤质分析

表 17-10 为不同煤种的工业分析数据，设计煤属于中高挥发分、中等热值、中等灰分、

低水分、低硫煤。试验煤种和设计煤全水、灰分、挥发分和灰熔点差别较大。

表 17-10　　不同煤种的工业分析数据

煤种	全水（%）	灰分（%）	挥发分（%）	全硫（%）	发热量（MJ/kg）	灰熔点（℃）		
						DT	ST	FT
设计煤	6.9	29.05	31.62	0.98	20.97	＞1500	＞1500	＞1500
神府东胜煤	16.8	15.74	36.55	0.52	21.25	1258	1284	1308
石炭纪煤	12.8	26.8	38.40	0.98	18.94	1269	＞1500	＞1500
神混 2:石炭纪煤 3=1:1	14.7	22.36	37.35	0.70	19.85	1296	1463	＞1500
神混 2:石炭纪煤 3=3:2	14.4	21.26	37.34	0.60	20.25	1325	1443	1466
神混 2:石炭纪煤 3=2:1	15.5	20.34	37.08	0.67	20.31	1304	1400	1440
神混 2:石炭纪煤 3=3:1	15.3	18.34	37.11	0.57	20.85	1198	1324	1362

5．试验方法

对锅炉运行氧量、一次风量等标定后进行神府东胜煤的掺烧试验，重点关注锅炉结渣问题。试验期间通过人工观察以及机组运行参数检测来评估锅炉结渣与积灰倾向，主要观察与检测项目包括：

（1）炉膛火焰温度测试。

（2）表盘蒸汽温度监视及受热面管壁温度监视。

（3）通过看火孔观察燃烧器区水冷壁、燃烧器喷口和一级过热器区域结渣情况。

（4）人工观察冷灰斗排渣、干渣机运行状态以及进行吹灰时掉渣情况和渣型。

通过对比锅炉燃用不同试验煤种时锅炉结渣情况、锅炉热效率和污染物排放，分析神府东胜煤掺烧对锅炉安全性、经济性和环保性的影响。

6．试验结果及分析

从锅炉运行安全性和经济性考虑，试验遵循先预混后分磨，神府东胜煤掺配比例先低后高的原则，神府东胜煤预混掺烧比例由 50%逐渐增大到 75%，分磨掺烧比例由 40%增大到 60%。

（1）预混掺烧。

1）不同掺烧比例下锅炉的安全性。在神府东胜煤掺烧比例由 50%增大到 75%的过程中，锅炉汽水参数正常，主、再热蒸汽温度、压力均能达到设计值，减温水量均在设计值范围内。通过观火孔观察喷口无结渣且吹灰期间无大块渣掉落，干渣系统运行正常。神府东胜煤掺烧比例达到 75%以后，炉渣硬度增加且炉渣中的碎渣减少，掺烧 50%和 75%神混 2 时的炉渣如图 17-4 所示，说明炉膛内局部出现结渣现象。

炉膛温度变化趋势如图 17-5 所示，可见，神府东胜煤掺烧比例增加以后，炉膛下部燃烧器区域温度升高，标高 26m（燃烧器下部）至标高 40.5m 处，主燃烧器区烟气平均温度上升 13～32℃。由于神府东胜煤着火性能比石炭纪煤好，煤粉进入炉膛后提前着火，使主燃烧器区域温度升高，但炉膛峰值温度和一级过热器区域的温度基本不变。神府东胜煤掺烧比例由 50%增大到 75%后，锅炉燃烧器区域出现结渣现象，在 75%负荷长期运行时，应加强对燃烧器区域的结渣监测。

（a）

（b）

图 17-4　掺烧 50%和 75%神混 2 时的炉渣

（a）掺烧 50%神混 2；（b）掺烧 75%神混 2

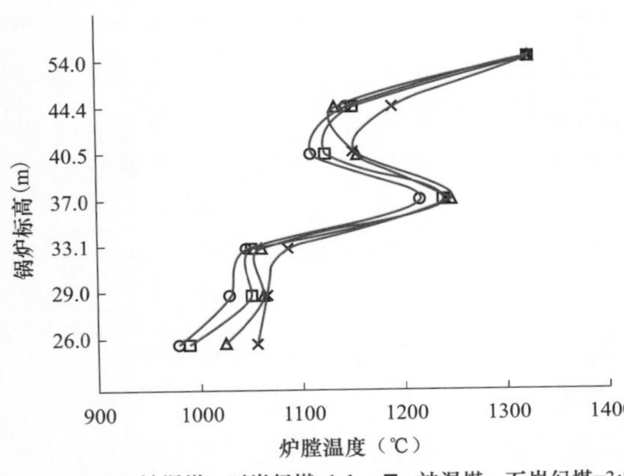

图 17-5　炉膛温度变化趋势

2）不同掺烧比例下的锅炉热效率和污染物生成浓度。预混掺烧方式下，神府东胜煤不同掺烧比例下的锅炉基本运行参数及锅炉热效率见表 17-11。由于神府东胜煤较石炭纪煤的热值更高、灰分更低、着火燃尽性能更好，随着神府东胜煤掺烧比例的增加：

（a）灰渣含碳量降低，锅炉热效率升高：神府东胜煤掺烧比例由 50%增加到 75%后，飞灰可燃物和炉渣含碳量分别为 0.59%、0.81%。与掺烧比例为 50%相比，炉渣含碳量和飞灰可燃物分别降低了 0.35%、1.35%，锅炉热效率升高 0.33%。

（b）NO_x 生成量基本不变。

（c）神府东胜煤和石炭纪煤全硫分别为 0.52%、0.98%，随着神府东胜煤掺烧比例升高，入炉煤全硫 $S_{t,ar}$ 降低，一方面降低了 SO_2 生成浓度和脱硫成本，另一方面有利于减轻炉膛内高温腐蚀。

表 17-11　　预混掺烧方式下的锅炉运行参数及锅炉热效率

神府东胜煤:石炭纪煤	1:1	3:2	2:1	3:1	2:3	3:2
电负荷（MW）	980	895	900	987	869	818
给煤量（t/h）	395	353	358	391	345	324
表盘氧量（%）	2.8	2.8	3.0	2.8	2.9	3.1
实测氧量（%）	3.28	3.19	3.48	3.27	2.95	3.19
飞灰含碳量（%）	0.94	0.77	0.72	0.59	0.79	0.52
炉渣含碳量（%）	2.16	1.65	1.56	0.81	1.54	0.57
排烟温度（修正后，℃）	129	127	127	129	125	126
空气预热器出口的 CO 浓度（μL/L）	397	448	402	511	578	14

续表

神府东胜煤:石炭纪煤	1:1	3:2	2:1	3:1	2:3	3:2
脱硝入口实测 NO_x 浓度（mg/m^3）	142	134	121	136	129	158
脱硫入口 SO_2 浓度（mg/m^3）	1515	1362	1362	1271	1363	1256
锅炉热效率（%）	93.38	93.54	93.41	93.71	93.61	93.90

（2）分磨掺烧。根据神府东胜煤和石炭纪煤的着火特性、燃尽特性和爆炸特性的差异，在分磨掺烧时，制粉系统按煤种的不同分别进行参数控制，具体如下：

1）神府东胜煤磨煤机出口温度控制在 65～75℃，石炭纪煤磨煤机出口温度控制在 75～80℃。

2）神府东胜煤磨煤机分离器转速控制在 40r/min 左右（R_{90}=20%～25%），石炭纪煤磨煤机分离器转速控制在 43r/min 左右（R_{90}=15%～20%）。

3）神府东胜煤磨煤机风煤比控制在 1.8～2.0，石炭纪煤磨煤机风煤比控制在 1.7～1.8。

4）16 号磨煤机备用且备用磨煤机上高灰熔点煤，在锅炉出现异常时及时切换。

分磨掺烧结果如下：

1）分磨掺烧期间，锅炉汽水参数正常，主、再热蒸汽温度、压力均能达到设计值，过热器、再热器减温水量均在设计值范围内。

2）神府东胜煤掺烧比例由 40%提高到 60%时，炉渣中的碎渣减少且炉渣有变硬的趋势。应注意加强对燃烧器区域、一级过热器区域和分离燃尽风区域的监测，避免形成较大渣块。

3）飞灰可燃物和炉渣含碳量均随神府东胜煤掺烧比例的升高而降低，锅炉热效率升高。

7．试验结论

（1）对于防渣性能较差的锅炉，燃用神府东胜煤时掺烧部分高灰熔点煤是减轻锅炉结渣的有效方法，通过合理掺烧可达到大比例掺烧神府东胜煤的目的。

（2）神府东胜煤预混掺配比例低于 75%、分磨掺烧比例低于 60%时，锅炉汽水参数正常，锅炉对掺配煤种具有良好的适应性。

（3）塔式锅炉燃烧器区域和一级过热器区域属于易结渣区域，在燃用神府东胜煤时，应加强对该区域的监测。

（4）神府东胜煤属于低硫煤，掺烧部分神府东胜煤后入炉煤全硫分降低，有利于减轻炉膛内高温腐蚀。

（5）神府东胜煤着火性能比石炭纪煤好，掺烧部分神府东胜煤后，煤粉进入炉膛后着火提前，主燃烧器区烟气平均温度升高，有利于煤粉燃尽，锅炉热效率升高，但炉膛温度峰值和一级过热器区域的温度基本不变。

（6）在相同掺烧比例下，分磨掺烧的锅炉热效率高于预混掺烧。

（7）分磨掺烧时喷口烧损和结渣的风险较预混掺烧高，需对燃用神府东胜煤燃烧器的风量、风温、煤粉细度等进行针对性调整。

17-4 简述 WCW 电厂 350MW 机组大比例掺烧新疆准东煤的燃烧调整案例分析。

答：1．锅炉设备简介

WCW 电厂一期所配锅炉型号为 DG1200/25.4-Ⅱ4 型，是东方电气集团东方锅炉股份有限公司生产的前后墙对冲燃烧、超临界、本生型直流锅炉。锅炉为单炉膛、一次再热、平衡通风、紧身密封布置、固态排渣、全钢构架、全悬吊Π形结构。

锅炉设计燃用准东五彩湾煤，采用正压冷一次中速磨煤机直吹式制粉系统，配置5台ZGM95N-1中速磨煤机。燃烧器采用“前三后二”的布置方式，每层4台共20台低NO_x旋流式煤粉燃烧器。前墙最下层燃烧器配置微油点火装置，后墙最下层燃烧器配置油枪用于点火、暖炉以及低负荷稳燃。设计煤粉细度R_{90}=20%。燃用设计煤种时，4台磨煤机运行能满足锅炉BMCR工况运行要求。燃烧器上部布置有燃尽风及侧燃尽风口，12个燃尽风风口分别布置在前后墙上，减少NO_x的生成。在O_2=6.0%时，NO_x排放浓度不超过300mg/m^3（标准状态下）。在前、后墙二次风箱的两侧，各设置了两层贴壁风喷口，共8个贴壁风调风器用于形成气膜，防止气流冲刷侧墙水冷壁，避免水冷壁出现磨损、结渣和腐蚀等现象。

2．试验煤质及目的

锅炉设计煤为准东五彩湾烟煤，实际掺烧煤种为准东五彩湾烟煤和乌东煤/准东北塔山的混煤，准东五彩湾烟煤的煤质参数如表17-12所示。

准东五彩湾烟煤属于极易着火、极易燃尽、燃烧性能优异的煤种，但该煤种灰中钠与钙含量较高，具有严重结渣和严重沾污特性；因此，大比例掺烧准东五彩湾烟煤燃烧优化调整的首要方向为防止锅炉炉膛以及尾部烟道出现严重的结渣与积灰，同时兼顾提高锅炉热效率，提高机组运行的安全性、经济性与环保性。最终通过现场燃烧优化调整测试，确定准东煤的安全经济掺烧比例及合理的锅炉运行参数。

表17-12　　准东五彩湾烟煤的煤质参数

项　　目	准东五彩湾入炉煤	准东北塔山入炉煤	乌东入炉煤
全水分M_t（%）	28.3	15.6	9.8
收到基灰分A_{ar}（%）	4.97	8.89	21.34
干燥无灰基挥发分V_{daf}（%）	32.75	30.41	38.01
收到基低位发热量$Q_{net,ar}$（kJ/kg）	18699	22847	21584
灰变形温度DT（℃）	1320	1170	1130
灰软化温度ST（℃）	1330	1190	1160
灰流动温度FT（℃）	1350	1220	1200
灰中氧化钠Na_2O（%）	4.45	1.14	0.65

3．试验结果分析

（1）65%以下中低负荷全烧准东煤试验。根据试验需要，WCW电厂在2号机上进行了76h的低负荷试验，负荷维持在180～240MW，锅炉吹灰方式为每个班全吹一次，然后根据蒸汽温度变化选择性运行长吹灰器。

2号锅炉在240MW以下负荷全烧五彩湾煤的过程中，锅炉屏式过热器区域有结渣，吹灰时渣块能够掉落，屏过管壁上总覆盖一层很薄的灰渣无法吹掉，但是试验过程中未见恶化的趋势，可以维持在一个稳定的状态，图17-6为屏式过热器管壁吹灰前后结渣情况。

高温过热器入口较干净，无结渣与沾污。高温再热器入口管壁迎风面有沾污，但不严重，右侧沾污比左侧严重，且右侧沾污较难吹掉。在目前的吹灰方式下，高温再热器入口管壁沾污没有恶化的趋势，可以维持在一个稳定状态。

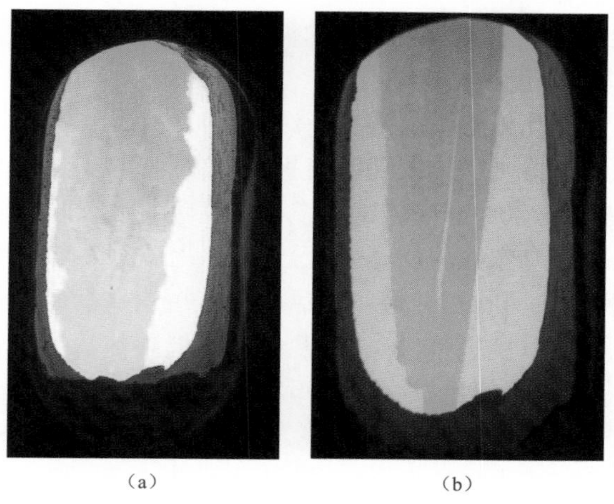

（a） （b）

图 17-6 屏式过热器管壁吹灰前后结渣情况

（a）吹灰前；（b）吹灰后

燃烧器区域后墙水冷壁结渣较为严重，燃烧器区域有流焦，在降负荷或吹灰过程中，燃烧器区域的部分焦块会脱落。

试验期间，2 号锅炉低温过热器出口蒸汽温度右侧比左侧高 10～20℃，且一级过热器减温水右侧量偏大，长时间不吹灰后接近全开，吹灰后减温水量能很快降下来，二级过热器减温水开度在 40%～60%。低温再热器出口蒸汽温度左侧比右侧高 10℃左右，再热器减温水开度较小。炉膛出口烟气温度与设计值较为接近。

（2）75%中负荷下全烧准东煤试验。2 号锅炉开始在 260MW 左右的负荷下全烧五彩湾煤。由于负荷不稳，260MW 负荷下全烧准东煤的时间段如表 17-13 所示。

表 17-13　　2 号锅炉在 260MW 负荷下全烧准东煤的时间段

日期	开始时间	结束时间	时长（h）
第 1 天	11:57	19:57	8
第 2 天	8:09	22:55	15
第 3 天	10:25	12:00	1.5
第 4 天	3:53	12:25	8.5

2 号锅炉在 260MW 负荷下全烧五彩湾煤时，低温过热器出口蒸汽温度偏差较 240MW 以下负荷全烧时要小，低温过热器和低温再热器出口管壁温度未超温，锅炉烟气温度正常。整体结渣和沾污情况较 240MW 以下中低负荷全烧五彩湾煤时严重，炉膛内结渣区域上移，具体表现为：

1）燃烧器区域水冷壁结渣严重，后墙区域挂满渣块。

2）屏式过热器区域结渣更为严重，屏底管子被灰渣包裹，但渣层较薄，且吹灰能将大部分渣块吹掉。

3）高温过热器入口有零星沾污，没有继续恶化的趋势。

4）高温再热器入口靠近左右两侧看火孔的位置部分管壁有沾污，厚约 8cm，该位置吹灰器难以吹到，但沾污较疏松，能维持不恶化。

5）高温再热器出口看火孔处管壁有零星沾污。

6）水平烟道及低温再热器入口未发现明显积灰现象。

（3）75%以上高负荷掺烧 80%准东煤试验。锅炉高负荷运行时，配煤方式为 60%五彩湾煤（A、B、C 磨煤机）+20%乌东煤（D 磨煤机）+20%北塔山煤（E 磨煤机）。高负荷吹灰方式为每个班先将过热器和再热器吹扫一遍，然后将所有短吹灰器和长吹灰器全部运行一遍，之后再根据锅炉运行情况选择性吹灰。屏式过热器和高温再热器进口管壁沾污情况尚可，但高温再热器出口管壁上糊满一层黑色发亮的沾污物，比中低负荷全烧五彩湾煤时要多。

在电厂负荷较高时，2 号锅炉掺烧方式调整为 80%五彩湾煤（A、B、C、E 磨煤机）+20%乌东煤（D 磨煤机），吹灰方式不变。由于 2 号机组干渣机故障，2 号锅炉在该运行方式下运行 5 天，尽管试验时间较短，但锅炉出现了明显的结渣和沾污加剧的情况，具体如下：

1）炉膛结渣较重。

2）图 17-7 是高负荷下屏式过热器结渣情况，可见屏式过热器表面挂满渣，但未形成搭桥，且结渣速度快，渣较松散，每次吹灰都能吹掉，但较难完全吹净，每次吹灰过后屏过热器管壁上依然会有较薄的沾污层。

3）图 17-8 是高负荷下高温再热器入口结渣情况，试验观察发现其沾污速度明显加快，且沾污量增多，在吹灰 2～3h 后，入口管壁迎风面就形成较厚沾污层，且接近搭桥，但积灰较松散，积累到一定厚度时会自行脱落一部分。尽管高温再热器入口无明显烟气温度偏差，但右侧入口的沾污较左侧严重。主要原因是炉右侧高温再热器入口布置了一只烟气温度探针而无法布置吹灰器，导致炉右侧高温再热器入口外侧管壁沾污层无法即时清扫。

图 17-7　高负荷下屏式过热器结渣情况

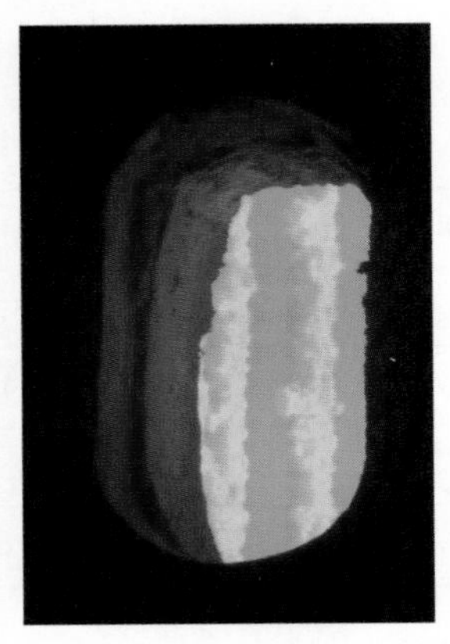

图 17-8　高负荷下高温再热器入口结渣情况

4）选择高温再热器入口附近两只吹灰器进行吹灰试验，图 17-9 为高负荷下高温再热器入口吹灰后管壁沾污情况，可见吹灰后高温再热器入口迎风面管壁处沾污大部分能吹掉，但仍然有一层沾污难以吹除。

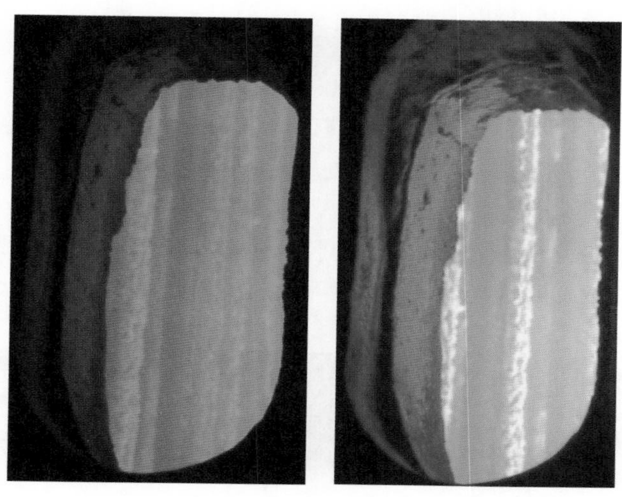

图 17-9 高负荷下高温再热器入口吹灰后管壁沾污情况

5）图 17-10 为高负荷下高温再热器出口沾污情况，可见高温再热器出口管壁迎风面除了有之前的黑色发亮沾污物，上面还有较厚一层白色松散积灰，吹灰前后观察该积灰能较容易吹干净，但是该处积灰速度较快。

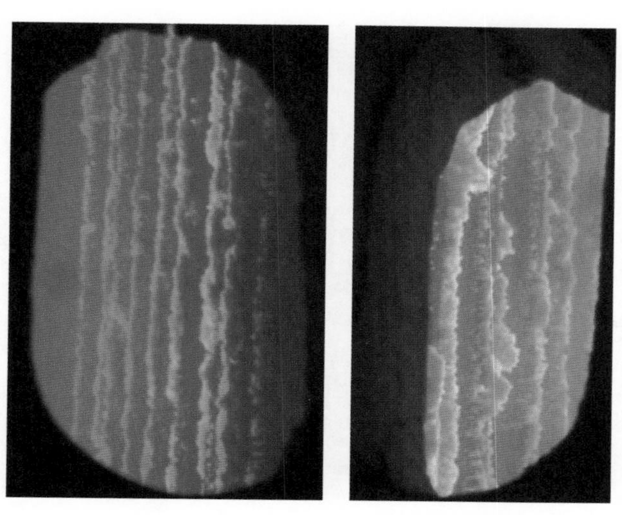

图 17-10 高负荷下高温再热器出口沾污情况

在高负荷下掺烧 80%五彩湾煤的试验表明：

1）锅炉结渣和沾污区域整体向锅炉上部和尾部移动。

2）屏式过热器、高温再热器和高温过热器管壁的结渣与沾污程度均要比中低负荷时严重，且结渣和沾污速度也更快。

3）在每个班首先将过热器和再热器区域长吹灰器全部吹一遍，再将所有吹灰器全部运行一遍的吹灰方式下，过热器和再热器的结渣和沾污情况能控制在一个稳定的状态。

4）屏式过热器管壁渣量较大，但以松散积灰为主。

5）锅炉侧墙 SOFA 风高度位置，水冷壁仅有较薄一层结渣，未有黑色硬渣块结在管壁。

6）图 17-11 和图 17-12 为前后墙燃烧器喷口结渣情况，可见燃烧器区域特别是后墙，结满渣块，说明后墙火焰旋流过强，导致火焰短，燃烧器根部温度高，并且强旋流使得回流到燃烧器根部的未燃粒子增多，加剧喷口挂渣。

7）后墙温度高，在锅炉运行过程中，炉膛区域水冷壁个别位置由于燃烧扰动或负荷扰动，渣块脱落，掉在炉底，形成黑色硬渣块，后墙冷灰斗上的大渣块如图 17-13 所示。

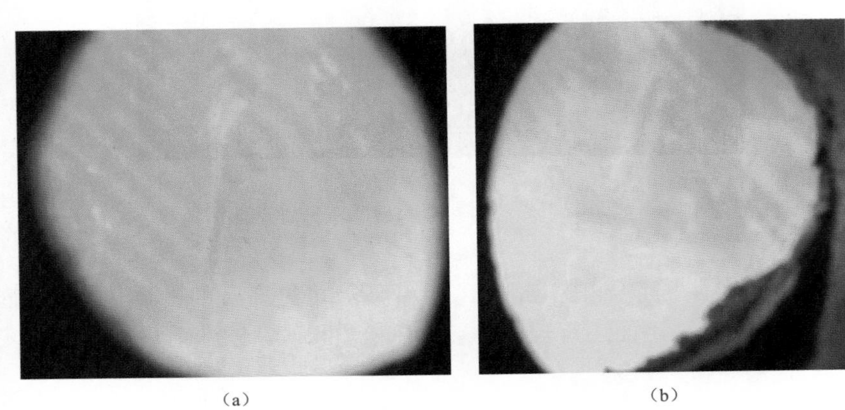

(a) (b)

图 17-11　前墙燃烧器喷口结渣情况

(a) B 层燃烧器喷口；(b) C 层燃烧器喷口

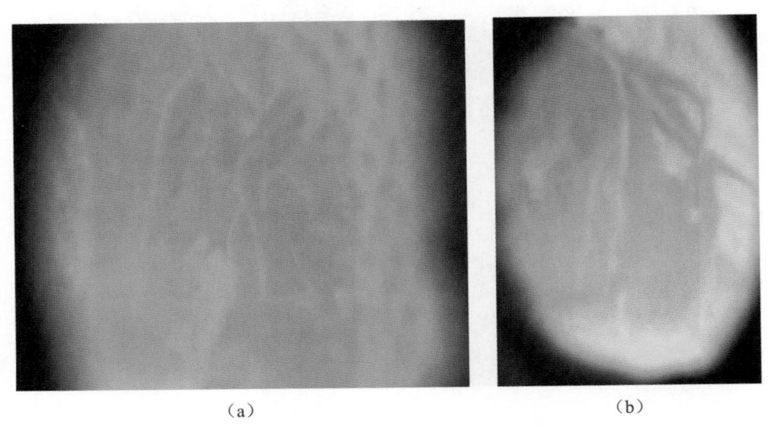

(a) (b)

图 17-12　后墙燃烧器喷口结渣情况

(a) A 层燃烧器喷口；(b) E 层燃烧器喷口

8）在高负荷下掺烧 80%五彩湾煤后，炉膛及过热器和再热器结渣和沾污加剧，当锅炉负荷降低后，正常吹灰，炉膛、屏式过热器及高温再热器的结渣积灰可正常掉落。图 17-14 和图 17-15 分别为锅炉负荷由 310MW 降低到 200MW 20h 后高温再热器进口积灰、屏式过热器结渣情况。

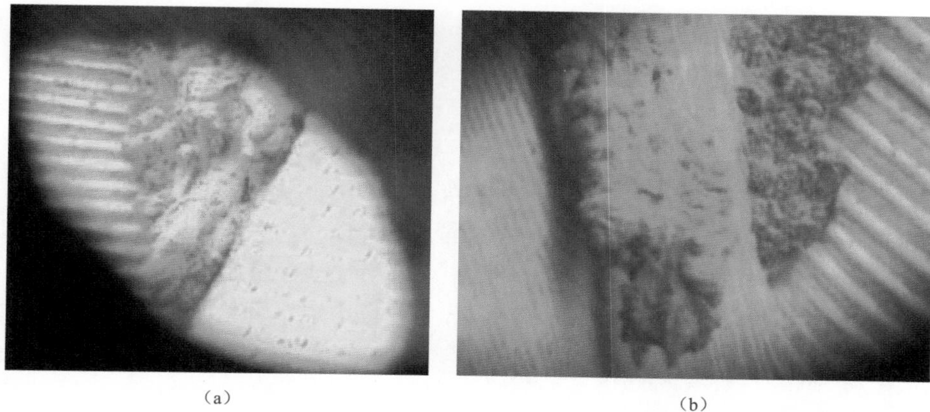

（a） （b）

图 17-13 后墙冷灰斗上的大渣块（熔融堆积）

（a）后墙左侧；（b）后墙右侧

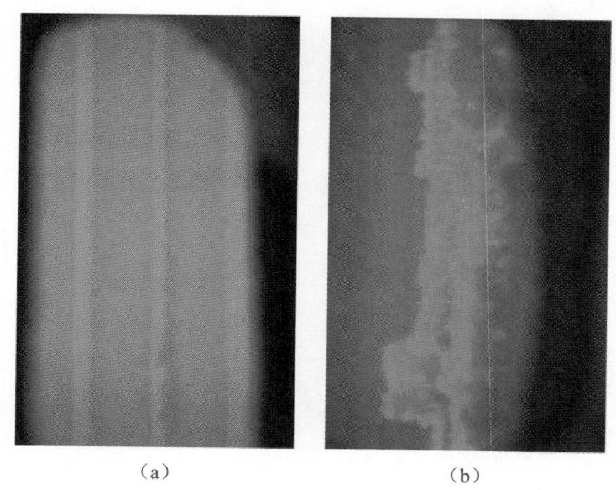

（a） （b）

图 17-14 降负荷 20h 后高温再热器进口积灰情况

（a）炉左；（b）炉右

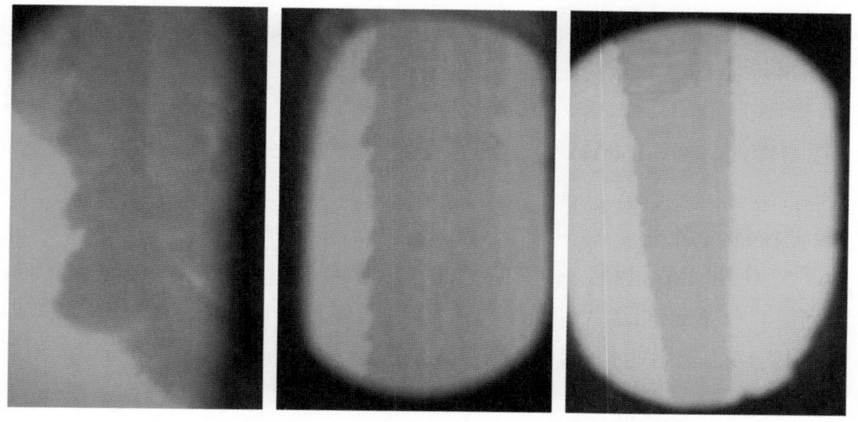

图 17-15 降负荷 20h 后屏式过热器结渣情况

9）连续高负荷时过热蒸汽系统需要开辅助减温水（高压加热器后减温水），且减温水阀门采取较大开度才能维持正常蒸汽温度。

10）锅炉燃烧过程中产生的大量黑色硬渣块经常卡住捞渣机链条，无法破碎的渣块如图 17-16 所示。

图 17-16　无法破碎的渣块

（4）变磨煤机组合方式试验。最佳掺烧磨煤机组合方式试验：由 A、B、C 磨煤机为五彩湾煤，D 为乌东煤、E 为北塔山煤的运行方式更改为 A、C、D 为五彩湾煤，B 为乌东煤，E 为北塔山煤。调整至该运行方式之后：

1）分离燃尽风区域较干净，燃烧器区域后墙比前墙结渣严重，整个炉膛区域结渣情况与调整前未见明显改善。

2）两侧屏式过热器结渣较为严重，中间屏式过热器结渣较轻微。

3）高温再热器入口管壁在吹灰前有 7cm 左右厚的结渣，高温再热器出口管壁结渣沾污情况也比调整前略严重。

从炉膛及过热器和再热器管壁的结渣和沾污情况来说，将乌东煤由 D 磨煤机调整至 B 磨煤机后，对改善锅炉结渣的改善作用不明显；但考虑到锅炉降负荷时优先停运上层磨煤机，用 D 磨煤机磨制乌东煤将有利于电厂燃用更多价格较低的五彩湾煤。

4．试验结论

最终掺烧试验表明：

（1）在 75%以下负荷时，在保持较高吹灰频率（至少每个班全吹一遍，然后根据实际蒸汽温度选择性吹灰）的前提下，可以全烧五彩湾煤。

（2）在 75%及以上负荷时，在保持较高吹灰频率（至少每个班要全吹一遍，然后根据实际蒸汽温度选择性吹灰）的前提下，可以掺烧 80%的五彩湾煤和 20%的低钠煤；但此时要注意锅炉干渣机的设备运行状况，避免炉膛内掉落的大渣块将干渣机卡住。

（3）在掺烧五彩湾煤的过程中，可以根据实际结渣情况，通过进行负荷扰动来使炉膛水冷壁及过热器和再热器管壁的结渣层脱落，或者间歇性掺入低钠煤，使炉膛内原有渣块脱落。

17-5　简述 GWFK 电厂 150MW 非准东煤机组锅炉大比例掺烧准东煤的改造和燃烧优化调整。

答：1．锅炉设备简介

GWFK 电厂 2×150MW 机组，锅炉型号：SG-480/13.7-M788，为超高压中间再热自然循环锅炉，Π 形布置，炉膛断面深为 10412mm、宽为 11324mm，膜式水冷壁，锅炉额定工况主要设计参数见表 17-14。采用四角切向燃烧方式，燃烧器共设置四层煤粉喷口，锅炉 BMCR 和 ECR 负荷时均投三层，另一层备用。燃烧器的一、二次风喷口呈间隔排列，顶部设有消旋燃尽风。制粉系统采用正压直吹式，配 4 台 MPS150 型中速磨煤机，在基本出力为 28.5t/h、HGI=80、M_t=4%、A_{ar}≤20%的煤时，设计的煤粉细度 R_{90}=16%，磨煤机入口最大干燥剂流量为 37.6t/h。

过热器采用辐射-对流型，过热蒸汽流程：汽包—顶棚过热器—包覆过热器—低温过热器—一级减温器—前屏过热器—后屏过热器—二级减温器—高温过热器—集汽联箱，然后从集箱两端引出到汽轮机高压缸。在一、二级减温器中，过热蒸汽实现了左右交叉和混合。

再热器分两级布置，再热蒸汽流程：来自汽轮机高压缸的排汽分左右两路经再热器事故喷水装置进入低温再热器，再经低温再热器出口联箱、微量喷水装置进入高温再热器，最后经再热器集汽联箱分左右两端引出，进入汽轮机中压缸。

表 17-14　　锅炉额定工况主要设计参数

项　　目	数　　值
过热蒸汽流量（t/h）	480
再热蒸汽蒸发量（t/h）	396
过热蒸汽温度（℃）	540
过热蒸汽压力（MPa）	13.7
再热蒸汽压力（进/出，MPa）	2.82/2.67
再热蒸汽温度（进/出，℃）	331/540
一级过热器减温水量（℃）	14.61
二级过热器减温水量（℃）	4.87
给水温度（℃）	243
预热器进口风温（℃）	20
一次风温度（℃）	307
二次风温度（℃）	301
排烟温度（℃）	141
锅炉保证效率（%）	92.37
炉膛容积热强度（kW/m^3）	104.8
炉膛断面热强度（MW/m^2）	3.155
最上层燃烧器至屏底距离（m）	13.02

省煤器分两级布置，高、低温省煤器管系均为逆流顺列布置。其系统流程如下：给水由锅炉两侧进入低温省煤器管系，经炉外连接管进入高温省煤器管系，最后由连接管进入汽包。

空气预热器采用管式预热器，独立布置于炉后，成为第三、第四烟道。它分前、后两级，采用一、二次风分箱型式、立式布置，前级预热器为二次风预热器，后级为一次风预热器。

锅炉在燃烧器区上方四面墙上共布置 36 只 IR-3D 型墙式蒸汽吹灰器，在高温过热器、高温再热器前共布置 IK-525 型长伸缩式蒸汽吹灰器，在尾部烟道竖井布置 20 只 G9B 型固定旋转式蒸汽吹灰器，在空气预热器布置 LBR 激波吹灰器。

锅炉燃烧器编号由下至上为 AA、A、AB、B、BC、C、CD、D、DD、OFA、SOFA。

锅炉设计燃用本地烟煤，自锅炉 2008 年投产以来，电厂燃料成本节节攀升，且燃料供应日趋紧张。与此同时，量大、价低的新疆准东特大型煤田的开发却在加速进行。为降低燃料成本，电厂尝试掺烧部分准东五彩湾煤。掺烧试验结果表明，不采取设备改进措施，锅炉的准东煤安全掺烧比例为 50%，与电厂降低发电成本的要求仍存在较大差距。若继续增加掺烧比例，则会出现严重的结渣、沾污等问题。在 80%负荷全烧准东煤时，水冷壁、高温过热器均出现严重的结渣现象，全烧准东煤水冷壁结渣、全烧准东煤高温过热器结渣分别如图 17-17、

图 17-18 所示。另外，准东煤水分高于锅炉设计煤，大比例燃用准东煤出现了磨煤机干燥出力不足问题，冬季更加严重。

2．掺烧准东煤进行的锅炉设备改造

GWFK 电厂为解决燃用准东煤带来的结渣沾污问题，主要采取了三方面的措施：

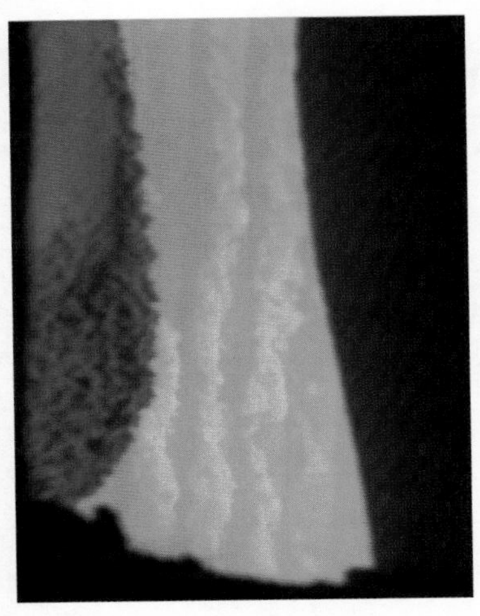

图 17-17 全烧准东煤水冷壁结渣

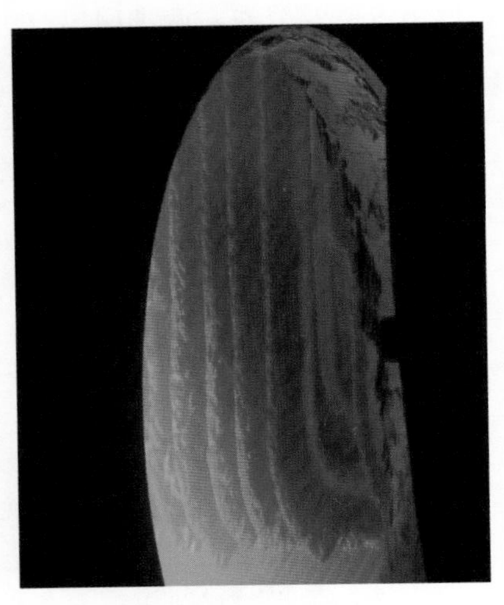

图 17-18 全烧准东煤高温过热器结渣

（1）配煤掺烧。通过掺烧少量低钠煤，降低入炉煤碱金属含量，从而缓解结渣、沾污。

（2）燃烧器区和屏区加装吹灰器。在燃烧器区水冷壁区域装设吹灰器清除该区域的结渣，各墙加装蒸汽吹灰器位置见图 17-19，每面墙安装 4 只，共安装 16 只。

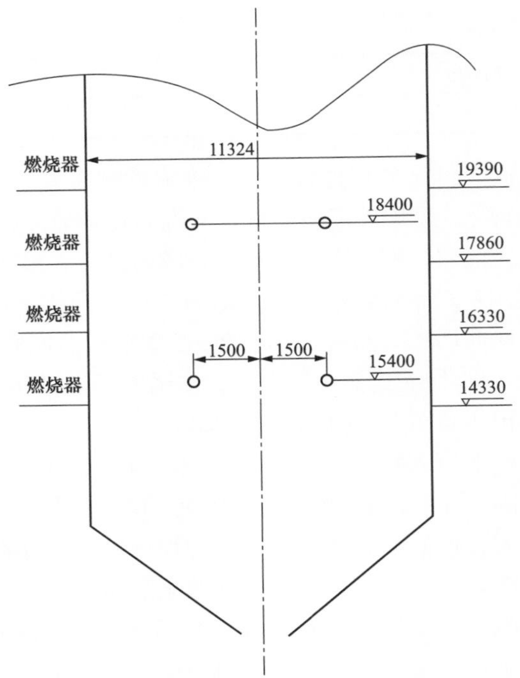

图 17-19 各墙加装蒸汽吹灰器位置

（3）屏区加装吹灰器。连续高负荷燃用易沾污结渣的准东煤可能出现屏区烟气温度升高以及一次风率升高引起的屏区烟气温度升高和烟气温度偏差增大的情况，在屏式过热器和后屏过热器之间的两侧墙上加装两只蒸汽吹灰器，以应对可能出现的屏区结渣和屏式过热器吸热不足的问题，屏式过热器前加装蒸汽吹灰器位置图见图 17-20。

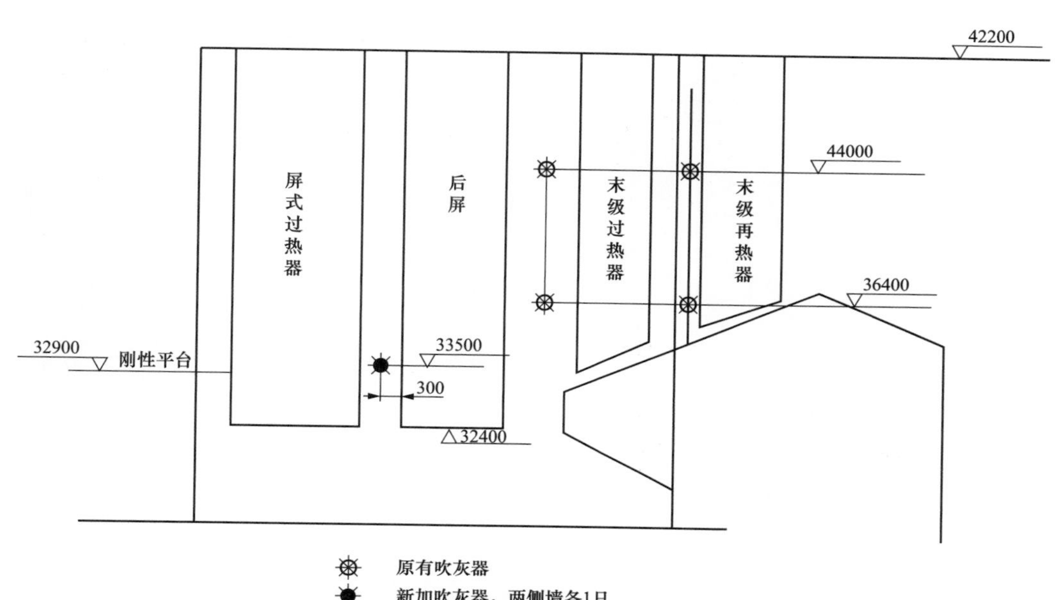

图 17-20 屏式过热器前加装蒸汽吹灰器位置图

（4）燃烧器改型和切圆调整。鉴于燃用准东煤时炉膛内燃烧器区水冷壁结渣较重，兼顾燃烧稳定性和结渣控制的需要，对燃烧器进行了响应改造，低氮燃烧器（含分离燃尽风）喷口尺寸及布置见图 17-21，具体改造措施如下：

1）将一次风燃烧器改为浓相对冲、淡相切圆直径为 650mm，同时二次风切圆直径保持不变，以形成风包粉布置，有利于减轻水冷壁结渣。

2）调整一、二次风喷口面积：由于准东煤水分高，为了保证制粉系统干燥出力，需要提高一次风比例，则一次风速升高，相应二次风比例和风速下降；为保证较佳的一、二次风速和动量比，需通过及时调整一、二次风喷口面积以保证一二次风速，具体见表 17-15。

3）为减轻水冷壁结渣，对周界风喷口等进行调整。

4）设置分离燃尽风：为降低 NO_x 生成浓度，达到排放控制目标，设计时炉膛出口过量空气系数为 1.2，其中一次风和二次风、紧凑燃尽风、分离燃尽风、炉膛漏风过量空气系数分别为 0.745、0.045、0.36、0.05（主燃烧区过量空气系数为 0.84），选用了 30%分离燃尽风率，同时选取了较大的煤粉在还原区的停留时间（1.0s，约占煤粉停留时间的一半）。改后，煤粉在炉膛内的停留时间由 1.76s 增加到 1.99s，有利于煤粉的燃尽率保持不变或略有升高，运行过程中适当降低煤粉细度（C 磨煤机分离器改为动态分离器），对保证煤粉燃尽则更为有利。

（5）抽取高温炉烟提高一次风空气预热器入口烟气温度。将高温烟气从低温再热器区域抽出，利用炉烟进、出点压差提供的动力将烟气送入一次风空气预热器入口以提高一次风空气预热器入口烟气温度，利用烟气温度升高后的烟气加热增量后的一次风，将一次风温提高到要求的温度。

热力计算结果表明，抽取炉烟提高一次风温并提高一次风量后，磨煤机的干燥能力大幅提高，准东煤的可干燥量为24.96t/h，满足对磨煤机干燥出力的要求。

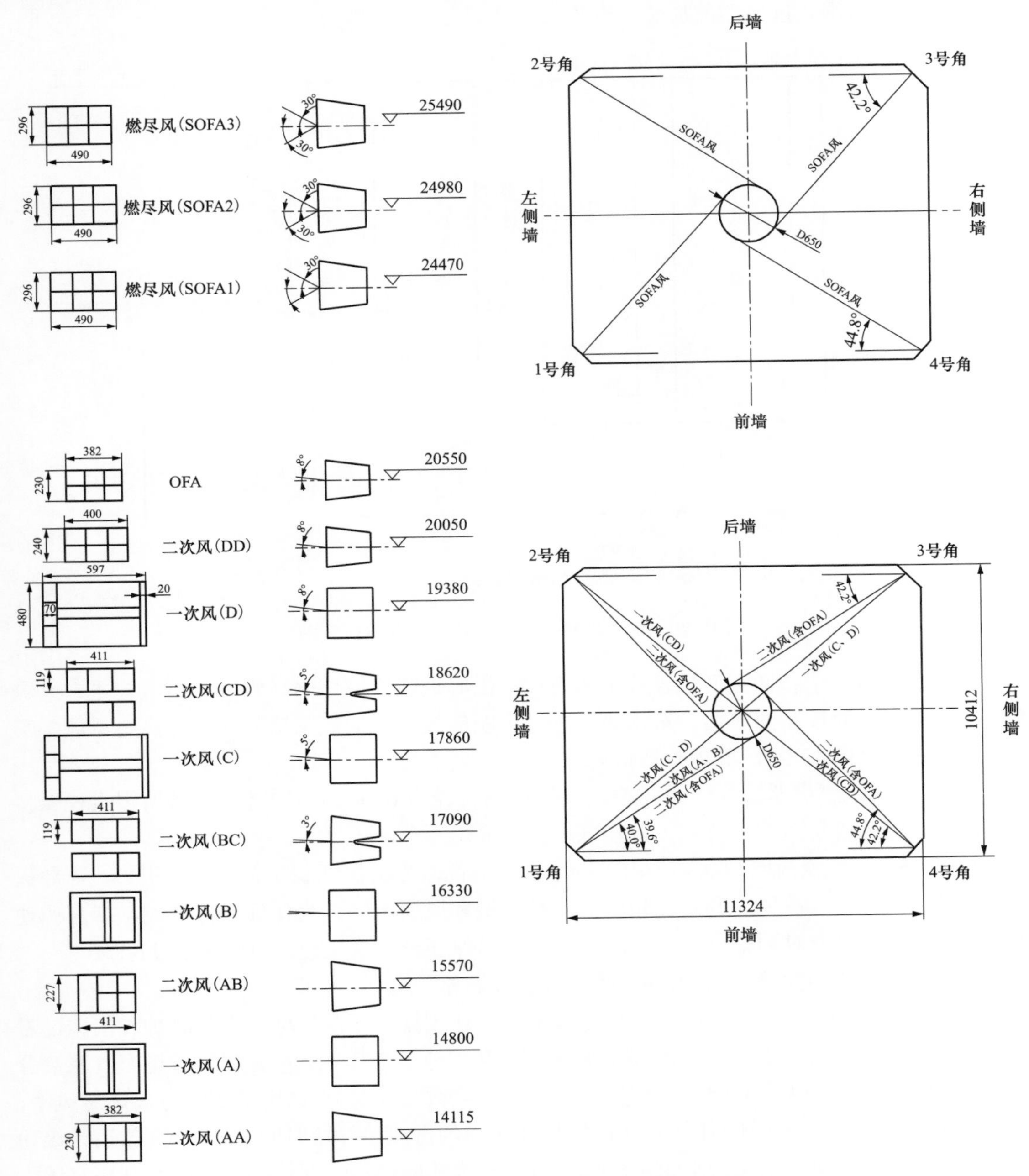

图17-21　低氮燃烧器（含分离燃尽风）喷口尺寸及布置

3．设备改造后的燃烧优化调整

在设备改造的基础上，对锅炉运行参数进行了调整试验。优化了磨煤机投运方式、运行氧量、二次风配风方式、燃尽风开度和摆角、吹灰方式等。80% BMCR（384t/h）以上负荷推荐运行参数、60%～80% BMCR 负荷推荐运行参数分别如表 17-16 和表 17-17 所示。

表 17-15　　低氮燃烧器设计参数

名称	风量（m^3/s）	风温（℃）	风率（%）	喷口总面积（m^2）	风速（m/s）
一次风	39.6	60	25.8	1.47	27.0
二次风	186.1	303	70.0	4.09	45.5
炉膛漏风		20	4.2		

表 17-16　　80%BMCR（384t/h）以上负荷推荐运行参数

运行参数			控制方式	控制值	说明
磨煤机投运方式			给定	ACD/ABD/ABC	每 2 天定期轮换，ABC 磨煤机运行时优先
准东煤燃用方式			给定	ABC 磨煤机磨准东，D 磨煤机磨制准东煤:低钠煤为 5:5 的混煤	
运行氧量（%）			表盘	3.0～3.5	控制左、右侧氧量偏差不大于 0.5
NO_x 浓度（标准状态，mg/m^3）			表盘	200～240	建议取上限，可更好实现 NO_x、准东煤结渣和燃烧平衡
二次风门开度	周界风（%）		表盘	20～50（投运磨煤机）；20（停运磨煤机）	
	燃尽风（%）		表盘	5～10	冷却喷口用
	DD	（%）	表盘	40～50/20	D 磨煤机投/停运
	CD	（%）	表盘	50/20	C 磨煤机投/停运
	BC	（%）	表盘	50/20	B 磨煤机投/停运
	AB	（%）	表盘	60	
	AA	（%）	表盘	70/30	A 磨煤机投/停运
分离燃尽风风门开度	A	（%）	表盘	70/70/70/70	1/2/3/4 号角
	B	（%）	表盘	10/10/10/10	1/2/3/4 号角，NO_x 控制值低时最后开启
	C	（%）	表盘	70/70/70/70	1/2/3/4 号角
	摆角	（°）	表盘	50	水平位，消旋强
磨煤机运行参数	分离器开度	（%）	就地设定	25～30	控制煤粉细度不超过 25
	磨煤机出口温度（℃）		表盘	50～55（准东煤）；55～60（混煤）	水分较高时不低于 50
	一次风量（标准状态，km^3/h）		表盘	28.5/24.6/19.9/23.9	不低于改后设计风量
吹灰运行	长吹灰器（次）		定期工作	不低于 1 次/班	参考炉膛出口烟气温度（可加强）
	短吹灰器（次）		定期工作	不低于 1 次/班	
运行监控值	炉膛出口温度（℃）		表盘监控	≤850	控制炉膛左、右偏差不大于 50
	煤粉细度 R_{90}（%）		取样分析	＜25	定期取样化验

表 17-17　　　　60%～80%BMCR 负荷推荐运行参数

运行参数		控制方式	控制值	说明
磨煤机投运方式		给定	ABC	若 ACD、ABD 磨煤机也影响，则每 2 天定期轮换，ABC 磨煤机优先
准东煤燃用方式		给定	全烧	
运行氧量（%）		表盘	3.5～4.0	控制左、右侧氧量偏差不大于 0.5
NO_x浓度（标准状态，mg/m^3）		表盘	200～240	建议取上限，可更好实现NO_x、准东煤结渣和燃烧平衡
二次风门开度	周界风（%）	表盘	≤20（投运磨煤机）；10（停运磨煤机）	
	燃尽风（%）	表盘	5～10	冷却喷口用
	DD（%）	表盘	40～50/10	D 磨煤机投/停运
	CD（%）	表盘	50/20	C 磨煤机投/停运
	BC（%）	表盘	50/20	B 磨煤机投/停运
二次风门开度	AB（%）	表盘	60	
	AA（%）	表盘	70/30	A 磨煤机投/停运
分离燃尽风风门开度	A（%）	表盘	10/10/10/10	1/2/3/4 号角
	B（%）	表盘	10/10/10/10	1/2/3/4 号角
	C（°）	表盘	70/70/70/70	1/2/3/4 号角，优先开启
	摆角（%）	表盘	50	水平位，消旋强
磨煤机运行参数	分离器开度（%）	就地设定	25～30	控制煤粉细度不超过 25
	磨煤机出口温度（℃）	表盘	50～55（准东煤）；55～60（混煤）	水分较高时不低于 50
	一次风量（标准状态，km^3/h）	表盘	28.5/24.6/19.9/23.9	设计值（供参考）
吹灰运行	长吹灰器（次）	定期工作	1 次/班	参考炉膛出口烟气温度、炉膛内结渣，可加强
	短吹灰器（次）	定期工作	1 次/班	
运行监控值	炉膛出口温度（℃）	表盘监控	≤850	控制炉膛左、右偏差不大于 50
	煤粉细度 R_{90}（%）	取样分析	＜25	定期取样化验

4．改造后的准东煤掺烧效果

通过以上工作，最终实现锅炉 80%以上负荷安全燃用 80%准东煤，80%以下负荷全烧准东煤。

17-6　简述 14MW 神府东胜煤工业链条炉的运行性能。

答：1．锅炉设备

HSXQ 供热站 14MW 工业链条炉由辽宁营口富焓自动化锅炉制造有限公司制造，型号：

CDZLQH14-90/65-AIII（Ⅱ），常压热水自控燃煤锅炉。锅炉配两台送风机，一台引风机。表17-18 为锅炉设备主要设计参数，图 17-22 为锅炉结构简图。

表 17-18　锅炉设备主要设计参数

项目	单位	参数
锅炉型号		CDZLQH14
热功率	MW	14
出水/回水温度	℃	90/65
燃料类别		AIII（Ⅱ）
烟尘排放浓度	mg/m^3（标准状态下）	＜32
二氧化硫排放浓度	mg/m^3（标准状态下）	＜60
外形尺寸（长×宽×高）	m×m×m	9.9×6.0×7.8
锅炉质量	t	126
采暖面积	m^2	140000

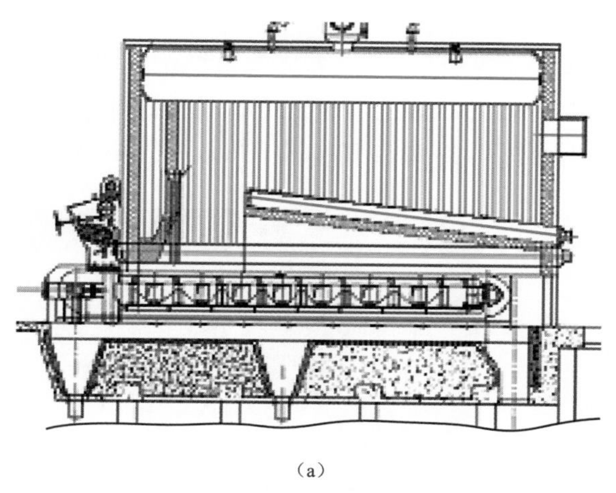

（a）

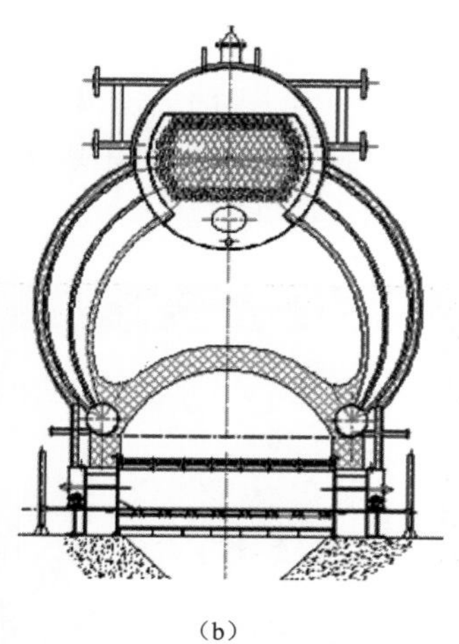

（b）

图 17-22　锅炉结构简图

（a）主视图；（b）侧视剖面图

2．燃煤参数

锅炉设计燃用神府东胜煤，实际燃用煤种与设计煤种基本一致，锅炉燃煤特性见表 17-19。

表 17-19　锅炉燃煤特性

名　　称	符号	单位	原煤
全水分	M_t		11.9%
空气干燥基水分	M_{ad}		3.82%
收到基灰分	A_{ar}		10.78%
干燥无灰基挥发分	V_{daf}		36.16%

续表

名　称	符号	单位	原煤
收到基碳	C_{ar}		63.54%
收到基氢	H_{ar}		4.06%
收到基氮	N_{ar}		0.99%
收到基氧	O_{ar}		8.44%
全硫	$S_{t,ar}$		0.29%
收到基高位发热量	$Q_{gr,ar}$	MJ/kg	25.42
收到基低位发热量	$Q_{net,ar}$	MJ/kg	24.31
煤灰熔融特征温度：变形温度	DT	℃	1150
煤灰熔融特征温度：软化温度	ST	℃	1180
煤灰熔融特征温度：半球温度	HT	℃	1210
煤灰熔融特征温度：流动温度	FT	℃	1240

3．燃用神府东胜煤的运行特性

（1）燃烧特性。图 17-23 为链条炉前观火孔观测图，图 17-24 为链条炉后观火孔观测图，可见神府东胜煤于链条炉内燃烧运行状况良好，各参数正常，无结渣、超温问题。燃烧相对较为剧烈，燃烧特性较好，炉膛内燃烧最高温度约为 1135℃，锅炉热效率为 80.55%。

图 17-23　链条炉前观火孔观测图

图 17-24　链条炉后观火孔观测图

（2）污染物排放特性。图 17-25 为主要污染物生成浓度，脱硝入口 NO_x 浓度为 271.4mg/m^3，脱硫吸收塔入口 SO_2 浓度为 459.13mg/m^3，除尘器入口粉尘浓度为 665.5mg/m^3。

（3）结渣特性。图 17-26 为炉拱结渣情况，可见后拱微量结渣未对锅炉正常燃烧造成影响，神府东胜煤对工业链条炉适应性较好。

4．存在问题与分析

问题 1：运行中出现两侧炉排上的煤层燃烧较好，中间煤层燃烧差，形成煤梁子而不易烧透，造成大渣含碳量高。

两侧炉排上的煤层燃烧较好，温度高，观测温度在 1200℃左右，甚至更高。而炉排中间煤层由于风穿透能力不够而燃烧差。造成两侧炉排燃烧好而中间燃烧差的主要原因是两侧炉排距离送风口较近，炉排的通风量较大，而中间炉排距离送风口较远，通过风量较小所致。神府东胜煤的灰熔点大致在 1200℃左右，这就使得部分熔化灰粒子随烟气运动黏在高温烟道上。

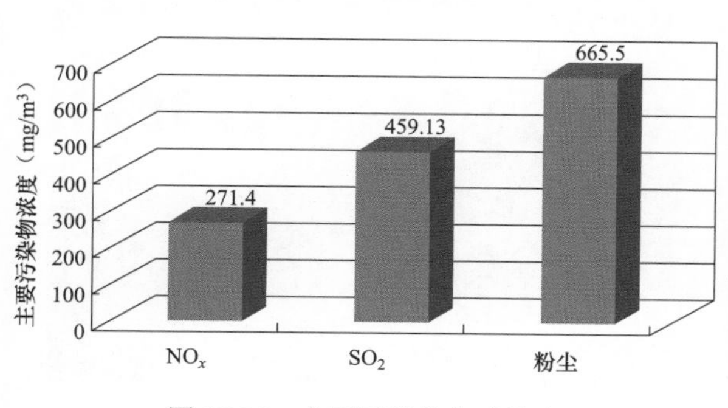

图 17-25 主要污染物生成浓度

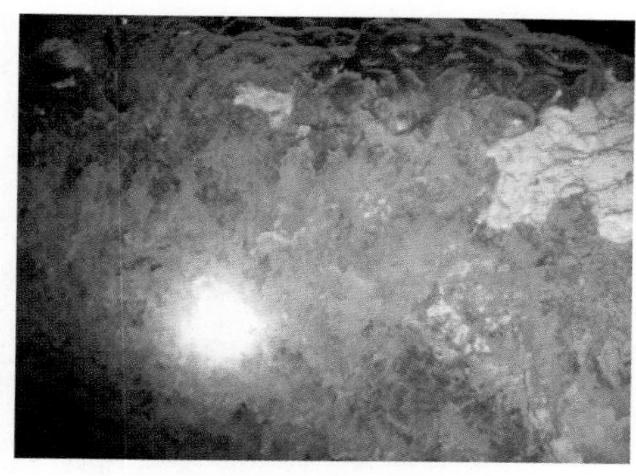

图 17-26 炉拱结渣情况

高温烟气干燥锅炉运行时，需要操作人员用铁钎子拨火，使炉膛内煤层松散、燃煤平整、燃烧均匀，达到充分燃烧的目的。建议检修时在风道内加均流挡板，使炉排底部供风均匀，燃烧均匀。

问题 2：炉排存在一定程度漏煤。

原煤入炉前未加水湿润，采用炉排燃烧方式时，为了防止煤层在炉排上压实和飞扬，需要在煤场给原煤加入一定量的水分，这些水分在高温下蒸发形成很多小孔，便于通风和燃烧，同时也避免炉排漏煤和大量细煤屑飞扬。加入水量宜在煤量的 10%以内，手攥后煤能成团，且轻微抖动后便松散为好。

17-7 简述 CDLX 供热公司 29MW 链条炉燃烧神府东胜煤的分析。

答：1．锅炉设备及燃煤特性

CDLX 供热公司 29MW 链条炉由哈尔滨团结锅炉集团有限公司生产，主要燃用神府东胜煤，神府东胜煤煤质见表 17-20。

表 17-20 锅炉燃用神府东胜煤煤质

检测项目	数据				
全水分 M_t（%）	13.2	14.8	13.0	14.4	10.0
收到基灰分 A_{ar}（%）	7.02	13.47	11.13	10.91	15.26
干燥无灰基挥发分 V_{daf}（%）	36.04	37.89	36.98	37.31	37.44
固定碳 FC（%）	51.02	44.55	47.81	46.82	46.76
收到基氢 H_{ar}（%）	3.85	3.56	3.71	3.67	4.31
收到基全硫弹筒硫 $S_{t,ar}$（%）	0.27	0.31	0.45	0.33	0.55
收到基低位发热量 $Q_{net,ar}$（kJ/kg）	24467	22083	23028	22777	22175

2．燃烧特性

CDLX 供热公司 3 台 29MW 链条炉全烧燃烧神府东胜煤效果较好，炉排煤层和渣层平整，链条炉烧神府东胜煤时的燃烧情况及渣坑前煤渣层分布分别见图 17-27 与图 17-28，锅炉负荷约为 80%。

图 17-27　链条炉烧神府东胜煤时的燃烧情况

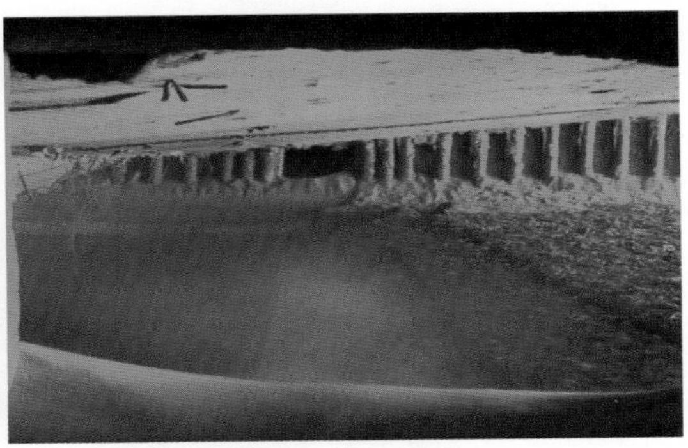

图 17-28　链条炉烧神府东胜煤渣坑前煤渣层分布

17-8　简体 10t/h 和 6t/h 工业锅炉燃用神府东胜煤的试验。

答：1．锅炉简介

2003 年 8 月下旬，神府东胜煤炭运销公司委托上海工业锅炉研究所对神府东胜煤在工业锅炉上的使用性能进行测试，试验选择了具有代表性的 SZL 型 6、10t/h 蒸汽锅炉，试验工业锅炉燃用神府东胜煤的燃烧性能、运行能效、经济效益和环保性能。

2．试验内容及试验用煤煤质特点

热工性能主要测试锅炉出力、锅炉正反平衡热效率等指标；环保性能主要测试锅炉初始和经过除尘脱硫后的烟尘、SO_2、NO_x 等大气污染物排放浓度。

试烧期间锅炉运行参数见表 17-21。

表 17-21　　试烧期间锅炉运行参数

锅炉蒸发量	蒸汽压力（MPa）	排烟温度（℃）	炉膛负压（Pa）	煤层厚度（mm）	进水温度（℃）	出水温度（℃）
10t/h	0.47	172.4	30	105	28	34.8
6t/h	0.42	166.7	20	110	28	38.6

试验中 6、10t/h 的入炉煤均为块径 0～50mm 的混煤，取样的煤质化验结果见表 17-22，神府东胜煤低位发热值、挥发分、灰分指标基本符合 GB/T 18342《链条炉排锅炉用煤技术条件》中规定的Ⅰ级煤炭要求。

表 17-22　　取样的煤质化验结果

锅炉蒸发量	C_{ar}（%）	H_{ar}（%）	O_{ar}（%）	N_{ar}（%）	$S_{t,ar}$（%）	M_t（%）	A_{ar}（%	V_{daf}（%）	$Q_{net,ar}$（kJ/kg）
10t/h	62.48	3.81	10.09	0.91	0.27	13.5	8.94	34.02	22950
6t/h	63.31	3.85	10.22	0.93	0.27	13.8	7.62	33.96	23300

3．试验结果及结论

锅炉试验主要运行性能和环保性能数据见表 17-23 和表 17-24。

表 17-23　锅炉试验主要运行性能数据表

项　　目	锅炉蒸发量	
	10t/h	6t/h
锅炉出力（t/h）	10.2	6.3
锅炉热效率（%）	81.90	81.13
国家标准锅炉热效率（%）	78	77
烟气含氧量（%）	10.28	10.70
过量空气系数	1.92	2.00
排烟温度（℃）	172.40	166.70
排烟热损失（%）	9.77	9.51
炉渣可燃物含量（%）	34.30	35.10
固体未完全燃烧热损失（%）	6.61	6.01

表 17-24　锅炉试验主要环保性能数据表

项　　目	锅炉蒸发量		国家标准
	10t/h	6t/h	
烟尘初始生成浓度（mg/m^3）	1746	1574	1800
SO_2 初始生成浓度（mg/m^3）	423	441	
烟尘排放浓度（mg/m^3）	209.08	169.34	200（二类区）
SO_2 排放浓度（mg/m^3）	291.05	341.01	900
NO_x 排放浓度（mg/m^3）	347.19	254.04	

燃烧试验结论：

（1）神府东胜煤是一种低硫、低灰、高挥发分和高热值的优质动力煤，具有很高的经济价值。在合理组织燃烧的前提下，在链条炉上燃烧可达到 80%以上较高的锅炉热效率。

（2）神府东胜煤的低含硫量使其具有无可比拟的环保优越性。在链条炉不配置脱硫设备的情况下，燃用神府东胜煤就可满足当前实行的工业锅炉排放要求，且大大低于当前国家规定的排放标准。

（3）燃用神府东胜煤，它将链条炉用户省去一大笔脱硫设备的投资费用。对于大量在用锅炉用户，可在投入较少改造费用的情况下满足锅炉 SO_2 排放的要求。

附录A 国家能源集团主要商品煤的部分煤质参数

系列	煤种		全水分 M_t（%）	收到基灰分 A_{ar}（%）	收到基挥发分 V_{ar}（%）	收到基全硫 $S_{t,ar}$（%）	收到基低位发热量 $Q_{net,ar}$（MJ/kg）	煤灰软化温度ST（℃）	哈氏可磨性指数HGI	原煤粒度（mm）
原料煤系列	特低灰①		17	[5，6.5]	30～37	[0.3，0.5]	24.70	1200	50～60	0～50
	神优1②		17	≤8.5	30～37	[0.3，0.6]	24.28	≤1280	50～60	0～50
	神优2②		18	≤8.5	30～37	[0.3，0.6]	23.66	≤1280	50～60	0～50
	准精块1		13	≤20	23～31	≤0.6	[21.35，23.03]	>1400	50～60	13～150
	精块2		16	≤12	24～33	≤0.6	[23.45，24.70]	1150	50～60	0～200
	精块3		16	≤12	24～33	≤0.6	[23.45，24.70]	1150	50～60	0～500
	精块4		16	≤10	24～33	≤0.6	[24.70，25.54]	1150	50～60	0～200
	兰炭块		16	≤10	≤10	≤0.4	25.12	—	—	>15
	兰炭末		18	≤12	≤10	≤0.4	23.03	—	—	0～15
动力煤系列	神混系列	神混5500	17	≤15	23～32	[0.3，0.6]	23.03	1150	50～60	0～50
		神混5000	20	≤20	21～30	[0.3，0.6]	20.93	1150	50～60	0～50
		神混4500	28	≤25	21～30	[0.3，0.6]	18.84	1150	50～60	0～50
	准混系列	准混4900	13	≤25	23～31	[0.3，0.6]	20.52	>1400	50～60	0～100
		准混4300	13	≤35	21～30	[0.3，0.6]	18.00	>1400	50～60	0～100
	石炭系列	石炭5000	15	≤30	22～31	[0.3，0.8]	20.93	>1350	50～60	0～50
		石炭4500	12	≤35	22～31	[0.3，0.8]	18.84	>1350	50～60	0～50
		石炭4300	12	≤38	22～31	[0.3，0.8]	18.00	>1400	50～60	0～50
	外购侏罗纪系列	外购5500	17	≤15	23～32	[0.3，0.6]	23.03	1150	50～60	0～50
		外购5000	22	≤20	21～30	[0.3，0.6]	20.93	1150	50～60	0～50
		外购4500	28	≤25	21～30	[0.3，0.6]	18.84	1150	50～60	0～50
	外购石炭系列	外购石炭5500	15	≤20	22～31	[0.3，0.8]	23.03	>1250	50～60	0～50
		外购石炭5000	15	≤30	22～31	[0.3，0.8]	20.93	>1350	50～60	0～50
		外购石炭4500	12	≤35	22～31	[0.3，0.8]	18.84	>1350	50～60	0～50
	高硫石炭系列	高硫石炭5500	15	≤20	22～31	(1.5，2.0]	23.03	>1350	50～60	0～50
		高硫石炭5000	15	≤30	22～31	(1.5，2.0]	20.93	>1350	50～60	0～50
		高硫石炭4500	15	≤35	22～31	(1.5，2.0]	18.84	>1350	50～60	0～50

续表

系列	煤种		全水分 M_t（%）	收到基灰分 A_{ar}（%）	收到基挥发分 V_{ar}（%）	收到基全硫 $S_{t,ar}$（%）	收到基低位发热量 $Q_{net,ar}$（MJ/kg）	煤灰软化温度 ST（℃）	哈氏可磨性指数 HGI	原煤粒度（mm）
动力煤系列	中硫石炭系列	中硫石炭 5500	15	≤20	22～31	［1.0，1.5］	23.03	＞1250	50～60	0～50
		中硫石炭 5000	15	≤30	22～31	［1.0，1.5］	20.93	＞1350	50～60	0～50
	洁净煤系列	外购神洁 5500	15	≤15	≤39	0.3	23.03	1150	50～60	0～50

①灰分/挥发分/全硫为干燥基；

②灰分/挥发分/全硫为干燥基，灰熔点为 FT。

附录B　神府东胜典型矿区的代表性常规煤质参数

项目	符号	活鸡兔	补连塔	大柳塔	上湾	榆家梁	乌兰木仑	武家塔	石圪台
全水分	M_t（%）	15.9	15.6	16.1	16.7	13.71	13.4	12.4	15.2
空气干燥基水分	M_{ad}（%）	4.57	5.49	3.80	7.52	5.38	11.64	8.74	10.95
收到基灰分	A_{ar}（%）	5.40	6.51	5.29	6.07	5.29	7.21	7.25	7.82
干燥无灰基挥发分	V_{daf}（%）	32.47	34.12	40.18	31.33	36.76	35.10	30.13	33.76
收到基碳	C_{ar}（%）	64.52	63.49	62.16	63.15	67.01	64.29	64.97	61.69
收到基氢	H_{ar}（%）	3.65	3.50	4.23	3.19	3.95	3.47	3.80	3.47
收到基氮	N_{ar}（%）	0.58	0.70	0.84	0.55	0.76	1.10	1.05	0.78
收到基氧	O_{ar}（%）	9.62	9.49	10.68	10.01	8.99	10.96	9.86	10.62
全硫	$S_{t,ar}$（%）	0.33	0.71	0.70	0.33	0.29	0.57	0.67	0.42
收到基高位发热量	$Q_{gr,ar}$（MJ/kg）	25.71	24.76	25.35	24.21	27.01	24.71	25.40	24.17
收到基低位发热量	$Q_{net,ar}$（MJ/kg）	24.60	23.67	24.11	23.17	25.77	23.69	24.33	23.11
哈氏可磨性指数	HGI	62	68	53	72	51	66	61	56
煤灰变形温度	DT（$\times10^3$，℃）	1.04	1.12	1.08	1.15	1.22	1.18	1.22	1.27
煤灰软化温度	ST（$\times10^3$，℃）	1.09	1.15	1.12	1.17	1.25	1.19	1.24	1.29
煤灰半球温度	HT（$\times10^3$，℃）	1.14	1.16	1.13	1.18	1.27	1.20	1.25	1.30
煤灰流动温度	FT（$\times10^3$，℃）	1.18	1.17	1.15	1.21	1.21	1.25	1.26	1.32
煤灰中二氧化硅	SiO_2（%）	35.40	28.51	39.02	22.70	43.10	26.46	24.18	46.66
煤灰中三氧化二铝	Al_2O_3（%）	14.38	10.71	13.09	9.90	17.93	12.82	11.58	20.79
煤灰中三氧化二铁	Fe_2O_3（%）	14.07	18.27	8.06	21.42	4.75	15.57	13.93	6.01
煤灰中氧化钙	CaO（%）	22.28	24.40	23.17	27.63	22.99	25.49	31.43	12.73
煤灰中氧化镁	MgO（%）	1.08	0.88	1.47	1.01	1.19	2.14	2.66	0.94
煤灰中氧化钠	Na_2O（%）	0.67	1.91	1.71	1.91	0.20	1.16	1.06	0.49
煤灰中氧化钾	K_2O（%）	1.27	0.38	1.19	0.14	0.37	0.50	0.13	0.83
煤灰中二氧化钛	TiO_2（%）	1.10	0.62	0.84	0.50	1.12	0.48	0.40	1.47
煤灰中三氧化硫	SO_3（%）	9.37	9.06	6.65	11.44	4.94	12.89	10.93	8.00
煤灰中二氧化锰	MnO_2（%）	0.05	0.68	0.21			0.31	0.54	0.080
煤灰中五氧化二磷	P_2O_5（%）				0.038	0.69			

附录C 国内典型高灰熔点烟煤的常规煤质数据

项目	符号	保德	大同	准格尔	淮南	平朔	平混煤	兖州煤	大优混煤
全水分	M_t（%）	8.0	12.21	11.7	7.4	8.3	8.00	12.93	12.32
空气干燥基水分	M_{ad}（%）	3.11	4.58	6.12	1.44	2.42	2.38	1.62	2.03
收到基灰分	A_{ar}（%）	18.69	15.62	15.74	25.97	12.89	21.76	21.02	14.76
干燥无灰基挥发分	V_{daf}（%）	37.12	35.28	37.50	41.65	38.60	38.30	39.00	30.80
收到基碳	C_{ar}（%）	59.92	57.50	57.75	54.50	63.87	55.90	54.14	60.31
收到基氢	H_{ar}（%）	3.71	3.40	3.38	3.81	4.11	3.56	3.51	3.28
收到基氮	N_{ar}（%）	1.02	0.86	0.84	0.82	1.06	0.92	0.80	0.94
收到基氧	O_{ar}（%）	8.16	9.80	10.04	7.21	8.99	9.16	6.83	7.73
全硫	$S_{t,ar}$（%）	0.50	0.61	0.55	0.29	0.77	0.70	0.77	0.66
收到基高位发热量	$Q_{gr,ar}$（MJ/kg）	23.87	23.05	23.15	22.03	25.68	22.38	21.99	23.84
收到基低位发热量	$Q_{net,ar}$（MJ/kg）	22.92	22.18	22.18	21.07	24.64	21.38	20.87	22.80
哈氏可磨性指数	HGI	53	65	66	84	67	62	68	59
煤灰变形温度	DT（$\times 10^3$,℃）	1.46	1.48	＞1.50	＞1.5	＞1.5	＞1.5	1.36	1.26
煤灰软化温度	ST（$\times 10^3$，℃）	＞1.5	＞1.50	＞1.50	＞1.5	＞1.5	＞1.5	1.44	1.36
煤灰半球温度	HT（$\times 10^3$，℃）	＞1.5	＞1.50	＞1.50	＞1.5	＞1.5			
煤灰流动温度	FT（$\times 10^3$，℃）	＞1.5	＞1.50	＞1.50	＞1.5	＞1.5	＞1.5	1.49	1.47
煤灰中二氧化硅	SiO_2（%）	51.63	44.84	49.54	57.20	45.77	43.84	54.14	59.10
煤灰中三氧化二铝	Al_2O_3（%）	31.47	42.02	35.22	32.70	38.76	42.93	26.85	21.90
煤灰中三氧化二铁	Fe_2O_3（%）	4.56	5.81	3.53	3.56	3.06	2.11	6.82	12.29
煤灰中氧化钙	CaO（%）	2.20	3.58	4.18	1.81	5.34	3.30	4.23	1.43
煤灰中氧化镁	MgO（%）	0.84	0.72	0.41	0.68	0.50	0.37	2.21	1.42
煤灰中氧化钠	Na_2O（%）	0.51	0.02	0.10	0.55	0.20	0.09	0.18	0.28
煤灰中氧化钾	K_2O（%）	1.31	0.24	0.49	0.93	0.26	0.31	0.85	1.55
煤灰中二氧化钛	TiO_2（%）	0.94	0.36	1.02	1.40	1.48	0.04		
煤灰中三氧化硫	SO_3（%）	3.33	2.09	3.39	0.86	3.57	0.10	2.40	1.13
煤灰中二氧化锰	MnO_2（%）	0.11		0.037			1.18	1.26	0.44
煤灰中五氧化二磷	P_2O_5（%）		0.22		0.257	0.567	5.73	1.06	0.46